现代数学基础丛书·典藏版　16

算 子 代 数

李炳仁　著

科学出版社

北　京

内 容 简 介

本书叙述算子代数的基本理论. 关于 von Neumann 代 数 (ω^*-代数)介绍了基本概念、拓扑方面的分析、分类理论、因子理论、Tomita-Takesaki 理论、von Neumann 代数的 Borel 空间以及约化理论等. 关于 c^*-代数介绍了基本概念、GNS 构造、*表示理论、公理的理论、张量积理论以及(AF)代数等.

本书可供数学专业的研究生、大学教师以及研究工作者阅读和参考.

图书在版编目(CIP)数据

算子代数/李炳仁著. —北京：科学出版社，1986.6

（现代数学基础丛书·典藏版；16）

ISBN 978-7-03-006857-6

I. ①算…　　II. ①李…　　III. ①算子代数　　IV. ①O177.5

中国版本图书馆 CIP 数据核字(2007) 第 002880 号

责任编辑：张　扬／责任校对：林青梅
责任印制：徐晓晨／封面设计：王　浩

科学出版社出版
北京东黄城根北街 16 号
邮政编码：100717
http://www.sciencep.com

北京厚诚则铭印刷科技有限公司印刷
科学出版社发行　　各地新华书店经销

*

1986 年 6 月第 一 版　开本：B5(720×1000)
2016 年 6 月印　　刷　印张：32 1/4
字数：417 000

定价：**198.00 元**
（如有印装质量问题，我社负责调换）

序

算子代数,确切地说,是指由 Hilbert 空间中有界线性算子组成的 * 代数,也就是 $B(\mathcal{H})$ 的 * 子代数。这里 $\mathcal{H}$ 是 Hilbert 空间, $B(\mathcal{H})$ 是 $\mathcal{H}$ 中有界线性算子的全体。由于这是无穷维的,为了能够着手研究起见,我们自然要求这样的算子代数在一定的拓扑下是封闭的。当在 $B(\mathcal{H})$ 中引进通常的线性拓扑后,我们发现所要研究的算子代数只有两类:一致闭的算子代数 (c^*-代数)和弱闭的算子代数 (von Neumann 代数或 w^*-代数)。

J. von Neumann 在研究 Hilbert 空间中算子谱理论以及奠定量子力学数学基础的同时,认识并且预见到:研究物理世界中无穷自由度的系统,还需要新的数学工具。 1929 年,他引入了弱闭算子环的概念。 他指出了这类代数的两个本质的特点: 1) 代数必须是自伴的; 2) 代数是弱算子闭的,这使得代数包含它任意自伴元的谱族。 由此, J. von Neumann 开辟了一个重要的数学领域。后来, J. Dixmier 重新命名这个数学领域为 von Neumann 代数。 到了卅年代, J. von Neumann 与他的合作者 F. J. Murray 进行了系统的研究,他们的结果在今天仍然是这个理论的核心部分。 六十年代末到七十年代,由于对因子构造的深入研究、Tomita-Takesaki 理论的出现,以及关于权的一般理论和 A. Connes 关于 (III) 型因子更细致的分类理论等等,使得 von Neumann 代数理论得到蓬勃的发展。

c^*-代数本来是指 Hilbert 空间中一致闭的算子代数,1943 年, I. M. Gelfand 与 M. Naimark 指出,无须依赖 Hilbert 空间,可以用很少的公理来表征它。他们的工作后来为 I. E. Segal 进一步完善,从而不仅使得 c^*-代数得到抽象的表述,而且产生了重要的 GNS 构造,由此奠定了 c^*-代数理论的基础。 c^*-代数的理论形式地可以分为两个部分：一是代数的本质的构造；二是表示理论．当然，这两个部分是紧密相关，相互促进的．同 von Neumann 代数一样，c^*-代数理论也取得了丰饶的成果．

本书的目的是介绍算子代数的基本理论和这个数学领域的发展状况．在写作方面，本书将尽量作到自给自足，当然也假定读者已经熟悉泛函分析的基本知识．

在本书的写作过程中，作者自始至终得到复旦大学数学系夏道行教授的鼓励与支持．同时，在书稿的校勘中，又得到中国科学院数学研究所刘尚平同志的大力帮助．这里谨致谢意．

本书难免有错误和缺点，敬请读者指正．

作 者

1984 年 3 月于北京

中国科学院数学研究所

目 录

记 号 表

第一章 von Neumann 代数的基础

von Neumann 代数是无穷维的复杂对象，因此需要进行细致的拓扑讨论．§1中，指出 $B(\mathscr{H})$（Hilbert 空间 $\mathscr{H}$ 中有界线性算子的全体)是 $C(\mathscr{H})$（$\mathscr{H}$ 中全连续线性算子的全体）的二次共轭空间．由此在§2中，能够提出 $B(\mathscr{H})$ 中各种线性拓扑以及它们的比较．§3 讨论了 von Neumann 代数的一些基本性质，尤为重要的是二次交换子定理 (1.3.10)，它是这个理论的第一个有力的工具（为 J. von Neumann 于 1929 年所证明)，给出了代数定义与拓扑定义的等价性．§4 的张量积的交换子定理 (1.4.12) 是很深刻的结果，也曾经是长期没有解决的猜测．第一次完全证实这个猜测的是 M. Tomita，但§4 的证明遵循 M. A. Rieffel 与 A. van Dale 的途径．§5 投影的比较，是 F. J. Murray 与 J. von Neumann 用以进行因子分类的维数理论的出发点．§6 I. Kaplansky 证明的稠密性定理是算子代数理论的又一个有力的工具，它揭示了：如果 $B(\mathscr{H})$ 的一个 * 子代数在另一个中依较弱的拓扑是稠密的，那么一定能够依更强的拓扑(有界地)稠密．§8—§10 讨论了线性泛函的几个重要性质：正规性、极分解、直交分解及 Radon-Nikodym 性质．§12 研究 * 同态，把它归结为三个初等的 * 同态(增补、诱导、空间 * 同构)的复合．§13 是空间分析，主要结果是 1.13.2 (循环投影的比较)，1.13.5 (空间 * 同构定理)，及 1.13.7．§14 σ-有限的 von Neumann 代数是一类经常遇到的代数，例如可分 Hilbert 空间中的 von Neumann 代数都属于这一类．

§1. Hilbert 空间中算子的 Banach 空间

定义 1.1.1　设 $\mathscr{H}$ 是复 Hilbert 空间，$F(\mathscr{H})$ 表示 $\mathscr{H}$ 中有

限秩线性算子的全体，$C(\mathcal{H})$ 表示 $\mathcal{H}$ 中全连续线性算子的全体，$B(\mathcal{H})$ 表示 $\mathcal{H}$ 中有界线性算子的全体，$\mathcal{H}$ 中恒等算子记以 $1_{\mathcal{H}}$，在不致混淆时，记以 $1^{1)}$。

命题 1.1.2 如果 $\mathcal{H}$ 是可数无穷维的，则 $C(\mathcal{H})$ 是 $B(\mathcal{H})$ 唯一的非零真的闭双侧理想。

证. 设 ϑ 是 $B(\mathcal{H})$ 的非零闭双侧理想，a 是 ϑ 的非零元，于是有 $\xi, \eta \in \mathcal{H}$，使得 $a\xi = \eta \neq 0$. 设 ξ', η' 是 $\mathcal{H}$ 的任意元，作 $b \in B(\mathcal{H})$，使得 $b\eta = \xi'$. 于是

$$ba(\xi \otimes \eta') = (ba\xi) \otimes \eta' = \xi' \otimes \eta'^{2)} \in \vartheta$$

进而 $F(\mathcal{H}) \subset \vartheta$，$C(\mathcal{H}) \subset \vartheta$.

若有 $t \in \vartheta \setminus C(\mathcal{H})$，则 $h = (t^*t)^{\frac{1}{2}} \in \vartheta \setminus C(\mathcal{H})$. 设 $\{e_\lambda\}$ 是 h 的谱族，由于 $h \notin C(\mathcal{H})$，必有 $\varepsilon > 0$，使得 $(1 - e_\varepsilon)\mathcal{H}$ 与 $\mathcal{H}$ 有同样的可数无穷维. 今命 v 是以 $\mathcal{H}$ 为始域，$(1 - e_\varepsilon)\mathcal{H}$ 为终域的部分等距算子，易见 $v^*hv\mathcal{H} = \mathcal{H}$，及 v^*hv 是可逆的. 又由于 $v^*hv \in \vartheta$，所以，$\vartheta = B(\mathcal{H})$. 证毕.

命题 1.1.3 当 $\mathcal{H}$ 无穷维时，$C(\mathcal{H})$ 不能是某个 Banach 空间的共轭空间。

证. Banach 空间的共轭空间的单位球是弱 * 紧的，依 Krein-Milman 定理，它必有端点. 因此只要证明 $C(\mathcal{H})$ 的单位球并无端点，即对于任意的 $a \in C(\mathcal{H})$，$\|a\| \leqslant 1$，只须指出有 $b \in C(\mathcal{H})$，$b \neq 0$，使得 $\|a \pm b\| \leqslant 1$.

如果 a 是有限秩的. 令 $\mathcal{H}_1 = [a\mathcal{H}, a^*\mathcal{H}]^{3)}$ $\mathcal{H}_2 = \mathcal{H}_1^\perp$，则 $\dim \mathcal{H}_1 < \infty$，$a$ 与 a^* 对 $\mathcal{H}_1, \mathcal{H}_2$ 不变，并且限于 $\mathcal{H}_2$，a 与 a^* 都为零，于是上述 b 不难找到. 如果 a 不是有限秩的，极分解 $a = wh$，并且可写 $h = \sum_n \lambda_n p_n$，其中 $\{p_n\}$ 是相互直交的一

---

1) 今后行文中，将不区别恒等算子 1，代数的单位元素 1，与数 1 等，请读者自行识别。

2) $\xi \otimes \eta$ 表示 $\mathcal{H}$ 中如下作用的一秩算子：
$$(\xi \otimes \eta)\zeta = \langle \zeta, \eta \rangle \xi, \ \forall \zeta \in \mathcal{H}.$$

3) 今后，$[E]$ 表示子集 E 张成的线性子空间。

秩投影[1]无穷列，$0 < \lambda_n \leqslant 1 \, (\forall n)$，及 $\lambda_n \to 0$．于是，有 $\lambda_N \in (0, 1)$．适当取 $\varepsilon > 0$，使得 $|\lambda_N \pm \varepsilon| \leqslant 1$．再命 $b = \varepsilon w p_N$，即有 $b \neq 0$，$\|a \pm b\| \leqslant 1$．证毕．

定义 1.1.4 $a \in C(\mathscr{H})$ 称为 Hilbert-Schmidt 算子，指若 $\{\lambda_n\}$ 是 $(a^* a)^{\frac{1}{2}}$ 的正本征值全体时（k 重的本征值，则在 $\{\lambda_n\}$ 中出现 k 次），则 $\sum\limits_n \lambda_n^2 < \infty$．记 Hilbert-Schmidt 算子的全体为 $S(\mathscr{H})$．

命题 1.1.5 $a \in S(\mathscr{H})$，当且仅当，对于 $\mathscr{H}$ 的某个（从而任意的）直交规范基 $\{\xi_l\}$，有 $\sum\limits_l \|a \xi_l\|^2 < \infty$．

证．设 $\{\xi_l\}, \{\eta_r\}$ 是 $\mathscr{H}$ 的两组直交规范基，

$$\sum_l \|a \xi_l\|^2 = \sum_l \|(a^* a)^{\frac{1}{2}} \xi_l\|^2$$

$$= \sum_{l,r} |\langle (a^* a)^{\frac{1}{2}} \xi_l, \eta_r \rangle|^2$$

$$= \sum_{r,l} |\langle \xi_l, (a^* a)^{\frac{1}{2}} \eta_r \rangle|^2$$

$$= \sum_r \|(a^* a)^{\frac{1}{2}} \eta_r\|^2$$

$$= \sum_r \|a \eta_r\|^2,$$

因此只须对 $\mathscr{H}$ 的某个直交规范基来证明．

设 $a \in S(\mathscr{H})$，$\{\xi_l\}$ 是 $\mathscr{H}$ 的直交规范基，使得 $\{\xi_l\}$ 包含 $(a^* a)^{\frac{1}{2}}$ 所有正本征值相应的本征矢，于是 $\sum\limits_l \|a \xi_l\|^2 = \sum\limits_n \lambda_n^2 < \infty$．

反之设 $\sum\limits_{l \in \Lambda} \|a \xi_l\|^2 < \infty$，这里 $\{\xi_l\}_{l \in \Lambda}$ 是 $\mathscr{H}$ 的直交规范基，于是 $\|p_F a p_F - a\| \to 0$，这里 F 是 Λ 的有限子集，依包含关系成为定向指标集，而 p_F 是 $\mathscr{H}$ 到 $[\xi_l | l \in F]$ 上的投影，从而 $a \in C(\mathscr{H})$．再取 $\{\xi_l\}$ 包含 $(a^* a)^{\frac{1}{2}}$ 所有正本征值相应的本征矢，即见

———————————

1) 今后，Hilbert 空间中的投影算子总是指自伴的．

$a \in S(\mathcal{H})$. 证毕.

定义 1.1.6 设 $a \in S(\mathcal{H})$，称 $\|a\|_2 = \left(\sum_n \lambda_n^2 \right)^{\frac{1}{2}} = \left(\sum_l \|a\xi_l\|^2 \right)^{\frac{1}{2}}$ 为 a 的 Hilbert-Schmidt 范数，这里 $\{\lambda_n\}$ 是 $(a^*a)^{\frac{1}{2}}$ 的正本征值全体，$\{\xi_l\}$ 是 $\mathcal{H}$ 的任意直交规范基.

命题 1.1.7 对任意的 $a \in S(\mathcal{H})$, $b \in B(\mathcal{H})$

$$\|a\| \leqslant \|a\|_2 = \|a^*\|_2, \quad \|ba\|_2 \leqslant \|b\|\|a\|_2, \quad \|ab\|_2 \leqslant \|a\|_2\|b\|,$$

特别 $S(\mathcal{H})$ 是 $B(\mathcal{H})$ 的 $*$ 双侧理想.

证. 由于 $\sum_l \|a^*\xi_l\|^2 = \sum_{l,l'} |\langle a^*\xi_l, \xi_{l'}\rangle|^2 = \sum_{l,l'} |\langle \xi_l, a\xi_{l'}\rangle|^2 = \sum_{l'} \|a\xi_{l'}\|^2$，所以，$\|a\|_2 = \|a^*\|_2$. 极分解 $a = wh$，这里 $h = (a^*a)^{\frac{1}{2}}$，于是 $\|a\| \leqslant \|(a^*a)^{\frac{1}{2}}\| = \max_n \lambda_n \leqslant \|a\|_2$. 此外，由 $\sum_l \|ba\xi_l\|^2 \leqslant \sum_l \|b\|^2 \|a\xi_l\|^2$，可见 $\|ba\|_2 \leqslant \|b\|\|a\|_2$. 进而 $\|ab\|_2 \leqslant \|b^*a^*\|_2 \leqslant \|b^*\|\|a^*\|_2 = \|a\|_2\|b\|$. 证毕.

命题 1.1.8 在 $S(\mathcal{H})$ 中定义 $\langle a, b\rangle_2 = \sum_l \langle a\xi_l, b\xi_l\rangle$，这里 $\{\xi_l\}$ 是 $\mathcal{H}$ 的任意直交规范基，则 $S(\mathcal{H})$ 成为 Hilbert 空间，并且 $F(\mathcal{H})$ 在其中稠.

证. 易见定义 $\langle , \rangle_2$ 的级数是绝对收敛的. 今指出这个定义不依赖于 $\{\xi_l\}$ 的选择. 设 $\{\eta_r\}$ 是 $\mathcal{H}$ 的另一组直交规范基，由于 $\sum_{l,r} |\langle a\xi_l, \eta_r\rangle\langle\eta_r, b\xi_l\rangle| \leqslant \|a\|_2\|b\|_2$，即级数 $\sum_{l,r} \langle a\xi_l, \eta_r\rangle\langle\eta_r, b\xi_l\rangle$ 是绝对收敛的，从而

$$\sum_l \langle a\xi_l, b\xi_l\rangle = \sum_{l,r} \langle a\xi_l, \eta_r\rangle\langle\eta_r, b\xi_l\rangle$$
$$= \sum_r \langle b^*\eta_r, a^*\eta_r\rangle.$$

同样也有 $\sum_r \langle a\eta_r, b\eta_r\rangle = \sum_r \langle b^*\eta_r, a^*\eta_r\rangle$，因此，$\langle , \rangle_2$ 的定义不依赖于 $\{\xi_l\}$ 的选择.

今设 $\{a_n\}$ 是 $S(\mathcal{H})$ 的依 $\|\cdot\|_2$ 的基本列，由于 $\|\cdot\|_2 \geqslant \|\cdot\|$，

所以有 $a \in C(\mathcal{H})$，使得 $\|a_n - a\| \to 0$. 再由 $\sum_l \|(a_n - a_m)\xi_l\|^2 \to 0$，可见 $a \in S(\mathcal{H})$ 及 $\|a_n - a\|_2 \to 0$. 所以 $S(\mathcal{H})$ 依 $\langle\,,\rangle_2$ 是 Hilbert 空间.

最后对任意的 $a \in S(\mathcal{H})$ 及 $\varepsilon > 0$，如果 $\{\xi_l\}_{l \in \Lambda}$ 是 $\mathcal{H}$ 的直交规范基，则有 Λ 的有限子集 F，使得 $\sum_{l \notin F} (\|a\xi_l\|^2 + \|a^*\xi_l\|^2) < \varepsilon$. 令 p_F 是 $\mathcal{H}$ 到 $[\xi_l | l \in F]$ 上的投影，则

$$\|p_F a p_F - a\|_2^2 = \sum_{l \notin F} \|a\xi_l\|^2 + \sum_{l \in F} \|(1 - p_F)a\xi_l\|^2,$$

但是

$$\sum_{l \in F} \|(1 - p_F)a\xi_l\|^2 = \sum_{l \in F} \sum_{l' \notin F} |\langle a\xi_l, \xi_{l'}\rangle|^2$$
$$\leqslant \sum_{l' \notin F} \|a^*\xi_{l'}\|^2.$$

因此，$\|p_F a p_F - a\|_2 < \varepsilon$. 证毕.

定义 1.1.9 $a \in C(\mathcal{H})$ 称为迹类的，指若 $\{\lambda_n\}$ 是 $(a^*a)^{\frac{1}{2}}$ 的正本征值全体，则 $\sum_n \lambda_n < \infty$，并且，这时称 $\|a\|_1 = \sum_n \lambda_n$ 为 a 的迹范数，及记全体迹类算子为 $T(\mathcal{H})$.

命题 1.1.10 1) $a \in T(\mathcal{H})$，当且仅当，$(a^*a)^{\frac{1}{4}} \in S(\mathcal{H})$. 此外，如果 $\{\xi_l\}$ 是 $\mathcal{H}$ 的直交规范基，则

$$\|a\|_1 = \|(a^*a)^{\frac{1}{4}}\|_2^2 = \sum_l \langle(a^*a)^{\frac{1}{2}}\xi_l, \xi_l\rangle;$$

2) 如果 $a, b \in S(\mathcal{H})$，则 $ab \in T(\mathcal{H})$；

3) $a \in T(\mathcal{H})$，当且仅当，

$$\sup\left\{\sum_n |\langle a\xi_n, \eta_n\rangle| \,\Big|\, \{\xi_n\}, \{\eta_n\} \text{ 是 } \mathcal{H} \text{ 的任意直交规范列}\right\} < \infty,$$

并且，这时有 $\|a\| \leqslant \|a\|_2 \leqslant \|a\|_1$，及 $\|a\|_1$ 等于上面的 sup；

4) $T(\mathcal{H})$ 是 $B(\mathcal{H})$ 的 * 双侧理想，$T(\mathcal{H}) \subset S(\mathcal{H})$，并且任意迹类算子是迹类正算子的线性和.

证. 如果 $\{\lambda_n\}$ 是 $(a^*a)^{\frac{1}{2}}$ 的正本征值全体，则 $(a^*a)^{\frac{1}{4}}$ 的正本征值全体是 $\{\lambda_n^{1/2}\}$，由此即见 1).

2) 设 $a, b \in S(\mathcal{H})$，极分解 $c = w(c^*c)^{\frac{1}{2}}$，这里 $c = ab$，由 $\sum_l \langle (c^*c)^{\frac{1}{2}}\xi_l, \xi_l \rangle = \sum_l \langle b\xi_l, a^*w\xi_l \rangle = \langle b, a^*w \rangle_2 \leqslant \|b\|_2 \|a\|_2$，即见 $c = ab \in T(\mathcal{H})$。

3) 设 $a \in T(\mathcal{H})$，极分解 $a = w(a^*a)^{\frac{1}{4}} \cdot (a^*a)^{\frac{1}{4}}$，于是

$$\sum_n |\langle a\xi_n, \eta_n \rangle| \leqslant \left\{ \sum_n \|(a^*a)^{\frac{1}{4}}\xi_n\|^2 \cdot \sum_n \|(a^*a)^{\frac{1}{4}}w^*\eta_n\|^2 \right\}^{\frac{1}{2}}$$

$$\leqslant \|(a^*a)^{\frac{1}{4}}\|_2^2 \cdot \|(a^*a)^{\frac{1}{4}}w^*\|_2 \leqslant \|a\|_1.$$

另一方面，如果取 ξ_n 为 λ_n 相应的规范本征矢，$\eta_n = w\xi_n$，这里 $\{\lambda_n\}$ 是 $(a^*a)^{\frac{1}{2}}$ 的正本征值全体，则 $\sum_n |\langle a\xi_n, \eta_n \rangle| = \sum_n \lambda_n = \|a\|_1$。此外，显然有 $\left(\sum_n \lambda_n \right)^2 \geqslant \sum_n \lambda_n^2$，所以 $\|a\|_1 \geqslant \|a\|_2 \geqslant \|a\|$。

反之设 $\sup\{\cdots\} < \infty$，适当地取 $\{\xi_n\}$ 及 $\{\eta_n = w\xi_n\}$，即可见 $(a^*a)^{\frac{1}{4}} \in S(\mathcal{H})$，特别 $a \in C(\mathcal{H})$。再仿前段，$a \in T(\mathcal{H})$。

4) 由 $a = w(a^*a)^{\frac{1}{4}} \cdot (a^*a)^{\frac{1}{4}}$ 立即可见。 证毕。

命题 1.1.11 $T(\mathcal{H})$ 依照迹范数 $\|\cdot\|_1$ 是 Banach 空间，并且 $F(\mathcal{H})$ 在其中稠。

证. 依前一命题，$\|\cdot\|_1$ 确实是 $T(\mathcal{H})$ 上的范数。今设 $\{a_n\}$ 是依 $\|\cdot\|_1$ 的基本列，由 $\|\cdot\|_1 \geqslant \|\cdot\|$，所以有 $a \in C(\mathcal{H})$，使得 $\|a_n - a\| \to 0$。

如果 $\{\xi_k\}, \{\eta_k\}$ 是 $\mathcal{H}$ 的任意直交规范有限列，$\sum_k |\langle (a_n - a)\xi_k, \eta_k \rangle| = \lim_m \sum_k |\langle (a_n - a_m)\xi_k, \eta_k \rangle| \leqslant \varlimsup_m \|a_n - a_m\|_1 < \varepsilon$（只须 n 充分大），由此可见 $a \in T(\mathcal{H})$ 及 $\|a_n - a\|_1 \to 0$。

今若 $a \in T(\mathcal{H})$，极分解 $a = w(a^*a)^{\frac{1}{2}}$，并写 $(a^*a)^{\frac{1}{2}} = \sum_n \lambda_n p_n$，其中 $\{p_n\}$ 是相互直交的一秩投影列，$\{\lambda_n\}$ 是 $(a^*a)^{\frac{1}{2}}$ 的正本征值全体，于是

$$\left\| a - \sum_{n=1}^N \lambda_n w p_n \right\|_1 = \sum_{n > N} \lambda_n \to 0$$

即 $F(\mathcal{H})$ 在 $T(\mathcal{H})$ 中稠。 证毕。

· 6 ·

注. 在 $F(\mathscr{H})$ 中，$\|\cdot\|_1 \geqslant \|\cdot\|_2 \geqslant \|\cdot\|$，分别依这三个范数完备化，得到 $T(\mathscr{H}) \subset S(\mathscr{H}) \subset C(\mathscr{H})$.

定义 1.1.12 对任意的 $a \in T(\mathscr{H})$，令

$$\operatorname{tr}(a) = \sum_l \langle a\xi_l, \xi_l \rangle$$

称为 a 的迹，这里 $\{\xi_l\}$ 是 $\mathscr{H}$ 的任意直交规范基. 由于 a 可以写成两个 $S(\mathscr{H})$ 元的乘积，因此，迹的定义不依赖 $\{\xi_l\}$ 的选择.

命题 1.1.13 对任意的 $a \in T(\mathscr{H})$，$b \in B(\mathscr{H})$，

$$\operatorname{tr}(ab) = \operatorname{tr}(ba), \quad |\operatorname{tr}(ab)| \leqslant \|b\| \|a\|_1.$$

证. 在命题 1.1.8 的证明中，实际已指出：$\operatorname{tr}(cd) = \operatorname{tr}(dc)$，$\forall c, d \in S(\mathscr{H})$. 今把 a 写成两个 $S(\mathscr{H})$ 元的乘积，即可见 $\operatorname{tr}(ab) = \operatorname{tr}(ba)$.

极分解 $a = w(a^*a)^{\frac{1}{4}} \cdot (a^*a)^{\frac{1}{4}}$，则

$$|\operatorname{tr}(ab)| = |\langle (a^*a)^{\frac{1}{4}}, (bw(a^*a)^{\frac{1}{4}})^* \rangle_2| \leqslant \|b\| \|(a^*a)^{\frac{1}{4}}\|_2^2$$
$$= \|b\| \|a\|_1.$$

证毕.

定理 1.1.14 1) $C(\mathscr{H})^* = T(\mathscr{H})$，即对任意的 $f \in C(\mathscr{H})^*$，有唯一的 $a \in T(\mathscr{H})$，使得

$$\|f\| = \|a\|_1, \quad f(c) = \operatorname{tr}(ac), \quad \forall c \in C(\mathscr{H})$$

反之对任意的 $a \in T(\mathscr{H})$，$\operatorname{tr}(a \cdot)$ 决定 $C(\mathscr{H})$ 上范为 $\|a\|_1$ 的线性泛函；

2) $T(\mathscr{H})^* = B(\mathscr{H})$，即对任意的 $f \in T(\mathscr{H})^*$，有唯一的 $b \in B(\mathscr{H})$，使得

$$\|f\| = \|b\|, \quad f(a) = \operatorname{tr}(ab), \quad \forall a \in T(\mathscr{H})$$

反之对任意的 $b \in B(\mathscr{H})$，$\operatorname{tr}(b \cdot)$ 决定 $T(\mathscr{H})$ 上范为 $\|b\|$ 的线性泛函.

证. 1) 设 $a \in T(\mathscr{H})$，$\{\lambda_n\}$ 是 $(a^*a)^{\frac{1}{2}}$ 的正本征值全体，ξ_n 是 λ_n 相应的规范本征矢，$\forall n$. 对正整数 N，定义有限秩算子 c：

$$cw\xi_i = \xi_i, \quad 1 \leqslant i \leqslant N, \quad c[w\xi_1, \cdots, w\xi_N]^\perp = \{0\}$$

这里 $a = w(a^*a)^{\frac{1}{2}}$ 是极分解. 显然 $\|c\| = 1$，又

$$|\operatorname{tr}(ac)| = \left| \sum_i \langle (a^*a)^{\frac{1}{2}} cw\xi_i, \xi_i \rangle \right| = \sum_{i=1}^{N} \lambda_i \to \|a\|_1.$$

因此, $\operatorname{tr}(a \cdot)$ 决定 $C(\mathcal{H})$ 上范为 $\|a\|_1$ 的线性泛函.

今设 $f \in C(\mathcal{H})^*$, 对于任意的一秩算子 $\xi \otimes \eta$, 当固定 ξ 时, $\overline{f(\xi \otimes \eta)}$ 是 η 的有界线性泛函, 因此有 $\mathcal{H}$ 的唯一元 $a\xi$, 使得

$$f(\xi \otimes \eta) = \langle a\xi, \eta \rangle, \quad \forall \eta \in \mathcal{H},$$

显然 a 对于 ξ 是线性的, 并且

$$\|a\| = \sup\{ |\langle a\xi, \eta \rangle| \mid \|\xi\| = \|\eta\| = 1 \} \leqslant \|f\|.$$

由于 $f(c) = \operatorname{tr}(ac)$, $\forall c \in F(\mathcal{H})$, 因此只须证 $a \in T(\mathcal{H})$. 极分解 $a = w(a^*a)^{\frac{1}{2}}$, 并设 $\{\xi_l\}_{l \in \Lambda}$ 是 w 始域的直交规范基. 对 Λ 的任意有限子集 F, $c_F = \sum_{l \in F} \xi_l \otimes w\xi_l$ 是 $\mathcal{H}$ 中范数为 1 的有限秩算子, 从而

$$\left| \sum_{l \in F} \langle (a^*a)^{\frac{1}{2}} \xi_l, \xi_l \rangle \right| = |\operatorname{tr}(ac_F)| = |f(c_F)| \leqslant \|f\|.$$

F 是任意的, 因此, $a \in T(\mathcal{H})$.

2) 设 $b \in B(\mathcal{H})$, 注意 $\|b\| = \sup\{ |\langle b\xi, \eta \rangle| \mid \|\xi\| = \|\eta\| = 1 \}$ 及 $\operatorname{tr}(b \cdot \xi \otimes \eta) = \langle b\xi, \eta \rangle$ $(\forall \xi, \eta \in \mathcal{H})$, 因此, $\operatorname{t_r}(b \cdot)$ 决定 $T(\mathcal{H})$ 上范数为 $\|b\|$ 的线性泛函.

今设 $f \in T(\mathcal{H})^*$, 由于

$$|f(\xi \otimes \eta)| \leqslant \|f\| \|\xi \otimes \eta\|_1 = \|f\| \|\xi\| \|\eta\|, \quad \forall \xi, \eta \in \mathcal{H},$$

所以有 $b \in B(\mathcal{H})$, 使得

$$f(\xi \otimes \eta) = \langle b\xi, \eta \rangle, \quad \forall \xi, \eta \in \mathcal{H}.$$

又 $F(\mathcal{H})$ 在 $T(\mathcal{H})$ 中稠, 因此, $f(a) = \operatorname{tr}(ab), \forall a \in T(\mathcal{H})$. 证毕.

注 本节见参考文献 [13], [98], [99].

§2. $B(\mathcal{H})$ 中的拓扑

设 $\mathcal{H}$ 是复 Hilbert 空间, 在 $B(\mathcal{H})$ 中, 我们引入下列局部

凸的 Hausdorff 线性拓扑：

1）弱算子拓扑，网 $a_l \to 0$，指
$$\langle a_l \xi, \eta \rangle \to 0, \quad \forall \xi, \eta \in \mathscr{H};$$

2）强算子拓扑，网 $a_l \to 0$，指 $\|a_l \xi\| \to 0, \forall \xi \in \mathscr{H}$；

3）强 * 算子拓扑，网 $a_l \to 0$，指 $(\|a_l \xi\| + \|a_l^* \xi\|) \to 0$，$\forall \xi \in \mathscr{H}$；

4）σ-弱算子拓扑，网 $a_l \to 0$，指
$$\sum_n \langle a_l \xi_n, \eta_n \rangle \to 0, \quad \forall \sum_n (\|\xi_n\|^2 + \|\eta_n\|^2) < \infty$$

5）σ-强算子拓扑，网 $a_l \to 0$，指 $\sum_n \|a_l \xi_n\|^2 \to 0$，$\forall \sum_n \|\xi_n\|^2 < \infty$；

6）$\sigma(B(\mathscr{H}), T(\mathscr{H}))$，网 $a_l \to 0$，指 $\mathrm{tr}(a_l a) \to 0, \forall a \in T(\mathscr{H})$，即是 $B(\mathscr{H})$ 作为 $T(\mathscr{H})$ 的共轭空间中的弱 * 拓扑；

7）$s(B(\mathscr{H}), T(\mathscr{H}))$，网 $a_l \to 0$，指网 $\{a_l^* a_l\}$ 依 $\sigma(B(\mathscr{H}), T(\mathscr{H}))$ 收敛于 0；

8）$s^*(B(\mathscr{H}), T(\mathscr{H}))$，网 $a_l \to 0$，指网 $\{a_l^* a_l\}$ 与 $\{a_l a_l^*\}$ 都依 $\sigma(B(\mathscr{H}), T(\mathscr{H}))$ 收敛于 0；

9）Mackey 拓扑 $\tau(B(\mathscr{H}), T(\mathscr{H}))$，网 $a_l \to 0$，指
$$\mathrm{tr}(a_l a) \to 0, \quad \text{对 } a \in E \text{ 一致}$$
或者 0 点有邻域基形如
$$E^\circ = \{a \in B(\mathscr{H}) \,\big|\, |\mathrm{tr}(ab)| \leqslant 1, \forall b \in E\}.$$
上面 E 是 $T(\mathscr{H})$ 的任意 $\sigma(T(\mathscr{H}), B(\mathscr{H}))$ 紧子集[1]；

10）一致拓扑，即算子范数产生的拓扑。

命题 1.2.1 1）算子的 * 运算依上面所说的拓扑 1），3），4），6），8），9），10）是连续的；2）任意固定 $b \in B(\mathscr{H})$，则 $B(\mathscr{H})$ 中的映象 $\cdot \longrightarrow \cdot b$ 与 $\cdot \longrightarrow b \cdot$ 依上面所有的拓扑都是连续的；3）如果在 $B(\mathscr{H})$ 的有界（依算子范数而言）球中的网 $\{a_l\}, \{b_r\}$

1）$\sigma(T(\mathscr{H}), B(\mathscr{H}))$ 指 $T(\mathscr{H})$ 中（对于 $T(\mathscr{H})^* = B(\mathscr{H})$）的弱拓扑.

分别依强算子拓扑收敛于 a，b，则网 $\{a_\iota b_\iota\}$ 也依强算子拓扑收敛于 ab.

证. 如果网 $\{a_\iota\}\subset T(\mathscr{H})$，且依 $\sigma(T(\mathscr{H}),\ B(\mathscr{H}))$ 收敛于 0，即 $\mathrm{tr}(a_\iota b)\to$ ，$\forall b\in B(\mathscr{H})$，注意 $\mathrm{tr}(a_\iota^* b)=\overline{\mathrm{tr}(a_\iota b^*)}$，所以 $\{a_\iota^*\}$ 也依 $\sigma(T(\mathscr{H}),\ B(\mathscr{H}))$ 收敛于 0. 当然对任意的 $b\in B(\mathscr{H})$，$\{a_\iota b\}$ 与 $\{ba_\iota\}$ 也依 $\sigma(T(\mathscr{H}),\ B(\mathscr{H}))$ 收敛于 0. 因此，如果 E 是 $T(\mathscr{H})$ 的 $\sigma(T(\mathscr{H}),\ B(\mathscr{H}))$ 紧子集，则 $E^*=\{a^*|a\in E\}$，bE 与 Eb 都是 $T(\mathscr{H})$ 的 $\sigma(T(\mathscr{H}),\ B(\mathscr{H}))$紧子集. 由此对拓扑 $\tau(B(\mathscr{H}),\ T(\mathscr{H}))$，命题成立. 其余部分留给读者. 证毕.

命题 1.2.2 设 f 是 $B(\mathscr{H})$ 上的线性泛函，则下列是相互等价的：

1) f 是 $\sigma(B(\mathscr{H}),\ T(\mathscr{H}))$ 连续的；

2) 存在唯一的 $a\in T(\mathscr{H})$，使得 $f(b)=\mathrm{tr}(ab)$，$\forall b\in B(\mathscr{H})$；

3) 存在 $\{\xi_n\}$，$\{\eta_n\}\subset\mathscr{H}$，$\sum\limits_n (\|\xi_n\|^2+\|\eta_n\|^2)<\infty$，使得 $f(b)=\sum\limits_n \langle b\xi_n,\eta_n\rangle$，$\forall b\in B(\mathscr{H})$.

此外，为了 $f\geqslant 0$（即对 $\mathscr{H}$ 中任意的正算子 b 有 $f(b)\geqslant 0$），当且仅当，$a\geqslant 0$. 这时并可取 $\xi_n=\eta_n$，$\forall n$.

证. 由于 $T(\mathscr{H})^*=B(\mathscr{H})$，1) 与 2) 的等价性是显然的. 这时如果 $f\geqslant 0$，对任意的 $\xi\in\mathscr{H}$，命 p 为 $\mathscr{H}$ 到 $[\xi]$ 上的投影，则

$$\|\xi\|^{-2}\langle a\xi,\ \xi\rangle=\mathrm{tr}(ap)=f(p)\geqslant 0$$

即 $a\geqslant 0$. 反之如果 $a\geqslant 0$，自然 $f\geqslant 0$.

2) 推导 3) 写 $a=a_1 a_2$，使得 a_1 与 $a_2^*=a_2$ 都 $\in S(\mathscr{H})$. 但 $f(b)=\mathrm{tr}(a_2 ba_1)=\sum\limits_{\iota\in\Lambda}\langle ba_1\xi_\iota,\ a_2\xi_\iota\rangle$，这里 $b\in B(\mathscr{H})$，$\{\xi_\iota\}_{\iota\in\Lambda}$ 是 $\mathscr{H}$ 的直交规范基，因此有 Λ 的可数子集 J，使得 $a_1\xi_\iota=a_2\xi_\iota=0$，$\forall \iota\notin J$. 从而，$f(b)=\sum\limits_{\iota\in J}\langle \iota a_1\xi_\iota,\ a_2\xi_\iota\rangle$，$\forall b\in B(\mathscr{H})$，及

$\sum_{l \in J} (\|a_1 \xi_l\|^2 + \|a_2 \xi_l\|^2) < \infty$. 这时如果 $f \geqslant 0$, 取 $a_1 = a_2 = a^{\frac{1}{2}}$, 则 $a_1 \xi_l = a_2 \xi_l, \forall l \in J$.

3) 推导 2) 取 $\mathcal{H}$ 的直交规范列 $\{\zeta_n\}$, 并命 $a_1 \xi_n = \xi_n$, $a_2 \zeta_n = \eta_n$, $\forall n$, 及 $a_i[\zeta_n | n]^\perp = \{0\}$, $i = 1, 2$. 易见 $a_1, a_2 \in S(\mathcal{H})$, 从而 $a = a_1 a_2^* \in T(\mathcal{H})$, 以及对任意的 $b \in B(\mathcal{H})$,

$$f(b) = \sum_n \langle b a_1 \zeta_n, a_2 \zeta_n \rangle = \text{tr}(a_2 b a_1) = \text{tr}(ab).$$

证毕.

定理 1.2.3 前面列举的诸拓扑有下面的关系:

$$
\begin{array}{ccc}
 & \text{拓扑 6)} \sim \text{拓扑 4)} & \\
\text{拓扑 10)} \prec \text{拓扑 9)} \prec & \curlyvee & \prec \text{拓扑 1)} \\
\text{拓扑 8)} \prec & \text{拓扑 7)} \sim \text{拓扑 5)} \prec \text{拓扑 2)} & \\
 & \curlyvee & \\
 & \text{拓扑 8)} \prec \text{拓扑 3)} &
\end{array}
$$

其中符号拓扑 $i) \prec$ 拓扑 $j)$ 表示: 拓扑 $i)$ 较之拓扑 $j)$ 为强, 符号 $\sim$ 则表示拓扑等价.

证. 我们显然有: 拓扑 10) $\prec$ 拓扑 9) $\prec$ 拓扑 6), 拓扑 8) $\prec$ 拓扑 7), 拓扑 3) $\prec$ 拓扑 2) $\prec$ 拓扑 1), 拓扑 5) $\prec$ 拓扑 2), 拓扑 5) $\prec$ 拓扑 4) $\prec$ 拓扑 1).

拓扑 4) 与拓扑 6) 的等价性 依命题 1.2.2 立见.

拓扑 5) 与拓扑 7) 的等价性 设网 $\{a_l\}$ 依 $s(B(\mathcal{H}), T(\mathcal{H}))$ 收敛于 0, 由于拓扑 4) $\sim$ 拓扑 6), $\{a_l^* a_l\}$ 依 σ-弱算子拓扑收敛于 0, 特别 $\{a_l\}$ 将依 σ-强算子拓扑收敛于 0. 反之设 $\{a_l\}$ 依 σ-强算子拓扑收敛于 0, 对任何的 $0 \leqslant a \in T(\mathcal{H})$, 由命题 1.2.2, 存在 $\{\xi_n\} \subset \mathcal{H}$, $\sum_n \|\xi_n\|^2 < \infty$, 使得

$$\text{tr}(ab) = \sum_n \langle b \xi_n, \xi_n \rangle, \ \forall b \in B(\mathcal{H})$$

因此, $\text{tr}(a_l^* a_l a) = \sum_n \|a_l \xi_n\|^2 \to 0$, 即 $\{a_l\}$ 也是 $s(B(\mathcal{H}),$

$T(\mathcal{H})$) 收敛于 0 的.

今证明 $\tau(B(\mathcal{H}),\ T(\mathcal{H}))\prec s\ (B(\mathcal{H}),\ T(\mathcal{H}))\prec$ $\sigma(B(\mathcal{H}),\ T(\mathcal{H}))$. 依照 Mackey 定理[1]及 $s(B(\mathcal{H}),T(\mathcal{H}))$ $\sim \sigma$-强算子拓扑, 只须证明: $B(\mathcal{H})$ 上任意的 σ-强算子拓扑连续的线性泛函 f 必是 $\sigma(B(\mathcal{H}),\ T(\mathcal{H}))$ 连续的. 对这样的 f, 有 0 点的 σ-强算子邻域 $U=U(0,\ (\xi_n^{(1)}),\ \cdots,\ (\xi_n^{(k)})$, $1)$, 使得 $|f(b)|\leqslant 1,\ \forall b\in U$, 这里 $\sum_n \|\xi_n^{(i)}\|^2 < \infty,\ 1\leqslant i\leqslant k$. 如果命 $(\xi_n)=\bigcup_{i=1}^{k'}(\xi_n^{(i)})$, 则 $\sum_n\|\xi_n\|^2<\infty$, 及

$$|f(b)|\leqslant\Big(\sum_n\|b\xi_n\|^2\Big)^{\frac{1}{2}},\ \forall b\in B(\mathcal{H})$$

作 $\widetilde{\mathcal{H}}=\sum_{i=1}^{\infty}\oplus\mathcal{H}_i$, $\mathcal{H}_i=\mathcal{H},\forall i$, 于是 $\xi=(\xi_n)\in\widetilde{\mathcal{H}}$. 对任意的 $b\in B(\mathcal{H})$, 定义 $\widetilde{b}\widetilde{\eta}=(b\eta_n),\ \forall\widetilde{\eta}=(\eta_n)\in\widetilde{\mathcal{H}}$, 则 $\widetilde{b}\in B(\widetilde{\mathcal{H}})$. 依此符号, $|f(b)|\leqslant\|\widetilde{b}\xi\|,\ \forall b\in B(\mathcal{H})$. 特别 $\widetilde{b}\xi=0$ 时, $f(b)=0$. 从而可以在 $\widetilde{\mathcal{H}}$ 的线性子空间 $\{\widetilde{b}\xi|b\in B(\mathcal{H})\}$ 上定义线性泛函 $\widetilde{f}$

$$\widetilde{f}(\widetilde{b}\xi)=f(b),\ \forall b\in B(\mathcal{H}),$$

且已指出 $|\widetilde{f}(\widetilde{b}\xi)|=|f(b)|\leqslant\|\widetilde{b}\xi\|$, 因此可把 $\widetilde{f}$ 连续开拓到整个 $\widetilde{\mathcal{H}}$ 之上, 即有 $\widetilde{\eta}=(\eta_n)\in\widetilde{\mathcal{H}}$, 使得

$$f(b)=\widetilde{f}(\widetilde{b}\xi)=\langle\widetilde{b}\xi,\widetilde{\eta}\rangle=\sum_n\langle b\xi_n,\eta_n\rangle$$

$\forall b\in B(\mathcal{H})$. 再依命题 1.2.2, f 是 $\sigma(B(\mathcal{H}),\ T(\mathcal{H}))$ 连续的.

$\tau(B(\mathcal{H}),T(\mathcal{H}))\prec s^*(B(\mathcal{H}),\ T(\mathcal{H}))$ 由 $*$ 运算依 $\tau(B(\mathcal{H}),\ T(\mathcal{H}))$ 的连续性 (命题 1.2.1) 及 $\tau(B(\mathcal{H}),T(\mathcal{H}))\prec s(B(\mathcal{H}),\ T(\mathcal{H}))$ 立见.

最后拓扑 8) $\prec$ 拓扑 3) 由拓扑 5) $\sim$ 拓扑 7) 立见. 证毕.

———————————

1) 本节中用到的一些关于 Banach 空间对偶理论的标准结果, 可见参考文献 [22], [60]

定理 1.2.4 在 $B(\mathscr{H})$ 的任意有界球中，弱算子拓扑～$\sigma(B(\mathscr{H}), T(\mathscr{H}))$，强算子拓扑～$s(B(\mathscr{H}), T(\mathscr{H}))$，强＊算子拓扑～$s*(B(\mathscr{H}), T(\mathscr{H}))$。

证. 设 $\|a_l\| \leqslant K$，$\forall l$，且 $a_l \xrightarrow{\text{弱算子}} 0$，对于任意的 $\{\xi_n\}$，$\{\eta_n\} \subset \mathscr{H}$，$\sum_n (\|\xi_n\|^2 + \|\eta_n\|^2) < \infty$，则

$$\left| \sum_n \langle a_l \xi_n, \eta_n \rangle \right| \leqslant \sum_{n=1}^N |\langle a_l \xi_n, \eta_n \rangle| + \frac{K}{2} \sum_{n>N} (\|\xi_n\|^2 + \|\eta_n\|^2)$$

由此即见 $\{a_l\}$ 也依 σ-弱算子拓扑收敛于 0. 其余结论相仿证明. 证毕.

以后，我们还将指出，在 $B(\mathscr{H})$ 的任意有界球中，$s*(B(\mathscr{H}), T(\mathscr{H})) \sim \tau(B(\mathscr{H}), T(\mathscr{H}))$. 但另一方面，我们却有

命题 1.2.5 如果 $\mathscr{H}$ 是无穷维的，则在整个 $B(\mathscr{H})$ 中，$s*(B(\mathscr{H}), T(\mathscr{H}))$ 与 $\tau(B(\mathscr{H}), T(\mathscr{H}))$ 并不等价.

证. 设 $\{p_n\}$ 是 $\mathscr{H}$ 中相互直交的非零投影无穷列，记 $K = \{\sqrt{n}\, p_n | n = 1, 2, \cdots\}$. 由于任意迹类算子是迹类正算子的线性和，因此，$0$ 点有 $s*(B(\mathscr{H}), T(\mathscr{H}))$ 的邻域基形如

$$U(0, a_1, \cdots, a_k, \varepsilon) = \{a \in B(\mathscr{H}) | \text{tr}((a*a + aa*)a_i)$$
$$< \varepsilon, 1 \leqslant i \leqslant k\},$$

其中 $0 \leqslant a_i \in T(\mathscr{H})$，$1 \leqslant i \leqslant k$. 我们说 K 与这样的每个邻域的交是非空的. 若不然，存在 $0 \leqslant a_i \in T(\mathscr{H})$，$1 \leqslant i \leqslant k$ 及 $\varepsilon > 0$，使得

$$n\text{tr}(p_n a) \geqslant \varepsilon, \quad \forall n$$

这里 $a = \sum_{i=1}^k a_i \in T(\mathscr{H})$. 令 $p = \sum_n p_n$，则

$$\text{tr}(pa) = \lim_N \text{tr}\left(\sum_{n=1}^N p_n a\right) \geqslant \lim_N \sum_{n=1}^N \frac{\varepsilon}{n} = +\infty$$

这不可能. 因此，0 点属于 K 的 $s*(B(\mathscr{H}), T(\mathscr{H}))$ 闭包.

现在只须证明 0 点并不属于 K 的 $\tau(B(\mathscr{H}), T(\mathscr{H}))$ 闭

包. 对每个 n，取 $\xi_n \in p_n \mathscr{H}$，$\|\xi_n\| = 1$，于是，$c_n = \dfrac{2}{\sqrt{n}}\xi_n \otimes$
$\xi_n \in T(\mathscr{H})$，并且 $\|c_n\|_1 = \dfrac{2}{\sqrt{n}} \to 0$．从而，$L = \{0, c_n | n = 1, 2, \cdots\}$ 是 $T(\mathscr{H})$ 的依迹范数的紧子集，所以也是 $\sigma(T(\mathscr{H}), B(\mathscr{H}))$ 紧的．因此，

$$L^\circ = \{b \in B(\mathscr{H})|\ \ |\mathrm{tr}(bc_n)| \leqslant 1,\ \forall n\}$$

是 0 点的 $\tau(B(\mathscr{H}), T(\mathscr{H}))$ 邻域．由于 $\mathrm{tr}(\sqrt{n}\, p_n c_n) = 2$，$\forall n$，所以，$\sqrt{n}\, p_n \notin L^\circ$，$\forall n$，即 $K \cap L^\circ = \varnothing$．这说明 0 点不属于 K 的 $\tau(B(\mathscr{H}), T(\mathscr{H}))$ 闭包．证毕．

由定理 1.2.3 与 1.2.4，并依照 Banach 空间中对偶理论的标准结果，判断 $B(\mathscr{H})$ 上线性泛函的 $\sigma(B(\mathscr{H}), T(\mathscr{H}))$ 连续性，除去命题 1.2.2 外，我们还有

命题 1.2.6 设 f 是 $B(\mathscr{H})$ 上的线性泛函，则下列条件是相互等价的：1) f 是 $\sigma(B(\mathscr{H}), T(\mathscr{H}))$ 连续的；2) f 是 $s(B(\mathscr{H}), T(\mathscr{H}))$ 连续的；3) f 是 $s^*(B(\mathscr{H}), T(\mathscr{H}))$ 连续的；4) f 是 $\tau(B(\mathscr{H}), T(\mathscr{H}))$ 连续的；5) f 限于 $B(\mathscr{H})$ 的任意有界球是弱算子连续的；6) f 限于 $B(\mathscr{H})$ 的任意有界球是强算子连续的；7) f 限于 $B(\mathscr{H})$ 的任意有界球是强 $*$ 算子连续的．

关于 $B(\mathscr{H})$ 上弱（或强）算子连续线性泛函，我们有

命题 1.2.7 设 f 是 $B(\mathscr{H})$ 上的线性泛函，则下列条件是相互等价的：

1) f 是弱算子连续的；

2) f 是强算子连续的；

3) 存在唯一的 $v \in F(\mathscr{H})$，使得

$$f(b) = \mathrm{tr}(bv),\quad \forall b \in B(\mathscr{H});$$

4) 存在 $\xi_1, \cdots, \xi_n, \eta_1, \cdots, \eta_n \in \mathscr{H}$，使得

$$f(b) = \sum_{i=1}^{n} \langle b\xi_i, \eta_i \rangle,\quad \forall b \in B(\mathscr{H}).$$

此外，$f \geqslant 0$，当且仅当，$v \geqslant 0$. 这时并可选取 $\xi_i = \eta_i$，$1 \leqslant i \leqslant n$.

证. 显然 3) 与 4) 是等价的，并且从 3) 或 4) 可以推导出 1) 与 2). 又强算子拓扑 $\prec$ 弱算子拓扑，所以只须由 2) 来推导 4).

设 f 是强算子连续的，于是有 0 点的强算子邻域 $U = U(0, \zeta_1, \cdots, \zeta_m, 1) = \{ b \in B(\mathscr{H}) \mid \| b\zeta_i \| \leqslant 1, 1 \leqslant i \leqslant m \}$，使得 $|f(b)| \leqslant 1$，$\forall b \in U$. 命 $\{\xi_1, \cdots, \xi_n\}$ 为 $[\zeta_1, \cdots, \zeta_m]$ 的直交规范基，于是只须 $\varepsilon > 0$ 充分小，0 点的强算子邻域 $V = U(0, \xi_1, \cdots, \xi_n, \varepsilon) \subset U$. 特别，如果 $b \in B(\mathscr{H})$，$b\xi_i = 0$，$1 \leqslant i \leqslant n$，则 $f(b) = 0$.

f 当然也是 $s(B(\mathscr{H}), T(\mathscr{H}))$ 连续的，依命题 1.2.6，有 $a \in T(\mathscr{H})$，使得 $f(b) = \mathrm{tr}(ab)$，$\forall b \in B(\mathscr{H})$. 如果 $\{\xi_l\}$ 是 $\mathscr{H}$ 的包含 $\{\xi_1, \cdots, \xi_n\}$ 的直交规范基，取 $c \in B(\mathscr{H})$，使得

$$c\xi_i = 0, \ 1 \leqslant i \leqslant n, \ c\xi_l = a^*\xi_l, \ \forall l \neq 1, \cdots, n,$$

则 $0 = f(c) = \mathrm{tr}(ac) = \sum_l \langle ac\xi_l, \xi_l \rangle = \sum_{l \neq 1, \cdots, n} \| a^*\xi_l \|^2$，因此 $a^*\xi_l = 0$，$\forall l \neq 1, \cdots, n$. 今若命 $a^*\xi_i = \eta_i$，$1 \leqslant i \leqslant n$，则

$$f(b) = \mathrm{tr}(ab) = \sum_l \langle ab\xi_l, \xi_l \rangle = \sum_{i=1}^{n} \langle b\xi_i, \eta_i \rangle, \ \forall b \in B(\mathscr{H}).$$

最后，关于 $f \geqslant 0$ 的结论，实际上已包含在命题 1.2.2 之中. 证毕.

关于 $B(\mathscr{H})$ 的凸子集依照各种拓扑的闭性，依照命题 1.2.6, 1.2.7，分离性定理与 Krein-Šmulian 定理，我们有

命题 1.2.8 设 K 是 $B(\mathscr{H})$ 的凸子集，则下列条件是相互等价的：1) K 是 $\sigma(B(\mathscr{H}), T(\mathscr{H}))$ 闭的；2) K 是 $s(B(\mathscr{H}), T(\mathscr{H}))$ 闭的；3) K 是 $s^*(B(\mathscr{H}), T(\mathscr{H}))$ 闭的；4) K 是 $\tau(B(\mathscr{H}), T(\mathscr{H}))$ 闭的；5) $K \cap \lambda S$ 是弱算子闭的，$\forall \lambda > 0$；6) $K \cap \lambda S$ 是强算子闭的，$\forall \lambda > 0$；7) $K \cap \lambda S$ 是强 * 算子闭的，$\forall \lambda > 0$. 这里 S 是 $B(\mathscr{H})$ 的单位球. 此外，如果 K 还是有界的，则条件 5), 6), 7) 中的 $K \cap \lambda S$ 可直接代以 K.

命题 1.2.9 设 K 是 $B(\mathscr{H})$ 的凸子集，则 K 依弱算子的闭包等于它依强算子的闭包；K 的弱算子闭性等价于它的强算子闭性.

作为本节的结束，我们要提到下面的命题，这在以后，是经常使用的.

命题 1.2.10 如果 $\{a_l\}$ 是 $B(\mathscr{H})$ 的由自伴元组成的有界递增网，即有常数 M，使得 $\|a_l\| \leqslant M$，$\forall l$，以及如果 $l' \geqslant l$，就有 $a_{l'} \geqslant a_l$，那么，依照强算子拓扑，$a_l \to a = \sup\limits_l a_l$.

证. 对任意的 $\xi \in \mathscr{H}$，$\{\langle a_l \xi, \xi \rangle\}$ 递增、有界，因此，$\langle a_l \xi, \xi \rangle \to \langle a\xi, \xi \rangle = \sup\limits_l \langle a_l \xi, \xi \rangle$. 由极化公式，可见 $\langle a_l \xi, \eta \rangle \to \langle a\xi, \eta \rangle$，$\forall \xi, \eta \in \mathscr{H}$. 因此，$a \in B(\mathscr{H})$，$a = \sup\limits_l a_l$，及 $a_l \xrightarrow{\text{弱算子}} a$. 又对任意的 $\xi \in \mathscr{H}$，

$$\|(a - a_l)\xi\|^2 \leqslant \|(a - a_l)^{\frac{1}{2}}\|^2 \cdot \|(a - a_l)^{\frac{1}{2}}\xi\|^2$$
$$\leqslant 2M\langle (a - a_l)\xi, \xi \rangle \to 0,$$

所以，$a_l \xrightarrow{\text{强算子}} a$. 证毕.

注 本节见参考文献 [13]，[78]，[79]，[93]，[135].

§3. vN 代数的定义

定义 1.3.1 设 $\mathscr{H}$ 是复 Hilbert 空间，$B(\mathscr{H})$ 的 $*$ 子代数 M 称为 von Neumann 代数，往后简记作 vN 代数，指

$$M = M'',$$

这里 $M' = \{b' \in B(\mathscr{H}) \mid b'a = ab', \forall a \in M\}$（称为 M 的交换子），而 $M'' = (M')'$.

如果 $\mathfrak{M} \subset B(\mathscr{H})$，$M$ 是包含 $\mathfrak{M}$ 的最小的 vN 代数，则称 M 为由 $\mathfrak{M}$ 生成的 vN 代数.

命题 1.3.2 设 $\mathfrak{M} \subset B(\mathscr{H})$，则 $\mathfrak{M}$ 生成的 vN 代数是 $(\mathfrak{M} \cup \mathfrak{M}^*)''$. 此外，$(\mathfrak{M} \cup \mathfrak{M}^*)'$ 也是 vN 代数. 特别，vN 代数的交换子是 vN 代数.

证. 显然，$(\mathfrak{M} \cup \mathfrak{M}^*) \subset (\mathfrak{M} \cup \mathfrak{M}^*)''$，$(\mathfrak{M} \cup \mathfrak{M}^*)' \subset (\mathfrak{M} \cup$

$\mathfrak{M}*)''$. 于是,如果 $a \in (\mathfrak{M} \cup \mathfrak{M}*)'''$,则 $ab = ba$,$\forall b \in (\mathfrak{M} \cup \mathfrak{M}*)''$. 特别,$ab = ba$,$\forall b \in (\mathfrak{M} \cup \mathfrak{M}*)$,所以,$a \in (\mathfrak{M} \cup \mathfrak{M}*)'$. 即 $(\mathfrak{M} \cup \mathfrak{M}*)' = (\mathfrak{M} \cup \mathfrak{M}*)'''$ 是 vN 代数. 同证 $(\mathfrak{M} \cup \mathfrak{M}*)''$ 是 vN 代数. 今若 N 是任意的包含 $\mathfrak{M}$ 的 vN 代数,则 $N \supset (\mathfrak{M} \cup \mathfrak{M}*)$. 于是,$N' \subset (\mathfrak{M} \cup \mathfrak{M}*)'$,$N'' = N \supset (\mathfrak{M} \cup \mathfrak{M}*)''$. 即 $(\mathfrak{M} \cup \mathfrak{M}*)''$ 是 $\mathfrak{M}$ 生成的 vN 代数. 证毕.

命题 1.3.3 1) 设 M 是 $\mathcal{H}$ 中的 vN 代数,则 M 是弱算子闭的,并且 $1 \in M$. 从而,M 是 Banach 空间 $T(\mathcal{H})$ 的商空间 $T(\mathcal{H})/M_\perp$ 的共轭空间,这里

$$M_\perp = \{a \in T(\mathcal{H}) | \operatorname{tr}(ab) = 0, \forall b \in M\};$$

2) 设 $\{M_l\}$ 是 $\mathcal{H}$ 中一族 vN 代数,则 $M = \bigcap_l M_l$ 也是 vN 代数,并且 M' 由 $\bigcup_l M_l'$ 生成.

证. 1) 是显然的. 今证 2). 显然下列条件是相互等价的: ① $a \in M$;② $a \in M_l$,$\forall l$;③ a 与 M_l' 交换,$\forall l$;④ a 与 $\bigcup_l M_l'$ 交换;⑤ $a \in \left(\bigcup_l M_l'\right)'$. 因此,$M = \left(\bigcup_l M_l'\right)'$ 是 vN 代数以及 $M' = \left(\bigcup_l M_l'\right)''$. 证毕.

命题 1.3.4 设 M 是 $\mathcal{H}$ 中的 vN 代数.

1) 如果 $a \in M$,$a = vh$ 是极分解,则 $v, h \in M$. 特别,$\mathcal{H}$ 到 $\overline{a \cdot \mathcal{H}}$($a$ 的值域的闭包)上的投影 $(= vv*) \in M$;

2) 如果 a 是 M 的正规元(即 $a*a = aa*$),$e(\cdot)$ 是 a 的谱测度,则 $e(\Delta) \in M$,$\forall \Delta$ 是 $\mathbf{C}$ 的 Borel 子集;

3) M 是其投影全体依一致拓扑的线性闭包,M 也是其酉元全体的线性包.

证. 1) 显然 $h = (a*a)^{1/2} \in M$. 今设 $b' \in M'$,如果 $\xi \in [a*\mathcal{H}]^\perp$,则 $a\xi = v\xi = 0$,$ab'\xi = b'a\xi = 0$,所以 $b'\xi \in [a*\mathcal{H}]^\perp$,从而 $vb'\xi = 0 = b'v\xi$. 对任意的 $\eta \in \mathcal{H}$,

$$b'v(a*a)^{1/2}\eta = b'a\eta = ab'\eta = v(a*a)^{1/2}b'\eta = vb'(a*a)^{1/2}\eta$$

但 $(a^*a)^{1/2}\mathcal{H}$ 在 $\overline{a^*\mathcal{H}}$ 中稠，所以 $b'v\zeta = vb'\zeta,\ \forall\zeta\in\overline{a^*\mathcal{H}}$. 由此，$b'v = vb',\ \forall b'\in M'$，即 $v\in M$.

2）设 $b'\in M'$，由于 $ab' = b'a$，因此，$e(\Delta)b' = b'e(\Delta)$，即 $e(\Delta)\in M'' = M,\ \forall\Delta$ 是 C 的 Borel 子集.

3）由于 M 的自伴元的谱族仍然属于 M，因此，M 是其投影全体依一致拓扑的线性闭包. 今设 $h = h^*\in M$，$\|h\|\leqslant 1$，于是 $(1 - h^2)^{1/2}\in M$. 从而，$(h\pm i(1 - h^2)^{1/2})$ 是 M 的酉元. 这就说明 M 是其酉元全体的线性包. 证毕.

命题 1.3.5 设 M 是 $\mathcal{H}$ 中的 vN 代数，则 M 的投影全体依照包含关系[1]是完全格，并且如果 $\{p_l\}_{l\in\Lambda}$ 是 M 的一族投影，则

$$\sup_{l\in\Lambda} p_l = (\text{强算子})\text{-}\lim_F \sup_{l\in F} p_l = \mathcal{H}\ \text{到}\ \left[\overline{\bigcup_l p_l\mathcal{H}}\right]\ \text{上的投影}$$

$$\inf_{l\in\Lambda} p_l = (\text{强算子})\text{-}\lim_F \inf_{l\in F} p_l = \mathcal{H}\ \text{到}\ \bigcap_{l\in\Lambda} p_l\mathcal{H}\ \text{上的投影}.$$

这里 F 是 Λ 的有限子集，依包含关系成为定向指标.

证. 首先如果 p,q 是 M 的投影，注意

$$\overline{[p\mathcal{H} + q\mathcal{H}]} = q\mathcal{H}\oplus\overline{[(1-q)p\mathcal{H}]},$$

由命题 1.3.4，$\mathcal{H}$ 到 $\overline{[(1-q)p\mathcal{H}]}$ 上的投影 $\in M$，从而，$\mathcal{H}$ 到 $\overline{[p\mathcal{H} + q\mathcal{H}]}$ 上的投影 $\in M$，即 $\sup\{p,q\}\in M$. 又

$$\overline{[p\mathcal{H} + q\mathcal{H}]} = (p\mathcal{H}\cap q\mathcal{H})\oplus\overline{[(1 - p)q\mathcal{H}]}$$
$$\oplus\overline{[(1 - q)p\mathcal{H}]}$$

因此，$\inf\{p,q\}\in M$.

进而可见，对 Λ 的任意有限子集 F，

$$\sup_{l\in F} p_l\in M,\quad \inf_{l\in F} p_l\in M.$$

今依命题 1.2.10 及 M 也是强算子闭的，

$$\sup_{l\in\Lambda} p_l = \sup_F \sup_{l\in F} p_l = (\text{强算子})\text{-}\lim_F \sup_{l\in F} p_l\in M.$$

同样考虑 $\{(1 - \inf_{l\in F} p_l)|F\ \text{是}\ \Lambda\ \text{的有限子集}\}$，则可得到其余的结

---

1) 投影 p 包含 q，指 $p\mathcal{H}\supset q\mathcal{H}$，即 $p\geqslant q$.

论. 证毕.

命题1.3.6 设 M 是 $\mathscr{H}$ 中的 vN 代数，p 是 M 的投影，则 $M_p = pMp$，及 $M'_p = M'p$ 都是 $p\mathscr{H}$ 中的 vN 代数，并且 $(M_p)' = M'_p$.

证. 显然 $(M'_p)' \supset M_p$. 设 $a \in (M'_p)' (\subset B(p\mathscr{H}))$，令

$$\bar{a} = \begin{cases} a, & \text{于 } p\mathscr{H} \text{ 中;} \\ 0, & \text{于 } (1-p)\mathscr{H} \text{ 中,} \end{cases}$$

则 $\bar{a} \in B(\mathscr{H})$. 对任意的 $b' \in M'$，显然 b' 对于 $p\mathscr{H}$ 及 $(1-p)\mathscr{H}$ 不变，$b'p \in M'_p$，从而 $b'\bar{a} = \bar{a}b'$，即 $\bar{a} \in M$. 于是，$a = p\bar{a}p \in M_p$，因此，$M_p = (M'_p)'$ 是 $p\mathscr{H}$ 中的 vN 代数.

今只须证明 M'_p 是 $p\mathscr{H}$ 中的 vN 代数，或只要证明 $M'_p = (M_p)'$. 由于 $(M_p)' \supset M'_p$，所以，只要对任意的 $a' \in (M_p)'$，指出 $a' \in M'_p$. 依命题1.3.4，无妨设 a' 是 $p\mathscr{H}$ 中的酉算子. 命 q 是 $\mathscr{H}$ 中的投影，使得 $q\mathscr{H} = \overline{[Mp\mathscr{H}]}$. 易见 $q \in M \cap M'$. 又命

$$\begin{cases} v' \sum_i a_i\xi_i = \sum_i a_ia'\xi_i, \forall \xi_i \in p\mathscr{H}, a_i \in M; \\ v'(1-q)\xi = 0, & \forall \xi \in \mathscr{H}. \end{cases}$$

由于 $a' \in (M_p)'$，及 a' 是 $p\mathscr{H}$ 中的酉算子，于是

$$\left\| \sum_i a_ia'\xi_i \right\|^2 = \sum_{i,j} \langle a_ipa'\xi_i, a_jpa'\xi_j \rangle$$

$$= \sum_{i,j} \langle pa_j^*a_ipa'\xi_i, a'\xi_j \rangle$$

$$= \sum_{i,j} \langle pa_j^*a_ip\xi_i, a'^*a'\xi_j \rangle$$

$$= \left\| \sum_i a_i\xi_i \right\|^2.$$

从而，v' 可扩充为 $\mathscr{H}$ 中以 $q\mathscr{H}$ 为始域的部分等距算子. 对任意的 $a \in M$，

$$\begin{cases} v'a \sum_i a_i\xi_i = \sum_i aa_ia'\xi_i = at' \sum_i a_i\xi_i, \forall \xi_i \in p\mathscr{H}, a_i \in M; \\ v'a(1-q)\xi = v'(1-q)a\xi = 0 = av'(1-q)\xi, \forall \xi \in \mathscr{H}, \end{cases}$$

因此，$v' \in M'$. 对任意的 $\xi \in p\mathcal{H}$，依 v' 的定义，$v'\xi = a'\xi$，即 $a' = v'p \in M'_p$. 证毕.

定义 1.3.7 设 M 是 vN 代数，称 $Z = M \cap M'$ 为 M 的中心. 如果 $Z = \mathbf{C}$，称这样的 vN 代数为因子.

命题 1.3.8 设 M 是 $\mathcal{H}$ 中的 vN 代数，Z 是它的中心，p 是 M 的投影，则 $M_p \cap M'_p = Zp$. 特别，如果 M 是因子，则 M_p 与 M'_p 也是 ($p\mathcal{H}$ 中的) 因子. 此外，如果 q 是 M_p 的中心投影，则存在 M 的中心投影 z，使得 $q = zp$.

证. 显然 $Zp \subset M_p \cap M'_p$. 反之，设 $a \in M_p \cap M'_p$，于是有 $b' \in M'$，使得 $a = b'p$. 记 r 为 $\mathcal{H}$ 到 $[Mp\mathcal{H}]$ 上的投影，则 $r \in Z$，$r \geq p$. 由此，$a = b'p = (b'r)p$. 如果替代 b' 以 $b'r$，可以认为 $b'r = b'$. 今设 a' 是 M' 的任意元，则
$$b'a'p = b'p \cdot a'p = aa'p = a'ap = a'b'p.$$
即 $(a'b' - b'a')p = 0$. 进而 $(a'b' - b'a')r = 0$，但 $b'r = b'$，所以 $a'b' = b'a'$，$\forall a' \in M'$，即 $b' \in Z$，从而，$a = b'p \in Zp$.

今设 q 是 M_p 的中心投影，依上面，有 $z \in Z$，使得 $q = zp$. 自然 $q = \frac{1}{2}(z + z^*)p$，所以可认为 $z = z^*$. 亦如前面，可设 $z = zr$. 由于 $q^2 = q$，于是 $(z^2 - z)p = 0$. 进而 $(z^2 - z)r = 0$，即 $z^2 = z$ 是 M 的中心投影. 证毕.

定理 1.3.9 设 M 是 $B(\mathcal{H})$ 的 $*$ 子代数，$\overline{M}^w$ 是 M 的弱算子闭包，则
$$\overline{M}^w = \{a \mid a \in M'', ap_0 = p_0 a = a\}.$$
这里 p_0 是 $\mathcal{H}$ 到 $[M\mathcal{H}]$ 上的投影，并且 $p_0 \in M' \cap M''$ 以及 $(1 - p_0)\mathcal{H} = \{\xi \in \mathcal{H} \mid a\xi = 0, \forall a \in M\}$. 特别，当 M 还是非退化的 (即 $p_0 = 1$)，则 $\overline{M}^w = M''$.

证. 依 p_0 的定义，$p_0 a = a$，$\forall a \in M$. 因此
$$p_0 a = ap_0 = a, \quad \forall a \in \overline{M}^w.$$
显然，$\overline{M}^w \subset M''$，$p_0 \in M' \cap M''$ 及 $(1 - p_0)\mathcal{H}$ 是 M 的零子空间.

今设 $a \in M''$，$p_0 a = a p_0 = a$ 及 $U(a, \xi_1, \cdots, \xi_n, \varepsilon)$ 为 a 的任意强算子邻域. 命

$$\widetilde{\mathscr{H}} = \mathscr{H} \oplus \cdots \oplus \mathscr{H} \quad (n \text{ 个})$$

及 $\tilde{p}' = (p'_{ik})_{1 \leqslant i, k \leqslant n}$ 是 $\widetilde{\mathscr{H}}$ 到 $\overline{[(b\xi_1, \cdots, b\xi_n) | b \in M]}$ 上的投影，这里 $p'_{ik} \in B(\mathscr{H})$，$\forall i, k$. 对任意的 $b \in M$，令

$$\tilde{b}\tilde{\eta} = (b\eta_1, \cdots, b\eta_n), \quad \forall \tilde{\eta} = (\eta_1, \cdots, \eta_n) \in \widetilde{\mathscr{H}},$$

则 $\tilde{b} \in B(\widetilde{\mathscr{H}})$. 显然，$\tilde{b}$ 对 $\tilde{p}\widetilde{\mathscr{H}}$ 是不变的，所以 $\tilde{b}\tilde{p}' = \tilde{p}'\tilde{b}$，$\forall b \in M$. 由此，$p'_{ik} \in M'$，$\forall i, k$. 由于 $\tilde{p}'\tilde{b}\tilde{\xi} = \tilde{b}\tilde{\xi}$，$\forall b \in M$，这里 $\tilde{\xi} = (\xi_1, \cdots, \xi_n)^{1)}$，因此

$$b\xi_i = \sum_{k=1}^{n} p'_{ik} b\xi_k = b \sum_{k=1}^{n} p'_{ik}\xi_k, \quad 1 \leqslant i \leqslant n, b \in M.$$

所以，$\left(\xi_i - \sum_k p'_{ik}\xi_k\right) \in (1 - p_0)\mathscr{H}$，$1 \leqslant i \leqslant n$. 但 $a(1 - p_0) = 0$，因此

$$a\xi_i - \sum_k p'_{ik} a\xi_k = 0, \quad 1 \leqslant i \leqslant n.$$

即 $(a\xi_1, \cdots, a\xi_n) \in \tilde{p}'\widetilde{\mathscr{H}}$. 今依 $\tilde{p}'$ 的定义，对上面的 $\varepsilon > 0$，便有 $b \in M$，使得

$$\|b\xi_i - a\xi_i\| < \varepsilon, \quad 1 \leqslant i \leqslant n.$$

即 $U(a, \xi_1, \cdots, \xi_n, \varepsilon) \bigcap M \neq \phi$，从而，$a \in M$ 的强算子闭包 $= M''$（命题 1.2.9）. 证毕.

今依照定理 1.3.9，我们有如下的 vN 代数的等价定义

定理 1.3.10　(von Neumann 二次交换子定理)　设 M 是 $B(\mathscr{H})$ 的 $*$ 子代数，则 M 是 $\mathscr{H}$ 中的 vN 代数，必须且只须，M 是弱算子闭的，并且 $1 \in M$.

现在简单考虑一下 vN 代数中的拓扑问题. 设 M 是 $\mathscr{H}$ 中的 vN 代数. 在 $B(\mathscr{H})$ 中，我们曾引入许多线性拓扑，它们相应可以在 M 中产生诱导拓扑. 除此之外，由命题 1.3.3，

$$M = (M_*)^*, \quad M_* = T(\mathscr{H})/M_\perp.$$

---

1) 算子矩阵作用于 $\tilde{\eta} = (\eta_1, \cdots, \eta_n)$，应把 $\tilde{\eta}$ 理解作列矢.

因此,在 M 中,利用 M_*,还可以引入拓扑:

1) $\sigma(M, M_*)$ 即 M 中(对于 M_*)的弱 * 拓扑;

2) $s(M, M_*)$ 网 $a_l \to 0$,指 $\{a_l^* a_l\}$ 依 $\sigma(M, M_*)$ 收敛于 0;

3) $s^*(M, M_*)$ 网 $a_l \to 0$,指 $\{a_l^* a_l\}$ 与 $\{a_l a_l^*\}$ 都依 $\sigma(M, M_*)$ 收敛于 0:

4) $\tau(M, M_*)$ 即 M 中(对于 M_*)的 Mackey 拓扑. 显然,在 M 中,我们有下列的关系:

$$\sigma(M, M_*) \sim \sigma(B(\mathscr{H}), T(\mathscr{H}))|M \sim \sigma\text{-弱算子拓扑}|M,$$
$$s(M, M_*) \sim s(B(\mathscr{H}), T(\mathscr{H}))|M \sim \sigma\text{-强算子拓扑}|M,$$
$$s^*(M, M_*) \sim s^*(B(\mathscr{H}), T(\mathscr{H}))|M,$$
$$\tau(M, M_*) \prec \tau(B(\mathscr{H}), T(\mathscr{H}))|M,$$

这里 $\mathscr{T}|M$ 表示 $B(\mathscr{H})$ 中的拓扑 $\mathscr{T}$ 在 M 中的限制. 此外,关于 M 的凸子集的闭性,M 上线性泛函的连续性,可以把本章 §2 中相应的结果移植过来,这里不再赘述.

注 本节见参考文献 [13], [78].

§4. vN 代数的张量积

首先讨论 Hilbert 空间的张量积.

设 $\mathscr{H}_1, \mathscr{H}_2$ 是 Hilbert 空间,令

$$\mathscr{H}_1 \odot \mathscr{H}_2 = \left\{ u = \sum_{j=1}^n \xi_j^{(1)} \otimes \xi_j^{(2)} \;\middle|\; \begin{array}{l} n = 1, 2, \cdots, \\ \xi_j^{(i)} \in \mathscr{H}_i, 1 \leqslant j \leqslant n, i = 1, 2 \end{array} \right\}.$$

如果在这个集合中定义了零元(亦即引入一种等价关系),则它将成为线性空间. 我们说 $u = \sum_{j=1}^n \xi_j^{(1)} \otimes \xi_j^{(2)}$ 是零元,记作 $u = 0$,指

$$\langle u, \eta_1 \otimes \eta_2 \rangle = \sum_{j=1}^n \langle \xi_j^{(1)}, \eta_1 \rangle \cdot \langle \xi_j^{(2)}, \eta_2 \rangle = 0,$$

$\forall \eta_1 \in \mathscr{H}_1, \eta_2 \in \mathscr{H}_2$. 不难证明,这个定义等价于如下的作法. 如

果取 $\mathscr{H}_2$ 的线性子空间 $[\xi^{(2)}_1, \cdots, \xi^{(2)}_n]$ 的基 $\{\zeta_1, \cdots, \zeta_m\}$，并设

$$\xi^{(2)}_j = \sum_{k=1}^m \lambda_{jk}\zeta_k, \quad 1 \leqslant j \leqslant n, \quad \text{则} \quad u = \sum_{j=1}^n \xi^{(1)}_j \otimes \left(\sum_{k=1}^m \lambda_{jk}\zeta_k\right) =$$

$$\sum_{k=1}^m \cdot \left(\sum_{j=1}^n \lambda_{jk}\xi^{(1)}_j\right) \otimes \zeta_k \text{ 是 } \mathscr{H}_1 \odot \mathscr{H}_2 \text{ 的零元,等价于在 } \mathscr{H}_1 \text{ 中,}$$

$$\sum_{j=1}^n \lambda_{jk}\xi^{(1)}_j = 0, \quad 1 \leqslant k \leqslant m.$$

同样的作法也可以对 $\{\xi^{(1)}_j\}$ 来进行.

现在在线性空间 $\mathscr{H}_1 \odot \mathscr{H}_2$ 中引入双线性泛函

$$\langle u, v \rangle = \sum_{j,k} \langle \xi^{(1)}_j, \eta^{(1)}_k \rangle \cdot \langle \xi^{(2)}_j, \eta^{(2)}_k \rangle.$$

这里 $u = \sum_j \xi^{(1)}_j \otimes \xi^{(2)}_j$，$v = \sum_k \eta^{(1)}_k \otimes \eta^{(2)}_k$. 今指出，对任意的

$u = \sum_{j=1}^n \xi^{(1)}_j \otimes \xi^{(2)}_j \in \mathscr{H}_1 \odot \mathscr{H}_2$，有 $\langle u, u \rangle \geqslant 0$. 事实上，对任意的复数 $\lambda_1, \cdots, \lambda_n$,

$$\sum_{i,j} \langle \xi^{(1)}_i, \xi^{(1)}_j \rangle \lambda_i \bar{\lambda}_j = \left\| \sum_i \lambda_i \xi_i \right\|^2 \geqslant 0.$$

因此,矩阵

$$(\langle \xi^{(1)}_i, \xi^{(1)}_j \rangle)_{1 \leqslant i,j \leqslant n}$$

是非负的. 从而有 n 阶酉矩阵 (u_{ij})，使得

$$(u_{ij})^* \cdot (\langle \xi^{(1)}_i, \xi^{(1)}_j \rangle) \cdot (u_{ij}) = \begin{pmatrix} \mu_1 & & 0 \\ & \ddots & \\ 0 & & \mu_n \end{pmatrix},$$

其中 $\mu_i \geqslant 0$, $1 \leqslant i \leqslant n$, 于是

$$\langle \xi^{(1)}_i, \xi^{(1)}_j \rangle = \sum_{k=1}^n u_{ik}\mu_k \overline{u_{jk}} = \sum_{k=1}^n \alpha_{ik}\overline{\alpha_{jk}}.$$

这里 $\alpha_{ik} = u_{ik}\sqrt{\mu_k}$, $\forall i, k, j$. 同样可写

$$\langle \xi^{(2)}_i, \xi^{(2)}_j \rangle = \sum_{k=1}^n \beta_{ik}\overline{\beta_{jk}}, \forall i, j.$$

从而

$$\langle u, u \rangle = \sum_{i,j} \langle \xi_i^{(1)}, \xi_j^{(1)} \rangle \cdot \langle \xi_i^{(2)}, \xi_j^{(2)} \rangle$$

$$= \sum_{k,l} \left(\sum_i \alpha_{ik} \beta_{il} \right) \overline{\left(\sum_j \alpha_{jk} \beta_{jl} \right)} \geq 0.$$

此外,如果 $\langle u, u \rangle = 0$,依 Schwartz 不等式

$$\langle u, \eta_1 \otimes \eta_2 \rangle \leq \langle u, u \rangle^{1/2} \|\eta_1\| \|\eta_2\|, \quad \forall \eta_i \in \mathscr{H}_i, \ i = 1, 2.$$

说明 u 正是依前面意义的零元. 所以,$<,>$ 是 $\mathscr{H}_1 \odot \mathscr{H}_2$ 上的内积.

定义 1.4.1 $\mathscr{H}_1 \odot \mathscr{H}_2$ 依 $<,>$ 的完备化,所得的 Hilbert 空间称为 $\mathscr{H}_1$ 与 $\mathscr{H}_2$ 的张量积,记作 $\mathscr{H}_1 \otimes \mathscr{H}_2$.

命题 1.4.2 设 $a_i \in B(\mathscr{H}_i)$, $i = 1, 2$,则在 $\mathscr{H}_1 \otimes \mathscr{H}_2$ 中有唯一的有界线性算子,记作 $a_1 \otimes a_2$,使得

$$(a_1 \otimes a_2)(\xi_1 \otimes \xi_2) = a_1 \xi_1 \otimes a_2 \xi_2, \quad \forall \xi_i \in \mathscr{H}_i, \ i = 1, 2$$

并且 $\|a_1 \otimes a_2\| = \|a_1\| \cdot \|a_2\|$.

证. 对任意的 $u = \sum_j \xi_j^{(1)} \otimes \xi_j^{(2)} \in \mathscr{H}_1 \odot \mathscr{H}_2$,设其中 $\{\xi_j^{(2)}\}_j$ 是 $\mathscr{H}_2$ 的直交规范系,于是

$$\|(a_1 \otimes 1_2)u\|^2 = \sum_j \|a_1 \xi_j^{(1)}\|^2 \leq \|a_1\|^2 \sum_j \|\xi_j^{(1)}\|^2 = \|a_1\|^2 \|u\|^2.$$

从而,$a_1 \otimes 1_2$ 可唯一开拓为 $\mathscr{H}_1 \otimes \mathscr{H}_2$ 中的有界线性算子. 对于 $1_1 \otimes a_2$ 相仿. 从而,$a_1 \otimes a_2 = (a_1 \otimes 1_2)(1_1 \otimes a_2)$ 可唯一定义为 $\mathscr{H}_1 \otimes \mathscr{H}_2$ 中的有界线性算子,满足要求,并且 $\|a_1 \otimes a_2\| \leq \|a_1\| \cdot \|a_2\|$. 另一方面,

$$\|a_1 \otimes a_2\| \geq \sup\{\|a_1 \xi_1\| \cdot \|a_2 \xi_2\| \mid \xi_i \in \mathscr{H}_i, \|\xi_i\| \leq 1, i = 1, 2\}$$

$$= \|a_1\| \cdot \|a_2\|.$$

证毕.

对于 $\mathscr{H}_1 \otimes \mathscr{H}_2$,还可以用 Hilbert 直和的方法来描述. 取 $\{e_l \mid l \in I\}$ 为 $\mathscr{H}_2$ 的直交规范基,这里 ${}^\#I^{1)} = \dim \mathscr{H}_2$,令

$$\mathscr{H}^{(l)} = \{\xi \otimes e_l \mid \xi \in \mathscr{H}_1\}, \quad \forall l \in I,$$

---

1) 对任意集合 I, ${}^\#I$ 表示它的势.

易见 $\mathscr{H}^{(l)}$（与 $\mathscr{H}_1$ 同构）是 $\mathscr{H}_1 \otimes \mathscr{H}_2$ 的闭子空间，且

$$\mathscr{H}_1 \otimes \mathscr{H}_2 = \sum_{l \in \mathbb{I}} \oplus \mathscr{H}^{(l)}.$$

今命 $u_l \xi = \xi \otimes e_l$，$\forall \xi \in \mathscr{H}_1$，则 u_l 是 $\mathscr{H}_1$ 到 $\mathscr{H}_1 \otimes \mathscr{H}_2$ 中的等距线性映象，其值域为 $\mathscr{H}^{(l)}$。于是，u_l^* 是 $\mathscr{H}_1 \otimes \mathscr{H}_2$ 到 $\mathscr{H}_1$ 的连续线性映象，使得 $u_l^* \mathscr{H}^{(l')} = \{0\}$，$\forall l' \neq l$ 及 u_l^* 等距地映 $\mathscr{H}^{(l)}$ 为 $\mathscr{H}_1$。此外，显然 $u_l^* u_l$ 是 $\mathscr{H}_1$ 中的恒等映象，而 $p_l = u_l u_l^*$ 是 $\mathscr{H}_1 \otimes \mathscr{H}_2$ 到 $\mathscr{H}^{(l)}$ 上的投影以及 $\sum_{l \in \mathbb{I}} p_l = 1$。

设 $a \in B(\mathscr{H}_1 \otimes \mathscr{H}_2)$，令 $a_{ll'} = u_l^* a u_{l'} \in B(\mathscr{H}_1)$，则 a 将由算子阵 $(a_{ll'})_{l,l' \in \mathbb{I}}$ 完全决定。事实上，对任意的 $\xi \in \mathscr{H}_1 \otimes \mathscr{H}_2$，

$$a\xi = \sum_l (u_l^* a \xi) \otimes e_l = \sum_l \left(\sum_{l'} a_{ll'} \xi_{l'} \right) \otimes e_l,$$

其中 $\xi_{l'} = u_{l'} \xi \in \mathscr{H}_1$。由此，如果把 $\mathscr{H}^{(l)}$ 与 $\mathscr{H}_1$ 等同起来，就可写

$$a = (a_{ll'})_{l,l' \in \mathbb{I}}.$$

引理 1.4.3 如果 $a_{ll'} \in B(\mathscr{H}_1)$，$\forall l, l'$，则欲 $a = (a_{ll'}) \in B(\mathscr{H}_1 \otimes \mathscr{H}_2)$，当且仅当，存在常数 K，使得对 $\mathbb{I}$ 的任意有限子集 E, F 及 $\{\xi_l | l \in F\} \subset \mathscr{H}_1$，有

$$\sum_{l \in E} \left\| \sum_{l' \in F} a_{ll'} \xi_{l'} \right\|^2 \leqslant K^2 \sum_{l' \in F} \|\xi_{l'}\|^2.$$

证. 必要性显然。今设 $\xi = \sum_{l \in \mathbb{I}} \xi_l \otimes e_l \in \mathscr{H}_1 \otimes \mathscr{H}_2$，则 $\sum_{l \in \mathbb{I}} \cdot \|\xi_l\|^2 < \infty$。于是，对任意的 $\varepsilon > 0$，存在 $\mathbb{I}$ 的有限子集 F_ε，使得 $\sum_{l \notin F_\varepsilon} \|\xi_l\|^2 < \varepsilon$。从而对任意的 $l \in \mathbb{I}$，以及 $\mathbb{I}$ 的有限子集 $F_i \supset F_\varepsilon$，$i = 1, 2$，依充分性条件，

$$\left\| \sum_{l' \in F_1} a_{ll'} \xi_{l'} - \sum_{l' \in F_2} a_{ll'} \xi_{l'} \right\|^2 \leqslant K^2 \sum_{l' \in F_\varepsilon} \|\xi_{l'}\|^2 < K^2 \varepsilon.$$

因此，对每个 $l \in \mathbb{I}$，级数 $\sum_{l'} a_{ll'} \xi_{l'}$ 在 $\mathscr{H}_1$ 中收敛。今由

$$\sum_{l \in E} \left\| \sum_{l' \in F} a_{ll'} \xi_{l'} \right\|^2 \leqslant K^2 \sum_{l' \in F} \|\xi_{l'}\|^2,$$

先对 F 取极限，再对 E 取极限，即见 $(a_{ll'})$ 决定 $\mathcal{H}_1 \otimes \mathcal{H}_2$ 中的连续线性算子．证毕．

引理 1.4.4 设 $a = (a_{ll'})$，$b = (b_{ll'}) \in B(\mathcal{H}_1 \otimes \mathcal{H}_2)$，则
$$ab = \left(\sum_{l''} a_{ll''} b_{l''l'} \right),$$

其中对每个 l, l'，级数 $\sum_{l''} a_{ll''} b_{l''l'}$ 依 $\mathcal{H}_1$ 中的强算子拓扑收敛．

证．由于 $\sum_l p_l = \sum_l u_l u_l^* = 1$ 在 $\mathcal{H}_1 \otimes \mathcal{H}_2$ 中依强算子拓扑收敛，从而依强算子拓扑有
$$u_l^* ab u_{l'} = u_l^* a \left(\sum_{l''} u_{l''} u_{l''}^* \right) b u_{l'} = \sum_{l''} a_{ll''} b_{l''l'}. \qquad 证毕.$$

引理 1.4.5 设 $a_i \in B(\mathcal{H}_i)$，$i = 1, 2$，并且 a_2 在基 $\{e_l\}_{l \in I}$ 中有矩阵表示 $(\lambda_{ll'})$，则
$$a_1 \otimes a_2 = (\lambda_{ll'} a_1).$$
特别，$a_1 \otimes 1_2 = (\delta_{ll'} a_1)$．

证．对任意的 $\xi \in \mathcal{H}_1$，
$$u_l^*(a_1 \otimes a_2) u_{l'} \xi = u_l^*(a_1 \otimes a_2) \xi \otimes e_{l'} = u_l^*(a_1 \xi \otimes a_2 e_{l'})$$
$$= u_l^* \left(a_1 \xi \otimes \sum_{l''} \lambda_{l''l'} e_{l''} \right)$$
$$= \sum_{l''} u_l^*(a_1 \xi \otimes \lambda_{l''l'} e_{l''}) = \lambda_{ll'} a_1 \xi,$$

即 $u_l^*(a_1 \otimes a_2) u_{l'} = \lambda_{ll'} a_1$，$\forall l, l'$．证毕．

引理 1.4.6 在 $\mathcal{H}_1 \otimes \mathcal{H}_2$ 中，
$$\{u_l u_{l'}^* \mid l, l' \in I\}' = \{a_1 \otimes 1_2 \mid a_1 \in B(\mathcal{H}_1)\}.$$

证．对任意的 $s, t \in I$，依引理 1.4.5，
$$u_s^*(a_1 \otimes 1_2)(u_l u_{l'}^*) u_t = \sum_{l''} (u_s^*(a_1 \otimes 1_2) u_{l''}) \cdot (u_{l''}^* u_l u_{l'}^* u_t)$$
$$= \delta_{sl} \delta_{l't} a_1$$
$$= \sum_{l''} (u_s^* u_l)(u_{l'}^* u_{l''}) \delta_{l''t} a_1$$

$$= u_l^*(u_l u_l^*)(a_1 \otimes 1_2) u_l.$$

因此，$a_1 \otimes 1_2 \in \{u_l u_{l'}^* | l, l' \in I\}'$，$\forall a_1 \in B(\mathscr{H}_1)$.

反之，设 $a \in \{u_l u_{l'}^* | l, l' \in I\}'$. 如果 $l \not\approx l'$，则

$$u_l^* a u_{l'} = u_l^* a (u_{l'} u_{l'}^*) u_{l'} = (u_l^* u_{l'}) u_{l'}^* a u_{l'} = 0,$$

$$u_l^* a u_l = u_l^* (u_{l'} u_{l'}^*) a u_l = u_{l'}^* a u_{l'} u_l^* u_l = u_{l'}^* a u_{l'}$$

今命 $a_1 = u_l^* a u_l \in B(\mathscr{H}_1)$，依上可见它不依赖于 l 的选择，并且依引理 1.4.5，

$$a = (\delta_{ll'} a_1) = a_1 \otimes 1_2. \qquad\qquad 证毕.$$

现在讨论 vN 代数的张量积.

定义 1.4.7 设 M_i 是 Hilbert 空间 $\mathscr{H}_i$ 中的 vN 代数，$i = 1$, 2. 在 $\mathscr{H}_1 \otimes \mathscr{H}_2$ 中，由集合 $\{a_1 \otimes a_2 | a_i \in M_i, i = 1, 2\}$ 生成的 vN 代数，称为 M_1 与 M_2 的 (vN 代数的) 张量积，记作 $M_1 \overline{\otimes} M_2$，即

$$M_1 \overline{\otimes} M_2 = \{a_1 \otimes a_2 | a_i \in M_i, i = 1, 2\}''.$$

例如，依引理 1.4.6，我们有

$$B(\mathscr{H}_1) \overline{\otimes} \mathbf{C} 1_2 = \{a_1 \otimes 1_2 | a_1 \in B(\mathscr{H}_1)\}.$$

命题 1.4.8 设 M_1 是 $\mathscr{H}_1$ 中的 vN 代数，则

$$M_1 \overline{\otimes} B(\mathscr{H}_2) = \{a \in B(\mathscr{H}_1 \otimes \mathscr{H}_2) | a = (a_{ll'}), a_{ll'} \in M_1, \forall l, l'\}.$$

证. 显然右边集合是 $\mathscr{H}_1 \otimes \mathscr{H}_2$ 中的 vN 代数 (引理 1.4.4)，从而由引理 1.4.5，

$$M_1 \overline{\otimes} B(\mathscr{H}_2) \subset 右边集合.$$

今设 $a = (a_{ll'}) \in B(\mathscr{H}_1 \otimes \mathscr{H}_2)$，并且 $a_{ll'} \in M_1$，$\forall l, l'$. 如果 E, F 是 I 的有限子集，令

$$a_{ll'}^{(E,F)} = \begin{cases} a_{ll'}, & 如 l \in E, l' \in F; \\ 0, & 其它, \end{cases} \qquad a_{ll'}^{(E)} = \begin{cases} a_{ll'}, & 如 l \in E; \\ 0, & 其它 \end{cases}$$

及 $a_{E,F} = (a_{ll'}^{(E,F)})$，$a_E = (a_{ll'}^{(E)})$. 由引理 1.4.3，可见 $a_{E,F}$ 及 $a_E \in B(\mathscr{H}_1 \otimes \mathscr{H}_2)$. 此外，对任意的 $s, t \in I$，依引理 1.4.5，$a_{st} \otimes (\delta_{sl} \cdot \delta_{tl'}) = (a_{st} \delta_{sl} \delta_{tl'}) \in M_1 \overline{\otimes} B(\mathscr{H}_2)$. 从而 $a_{E,F} = \sum_{s \in E, t \in F} (a_{st} \delta_{sl}$

$\cdot \delta_{ij'}) \in M_1 \overline{\otimes} B(\mathcal{H}_2)$. 也不难证明，依 $\mathcal{H}_1 \otimes \mathcal{H}_2$ 中的弱算子拓扑，

$$a_{E,F} \to a_E, \quad a_E \to a.$$

所以，$a \in M_1 \overline{\otimes} B(\mathcal{H}_2)$. 证毕.

我们已经定义了 $M_1 \overline{\otimes} M_2$，自然要猜想

$$(M_1 \overline{\otimes} M_2)' = M_1' \overline{\otimes} M_2',$$

为此，需要作仔细的考虑.

设 $\mathcal{H}$ 是复 Hilbert 空间，其内积是 $<,>$. 如果把 $\mathcal{H}$ 看作实线性空间，并定义 $\langle , \rangle_r = \mathrm{Re}\langle , \rangle$，则 $(\mathcal{H}, \langle , \rangle_r)$ 成为实 Hilbert 空间. 本节的以下部分，提到的"直交余"，"$\perp$"等概念，均依 $\langle , \rangle_r$ 而言.

引理 1.4.9 设 M, N 是 $B(\mathcal{H})$ 的 * 子代数，且都包含 1. 又设 $M \subset N'$，并且 M 在 $\mathcal{H}$ 中有循环矢 ξ（指 $\overline{M\xi} = \mathcal{H}$），则下列条件相互等价：

1) $M' = N''$;

2) $(M_h \xi + i N_h \xi)$ 在 $\mathcal{H}$ 中稠;

3) $(M_h \xi)^{\perp} = i \overline{N_h \xi}$,

其中 M_h, N_h 分别是 M, N 的自伴元全体.

证. 设 $t' \in (M')_h$，$a \in M_h$，于是 $t'a = at'$ 仍然是自伴的，所以，$\mathrm{Im}\langle a\xi, t'\xi \rangle = 0$. 进而，$\langle a\xi, t'\xi \rangle_r = 0$. 因此，$i(M')_h \xi \subset (M_h\xi)^{\perp}$. 又 $M \subset N'$，$N \subset N'' \subset M'$，从而，$iN_h \xi \subset (M_h\xi)^{\perp}$.

设 3) 成立. 于是

$$\overline{(M_h\xi + iN_h\xi)} \supset M_h\xi + i\overline{N_h\xi} = M_h\xi + (M_h\xi)^{\perp}.$$

因此，由 3) 可以得到 2).

设 2) 成立. 由于 $iN_h\xi \subset (M_h\xi)^{\perp}$，依 2)，$iN_h\xi$ 在 $(M_h\xi)^{\perp}$ 中稠，即由 2) 可以得到 3).

设 2)，3) 成立. 已经指出 $(M')_h \xi \subset i(M_h\xi)^{\perp}$，由 3)，$(M')_h\xi \subset \overline{N_h\xi}$. 于是如果 $t' \in (M')_h$，则有 $b_n \in N_h$，使得 $\|t'\xi - b_n\xi\| \to 0$. 设 $s' \in N'$，$a, c \in M$，由于 $M \subset N'$，

$$\langle s't'a\xi, c\xi\rangle = \lim_n \langle s'ab_n\xi, c\xi\rangle = \lim_n \langle s'a\xi, cb_n\xi\rangle$$
$$= \langle s'a\xi, ct'\xi\rangle = \langle t's'a\xi, c\xi\rangle,$$

但 ξ 是 M 的循环矢，因此，$s't' = t's'$，$\forall s' \in N'$. 从而 $t' \in N''$，即 $M' \subset N''$. 但 $M \subset N'$，所以，$M' = N''$.

今设 1) 成立. 如果 $\eta \in (M_h\xi + iN_h\xi)^\perp$，我们必须证明 $\eta = 0$.

在复 Hilbert 空间 $\mathscr{H} \oplus \mathscr{H}$ 中，令

$$M_2 = \left\{ \begin{pmatrix} a & 0 \\ 0 & a \end{pmatrix} \middle| a \in M \right\}.$$

由于 $M' = N''$，易见

$$M_2' = \left\{ \begin{pmatrix} b_1 & b_2 \\ b_3 & b_4 \end{pmatrix} \middle| b_i \in N'', 1 \leqslant i \leqslant 4 \right\},$$

又命 P 是 $\mathscr{H} \oplus \mathscr{H}$ 到 $\overline{M_2(\xi, \eta)}$ 上的投影，则 $P \in M_2'$，从而可写

$$P = \begin{pmatrix} p & r \\ r* & q \end{pmatrix},$$

其中 $p = p^*$，$q = q^*$ 及 r 都 $\in N''$. 由于 $P(\xi, \eta) = (\xi, \eta)$[1]，所以有

$$p\xi + r\eta = \xi. \tag{1}$$

由于 $\eta \perp M_h\xi$，即 $\mathrm{Re}\langle\eta, a\xi\rangle = 0$，$\forall a \in M_h$，因此

$$\langle\eta, a\xi\rangle = -\langle a\xi, \eta\rangle = -\langle\xi, a\eta\rangle, \quad \forall a \in M_h.$$

进而 $\langle\eta, a\xi\rangle = -\langle\xi, a\eta\rangle$，$\forall a \in M$，即

$$\left\langle \begin{pmatrix} \eta \\ \xi \end{pmatrix}, \begin{pmatrix} a & 0 \\ 0 & a \end{pmatrix} \begin{pmatrix} \xi \\ \eta \end{pmatrix} \right\rangle = 0, \forall a \in M.$$

所以，$P(\eta, \xi) = 0$，从而

$$p\eta + r\xi = 0. \tag{2}$$

又由于 $\eta \perp iN_h\xi$，即 $\mathrm{Re}\langle\eta, ib\xi\rangle = \mathrm{Im}\langle\eta, b\xi\rangle = 0$，$\forall b \in N_h$，所以 $\langle\eta, b\xi\rangle = \langle b\xi, \eta\rangle = \langle\xi, b\eta\rangle$，$\forall b \in N_h$. 进而

---

1) P 作用于 (ξ, η)，应把 (ξ, η) 理解为列矢.

$$\langle \eta, b\xi \rangle = \langle \xi, b\eta \rangle, \quad \forall b \in N'' = M'. \tag{3}$$

由 (1),(2),(3),

$$\langle \eta, p\eta \rangle = -\langle \eta, r\xi \rangle = -\langle \xi, r\eta \rangle$$
$$= -\langle \xi, (1-p)\xi \rangle. \tag{4}$$

由于 $P,(1-P)$ 都是投影，从而，$p = p^2 + rr^*$，$(1-p) = (1-p)^2 + rr^*$. 将这两个关系式代入 (4)，得到

$$0 \leqslant \|p\eta\|^2 + \|r^*\eta\|^2 = -(\|(1-p)\xi\|^2 + \|r^*\xi\|^2) \leqslant 0.$$

所以，$p\eta = (1-p)\xi = 0$. 由于 $(1-p) \in N'' = M'$，及 ξ 是 M 的循环矢，于是，$(1-p) = 0$，$p = 1$. 进而，$\eta = 0$. 证毕.

引理 1.4.10 设 $\mathscr{H}_i$ 是复 Hilbert 空间，H_i 是 $\mathscr{H}_i$ 的实线性闭子空间，并且 $(H_i + iH_i)$ 在 $\mathscr{H}_i$ 中稠，$i = 1,2$，则

$$H_1 \otimes H_2 + i(H_1^\perp \otimes H_2^\perp) = \mathscr{H}_1 \otimes \mathscr{H}_2,$$

这里 $H_1 \otimes H_2$ 是集合 $\{\xi_1 \otimes \xi_2 | \xi_1 \in H_1, \xi_2 \in H_2\}$ 在 $\mathscr{H}_1 \otimes \mathscr{H}_2$ 中张成的实线性子空间的闭包，$H_1^\perp \otimes H_2^\perp$ 作同样理解.

证. 如果 $\xi_i \in H_i$，$\eta_i \in H_i^\perp$，$i = 1,2$，则 $\xi_1 \otimes \xi_2 \perp i\eta_1 \otimes \eta_2$. 从而，$(H_1 \otimes H_2) \perp i(H_1^\perp \otimes H_2^\perp)$. 现在只须对 $\xi \in \mathscr{H}_1 \otimes \mathscr{H}_2$，并且 $\xi \perp (H_1 \otimes H_2 + i(H_1^\perp \otimes H_2^\perp))$，证明 $\xi = 0$.

定义 $\mathscr{H}_1$ 到 $\mathscr{H}_2$ 中的映象 t，使得

$$\langle t\xi_1, \xi_2 \rangle_r = \langle \xi, \xi_1 \otimes \xi_2 \rangle_r, \quad \forall \xi_1 \in \mathscr{H}_1, \xi_2 \in \mathscr{H}_2,$$

易见 t 是有界实线性的. 注意

$$\langle t(i\xi_1), \xi_2 \rangle_r = \langle \xi, i\xi_1 \otimes \xi_2 \rangle_r = \langle \xi, \xi_1 \otimes i\xi_2 \rangle_r$$
$$= \langle t\xi_1, i\xi_2 \rangle_r = \langle -it\xi_1, \xi_2 \rangle_r.$$

因此

$$t(i\xi_1) = -it\xi_1, \quad t^*(i\xi_2) = -it^*\xi_2, \quad \forall \xi_1 \in \mathscr{H}_1, \xi_2 \in \mathscr{H}_2.$$
$$\tag{1}$$

如果 $\xi_i \in H_i$，$i = 1,2$，由于 $\xi \perp H_1 \otimes H_2$，因此，$\langle t\xi_1, \xi_2 \rangle_r = \langle \xi, \xi_1 \otimes \xi_2 \rangle_r = 0$. 所以，

$$tH_1 \subset H_2^\perp, \quad t^*H_2 \subset H_1^\perp. \tag{2}$$

如果 $\eta_i \in H_i^\perp$，由于 $\xi \perp iH_1^\perp \otimes H_2^\perp$，因此，$\langle t(i\eta_1), \eta_2 \rangle_r = \langle \xi, i\eta_1 \otimes \eta_2 \rangle_r = 0$. 所以，

$$t(iH_1^\perp)\subset H_2, \quad t^*H_2^\perp\subset iH_1. \tag{3}$$

今依（1），（2），（3），

$$t^*tH_1^\perp\subset iH_1^\perp, \tag{4}$$

进而，$(t^*t)^2H_1^\perp\subset H_1^\perp$. 但 t^*t 是 $(\mathscr{H}_1,\langle,\rangle_r)$ 中的正算子，可以用 $(t^*t)^2$ 的多项式依一致拓扑逼近，从而 $t^*tH_1^\perp\subset H_1^\perp$. 再依（4），便有

$$t^*tH_1^\perp\subset H_1^\perp\cap iH_1^\perp,$$

由于 (H_1+iH_1) 在 $\mathscr{H}_1$ 中稠，易见 $H_1\cap iH_1^\perp=\{0\}$. 因此

$$tH_1^\perp=\{0\}. \tag{5}$$

由此，$\langle t^*H_2, H_1^\perp\rangle_r=\{0\}$，即 $t^*H_2\subset H_1$. 再依（2），

$$t^*H_2=\{0\}. \tag{6}$$

由（1）及（6），$\langle itH_1, H_2\rangle_r=0$，因此

$$itH_1\subset iH_2^\perp, \tag{7}$$

又依（5），（2），（7），$t\mathscr{H}_1=tH_1\subset H_2^\perp\cap iH_2^\perp$. 同样由于 (H_2+iH_2) 在 $\mathscr{H}_2$ 中稠，可见 $H_2^\perp\cap iH_2^\perp=\{0\}$，所以，$t=0$. 从而，$\langle\xi,\xi_1\otimes\xi_2\rangle_r=0$, $\forall\xi_1\in\mathscr{H}_1$, $\xi_2\in\mathscr{H}_2$，即见 $\xi=0$. 证毕.

引理 1.4.11 设 M_j 是 $\mathscr{H}_j$ 中有循环矢 ξ_j 的 vN 代数，$j=1,2$，则 $(M_1\overline{\otimes}M_2)'=M_1'\overline{\otimes}M_2'$.

证. 记 $M=M_1\overline{\otimes}M_2$, $N=M_1'\overline{\otimes}M_2'$，显然有 $M\subset N'$. 由于 $\xi=\xi_1\otimes\xi_2$ 是 M 的循环矢，依引理 1.4.9，只须证明

$$\overline{M_h\xi}+i\overline{N_h\xi}=\mathscr{H}_1\otimes\mathscr{H}_2.$$

记 $H_j=\overline{(M_j)_h\xi_j}$, $j=1,2$. 显然 $H_1\otimes H_2\subset\overline{M_h\xi}$. 把引理 1.4.9 用于 M_j 及 $N_j=M_j'$，则在 $\mathscr{H}_j$ 中，$((M_j)_h\xi_j)^\perp=i\overline{(M_j')_h\xi_j}$，$j=1,2$. 于是

$$H_1^\perp\otimes H_2^\perp=\overline{(M_1')_h\xi_1}\otimes\overline{(M_2')_h\xi_2}\subset\overline{N_h\xi}.$$

从而只须证明

$$H_1\otimes H_2+iH_1^\perp\otimes H_2^\perp=\mathscr{H}_1\otimes\mathscr{H}_2.$$

依引理 1.4.10，只要证明 (H_j+iH_j) 在 $\mathscr{H}_j$ 中稠，$j=1,2$. 注意 $(H_j+iH_j)=\overline{(M_j)_h\xi_j}+i\overline{(M_j)_h\xi_j}\supset M_j\xi_j$，但 ξ_j 是 M_j 的循

环矢，因此，$(H_i + iH_i)$ 在 $\mathscr{H}_i$ 中稠，$i = 1, 2$. 证毕.

定理 1.4.12 设 M_i 是 $\mathscr{H}_i$ 中的 vN 代数，$i = 1, 2$，则 $(M_1 \overline{\otimes} M_2)' = M_1' \overline{\otimes} M_2'$.

证. 对任意固定的 $\xi_i \in \mathscr{H}_i$，命 p_i' 为 $\mathscr{H}_i$ 到 $\overline{M_i \xi_i}$ 上的投影，$\mathscr{K}_i = p_i' \mathscr{H}_i$，$N_i = M_i p_i'$，则 N_i 是 $\mathscr{K}_i$ 中有循环矢 ξ_i 的 vN 代数，$i = 1, 2$. 依引理 1.4.11，

$$(N_1 \overline{\otimes} N_2)' = N_1' \overline{\otimes} N_2'.$$

记 $p' = p_1' \otimes p_2'$，它是 $\mathscr{H}_1 \otimes \mathscr{H}_2$ 到 $\mathscr{K}_1 \otimes \mathscr{K}_2$ 上的投影，并且 $p' \in M_1' \overline{\otimes} M_2'$，及

$$(M_1 \overline{\otimes} M_2)p' = N_1 \overline{\otimes} N_2, \quad p'(M_1' \overline{\otimes} M_2')p' = N_1' \overline{\otimes} N_2'.$$

设 $a \in (M_1 \overline{\otimes} M_2)'$，$b \in (M_1' \overline{\otimes} M_2')'$. 由于 $p' \in M_1' \overline{\otimes} M_2'$，所以

$$p'bp' = bp' \in (M_1' \overline{\otimes} M_2')'p' = (p'(M_1' \overline{\otimes} M_2')p')'$$
$$= (N_1' \overline{\otimes} N_2')' = N_1 \overline{\otimes} N_2,$$

又由于 $p' \in M_1' \overline{\otimes} M_2' \subset (M_1 \overline{\otimes} M_2)'$，所以

$$p'ap' \in p'(M_1 \overline{\otimes} M_2)'p' = ((M_1 \overline{\otimes} M_2)p')' = (N_1 \overline{\otimes} N_2)'.$$

从而 $p'ap'$ 与 $p'bp'$ 交换. 记 $\xi = \xi_1 \otimes \xi_2$，于是

$$\langle ab\xi, \xi \rangle = \langle p'ap' \cdot p'bp'\xi, \xi \rangle$$
$$= \langle p'bp' \cdot p'ap'\xi, \xi \rangle = \langle ba\xi, \xi \rangle,$$

即

$$\langle ab\xi_1 \otimes \xi_2, \xi_1 \otimes \xi_2 \rangle = \langle ba\xi_1 \otimes \xi_2, \xi_1 \otimes \xi_2 \rangle, \quad \forall \xi_1 \in \mathscr{H}_1, \xi_2 \in \mathscr{H}_2.$$

从而，$ab = ba$，$\forall a \in (M_1 \overline{\otimes} M_2)'$，$b \in (M_1' \overline{\otimes} M_2')'$. 由此，$(M_1 \overline{\otimes} M_2)' \subset M_1' \overline{\otimes} M_2'$. 但反包含关系是显然的，所以，$(M_1 \overline{\otimes} M_2)' = M_1' \overline{\otimes} M_2'$. 证毕.

命题 1.4.13 设 M_i 是 $\mathscr{H}_i$ 中的 vN 代数，Z_i 是 M_i 的中心，$i = 1, 2$，则 $Z = Z_1 \overline{\otimes} Z_2$，这里 Z 是 $M = M_1 \overline{\otimes} M_2$ 的中心. 特别地，因子的张量积仍然是因子.

证. 显然 $Z_1 \overline{\otimes} Z_2 \subset Z$. 另一方面, $Z \subset \overline{M}_1 \otimes M_2 \subset \overline{M}_1 \otimes$ $B(\mathcal{H}_2)$, 同样 $Z \subset M_2' \overline{\otimes} B(\mathcal{H}_2)$. 今依命题 1.4.8, $Z \subset Z_1 \overline{\otimes}$ $B(\mathcal{H}_2)$. 再由定理 1.4.12, $Z' \subset Z_1' \overline{\otimes} C1_2$. 同样证明 $Z' \supset C1_1 \overline{\otimes}$ Z_2'. 因此, $Z' \supset Z_1' \overline{\otimes} Z_2'$, $Z = Z'' \subset Z_1 \overline{\otimes} Z_2$. 所以, $Z = Z_1 \overline{\otimes} Z_2$. 证毕.

命题 1.4.14 设 M_i, N_i 是 $\mathcal{H}_i$ 中的 vN 代数, $i = 1, 2$, 则

$$((M_1 \overline{\otimes} M_2) \cup (N_1 \overline{\otimes} N_2))'' = (M_1 \cup N_1)'' \overline{\otimes} (M_2 \cup N_2)'',$$
$$(M_1 \overline{\otimes} M_2) \cap (N_1 \overline{\otimes} N_2) = (M_1 \cap N_1) \overline{\otimes} (M_2 \cap N_2).$$

证. 第一个等式由 vN 代数张量积的定义立见. 同样有

$$((M_1' \overline{\otimes} M_2') \cup (N_1' \overline{\otimes} N_2'))'' = (M_1' \cup N_1')'' \overline{\otimes} (M_2' \cup N_2')''.$$

再用定理 1.4.12, 即得到第二个等式. 证毕.

注 本节见参考文献 [10], [72], [74], [88], [96], [97], [118], [122].

§5. 投影的比较与中心覆盖

定义 1.5.1 设 M 是 $\mathcal{H}$ 中的 vN 代数, p, q 是 M 的投影, 如果存在 M 的部分等距元 v, 使得 $p = v^*v$, $q = vv^*$, 则称 p 与 q (在 M 中) 是等价的, 记作 $p \sim q$. 如果有 M 的投影 $q_1 \leqslant q$, 使得 $p \sim q_1$, 则记以 $p \precsim q$.

设 M, N 是 $\mathcal{H}$, $\mathcal{K}$ 中的 vN 代数, M 与 N 称为 *同构的, 指存在 M 到 N 上的一一线性映象, 它并保持 * 运算与乘法; M 与 N 称为空间 * 同构的, 指存在 $\mathcal{H}$ 到 $\mathcal{K}$ 上的酉算子 u, 使得

$$uMu^* = N.$$

命题 1.5.2 设 M 是 $\mathcal{H}$ 中的 vN 代数.

1) 设 p, q 是 M 的投影, 并且 $p \sim q$, 则 $p\mathcal{H}$ 中的 vN 代数 M_p, M_p' 分别空间 * 同构于 $q\mathcal{H}$ 中的 vN 代数 M_q, M_q';

2) 设 $\{p_l\}$, $\{q_l\}$ 是 M 的两族相互直交的投影, 且 $p_l \sim q_l$,

$\forall l$，则 $p = \sum_l p_l \sim q = \sum_l q_l$；

3）设 $a \in M$，p 是 $\mathscr{H}$ 到 $\overline{a\mathscr{H}}$ 上的投影，q 是 $\mathscr{H}$ 到 $\overline{a^*\mathscr{H}}$ 上的投影，则 $p \sim q$；

4）设 p, q 是 M 的投影，则

$$(p - \inf\{p, 1 - q\}) \sim (q - \inf\{q, 1 - p\}),$$
$$(\sup\{p, q\} - q) \sim (p - \inf\{p, q\}).$$

证. 1）设 $p = v^*v$，$q = vv^*$，则 v 是 $p\mathscr{H}$ 到 $q\mathscr{H}$ 上的酉算子，并且

$$vpapv^* = qaq, \quad va'pv^* = a'q, \quad \forall a \in M, \ a' \in M';$$

2）设 $p_l = v_l^*v_l$，$q_l = v_l v_l^*$，$\forall l$，令 $v = \sum_l v_l$，则 $p = v^*v$，$q = vv^*$；

3）由命题 1.3.4 立见；

4）由于

$$\overline{qp\mathscr{H}} = \overline{(q - \inf\{q, 1 - p\})\mathscr{H}},$$
$$\overline{pq\mathscr{H}} = \overline{(p - \inf\{p, 1 - q\})\mathscr{H}}$$

及 $(pq)^* = qp$，因此，$(q - \inf\{q, 1 - p\}) \sim (p - \inf\{p, 1 - q\})$. 如果记 $q_1 = 1 - q$，于是

$$\begin{aligned}
\sup\{p, q\} - q &= \sup\{1 - q_1, p\} - (1 - q_1) \\
&= q_1 - \inf\{q_1, 1 - p\} \sim p - \inf\{p, 1 - q_1\} \\
&= p - \inf\{p, q\}. \qquad\qquad\qquad\qquad \text{证毕.}
\end{aligned}$$

命题 1.5.3 设 p, q 是 vN 代数 M 的投影，并且 $p \precsim q$，$q \precsim p$，则 $p \sim q$.

证. 设 $p \sim q_1 \leqslant q$，$q \sim p_1 \leqslant p$. 将后一式限于 q_1，则得到 $q_1 \sim p_2 \leqslant p_1$. 从而

$$p \geqslant p_1 \geqslant p_2, \quad p \sim p_2.$$

再将关系 $p \sim p_2$ 限于 p_1，则有

$$p \geqslant p_1 \geqslant p_2 \geqslant p_3, \quad p \sim p_2, \quad p_1 \sim p_3,$$

把关系 $p_1 \sim p_3$ 限于 p_2，又有 $p_2 \sim p_4 \leqslant p_3$. 如此继续，可以得

到 $p \geqslant p_1 \geqslant p_2 \geqslant \cdots$，并且

$$p = p_0 \sim p_2 \sim \cdots \sim p_{2n} \sim \cdots, \quad p_1 \sim p_3 \sim \cdots \sim p_{2n+1} \sim \cdots.$$

如果命 $p_n = u_n^* u_n$，$p_{n+2} = u_n u_n^*$，$n = 0, 1, 2, \cdots$，依上面的作法，将有

$$p_{n+1} = (u_n p_{n+1})^*(u_n p_{n+1}), \quad p_{n+3} = (u_n p_{n+1})(u_n p_{n+1})^*, \quad \forall n.$$

于是，$p_n - p_{n+1} = (u_n(p_n - p_{n+1}))^*(u_n(p_n - p_{n+1}))$ 以及

$$(u_n(p_n - p_{n+1}))(u_n(p_n - p_{n+1}))^* = u_n(p_n - p_{n+1})u_n^*$$
$$= p_{n+2} - p_{n+3},$$

即

$$(p_n - p_{n+1}) \sim (p_{n+2} - p_{n+3}), \quad \forall n.$$

今注意

$$p = \boxed{(p_0 - p_1) \oplus (p_1 - p_2)} \oplus \cdots \oplus \inf\{p_n | n = 0, 1, \cdots\},$$
$$p_1 = \boxed{(p_1 - p_2) \oplus (p_2 - p_3)} \oplus \cdots \oplus \inf\{p_n | n = 1, 2, \cdots\},$$

依命题 1.5.2 可见 $p \sim p_1$．但 $p_1 \sim q$，因此，$p \sim q$．证毕.

定理 1.5.4 设 M 是 $\mathscr{H}$ 中的 vN 代数，p，q 是 M 的投影，则存在 M 的中心投影 z，使得

$$pz \gtrsim qz, \quad p(1-z) \lesssim q(1-z).$$

特别地，因子的任意两个投影是可以比较的.

证. 设 $c(p)$，$c(q)$ 分别是 $\mathscr{H}$ 到 $[Mp\mathscr{H}]$，$[Mq\mathscr{H}]$ 上的投影，显然 $c(p)$，$c(q) \in M \bigcap M'$，$c(p) \geqslant p$，$c(q) \geqslant q$.

如果 $c(p)c(q) = 0$，取 $z = c(p)$ 即可，所以可设 $c(p)c(q) \neq 0$. 由于 M 是其酉元全体的线性包，因此必有 M 的酉元 u，v，使得 $PQ \neq 0$，这里 P，Q 分别是 $\mathscr{H}$ 到 $\overline{up\mathscr{H}}$，$\overline{vq\mathscr{H}}$ 上的投影. 显然，通过 up，$p \sim P$；通过 vq，$q \sim Q$. 今命 g'，h' 分别是 $\mathscr{H}$ 到 $\overline{PQ\mathscr{H}}$，$\overline{QP\mathscr{H}}$ 上的投影，则 $0 \neq g' \leqslant P$，$0 \neq h' \leqslant Q$，并且 $g' \sim h'$. 再由 $p \sim P$，$q \sim Q$，可见有 $0 \neq g \leqslant p$，$0 \neq h \leqslant q$，使得 $g \sim h$.

依 Zorn 辅理，将有两族相互直交的非零投影极大族 $\{g_i\}$，

$\{h_l\}$，使得

$$g_l \leqslant p, \ h_l \leqslant q, \ g_l \sim h_l, \ \forall l.$$

令 $g = \sum_l g_l$, $h = \sum_l h_l$, 则 $g \leqslant p$, $h \leqslant q$, $g \sim h$. 记 $p_1 = p - g$, $q_1 = q - h$, 由于族 $\{g_l\}$, $\{h_l\}$ 的极大性, $c(p_1)c(q_1) = 0$, 这里 $c(p_1)$, $c(q_1)$ 分别是 $\mathcal{H}$ 到 $\overline{[Mp_1 \ \mathcal{H}]}$, $\overline{[Mq_1 \ \mathcal{H}]}$ 上的投影.

最后取 $z = c(p_1)$, 则

$$qz = q_1 c(q_1)z + hz = hz \sim gz \leqslant pz,$$
$$p(1-z) = p_1 c(p_1)(1-z) + g(1-z)$$
$$= g(1-z) \sim h(1-z) \leqslant q(1-z).$$

证毕.

注. 本定理称为投影比较定理, 以后我们将经常使用它.

命题 1.5.5 设 M 是 vN 代数, p, q 是 M 的投影.

1) 存在 M 的中心投影 z, 使得

$$pz \precsim qz, \ (1-p)(1-z) \precsim (1-q)(1-z);$$

2) 存在 M 的中心投影 z_1, z_2, z_3, 它们相互直交, 和为 1, 使得: ① 如果 M 的中心投影 $z \leqslant z_1$, 则 $pz \sim qz$; ② 如果 M 的非零中心投影 $z \leqslant z_2$, 则 $pz \precsim qz$, 并且 $pz \nsim qz$; ③ 如果 M 的非零中心投影 $z \leqslant z_3$, 则 $qz \precsim pz$, 并且 $qz \nsim pz$.

证. 1) 依定理 1.5.4, 有 M 的中心投影 z, 使得

$$z \inf\{p, 1-q\} \precsim z \inf\{1-p, q\}, \tag{1}$$
$$(1-z)\inf\{1-p, q\} \precsim (1-z)\inf\{p, 1-q\}, \tag{2}$$

由命题 1.5.2, 我们也有

$$(zp - z \inf\{p, 1-q\}) \sim (zq - z \inf\{q, 1-p\}), \tag{3}$$
$$((1-z)(1-p) - (1-z)\inf\{1-p, q\}) \sim ((1-z)$$
$$\cdot (1-q) - (1-z)\inf\{1-q, p\}). \tag{4}$$

考虑 (1) + (3), (2) + (4), 即有

$$zp \precsim zq, \ (1-z)(1-p) \precsim (1-z)(1-q);$$

2) 由 Zorn 辅理, 存在 M 的相互直交的中心投影极大族 $\{z_l\}$,

使得 $pz_l \sim qz_l$, $\forall l$. 命 $z_1 = \sum\limits_l z_l$, 自然地, $pz_1 \sim qz_1$. 今若 M 的中心投影 z, 使得 $pz \sim qz$. 自然地, 也有 $pz(1-z_1) \sim qz(1-z_1)$. 但是, $z(1-z_1)z_l = 0$, $\forall l$, 从而依 $\{z_l\}$ 的极大性, $z \leqslant z_1$, 即 z_1 是使得 $pz \sim qz$ 的最大中心投影.

今在 vN 代数 $M(1-z_1)$ 中, 对投影 $p(1-z_1)$ 与 $q(1-z_1)$ 使用定理 1.5.4, 即得所证.

定理 1.5.6 设 $\{p_l\}_{l \in \mathbb{I}}$ 是 vN 代数 M 的相互直交的投影族, 并且

$$\sum_{l \in \mathbb{I}} p_l = 1, \quad p_l \sim p_{l'}, \ \forall l, l',$$

则 M 空间 * 同构于 $M_p \overline{\otimes} B(\mathscr{K})$, 这里 $\dim \mathscr{K} = {}^{\#}\mathbb{I}$, 而 $p \sim p_l$, $\forall l$.

证. 设 M 的作用空间是 $\mathscr{H}$, $\mathscr{L} = p\mathscr{H}$, $p = v_l^* v_l$, $p_l = v_l v_l^*$, $\forall l$. 于是, 用 $\{v_l\}$ 可以定义一个由 $\mathscr{H} = \sum\limits_{l \in \mathbb{I}} \otimes \mathscr{H}_l$ 到 $\mathscr{L} \otimes \mathscr{K}$ 上的酉同构, 这里 $\mathscr{H}_l = p_l \mathscr{H}$, $\forall l$. 在这个同构下, 把 $\mathscr{H}$ 与 $\mathscr{L} \otimes \mathscr{K}$ 等同起来.

对任意的 $a \in M$, $a' \in M'$, $l, l' \in \mathbb{I}$,

$$a_{ll'} = v_l^* a v_{l'} \in M_p,$$

$$a'_{ll'} = v_l^* a' v_{l'} = v_l^* v_{l'} a' = \delta_{ll'} a' p,$$

依引理 1.4.5 与命题 1.4.8 可见

$$M \subset M_p \overline{\otimes} B(\mathscr{K}), \quad M' \subset M'_p \overline{\otimes} \mathbb{C}|_{\mathscr{K}},$$

再由定理 1.4.12, $M = M_p \overline{\otimes} B(\mathscr{K})$. 证毕.

定义 1.5.7 设 M 是 $\mathscr{H}$ 中的 vN 代数, p 是 M 的投影, 记 $\mathscr{H}$ 到 $[Mp\mathscr{H}]$ 上的投影为 $c(p)$. 显然 $c(p) \in M \cap M'$, 称它为 p 的 (在 M 中的) 中心覆盖.

命题 1.5.8 设 M 是 $\mathscr{H}$ 中的 vN 代数.

1) 如果 p 是 M 的投影, 则 $c(p)$ 是 M 的包含 p 的最小中心投影, 并且

$$c(p) = \sup\{q \mid q \text{ 是 } M \text{ 的投影，且} \sim p\};$$

2) 如果 p, q 是 M 的投影，$p \precsim q$，则 $c(p) \leqslant c(q)$. 特别地，如果 $p \sim q$，则 $c(p) = c(q)$；

3) 设 $\{p_l\}$ 是 M 的投影族，$p = \sup_l p_l$，则 $c(p) = \sup_l c(p_l)$；

4) 如果 p 是 M 的投影，z 是 M 的中心投影，则 $zc(p) = c \cdot (pz)$；

5) 如果 p, q 是 M 的投影，并且，$p \geqslant q$，则 q 在 vN 代数 M_p 中的中心覆盖是 $pc(q)$.

证. 2) 设 $p = v^*v$, $vv^* \leqslant q$，于是

$$c(p)\mathscr{H} = \overline{[Mv^*v\mathscr{H}]} \subset \overline{[Mv\mathscr{H}]} \subset \overline{[Mq\mathscr{H}]} = c(q)\mathscr{H}$$

即见 $c(p) \leqslant c(q)$.

1) 设 z 是 M 的中心投影，且 $z \geqslant p$，显然，$zap\xi = ap\xi$，$\forall a \in M$, $\xi \in \mathscr{H}$，因此，$z \geqslant c(p)$，即 $c(p)$ 是 M 的包含 p 的最小中心投影.

今依 2)，$c(p) \geqslant \sup\{q \mid q \sim p\}$. 为证两者相同，只须证明 $\sup\{q \mid q \sim p\}$ 是 M 的中心投影. 但不难见，它与 M 的任何酉元交换，因此它是 M 的中心投影；

3) 易见 $c(p) \geqslant \sup_l c(p_l) \geqslant p$，但 $\sup_l c(p_l)$ 也是 M 的中心投影，依 1)，$c(p) = \sup_l c(p_l)$；

4) 由 $zc(p)\mathscr{H} = \overline{[zMp\mathscr{H}]} = \overline{[Mzp\mathscr{H}]} = c(zp)\mathscr{H}$ 立见；

5) 由 $\overline{[M_pqp\mathscr{H}]} = \overline{[pMq\mathscr{H}]} = p\overline{[Mq\mathscr{H}]} = pc(q)\mathscr{H}$ 立见. 证毕.

命题 1.5.9 设 p, q 是 vN 代数 M 的投影，则下列条件是相互等价的：1) $c(p)c(q) \neq 0$；2) $pMq \neq \{0\}$；3) 存在 $0 \neq p_1 \leqslant p$，$0 \neq q_1 \leqslant q$，而 $p_1 \sim q_1$.

证. 如果 $pMq = \{0\}$，则 $\overline{[Mp\mathscr{H}]} \perp \overline{[Mq\mathscr{H}]}$，即 $c(p) \cdot c(q) = 0$. 反之，如果 $c(p)c(q) = 0$，则

$$paq = pc(p)aqc(q) = paqc(p)c(q) = 0, \quad \forall \, a \in M.$$
因此，1）与 2）是等价的。

在定理 1.5.4 的证明中，我们实际上已指出由 1）可以推导 3）。

今设 3）成立，于是 $z = c(p_1) = c(q_1) \neq 0$，并且 $z \leqslant c(p)$，$z \leqslant c(q)$，从而 $c(p)c(q) \neq 0$。证毕。

命题 1.5.10 设 p 是 vN 代数 M 的投影，则欲 $a' \to a'p$ 是 M' 到 $M'p$ 上的 * 同构，当且仅当，$c(p) = 1$。

证. 必要性. $1 - c(p) \in M'$，并且 $(1 - c(p))p = 0$。由于是同构，因此 $c(p) = 1$。

充分性. 设 $a' \in M$，并且 $a'p = 0$，从而 $a'Mp = \{0\}$，即 $a'c(p) = a' = 0$。证毕。

注. 如果 p 是 M 的任意非零投影，依上面命题可见，$a'p \to a'c(p)$ 是 $M'p$ 到 $M'c(p)$ 上的 * 同构。特别地，当 M 是因子时，$M'p$ 与 M' * 同构。

注 本节见参考文献 [21]，[55]，[74]。

§6. Kaplansky 稠密性定理

定理 1.6.1 设 M，N 都是 $B(\mathcal{H})$ 的 * 子代数，$N \subset M$，并且 N 在 M 中是弱算子稠的，则 $(N)_1$ 在 $(M)_1$ 中是 $\tau(B(\mathcal{H})$，$T(\mathcal{H}))$ 稠的，这里 $(N)_1$，$(M)_1$ 分别是 N，M 的单位球（依范数而言）。

证. 由于 * 运算是弱算子连续的，从而，N_h 在 M_h 中也是弱算子稠的，这里 N_h，M_h 分别是 N，M 的自伴元全体.依命题 1.2.9，N_h 在 M_h 中是强算子稠的。

我们无妨假定 M，N 都是依一致拓扑闭的。 对任意的 $a = a^* \in (M)_1$，令 $a' = a(1 + (1 - a^2)^{1/2})^{-1}$，于是 $a' \in M$，并且 $a = 2a'(1 + a'^2)^{-1}$。今取 N_h 中的网 $b'_l \xrightarrow{\text{强算子}} a'$。令 $b_l = 2b'_l(1 + b_l'^2)^{-1}$，则 $b_l = b_l^* \in (N)_1$，$\forall l$。我们来证明

$$b_l \xrightarrow{\text{强算子}} a.$$

事实上，

$$\frac{1}{2}(b_l - a) = (1 + b_l'^2)^{-1}[b_l'(1 + a'^2)$$
$$- (1 + b_l'^2)a'](1 + a'^2)^{-1}$$
$$= (1 + b_l'^2)^{-1}(b_l' - a')(1 + a'^2)^{-1}$$
$$+ (1 + b_l'^2)^{-1}b_l'(a' - b_l')a'(1 + a'^2)^{-1}$$
$$= (1 + b_l'^2)^{-1}(b_l' - a')(1 + a'^2)^{-1}$$
$$+ \frac{1}{4}b_l(a' - b_l')a,$$

由于 $b_l' \xrightarrow{\text{强算子}} a'$, $\|b_l\| \leqslant 1$, $\|(1 + b_l'^2)^{-1}\| \leqslant 1$, $\forall l$, 因此, $b_l \xrightarrow{\text{强算子}}$
a. 这说明 $(N_h)_1$ 在 $(M_h)_1$ 中是强算子稠的.

如果在 $\mathscr{H} \oplus \mathscr{H}$ 中, 命

$$M^{(2)} = \left\{ \begin{pmatrix} a_1 & a_2 \\ a_3 & a_4 \end{pmatrix} \middle| a_i \in M, \ 1 \leqslant i \leqslant 4 \right\},$$

$$N^{(2)} = \left\{ \begin{pmatrix} b_1 & b_2 \\ b_3 & b_4 \end{pmatrix} \middle| b_i \in N, \ 1 \leqslant i \leqslant 4 \right\},$$

则同样有 $(N_h^{(2)})_1$ 在 $(M_h^{(2)})_1$ 中是强算子稠的. 今对于任意的 $a \in$
$(M)_1$,

$$\begin{pmatrix} 0 & a \\ a^* & 0 \end{pmatrix} \in (M_h^{(2)})_1.$$

于是有 $(N_h^{(2)})_1$ 中的网

$$\begin{pmatrix} b_1^{(l)} & b_2^{(l)} \\ b_3^{(l)} & b_4^{(l)} \end{pmatrix} \xrightarrow{\text{强算子}} \begin{pmatrix} 0 & a \\ a^* & 0 \end{pmatrix}.$$

特别地, $\{b_2^{(l)}\}_l \subset (N_1)$ 及 $b_2^{(l)} \xrightarrow{\text{强算子}} a$. 因此, $(N)_1$ 在 $(M)_1$ 中是
强算子稠的. 再依命题 1.2.8, $(N)_1$ 在 $(M)_1$ 中也是 $\tau(B(\mathscr{H}),$
$T(\mathscr{H}))$ 稠的. 证毕.

系 1.6.2 设 M 是 $B(\mathscr{H})$ 的 $*$ 子代数, 则 M 的弱算子闭包与
其 $\tau(B(\mathscr{H}), T(\mathscr{H}))$ 闭包相同.

证. 设 $\bar{M}^w$ 是 M 的弱算子闭包, 依定理 1.3.9, $\bar{M}^w$ 也是 $B(\mathscr{H})$

的 * 子代数. 再依定理 1.6.1，M 在 $\overline{M}^w$ 中也是 $\tau(B(\mathscr{H})$，$T(\mathscr{H}))$ 稠的. 证毕.

系 1.6.3 设 M 是 $B(\mathscr{H})$ 的 * 子代数，并且 $1 \in M$，则下列条件相互等价：1) M 是 vN 代数；2) M 是 $\sigma(B(\mathscr{H})$，$T(\mathscr{H}))$ 闭的；3) $(M)_1$ 是弱算子闭的.

证. 由命题 1.2.8，条件 2) 等价于 "M 是 $\tau(B(\mathscr{H})$，$T(\mathscr{H}))$ 闭的"，于是依系 1.6.2 及定理 1.3.10，可见条件 1) 与 2) 是等价的. 由定理 1.2.4，条件 3) 等价于 "$(M)_1$ 是 $\sigma(B(\mathscr{H})$，$T(\mathscr{H}))$ 闭的". 从而由 Krein-Šmulian 定理，条件 3) 可以推导 2). 当然由 1) 可以得到 3). 证毕.

命题 1.6.4 设 M，N 是 $B(\mathscr{H})$ 的 * 子代数，并且依一致拓扑是闭的，$N \subset M$ 以及 N 在 M 中是弱算子稠的，则 $(N_h)_1$ 在 $(M_h)_1$ 中是强算子稠的，以及 $(N_+)_1$ 在 $(M_+)_1$ 中是强算子稠的，这里 N_+，M_+ 分别是 N，M 的正元全体.

证. 已在定理 1.6.1 中指出：$(N_h)_1$ 在 $(M_h)_1$ 中是强算子稠的.

今设 $a \in (M_+)_1$，于是存在网 $\{b_l\} \subset (N_h)_1$，使得 $b_l \xrightarrow{\text{强算子}} a$. 命

$$f(t) = \begin{cases} t, & 0 \leqslant t \leqslant 1; \\ 0, & -1 \leqslant t \leqslant 0. \end{cases}$$

于是 $f(a) = a$，$f(b_l) \in (N_+)_1$，$\forall l$. 今取 $[-1, 1]$ 上的多项式列 $\{p_n(t)\}$，使得

$$p_n(0) = 0, \ \forall n, \quad \max_{-1 \leqslant t \leqslant 1} |f(t) - p_n(t)| \to 0.$$

于是对任意的 $\xi \in \mathscr{H}$，有

$$\|f(b_l)\xi - a\xi\| = \|f(b_l)\xi - f(a)\xi\|$$
$$\leqslant \|f(b_l) - p_n(b_l)\|\|\xi\| + \|f(a) - p_n(a)\|\|\xi\|$$
$$+ \|(p_n(b_l) - p_n(a))\xi\|.$$

由此可见 $f(b_l) \xrightarrow{\text{强算子}} a$. 证毕.

命题 1.6.5 设 M_l 是 $\mathscr{H}_l$ 中的 vN 代数，$\forall l \in \Lambda$，则

$$\sum_{l \in \Lambda} \oplus M_l = \{(a_l)_{l \in \Lambda} \mid a_l \in M_l, \forall l \in \Lambda, \text{且 } \sup_i \|a_l\| < \infty\} \text{ 是 } \mathscr{H} =$$

$$\sum_{l \in \Lambda} \oplus \mathscr{H}_l \text{ 中的 vN 代数.}$$

这由系 1.6.3 立见.

注 本节见参考文献 [56].

§7. 理 想

命题 1.7.1 设 M 是 $\mathscr{H}$ 中的 vN 代数, ϑ 是 M 的 $\sigma(B(\mathscr{H}),$ $T(\mathscr{H}))^{1)}$ 闭的左(右)理想, 则存在 M 的唯一投影 p, 使得 $\vartheta = Mp(=pM)$. 特别地 ϑ 也是弱算子闭的. 此外, 如果 ϑ 是 M 的 $\sigma(B(\mathscr{H}), T(\mathscr{H}))$ 闭的双侧理想, 则有 M 的唯一中心投影 z, 使得 $\vartheta = Mz$, 从而 ϑ 对 $*$ 运算也是封闭的.

证. 设 ϑ 是 M 的 σ-闭左理想, 于是 $\mathfrak{M} = \vartheta \cap \vartheta^*$ 是 M 的 σ-闭 $*$ 子代数. 依系 1.6.2, $\mathfrak{M}$ 也是弱算子闭的. 依定理 1.3.9, $\mathfrak{M}$ 有单位元 p. 显然, $Mp \subset \vartheta$. 反之, 设 $a \in \vartheta$, 极分解 $a = wh$, 易见 $h = (a^*a)^{1/2} \in \mathfrak{M}$, 从而 $hp = h$. 由此, $a = whp = ap \in Mp$. 所以, $\vartheta = Mp$.

今设另有 M 的投影 q, 使得 $\vartheta = Mp = Mq$. 于是, $p = pq$, $p^* = p = qp$, $p = qpq \leqslant q$. 同样证明 $q \leqslant p$, 所以, $p = q$.

最后设 ϑ 还是双侧的. 依前面的讨论, 有 M 的投影 p, q, 使得

$$\vartheta = Mp = qM.$$

于是有 $a, b \in M$, 使得 $q = ap$, $p = qb$. 从而, $q = qp = p$. 记 $z = p = q$, 则 $\vartheta = Mz = zM$. 今对于任意的 $c \in M$, 存在 $d, e \in M$, 使得 $cz = zd$, $zc = ez$. 于是, $cz = zcz = zc$. 即 $z \in M$ 的中心. 证毕.

注. 如果 M 是因子, 可见 M 的任意非零双侧理想必在 M 中 σ-稠.

---

1) 以后有时简记 vN 代数中的 $\sigma(B(\mathscr{H}), T(\mathscr{H}))$ 拓扑为 σ-拓扑

命题 1.7.2 如果 ϑ 是 vN 代数 M 的双侧理想，则 ϑ 对 $*$ 运算封闭；ϑ 是其正元全体的线性包；又若 $0 \leqslant a \in \vartheta^w$，则有网 $\{a_l\}_{l \in \Lambda}$ $\subset \vartheta_+$，使得

$$a = \lim_F \sum_{l \in F} a_l = \sum_{l \in \Lambda} a_l.$$

这里 ϑ^w 是 ϑ 的弱算子闭包，$\vartheta_+ = \vartheta$ 的正元全体，F 是 Λ 的有限子集，依包含关系成为定向指标.

证. 设 $b \in \vartheta$，极分解 $b = wh$，从而，$h = w^* b \in \vartheta$. 进而，$b^* = hw^* \in \vartheta$，即 ϑ 对于 $*$ 运算是封闭的.

设 $h = h^* \in \vartheta$，这时必有投影 $p, q \in M$，使得 $ph \geqslant 0$，$qh \leqslant 0$ 及 $p + q = 1$. 因此，ϑ 是其正元全体的线性包.

今设 $0 \leqslant a \in \vartheta^w$，命 $\{a_l\}_{l \in \Lambda}$ 是 ϑ_+ 的极大族，使得对 Λ 的任意有限子集 F，有 $\sum_{l \in F} a_l \leqslant a$. 依命题 1.2.10，

$$\sup_F \sum_{l \in F} a_l = (\text{强算子}) - \lim_F \sum_{l \in F} a_l \in \vartheta^w,$$

记此元为 a_1，及 $b = a - a_1$.

依命题 1.7.1，$\vartheta^w = Mz$，这里 z 是 M 的中心投影. 依定理 1.6.1，有网 $\{b_t\} \subset \vartheta$，使得

$$\|b_t\| \leqslant 1, \forall t, \quad b_t \xrightarrow{\text{弱算子}} z,$$

从而 $b^{1/2} b_t b^{1/2} \xrightarrow{\text{弱算子}} b.$

如果 $b \neq 0$，则存在指标 t，使得 $b^{1/2} b_t b^{1/2} \neq 0$. 因此 $0 \leqslant b^{1/2} c b^{1/2} \neq 0$，这里 $c = b_t b b_t^*$. 无妨设 $0 \leqslant c \leqslant 1$，所以，$b^{1/2} c b^{1/2} \leqslant b$. 并且显然 $b^{1/2} c b^{1/2} \in \vartheta$，这将与 $\{a_l\}_{l \in \Lambda}$ 的极大性相矛盾. 所以，$b = 0$，即 $a = \sum_{l \in \Lambda} a_l$. 证毕.

命题 1.7.3 设 M 是 $\mathcal{H}$ 中的 vN 代数，Z 是其中心，$\{t_{ij} | 1 \leqslant i, j \leqslant n\} \subset M$，$\{t'_{ij} | 1 \leqslant i, j \leqslant n\} \subset M'$，则下列条件相互等价：

1) $\sum_{k=1}^{n} t_{ik} t'_{ki} = 0$，$1 \leqslant i, j \leqslant n$;

2) 存在 $\{z_{ij} | 1 \leqslant i, j \leqslant n\} \subset Z$，使得

$$\sum_{k=1}^{n} t_{ik} z_{kj} = 0, \quad \sum_{k=1}^{n} z_{ik} t'_{kj} = t'_{ij}, \quad 1 \leqslant i, j \leqslant n.$$

证. 由 2) 推导 1) 是显然的.

今设 1) 成立. 命 $\mathcal{K}$ 是 n 维的 Hilbert 空间, 于是

$$t = (t_{ij})_{1 \leqslant i, j \leqslant n} \in M \overline{\otimes} B(\mathcal{K}),$$
$$t' = (t'_{ij})_{1 \leqslant i, j \leqslant n} \in M' \overline{\otimes} B(\mathcal{K}).$$

令

$$\vartheta' = \{x' \mid x' \in M' \overline{\otimes} B(\mathcal{K}), \ tx' = 0\},$$

显然 ϑ' 是 $M' \overline{\otimes} B(\mathcal{K})$ 的 σ-闭右理想. 依命题 1.7.1, 有 $M' \overline{\otimes} B(\mathcal{K})$ 的投影 $z' = (z_{ij})_{1 \leqslant i, j \leqslant n}$, 这里 $z_{ij} \in M'$, $\forall i, j$, 使得 $\vartheta' = z'(M' \overline{\otimes} B(\mathcal{K}))$.

对任意的 $a' \in M'$, $x' \in \vartheta$,

$$t(a' \otimes 1) x' = (a' \otimes 1) t x' = 0.$$

因此, $(a' \otimes 1)\vartheta' \subset \vartheta'$. 特别地, $(a' \otimes 1) z' \in \vartheta'$, 因此, $z'(a' \otimes 1) z' = (a' \otimes 1) z'$. 进而 $(a' \otimes 1) z' = z'(a' \otimes 1)$, 所以 $z_{ij} a' = a' z_{ij}$, $\forall a' \in M'$, 即 $z_{ij} \in Z$, $\forall i, j$.

由于 $z' \in \vartheta'$, 因此, $t z' = 0$, 即

$$\sum_{k=1}^{n} t_{ik} z_{kj} = 0, \quad 1 \leqslant i, j \leqslant n.$$

由条件 1), $tt' = 0$, 所以, $t' \in \vartheta'$, $z't' = t'$, 即

$$\sum_{k=1}^{n} z_{ik} t'_{kj} = t'_{ij}, \quad 1 \leqslant i, j \leqslant n.$$

证毕.

注 本节见参考文献 [21], [103].

§8. 正规的正泛函

定义 1.8.1 设 M 是 $\mathcal{K}$ 中的 vN 代数, φ 是 M 上的线性泛函, φ 称为正的, 记作 $\varphi \geqslant 0$, 指对任意的 $a \in M_+$ (= M 的正元全

体），有 $\varphi(a) \geqslant 0$.

M 上的线性泛函 $\psi \leqslant \varphi$，指 $(\varphi - \psi) \geqslant 0$. 此外，$M$ 上的正泛函 φ 称为忠实的，指若 $a \in M_+$，使得 $\varphi(a) = 0$，则 $a = 0$.

显然，如果 $\varphi \geqslant 0$，则 $\varphi(a^*) = \overline{\varphi(a)}$，$\forall a \in M$，并且有 Schwartz 不等式

$$|\varphi(b^*a)|^2 \leqslant \varphi(a^*a)\varphi(b^*b), \quad \forall a, b \in M,$$

由此可证 $\|\varphi\| = \varphi(1)$.

定义 1.8.2 vN 代数 M 上的正泛函 φ 称为正规的，指对于 M_+ 的任意有界递增网 $\{a_l\}$ 有

$$\sup_l \varphi(a_l) = \varphi(\sup_l a_l),$$

φ 称为正规态，指它是正规正泛函，且 $\varphi(1) = 1$.

定义 1.8.3 vN 代数 M 上的正泛函 φ 称为全可加的，指对于 M 的任意相互直交的投影族 $\{p_l\}$ 有 $\varphi\left(\sum_l p_l\right) = \sum_l \varphi(p_l)$.

引理 1.8.4 设 φ，ψ 是 M 上的全可加正泛函，p 是 M 的非零投影，使得 $\varphi(p) \leqslant \psi(p)$，则存在 M 的非零投影 $q \leqslant p$，满足

$$\varphi(a) \leqslant \psi(a), \quad \forall a \in M_+, \text{ 并且 } a \leqslant q.$$

证. 令

$$\mathscr{L} = \left\{(q_l) \,\middle|\, \begin{array}{l} (q_l) \text{ 是 } M \text{ 的相互直交投影族，} 0 \ne q_l \leqslant p, \forall l, \\ \text{并且 } \varphi(q_l) > \psi(q_l), \forall l. \end{array}\right\}$$

及 $\mathscr{L}$ 以包含关系为偏序. 如果 $\mathscr{L}$ 非空，依 Zorn 辅理，$\mathscr{L}$ 有极大元 $(q_l)_{l \in \Lambda}$. 令 $q_0 = \sum_{l \in \Lambda} q_l$，自然 $0 \ne q_0 \leqslant p$. 由于 φ，ψ 全可加，因而 $\varphi(q_0) > \psi(q_0)$. 另一方面，$\varphi(p) \leqslant \psi(p)$，因此，$0 \ne q = p - q_0 \ne p$. 今设 r 是 M 的任意投影，并且 $r \leqslant q$，依 $(q_l)_{l \in \Lambda}$ 的极大性，必有 $\varphi(r) \leqslant \psi(r)$. 进而，如果 $a \in M_+$，并且 $a \leqslant q$，易见 $a \in qMq$，从而可写 $a = \int_0^1 \lambda de_\lambda$，其中 $e_\lambda \in qMq$，$\forall \lambda$. 令

$$a_n = \sum_{k=0}^{n-1} \frac{k}{n} (e_{(k+1)/n} - e_{k/n}),$$

则 $\varphi(a_q) \leqslant \phi(a_n)$，$0 \leqslant a - a_n \leqslant \dfrac{1}{n} q$，$\forall n$. 由此，

$$\varphi(a_n) \to \varphi(a), \quad \phi(a_n) \to \phi(a).$$

进而 $\varphi(a) \leqslant \phi(a)$，即 q 为所求.

如果 $\mathscr{L}$ 是空的，即对 M 的任意投影 $r \leqslant p$，有 $\varphi(r) \leqslant \phi(r)$. 仿照上面的讨论 $q = p$ 即为所求. 证毕.

命题 1.8.5 如果 φ 是 vN 代数 M 上的正泛函，则 φ 是 $\sigma(M, M_*)$ 连续的，当且仅当，φ 是全可加的.

证. 必要性显然. 今设 φ 是全可加的，及 $\{q_l\}_{l \in \Lambda}$ 是 M 的相互直交的投影极大族，使得

$$\varphi(\cdot q_l) \in M_*, \quad \forall l.$$

令 $q = \displaystyle\sum_{l \in \Lambda} q_l$，我们说 $\varphi(\cdot q) \in M_*$. 事实上，对任意的 $a \in M$，$\|a\| \leqslant 1$ 及 Λ 的有限子集 F，

$$\left| \varphi(aq) - \varphi\left(a \sum_{l \in F} q_l \right) \right|^2 \leqslant \varphi\left(q - \sum_{l \in F} q_l \right)$$

$$\cdot \varphi\left(a\left(q - \sum_{l \in F} q_l \right) a^* \right).$$

由于 $0 \leqslant a\left(q - \displaystyle\sum_{l \in F} q_l \right) a^* \leqslant aa^* \leqslant 1$ 及 φ 是全可加的，因此对 $\|a\| \leqslant 1$，一致地有

$$\varphi(aq) = \lim_F \varphi\left(a \sum_{l \in F} q_l \right) = \sum_{l \in \Lambda} \varphi(aq_l).$$

由此，$\varphi(\cdot q)$ 在 M 的任意有界球中是 $\sigma(M, M_*)$ 连续的. 再依命题 1.2.6，$\varphi(\cdot q) \in M_*$.

今只须证明 $q = 1$. 不然，令 $p = 1 - q \neq 0$. 于是可以取 $\xi \in \mathscr{H}$（M 的作用空间），使得 $\varphi(p) \leqslant \phi(p)$，这里 $\phi(\cdot) = \langle \xi, \xi \rangle \in M_*$. 依引理 1.8.4，存在 M 的非零投影 $q_0 \leqslant p$，使得

$$\varphi(a) \leqslant \phi(a), \quad \forall a \in M_+, \text{ 并且 } a \leqslant q_0.$$

如果 $a \in M$，$\|a\| \leqslant 1$，则 $q_0 a^* a q_0 \leqslant q_0$，因此

$$|\varphi(aq_0)|^2 \leqslant \varphi(1)\varphi(q_0 a^* a q_0) \leqslant \varphi(1)\phi(q_0 a^* a q_0) = \varphi(1)\|aq_0 \xi\|^2.$$

这表明 $\varphi(\cdot q_0)$ 在 M 的单位球中是强算子连续的，因此，$\varphi(\cdot q_0) \in$

M_*. 这便与族 $\{q_l\}_{l\in A}$ 的极大性相矛盾. 所以, $q = 1$. 证毕.

定理 1.8.6 设 φ 是 vN 代数 M 上的正泛函, 则下列条件是相互等价的: 1) φ 是 $\sigma(M, M_*)$ 连续的; 2) φ 是正规的; 3) φ 是全可加的.

证. 命题 1.8.5 已指出 1) 与 3) 是等价的; 显然由 2) 可以得到 3), 及由 1) 可以得到 2). 证毕.

系 1.8.7 设 φ, ψ 是 M 上的正泛函, 并且 $\varphi \geqslant \psi$. 又若 $\varphi \in M_*$, 则 $\psi \in M_*$.

事实上, 设 $\{a_l\}$ 是 M_+ 的任意有界递增网, $a = \sup_l a_l$, 于是

$$0 \leqslant \psi(a - a_l) \leqslant \varphi(a - a_l) \to 0.$$ 所以, $\psi(a) = \lim_l \psi(a_l) = \sup_l \psi(a_l)$, 即 ψ 是正规的. 证毕.

命题 1.8.8 设 φ 是 vN 代数 M 上的正规正泛函, $p_\varphi = \sup \cdot \{p \mid p$ 是 M 的投影, 并且 $\varphi(p) = 0\}$, 则

$$M p_\varphi = \{a \in M \mid \varphi(a^* a) = 0\}, \quad \varphi(p_\varphi a) = \varphi(a p_\varphi) = 0, \quad \forall a \in M.$$

证. 记 $\vartheta = \{a \in M \mid \varphi(a^* a) = 0\}$, 易见 ϑ 是 M 的 $s(M, M_*)$ 闭左理想, 从而 ϑ 也是 $\sigma(M, M_*)$ 闭的. 依命题 1.7.1, 有 M 的投影 p_0, 使得 $\vartheta = M p_0$. 如果 M 的投影 p, 使得 $\varphi(p) = 0$, 于是, $p \in \vartheta$, 所以, $p \leqslant p_0$. 这说明 $p_0 = p_\varphi$. 再由 Schwartz 不等式, 可见 $\varphi(p_\varphi a) = \varphi(a p_\varphi) = 0$, $\forall a \in M$. 证毕.

定义 1.8.9 记 $s(\varphi) = 1 - p_\varphi$, 称为 φ 的支持. 显然, 它有性质

$$\varphi(s(\varphi) a) = \varphi(a s(\varphi)) = \varphi(s(\varphi) a s(\varphi)) = \varphi(a), \forall a \in M.$$

命题 1.8.10 设 φ 是 vN 代数 M 上的正规正泛函, $a \in M_+$, 使得 $\varphi(a) = 0$, 则 $s(\varphi) a s(\varphi) = 0$. 特别地, φ 是忠实的, 当且仅当, $s(\varphi) = 1$.

证. 如果 $s(\varphi) a s(\varphi) \neq 0$, 由它的谱分解, 可见有 $\lambda > 0$ 及 M 的非零投影 $p \leqslant s(\varphi)$, 使得 $\lambda p \leqslant s(\varphi) a s(\varphi)$. 于是, $\varphi(p) = 0$, $p \leqslant p_\varphi = 1 - s(\varphi)$, 产生矛盾. 因此, $s(\varphi) a s(\varphi) = 0$. 特别地, 如果 $s(\varphi) = 1$, 可见 φ 是忠实的. 反之, 如果 φ 是忠实的, 则

并无非零投影 $p \in M$，使得 $\varphi(p) = 0$，因此，$s(\varphi) = 1$．证毕．

命题 1.8.11 设 $\xi \in \mathscr{H}$，M 是 $\mathscr{H}$ 中的 vN 代数，$\varphi(\cdot) = \langle \cdot \xi, \xi \rangle$（是 M 上的正规正泛函），则 $s(\varphi)\mathscr{H} = \overline{M'\xi}$．

证． 设 p 是 M 的投影，则 $\varphi(p) = 0$ 等价于 $p\xi = 0$，亦即等价于 $pM'\xi = \{0\}$．由此即得证．

今设 M 是 $\mathscr{H}$ 中的 vN 代数，φ 是 M 上的正泛函，令

$$\vartheta_\varphi = \{a \in M \mid \varphi(a^*a) = 0\},$$

易见它是 M 的左理想．又命

$$a \rightarrow a_\varphi = a + \vartheta_\varphi, \quad \forall a \in M$$

是作为线性空间的 M 到其商线性空间 M/ϑ_φ 上的正则映象，并在 M/ϑ_φ 上定义

$$\langle a_\varphi, b_\varphi \rangle = \varphi(b^*a), \quad \forall a, b \in M.$$

显然，它将是内积．M/ϑ_φ 依此完备化，得到的 Hilbert 空间记作 $\mathscr{H}_\varphi$．对任意的 $a \in M$，令

$$\pi_\varphi(a)b_\varphi = (ab)_\varphi, \quad \forall b \in M,$$

易见 $\pi_\varphi(a)$ 是 M/ϑ_φ 到 M/ϑ_φ 的线性映象，并且

$$\|\pi_\varphi(a)b_\varphi\|^2 = \varphi(b^*a^*ab) \leqslant \|a\|^2\varphi(b^*b) = \|a\|^2\|b_\varphi\|^2.$$

因此，$\pi_\varphi(a)$ 可唯一开拓为 $\mathscr{H}_\varphi$ 中范数 $\leqslant \|a\|$ 的有界线性算子，仍然记以 $\pi_\varphi(a)$．于是，我们得到

$$\pi_\varphi : M \rightarrow B(\mathscr{H}_\varphi),$$

并且它是 $*$（代数）同态，即

$$\pi_\varphi(\lambda a + \mu b) = \lambda\pi_\varphi(a) + \mu\pi_\varphi(b),$$

$$\pi_\varphi(ab) = \pi_\varphi(a)\pi_\varphi(b), \quad \pi_\varphi(a^*) = \pi_\varphi(a)^*,$$

$\forall a, b \in M$，$\lambda, \mu \in \mathbf{C}$．此外，

$$\varphi(a) = \langle \pi_\varphi(a)1_\varphi, 1_\varphi \rangle, \quad \forall a \in M.$$

这里 1_φ 是 M 的单位元 1 在 M/ϑ_φ 中的正则映象．

定义 1.8.12 设 M 是 vN 代数，如果 π 是 M 到 $B(\mathscr{H})$ 中的 $*$（代数）同态，这里 $\mathscr{H}$ 是某个 Hilbert 空间，则称 $\{\pi, \mathscr{H}\}$ 为 M 的一个 $*$ 表示．

如上面所见，对于 M 上任意的正泛函 φ，我们可以得到 M 的

*表示 $\{\pi_\varphi, \mathscr{H}_\varphi\}$，并且这个 *表示有循环矢 1_φ（即 $\pi_\varphi(M)|_\varphi$ 在 $\mathscr{H}_\varphi$ 中稠），以及 φ 可以通过 π_φ 及 1_φ 表达出来（即 $\varphi(a) = \langle\pi_\varphi(a)1_\varphi, 1_\varphi\rangle, \forall a \in M$）。 我们称这样的构造为 φ 所产生的 GNS 构造，在第二章中，还将进一步讨论它。

命题 1.8.13 设 M 是 $\mathscr{H}$ 中的 vN 代数，φ 是 M 上的正规正泛函，$\{\pi_\varphi, \mathscr{H}_\varphi\}$ 是 φ 产生的 *表示，则 $\pi_\varphi(M)$ 是 $\mathscr{H}_\varphi$ 中的 vN 代数，并且 π_φ 是 $\sigma(B(\mathscr{H}), T(\mathscr{H})) - \sigma(B(\mathscr{H}_\varphi), T(\mathscr{H}_\varphi))$ 连续的。此外，如果 φ 还是忠实的，则 1_φ 也是 $\pi_\varphi(M)'$ 的循环矢，并且 π_φ 是忠实（即一一）等距的。

证. 令 $\vartheta = \{a \in M \mid \pi_\varphi(a) = 0\}$，显然，它是 M 的双侧理想。进而，它的单位球是强 *算子闭的。 事实上，如果网 $\{a_l\} \subset \vartheta$，$\|a_l\| \leqslant 1, \forall l$，并且 $a_l \xrightarrow{\text{强*算子}} a$，则 $a_l^* a_l \xrightarrow{\text{强算子}} a^* a$，$a_l^* a_l \xrightarrow{\sigma(M, M_*)} a^* a$。于是

$$\|\pi_\varphi(a)b_\varphi\|^2 = \varphi(b^* a^* ab) = \lim_l \varphi(b^* a_l^* a_l b)$$

$$= \lim_l \|\pi_\varphi(a_l)b_\varphi\|^2 = 0,$$

$\forall b \in M$，所以，$a \in \vartheta$。

今依命题 1.2.8 及 1.7.1，存在 M 的中心投影 z，使得

$$\vartheta = M(1 - z).$$

从而，π_φ 是 Mz 到 $\pi_\varphi(M)$ 上的 *（代数）同构。

我们说 π_φ 在 Mz 上是反保序的，即若 $a \in Mz$，使得 $\pi_\varphi(a) \geqslant 0$，则 $a \geqslant 0$。事实上，由于 π_φ 在 Mz 上是一一的，因此，$a^* = a$。进而，可写 $a = a_+ - a_-$，这里 $0 \leqslant a_\pm \in Mz$，且 $a_+ \cdot a_- = 0$。如果 $a_- \neq 0$，则 $B = \pi_\varphi(a_-)$ 是 $\mathscr{H}_\varphi$ 中的非零正算子，因此有 $\xi \in \mathscr{H}_\varphi$，使得 $\eta = B^{1/2}\xi \neq 0$。于是

$$0 \leqslant \langle\pi_\varphi(a)B\xi, B\xi\rangle = -\|\eta\|^2 < 0$$

矛盾，所以，$a \geqslant 0$。

π_φ 在 Mz 上也是等距的。设 $h = h^* \in Mz$，由

$$-\|\pi_\varphi(h)\| \leqslant \pi_\varphi(h) \leqslant \|\pi_\varphi(h)\|$$

$\pi_\varphi(z) = 1$ 及 π_φ 是反保序的，可见 $-\|\pi_\varphi(h)\| \leqslant h \leqslant \|\pi_\varphi(h)\|$，

即 $\|h\| \leqslant \|\pi_\varphi(h)\|$. 因此, $\|h\| = \|\pi_\varphi(h)\|$, $\forall h = h^* \in Mz$. 进而, 由 $\|\pi_\varphi(a)\|^2 = \|\pi_\varphi(a^*a)\|$ 及 $\|a^*a\| = \|a\|^2$, 可见对任意的 $a \in Mz$, 有 $\|a\| = \|\pi_\varphi(a)\|$.

为了证明 $\pi_\varphi(M)$ 是 $\mathscr{H}_\varphi$ 中的 vN 代数, 依系 1.6.3, 只须证明 $\pi_\varphi(M)$ 的单位球在 $\mathscr{H}_\varphi$ 中是弱算子闭的. 设 $\{A_l\} \subset \pi_\varphi(M)$, $\|A_l\| \leqslant 1$, $\forall l$, 且 $A_l \xrightarrow{\text{弱算子}} A$, 依上一段的讨论, 有 $a_l \in Mz$, $\pi_\varphi(a_l) = A_l$, $\|a_l\| = \|A_l\| \leqslant 1$, $\forall l$. 但 Mz 的单位球是弱算子紧的, 必要时代以子网, 可设 $a_l \xrightarrow{\text{弱算子}} a \in Mz$. 于是,

$$\langle Ab_\varphi, c_\varphi \rangle = \lim_l \langle \pi_\varphi(a_l)b_\varphi, c_\varphi \rangle = \lim_l \varphi(c^* a_l b)$$
$$= \langle \pi_\varphi(a)b_\varphi, c_\varphi \rangle,$$

$\forall b, c \in M$, 所以, $A = \pi_\varphi(a) \in \pi_\varphi(M)$.

关于 π_φ 的 σ-σ 连续性, 依命题 1.2.6, 只须验证 π_φ 在 M 的单位球上是弱算子-弱算子连续的, 而这是容易的.

最后设 φ 是忠实的, 易见 π_φ 是忠实的, 从而是等距的. 令 P 是 $\mathscr{H}_\varphi$ 到 $\overline{\pi_\varphi(M)' 1_\varphi}$ 上的投影, 则 $P \in \pi_\varphi(M)'' = \pi_\varphi(M)$. 于是有 M 的唯一投影 p, 使得 $P = \pi_\varphi(p)$. 令 $\varphi(1 - p) = \|\pi_\varphi(1 - p)1_\varphi\|^2 = \|(1 - P)1_\varphi\|^2 = 0$, 所以, $P = 1$. 证毕.

注 本节见参考文献 [16], [21], [97].

§9. 泛函的极分解与直交分解

设 M 是 $\mathscr{H}$ 中的 vN 代数, $\varphi \in M_*$, $a \in M$, 令
$$(R_a \varphi)(b) = \varphi(ba), \quad (L_a \varphi)(b) = \varphi(ab), \quad \forall b \in M.$$
显然, $R_a \varphi$ 与 $L_a \varphi$ 仍然 $\in M_*$.

引理 1.9.1 设 $\varphi \in M_*$, p 是 M 的投影, 使得 $\|R_p \varphi\| = \|\varphi\|$, 则 $\varphi = R_p \varphi$.

证. 无妨设 $\|\varphi\| = 1$. 如果 $R_{1-p}\varphi \not\approx 0$, 必存在 $a \in M$, $\|a\| \leqslant 1$, 使得 $(R_{1-p}\varphi)(a) = \delta > 0$.

由于 $M = (M_*)^*$, 因此有 $b \in M$, $\|b\| = 1$, 使得 $(R_p \varphi) \cdot$

$(b) = \|R_p\varphi\| = 1$. 注意

$$\|bp + \delta a(1-p)\|^2 = \|bpb^* + \delta^2 a(1-p)a^*\| \leqslant 1 + \delta^2,$$

所以，$\|bp + \delta a(1-p)\| < 1 + \delta^2$. 另一方面，

$$\varphi(bp + \delta a(1-p)) = (R_p\varphi)(b) + \delta(R_{1-p}\varphi)(a) = 1 + \delta^2,$$

这与 $\|\varphi\| = 1$ 相矛盾. 证毕.

引理 1.9.2 设 $f \in M^*$，如果有 $a \in M_+$，$\|a\| \leqslant 1$，使得 $f(a) = \|f\|$，则 $f \geqslant 0$.

证. 取 $\theta \in \mathbf{R}$，使得 $e^{i\theta}f(1-a) \geqslant 0$. 由于 $1 \geqslant \|a + e^{i\theta} \cdot (1-a)\|$，于是

$$\|f\| \leqslant f(a) + e^{i\theta}f(1-a) = f(a + e^{i\theta}(1-a)) \leqslant \|f\|,$$

所以，$f(1-a) = 0$，即 $f(1) = f(a) = \|f\|$.

今设 $b \in M_+$，我们要证明 $f(b) \geqslant 0$. 无妨设 $\|b\| \leqslant 1$ 及 $\|f\| = 1$. 如果 $f(b) = \lambda + i\mu$，这里 $\lambda, \mu \in \mathbf{R}$，则

$$1 \geqslant \|1 - b\| \geqslant |f(1-b)| = ((1-\lambda)^2 + \mu^2)^{1/2}.$$

因此，必有 $\lambda \geqslant 0$. 另一方面，对任意的 $r \in \mathbf{R}$，

$$\|b\|^2 + r^2 = \|b + ir\|^2 \geqslant |f(b+ir)|^2 \geqslant \mu^2 + 2r\mu + r^2.$$

因此，必有 $\mu = 0$. 证毕.

定理 1.9.3 设 $\varphi \in M_*$，则存在唯一的 $\omega \in M_*$，$\omega \geqslant 0$ 及 M 的部分等距元 v，使得

$$\varphi = R_v\omega, \quad v^*v = s(\omega),$$

这时也有 $\omega = R_{v^*}\varphi$，$\|\varphi\| = \|\omega\|$.

证. 由于 $M = (M_*)^*$，存在 $a \in M$，$\|a\| \leqslant 1$，使得 $\varphi(a) = \|\varphi\|$. 极分解 $a^* = uh$，并命 $\omega = R_{u^*}\varphi$. 由于 $\|\omega\| \leqslant \|\varphi\| = \omega(h) \leqslant \|\omega\|$，因此，$\|\varphi\| = \|\omega\|$，并由引理 1.9.2，$\omega \geqslant 0$. 今记 $p = uu^*$，由于 $a = ap$，

$$\|R_p\varphi\| \leqslant \|\varphi\| = \varphi(ap) = (R_p\varphi)(a) \leqslant \|R_p\varphi\|.$$

依引理 1.9.1，$\varphi = R_p\varphi$. 由此，$\varphi = R_u\omega$. 由于 $R_{u^*u}\omega = R_{u^*}\varphi = \omega$，所以，$u^*u \geqslant s(\omega)$. 今命 $v = us(\omega)$，依定义 1.8.9，即见

$$\varphi = R_v\omega, \quad v^*v = s(\omega), \quad \omega = R_{v^*}\varphi.$$

今设另有 $0 \leqslant \omega' \in M_*$ 及 $v' \in M$，使得 $\varphi = R_{v'}\omega'$，及

$v'^*v' = s(\omega')$. 易见也有 $\omega' = R_{v'}*\varphi$ 及 $\|\omega'\| = \|\varphi\|$. 无妨设 $\|\varphi\| = 1$. 于是, $1 = \omega'(1) = \varphi(v'^*) = \omega(v'^*v)$, 进而也有 $\omega(v^*v') = 1$. 另一方面, 由 Schwartz 不等式,

$$1 = \omega(v'^*v)^2 \leqslant \omega(v^*v'v'^*v) \leqslant 1.$$

从而, $\omega((v'^*v - 1)^*(v'^*v - 1)) = 0$. 再由 Schwartz 不等式, 可见 $\omega(b(v'^*v - 1)) = 0, \forall b \in M$, 即

$$\omega(b) = \varphi(bv'^*) = \omega'(b), \quad \forall b \in M.$$

命 $p = v'^*v$, 则由于 $\omega = \omega'$,

$$s(\omega)ps(\omega) = s(\omega')ps(\omega') = p.$$

前面已指出 $\omega((1 - p^*)(1 - p)) = 0$, 从而依命题 1.8.10,

$$s(\omega)(1 - p^*)(1 - p)s(\omega) = 0.$$

因此, $s(\omega) = ps(\omega) = p$. 今由 $v'^*v' = s(\omega') = s(\omega) = p$, 可见

$$v'^*(v' - v) = 0, \tag{1}$$

再由 $v^*v = s(\omega) = p^* = v'^*v'$, 可见

$$v^*(v' - v) = 0. \tag{2}$$

由 (1)—(2), 即得 $v' = v$. 证毕.

定义 1.9.4 定理 1.9.3 中的唯一分解 $\varphi = R_v\omega$, 称为 $\varphi(\in M_*)$ 的极分解, 其中 ω 称为 φ 的绝对值, 有时记以 $\omega = |\varphi|$.

注. 如果 $M = B(\mathcal{H})$, $\varphi(\cdot) = \mathrm{tr}(\cdot t) \in M_* = T(\mathcal{H})$, 其中 $t \in T(\mathcal{H})$. 极分解 $t = vh$, 则 φ 的极分解是 $R_v\omega$, 而 $\omega(\cdot) = \mathrm{tr}(\cdot h)$.

命题 1.9.5 设 $\varphi \in M_*$, 定义 $\varphi^*(a) = \overline{\varphi(a^*)}$, $\forall a \in M$, 则 φ^* 仍 $\in M_*$. 如果 $\varphi = R_v\omega$ 是极分解, 则 φ^* 的极分解是 $\varphi^* = R_{v^*}\psi$, 这里 $\psi = L_{v^*}\varphi$.

证. 易见 $\psi \geqslant 0$, $\varphi^* = R_{v^*}\psi$, 及 $\|\psi\| = \|\omega\| = \|\varphi\| = \|\varphi^*\|$, 于是只要证明 $s(\psi) = vv^*$. 设 p 是 M 的投影, 易见下列条件是相互等价的: ① $\psi(p) = 0$; ② $\omega(v^*pv) = 0$; ③ $s(\omega)v^*pvs(\omega) = 0$; ④ $v^*pv = 0$; ⑤ $pv = 0$; ⑥ $pvv^* = 0$. 因此, $s(\psi) = vv^*$. 证毕.

定义 1.9.6 $s(|\varphi|)$, $s(|\varphi^*|)$ 分别称为 $\varphi(\in M_*)$ 的左、右支持, 也记为 $s_l(\varphi)$, $s_r(\varphi)$.

显然, 当 φ 厄米 (即 $\varphi = \varphi^*$ 时), $s_l(\varphi) = s_r(\varphi)$; 当 $\varphi \geq 0$ 时, $s_l(\varphi) = s_r(\varphi) = s(\varphi)$.

命题 1.9.7 设 $\varphi \in M_*$, 则

$$s_l(\varphi) = v^*v = \inf\{p \in M \mid p \text{ 是投影, 且 } L_p\varphi = \varphi\},$$

$$s_r(\varphi) = vv^* = \inf\{p \in M \mid p \text{ 是投影, 且 } R_p\varphi = \varphi\}.$$

这里 $\varphi = R_v\omega$ 是极分解.

事实上, 下列等价: ① $L_p\varphi = \varphi$; ② $L_p\omega = \omega$; ③ $p \geq s(\omega) = s_l(\varphi)$. 由此得到 $s_l(\varphi)$ 的表达式. 另者同证之.

在定义 1.9.6 中已提到, vN 代数 M 上的泛函 φ 称为厄米的, 指 $\varphi = \varphi^*$. 显然, φ 是厄米的, 当且仅当, $\varphi(h) \in \mathbb{R}$, $\forall h = h^* \in M$.

定理 1.9.8 设 M 是 vN 代数, $\varphi = \varphi^* \in M_*$, 则存在唯一的 $\varphi_+, \varphi_- \in M_*$, $\varphi_+, \varphi_- \geq 0$, 使得

$$\varphi = \varphi_+ - \varphi_-, \quad \|\varphi\| = \|\varphi_+\| + \|\varphi_-\|.$$

如果记 $q_+ = s(\varphi_+)$, $q_- = s(\varphi_-)$, 则还有

$$|\varphi| = \varphi_+ + \varphi_-, \quad q_+ \cdot q_- = 0, \quad s(|\varphi|) = q_+ + q_-$$

以及 $\varphi = R_{(q_+ - q_-)}|\varphi|$ 是极分解.

证. 设 $\varphi = R_v|\varphi|$, $\varphi^* = R_{v^*}|\varphi^*|$ 是极分解. 由于 $\varphi = \varphi^*$ 及极分解的唯一性, 可见 $v = v^*$. 于是可写

$$v = q_+ - q_-.$$

这里 q_+, q_- 是 M 的投影, 并且 $q_+ \cdot q_- = 0$.

由于 $s(|\varphi|) = v^*v = q_+ + q_-$, 所以

$$|\varphi| = L_{q_+}R_{q_+}|\varphi| + L_{q_-}R_{q_-}|\varphi|$$
$$+ L_{q_+}R_{q_-}|\varphi| + L_{q_-}R_{q_+}|\varphi|;$$

另一方面, 依命题 1.9.5, $|\varphi^*| = L_vR_v|\varphi| = |\varphi|$, 因此

$$L_{q_+}R_{q_-}|\varphi| = L_{q_+}R_{q_-}L_vR_v|\varphi| = -L_{q_+}R_{q_-}|\varphi|,$$

即 $L_{q_+}R_{q_-}|\varphi| = 0$. 同样, $L_{q_-}R_{q_+}|\varphi| = 0$. 从而

$$|\varphi| = L_{q_+}R_{q_+}|\varphi| + L_{q_-}R_{q_-}|\varphi|$$

以及
$$\varphi = R_v|\varphi| = L_{q_+}R_{q_+}|\varphi| - L_{q_-}R_{q_-}|\varphi|.$$
如果记 $\varphi_+ = L_{q_+}R_{q_+}|\varphi|$，$\varphi_- = L_{q_-}R_{q_-}|\varphi|$，则 $\varphi_+,\varphi_- \in M_*$，并且 $\varphi_+,\varphi_- \geqslant 0$ 以及
$$\varphi = \varphi_+ - \varphi_-,\quad |\varphi| = \varphi_+ + \varphi_-.$$
依定理 1.9.3，$\|\varphi\| = \||\varphi|\| = |\varphi|(1) = \|\varphi_+\| + \|\varphi_-\|$。 此外，显然，$\varphi_+(1-q_+) = 0$；另一方面，如果 M 的投影 p 使得 $\varphi_+(p) = 0$，则 $|\varphi|(q_+pq_+) = 0$，$s(|\varphi|)q_+pq_+s(|\varphi|) = 0$，$q_+pq_+ = 0$，$pq_+ = 0$，即 $p \leqslant 1 - q_+$。 因此，$s(\varphi_+) = q_+$。 同证 $s(\varphi_-) = q_-$。

今设 $\varphi_1,\varphi_2 \in M_*$，$\varphi_1,\varphi_2 \geqslant 0$，也使得
$$\varphi = \varphi_1 - \varphi_2,\quad \|\varphi\| = \|\varphi_1\| + \|\varphi_2\|.$$
于是，$\|\varphi_+\| = \varphi(q_+) \leqslant \varphi_1(q_+) \leqslant \|\varphi_1\|$，同样，$\|\varphi_-\| = -\varphi(q_-) \leqslant \varphi_2(q_-) \leqslant \|\varphi_2\|$。 因此
$$\|\varphi_+\| = \varphi_1(q_+) = \|\varphi_1\| = \varphi_1(1),$$
$$\|\varphi_-\| = \varphi_2(q_-) = \|\varphi_2\| = \varphi_2(1).$$
从而
$$s(\varphi_1) \leqslant q_+,\ s(\varphi_2) \leqslant q_-,\ s(\varphi_1) \cdot s(\varphi_2) = 0.$$
现在我们也有
$$\varphi = R_{(s(\varphi_1)-s(\varphi_2))}(\varphi_1 + \varphi_2),$$
依极分解的唯一性，便有
$$s(\varphi_1) - s(\varphi_2) = q_+ - q_-,\ \varphi_1 + \varphi_2 = \varphi_+ + \varphi_-,$$
但 $q_+ \cdot q_- = s(\varphi_1) \cdot s(\varphi_2) = 0$，因此，$q_+ = s(\varphi_1)$，$q_- = s(\varphi_2)$。 进而，
$$\varphi_1 = L_{s(\varphi_1)}(\varphi_1 + \varphi_2) = L_{q_+}(\varphi_+ + \varphi_-) = \varphi_+,\ \varphi_2 = \varphi_-.$$
证毕.

系 1.9.9 M 上任何的 σ-连续线性泛函必为正规的正泛函的线性和.

定义 1.9.10 如果 $\varphi = \varphi^* \in M_*$，我们把定理 1.9.8 中所说的唯一分解：$\varphi = \varphi_+ - \varphi_-$，$\|\varphi\| = \|\varphi_+\| + \|\varphi_-\|$，$\varphi_+,\varphi_- \in M_*$，

$\varphi_+, \varphi_- \geqslant 0$，称为（厄米泛函）$\varphi$ 的直交分解。

注 本节见参考文献 [45]，[92]，[97]，[121]。

§10. Radon-Nikodym 定理

引理 1.10.1 设 N 是 Hilbert 空间 $\mathscr{K}$ 中的 vN 代数，并且有循环矢 ξ（即 $N\xi$ 在 $\mathscr{K}$ 中稠），令

$$\varphi(a) = \langle a\xi, \xi \rangle, \ \forall a \in N.$$

如果 ϕ 是 N 上的正泛函，并且 $\phi \leqslant \varphi$，则存在唯一的 $t' \in N'$，$0 \leqslant t' \leqslant 1$，使得

$$\phi(a) = \langle at'\xi, \xi \rangle, \ \forall a \in N.$$

证. 在 $\mathscr{K}$ 的稠子空间 $N\xi$ 上定义

$$[a\xi, b\xi] = \phi(b^*a), \ \forall a, b \in N.$$

由于 $\phi \leqslant \varphi$，易见 $|[a\xi, b\xi]| \leqslant \|a\xi\|\|b\xi\|$，$\forall a, b \in N$，因此，存在唯一的 $t' \in B(\mathscr{K})$，使得

$$[a\xi, b\xi] = \phi(b^*a) = \langle t'a\xi, b\xi \rangle, \ \forall a, b \in N$$

由于 $0 \leqslant \phi \leqslant \varphi$，因此，$0 \leqslant t' \leqslant 1$。又由于

$$\langle t'ab\xi, c\xi \rangle = \phi(c^*ab) = \phi((a^*c)^*b) = \langle at'b\xi, c\xi \rangle,$$

$\forall a, b, c \in N$，可见 $t' \in N'$. 证毕.

引理 1.10.2 设 φ_0, φ_1 是 vN 代数 N 上的正泛函，并且有 $a \in N$，使得 $\varphi_1 = R_a\varphi_0$，则 $\varphi_1 \leqslant \|a\|\varphi_0$.

证. 记 $\varphi_{n+1} = R_{a^{2^n}}\varphi_0$，$n = 0, 1, \cdots$. 对任意的 $b \in N_+$，

$$0 \leqslant \varphi_1(b) = \varphi_0(b^{1/2} \cdot b^{1/2}a) \leqslant \varphi_0(b)^{1/2}\varphi_0(a^*ba)^{1/2},$$

但 $\varphi_2(b) = \varphi_1(ba) = \overline{\varphi_1(a^*b)} = \overline{\varphi_0(a^*ba)} \geqslant 0$，因此，$\varphi_2 \geqslant 0$ 及 $0 \leqslant \varphi_1(b) \leqslant \varphi_0(b)^{1/2}\varphi_2(b)^{1/2}$. 再对 φ_2 施用前面的方法，$\cdots$，一般可见

$$0 \leqslant \varphi_1(b) \leqslant \varphi_0(b)^{\frac{1}{2}+\cdots+\frac{1}{2^n}} \quad \varphi_0(ba^{2^n})^{\frac{1}{2^n}} \leqslant \varphi_0(b)^{\frac{1}{2}+\cdots+\frac{1}{2^n}}$$

$$\cdot \|a\|(\|\varphi_0\|\|b\|)^{\frac{1}{2^n}},$$

$\forall b \in N_+$ 及 n. 令 $n \to +\infty$，即见 $\varphi_1 \leqslant \|a\|\varphi_0$. 证毕.

定理 1.10.3 设 M 是 $\mathscr{H}$ 中的 vN 代数，$\varphi, \phi \in M_*$，并且 $\varphi \geqslant \phi \geqslant 0$，则存在 $t_0 \in M$，$0 \leqslant t_0 \leqslant 1$，使得

$$\phi(a) = \varphi(t_0 a t_0), \quad \forall a \in M.$$

证. 先设 $s(\varphi) = 1$. 用 φ 产生 M 的 $*$ 表示 $\{\pi_\varphi, \mathscr{H}_\varphi\}$. 依命题 1.8.13，$N = \pi_\varphi(M)$ 是 $\mathscr{H}_\varphi$ 中与 $M *$ 同构的 vN 代数.

由于 M 与 $N *$ 同构，用引理 1.10.1 于 N，可见有 $t' \in N'$，$0 \leqslant t' \leqslant 1$，使得

$$\phi(a) = \langle \pi_\varphi(a) t' 1_\varphi, \, t' 1_\varphi \rangle, \quad \forall a \in M.$$

今定义 N' 上的泛函：$\varphi'(a') = \langle a' 1_\varphi, 1_\varphi \rangle$，$\forall a' \in N'$ 及 $\phi' = R_{t'} \varphi'$. 依定理 1.9.3，极分解 $\phi' = R_{v'} \omega'$，于是 $\omega' = R_{v'*t'} \varphi'$. 依引理 1.10.2

$$\omega' \leqslant \| v'^* t' \| \varphi' \leqslant \varphi'.$$

再依引理 1.10.1，有 $t_0 \in M$，使得

$$0 \leqslant t_0 \leqslant 1, \quad \omega'(a') = \langle \pi_\varphi(t_0) a' 1_\varphi, 1_\varphi \rangle, \quad \forall a' \in N',$$

于是由 $\omega' = R_{v'*t'} \varphi'$，

$$\langle a' \pi_\varphi(t_0) 1_\varphi, 1_\varphi \rangle = \langle a' v'^* t' 1_\varphi, 1_\varphi \rangle, \quad \forall a' \in N'.$$

依命题 1.8.13，1_φ 也是 N' 的循环矢，因此，

$$\pi_\varphi(t_0) 1_\varphi = v'^* t' 1_\varphi. \tag{1}$$

由 (1)，

$$\langle a' t' 1_\varphi, 1_\varphi \rangle = \phi'(a') = (R_{v'} \omega')(a') = (R_{v'v'^*t'} \varphi')(a')$$
$$= \langle a' v' v'^* t' 1_\varphi, 1_\varphi \rangle = \langle a' v' \pi_\varphi(t_0) 1_\varphi, 1_\varphi \rangle,$$

$\forall a' \in N'$，因此，

$$t' 1_\varphi = v' \pi_\varphi(t_0) 1_\varphi. \tag{2}$$

由 (1)，(2)，对任意的 $a \in M$，

$$\phi(a) = \langle \pi_\varphi(a) t' 1_\varphi, \, t' 1_\varphi \rangle$$
$$= \langle \pi_\varphi(a) v' \pi_\varphi(t_0) 1_\varphi, \, t' 1_\varphi \rangle$$
$$= \langle \pi_\varphi(a) \pi_\varphi(t_0) 1_\varphi, \, v'^* t' 1_\varphi \rangle$$
$$= \langle \pi_\varphi(a) \pi_\varphi(t_0) 1_\varphi, \, \pi_\varphi(t_0) 1_\varphi \rangle$$
$$= \varphi(t_0 a t_0).$$

因此，当 $s(\varphi) = 1$ 时，定理得到证明.

今考虑一般的 φ. 记 $p = s(\varphi)$, $N = pMp$. 限于 vN 代数 N, φ 是忠实的, 并且也有 $\varphi \geqslant \psi$. 依前段的讨论, 存在 $t_0 \in M$, $0 \leqslant t_0 \leqslant p$, 使得

$$\psi(a) = \varphi(t_0 a t_0), \quad \forall a \in N.$$

显然 $p = s(\varphi) \geqslant s(\psi)$, 于是对任意的 $a \in M$,

$$\psi(a) = \psi(pap) = \varphi(t_0 p a p t_0) = \varphi(t_0 a t_0).$$

证毕.

定理 1.10.4 设 M 是 vN 代数, $\varphi, \psi \in M_*$, 并且 $\varphi \geqslant \psi \geqslant 0$. 又 λ 是复数, 且 $\mathrm{Re}\lambda \geqslant \frac{1}{2}$, 则存在 $h \in M$, $0 \leqslant h \leqslant 1$, 使得

$$\psi(a) = \lambda \varphi(ha) + \bar{\lambda} \varphi(ah), \quad \forall a \in M.$$

此外, 如果 φ 是忠实的, 则 h 是唯一的.

证. 由于 $\{h \in M \mid 0 \leqslant h \leqslant 1\}$ 是 M 的 $\sigma(M, M_*)$ 紧凸子集, 因此,

$$\mathscr{L} = \{\lambda \varphi(h \cdot) + \bar{\lambda} \varphi(\cdot h) \mid h \in M, 0 \leqslant h \leqslant 1\}$$

是 M_* 的 $\sigma(M_*, M)$ 紧凸子集. 如果 $\psi \bar{\in} \mathscr{L}$, 依分离定理, 存在 $a = a^* \in M$ 及 $\mu \in \mathbb{R}$, 使得

$$\psi(a) > \mu \geqslant f(a), \quad \forall f \in \mathscr{L}.$$

写 $a = a_+ - a_-$, 这里 $a_+, a_- \in M_+$, $a_+ \cdot a_- = 0$, 并取 M 的投影 p, 使得 $pa_+ = a_+$, $pa_- = 0$. 于是

$$\psi(a_+) > \mu \geqslant \lambda \varphi(pa) + \bar{\lambda} \varphi(ap) = 2\mathrm{Re}\lambda \cdot \varphi(a_+) \geqslant \varphi(a_+),$$

这与 $\varphi \geqslant \psi$ 相矛盾. 因此, $\psi \in \mathscr{L}$.

如果 φ 还是忠实的, h 与 k 同时满足要求, 由于

$$(\lambda + \bar{\lambda})(h - k)^2 = [\lambda h(h - k) + \lambda(h - k)h]$$
$$- [\lambda k(h - k) + \bar{\lambda}(h - k)k],$$

可见 $\varphi((h - k)^2) = 0$, 由此, $h = k$. 证毕.

命题 1.10.5 设 M 是 $\mathscr{H}$ 中的 vN 代数, φ 是 M 上 $\sigma(M, M_*)$ (或者弱算子, 或者强算子) 连续的线性泛函, 则 φ 可开拓成 $B(\mathscr{H})$ 上 $\sigma(B(\mathscr{H}), T(\mathscr{H}))$ (或者弱算子, 或者强算子) 连续的线性泛函 ψ, 并且 $\|\psi\| = \|\varphi\|$. 此外, 如果 $\varphi \geqslant 0$, 则也可

取 $\psi \geqslant 0$.

证. 首先设 $0 \leqslant \varphi \in M_*$. 由于 $M_* = T(\mathcal{H})/M_{\perp}$, 于是有 $t = t^* \in T(\mathcal{H})$, 使得

$$\varphi(a) = \operatorname{tr}(ta), \quad \forall a \in M,$$

分解 $t = t_+ - t_-$, 这里 t_+, t_- 是迹类正算子, 并且 $t_+ \cdot t_- = 0$. 于是

$$\operatorname{tr}(t_+ a) \geqslant \varphi(a), \quad \forall a \in M_+,$$

依定理 1.10.3, 有 $t_0 \in M$, $0 \leqslant t_0 \leqslant 1$, 使得

$$\varphi(a) = \operatorname{tr}(t_+ t_0 a t_0) = \operatorname{tr}(t_0 t_+ t_0 a), \quad \forall a \in M,$$

命 $\psi(\cdot) = \operatorname{tr}(t_0 t_+ t_0 \cdot)$, 它是 $B(\mathcal{H})$ 上的 $\sigma(B(\mathcal{H}), T(\mathcal{H}))$ 连续泛函, 显然 ψ 是 φ 的开拓, 且 $\psi \geqslant 0$. 此外, $\|\varphi\| = \varphi(1) = \psi(1) = \|\psi\|$.

对于一般的 $\varphi \in M_*$, 极分解 $\varphi = R_v \omega$, 依上一段的讨论, 有 $B(\mathcal{H})$ 上的 $\sigma(B(\mathcal{H}), T(\mathcal{H}))$ 连续正泛函 g, 使得 $g|_M = \omega$, $\|g\| = \|\omega\| = \|\varphi\|$. 今命 $\psi = R_v g$, 则它是 φ 的开拓, 因此, $\|\psi\| \geqslant \|\varphi\|$. 另一方面, $\|\psi\| \leqslant \|v\| \|g\| \leqslant \|\varphi\|$, 因此, $\|\psi\| = \|\varphi\|$.

当 φ 是弱 (或强) 算子连续时, 仿照上面同样来进行, 我们只须证明, 存在 $v \in F(\mathcal{H})$, 使得 $\varphi(a) = \operatorname{tr}(va)$, $\forall a \in M$.

如果 φ 是弱算子连续的, 于是有 0 点的弱算子邻域 $U = U(0, \xi_1, \cdots \xi_n, \eta_1, \cdots, \eta_n, 1) = \{a \in M \mid 1\langle a\xi_i, \eta_i \rangle 1 \leqslant 1, 1 \leqslant i \leqslant n\}$, 使得 $|\varphi(a)| \leqslant 1$, $\forall a \in U$. 定义 $B(\mathcal{H})$ 上的拟范数

$$p(b) = \sum_{i=1}^{n} |\langle b\xi_i, \eta_i \rangle|, \forall b \in B(\mathcal{H}),$$

则 $|\varphi(a)| \leqslant p(a)$, $\forall a \in M$. 依 Hahn-Banach 定理, φ 可开拓为 $B(\mathcal{H})$ 上的线性泛函 ψ, 并且 $|\psi(b)| \leqslant p(b)$, $\forall b \in B(\mathcal{H})$. 于是, ψ 也是弱算子连续的. 依命题 1.2.7, 有 $v \in F(\mathcal{H})$, 使得 $\psi(b) = \operatorname{tr}(bv)$, $\forall b \in B(\mathcal{H})$. 特别地, $\varphi(a) = \operatorname{tr}(va)$, $\forall a \in M$.

当 φ 强算子连续时, 代替上面的 U 以 $U(0, \xi_1, \cdots, \xi_n, 1) =$

$\{a \in M \mid \|a\xi_i\| \leqslant 1, 1 \leqslant i \leqslant n\}$ 及 $p(b) = \sum_{i=1}^{n} \|b\xi_i\|$ $(\forall b \in B(\mathscr{H}))$，可同样证明有 $v \in F(\mathscr{H})$，使得 $\varphi(a) = \mathrm{tr}(va)$，$\forall a \in M$．证毕．

注 本节见参考文献〔23〕，〔86〕，〔94〕，〔106〕．

§11. 有界球中拓扑 s^* 与 τ 的等价性

在本章的 §2，§3 中，我们已提到：在 vN 代数 M 的有界球中，$s^*(M, M_*) \sim \tau(M, M_*)$．本节将证明这个结论．

设 M 是 $\mathscr{H}$ 中的 vN 代数，$(M)_1 = \{a \in M \mid \|a\| \leqslant 1\}$ 是 M 的单位球．

引理 1.11.1 设 $a_n = a_n^* \in (M)_1$，并且 $a_n \xrightarrow{s(M, M_*)} 0$，则对任意的 $\delta > 0$，有 M 的投影列 $\{p_n\}$，使得

$$p_n \xrightarrow{s(M, M_*)} 1, \quad \|a_n p_n\| \leqslant \delta, \forall n.$$

证. 谱分解 $a_n = \int_{-1}^{1} \lambda de_\lambda^{(n)}$，命

$$p_n = \int_{-\delta}^{\delta} de_\lambda^{(n)}, \quad q_n = 1 - p_n.$$

于是，

$$\delta^{-2} a_n^2 \geqslant \left(\int_{-1}^{-\delta} + \int_{\delta}^{1} \right) \frac{\lambda^2}{\delta^2} de_\lambda^{(n)} \geqslant q_n,$$

由于 $a_n^2 \xrightarrow{\sigma(M, M_*)} 0$，因此，$q_n \xrightarrow{s(M, M_*)} 0$，即 $p_n \xrightarrow{s(M, M_*)} 0$．此外，$\|a_n p_n\| = \left\| \int_{-\delta}^{\delta} \lambda de_\lambda^{(n)} \right\| \leqslant \delta, \forall n$．证毕．

引理 1.11.2 设 φ 是 M 上忠实的正规正泛函，令

$$d(a, b) = \varphi((a-b)^*(a-b))^{1/2}, \quad \forall a, b \in (M)_1,$$

则 $(M)_1$ 依 d 是完备的距离空间，且 d 产生的拓扑等价于 $s(M, M_*)$．

证. 依命题 1.10.5 及 1.2.2，有 $\{\xi_n\} \subset \mathscr{H}$，使得

$$\sum_n \|\xi_n\|^2 < \infty, \quad \varphi(a) = \sum_n \langle a\xi_n, \xi_n \rangle, \ \forall a \in M.$$

因此，$d(a, b) = \left(\sum_n \|(a - b)\xi_n\|^2 \right)^{1/2}$ 是 $(M)_1$ 上的距离.

注意 $[M'\xi_n | n]$ 在 $\mathcal{H}$ 中是稠的. 事实上，令 p 是 $\mathcal{H}$ 到 $\overline{[M'\xi_n | n]}$ 上的投影，则 $p \in M$，$p\xi_n = \xi_n, \forall n$. 于是，$\varphi(1 - p) = 0$，由于 φ 是忠实的，因此，$p = 1$. 由这个事实，引理不难得证.

引理 1.11.3 设 M_* 的列 $\{\varphi_k\}$ 依 $\sigma(M_*, M)$ 收敛于 $\varphi_0 \in M_*$，又 $(M)_1$ 的列 $\{a_n\}$ 依 $s^*(M, M_*)$ 收敛于 0，则对 k 一致地有 $\lim_n \varphi_k(a_n) = 0$.

证. 显然 $\{\|\varphi_k\| \,|\, k\}$ 是有界的，无妨假定：$\|\varphi_k\| \leqslant 1/2, \forall k$. 今依定理 1.9.8，可写

$$\varphi_k = (\varphi_k^{(1)} - \varphi_k^{(2)}) + i(\varphi_k^{(3)} - \varphi_k^{(4)}),$$

其中 $0 \leqslant \varphi_k^{(j)} \in M_*, \forall j$，并且

$$\|\varphi_k^{(1)}\| + \|\varphi_k^{(2)}\| = \|\varphi_k^{(1)} - \varphi_k^{(2)}\| \leqslant 1/2,$$

$$\varphi_k^{(1)} - \varphi_k^{(2)} = \frac{1}{2}(\varphi_k + \varphi_k^*).$$

$$\|\varphi_k^{(3)}\| + \|\varphi_k^{(4)}\| = \|\varphi_k^{(3)} - \varphi_k^{(4)}\| \leqslant 1/2,$$

$$\varphi_k^{(3)} - \varphi_k^{(4)} = \frac{1}{2i}(\varphi_k - \varphi_k^*).$$

因此，$\|[\varphi_k]\| \leqslant 1$，这里 $[\varphi_k] = \sum_{j=1}^4 \varphi_k^{(j)}, \forall k$. 进而

$$0 \leqslant \sum_{k=1}^\infty \frac{1}{2^k} [\varphi_k] = \varphi \in M_*,$$

记 $p = s(\varphi)$，则 $\varphi_k^{(j)}(1 - p) = 0, \forall k, j$. 所以，$\varphi_k^{(j)}(a) = \varphi_k^{(j)}(pap), \forall k, j$ 及 $a \in M$. 进而

$$\varphi_k(a) = \varphi_k(pap), \ \forall k \ \text{及} \ a \in M.$$

显然，$pa_n p \xrightarrow{s^*(M, M_*)} 0$，从而可限于 pMp 来考虑问题，即可设 $p = 1$ 或者 φ 是忠实的.

用 φ 于 $(M)_1$, 如引理 1.11.2 构造距离 d. 对任意给定的 $\varepsilon > 0$ 及正整数 m, 定义

$$H_m = \{a \in (M)_1 \mid |\varphi_k(a) - \varphi_0(a)| \leqslant \varepsilon, \forall k \geqslant m\}.$$

显然 H_m 是 $((M)_1, d)$ 的闭子集. 由于 $\varphi_k \xrightarrow{\sigma(M_*, M)} \varphi_0$, 所以,

$$(M)_1 = \bigcup_{m=1}^{\infty} H_m.$$

$((M)_1, d)$ 是完备的, 依 Baire 纲定理, 有 $a_0 \in (M)_1$, $\mu > 0$ 及 m_0, 使得

$$\{b \in (M)_1 \mid d(a_0, b) \leqslant \mu\} \subset H_{m_0}.$$

由于 $\left\{\dfrac{1}{2}(a_n + a_n^*)\right\}$ 及 $\left\{\dfrac{1}{2i}(a_n - a_n^*)\right\} \subset (M)_1$ 且都依 $s(M, M_*)$ 收敛于 0, 因此无妨设 $a_n = a_n^*$, $\forall n$. 今取 $\delta = \dfrac{1}{3}\varepsilon$, 依引理 1.11.1, 有 M 的投影列 $\{p_n\}$, 使得

$$p_n \xrightarrow{s(M, M_*)} 1, \quad \|a_n p_n\| \leqslant \delta, \forall n.$$

记 $\psi_k = \varphi_k - \varphi_0$, 则

$$
\begin{aligned}
|\psi_k(a_n)| &\leqslant |\psi_k(p_n a_n p_n)| + |\psi_k((1 - p_n)a_n p_n)| \\
&\quad + |\psi_k(p_n a_n(1 - p_n))| \\
&\quad + |\psi_k((1 - p_n)a_n(1 - p_n))| \\
&\leqslant 3\delta + |\psi_k((1 - p_n)a_n(1 - p_n))|. \quad (1)
\end{aligned}
$$

令 $b_n = p_n a_0 p_n + (1 - p_n)a_n(1 - p_n)$, 则 $b_n \in (M)_1$, 并且易见 $b_n \xrightarrow{s(M, M_*)} a_0$. 所以存在 n_1, 使得 $b_n \in H_{m_0}$, $\forall n \geqslant n_1$. 从而依 H_{m_0} 的定义,

$$|\psi_k(b_n)| \leqslant \varepsilon, \ \forall k \geqslant m_0, n \geqslant n_1. \quad (2)$$

由于 $p_n a_0 p_n \xrightarrow{s(M, M_*)} a_0$, 所以有 n_2, 使得 $p_n a_0 p_n \in H_{m_0}$, $\forall n \geqslant n_2$. 从而

$$|\psi_k(p_n a_0 p_n)| \leqslant \varepsilon, \ \forall k \geqslant m_0, n \geqslant n_2. \quad (3)$$

今若 $n \geqslant n_1, n_2$, $k \geqslant m_0$, 由 (1), (2), (3)

$$|\varphi_k(a_n) - \varphi_0(a_n)| = |\psi_k(a_n)|$$

$$\leqslant 3\delta + |\psi_k((1-p_n)a_n(1-p_n))|$$

$$\leqslant 3\delta + |\psi_k(b_n)| + |\psi_k(p_n a_0 p_n)| \leqslant 3\varepsilon,$$

这正表明对 k 一致地有 $\lim\limits_n \varphi_k(a_n) = 0$. 证毕.

引理 1.11.4 设 A 是 M_* 的 $\sigma(M_*, M)$ 紧子集，则对任意的 $\varepsilon > 0$, 存在 $\delta > 0$ 及 A 的有限子集 F, 使得只要 $a \in (M)_1$, 并且

$$[\varphi](a^*a + aa^*) < \delta, \quad \forall \varphi \in F,$$

这里 $[\varphi] = \varphi_1 + \varphi_2 + \varphi_3 + \varphi_4$, 而 $(\varphi_1 - \varphi_2)$ 是 $\frac{1}{2}(\varphi + \varphi^*)$ 的直交分解 (定义 1.9.10), $(\varphi_3 - \varphi_4)$ 是 $\frac{1}{2i}(\varphi - \varphi^*)$ 的直交分解，那么就有

$$|\varphi(a)| < \varepsilon, \quad \forall \varphi \in A.$$

证. 设存在某个 $\varepsilon > 0$, 使得引理不成立. 于是对 $\frac{1}{2}$ 及任意取定的 $\varphi_0 \in A$, 有 $a_1 \in (M)_1$, 及 $\varphi_1 \in A$, 使得

$$[\varphi_0](a_1^*a_1 + a_1 a_1^*) < \frac{1}{2}, \quad |\varphi_1(a_1)| \geqslant \varepsilon$$

对 $\frac{1}{2^2}$ 及 $\{\varphi_0, \varphi_1\}$, 又有 $a_2 \in (M)_1$, 及 $\varphi_2 \in A$, 使得

$$[\varphi_i](a_2^*a_2 + a_2 a_2^*) < \frac{1}{2^2}, \quad i = 0, 1, \quad |\varphi_2(a_2)| \geqslant \varepsilon$$

$\cdots$, 一般得到 $\{\varphi_n | n = 0, 1, \cdots\} \subset A$, 及 $\{a_n | n = 1, 2, \cdots\} \subset (M)_1$, 使得

$$[\varphi_i](a_j^*a_j + a_j a_j^*) < \frac{1}{2^i}, \quad 0 \leqslant i \leqslant j - 1,$$

$$|\varphi_j(a_j)| \geqslant \varepsilon, \quad j = 1, 2, \cdots.$$

由于 A 是 $\sigma(M_*, M)$ 紧集，依 Eberlein-Šmulian 定理 (见 [22]), 有子列 $\{n_k\} \subset \{0, 1, \cdots\}$ 及 $\psi \in A$, 使得

$$\varphi_{n_k} \xrightarrow{\sigma(M_*, M)} \psi.$$

A 自然是有界的，从而 $\varphi = \sum\limits_{k=1}^{\infty} 2^{-k}[\varphi_{n_k}] \in M_*$. 又

$$|\varphi(a_j^* a_j + a_j a_j^*)| \leqslant \sum_{k=1}^{m} 2^{-k} |[\varphi_{n_k}](a_j^* a_j + a_j a_j^*)|$$

$$+ \sum_{k>m} 2^{-k+1} \|[\varphi_{n_k}]\| < 2^{-j}$$

$$+ 2^{-m+2} \sup_n \|\varphi_n\|,$$

这里 m 使得 $n_1, \cdots, n_m \leqslant j-1$, 而 $n_{m+1} > j-1$。 自然当 $j \to +\infty$ 时, $m \to \infty$, 从而

$$\varphi(a_j^* a_j + a_j a_j^*) \to 0,$$

记 $p = s(\varphi)$, 由 Schwartz 不等式, 易见

$$\varphi((pa_j p)^*(pa_j p)) \to 0, \quad \varphi((pa_j p) \cdot (pa_j p)^*) \to 0$$

φ 在 pMp 上是忠实的, 依引理 1.11.2,

$$pa_j p \xrightarrow{s^*(M, M_*)} 0.$$

依引理 1.11.3 及 $p \geqslant s([\varphi_{n_k}]) (\forall k)$, 可见对 k 一致有

$$\lim_j \varphi_{n_k}(pa_j p) = \lim_j \varphi_{n_k}(a_j) = 0.$$

这与

$$|\varphi_{n_k}(a_{n_k})| \geqslant \varepsilon, \forall k$$

相矛盾. 证毕.

引理 1.11.5 设 A 是 M_* 的 $\sigma(M_*, M)$ 紧子集, 则有 $\phi \in M_*$, $\phi \geqslant 0$, 使得对于任意的 $\varepsilon > 0$, 存在 $\delta > 0$, 只要 $a \in (M)_1$, $\phi(a^* a + a a^*) < \delta$, 就有

$$|\varphi(a)| < \varepsilon, \forall \varphi \in A.$$

证. 对 $\frac{1}{n}$, 依引理 1.11.4, 有 A 的有限子集 F_n 及 $\delta_n > 0$, 使得只要 $a \in (M)_1$, $[\varphi](a^* a + a a^*) < \delta_n$, $\forall \varphi \in F_n$, 就有 $|\varphi(a)| < 1/n$, $\forall \varphi \in A$.

令

$$\phi = \sum_{n=1}^{\infty} 2^{-(n+m_n)} \sum_{\varphi \in F_n} [\varphi].$$

这里 $m_n = {}^\# F_n$, $[\varphi]$ 的定义如引理 1.11.4 所述. 对任意的 $\varepsilon >$

0，取 $\frac{1}{n_0} < \varepsilon$，并令 $\delta = \delta_{n_0}/2^{n_0+m_0}$．于是，如果 $a \in (M)_1$，并且 $\phi(a^*a + aa^*) < \delta$，则

$$[\varphi](a^*a + aa^*) < \delta_{n_0}, \quad \forall \varphi \in F_{n_0}.$$

因此，$|\varphi(a)| < \frac{1}{n_0} < \varepsilon$，$\forall \varphi \in A$．证毕．

定理 1.11.6 设 M 是 vN 代数，则在 M 的有界球中，$s^*(M, M_*) \sim \tau(M, M_*)$．

证．设网 $\{a_l\} \subset (M)_1$，且 $a_l \xrightarrow{s^*(M, M_*)} 0$，及 A 是 M_* 的 σ-(M_*, M) 紧子集，我们需要证明

$$\varphi(a_l) \to 0, \quad \text{对} \ \varphi \in A \ \text{一致}$$

取引理 1.11.5 中的 $0 \leqslant \phi \in M_*$，及对任意 $\varepsilon > 0$ 的相应的 $\delta > 0$．对此 $\delta > 0$，有指标 l_0，当 $l \geqslant l_0$ 时，

$$\phi(a_l^*a_l + a_l a_l^*) < \delta.$$

从而，依引理 1.11.5，$|\varphi(a_l)| < \varepsilon$，$\forall l \geqslant l_0$ 及 $\varphi \in A$．这正表明 $\varphi(a_l) \to 0$，对 $\varphi \in A$ 一致．证毕．

命题 1.11.7 设 M 是无限维的 vN 代数，则在整个 M 中，s^*-(M, M_*) 与 $\tau(M, M_*)$ 并不等价；在 $(M)_1$ 中，$\tau(M, M_*)$ 与一致拓扑也不等价．特别，如果 M 作为 Banach 空间是自反的，则 $\dim M < \infty$．

证．$s^*(M, M_*) \sim \tau(M, M_*)$，完全可仿命题 1.2.5 来证．今若 $\dim M = \infty$，取 M 的相互直交的非零投影无穷列 $\{p_n\}$，令 $p = \sum_n p_n$，依命题 1.2.10 及定理 1.11.6，$\sum_{n=1}^m p_n \xrightarrow{\tau(M, M_*)} p$．另一方面却有

$$\left\| p - \sum_{n=1}^m p_n \right\| = 1, \quad \forall m.$$

因此，在 $(M)_1$ 中，$\tau(M, M_*)$ 并不等价于一致拓扑．

如 M 自反，则 $\tau \sim$ 一致拓扑，因此，$\dim M < \infty$．证毕．

注 本节见参考文献 〔1〕，〔93〕．

§12. 正 规 ＊ 同 态

定义 1.12.1　vN 代数 M 到 vN 代数 N 中的 ＊（代数）同态 Φ 称为正规的，指对 M_+ 的任意有界递增网 $\{a_l\}$ 有

$$\sup_l \Phi(a_l) = \Phi(\sup_l a_l).$$

请注意，如果 Φ 是 M 到 N 的 ＊同态，首先 Φ 是保序的，即 $\Phi(M_+) \subset N_+$，这是因为 M_+ 的元必有形式 $a^*a\,(a \in M)$；其次 $\|\Phi\| \leqslant 1$，事实上，$\Phi(1) = p$ 是 N 的投影，对于任意的 $h = h^* \in M$，由于 $-\|h\| \leqslant h \leqslant \|h\|$，因此，$-\|h\|p \leqslant \Phi(h) \leqslant \|h\|p$，从而，$\|\Phi(h)\| \leqslant \|h\|$。进而，$\|\Phi(a)\|^2 = \|\Phi(a^*a)\| \leqslant \|a^*a\| = \|a\|^2$，$\forall a \in M$，可见 $\|\Phi\| \leqslant 1$。由此，如果 $\{a_l\}$ 是 M_+ 的有界递增网，则 $\{\Phi(a_l)\}$ 也是 N_+ 的有界递增网。

命题 1.12.2　设 Φ 是 vN 代数 M 到 vN 代数 N 中的 ＊同态，则下列是相互等价的：1) Φ 是 $\sigma(M, M_*)$-$\sigma(N, N_*)$ 连续的；2) Φ 是正规的；3) Φ 是全可加的，即若 $\{p_l\}$ 是 M 的相互直交的投影族，则有 $\Phi\left(\sum_l p_l\right) = \sum_l \Phi(p_l)$。这时 $\Phi(M)$ 还是 N 的 $\sigma(N, N_*)$ 闭 ＊子代数。

证．依命题 1.2.10，可见由 1) 可以推导2)。2) 推导 3) 是显然的。今设 Φ 是全可加的，于是对任意的 $0 \leqslant \varphi \in N_*$，$\phi \circ \Phi$ 是 M 上全可加的正泛函，依定理 1.8.6，$\phi \circ \Phi \in M_*$。再依系 1.9.9，可见 Φ 是 $\sigma - \sigma$ 连续的。

今设 Φ 是正规的及 $N \subset B(\mathscr{K})$。令 $\vartheta = \{a \in M | \Phi(a) = 0\}$，它是 M 的 σ-闭双侧理想，所以有 M 的中心投影 z，使得 $\vartheta = M(1 - z)$。于是 Φ 是 Mz 到 $B(\mathscr{K})$ 中的 ＊同构。现在完全可仿照命题 1.8.13 的证明，指出 $\Phi(M)$ 的单位球是弱算子闭的，因此，$\Phi(M)$ 是 $\sigma(N, N_*)$ 闭的。证毕。

命题 1.12.3　设 Φ 是 vN 代数 M 到 vN 代数 N 上的 ＊（代数）同构，则 Φ 必然是正规的，并且等距。

证. 设 $\{a_l\}$ 是 M_+ 的有界递增网, $a = \sup_l a_l$, 于是, $\sup_l \Phi(a_l)$ $= b \leqslant \Phi(a)$. 同样, Φ^{-1} 是 N 到 M 上的 * 同构, 因此,

$$\sup_l \Phi^{-1}(\Phi(a_l)) = a \leqslant \Phi^{-1}(b).$$

所以, $b = \Phi(a)$, 即 Φ 是正规的. 证毕.

定理 1.12.4 M, N 分别是 Hilbert 空间 $\mathscr{H}, \mathscr{K}$ 中的 vN 代数, Φ 是 M 到 N 上的正规 * 同态, 则

$$\Phi = \Phi_3 \circ \Phi_2 \circ \Phi_1.$$

这里 Φ_1 是 M 的增补, 即存在 Hilbert 空间 $\mathscr{L}$, 使得

$$\Phi_1(a) = a \otimes 1_{\mathscr{L}}, \ \forall a \in M,$$

Φ_2 是诱导, 即有 $(M \overline{\otimes} \mathrm{C}1_{\mathscr{L}})'$ 的投影 p', 使得

$$\Phi_2(a \otimes 1_{\mathscr{L}}) = (a \otimes 1_{\mathscr{L}})p', \ \forall a \in M.$$

而 Φ_3 是 $(M \overline{\otimes} \mathrm{C}1_{\mathscr{L}}) \ p'(p'(\mathscr{H} \otimes \mathscr{L})$ 中的 vN 代数) 到 N 上的空间 * 同构.

证. 首先假定 N 有循环矢 η, 并令

$$\varphi(a) = \langle \Phi(a)\eta, \eta \rangle, \ \forall a \in M,$$

则 φ 是 M 上的正规正泛函. 依命题 1.10.5, 可见有 $\{\xi_n\} \subset \mathscr{H}$, $\sum_n \|\xi_n\|^2 < \infty$, 使得

$$\varphi(a) = \sum_n \langle a\xi_n, \xi_n \rangle, \ \forall a \in M.$$

设 $\mathscr{L} = l^2$, $\xi = (\xi_n) \in \mathscr{H} \otimes \mathscr{L}$, $\Phi_1(a) = a \otimes 1_{\mathscr{L}}, \ \forall a \in M$, 则

$$\varphi(a) = \langle \Phi_1(a)\xi, \xi \rangle, \ \forall a \in M,$$

记 p' 是 $\mathscr{H} \otimes \mathscr{L}$ 到 $\overline{\Phi_1(M)\xi}$ 上的投影, 则

$$p' \in \Phi_1(M)' = (M \overline{\otimes} \mathrm{C}1_{\mathscr{L}})'.$$

令 $\Phi_2(a \otimes 1_{\mathscr{L}}) = (a \otimes 1_{\mathscr{L}})p', \ \forall a \in M$, 显然

$$\varphi(a) = \langle (\Phi_2 \circ \Phi_1)(a)\xi, \xi \rangle, \ \forall a \in M.$$

定义 $\mathscr{K}$ 到 $p'(\mathscr{H} \otimes \mathscr{L})$ 的映象 u:

$$u\Phi(a)\eta = (\Phi_2 \circ \Phi_1)(a)\xi = p'(a\xi_n) = (a\xi_n)$$

$\forall a \in M$. 由于 $\langle \Phi(a)\eta, \eta \rangle = \varphi(a) = \langle (\Phi_2 \circ \Phi_1)(a)\xi, \xi \rangle$, 可见

u 是等距的. 此外, $\varPhi(M)\eta = N\eta$ 在 $\mathscr{K}$ 中稠及 $(\varPhi_2\circ\varPhi_1)(M)$ $\xi = \varPhi_1(M)\xi$ 在 $p'(\mathscr{H}\otimes\mathscr{L})$ 中稠, 因此, u 可唯一扩张为 $\mathscr{K}$ 到 $p'(\mathscr{H}\otimes\mathscr{L})$ 上的酉算子, 并且

$$u\varPhi(a)u^{-1} = (\varPhi_2\circ\varPhi_1)(a), \quad \forall a\in M.$$

如果用 $u^{-1}\cdot u$ 来决定 $(\varPhi_2\circ\varPhi_1)(M)$ 到 N 上的空间 * 同构 $\varPhi_3$, 则 $\varPhi = \varPhi_3\circ\varPhi_2\circ\varPhi_1$.

对于一般情形, 分解

$$\mathscr{K} = \sum_l\oplus\mathscr{K}_l, \quad \mathscr{K}_l = \overline{N\eta_l}, \forall l.$$

令 p'_l 是 $\mathscr{K}$ 到 $\mathscr{K}_l$ 上的投影, 则 $p'_l\in N', \forall l$. 于是, $\varPhi_l = p'_l\varPhi$ 是 M 到 $N_l = Np'_l$ 上的正规 * 同态, $\forall l$. 依前一段的讨论, $\varPhi_l = \varPhi_3^{(l)}\circ\varPhi_2^{(l)}\circ\varPhi_1^{(l)}, \forall l$. 令

$$\varPhi_i = \sum_l\oplus\varPhi_i^{(l)}, \quad i = 1, 2, 3,$$

即见有 $\varPhi = \varPhi_3\circ\varPhi_2\circ\varPhi_1$, 且 $\varPhi_1, \varPhi_2, \varPhi_3$ 满足要求. 证毕.

命题 1.12.5 设 $\varPhi$ 是 vN 代数 M 到 vN 代数 N 上的 * 同构, 则存在某个 Hilbert 空间中的 vN 代数 V 及 V' 的中心覆盖为 1 的投影 p', q', 使得 M, N 分别空间 * 同构于 Vq', Vp', 而 $\varPhi$ 相应地变成: $vq' \to vp'$ $(\forall v\in V)$ 的 * 同构.

证. 保持定理 1.12.4 的符号, 取 $V = M\overline{\otimes}\mathbb{C}1_{\mathscr{L}}$. 由于 $\varPhi$ 是 * 同构, $\varPhi_1, \varPhi_3$ 显然是 * 同构, 从而 $\varPhi_2$ 也是 * 同构, 依命题 1.5.10, p' 在 V' 中的中心覆盖是 1, 并且在定理 1.12.4 的证明中已指出: N 空间 * 同构于 Vp'.

注意

$$\mathscr{H}\otimes\mathscr{L} = \sum_{\dim\mathscr{L}}\oplus\mathscr{H}, \quad V = \left\{\left.\begin{pmatrix} a & & 0 \\ & \ddots & \\ 0 & & a \\ & & & \ddots \end{pmatrix}\right| a\in M\right\}.$$

取

$$q' = \begin{pmatrix} 1 & & 0 \\ & \ddots & \\ 0 & & \\ & & & \ddots \end{pmatrix},$$

则 $q'\in V'$, 且 q' 在 V' 中的中心覆盖为 1 以及 M 空间 * 同构于

Vq'. 余皆显然. 证毕.

定理 1.12.6 设 M_i, N_i 分别是 Hilbert 空间 $\mathscr{H}_i$, $\mathscr{K}_i$ 中的 vN 代数，Φ_i 是 M_i 到 N_i 上的正规 $*$ 同态，$i = 1, 2$，则存在唯一的由 $M_1 \overline{\otimes} M_2$ 到 $N_1 \overline{\otimes} N_2$ 上的正规 $*$ 同态 Φ，使得

$$\Phi(a_1 \otimes a_2) = \Phi_1(a_1) \otimes \Phi_2(a_2), \quad \forall a_1 \in M_1, \ a_2 \in M_2.$$

此外，如果 Φ_i 还是 $*$ 同构（或者空间 $*$ 同构），$i = 1, 2$，则 Φ 亦然.

证. 依定理 1.12.4，可写

$$\Phi_i(a_i) = u_i(a_i \otimes 1_i) p_i' u_i^{-1}, \quad \forall a_i \in M_i, \ i = 1, 2.$$

这里 1_i 是 Hilbert 空间 $\mathscr{L}_i$ 中的恒等算子，$p_i' \in (M_i \overline{\otimes} C1_i)'$，$u_i$ 是 $p_i'(\mathscr{H}_i \otimes \mathscr{L}_i)$ 到 $\mathscr{K}_i$ 上的酉算子，$i = 1, 2$. 记 $\mathscr{L} = \mathscr{L}_1 \otimes \mathscr{L}_2$，于是

$$p' = p_1' \otimes p_2' \in (M_1 \overline{\otimes} C1_1)' \ \overline{\otimes} \ (M_2 \overline{\otimes} C1_2)'$$
$$= (M_1 \overline{\otimes} M_2 \overline{\otimes} C1_{\mathscr{L}})'$$

及 $u = u_1 \otimes u_2$ 为 $p_1'(\mathscr{H}_1 \otimes \mathscr{L}_1) \otimes p_2'(\mathscr{H}_2 \otimes \mathscr{L}_2) = p'(\mathscr{H}_1 \otimes \mathscr{H}_2 \otimes \mathscr{L})$ 到 $\mathscr{K}_1 \otimes \mathscr{K}_2$ 上的酉算子. 今命

$$\Phi(a) = u(a \otimes 1_{\mathscr{L}}) p' u^{-1}, \quad \forall a \in M_1 \overline{\otimes} M_2.$$

显然 Φ 是 $M_1 \overline{\otimes} M_2$ 到 $u(M_1 \overline{\otimes} M_2 \overline{\otimes} C1_{\mathscr{L}}) p' u^{-1}$ 上的正规 $*$ 同态，使得

$$\Phi(a_1 \otimes a_2) = \Phi_1(a_1) \otimes \Phi_2(a_2), \quad \forall a_1 \in M_1, \ a_2 \in M_2.$$

既然 Φ 是正规的，$\{a_1 \otimes a_2 | a_1 \in M_1, a_2 \in M_2\}$ 又生成 $M_1 \overline{\otimes} M_2$，从而 $\{\Phi(a_1 \otimes a_2) = \Phi_1(a_1) \otimes \Phi_2(a_2) | a_1 \in M_1, a_2 \in M_2\}$ 生成 $u(M_1 \overline{\otimes} M_2 \overline{\otimes} C1_{\mathscr{L}}) p' u^{-1}$，所以

$$N_1 \overline{\otimes} N_2 = u(M_1 \overline{\otimes} M_2 \overline{\otimes} C1_{\mathscr{L}}) p' u^{-1}.$$

即 Φ 是 $M_1 \overline{\otimes} M_2$ 到 $N_1 \overline{\otimes} N_2$ 上满足要求的正规 $*$ 同态. 至于 Φ 的唯一性，由它的正规性立见.

今若 Φ_i 还是 $*$ 同构，$i = 1, 2$. 在命题 1.12.5 中已指出：p_i' 在 $(M_i \overline{\otimes} C1_i)'$ 中的中心覆盖为 1，$i = 1, 2$，从而 p' 在 $(M_1 \overline{\otimes}$

$M_2\overline{\otimes}C1_{\mathscr{L}})'$ 中的中心覆盖也为 1. 再依命题 1.5.10, 可见 Φ 也是 *同构.

当 Φ_i 是空间 *同构时, $i=1,2$, 可以直接证明结论. 证毕.

注 本节见参考文献〔21〕,〔72〕,〔76〕,〔126〕.

§13. 循环投影的比较与空间*同构定理

定义 1.13.1 设 M 是 $\mathscr{H}$ 中的 vN 代数, $\xi\in\mathscr{H}$, 记 p_ξ 为 $\mathscr{H}$ 到 $\overline{M'\xi}$ 上的投影 (显然 $p_\xi\in M$), 并称它为 M 的相应于矢 ξ 的循环投影; 记 p'_ξ 为 $\mathscr{H}$ 到 $\overline{M\xi}$ 上的投影 (显然 $p'_\xi\in M'$), 并称它为 M' 的相应于矢 ξ 的循环投影.

定理 1.13.2 设 M 是 $\mathscr{H}$ 中的 vN 代数, $\xi,\eta\in\mathscr{H}$, 则在 M 中, $p_\xi\gtrsim p_\eta$, 必须且只须, 在 M' 中, $p'_\xi\gtrsim p'_\eta$.

证. 设有 $u'\in M'$, 使得
$$u'^*u'=p'_\eta,\quad u'u'^*\leqslant p'_\xi.$$
显然 $u'u'^*=p'_{u'\eta}$, $p_\eta=p_{u'\eta}$, 因此, 我们可以用 $u'\eta$ 替代 η 来证明, 即可设 $\eta\in\overline{M\xi}$.

考虑 M 上的泛函 $\varphi(a)=\langle a\eta,\xi\rangle$ $(\forall a\in M)$. 极分解 $\varphi=R_v\omega$, $\omega=R_{v^*}\varphi$, 于是, $\varphi=R_{vv^*}\varphi$. 从而 $(\eta-vv^*\eta)\in(M\xi)^\perp$. 另一方面, $\eta\in\overline{M\xi}$, 因此
$$\eta=vv^*\eta. \tag{1}$$
由于 $p_\xi\xi=\xi$ 及 $\omega=R_v*\varphi$, 可见 $\omega=L_{p_\xi}\omega$. 但 $\omega\geqslant 0$, 从而, $\omega=R_{p_\xi}\omega$, 即
$$\langle v^*\eta,a\xi\rangle=\langle p_\xi v^*\eta,a\xi\rangle,\ \forall a\in M.$$
因此, $(v^*\eta-p_\xi v^*\eta)\in(M\xi)^\perp$. 另一方面, $\eta\in\overline{M\xi}$, 因此, $v^*\eta=p_\xi v^*\eta$, 即
$$v^*\eta\in p_\xi\mathscr{H}=\overline{M'\xi}, \tag{2}$$
依 (2), $v^*M'\eta=\overline{M'v^*\eta}\subset\overline{M'\xi}$; 依 (1), $vv^*M'\eta=\overline{M'\eta}$. 因

此，$v^* p_\eta$ 是 M 的部分等距元，它以 $\overline{M'\eta}$ 为始域，以 $v^* p_\eta \mathscr{H} = v^* \overline{M'\eta}(\subset \overline{M'\xi})$ 为终域．这就说明在 M 中，$p_\eta \precsim p_\xi$．证毕．

定义 1.13.3 设 M 是 $\mathscr{H}$ 中的 vN 代数，我们已经定义过：$\mathscr{H}$ 的矢 ξ 是 M 的循环矢，指 $M\xi$ 在 $\mathscr{H}$ 中稠．今我们说 $\mathscr{H}$ 的矢 η 是 M 的分离矢（或矢 η 对 M 是分离的），指若 $a \in M$，使得 $a\eta = 0$，则 $a = 0$．这相当于说 η 是 M' 的循环矢．

命题 1.13.4 设 M 是 $\mathscr{H}$ 中的 vN 代数，并且有循环矢 ξ 及分离矢 η，则存在 $\zeta \in \mathscr{H}$，它同时是 M 的循环矢及分离矢．

证．由 $p'_\xi = 1 \geqslant p'_\eta$，依定理 1.13.2，$p_\xi \succsim p_\eta = 1$，因此，$p_\xi \sim p_\eta$，即有 $v \in M$，使得 $v^* v = p_\xi$，$vv^* = p_\eta = 1$．令 $\zeta = v\xi$，则 $\overline{M'\zeta} = v\overline{M'\xi} = \mathscr{H}$，$\overline{M\zeta} \supset \overline{Mv^* v\xi} = \overline{M\xi} = \mathscr{H}$，即 ζ 满足要求．证毕．

定理 1.13.5 设 M_i 是 $\mathscr{H}_i$ 中的 vN 代数，既有循环矢也有分离矢，$i = 1, 2$，又若 Φ 是 M_1 到 M_2 上的 * 同构，则 Φ 是空间 * 同构．

证．依命题 1.12.3，Φ 是正规的，所以
$$M = \{a \oplus \Phi(a) \mid a \in M_1\}$$
是 $(\mathscr{H}_1 \oplus \mathscr{H}_2)$ 中的 vN 代数．命 p'_i 为 $(\mathscr{H}_1 \oplus \mathscr{H}_2)$ 到 $\mathscr{H}_i$ 上的投影，$i = 1, 2$，显然
$$p'_1, p'_2 \in M', \quad M_{p'_1} = M_1, \quad M_{p'_2} = \Phi(M_1) = M_2,$$
依命题 1.5.2，只须证明，p'_1 与 p'_2 在 M' 中是等价的．设 ξ_i 是 M_i 的循环且分离的矢（命题 1.13.4），注意 $p'_i(\mathscr{H}_1 \oplus \mathscr{H}_2) = \mathscr{H}_i = \overline{M_i\xi_i} = \overline{M\xi_i}$，$i = 1, 2$，从而依定理 1.13.2，只须证明 p_1 与 p_2 在 M 中是等价的，这里 p_i 是 $(\mathscr{H}_1 \oplus \mathscr{H}_2)$ 到 $\overline{M'\xi_i}$ 上的投影，$i = 1, 2$．实际上我们可以证明 $p_1 = p_2 = 1$．事实上，由于
$$\{a'_1 \oplus a'_2 \mid a'_1 \in M'_1, a'_2 \in M'_2\} \subset M', \quad \overline{M'_1\xi_1} = \mathscr{H}_1, \quad \overline{M'_2\xi_2} = \mathscr{H}_2.$$
因此，$p_i \geqslant p'_i$，$(1 - p_i)p'_i = 0$，$i = 1, 2$．又由于 $(1 - p_i) \in M$，所以有 $a, b \in M_1$，使得
$$a \oplus \Phi(a) = 1 - p_1, \quad b \oplus \Phi(b) = 1 - p_2,$$

但 $(1 - p_i)p_i' = 0$，从而 $a = \Phi(b) = 0$，$a = b = 0$，即 $p_1 = p_2 = 1$．证毕．

命题 1.13.6 设 M 是 $\mathcal{H}$ 中的 vN 代数，ξ 是 M 的分离矢，φ 是 M 上的正规正泛函，则存在 $\eta \in \overline{M\xi}$，使得 $\varphi(a) = \langle a\eta, \eta \rangle$，$\forall a \in M$．

证．设 $\{\Pi_\varphi, \mathcal{H}_\varphi\}$ 是 φ 产生的 M 的 $*$ 表示，$\widetilde{\mathcal{H}} = \mathcal{H}_\varphi \oplus \mathcal{H}$，$\widetilde{M} = \{\tilde{a} = \Pi_\varphi(a) \oplus a \mid a \in M\}$．依命题 1.8.13，$\widetilde{M}$ 是 $\widetilde{\mathcal{H}}$ 中的 vN 代数．定义

$$\tilde{\varphi}(\tilde{a}) = \langle \tilde{a}\tilde{1}_\varphi, \tilde{1}_\varphi \rangle = \langle \Pi_\varphi(a)1_\varphi, 1_\varphi \rangle = \varphi(a), \forall a \in M$$

这里 $\tilde{a} = \pi_\varphi(a) \oplus a$，$\tilde{1}_\varphi = (1_\varphi, 0)$．记 $\tilde{\xi} = (0, \xi)$，它是 $\widetilde{M}$ 的分离矢，从而 $\overline{\widetilde{M}\tilde{\xi}} = \widetilde{\mathcal{H}} \supset \overline{\widetilde{M}'\tilde{1}_\varphi}$．依定理 1.13.2，在 $\widetilde{M}'$ 中，$p'_{\tilde{\xi}} \succsim p'_{\tilde{1}_\varphi}$．注意 $p'_{\tilde{1}_\varphi}\widetilde{\mathcal{H}} = \overline{\widetilde{M}\tilde{1}_\varphi} = \overline{\Pi_\varphi(M)1_\varphi} = \mathcal{H}_\varphi$，因此，$p'_{\tilde{1}_\varphi} = p'_\varphi$ 即为 $\widetilde{\mathcal{H}}$ 到 $\mathcal{H}_\varphi$ 上的投影．于是存在 $v' \in \widetilde{M}'$，使得 $v'^* v' = p'_\varphi$，$v' v'^* \leqslant p'_{\tilde{\xi}}$．注意 $p'_{\tilde{\xi}}\widetilde{\mathcal{H}} = \overline{\widetilde{M}\tilde{\xi}} = (0, \overline{M\xi})$，因此可写

$$v'\tilde{1}_\varphi = (0, \eta) = \tilde{\eta},$$

其中 $\eta \in \overline{M\xi}$．于是对任意的 $a \in M$，

$$
\begin{aligned}
\varphi(a) &= \langle \tilde{a}\tilde{1}_\varphi, \tilde{1}_\varphi \rangle = \langle \tilde{a}\tilde{1}_\varphi, v'^* v'\tilde{1}_\varphi \rangle \\
&= \langle \tilde{a}v'\tilde{1}_\varphi, v'\tilde{1}_\varphi \rangle = \langle \tilde{a}\tilde{\eta}, \tilde{\eta} \rangle = \langle a\eta, \eta \rangle.
\end{aligned}
$$

证毕．

系 1.13.7 设 M 是 $\mathcal{H}$ 中的 vN 代数，并有分离矢，又 $\varphi \in M_*$，则存在 $\xi, \eta \in \mathcal{H}$，使得

$$\varphi(a) = \langle a\xi, \eta \rangle, \forall a \in M.$$

事实上，把 φ 极分解，并依命题 1.13.6 立见。

注 本节见参考文献 [49]，[74]，[119]，[131]．

§14. σ-有限的 vN 代数

定义 1.14.1 vN 代数 M 称为 σ-有限的[1]，指如果 $\{p_i\}$ 是 M 的

---

1) 也有的作者把这类 vN 代数称作可数分解的．

相互直交的投影族，则除去可数多个 l 外，其余的 p_l 都为零．

命题 1.14.2 设 M 是 $\mathscr{H}$ 中的 vN 代数，则下列条件是相互等价的：1) M 是 σ-有限的；2) M 有分离矢列 $\{\xi_n\}$，即若 $a \in M$，使得 $a\xi_n = 0$，$\forall n$，则 $a = 0$；3) M' 有循环矢列 $\{\eta_n\}$，即 $[a'\eta_n | n, a' \in M']$ 在 $\mathscr{H}$ 中稠；4) M 上有忠实的正规正泛函．

证．列 $\{\xi_n\}$ 对 M 是分离的，当且仅当，$\{\xi_n\}$ 对 M' 是循环的，因此，2) 与 3) 等价．

今设 $\{\xi_n\}$ 是 M 的分离矢列，$\{p_l\}$ 是 M 的相互直交的投影族，由于 $\sum_l \|p_l\xi_n\|^2 \leqslant \|\xi_n\|^2$，$\forall n$，因此，除去可数多个 l 外，其余的 p_l 满足：$p_l\xi_n = 0$，$\forall n$，即 $p_l = 0$．从而，M 是 σ-有限的．

如果 M 是 σ-有限的，写

$$\mathscr{H} = \sum_l \oplus \mathscr{H}_l, \quad \mathscr{H}_l = \overline{M'\eta_l} = p_l\mathscr{H}, \quad \forall l.$$

于是 $\{p_l\}$ 中仅可数个非零，换言之，可写

$$\mathscr{H} = \sum_n \oplus \overline{M'\eta_n}$$

易见 $\{\eta_n\}$ 是 M' 的循环矢列．以上说明 1)，2)，3) 相互等价．

今设 φ 是 M 上的忠实的正规正泛函，$\{p_l\}$ 是 M 的相互直交投影族，于是

$$\sum_l \varphi(p_l) = \varphi\left(\sum_l p_l\right) < \infty.$$

所以除去可数多个 l 外，其余的 p_l 都满足：$\varphi(p_l) = 0$，即 $p_l = 0$．从而，M 是 σ-有限的．反之，若 M 是 σ-有限的，于是 M 有分离矢列 $\{\xi_n\}$．无妨设 $\sum_n \|\xi_n\|^2 < \infty$，令

$$\varphi(a) = \sum_n \langle a\xi_n, \xi_n \rangle, \quad \forall a \in M,$$

即见 φ 是 M 上忠实的正规正泛函．证毕．

命题 1.14.3 如果 M_* 是可分的，则 M 是 σ-有限的．

证．设 $\{\varphi_n\}$ 是 $\{\phi \in M_* | \phi \geqslant 0, \|\phi\| \leqslant 1\}$ 的可数稠子集，并令 $\varphi = \sum_n 2^{-n}\varphi_n$，自然 $0 \leqslant \varphi \in M_*$．如果 $a \in M_+$，使得

$\varphi(\varepsilon) = 0$, 于是 $\varphi_n(a) = 0$, $\forall n$. 进而 $\phi(a) = 0$, $\forall 0 \leqslant \phi \in M_*$. 再依系 1.9.9, $a = 0$, 即 φ 是忠实的,从而 M 是 σ-有限的. 证毕.

注. 如果 M 的作用空间 $\mathscr{H}$ 是可分的,则 M_* 可分. 事实上,设 $\{\xi_n\}$ 是 $\mathscr{H}$ 的可数稠集,令 $\omega_{nm}(a) = \langle a\xi_n, \xi_n \rangle$, $\forall a \in M$. 如果 $[\omega_{nm}|n, m]$ 不在 M_* 中稠,则有 $0 \neq a \in M$, 使得 $\omega_{nm}(a) = 0$, $\forall n, m$. 这便与 $\{\xi_n\}$ 为 $\mathscr{H}$ 的稠子集相矛盾. 因此, M_* 可分.

命题 1.14.4 设 M 是 σ-有限的 vN 代数, $(M)_1$ 是 M 的单位球,则
$$((M)_1, s(M, M_*)), \quad ((M)_1, \tau(M, M_*))$$
都可以赋予等价于拓扑的距离,使之成为完备的距离空间.

证. 在 $(M)_1$ 中, $s(M, M_*) \sim$ 强算子拓扑, 以及 $\tau(M, M_*) \sim s^*(M, M_*) \sim$ 强*算子拓扑, 如果 $\{\xi_n\}$ 是 M 的分离矢列,并且 $\sum_n \|\xi_n\|^2 < \infty$, 分别命

$$d_\tau(a, b) = \left\{ \sum_n (\|(a-b)\xi_n\|^2 + \|(a-b)^*\xi_n\|^2) \right\}^{1/2},$$

$$d_s(a, b) = \left(\sum_n \|(a-b)\xi_n\|^2 \right)^{1/2},$$

$\forall a, b \in (M)_1$, 即为所求.

命题 1.14.5 如果 M 是 $\mathscr{H}$ 中 σ-有限的交换 vN 代数,则 M 有分离矢.

证. 依命题 1.14.2 的证明,可写
$$\mathscr{H} = \sum_n \oplus \mathscr{H}_n, \quad \mathscr{H}_n = p_n \mathscr{H} = \overline{M' \eta_n}, \quad \forall n.$$

无妨设 $\sum_n \|\eta_n\| < \infty$, 并令 $\eta = \sum_n \eta_n$, 我们说 η 即为 M 的分离矢. 事实上,如果 $a \in M$, 而 $a\eta = 0$, 由于 M 是交换的,从而
$$0 = p_n a\eta = ap_n\eta = a\eta_n, \quad \forall n,$$
但 $\{\eta_n\}$ 对 M 是分离的,因此, $a = 0$. 证毕.

定义 1.14.6 设 M 是 $\mathcal{H}$ 中的 vN 代数，M 的投影 p 称为 σ-有限的，指 $p\mathcal{H}$ 中的 vN 代数 $M_p = pMp$ 是 σ-有限的.

命题 1.14.7 设 M 是 $\mathcal{H}$ 中的 vN 代数.

1) 如果 φ 是 M 上的正规正泛函，则其支持 $s(\varphi)$ 是 M 的 σ-有限投影；

2) p, q 是 M 的投影，并且 $p \sim q$，如果 p 是 σ-有限的，则 q 也是 σ-有限的；

3) 如果 $\{p_n\}$ 是 M 的 σ-有限投影列，则 $\sup\limits_n p_n$ 也是 σ-有限的.

证. 1) 由于 φ 是 $s(\varphi) M s(\varphi)$ 上忠实的正规正泛函立见.
2) 由于 M_p 与 M_{q^*} 同构立见.

3) 设 $p = \sup\limits_n p_n$. 对每个 n，设 $\{\xi_k^{(n)}\}_k$ 是 $M'p_n$ 在 $p_n\mathcal{H}$ 中的循环矢列，于是 $\{\xi_k^{(n)} | n, k\}$ 将是 $M'p$ 在 $p\mathcal{H} = \overline{\left[\bigcup\limits_n p_n\mathcal{H}\right]}$ 中的循环矢列，因此，p 也是 σ-有限的. 证毕.

命题 1.14.8 设 p, q 分别是 vN 代数 M, N 的 σ-有限投影，则 $p \otimes q$ 是 $M\overline{\otimes}N$ 的 σ-有限投影.

证. 由于 $p \otimes q(M\overline{\otimes}N)p \otimes q = pMp\overline{\otimes}qNq$，因此只须证明 σ-有限 vN 代数的张量积仍然是 σ-有限的.

设 N_i 是 $\mathcal{H}_i$ 中的 σ-有限 vN 代数，于是 N'_i 在 $\mathcal{H}_i$ 中有循环矢列 $\{\xi_n^{(i)}\}_n$，$i = 1, 2$. 由此

$$(N_1\overline{\otimes}N_2)' = N'_1\overline{\otimes}N'_2$$

在 $\mathcal{H}_1\otimes\mathcal{H}_2$ 中将有循环矢列 $\{\xi_n^{(1)}\otimes\xi_m^{(2)}\}_{n,m}$，即见 $N_1\overline{\otimes}N_2$ 也是 σ-有限的. 证毕.

定理 1.14.9 设 M 是 $\mathcal{H}$ 中的 vN 代数，则可写

$$M = \sum_l \oplus M_l,$$

其中每个 M_l 或者是 σ-有限的，或者空间 * 同构于 $N_l\overline{\otimes}B(\mathcal{H}_l)$，这里 N_l 是 σ-有限的 vN 代数，$\mathcal{H}_l$ 是某个 Hilbert 空间.

证. 设 φ 是 M 上非零的正规正泛函，$s(\varphi)$ 是其支持，于是 $s(\varphi)$ 是 M 的 σ-有限投影.

令 $\{p_l\}_{l \in \Lambda}$ 是 M 的相互直交的投影极大族，使得 $p_l \sim s(\varphi)$，$\forall l$. 记 $q = 1 - \sum_{l \in \Lambda} p_l$，对 q 与 $s(\varphi)$ 使用定理 1.5.4，有 M 的中心投影 z，使得

$$qz \lesssim s(\varphi)z, \quad s(\varphi)(1-z) \lesssim q(1-z),$$

由族 $\{p_l\}$ 的极大性，$s(\varphi)z \neq 0$.

令设 $v_l \in M$，使得 $v_l^* v_l = s(\varphi)z$，$v_l v_l^* = p_l z$，$\forall l \in \Lambda$. 又令 $v_0 \in M$，使得 $v_0 v_0^* = qz$，$v_0^* v_0 \leqslant s(\varphi)z$.

当 $\Lambda = \{1, 2, \cdots\}$ 可数时，令

$$\phi(a) = \sum_{n=0}^{\infty} 2^{-n} \varphi(v_n^* a v_n), \quad \forall a \in Mz,$$

则 $0 < \phi \in M_*$. 如果 $a \in Mz$，使得 $\phi(a^*a) = 0$，则

$$\varphi(v_n^* a^* a v_n) = 0, \quad \forall n \geqslant 0.$$

依 v_n 的定义，$v_n^* a^* a v_n \in s(\varphi) M s(\varphi)$，因此，$a v_n = 0$，$\forall n \geqslant 0$. 于是，$a p_l z = a q z = 0$，$\forall l \in \Lambda$. 由此，$a = a z = a \left(qz + \sum_{l \in \Lambda} p_l z \right) = 0$，即 ϕ 在 Mz 上是忠实的，从而 Mz 是 σ-有限的.

如果 Λ 不是可数的，可写

$$\Lambda = \bigcup_{\beta \in I} \Lambda_\beta, \quad \Lambda_\beta \bigcap \Lambda_{\beta'} = \phi, \quad \forall \beta \neq \beta' \in I,$$

使得每个 Λ_β 都是可数无穷的. 固定 I 的一个指标 β_0，并令

$$\gamma_{\beta_0} = q + \sum_{l \in \Lambda_{\beta_0}} p_l, \quad \gamma_\beta = \sum_{l \in \Lambda_\beta} p_l, \quad \forall \beta \neq \beta_0,$$

易见 $\{\gamma_\beta z \mid \beta \in I\}$ 是相互直交且等价的投影族，以及 $\sum_{\beta \in I} \gamma_\beta z = z$.

依定理 1.5.6，Mz 将空间 $*$ 同构于 $N \overline{\otimes} B(\mathscr{K})$，其中 $\dim \mathscr{K} = \#I$，$N = \gamma_{\aleph_0} Mz \gamma_{\beta_0}$. 由于 Λ_{β_0} 是可数的，仿前段可证，N 是 σ-有限的.

总之，M 有非零中心投影 z，使得 Mz 或者 σ-有限，或者空间

*同构于 $N \overline{\otimes} B(\mathscr{K})$ 且N是 σ-有限的. 再对 $M(1-z)$ 作同样处理及用 Zorn 辅理,即可得证.

命题 1.14.10 设M是 vN 代数,则存在M的相互直交的 σ-有限投影族 $\{p_l\}$,使得 $\sum\limits_l p_l = 1$.

证. 设 $\{p_l\}$ 是M的相互直交的 σ-有限投影的极大族,令 $p = \sum\limits_l p_l$. 如果 $1 - p \neq 0$,依定理 1.14.9,$(1-p)M(1-p)$ 必包含非零的 σ-有限投影 q. 当然 q 也是M的 σ-有限投影, 这便与 $\{p_l\}$ 的极大性相矛盾. 证毕.

注 本节见参考文献 [12],[21],[55],[97].

第二章 c^*-代数的基础

本章开始介绍另一类算子代数——c^*-代数.在第一章 §2 中,对于 $B(\mathcal{H})$,引入许多线性拓扑. 除去一致拓扑外,$B(\mathcal{H})$ 的 * 子代数依其它拓扑的闭包都是一样的(即为 von Neumann 代数);而依一致拓扑的闭包,正是本章要介绍的 c^*-代数.

§1 引入 c^*-代数的抽象定义,即为 Banach 代数,其中定义 * 运算,并且满足 $\|x^*x\| = \|x\|^2$. 依照 Gelfand 理论,半单纯的交换 Banach 代数可表示为 $C(\Omega)$ 的一个子代数(Ω 是它的谱空间). 然而交换 c^*-代数有更强的性质,I. M. Gelfand 指出它同构于 $C(\Omega)$ (2.1.4). §2 指出 c^*-代数正元的全体是一个锥,这为 §3 的研究打下基础. 在 §3 中,首先引入 c^*-代数上的态的概念(在正元上取非负实值且范数为 1 的线性泛函),这是一个十分重要的概念. 如果 c^*-代数相应于量子系统的观察量代数,那么 c^*-代数上的态相应于量子系统的状态。通过 c^*-代数上的态,可以构造该 c^*-代数的一个循环 * 表示 (2.3.18),这就是极为重要而又著名的 GNS (Gelfand-Naimark-Segal) 构造. 通过这个构造,c^*-代数将与由 Hilbert 空间中有界线性算子所组成的一致闭 * 代数等距同构 (2.3.20). 这个构造首先出现在 I. M. Gelfand 与 M. A. Naimark 的关于 c^*-代数理论的奠基性工作(1943)中,而完全的形式属于 I. E. Segal. §4 指出 c^*-代数虽然可以没有单位元,但必有起到类似于单位元作用的逼近单位元. 由此证明,c^*-代数模以它的闭双侧理想仍将是 c^*-代数. §5 给出 c^*-代数单位球端点的特征 (2.5.1),这结果属于 R. V. Kadison. §6 证明 Kadison 的迁移定理 (2.6.5),由此指出对于 c^*-代数,拓扑不可约 * 表示与代数不可约 * 表示是等价的. §7,§8 是 c^*-代数的理想、纯态、不可约 * 表示的进一步研究. §10 提出 * 表示的比较、分离性

与拟等价性的概念，这对于进一步研究 c^*-代数的表示理论是重要的。§11 指出 c^*-代数的包络 UN 代数（即在泛表示空间中的弱算子闭包）与 c^*-代数的二次共轭空间等距同构（2.11.2）。§12 c^*-代数公理的研究起源于 Gelfand-Naimark 猜测。1943 年，他们猜测：c^*-代数的假设 $\|x^*x\| = \|x\|^2$，可以减弱为 $\|x^*x\| = \|x^*\| \cdot \|x\|$。这引起了许多研究。1960 年，J. G. Glimm 与 R. V. Kadison 研究了 c^*-代数的酉元性质（2.12.1），给予这个猜测以肯定的回答。后来又有进一步的推广（2.12.26）。与公理问题相联系的，有 c^*-等价的问题，这方面有 R. Arens 等的结果（2.12.22，2.12.23，2.12.24）。

§1. c^*-代数的定义及其简单的性质

定义 2.1.1　设 A 是复数域 $\mathbf{C}$ 上的 Banach 代数，并在其中定义 $*$ 运算，满足

$$(\lambda x + \mu y)^* = \bar{\lambda} x^* + \bar{\mu} y^*, \quad (xy)^* = y^* x^*,$$
$$(x^*)^* = x, \quad \|x^*x\| = \|x\|^2,$$

$\forall x, y \in A$，$\lambda, \mu \in \mathbf{C}$，则称 A 是 c^*-代数.

如果 A 是 c^*-代数，易见 $\|x^*\| = \|x\|$，$\forall x \in A$，因此，$*$ 运算在 A 中是连续的。如果 A 有单位元，记以 1_A，不混淆时，简写为 1，显然 $\|1\| = 1^{1)}$。如果 $m \subset A$，B 称为由 m 生成的（A 的）c^*-子代数，指 B 是包含 m 的（A 的）最小 c^*-子代数.

命题 2.1.2　如果 A 是 c^*-代数，并且无单位元，在 $A \dotplus \mathbf{C}$ 上定义

$$\|x + \lambda\| = \sup\{\|xy + \lambda y\| \mid y \in A, \|y\| \leqslant 1\}, \quad \forall x \in A, \lambda \in \mathbf{C},$$

则 $A \dotplus \mathbf{C}$ 是有单位元的 c^*-代数，并保持 A 上的范数不变.

证．只须对任意的 $x \in A$，$\lambda \in \mathbf{C}$，证明

$$\|(x + \lambda)^*(x + \lambda)\| = \|x + \lambda\|^2.$$

---

1) 请读者注意识别代数单位元 1 与数值 1.

设 $0 < \mu < 1$，于是有 $y \in A$，$\|y\| \leqslant 1$，使得

$$\mu^2 \|x + \lambda\|^2 \leqslant \|xy + \lambda y\|^2 = \|y^*(x + \lambda)^*(x + \lambda)y\|$$
$$\leqslant \|(x + \lambda)^*(x + \lambda)\|.$$

令 $\mu \to 1-$，则

$$\|x + \lambda\|^2 \leqslant \|(x + \lambda)^*(x + \lambda)\|$$
$$\leqslant \|(x + \lambda)^*\| \cdot \|x + \lambda\|. \tag{1}$$

所以，$\|x + \lambda\| \leqslant \|(x + \lambda)^*\|$. 进而，$\|x + \lambda\| = \|(x + \lambda)^*\|$. 用此代回 (1)，即见 $\|x + \lambda\|^2 = \|(x + \lambda)^*(x + \lambda)\|$. 证毕.

注. 如果 A 有单位元 e，在 $A \dotplus \mathbf{C}$ 上定义

$$\|x + \lambda\| = \max\{\|x + \lambda e\|, |\lambda|\}, \ \forall x \in A, \ \lambda \in \mathbf{C},$$

则 $A \dotplus \mathbf{C}$ 成为有新单位元 1 的 c^*-代数，并以 A 为它的 c^*-子代数. 当然，这时 A 的任意元 x 考虑为 $A \dotplus \mathbf{C}$ 的元时，它的谱多了零点.

命题 2.1.3 设 A 是 c^*-代数，h 是 A 的自伴元，即 $h = h^*$，则 $\sigma(h)$ 由实数构成，且 $\|h\| = \nu(h)$[1].

证. 无妨设 A 有单位元. 由于 $*$ 运算的连续性，

$$(e^{ith})^* = e^{-ith}, \ \forall t \in \mathbf{R}.$$

于是，如果 $\lambda \in \sigma(h)$，

$$|e^{it\lambda}|^2 \leqslant \|e^{ith}\|^2 = \|(e^{ith})^* e^{ith}\| = 1, \ \forall t \in \mathbf{R}.$$

因此，$\lambda = \bar{\lambda}$. 此外

$$\|h\| = \|h^*h\|^{1/2} = \|h^2\|^{1/2} = \cdots = \|h^{2^n}\|^{\frac{1}{2^n}} \to \nu(h)$$

所以，$\|h\| = \nu(h)$. 证毕.

定理 2.1.4 设 A 是交换的 c^*-代数，则 A 等距 $*$ 同构于 $C_0^\infty(\Omega)$，这里 Ω 是某个局部紧 Hausdorff 空间，$C_0^\infty(\Omega)$ 是 Ω 上在 ∞ 处为 0 的复值连续函数的全体. 此外，当 A 有单位元时，Ω 可以是紧的.

证. 考虑 $A \dotplus \mathbf{C}$，设其谱空间为 Ω'，依弱 $*$ 拓扑，Ω' 是紧

---

1) 这里对任意的 $a \in A$，$\sigma(a)$ 表示 a 的谱集，$\nu(a)$ 表示 a 的谱半径，即 $\nu(a) = \max\{|\lambda| \mid \lambda \in \sigma(a)\}$.

Hausdorff 空间. 对任意的 $x \in A \dot{+} \mathbf{C}$, 依命题 2.1.3, $x^*(t) = \overline{x(t)}$, $\forall t \in \Omega'$ (这里 $x(\cdot) \in C(\Omega')$ 是 x 的 Gelfand 变换), 进而由命题 2.1.3,

$$\|x\|^2 = \|x^*x\| = \nu(x^*x) = \max_{t \in \Omega'} |x^*x(t)| = \max_{t \in \Omega'} |x(t)|^2.$$

因此, $A \dot{+} \mathbf{C}$ 等距 * 同构于 $C(\Omega')$ 的一个包含常数函数的 * 子代数. 若 $t_1 \neq t_2 \in \Omega'$, 它们对应的 $A \dot{+} \mathbf{C}$ 的极大理想是不同的, 因此有 $x \in A \dot{+} \mathbf{C}$, 使得 $x(t_1) \neq x(t_2)$. 今依 Stone-Weierstrass 定理 (例见 [22]),

$$A \dot{+} \mathbf{C} \cong C(\Omega').$$

A 是 $A \dot{+} \mathbf{C}$ 的极大理想, 对应 Ω' 的点 t_0, 令 $\Omega = \Omega' \backslash \{t_0\}$, 则 Ω 是局部紧 Hausdorff 空间, 并且 $A \cong C_0^\circ(\Omega)$. 证毕.

引理 2.1.5 设 A 是有单位元的 c^*-代数, $h = h^* \in A$, 且 $0 \notin \sigma(h)$, 则存在常数项为 0 的多项式列 $\{p_n(\cdot)\}$, 使得 $\|p_n(h) - h^{-1}\| \to 0$.

证. 用 $\{(h - \lambda), (h - \lambda)^{-1} | \lambda \notin \sigma(h)\}$ 生成 A 的 c^*-子代数 B, 则 B 交换且包含 A 的单位元. 依定理 2.1.4, $B \cong C(\Omega)$. 显然, h 作为 A 或 B 的元时, 谱集是相同的, 即 $\sigma_B(h) = \sigma(h) = \{h(t) | t \in \Omega\}$. 又依命题 2.1.3, $h(t) = \overline{h(t)}$, $\forall t \in \Omega$. 此外, 因 $0 \notin \sigma(h)$, $\min_{t \in \Omega} |h(t)| = \varepsilon > 0$. 作 $[-\|h\|, \|h\|]$ 上的连续函数 $f(\lambda)$, 使得

$$f(0) = 0, \quad f(\lambda) = \lambda^{-1}, \quad \forall \lambda \in [-\|h\|, \|h\|] \backslash (-\varepsilon, \varepsilon),$$

并取常数项为 0 的多项式列 $\{p_n(\cdot)\}$, 使得

$$\max\{|p_n(\lambda) - f(\lambda)| \, | \, |-\|h\| \leqslant \lambda \leqslant \|h\|\} \to 0.$$

于是

$$\|p_n(h) - h^{-1}\| = \max_{t \in \Omega} |p_n(h(t)) - h(t)^{-1}|$$

$$\leqslant \max_{-\|h\| \leqslant \lambda \leqslant \|h\|} |p_n(\lambda) - f(\lambda)| \to 0.$$

证毕.

命题 2.1.6 设 A 是有单位元的 c^*-代数, B 是 A 的包含单位元的 c^*-子代数, 则对任意的 $b \in B$, $\sigma_B(b) = \sigma_A(b)$.

证. 依引理 2.1.5, $\sigma_B(b^*b) = \sigma_A(b^*b)$, $\sigma_B(bb^*) = \sigma_A(bb^*)$. 于是如果 b 在 A 中有逆, 则 b^*b, bb^* 分别在 B 中有逆, 即 b 在 B 中分别有左逆与右逆, 从而 b 在 B 中有逆. 证毕.

命题 2.1.7 设 A 是有单位元的 c^*-代数, u 是 A 的酉元, 即 $u^*u = uu^* = 1$, 则 $\sigma(u)$ 由绝对值为 1 的复数组成. 此外, A 是其酉元全体的线性包.

易证, 从略 (参照命题 1.3.4 的 3).

命题 2.1.8 设 A 是有单位元的 c^*-代数, a 是 A 的正规元, 即 $a^*a = aa^*$, B 是由 $\{a, 1\}$ 生成的 c^*-子代数, 则 $B \cong C(\sigma(a))$, 且 a 对应的 $C(\sigma(a))$ 的函数 $a(\lambda) = \lambda (\forall \lambda \in \sigma(a))$. 特别, $\|a\| = \nu(a)$.

证. 依定理 2.1.4, $B \cong C(\Omega)$. 显然 $t \to a(t)$ 是 Ω 到 $\sigma(a)$ 上的一一连续映象, 又 Ω 与 $\sigma(a)$ 均紧, 因此, Ω 与 $\sigma(a)$ 同胚. 证毕.

命题 2.1.9 设 A 是交换 c^*-代数, $\|\cdot\|_1$ 是 A 上另一个范数, 使得
$$\|ab\|_1 \leqslant \|a\|_1 \cdot \|b\|_1, \ \forall a, b \in A, \ 则 \ \|\cdot\| \leqslant \|\cdot\|_1.$$

证. 无妨设 A 有单位元, 于是 $A \cong C(\Omega)$. 令 $\Omega_1 = \{t \in \Omega |$ 如果 $\{x_n\} \subset A$, 且 $\|x_n\|_1 \to 0$, 则 $x_n(t) \to 0\}$. 如果 Ω_1 不在 Ω 中稠, 则有 Ω 的非空开集 U, 使得 $\overline{\Omega} \cap \overline{U} = \varnothing$. 于是有 $a \in A$, 使得 $a(\Omega_1) = 1$, $a(U) = 0$. 记 A_1 是 A 依照 $\|\cdot\|_1$ 完备化的 Banach 代数, 如果 a 在 A_1 中无逆, 则有 A_1 上非零乘法泛函 ρ, 使得 $\rho(a) = 0$. 记 $\rho|_A = t$, 则 $t \in \Omega_1$, 这便与 $a(\Omega_1) = 1$ 相矛盾, 因此, a 在 A_1 中有逆. 另一方面, 显然可取 $0 \neq b \in A$, 使得 $\operatorname{supp} b(\cdot) \subset U$, 于是 $ab = 0$. 这又将与 a 在 A_1 中有逆相矛盾. 因此, Ω_1 必在 Ω 中稠. 由此, 对任意的 $a \in A$, $\|a\|_1 \geqslant \max\{\rho(a) | \rho$ 是 A_1 上的非零乘法泛函$\} = \max_{t \in \Omega_1} |a(t)| = \|a\|$. 证毕.

命题 2.1.10 设 A 是 c^*-代数, $\|\cdot\|_1$ 是 A 上另一个范数, 使得 $\|ab\|_1 \leqslant \|a\|_1 \cdot \|b\|_1$, $\|a^*a\|_1 = \|a\|_1^2$, $\forall a, b \in A$, 则 $\|\cdot\| = \|\cdot\|_1$.

证. 依命题 2.1.2, 无妨设 A 有单位元. 设 $h = h^* \in A$, B 是

由 $\{1, h\}$ 生成的 A 的交换 c^*-子代数. B_1 是 B 依 $\|\cdot\|_1$ 完备化所得的交换 c^*-子代数. 如果 Ω 是 B 的谱空间, 依命题 2.1.9 的证明, $\{\rho$ 限于 $B \mid \rho$ 是 B_1 上的非零乘法泛函$\}$ 在 Ω 中是稠的. 从而, $\|h\|_1 = \max\{|\rho(h)| \mid \rho$ 是 B_1 上的非零乘法泛函$\} = \|h\|$. 由此, 对任意的 $a \in A$, $\|a\| = \|a^*a\|^{1/2} = \|a^*a\|_1^{1/2} = \|a\|_1$. 证毕.

注 本节见参考文献 [38], [54].

§2. c^*-代数的正元

定义 2.2.1 设 A 是 c^*-代数, $a \in A$ 称为正的, 记作 $a \geqslant 0$, 指 $a = a^*$, 并且 $\sigma(a)$ 由非负实数组成. A 的正元全体记以 A_+.

命题 2.2.2 设 A 是 c^*-代数, $h = h^* \in A$, 则有唯一的 h_+, $h_- \in A_+$, 使得

$$h = h_+ - h_-, \quad h_+ \cdot h_- = 0.$$

证. 在 $A \dotplus \mathbf{C}$ 中考虑时, 由于要求 $h = h_+ - h_-$ 及 $h_+ \cdot h_- = 0$, 可见 h_+, h_- 仍然 $\in A$, 因此无妨设 A 有单位元. 用 $\{1, h\}$ 生成 A 的交换 c^*-子代数 B, 依定理 2.1.4, 可见这样的 h_+, h_- 在 B 中存在. 又依命题 2.1.6, $h_+, h_- \in A_+$. 如果又有 A 的正元 h'_+, h'_- 满足要求, 用 $\{1, h, h'_+, h'_-\}$ 生成 A 的交换 c^*-子代数 $C(\supset B)$, 再依定理 2.1.4, 即见 $h'_+ = h_+$, $h'_- = h_-$. 证毕.

命题 2.2.3 设 A 是有单位元的 c^*-代数, $h = h^* \in A$, $\|h\| \leqslant 1$, 则 $h \geqslant 0$, 当且仅当, $\|1 - h\| \leqslant 1$.
用 $\{1, h\}$ 生成交换 c^*-子代数 $B \cong C(\Omega)$ 立见.

命题 2.2.4 A_+ 是锥, 即若 $a, b \in A_+$, 则 $a + b \in A_+$. 此外, $A_+ \cap (-A_+) = \{0\}$.

证. 无妨设 A 有单位元, 依命题 2.2.3,

$$\|1 - a/\|a\|\| \leqslant 1, \quad \|1 - b/\|b\|\| \leqslant 1.$$

于是,

$$\left\|1 - \frac{a+b}{\|a\| + \|b\|}\right\| \leqslant \frac{\|a\| \cdot \left\|1 - \frac{a}{\|a\|}\right\| + \|b\| \cdot \left\|1 - \frac{b}{\|b\|}\right\|}{\|a\| + \|b\|} \leqslant 1.$$

再由命题 2.2.3, $a + b \in A_+$. 此外, 如 $h \in A_+ \cap (-A_+)$, 则 $\sigma(h) = \{0\}$. 再由命题 2.1.3, $h = 0$. 证毕.

注. 以后我们在 $A_h = \{a \in A \mid a = a^*\}$ 中引入偏序, $a \geqslant b$, 指 $(a - b) \in A_+$.

命题 2.2.5 设 $a \in A_+$, 则有唯一的 $a^{1/2} \in A_+$, 使得 $a^{1/2}$ 与 a 交换, 并且 $(a^{1/2})^2 = a$. 此外, 这 $a^{1/2}$ 还是 a 的常数项为 0 的多项式列的极限.

证明与命题 2.2.2 相似.

引理 2.2.6 设 B 是有单位元的复域 $\mathbf{C}$ 上的代数, $a, b \in B$, 则 $\sigma(ab) \cup \{0\} = \sigma(ba) \cup \{0\}$.

证. 如果 $\lambda \not= 0$, 使得 $(ab - \lambda)$ 在 B 中有逆 u, 则 $(bua - 1) \cdot (ba - \lambda) = (ba - \lambda)(bua - 1) = \lambda$, 因此, $(ba - \lambda)$ 在 B 中也有逆. 证毕.

命题 2.2.7 设 A 是 c^*-代数, $a \in A$, 则 $a \in A_+$, 当且仅当, 存在 $b \in A$, 使得 $a = b^*b$.

证. 必要性由命题 2.2.5 立见. 反之设 $a = b^*b$, 自然 $a^* = a$, 于是依命题 2.2.2 及 2.2.5, 可写 $a = u^2 - v^2$, 这里 $u, v \in A_+$, 并且 $uv = 0$. 于是

$$(bv)^*(bv) = vav = -v^4 \leqslant 0.$$

如果写 $bv = h + ik$, 这里 $h^* = h$, $k^* = k$, 则

$$(bv)^*(bv) + (bv)(bv)^* = 2(h^2 + k^2) \geqslant 0.$$

所以, $(bv)(bv)^* = -(bv)^*(bv) + 2(h^2 + k^2) = v^4 + 2(h^2 + k^2) \geqslant 0$. 但依引理 2.2.6, $\sigma((bv)^*(bv)) \cup \{0\} = \sigma((bv)(bv)^*) \cup \{0\}$, 所以, $\sigma((bv)^*(bv)) = \{0\}$, 即 $v^4 = 0$. 由命题 2.2.5, $v = 0$. 从而, $a = u^2 \in A_+$. 证毕.

命题 2.2.8 设 A 是 Hilbert 空间 $\mathscr{H}$ 中的 c^*-代数 (即为 $B \cdot (\mathscr{H})$ 的一致闭 $*$ 子代数), $a \in A$, 则 $a \in A_+$, 当且仅当, a 是

$\mathscr{H}$ 中的正算子.

证. 必要性由命题 2.2.7 立见. 反之,设 a 是 $\mathscr{H}$ 中的正算子,于是至少 a 是 A 的自伴元. 依命题 2.2.2,可写 $a = a_+ - a_-$, a_+, $a_- \in A_+$,且 $a_+ a_- = 0$. 对任意的 $\xi \in \mathscr{H}$,

$$0 \leqslant \langle aa_-\xi, a_-\xi \rangle = - \langle a_-^3\xi, \xi \rangle \leqslant 0.$$

所以,$a_-^3 = 0$,$a_- = 0$,及 $a = a_+ \in A_+$. 证毕.

命题 2.2.9 设 A 是 c^*-代数.

1) 如果 a, $b \in A_+$,$a \leqslant b$,则 $\|a\| \leqslant \|b\|$,及 $cac^* \leqslant c^*bc$,$\forall c \in A$;

2) A_+ 是 A 的闭子集;

3) 如果 A 有单位元,$a, b \in A_+$,$a \leqslant b$,并且 a, b 在 A 中都有逆,则 $b^{-1} \leqslant a^{-1}$.

证. 1) 易见,从略.

2) 设 $a_n \in A_+$,且 $a_n \to a$. 显然 $a = a^*$,于是可写 $a = a_+ - a_-$,这里 $a_+, a_- \in A_+, a_+ \cdot a_- = 0$. 令 $b_n = a_- a_n a_- \in A_+$,则 $b_n \to b = a_- a a_- = - a_-^3$. 于是

$$0 \leqslant -b \leqslant b_n - b \leqslant \|b_n - b\| \to 0.$$

即 $b = 0$,$a_- = 0$,及 $a = a_+ \in A_+$.

3) 由于 $(a^{-1})^{1/2}(b-a)(a^{-1})^{1/2} \geqslant 0$,因此,$(a^{-1})^{1/2}b(a^{-1})^{1/2} \geqslant 1$. 由函数表示立见,$a^{1/2}b^{-1}b^{1/2} \leqslant 1 = a^{1/2}a^{-1}a^{1/2}$. 所以,$b^{-1} \leqslant a^{-1}$. 证毕.

命题 2.2.10 设 A 是 c^*-代数,$a, b \in A_+$,并且 $a \leqslant b$,则对任意的数 $\lambda \in [0, 1]$,$a^\lambda \leqslant b^\lambda$,这里 a^λ, b^λ 可以由命题 2.1.8 来理解.

证. 无妨设 A 有单位元. 首先考虑 a, b 有逆的情况. 令 $E = \{\lambda \in \mathbf{R} | a^\lambda \leqslant b^\lambda\}$,由于 A_+ 是闭的,因此,E 是 $\mathbf{R}$ 的闭子集. 显然,$0, 1 \in E$,所以只须对任意的 $\lambda, \mu \in E$,证明 $\dfrac{\lambda + \mu}{2}$ 也 $\in E$. 由

$$b^{-\frac{\lambda}{2}} a^\lambda b^{-\frac{\lambda}{2}} \leqslant 1, \quad b^{-\frac{\mu}{2}} a^\mu b^{-\frac{\mu}{2}} \leqslant 1.$$

因此，$\|b^{-\frac{\lambda}{2}}a^{\lambda}b^{-\frac{\lambda}{2}}\| \leqslant 1$，$\|b^{-\frac{\mu}{2}}a^{\mu}b^{-\frac{\mu}{2}}\| \leqslant 1$，进而，$\|a^{\frac{\lambda}{2}}b^{-\frac{\lambda}{2}}\| \leqslant 1$，$\|b^{-\frac{\mu}{2}}a^{\frac{\mu}{2}}\| \leqslant 1$．依引理 2.2.6，

$$1 \geqslant \|b^{-\frac{\mu}{2}}a^{\frac{\lambda+\mu}{2}}b^{-\frac{\lambda}{2}}\| \geqslant v(b^{-\frac{\mu}{2}}a^{\frac{\lambda+\mu}{2}}b^{-\frac{\lambda}{2}})$$

$$= v(b^{-\frac{\lambda+\mu}{4}}a^{\frac{\lambda+\mu}{2}}b^{-\frac{\lambda+\mu}{4}}) = \|b^{-\frac{\lambda+\mu}{4}}a^{\frac{\lambda+\mu}{2}}b^{-\frac{\lambda+\mu}{4}}\|$$

即 $\frac{\lambda+\mu}{2} \in E$．

对一般情况，设 $\varepsilon > 0$，依前段，$(a+\varepsilon)^{\lambda} \leqslant (b+\varepsilon)^{\lambda}$，再命 $\varepsilon \to 0+$，即得证．

命题 2.2.11 设 A 是 c^*-代数，$S = \{a \in A \mid \|a\| \leqslant 1\}$ 是 A 的单位球，则 $\mathring{S} \cap A_+ = \{a \in A_+ \mid \|a\| < 1\}$ 依正元的序是定向的，即若 $x, y \in \mathring{S} \cap A_+$，则有 $z \in \mathring{S} \cap A_+$，使得 $z \geqslant x$，$z \geqslant y$．

证．在 $A \dotplus \mathbf{C}$ 中考虑问题．令

$$a = x(1-x)^{-1}, \quad b = y(1-y)^{-1},$$

$$z = (a+b)\left(\frac{1}{2} + a + b\right)^{-1},$$

则 $a, b, z \in A$，且 $z \in A_+ \cap \mathring{S}$．

证明 $z \geqslant x$，等价于要证明 $1 - \frac{1}{2}\left(\frac{1}{2} + a + b\right)^{-1} \geqslant x$ 或 $(1-x) \geqslant \frac{1}{2}\left(\frac{1}{2} + a + b\right)^{-1}$．依命题 2.2.9，这等价于证 $(1-x)^{-1} \leqslant (1 + 2a + 2b)$．但依 a 的定义，显然有 $(1 + 2a) \geqslant (1-x)^{-1}$．因此，$z \geqslant x$．类似证明 $z \geqslant y$．证毕．

注 本节见参考文献 [37]，[54]，[61]，[119]．

§3. 态与 GNS 构造

定义 2.3.1 设 A 是 c^*-代数，A 上的线性泛函 ρ 称为正的，记作 $\rho \geqslant 0$，指 $\rho(a) \geqslant 0$，$\forall a \in A_+$．正泛函 ρ 称为态，指 $\|\rho\| = 1$．A 上态的全体记为 $\mathscr{S}(A)$，在不致混淆时，简写为 $\mathscr{S}$．

显然，如果 $\rho \geqslant 0$，则 $\rho(a^*) = \overline{\rho(a)}$，$\forall a \in A$，以及有

Schwartz 不等式

$$|\rho(b^*a)| \leqslant \rho(b^*b)^{1/2}\rho(a^*a)^{1/2}, \ \forall a, b \in A.$$

命题 2.3.2　如果 ρ 是 c^*-代数 A 上的正泛函，则 ρ 是连续的. 此外，如果 A 有单位元，则 $\|\rho\| = \rho(1)$.

证.　首先，我们说 ρ 在 $S \cap A_+ = \{a \in A_+ | \|a\| \leqslant 1\}$ 上是有界的. 若否，则有 $x_n \in S \cap A_+$，使得

$$\rho(x_n) \geqslant n^2, \ \forall n.$$

依命题 2.2.9，A_+ 是闭的，所以，$x = \sum_n \frac{1}{n^2} x_n \in A_+$. 于是对任意的正整数 N，

$$N \leqslant \sum_{n=1}^{N} \frac{1}{n^2} \rho(x_n) = \rho\left(\sum_{n=1}^{N} \frac{1}{n^2} x_n\right) \leqslant \rho(x),$$

这不可能. 因此，存在正常数 K，使得

$$\rho(a) \leqslant K, \ \forall a \in S \cap A_+.$$

再依命题 2.2.2，可见 $\|\rho\| \leqslant 4K$，即 ρ 是连续的.

如果 A 有单位元，依 Schwartz 不等式

$$|\rho(a)| \leqslant \rho(1)^{1/2}\rho(a^*a)^{1/2} \leqslant \|a^*a\|^{1/2}\rho(1)$$
$$= \|a\|\rho(1), \ \forall a \in A$$

即见 $\|\rho\| = \rho(1)$. 证毕.

命题 2.3.3　设 A 是 c^*-代数，$\rho \in A^*$.

1) 如果有 $a \in A_+$，$\|a\| \leqslant 1$，使得 $\rho(a) = \|\rho\|$，则 $\rho \geqslant 0$；

2) 如果 $\|\rho\| \leqslant 1$，并且有 $0 \neq a \in A_+$，使得 $\rho(a) = \|a\|$，则 $\rho \in \mathscr{S}$.

证.　1) 必要时把 ρ 保范开拓到 $A \dot{+} \mathbf{C}$ 上，因此可设 A 有单位元. 现在完全可以仿照引理 1.9.2（并注意定理 2.1.4）来证明 $\rho \geqslant 0$.

2) 依条件，显然 $\|\rho\| = 1$，及 $\rho\left(\frac{a}{\|a\|}\right) = \|\rho\|$. 再由 1)，$\rho \in \mathscr{S}$. 证毕.

命题 2.3.4　设 ρ 是 c^*-代数 A 上的正泛函，$a \in A_+$，并且

$\|a\| < 1$，则

$$\|\rho\| = \sup\{\rho(b)\,|\,b \in A_+, \|b\| \leqslant 1\}$$
$$= \sup\{\rho(b)\,|\,b \in A_+, \|b\| \leqslant 1, b \geqslant a\}.$$

证． 由于 $\rho(x^*) = \overline{\rho(x)}$，$\forall x \in A$，因此有 $h_n = h_n^*$，$\|h_n\| \leqslant 1$，使得 $\rho(h_n) \to \|\rho\|$． 依命题 2.2.2，可写 $h_n = h_n^+ - h_n^-$，这里 h_n^+、$h_n^- \in A_+$，且 $\|h_n^+\|$ 及 $\|h_n^-\|$ 都 $\leqslant \|h_n\| \leqslant 1$． 必要时代以子列，可设 $\lim\limits_n \rho(h_n^+)$ 与 $\lim\limits_n \rho(h_n^-)$ 都存在． 于是易见

$$\lim_n \rho(h_n^+) = \|\rho\|, \quad \lim_n \rho(h_n^-) = 0.$$

因此，$\|\rho\| = \sup\{\rho(b)\,|\,b \in A_+, \|b\| \leqslant 1\}$．

对任意 $\varepsilon > 0$，依上面，可取 $c \in A_+$，$\|c\| < 1$，使得 $\rho(c) \geqslant \|\rho\| - \varepsilon$． 再由命题 2.2.11，有 $b \in A_+$，$\|b\| < 1$，使得 $b \geqslant c$，$b \geqslant a$． 于是，$\rho(b) \geqslant \rho(c) \geqslant \|\rho\| - \varepsilon$． 证毕．

命题 2.3.5 设 A 是 c^*-代数，ρ 是 A 上的正泛函，在 $A \dotplus \mathbf{C}$ 上，如果命

$$\tilde{\rho}(a + \lambda) = \rho(a) + \lambda \mu_0, \quad \forall a \in A, \lambda \in \mathbf{C}$$

这里数 $\mu_0 \geqslant \|\rho\|$，则 $\tilde{\rho}$ 是 $A \dotplus \mathbf{C}$ 上的正泛函．

证． 只须对 $A \dotplus \mathbf{C}$ 的任意正元 $(a + \lambda)$，这里 $a \in A$，$\lambda \in \mathbf{C}$，证明 $\rho(a) + \lambda \mu_0 \geqslant 0$．

显然，$a^* = a$，$\lambda = \bar{\lambda}$． 用 $\{1, a\}$ 生成 $A \dotplus \mathbf{C}$ 的交换 c^*-子代数 $B \cong C(\Omega)$，于是 $\lambda + a(t) \geqslant 0$，$\forall t \in \Omega$． 注意 a 作为 $A \dotplus \mathbf{C}$ 的元是没有逆的，因此有 $t_0 \in \Omega$，使得 $a(t_0) = 0$． 从而 $\lambda \geqslant 0$．

如果 $a \geqslant 0$ 或者 $\|\rho\| = 0$，立见 $\rho(a) + \lambda \mu_0 \geqslant 0$． 今设 $\rho \neq 0$，$a = a_+ - a_-$，这里 $a_+, a_- \in A_+$，$a_+ \cdot a_- = 0$，并且 $a_- \neq 0$，于是 $\inf\{a(t)\,|\,t \in \Omega\} = -\|a_-\|$． 从而

$$0 \leqslant \lambda + \inf\{a(t)\,|\,t \in \Omega\} = \lambda - \|a_-\|$$

$$\leqslant \lambda - \|\rho\|^{-1}\rho(a_-) \leqslant \|\rho\|^{-1}\{\lambda \mu_0 + \rho(a_+) - \rho(a_-)\},$$

即见 $\rho(a) + \lambda \mu_0 \geqslant 0$． 证毕．

系 2.3.6 如果 ρ 是 c^*-代数 A 上的态，令

$$\tilde{\rho}(a + \lambda) = \rho(a) + \lambda, \quad \forall a \in A, \lambda \in \mathbf{C},$$

则 $\tilde{\rho}$ 是 $A \dotplus \mathbb{C}$ 上的态，且是 ρ 的扩张.

命题 2.3.7 设 A 是 c^*-代数，则其态空间 $\mathscr{S}$ 是 A^* 的凸子集.

证. 对任意的 $\varphi_1, \varphi_2 \in \mathscr{S}$，及数 $\lambda \in (0, 1)$，要证明 $\lambda \varphi_1 + (1 - \lambda) \varphi_2 \in \mathscr{S}$. 对任意的 $\varepsilon > 0$，取 $a \in A_+$，$\|a\| < 1$，使得 $\varphi_1(a) \geqslant \|\varphi_1\| - \varepsilon = 1 - \varepsilon$. 今依命题 2.3.4，

$$1 \geqslant \|\lambda \varphi_1 + (1 - \lambda) \varphi_2\|$$
$$= \sup\{\lambda \varphi_1(b) + (1 - \lambda) \varphi_2(b) \mid b \in A_+, \|b\| \leqslant 1, b \geqslant a\}$$
$$\geqslant \lambda \varphi_1(a) + (1 - \lambda) \sup\{\varphi_2(b) \mid b \in A_+, \|b\| \leqslant 1, b \geqslant a\}$$
$$\geqslant \lambda(1 - \varepsilon) + (1 - \lambda)$$

$\varepsilon > 0$ 是任意的，因此 $\lambda \varphi_1 + (1 - \lambda) \varphi_2 \in \mathscr{S}$. 证毕.

定义 2.3.8 设 A 是 c^*-代数，$\mathscr{S}$ 是它的态空间，称 $\mathscr{S}$ 的端点为 A 的纯态，纯态全体记为 $\mathscr{P} = \mathscr{P}(A)$.

命题 2.3.9 设 A 是有单位元的交换 c^*-代数，则 ρ 是 A 的纯态，当且仅当，ρ 是 A 的非零乘法泛函.

证. 设 ρ 是纯态，由于 A 是 A_+ 的线性包，只须对任意固定的 $a, b \in A_+$，证明 $\rho(ab) = \rho(a)\rho(b)$. 如果 $\rho(a) = 0$，由 Schwartz 不等式

$$|\rho(ab)|^2 = |\rho(a^{1/2} \cdot a^{1/2} b)|^2 \leqslant \rho(a)\rho(bab) = 0,$$

因此，$\rho(ab) = 0 = \rho(a)\rho(b)$. 所以可以假定

$$1 > \rho(a) > 0, \quad 1 \geqslant a \geqslant 0.$$

令 $\rho_1(\cdot) = \rho(a)^{-1} \rho(a \cdot)$，$\rho_2(\cdot) = \rho(1 - a)^{-1} \rho((1 - a) \cdot)$，易见 $\rho_1, \rho_2 \in \mathscr{S}$，以及 $\rho = \rho(a)\rho_1 + (1 - \rho(a))\rho_2$. 但 ρ 是纯态，因此，$\rho = \rho_1 = \rho_2$，即有 $\rho(ab) = \rho(a)\rho(b)$.

反之，设 ρ 是 A 上的非零乘法泛函，自然 $\rho \in \mathscr{S}$. 如果有 $\rho_1, \rho_2 \in \mathscr{S}$ 及数 $\lambda \in (0, 1)$，使得

$$\rho = \lambda \rho_1 + (1 - \lambda) \rho_2,$$

对任意的 $h = h^* \in A$，有

$$\lambda \rho_1(h^2) + (1 - \lambda) \rho_2(h^2) = \rho(h^2) = \rho(h)^2$$
$$= [\lambda \rho_1(h) + (1 - \lambda) \rho_2(h)]^2.$$

由 Schwartz 不等式，$\rho_i(h)^2 \leqslant \rho_i(h^2)$，$i = 1, 2$，于是

$$0 = -[\lambda \rho_1(h) + (1-\lambda)\rho_2(h)]^2$$
$$+ \lambda \rho_1(h^2) + (1-\lambda)\rho_2(h^2)$$
$$\geqslant -[\lambda^2\rho_1(h)^2 + (1-\lambda)^2\rho_2(h)^2$$
$$+ 2\lambda(1-\lambda)\rho_1(h)\rho_2(h)]$$
$$+ \lambda\rho_1(h)^2 + (1-\lambda)\rho_2(h)^2$$
$$= \lambda(1-\lambda)[\rho_1(h) - \rho_2(h)]^2.$$

所以, $\rho_1(h) = \rho_2(h)$. 进而, $\rho = \rho_1 = \rho_2$, 即 ρ 是纯态. 证毕.

命题 2.3.10 设 A 是 c^*-代数. 1) 如果 ρ 是 A 上的纯态, 则 ρ 可自然地扩张为 $A \dotplus \mathbf{C}$ 上的纯态 $\tilde{\rho}$, 即令 $\tilde{\rho}(1) = 1$; 2) 如果 $\tilde{\rho}$ 是 $A \dotplus \mathbf{C}$ 上的纯态, $\rho = \tilde{\rho}|A$, 则 $\rho = 0$ 或者为 A 上的纯态.

证. 1) 设有 $A \dotplus \mathbf{C}$ 上的态 $\tilde{\rho}_1, \tilde{\rho}_2$ 及数 $\lambda \in (0, 1)$, 使得 $\tilde{\rho} = \lambda \tilde{\rho}_1 + (1-\lambda)\tilde{\rho}_2$. 注意
$$1 = \|\rho\| \leqslant \lambda\|\tilde{\rho}_1|A\| + (1-\lambda)\|\tilde{\rho}_2|A\| \leqslant 1,$$
因此, $\tilde{\rho}_i$ 限于 A 仍为态, $i = 1, 2$. 但 ρ 是纯的, 从而 $\rho = \tilde{\rho}_i|A$, $i = 1, 2$. 又 $\tilde{\rho}(1) = \tilde{\rho}_1(1) = \tilde{\rho}_2(1) = 1$, 所以, $\tilde{\rho} = \tilde{\rho}_1 = \tilde{\rho}_2$, 即 $\tilde{\rho}$ 为 $A \dotplus \mathbf{C}$ 上的纯态.

2) 易见 $\rho = 0$ 的情形是可能的. 今设 $\rho \neq 0$. 如果 $\lambda = \|\rho\| < 1$, 依命题 2.3.5,
$$\bar{\rho}(a + \mu) = \lambda^{-1}\rho(a) + \mu, \quad \forall a \in A, \mu \in \mathbf{C}$$
是 $A \dotplus \mathbf{C}$ 上的态, 并且 $\tilde{\rho} = \lambda\bar{\rho} + (1-\lambda)\tilde{\rho}_0$, 这里 $\tilde{\rho}_0$ 是 $A \dotplus \mathbf{C}$ 上的(纯)态, 使得 $\tilde{\rho}_0|A = 0$. 这便与 $\tilde{\rho}$ 是 $A \dotplus \mathbf{C}$ 上纯态并且 $\rho \neq 0$ 相矛盾. 所以 ρ 是 A 上的态.

进而如果有 A 上的态 ρ_1, ρ_2 及数 $\lambda \in (0, 1)$, 使得 $\rho = \lambda\rho_1 + (1-\lambda)\rho_2$. 把 ρ_1, ρ_2 自然地扩张为 $A \dotplus \mathbf{C}$ 上的态, 又 $\tilde{\rho}$ 是纯的, 可见 $\rho = \rho_1 = \rho_2$, 即 ρ 是 A 上纯态. 证毕.

命题 2.3.11 设 A 是有单位元的 c^*-代数, E 是 A 的包含单位元的 $*$线性子空间(即若 $a \in E$, 也有 $a^* \in E$), 记
$$\mathscr{F} = \left\{ f \;\middle|\; \begin{array}{l} f \text{ 是 } E \text{ 上的态, 即 } f \text{ 是 } E \text{ 上的线性泛函; } f(1) = 1; \\ f(a^*) = \overline{f(a)}, \; \forall a \in E; \text{ 以及 } f(a) \geqslant 0, \; \forall a \in E \cap A_+ \end{array} \right\}$$
则 1) $\mathscr{F}$ 的任意元可以扩张为 A 上的态;

2) $\mathscr{F}$ 的任意端点(显然 $\mathscr{F}$ 是凸集)可以扩张为 A 上的纯态.

证. 1) 设 $f\in\mathscr{F}$. 对任意的 $h=h^*\in E$, 由于 E 中存在大于或小于 h 的元 (例 $-\|h\|\leqslant h\leqslant\|h\|$), 以及 A_+ 是锥 (命题 2.2.4), 我们可以这样地把 f 从 E 开拓到 $E\dotplus[h]$ 上去, 即取 $f(h)$ 满足

$$\sup\{f(b)\,|\,b=b^*\in E,\ b\leqslant h\}\leqslant f(h)\leqslant\inf\{f(c)\,|\,c=c^*\in E,\ c\geqslant h\}.$$

我们说 f 仍将为 $E\dotplus[h]$ 上的态, 即若 $(a+\lambda h)\in A_+$, 这里 $a\in E$, 要证明 $f(a+\lambda h)\geqslant 0$. 当 $\lambda=0$, 这不待言, 因此可设 $\lambda\neq 0$. 显然 $a^*=a$, $\lambda=\lambda$. 如果 $\lambda>0$, $h\geqslant-\lambda^{-1}a$, 依 $f(h)$ 的定义, $f(h)\geqslant-\lambda^{-1}f(a)$, 即 $f(a+\lambda h)\geqslant 0$; 如果 $\lambda<0$, $h\leqslant-\lambda^{-1}a$, 又依 $f(h)$ 的定义, $f(h)\leqslant-\lambda^{-1}f(a)$, 即 $f(a+\lambda h)\geqslant 0$. 因此, f 是 $E\dotplus[h]$ 上的态. 如此手续继续下去, 由 Zorn 辅理, f 便可扩张为 A 上的态.

2) 设 f 是 $\mathscr{F}$ 的端点, 令

$$\mathscr{L}=\{\rho\in\mathscr{S}\,|\,\rho\text{ 限于 }E=f\},$$

依 1) $\mathscr{L}$ 是非空的, 也易见 $\mathscr{L}$ 是 A^* 的弱 $*$ 紧凸集, 依 Krein Milmann 定理, $\mathscr{L}$ 至少有一个端点 ρ. 现在只要证明 ρ 是 A 的纯态. 设有 $\rho_1,\rho_2\in\mathscr{S}$, 及数 $\lambda\in(0,1)$, 使得 $\rho=\lambda\rho_1+(1-\lambda)\rho_2$. 显然 $f_i=\rho_i|E\in\mathscr{F}$, $i=1,2$. 又 $\lambda f_1+(1-\lambda)f_2=\rho|E=f$, 但 f 是 $\mathscr{F}$ 的端点, 因此, $f=f_1=f_2$. 由此, $\rho_1,\rho_2\in\mathscr{L}$. 又 ρ 是 $\mathscr{L}$ 的端点, 从而 $\rho=\rho_1=\rho_2$, 即 ρ 是 A 的纯态. 证毕.

系 2.3.12 设 A 是 c^*-代数, B 是 A 的 c^*-子代数, 则 B 上的每个态或纯态都可以扩张为 A 上的态或纯态.

事实上, B 上的态或纯态可扩张为 $B\dotplus C$ 上的态或纯态 (2.3.6 及 2.3.10), 继而又可扩张为 $A\dotplus C$ 上的态或纯态 (2.3.11). 再依命题 2.3.10, 限制到 A 上即为所求.

注. 如果 A 有单位元, B 包含 A 的单位元, 依命题 2.3.3, B 上每个态在 A 上的保范扩张必为 A 的态.

命题 2.3.13 设 A 是 c^*-代数，$h = h^* \in A$，如果 $\lambda \in \sigma(h)$，并且 $\lambda \neq 0$，则有 A 上的纯态 ρ，使得 $\rho(h) = \lambda$。

证. 考虑 $A \dotplus \mathbf{C}$，λ 仍然是 h 作为 $A \dotplus \mathbf{C}$ 元的谱点. 用 $\{1, h\}$ 生成 $A \dotplus \mathbf{C}$ 的交换 c^*-子代数 $B \cong C(\Omega)$. 于是有 $t \in \Omega$，使得 $h(t) = \lambda$. 定义 $f(b) = b(t) (\forall b \in B)$，则 f 是 B 上的纯态（命题 2.3.9）. 由系 2.3.12，f 可扩张为 $A \dotplus \mathbf{C}$ 上的纯态 $\tilde{\rho}$. 再由命题 2.3.10 及 $\tilde{\rho}(h) = f(h) = \lambda \neq 0$，可见 $\rho = \tilde{\rho} | A$ 即满足要求. 证毕.

注. 如假定 A 有单位元，不必要求 $\lambda \neq 0$.

系 2.3.14 设 $h = h^* \in A$，则有 A 上的纯态 ρ，使得 $|\rho(h)| = \|h\|$，特别，$\|h\| = \sup\{|\rho(h)| \,|\, \rho \in \mathscr{P}\}$.

系 2.3.15 设 $a \in A$，使得 $\rho(a) \geqslant 0$，$\forall \rho \in \mathscr{P}$，则 $a \in A_+$.

在第一章 §8，我们讨论过 VN 代数上的正泛函产生的 GNS 构造，同样的做法，可以对 c^*-代数进行. 由于这个构造的重要性，我们再详细地叙述一下.

定义 2.3.16 设 A 是 c^*-代数，$\{\pi, \mathscr{H}\}$ 称为 A 的一个 $*$ 表示，指 $\mathscr{H}$ 是 Hilbert 空间，而 π 是 A 到 $B(\mathscr{H})$ 中的 $*$ 同态，即

$$\pi(\lambda a + \mu b) = \lambda \pi(a) + \mu \pi(b), \quad \pi(ab) = \pi(a)\pi(b),$$
$$\pi(a^*) = \pi(a)^*$$

$\forall a, b \in A$，$\lambda, \mu \in \mathbf{C}$.

如果有 $\xi \in \mathscr{H}$，使得 $\pi(A)\xi$ 在 $\mathscr{H}$ 中稠，则称 ξ 为这 $*$ 表示的循环矢及称这 $*$ 表示是循环的.

$*$ 表示 $\{\pi, \mathscr{H}\}$ 称为忠实的，指 π 是——的.

两个 $*$ 表示 $\{\pi_i, \mathscr{H}_i\}$，$i = 1, 2$，称为酉等价的[1)]，指有 $\mathscr{H}_1$ 到 $\mathscr{H}_2$ 上的酉算子 u，使得

$$u\pi_1(a)u^{-1} = \pi_2(a), \quad \forall a \in A.$$

命题 2.3.17 设 $\{\pi, \mathscr{H}\}$ 是 c^*-代数 A 的 $*$ 表示，则 $\|\pi\| \leqslant 1$，并且 π 是保序的，即 $\pi(a)$ 是 $\mathscr{H}$ 中的正算子，$\forall a \in A_+$. 此

---

1) 今后也记以 $\{\pi_1, \mathscr{H}_1\} \cong \{\pi_2, \mathscr{H}_2\}$.

外，如果 π 还是忠实的，则 π 是等距的，并且 π 也是反保序的，即若 $\pi(a)$ 是 $\mathscr{H}$ 中的正算子，那么 $a \in A_+$.

证. 考虑 $A \dotplus \mathbf{C}$，并令 $\pi(1) = 1_{\mathscr{H}}$，因此，可设 A 有单位元 1，并且 $\pi(1) = 1_{\mathscr{H}}$. 于是 $\sigma(\pi(a)) \subset \sigma(a)$, $\forall a \in A$. 进而对任意的 $h = h^* \in A$,

$$\|\pi(h)\| = \sup\{|\lambda| \,|\, \lambda \in \sigma(\pi(h))\} \leqslant \sup\{|\lambda| \,|\, \lambda \in \sigma(h)\} = \|h\|.$$

从而，$\|\pi(a)\|^2 = \|\pi(a^*a)\| \leqslant \|a^*a\| = \|a\|^2$, $\forall a \in A$，即 $\|\pi\| \leqslant 1$. 至于 π 保序是显然的.

今设 π 是忠实的. 如果 $1_{\mathscr{H}} \in \pi(A)$，即有 $e \in A$，使得 $\pi(e) = 1_{\mathscr{H}}$，这时易见 e 是 A 的单位元. 如果 $1_{\mathscr{H}} \bar{\in} \pi(A)$，考虑 $A \dotplus \mathbf{C}$，并令 $\pi(1) = 1_{\mathscr{H}}$. 总之可设 A 有单位元 1，并且 $\pi(1) = 1_{\mathscr{H}}$. 现在仿照命题 1.8.13 的证明，即见 π 是反保序并且等距的. 证毕.

今设 A 是 c^*-代数，$\rho \in \mathscr{S}$，令

$$\vartheta_\rho = \{a \in A \,|\, \rho(a^*a) = 0\},$$

它称为 ρ 的左核. 由 Schwartz 不等式，易见 ϑ_ρ 是 A 的闭左理想. 设

$$a \to a_\rho = a + \vartheta_\rho, \quad \forall a \in A$$

是作为线性空间的 A 到其商线性空间 A/ϑ_ρ 上的正则映象，并在 A/ϑ_ρ 上定义

$$\langle a_\rho, b_\rho \rangle = \rho(b^*a), \quad \forall a, b \in A.$$

易见这是可以定义的，并且为内积，依此完备化，得到 Hilbert 空间 $\mathscr{H}_\rho$. 对任意的 $a \in A$，令

$$\pi_\rho(a)b_\rho = (ab)_\rho, \quad \forall b \in A$$

由于在 A 中，$b^*a^*ab \leqslant \|a\|^2 b^*b$，于是

$$\|\pi_\rho(a)b_\rho\|^2 = \rho(b^*a^*ab) \leqslant \|a\|^2\|b_\rho\|^2, \quad \forall b \in A.$$

因此，$\pi_\rho(a)$ 可以由 A/ϑ_ρ 唯一地扩张为 $\mathscr{H}_\rho$ 中的有界线性算子，仍然记以 $\pi_\rho(a)$. 容易证明，$\{\pi_\rho, \mathscr{H}_\rho\}$ 是 A 的 $*$ 表示.

命题 2.3.18 设 A 是 c^*-代数，$\rho \in \mathscr{S}$.

1) ρ 产生的 $*$ 表示是循环的，即有 $\xi_\rho \in \mathscr{H}_\rho$，使得 $\pi_\rho(A)\xi_\rho$

在 $\mathscr{H}_\rho$ 中稠,并且 ξ_ρ 还可以这样地选取,使得

$$\pi_\rho(a)\xi_\rho = a_\rho,\ \rho(a) = \langle\pi_\rho(a)\xi_\rho,\xi_\rho\rangle,\ \forall a \in A;$$

2) 设 $\tilde{\rho}$ 是 ρ 在 $A\dotplus\mathbf{C}$ 上自然开拓的态,$\{\pi_{\tilde{\rho}}, \mathscr{H}_{\tilde{\rho}}\}$ 是 $\tilde{\rho}$ 产生的 $A\dotplus\mathbf{C}$ 的 $*$ 表示,则有 $\mathscr{H}_\rho$ 到 $\mathscr{H}_{\tilde{\rho}}$ 上的酉算子 u,使得 $u\pi_\rho(a)u^{-1} = \pi_{\tilde{\rho}}(a),\ \forall a \in A.$

证. 定义 $ua_\rho = a_{\tilde{\rho}}\ (\forall a \in A)$,易见 u 可扩张为 $\mathscr{H}_\rho$ 到 $\mathscr{H}_{\tilde{\rho}}$ 中的等距算子.

依命题 2.3.4, 可取 $a_n \in A_+$,$\|a_n\| \leqslant 1$,使得 $\rho(a_n) \to 1$. 又依 Schwartz 不等式,$\rho(a_n) = \tilde{\rho}(a_n) \leqslant \rho(a_n^2)^{1/2} \leqslant 1$,因此,$\rho(a_n^2) \to 1$. 从而 $\tilde{\rho}((1-a_n)^2) \to 0$. 即在 $\mathscr{H}_{\tilde{\rho}}$ 中,$u(a_n)_\rho \to 1_{\tilde{\rho}}$,因此 u 是 $\mathscr{H}_\rho$ 到 $\mathscr{H}_{\tilde{\rho}}$ 上的酉算子. 由于 $u\pi_\rho(a)b_\rho = (ab)_{\tilde{\rho}} = \pi_{\tilde{\rho}}(a)b_{\tilde{\rho}} = \pi_{\tilde{\rho}}(a)ub_\rho,\ \forall a, b \in A$,可见 $u\pi_\rho(a)u^{-1} = \pi_{\tilde{\rho}}(a),\ \forall a \in A$. 再取 $\xi_\rho = u^{-1}1_{\tilde{\rho}}$,即得证.

命题 2.3.19 设 A 是 c^*-代数,$\Delta \subset \mathscr{S}$,使得

$$\sup\{\rho(a)|\rho\in\Delta\} = \|a\|,\ \forall a \in A_+,$$

则

$$\left\{\pi_\Delta = \sum_{\rho\in\Delta}\oplus\pi_\rho,\ \mathscr{H}_\Delta = \sum_{\rho\in\Delta}\oplus\mathscr{H}_\rho\right\}$$

是 A 的忠实的 $*$ 表示.

证. 对任意的 $a \in A$,依命题 2.3.17 及 2.3.18

$$\|a\|^2 \geqslant \|\pi_\Delta(a)\|^2 = \sup\{\|\pi_\rho(a^*a)\| \,|\, \rho\in\Delta\}$$
$$\geqslant \sup\{\langle\pi_\rho(a^*a)\xi_\rho,\xi_\rho\rangle\,|\,\rho\in\Delta\}$$
$$= \sup\{\rho(a^*a)\,|\,\rho\in\Delta\} = \|a\|^2,$$

因此,$\|a\| = \|\pi_\Delta(a)\|$. 证毕.

注. 由系 2.3.14,Δ 可以是 $\mathscr{P}$,$\mathscr{S}$,或者 $\mathscr{S}$ 的任意 $\sigma(A^*, A)$ 稠集等.

定理 2.3.20 任意的 c^*-代数必可等距 $*$ 同构于某个 Hilbert 空间 $\mathscr{H}$ 中的 c^*-代数(即为 $B(\mathscr{H})$ 的一致闭 $*$ 子代数).

命题 2.3.21 设 A 是 c^*-代数,$\{\pi, \mathscr{H}\}$ 是 $*$ 表示.

1) 如果 π 有循环矢 ξ,令 $\rho(a) = \langle\pi(a)\xi,\xi\rangle(\forall a \in A)$,则

$\{\pi, \mathcal{H}\}$ 酉等价于 ρ 产生的 $*$ 表示 $(\pi_\rho, \mathcal{H}_\rho)$;

2) 存在 $\Delta \subset \mathcal{S}$，使得 $\{\pi, \mathcal{H}\}$ 酉等价于 $\{\pi_\rho, \mathcal{H}_\rho\}$, $\rho \in \Delta$,与零表示的直和.

证. 1) 令 $u\pi(a)\xi = a_\rho$，则 u 可扩张为 $\mathcal{H}$ 到 $\mathcal{H}_\rho$ 上的酉算子，并易见 $u\pi(a)u^{-1} = \pi_\rho(a)$, $\forall a \in A$.

2) 由 Zorn 辅理，可写

$$\mathcal{H} = \sum_{l \in \Lambda} \oplus \mathcal{H}_l \oplus \mathcal{H}_0.$$

这里 $\mathcal{H}_l = \overline{\pi(A)\xi_l}$, $\forall l \in \Lambda$, 及 $\pi(a)\xi = 0$, $\forall a \in A$, $\xi \in \mathcal{H}_0$.对每个 $l \in \Lambda$, 令 $\rho_l(a) = \langle \pi(a)\xi_l, \xi_l \rangle$, $\forall a \in A$, 适当调整 ξ_l的范数，可以认为 $\rho_l \in \mathcal{S}$. 由此，$\Delta = \{\rho_l | l \in \Lambda\}$ 满足要求. 证毕.

下面的命题可以看作 Radon-Nikodym 定理的一种说法.

命题 2.3.22 设 φ, ψ 是 c^*-代数 A 上的正泛函，并且 $\varphi \leqslant \psi$,即 $\varphi(a) \leqslant \psi(a)$, $\forall a \in A_+$, 则存在唯一的 $t' \in \pi_\psi(A)'$, $0 \leqslant t' \leqslant 1$，使得

$$\varphi(a) = \langle \pi_\psi(a)t'\xi_\psi, \xi_\psi \rangle, \forall a \in A.$$

这里 $\{\pi_\psi, \mathcal{H}_\psi, \xi_\psi\}$ 是 ψ 产生的循环 $*$ 表示(如命题 2.3.18).

证. 在 $\mathcal{H}_\psi$ 的稠子空间 A/ϑ_ψ 上定义

$$[a_\psi, b_\psi] = [\pi_\psi(a)\xi_\psi, \pi_\psi(b)\xi_\psi] = \varphi(b^*a), \forall a, b \in A.$$

由于 $\varphi \leqslant \psi$, $|[a_\psi, b_\psi]| \leqslant \|a_\psi\| \cdot \|b_\psi\|$, $\forall a, b \in A$. 因此有唯一的 $t' \in B(\mathcal{H}_\psi)$，使得

$$\varphi(b^*a) = \langle t'\pi_\psi(a)\xi_\psi, \pi_\psi(b)\xi_\psi \rangle, \forall a, b \in A.$$

其余证明与引理 1.10.1 相仿. 证毕.

现在讨论厄米泛函的直交分解，特别可见 A^* 是 $\mathcal{S}$ 的线性包.

设 A 是 c^*-代数, $X = \{\rho \in A^* | \rho \geqslant 0$ 且 $\|\rho\| \leqslant 1\}$, 依弱 $*$拓扑 $\sigma(A^*, A)$, 显然 X 是紧 Hausdorff 空间. 记 $R(X)$ 是 X 上实值连续函数的全体，当 $a \in A_h$ ($= A$ 的自伴元全体)时，定义 $a(\rho) = \rho(a)$, $\forall \rho \in X$, 则 $a(\cdot) \in R(X)$. 依系 2.3.14, 2.3.15,

$a \to a(\cdot)$ 是 A_h 到 $R(X)$ 中的等距（即 $\|a\| = \sup\limits_{\rho \in X} |a(\rho)|$）、保序（即如 $a \in A_+$，则 $a(\rho) \geq 0$，$\forall \rho \in X$）且反保序（即如 $a(\rho) \geq 0$，$\forall \rho \in X$，则 $a \in A_+$）的映象.

今若 f 是 A 上的厄米连续线性泛函，即 $f \in A^*$，并且 $f = f^*$，这里 f^* 定义为：$f^*(a) = \overline{f(a^*)}$，$\forall a \in A$. 于是，$\|f\| = \|f|A_h\|$. $f|A_h$ 也可以看为 $R(X)$ 的子空间 $\{a(\cdot)|a \in A_h\}$ 上的连续泛函，保范扩张为 $R(X)$ 上的连续泛函 F. 依照 Riesz 表示定理，可写
$$F = F_+ - F_-,\ \|F\| = \|F_+\| + \|F_-\|.$$
这里 $F_\pm$ 是 $R(X)$ 上的正泛函. 当把 $F_\pm$ 限于 $\{a(\cdot)|a \in A_h\}$ 时，便得到 A_h 上的正泛函 $f_\pm$. 当然 $f_\pm$ 可自然地开拓为 A 上的正泛函，仍记为 $f_\pm$. 于是，$f = f_+ - f_-$. 此外，$\|f\| = \|f|A_h\| = \|F\| = \|F_+\| + \|F_-\|$，以及 $\|F_\pm\| \geq \|f_\pm\|$，从而 $\|f\| = \|f_+\| + \|f_-\|$.

上面的这种分解，称为厄米泛函 f 的直交分解. 今证明这分解是唯一的.

依命题 2.3.18，对每个 $\rho \in X$，可以产生 A 的循环 $*$ 表示 $\{\pi_\rho, \mathscr{H}_\rho, \xi_\rho\}$，并且 $\rho(a) = \langle \pi_\rho(a)\xi_\rho, \xi_\rho \rangle$，$\forall a \in A$. 令
$$\pi = \sum_{\rho \in X} \oplus \pi_\rho,\ \mathscr{H} = \sum_{\rho \in X} \oplus \mathscr{H}_\rho,$$
则 $\{\pi, \mathscr{H}\}$ 是 A 的忠实的 $*$ 表示. 命 $M = \pi(A)''$，它是 $\mathscr{H}$ 中的 vN 代数. 无妨设 $\|f\| \leq 1$，于是 $f_\pm \in X$. 如果记 $\xi_\pm = \xi_{f_\pm}$，则 $f_\pm(a) = \langle \pi(a)\xi_\pm, \xi_\pm \rangle$，$\forall a \in A$. 自然地把 f，$f_\pm$ 扩张到 M 之上，即
$$f_\pm(b) = \langle b\xi_\pm, \xi_\pm \rangle,\ f(b) = f_+(b) - f_-(b),\ \forall b \in M$$
（这里把 A 与 $\pi(A)$ 等同起来）. 依 Kaplansky 稠密性定理，$f_\pm$ 扩张到 M 上后范数是不变的. 另一方面，$\|f\| \leq \|f\|_M \leq \|f_+\|_M + \|f_-\|_M = \|f_+\| + \|f_-\| = \|f\|$，因此
$$\|f\|_M = \|f_+\|_M + \|f_-\|_M.$$
这里 $\|f\|_M$，$\|f_\pm\|_M$ 表示 f，$f_\pm$ 扩张到 M 上的范数. 今依定理 1.9.8，便得到

定理 2.3.23 设 A 是 c^*- 代数，f 是 A 上的厄米连续线性泛函，即 $f \in A^*$，并且 $f(a^*) = \overline{f(a)}$，$\forall a \in A$，则存在 A 上唯一的正泛函 f_+, f_-，使得

$$f = f_+ - f_-, \quad \|f\| = \|f_+\| + \|f_-\|.$$

系 2.3.24 A^* 是 $\mathscr{S}$ 的线性包。

注 本节见参考文献 [39]，[102]。

§4. 逼近单位元与商 c^*-代数

命题 2.4.1 设 ϑ 是 c^*-代数 A 的左理想，则有网 $\{d_l\} \subset \vartheta$，使得

$$d_l \in A_+, \ \|d_l\| \leq 1, \ d_l \leq d_{l'}, \ \forall l \leq l'$$

$$\|x d_l - x\| \to 0, \ \forall x \in \vartheta.$$

证. 令 Λ 是 ϑ 的有限子集全体，依包含关系，Λ 是定向指标集. 对任意的 $l = \{x_1, \cdots, x_n\} \in \Lambda$，令

$$h_l = \sum_{i=1}^{n} x_i^* x_i, \ d_l = n h_l (1 + n h_l)^{-1}.$$

显然，$h_l, d_l \in \vartheta \cap A_+$，$\|d_l\| \leq 1$.

如果 $l' \geq l$，即可写 $l = \{x_1, \cdots, x_n\}$，$l' = \{x_1, \cdots, x_m\}$，这里 $m \geq n$，$x_i \in \vartheta$，$1 \leq i \leq m$. 因此，$\left(\frac{1}{n} + h_l \right) \leq \left(\frac{1}{n} + h_{l'} \right)$.

依命题 2.2.9，$\left(\frac{1}{n} + h_l \right)^{-1} \geq \left(\frac{1}{n} + h_{l'} \right)^{-1}$. 又 $\frac{1}{n} \left(\frac{1}{n} + h_{l'} \right)^{-1} \geq \frac{1}{m} \left(\frac{1}{m} + h_{l'} \right)^{-1}$，所以，$\frac{1}{n} \left(\frac{1}{n} + h_l \right)^{-1} \geq \frac{1}{m} \left(\frac{1}{m} + h_{l'} \right)^{-1}$. 从而

$$d_l = 1 - \frac{1}{n} \left(\frac{1}{n} + h_l \right)^{-1} \leq 1 - \frac{1}{m} \left(\frac{1}{m} + h_{l'} \right)^{-1} = d_{l'}.$$

今设 $l = \{x_1, \cdots, x_n\} \in \Lambda$，由函数表示易见

$$\|(1 - d_l) h_l (1 - d_l)\| = \|h_l (1 + n h_l)^{-2}\| \leq \frac{1}{4n}.$$

另一方面，$(1 - d_l)h_l(1 - d_l) = \sum_{i=1}^{n} (x_i(1 - d_l))^*(x_i(1 - d_l))$，因此，$\|x_i - x_i d_l\| \leqslant (2\sqrt{n})^{-1}, 1 \leqslant i \leqslant n$.

对任意的 $x \in \vartheta$ 及 $\varepsilon > 0$，取 $l_\varepsilon \in \Lambda$，使得 $x \in l_\varepsilon$，及 $^\#l_\varepsilon > (4\varepsilon^2)^{-1}$，即见 $\|x - xd_l\| < \varepsilon$, $\forall l \geqslant l_\varepsilon$. 证毕.

定义 2.4.2 设 A 是 c^*-代数，网 $\{d_l\} \subset A$ 如果满足
$$d_l \in A_+, \|d_l\| \leqslant 1, d_l \leqslant d_{l'}, \forall l \leqslant l',$$
$$\|ad_l - a\| \to 0, \|d_l a - a\| \to 0, \forall a \in A,$$
则称 $\{d_l\}$ 为 A 的一个逼近单位元.

在命题 2.4.1 中，如果令 $\vartheta = A$，即见

定理 2.4.3 任何的 c^*-代数至少有一个逼近单位元.

命题 2.4.4 设 A 是 c^*-代数，$\{d_l\}$ 是 A 的逼近单位元. 1) 对每个 $\rho \in \mathscr{S}$，有 $\lim_l \rho(d_l) = \lim_l \rho(d_l^2) = 1$；2) 如果 A 无单位元，则 $A \dot{+} \mathbf{C}$ 上的 c^*-范（见命题 2.1.2）可以这样表达：$\|x + \lambda\| = \lim_l \|xd_l + \lambda d_l\| = \lim_l \|d_l x + \lambda d_l\|$, $\forall x \in A, \lambda \in \mathbf{C}$.

证. 1) 当 $a \in A, \|a\| \leqslant 1$ 时，由 Schwartz 不等式
$$1 \geqslant \rho(d_l) \geqslant \rho(d_l^2) \geqslant \rho(d_l^2)\rho(a^*a) \geqslant |\rho(d_l a)|^2 \to |\rho(a)|^2.$$
继而取 $a, \|a\| \leqslant 1$，使得 $|\rho(a)|$ 任意接近 $\|\rho\| = 1$，即有
$$\lim_l \rho(d_l) = \lim_l \rho(d_l^2) = 1;$$

2) 对任意 $\varepsilon > 0$，可取 $y \in A, \|y\| \leqslant 1$，使得
$$\|x + \lambda\| \geqslant \|xy + \lambda y\| > \|x + \lambda\| - \varepsilon.$$
由于 $d_l y \to y$，因此 l 充分大，
$$\|x + \lambda\| \geqslant \|(x + \lambda)d_l\| \geqslant \|(x + \lambda)d_l y\| \geqslant \|x + \lambda\| - \varepsilon,$$
即有 $\|x + \lambda\| = \lim_l \|xd_l + \lambda d_l\|$. 证毕.

定义 2.4.5 设 $\{\pi, \mathscr{H}\}$ 是 c^*-代数 A 的 $*$ 表示，$\{\pi(a)\xi | a \in A, \xi \in \mathscr{H}\}$ 张成的闭子空间（$\subset \mathscr{H}$），称为该表示的本质子空间. 如果本质子空间就是 $\mathscr{H}$，则称该表示是非退化的.

显然，本质子空间的直交余是表示的零空间，即 $\{\pi(a)\xi | a \in A,$

$\xi \in \mathscr{H}\}^{\perp} = \{\eta \in \mathscr{H} \mid \pi(a)\eta = 0, \forall a \in A\}$. 因此，非退化表示的零空间是平凡的，这时 $\pi(A)$ 的弱算子闭包是 $\mathscr{H}$ 中的 vN 代数。

命题 2.4.6 设 A 是 c^*-代数，$\{d_l\}$ 是 A 的逼近单位元，$\{\pi, \mathscr{H}\}$ 是 A 的 $*$ 表示，则依强算子拓扑，$\pi(d_l) \rightarrow p$，这里 p 是 $\mathscr{H}$ 到 π 的本质子空间上的投影。特别，当 $\{\pi, \mathscr{H}\}$ 非退化时，$\pi(d_l) \xrightarrow{\text{强算子}} 1$。

证．依命题 1.2.10，$\pi(d_l) \xrightarrow{\text{强算子}} p = \sup_l \pi(d_l)$．设 $\mathscr{K}$ 是表示的本质子空间，当 $\eta \in \mathscr{K}^{\perp}$ 时，$\pi(d_l)\eta = 0, \forall l$，因此，$p\eta = 0$．另一方面，对任意的 $a \in A$，$\xi \in \mathscr{H}$，$\|\pi(d_l a)\xi - \pi(a)\xi\| \leqslant \|\xi\| \cdot \|d_l a - a\| \rightarrow 0$，因此，$p\pi(a)\xi = \pi(a)\xi$．从而，$p\mathscr{H} = \mathscr{K}$．证毕。

注．如果 $\{\pi, \mathscr{H}, \xi\}$ 是 A 的循环表示，$\|\xi\| = 1$，依命题 2.4.4 及 2.4.6，$\rho(\cdot) = \langle \pi(\cdot)\xi, \xi \rangle \in \mathscr{S}$．

命题 2.4.7 如果 ϑ 是 c^*-代数 A 的闭双侧理想，则 ϑ 对 $*$ 运算是封闭的，即 $\vartheta^* = \vartheta$．

证．依命题 2.4.1，有网 $\{d_l\} \subset \vartheta$，使得对任意的 $a \in \vartheta$，$a d_l \rightarrow a$．于是

$$\|d_l a^* - a^*\| = \|(a d_l - a)^*\| = \|a d_l - a\| \rightarrow 0,$$

由于 $d_l a^* \in \vartheta$ 及 ϑ 是闭的，因此，$a^* \in \vartheta, \forall a \in \vartheta$．证毕。

今设 A 是 c^*-代数，ϑ 是 A 的闭双侧理想，依命题 2.4.7 及商范数，易见 A/ϑ 是 Banach $*$ 代数．设 $\{d_l\}$ 是 ϑ 的逼近单位，$a \rightarrow \tilde{a}$ 是 A 到 A/ϑ 上的正则映象，我们说对任意的 $a \in A$，有

$$\|\tilde{a}\| = \lim_l \|a d_l - a\|.$$

事实上，对任意的 $b \in \vartheta$，由于 $b d_l \rightarrow b$，

$$\varlimsup_l \|a d_l - a\| = \varlimsup_l \|a d_l - a + b d_l - b\|$$

$$= \varlimsup_l \|(a + b)(1 - d_l)\| \leqslant \|a + b\|,$$

因此，$\varlimsup_l \|a d_l - a\| \leqslant \|\tilde{a}\|$．又由于 $a d_l \in \vartheta$，

$$\|\tilde{a}\| \geqslant \overline{\lim_l}\|ad_l - a\| \geqslant \underline{\lim_l}\|ad_l - a\| \geqslant \|\tilde{a}\|,$$

因此，$\|\tilde{a}\| = \lim_l\|ad_l - a\|$，$\forall a \in A$.

今对任意的 $a \in A$，$b \in \vartheta$，由于 $bd_l \to b$，

$$\|\tilde{a}\|^2 = \lim_l\|ad_l - a\|^2 = \lim_l\|(a - ad_l)^*(a - ad_l)\|$$

$$= \lim_l\|(1 - d_l)a^*a(1 - d_l)\|$$

$$= \lim_l\|(1 - d_l)(a^*a + b)(1 - d_l)\|$$

$$\leqslant \|a^*a + b\|,$$

因此，$\|\tilde{a}\|^2 \leqslant \widetilde{\|a^*a\|} \leqslant \|(\tilde{a})^*\| \cdot \|\tilde{a}\|$. 进而可见，$\|\tilde{a}\|^2 = \|(\tilde{a})^* \cdot \tilde{a}\|$，$\forall a \in A$. 从而我们有

定理 2.4.8 设 A 是 c^*-代数，ϑ 是 A 的闭双侧理想（ϑ 必对 $*$ 运算封闭），则 A/ϑ 也是 c^*-代数（其中范数、乘法及 $*$ 运算作自然的理解）.

命题 2.4.9 设 Φ 是 c^*-代数 A 到 c^*-代数 B 中的 $*$ 同态，则 $\Phi(A)$ 是 B 的 c^*-子代数. 特别，如果 $\{\pi, \mathcal{H}\}$ 是 A 的 $*$ 表示，则 $\pi(A)$ 是 $\mathcal{H}$ 中的 c^*-代数.

证. 由定理 2.3.20，只须证后一情形. $\vartheta = \{a \in A \,|\, \pi(a) = 0\}$ 是 A 的闭双侧理想. 如果命 $\tilde{\pi}(\tilde{a}) = \pi(a)$，$\forall \tilde{a} \in A/\vartheta$，$a \in \tilde{a}$，则 $\{\tilde{\pi}, \mathcal{H}\}$ 是 c^*-代数 A/ϑ 的忠实的 $*$ 表示. 依命题 2.3.17，$\pi(A) = \tilde{\pi}(A/\vartheta)$ 是 $\mathcal{H}$ 中的 c^*-代数. 证毕.

命题 2.4.10 设 A 是 c^*-代数，B 是 A 的 c^*-子代数，ϑ 是 A 的闭双侧理想，则 $(B + \vartheta)$ 也是 A 的 c^*-子代数.

证. 设 $a \to \tilde{a}$ 是 A 到 A/ϑ 上的正则映象，它也是 $*$ 同态. 于是依命题 2.4.9，$\tilde{B} = \{\tilde{b} \,|\, b \in B\}$ 是 A/ϑ 的 c^*-子代数.

我们只须证明 $(B + \vartheta)$ 是 A 的闭子集. 设 $x_n \to x$，这里 $x_n \in (B + \vartheta)$，$\forall n$，于是 $\tilde{x}_n \to \tilde{x}$. 但已指出 $\tilde{B} = \widetilde{(B + \vartheta)}$ 是 A/ϑ 的 c^*-子代数，因此，$\tilde{x} \in \tilde{B}$，即 $x \in (B + \vartheta)$. 证毕.

命题 2.4.11 设 A 是 c^*-代数，ϑ 是 A 的闭双侧理想. 如果 ρ 是 A 上的态（或纯态），并且，$\rho(\vartheta) = \{0\}$，命 $\tilde{\rho}(\tilde{a}) = \rho(a)$，

$\forall \tilde{a} \in A/\vartheta$, $a \in \tilde{a}$, 则 $\tilde{\rho}$ 是 A/ϑ 上的态(或纯态). 反之, 如果 $\tilde{\rho}$ 是 A/ϑ 上的态(或纯态), 则有 A 上唯一的态(或纯态)ρ, 使得 $\rho(\vartheta) = \{0\}$, $\rho(a) = \tilde{\rho}(\tilde{a})$, $\forall a \in A$.

证. 设 ρ 是 A 上的态, 且 $\rho(\vartheta) = \{0\}$, 于是可以定义 $\tilde{\rho}(\tilde{a}) = \rho(a)$, $\forall \tilde{a} \in A/\vartheta$, $a \in \tilde{a}$. 易见 $\tilde{\rho}$ 是 A/ϑ 上的正泛函, 且由 $|\tilde{\rho} \cdot (\tilde{a})| = |\rho(a)| \leqslant \|a\|$, $\forall a \in \tilde{a}$, $\|\tilde{\rho}\| \leqslant 1$. 另一方面, 当 $a \in A$, $\|a\| \leqslant 1$ 时, $|\rho(a)| = |\tilde{\rho}(\tilde{a})| \leqslant \|\tilde{\rho}\|$, 令 $|\rho(a)|$ 任意逼近 $\|\rho\| = 1$, 即见 $\|\tilde{\rho}\| = 1$, 从而 $\tilde{\rho}$ 是 A/ϑ 上的态.

反之, 设 $\tilde{\rho}$ 是 A/ϑ 上的态, 定义 $\rho(a) = \tilde{\rho}(\tilde{a})$, $\forall a \in A$, 易见 ρ 是 A 上的正泛函, 且 $\rho(\vartheta) = \{0\}$. 依前段所证, $\tilde{\rho}\|\rho\|^{-1}$ 是 A/ϑ 上的态. 但 $\|\tilde{\rho}\| = 1$, 因此, $\|\rho\| = 1$, 即 ρ 是 A 上的态. 至于 ρ 的唯一性是显然的.

今设 ρ 是 A 上的纯态, 并且 $\rho(\vartheta) = \{0\}$. 依前面, $\tilde{\rho}$ 是 A/ϑ 上的态. 如果有 A/ϑ 上的态 $\tilde{\rho}_1$, $\tilde{\rho}_2$ 及数 $\lambda \in (0, 1)$, 使得 $\tilde{\rho} = \lambda \tilde{\rho}_1 + (1 - \lambda)\tilde{\rho}_2$. 前面已证, 对 $\tilde{\rho}_i$, 有 A 上唯一的态 ρ_i, 使得

$$\rho_i(\vartheta) = \{0\}, \quad \rho_i(a) = \tilde{\rho}_i(\tilde{a}), \quad \forall a \in A,$$

$i = 1, 2$. 易见 $\rho = \lambda\rho_1 + (1 - \lambda)\rho_2$, 但 ρ 是纯态, 因此, $\rho = \rho_1 = \rho_2$. 进而 $\tilde{\rho} = \tilde{\rho}_1 = \tilde{\rho}_2$, 即 $\tilde{\rho}$ 是 A/ϑ 上的纯态.

最后设 $\tilde{\rho}$ 是 A/ϑ 上的纯态, 于是有 A 上唯一的态 ρ, 使得 $\rho(\vartheta) = \{0\}$, $\rho(a) = \tilde{\rho}(\tilde{a})$, $\forall a \in A$. 如果有 A 上的态 ρ_1, ρ_2 及数 $\lambda \in (0, 1)$, 使得 $\rho = \lambda\rho_1 + (1 - \lambda)\rho_2$. 对任意的 $a \in \vartheta \cap A_+$, 由 $\rho(a) = 0$, 可见 $\rho_1(a) = \rho_2(a) = 0$. 进而 $\rho_1(\vartheta) = \rho_2(\vartheta) = \{0\}$. 由此, $\tilde{\rho} = \lambda\tilde{\rho}_1 + (1 - \lambda)\tilde{\rho}_2$. 但 $\tilde{\rho}$ 是纯态, 因此, $\tilde{\rho} = \tilde{\rho}_1 = \tilde{\rho}_2$. 进而 $\rho = \rho_1 = \rho_2$, 即 ρ 是 A 上的纯态. 证毕.

注 本节见参考文献 [18], [39], [54], [102], [103].

§5. 单位球的端点与单位元的存在性

定理 2.5.1 设 A 是 c^*-代数, $S = \{a \in A \mid \|a\| \leqslant 1\}$ 是它的单位球, $x \in S$, 则 x 是 S 的端点(注意 S 自然是 A 的凸子集), 必

须且只须，
$$(1 - x^*x)A(1 - xx^*) = \{0\}.$$
这时，x 并且是 A 的部分等距元，即 x^*x 与 xx^* 均为投影.

证. 设 x 是 S 的端点. 首先证明 x^*x 是投影. 若不然，用 x^*x 生成 A 的交换 c^*-子代数 $B = C_0^\infty(\Omega)$，则有 $t_0 \in \Omega$，使得 $x^*x(t_0) \in (0, 1)$. 依连续性，有 t_0 的开邻域 $U(\subset \Omega)$ 及 $\varepsilon \in (0, 1)$，使得
$$0 < x^*x(t) < 1 - \varepsilon, \ \forall t \in U$$
取 $d(t) \in C_0^\infty(\Omega)$，使得
$$0 \leqslant d(t) \leqslant 1, \ \forall t \in \Omega, \ d(t_0) = 1, \ d(\Omega \backslash U) = \{0\},$$
又设 $0 < \eta < 1$，使得 $2\eta + \eta^2 \leqslant \varepsilon$，于是
$$0 < (1 \pm \eta d(t))^2 x^*x(t) = \begin{cases} x^*x(t)(\leqslant 1), \ \forall t \bar\in U, \\ \leqslant (1 + \eta)^2(1 - \varepsilon)(<1), \ \forall t \in U, \end{cases}$$
所以，如果取 $c \in B$，使得 $c(t) = \eta d(t)$，$\forall t \in \Omega$，则由于 x^*x 与 c 是交换的，$\|x \pm xc\| = \|(x(1 \pm c))^*(x(1 \pm c))\|^{1/2} = \|(1 \pm c)^2 \cdot x^*x\|^{1/2} \leqslant 1$. 今 $x = \frac{1}{2}(x + xc) + \frac{1}{2}(x - xc)$，而 x 是 S 的端点，因此，$xc = 0$，$x^*xc = 0$. 这便与 $x^*x(t_0) \cdot c(t_0) = \eta x^*x \cdot (t_0) > 0$ 相矛盾. 所以，x^*x 是投影，同证 xx^* 是投影.

记 $x^*x = p$，$xx^* = q$. 如果 $y \in (1 - q)A(1 - p)$，$\|y\| \leqslant 1$，则 $qy = 0$. 于是 $0 = y^*qy = (x^*y)^* \cdot (x^*y)$，所以，$x^*y = 0$. 从而由定理 2.3.20，
$$\|x \pm y\|^2 = \|(x \pm y)^*(x \pm y)\| = \|x^*x + y^*y\|$$
$$= \|px^*xp + (1 - p)y^*y(1 - p)\|$$
$$= \max\{\|x^*x\|, \|y^*y\|\} \leqslant 1,$$
但 $x = \frac{1}{2}(x + y) + \frac{1}{2}(x - y)$，及 x 是 S 的端点，所以，$y = 0$，即 $(1 - xx^*)A(1 - x^*x) = \{0\}$.

反之，设 x 满足 $(1 - x^*x)A(1 - xx^*) = \{0\}$. 于是
$$0 = x^*(1 - xx^*)x(1 - x^*x) = x^*x(1 - x^*x)^2,$$

因此，$\sigma(x^*x) \subset \{0, 1\}$，即 x^*x 是投影． 同证 xx^* 是投影． 记 $p = x^*x$，$q = xx^*$．由于 $(xp - x)^*(xp - x) = px^*xp - px^*x - x^*xp + x^*x = 0$，因此

$$xp = x, \quad px^* = x^*. \tag{1}$$

如果有 $a, b \in S$，数 $\lambda \in (0, 1)$，使得 $x = \lambda a + (1 - \lambda)b$，于是，$p = x^*xp = \lambda x^*ap + (1 - \lambda)x^*bp$． 由 (1)，$p \cdot x^*ap = x^*ap \cdot p$，因此，$\{p, x^*ap, x^*bp\}$ 可生成有单位元 p 的交换 c^*-子代数． 再由函数表示可见

$$p = x^*ap = x^*bp, \tag{2}$$

左乘 x 于 (2)，并依 (1)，有

$$x = qap = qbp, \tag{3}$$

由 (2), (3)，$pa^*qap = pa^*x = (x^*ap)^* = p$，所以

$$1 \geqslant \|pa^*ap\| = \|pa^*qap + pa^*(1 - q)ap\|$$
$$= \|p + p_a^*(1 - q)ap\|,$$

但 $pa^*(1 - q)ap$ 是有单位元 p 的 c^*-代数 pAp 的正元，因此，$pa^*(1 - q)ap = 0$，即 $(1 - q)ap = 0$，$ap = qap$． 依 (3)，

$$x = ap. \tag{4}$$

由 $x = \lambda a + (1 - \lambda)b$，有 $y = \lambda c + (1 - \lambda)d$，这里 $y = x^*$，$c = a^*$，$d = b^*$． 由于 $y^*y = q$，$yy^* = p$，用 $\{y, c, d, q, p\}$ 代替 $\{x, a, b, p, q\}$，重复 (1)—(4) 的过程，可见 $y = cq$，即

$$x = qa. \tag{5}$$

由 $(1 - q)a(1 - p) \in (1 - q)A(1 - p) = \{0\}$，因此依 (3)，(4), (5)

$$a = ap + qa - qap = x.$$

进而，$x = a = b$，即 x 为 S 的端点． 证毕．

系 2.5.2 如果 c^*-代数 A 有单位元，则其单位元必为其单位球 S 的端点．

定理 2.5.3 设 A 是 c^*-代数，S 是其单位球，则 A 有单位元，必须且只须，S 至少有一个端点．

证． 必要性由系 2.5.2 立见． 反之设 S 有端点 x．令 $x^*x =$

p, $xx^* = q$ 及 $\{d_l\}$ 是 A 的逼近单位元. 依定理 2.5.1, $(1 - q) \cdot d_l(1 - p) = 0$, $\forall l$. 因此,

$$d_l \to p + q - qp,$$

易见 $e = p + q - qp$ 将是 A 的单位元. 证毕.

命题 2.5.4 设 A 是 c^*-代数, $\mathscr{S}$ 是它的态空间, 则 A 有单位元, 当且仅当, $\mathscr{S}$ 依照弱 $*$ 拓扑 $\sigma(A^*, A)$ 是紧的.

证. 必要性不待言. 反之设 A 无单位元, 我们来证明 $\mathscr{S}$ 不是 $\sigma(A^*, A)$ 紧的, 只须证明 $0 \in \overline{\mathscr{S}}^\sigma$ ($\mathscr{S}$ 的 $\sigma(A^*, A)$ 闭包). 于是要对 0 的任意 $\sigma(A^*, A)$ 邻域 $U = U(0, a_1, \cdots, a_n, \varepsilon)$, 证明 $U \cap \mathscr{S} \neq \varnothing$. 由于 A 是 A_+ 的线性包, 无妨设 $a_i \in A_+$, $1 \leqslant i \leqslant n$. 令 $a = a_1 + \cdots + a_n$, 只要证明 $U(0, a, \varepsilon) \cap \mathscr{S} \neq \varnothing$. 依定理 2.3.20, 可设 $A \subset B(\mathscr{H})$ (某 Hilbert 空间), 并且 A 在 $\mathscr{H}$ 中是非退化的. 既然 A 无单位元, $a \in A$, 从而 a 在 $A + \mathbf{C}$ (这里 $1 = 1_{\mathscr{H}}$) 中是无逆的. 由此, 存在 $\xi \in \mathscr{H}$, $\|\xi\| = 1$, 使得 $\langle a\xi, \xi \rangle < \varepsilon$. 令 $\rho(\cdot) = \langle \cdot \xi, \xi \rangle$, 依命题 2.4.6, $\rho \in \mathscr{S}$. 因此, $\rho \in U(0, a, \varepsilon) \cap \mathscr{S}$. 证毕.

命题 2.5.5 如果 A 是无单位元的 c^*-代数, $\mathscr{S}$ 是它的态空间, 则

$$\overline{\mathscr{S}}^\sigma = \overline{Co\{0, \mathscr{P}\}}^\sigma = \{\rho \in A^* \mid \rho \geqslant 0, \text{且 } \|\rho\| \leqslant 1\}.$$

这里 $\overline{\mathscr{S}}^\sigma$ 是 $\mathscr{S}$ 在 A^* 中的 $\sigma(A^*, A)$ 闭包, $\overline{Co\{\cdots\}}^\sigma$ 是 $\{\cdots\}$ 在 A^* 中的 $\sigma(A^*, A)$ 凸闭包.

证. 设 $\tilde{\mathscr{S}}$, 及 $\tilde{\mathscr{P}}$ 分别是 $A + \mathbf{C}$ 上态及纯态的全体. 依命题 2.3.5, $\tilde{\mathscr{S}} | A = \{\rho \in A^* \mid \rho \geqslant 0, \text{且 } \|\rho\| \leqslant 1\}$. 依命题 2.3.10, $\tilde{\mathscr{P}} | A = \{0, \mathscr{P}\}$. 因此, 由 Krein-Milmann 定理, $\overline{Co\{0, \mathscr{P}\}}^\sigma = \{\rho \in A^* \mid \rho \geqslant 0, \text{且 } \|\rho\| \leqslant 1\}$. 在命题 2.5.4 中, 已证 $0 \in \overline{\mathscr{S}}^\sigma$, 因此, $\overline{Co\{0, \mathscr{P}\}}^\sigma \subset \overline{\mathscr{S}}^\sigma$. 又显然, $\overline{\mathscr{S}}^\sigma \subset \{\rho \in A^* \mid \rho \geqslant 0, \text{且 } \|\rho\| \leqslant 1\}$. 从而得证.

注 本节见参考文献 [51], [103].

§6. 迁移定理与不可约 * 表示

定义 2.6.1 设 A 是 c^*-代数，$\{\pi, \mathscr{H}\}$ 是 A 的 * 表示。$\{\pi, \mathscr{H}\}$ 称为代数不可约的，指如果 $\mathscr{K}$ 是 $\mathscr{H}$ 的线性子空间，使得 $\pi(a)\xi \in \mathscr{K}$，$\forall a \in A$，$\xi \in \mathscr{K}$，则 $\mathscr{K} = \{0\}$ 或 $\mathscr{H}$。$\{\pi, \mathscr{H}\}$ 称为拓扑不可约的，指要求前面的 $\mathscr{K}$ 是闭的。

显然，代数不可约必然是拓扑不可约的。但本节中，将指出两者是等价的。

命题 2.6.2 c^*-代数 A 的 * 表示 $\{\pi, \mathscr{H}\}$ 是拓扑不可约的，当且仅当，$\pi(A)$ 在 $B(\mathscr{H})$ 中是弱算子稠的。

证。设 $\{\pi, \mathscr{H}\}$ 是拓扑不可约的，则 $\pi(A)'$ 不包含异于 0，1 的投影，所以，$\pi(A)' = \mathbf{C}$，$\pi(A)'' = B(\mathscr{H})$。当然 π 是非退化的，因此，$\pi(A)$ 在 $B(\mathscr{H})$ 中弱算子稠（定理 1.3.10）。反之，如果 $\pi(A)$ 在 $B(\mathscr{H})$ 中弱算子稠，自然 $\pi(A)' = \mathbf{C}$，因此，$\{\pi, \mathscr{H}\}$ 是拓扑不可约的。 证毕。

引理 2.6.3 设 $\mathscr{H}$ 是 Hilbert 空间，$\xi_i, \eta_i \in \mathscr{H}$，$1 \leqslant i \leqslant n$，并且 $\langle \xi_i, \xi_j \rangle = \delta_{ij}$，$\forall i, j$，则存在 $b \in B(\mathscr{H})$，使得

$$b\xi_i = \eta_i, \ 1 \leqslant i \leqslant n, \ \|b\|^2 \leqslant 2 \sum_{i=1}^{n} \|\eta_i\|^2.$$

此外，如果已有 $h = h^* \in B(\mathscr{H})$，使得 $h\xi_i = \eta_i$，$1 \leqslant i \leqslant n$，则上面的 b 也可满足 $b^* = b$。

证。令 $\mathscr{K}$ 是由 $\{\xi_1, \cdots, \xi_n, \eta_1, \cdots, \eta_n\}$ 张成的线性子空间，且 $\{\xi_1, \cdots, \xi_m\}$ 是 $\mathscr{K}$ 的直交规范基，这里 $m \geqslant n$。于是可写

$$\eta_i = \sum_{j=1}^{m} \alpha_{ji} \xi_j, \ 1 \leqslant i \leqslant n.$$

今取 $b \in B(\mathscr{H})$，使得 $b\mathscr{K}^{\perp} = \{0\}$，$b\mathscr{K} \subset \mathscr{K}$，且在 $\mathscr{K}$ 的基 $\{\xi_j\}_{1 \leqslant j \leqslant m}$ 中，b 有阵表示为

$$\begin{pmatrix} \begin{array}{ccc} \alpha_{11}, & \cdots, & \alpha_{1n} \\ \cdots\cdots\cdots\cdots \\ \alpha_{n1}, & \cdots, & \alpha_{nn} \end{array} & \triangle \\ \hline \begin{array}{ccc} \alpha_{n+1,1}, & \cdots & \alpha_{n+1,n} \\ \cdots\cdots\cdots\cdots \\ \alpha_{m1} & \cdots & \alpha_{mn} \end{array} & 0 \end{pmatrix}$$

对于引理前一部分，取 $\triangle = (0)$，即见 b 满足要求；对于后一部分，令

$$(\triangle) = \begin{pmatrix} \overline{\alpha_{n+1,1}}, & \cdots, & \overline{\alpha_{m1}} \\ \cdots\cdots\cdots\cdots \\ \overline{\alpha_{n+1,n}} & \cdots & \overline{\alpha_{mn}} \end{pmatrix}$$

由于 $\alpha_{ii} = \langle \eta_i, \xi_i \rangle = \langle h\xi_i, \xi_i \rangle = \langle \xi_i, h\xi_i \rangle = \langle \xi_i, \eta_i \rangle = \overline{\alpha_{ii}}$，$\forall 1 \leqslant i, j \leqslant n$，因此，$b^* = b$。同时

$$\|b\|^2 = \|b^*b\| = \max\{|\lambda| \mid \lambda \in \sigma(b^*b)\} \leqslant t_r(b^*b)$$

$$= \sum_{i=1}^{m} \|b\xi_i\|^2$$

$$= \sum_{i=1}^{n} \|\eta_i\|^2 + \sum_{i=n+1}^{m} \sum_{j=1}^{n} |\alpha_{ij}|^2 \leqslant 2 \sum_{i=1}^{n} \|\eta_i\|^2.$$

证毕.

引理 2.6.4 设 $\mathscr{H}_1, \cdots, \mathscr{H}_n$ 是 Hilbert 空间，$\mathscr{H} = \sum_{j=1}^{n} \oplus \mathscr{H}_i$，

$M = \sum_{j=1}^{n} \oplus B(\mathscr{H}_i)$ （它是 $\mathscr{H}$ 中的 vN 代数）。又设 A 是 $\mathscr{H}$ 中的 c^*-代数，$A \subset M$，并且 A 在 M 中是弱算子稠的。设 $t_i \in B(\mathscr{H}_i)$，e_i 是 $\mathscr{H}_i$ 中的有限秩投影，p_i 是 $\mathscr{H}_i$ 到 $[e_i\mathscr{H}_i,$ $t_ie_i\mathscr{H}]$ 上的投影，$1 \leqslant j \leqslant n$，则对任意的 $\varepsilon > 0$，有 $b \in A$，使得

$$be_i = t_ie_i, \quad 1 \leqslant j \leqslant n, \quad \|b\| \leqslant \varepsilon + \max_{1 \leqslant i \leqslant n} \|p_it_ip_i\|.$$

此外，如果 $t_j^* = t_j$，$1 \leqslant j \leqslant n$，则上面的 b 还可满足 $b^* = b$，

$$\|b\| \leqslant \max_{1 \leqslant i \leqslant n} \|p_i t_i p_i\|.$$

证. 令 $t = \sum_{i=1}^{n} \oplus t_i$, $p = \sum_{i=1}^{n} \oplus p_i$, 则 $t, p \in M$. 取 $p\mathscr{H} = \sum_{i=1}^{n} \oplus p_i \mathscr{H}_i$ 的直交规范基 $\{\xi_1, \cdots, \xi_m\}$, 使得 ξ_i 属于某个 $p_i \mathscr{H}_i$, $\forall i$.

对 $\varepsilon_1 > 0$, 依定理 1.6.1, 有 $b_0 \in A$, 使得

$$\|b_0 \xi_i - ptp\xi_i\| < \varepsilon_1, \quad 1 \leqslant i \leqslant m, \quad \|b_0\| \leqslant \|ptp\|.$$

由于 M 的定义, $b_0 \xi_i$, $ptp\xi_i$ 及 ξ_i 将同属于某个 $\mathscr{H}_i$, $\forall i$, 于是依引理 2.6.3, 有 $a_1 \in M$, 使得

$$a_1 \xi_i = ptp\xi_i - b_0 \xi_i, \quad 1 \leqslant i \leqslant m,$$

$$\|a_1\|^2 \leqslant 2 \sum_{i=1}^{m} \|ptp\xi_i - b_0\xi_i\|^2 < 2m\varepsilon_1^2.$$

同样对 $\varepsilon_2 > 0$, 有 $b_1 \in A$, 使得

$$\|b_1 \xi_i - a_1 \xi_i\| < \varepsilon_2, \quad 1 \leqslant i \leqslant m, \quad \|b_1\| \leqslant \|a_1\| < \sqrt{2m}\varepsilon_1$$

$\cdots$, 一般有 $\{a_0 = ptp, a_1, \cdots\} \subset M$, $\{b_0, b_1, \cdots\} \subset A$, 使得

$$\|a_k \xi_i - b_k \xi_i\| < \varepsilon_{k+1}, \quad 1 \leqslant i \leqslant m, \quad k = 0, 1, \cdots,$$

$$a_{k+1} \xi_i = a_k \xi_i - b_k \xi_i, \quad 1 \leqslant i \leqslant m, \quad k = 0, 1, \cdots,$$

$$\|b_k\| \leqslant \|a_k\| < \sqrt{2m}\varepsilon_k, \quad k = 1, 2, \cdots, \quad \|b_0\| \leqslant \|a_0\|.$$

此外, 如果 $t_i^* = t_i$, $1 \leqslant i \leqslant n$, 依引理 2.6.3 及命题 1.6.4, 可取 $a_k = a_k^*$, $b_k = b_k^*$, $k = 0, 1, \cdots$.

如果设 $\varepsilon_k = (2m)^{-\frac{1}{2}} 2^{-k}\varepsilon$, 则 $\|a_k\| < 2^{-k}\varepsilon, k = 1, 2, \cdots$, 并命 $b = \sum_{k=0}^{\infty} b_k$, 则 $b \in A$, 及

$$\|b\| < \varepsilon + \|ptp\| = \varepsilon + \max_{1 \leqslant i \leqslant n} \|p_i t_i p_i\|,$$

并且, $b\xi_i = \lim_N \sum_{k=0}^{N} b_k \xi_i = \lim_N (a_0 \xi_i - a_{N+1}\xi_i) = ptp\xi_i$, $1 \leqslant i \leqslant m$. 特别, $be_j = ptpe_j = t_j e_j$, $1 \leqslant j \leqslant n$.

最后, 如果 $t_i^* = t_i$, $1 \leqslant i \leqslant n$, 可取 $p\mathscr{H}$ 的直交规范基

$\{\eta_1, \cdots, \eta_m\}$ 及实数 $\{\lambda_1, \cdots, \lambda_m\}$，使得

$$ptp\eta_i = \lambda_i \eta_i, \quad 1 \leqslant i \leqslant m.$$

对于前面得到的 $b^* = b$，也将有 $b\eta_i = \lambda_i \eta_i, \ 1 \leqslant i \leqslant m$. 作实值连续函数 f 如下

$$f(\lambda) = \begin{cases} \lambda & \text{如果 } |\lambda| \leqslant \|ptp\|, \\ -\|ptp\| & \text{如果 } \lambda \leqslant -\|ptp\|, \\ \|ptp\| & \text{如果 } \lambda \geqslant \|ptp\|, \end{cases}$$

由于 $|\lambda_i| \leqslant \|ptp\|$，因此，$f(b)\eta_i = \lambda_i \eta_i, \ 1 \leqslant i \leqslant m$. 从而 $f(b)^* = f(b) \in A$，$\|f(b)\| \leqslant \|ptp\| = \max\limits_{1 \leqslant i \leqslant n} \|p_i t_i p_i\|$，以及 $f(b)e_j = ptpe_j = t_j e_j, \ 1 \leqslant j \leqslant n$. 证毕.

定理 2.6.5 设 A 是 c^*-代数，$\{\pi_j, \mathscr{H}_j\}$，$1 \leqslant j \leqslant n$，是 A 的 n 个相互并非酉等价的拓扑不可约 * 表示. 又设 $t_j \in B(\mathscr{H}_j)$，e_j 是 $\mathscr{H}_j$ 中的有限秩投影，$1 \leqslant j \leqslant n$.

1) 对于任意的 $\varepsilon > 0$，有 $a \in A$，使得

$$\pi_j(a)e_j = t_j e_j, \quad 1 \leqslant j \leqslant n, \quad \|a\| \leqslant \varepsilon + \max\limits_{1 \leqslant i \leqslant n} \|p_i t_i p_i\|.$$

这里 p_i 是 $\mathscr{H}_i$ 到 $[e_i\mathscr{H}_i, t_i e_i \mathscr{H}_i]$ 上的投影，$1 \leqslant i \leqslant n$；此外，如果 $t_j^* = t_j, \ 1 \leqslant j \leqslant n$，则 a 也可是自伴的；

2) 如果 t_j 是 $\mathscr{H}_j$ 中的酉表示，$1 \leqslant j \leqslant n$，则可取 $A \dotplus \mathbf{C}$ 的酉元 $u = e^{ih}$，这里 $h^* = h \in A$，使得

$$\pi_j(u)e_j = t_j e_j, \quad 1 \leqslant j \leqslant n.$$

这里表示 π_j 由 A 扩张到 $A \dotplus \mathbf{C}$ 作自然的理解. 此外，如果 A 本身有单位元，可取 $u \in A$.

证. 命 $\mathscr{H} = \sum\limits_{j=1}^{n} \oplus \mathscr{H}_j$，$\pi = \sum\limits_{j=1}^{n} \oplus \pi_j$. 依命题 2.4.9，

$\pi(A)$ 是 $\mathscr{H}$ 中的 c^*-代数，并且 $\pi(A) \subset M = \sum\limits_{j=1}^{n} \oplus B(\mathscr{H}_j)$.

设 p'_j 是 $\mathscr{H}$ 到 $\mathscr{H}_j$ 上的投影，显然 $p'_j \in \pi(A)'$，$1 \leqslant j \leqslant n$. 令 z_j 是 p'_j 在 $\pi(A)'$ 中的中心覆盖，我们说 $\{z_1, \cdots, z_n\}$ 是两两直交的. 事实上，设 z_j 与 z_k 并非直交，依命题 1.5.9，有 $\pi(A)'$

的非零投影 p_i'', p_k'', 使得 $p_i'' \leqslant p_i'$, $p_k'' \leqslant p_k'$, $p_i'' \sim p_k''$. 但表示 π_i, π_k 都是拓扑不可约的, 因此, $p_i'' = p_i'$, $p_k'' = p_k'$. 于是 p_i' 与 p_k' 在 $\pi(A)'$ 中相互等价, 这又将与 π_i, π_k 相互并非酉等价相矛盾. 因此, $\{z_1, \cdots, z_n\}$ 两两直交. 又 $\sum\limits_{j=1}^{n} p_j' = 1$, $z_i \geqslant p_i'$, $\forall i$, 所以, $z_i = p_i'$, $1 \leqslant i \leqslant n$. 从而

$$\left\{ \sum_{j=1}^{n} \oplus \pi_j(a_j) \,\middle|\, a_j \in A, \ 1 \leqslant j \leqslant n \right\} \subset \pi(A)'' \subset M.$$

依命题 2.6.2, $\pi_j(A)$ 在 $B(\mathscr{H}_j)$ 中是弱算子稠的, $1 \leqslant j \leqslant n$, 因此, $\pi(A)$ 在 M 中弱算子稠. 今依引理 2.6.4, 1) 即得证.

今设 t_i 是 $\mathscr{H}_i$ 中的酉算子, $1 \leqslant i \leqslant n$. 于是, $\dim e_i \mathscr{H}_i = \dim t_i e_i \mathscr{H}_i$, 因此可构作 $p_i \mathscr{H}_i$ 中的酉算子 u_i, 使得 $u_i e_i = t_i e_i$, $1 \leqslant i \leqslant n$. 取 $p_i \mathscr{H}_i$ 的直交规范基 $\{\xi_k^{(i)}\}$, 使得 $u_i \xi_k^{(i)} = \exp(i\lambda_k^{(i)})\xi_k^{(i)}$, 这里 $\lambda_k^{(i)}$ 是实数, $\forall i, k$. 再作 $\mathscr{H}_i$ 中的有界自伴算子 h_i, 使得 $h_i \xi_k^{(i)} = \lambda_k^{(i)} \xi_k^{(i)}$, $h_i(1 - p_i) = 0$, $\forall i, k$. 依 1), 有 A 的自伴元 h, 使得 $\pi_i(h)p_i = h_i p_i$, 从而由 $h_i p_i = p_i h_i$,

$$\pi_i(e^{ih})e_i = \pi_i(e^{ih})p_i e_i = e^{ih_i} p_i e_i = u_i e_i = t_i e_i,$$

$1 \leqslant i \leqslant n$. 证毕.

定理 2.6.6 c^*-代数的拓扑不可约 * 表示也必是代数不可约的.

证. 设 $\{\pi, \mathscr{H}\}$ 是 c^*-代数 A 的拓扑不可约 * 表示, $\mathscr{K}$ 是 $\mathscr{H}$ 的真非零线性子空间, 使得 $\pi(a).\mathscr{K} \subset \mathscr{K}$, $\forall a \in A$. 于是有 $0 \neq \xi \in \mathscr{K}$, $\eta \in \mathscr{H} \backslash \mathscr{K}$. 依定理 2.6.5, 必有 $a \in A$, 使得 $\pi(a)\xi = \eta$, 这与 $\pi(a)\xi \in \mathscr{K}$ 相矛盾. 证毕.

注. 以后称 c^*-代数的不可约 * 表示, 即是指上面相互等价的意义.

注 本节见参考文献 [53].

§7. 纯态与正则极大左理想

定理 2.7.1 设 A 是 c^*-代数，ρ 是 A 上的态，则 ρ 是纯态，必须且只须，ρ 所产生的 $*$ 表示 $\{\pi_\rho, \mathscr{H}_\rho\}$ 是不可约的. 这时并且有 $\mathscr{H}_\rho = A/\vartheta_\rho$，这里 $\vartheta_\rho = \{a \in A \mid \rho(a^*a) = 0\}$ 是 ρ 的左核.

证. 设 $\xi_\rho \in \mathscr{H}_\rho$ 如命题 2.3.18 所述.

如果 π_ρ 是不可约的，又设 $\rho_1, \rho_2 \in \mathscr{S}$ 及数 $\lambda \in (0, 1)$，使得 $\rho = \lambda\rho_1 + (1 - \lambda)\rho_2$. 在 A/ϑ_ρ 上定义

$$[a_\rho, b_\rho] = \rho_1(b^*a), \quad \forall\, a, b \in A.$$

这里 $a \to a_\rho$ 是 A 到 A/ϑ_ρ 上的正则映象. 由于

$$|[a_\rho, b_\rho]|^2 \leqslant \rho_1(b^*b)\rho_1(a^*a) \leqslant \lambda^{-2}\|a_\rho\|^2\|b_\rho\|^2,$$

因此有 $h = h^* \in B(\mathscr{H}_\rho)$，使得

$$\rho_1(b^*a) = \langle ha_\rho, b_\rho \rangle, \quad \forall\, a, b \in A.$$

易证 $h \in \pi_\rho(A)'$. 但 π_ρ 是不可约的，因此有 $\mu \in \mathbf{R}$，使得 $h = \mu$，即 $\rho_1(b^*a) = \mu\rho(b^*a)$，$\forall\, a, b \in A$. 由于 $\rho_1, \rho \in \mathscr{S}$，依命题 2.4.4，可见 $\mu = 1$，即有 $\rho = \rho_1 = \rho_2$，所以，ρ 是纯态.

反之设 ρ 是纯态. 如果 $\pi_\rho(A)'$ 包含异于 $0, 1$ 的投影 p'. 我们说 $p'\xi_\rho \neq 0$. 事实上，若否，则

$$\{\pi_\rho(a)\xi_\rho \mid a \in A\} = \{\pi_\rho(a)(1 - p')\xi_\rho \mid a \in A\} \subset (1 - p')\mathscr{H}_\rho.$$

这与 ξ_ρ 为循环矢相矛盾. 因此，$p'\xi_\rho \neq 0$. 同样 $(1 - p')\xi_\rho \neq 0$. 于是 $\lambda = \|p'\xi_\rho\|^2 \in (0, 1)$. 令

$$\rho_1(a) = \lambda^{-1}\langle \pi_\rho(a)p'\xi_\rho, p'\xi_\rho \rangle,$$

$$\rho_2(a) = (1 - \lambda)^{-1}\langle \pi_\rho(a)(1 - p')\xi_\rho, (1 - p')\xi_\rho \rangle,$$

$\forall\, a \in A$，由命题 2.4.6，可见 $\rho_1, \rho_2 \in \mathscr{S}$. 显然，$\rho = \lambda\rho_1 + (1 - \lambda)\rho_2$，但 ρ 是纯态，因此，$\rho = \rho_1 = \rho_2$. 于是

$$\|\lambda^{-\frac{1}{2}}p'\pi_\rho(a)\xi_\rho\|^2 = \rho_1(a^*a) = \rho(a^*a) = \|\pi_\rho(a)\xi_\rho\|^2, \quad \forall\, a \in A,$$

即 $\lambda^{-\frac{1}{2}}p'$ 是 $\mathscr{H}$ 中的等距算子. 这与 p' 是异于 $0, 1$ 的投影相矛盾. 所以，$\pi_\rho(A)' = \mathbf{C}$，即 π_ρ 是不可约的.

最后，A/ϑ_ρ 是 $\mathscr{H}_\rho$ 的稠线性子空间，且对 $\pi_\rho(A)$ 不变.

因此,如果 π_ρ 是不可约的,依定理 2.6.6,$\mathscr{H}_\rho = A/\vartheta_\rho$. 证毕.

定义 2.7.2 c^*-代数 A 的左理想 ϑ 称为正则的,指有 A 的元 x_0,使得 $(bx_0 - b) \in \vartheta,\ \forall b \in A$.

自然,当 A 有单位元时,任何左理想都是正则的. 如果 A 无单位元,ρ 是 A 上的态,$\tilde{\rho}$ 是 ρ 在 $A \dotplus \mathbf{C}$ 上的自然开拓,ϑ,$\mathfrak{H}$ 分别是 ρ,$\tilde{\rho}$ 的左核. 当然 $\vartheta \subset \mathfrak{H}$,也易见 $\mathfrak{H}$ 至多比 ϑ 多一维. 如果 $\mathfrak{H} \neq \vartheta$,则 ϑ 就是 A 的正则左理想;如果 $\mathfrak{H} = \vartheta$,则 ϑ 是非正则的. 这两种情况都可能发生.

定理 2.7.3 设 ρ 是 c^*-代数 A 的纯态,则其左核是 A 的正则极大左理想[1],并且
$$\mathfrak{N}(\rho) = \{a \in A \mid \rho(a) = 0\} = \vartheta_\rho + \vartheta_\rho^*.$$

证. 设 ϑ 是 A 的包含 ϑ_ρ 的左理想,$\{\pi_\rho, \mathscr{H}_\rho\}$ 是 ρ 产生的不可约 $*$ 表示. 由于 ϑ/ϑ_ρ 是 $\pi_\rho(A)$ 的不变子空间,因此 $\vartheta = \vartheta_\rho$,即 ϑ_ρ 是极大左理想.

设 ξ_ρ 如命题 2.3.18 所述. 若 $b = b^* \in \mathfrak{N}(\rho)$,则 $\langle b_\rho, \xi_\rho \rangle = \rho(b) = 0$. 于是可作 $\mathscr{H}_\rho$ 中的有界自伴算子,它把 ξ_ρ 变成 0,并保持 b_ρ 不变. 依定理 2.6.5,有 $h = h^* \in A$,使得
$$\pi_\rho(h)\xi_\rho = 0,\ \pi_\rho(h)b_\rho = b_\rho,$$
因此,$0 = \|\pi_\rho(h)b_\rho - b_\rho\|^2 = \rho((b - hb)^*(b - hb))$,即
$$c = b - hb \in \vartheta_\rho$$
于是,$b = hb + c$,$b = b^* = bh + c^*$,$c^* \in \vartheta_\rho^*$. 注意
$$\rho((bh)^* \cdot (bh)) \leqslant \|b\|^2 \rho(h^2) = \|b\|^2 \cdot \|\pi_\rho(h)\xi_\rho\|^2 = 0,$$
因此,$bh \in \vartheta_\rho$,即 $b = bh + c^* \in \vartheta_\rho + \vartheta_\rho^*$. 又 $\mathfrak{N}(\rho) = \mathfrak{N}(\rho)^*$,因此,$\mathfrak{N}(\rho) \subset \vartheta_\rho + \vartheta_\rho^*$. 反向的包含关系是显然的 (Schwartz 不等式),所以 $\mathfrak{N}(\rho) = \vartheta_\rho + \vartheta_\rho^*$.

依定理 2.7.1,$\mathscr{H}_\rho = A/\vartheta_\rho$,所以有 $a \in A$,使得 $\xi_\rho = a_\rho$. 于是 $\pi_\rho(b)a_\rho = \pi_\rho(b)\xi_\rho = b_\rho,\ \forall b \in A$,即
$$\rho((ba - b)^*(ba - b)) = \|\pi_\rho(b)a_\rho - b_\rho\|^2 = 0,\ \forall b \in A,$$

---

1) 指极大左理想同时是正则的.

$(ba - b) \in \vartheta_\rho$, $\forall b \in A$. 所以，ϑ_ρ 是正则的. 证毕.

引理 2.7.4 设 A 是有单位元的 c^*-代数，ϑ 是 A 的闭左理想，$a \in A_+$. 如果对任意的 $\varepsilon > 0$，有 $a_\varepsilon \in \vartheta \cap A_+$，使得 $a \leqslant a_\varepsilon + \varepsilon$，则 $a \in \vartheta$.

证. 依命题 2.2.5，$a_\varepsilon^{1/2} \in \vartheta$. 注意

$$\|a^{1/2}(a_\varepsilon^{1/2} + \varepsilon^{1/2})^{-1}a_\varepsilon^{1/2} - a^{1/2}\|^2 = \|\varepsilon^{1/2}a^{1/2}(a_\varepsilon^{1/2} + \varepsilon^{1/2})^{-1}\|^2$$
$$= \varepsilon\|(a_\varepsilon^{1/2} + \varepsilon^{1/2})^{-1}a(a_\varepsilon^{1/2} + \varepsilon^{1/2})^{-1}\|,$$

由于 $0 \leqslant a \leqslant a_\varepsilon + \varepsilon$，因此

$$0 \leqslant (a_\varepsilon^{1/2} + \varepsilon^{1/2})^{-1}a(a_\varepsilon^{1/2} + \varepsilon^{1/2})^{-1}$$
$$\leqslant (a_\varepsilon^{1/2} + \varepsilon^{1/2})^{-1}(a_\varepsilon + \varepsilon)(a_\varepsilon^{1/2} + \varepsilon^{1/2})^{-1}$$
$$= (a_\varepsilon + \varepsilon)(a_\varepsilon + 2\varepsilon^{1/2}a_\varepsilon^{1/2} + \varepsilon)^{-1} \leqslant 1.$$

从而 $\|a^{1/2}(a_\varepsilon^{1/2} + \varepsilon^{1/2})^{-1}a_\varepsilon^{1/2} - a^{1/2}\| \leqslant \varepsilon$，即当 $\varepsilon \to 0+$，有
$$a^{1/2}(a_\varepsilon^{1/2} + \varepsilon^{1/2})^{-1}a_\varepsilon^{1/2} \to a^{1/2},$$

但 $a^{1/2}(a_\varepsilon^{1/2} + \varepsilon^{1/2})^{-1}a_\varepsilon^{1/2} \in \vartheta$，因此，$a^{1/2} \in \vartheta$，$a \in \vartheta$. 证毕.

引理 2.7.5 设 ϑ_1，ϑ_2 是 c^*-代数 A 的闭左理想，并且 $\vartheta_1 \subset \vartheta_2$. 如果 A 上消灭 ϑ_1 的任意正泛函也必消灭 ϑ_2，则 $\vartheta_1 = \vartheta_2$.

证. 无妨设 A 有单位元. 设 $a \in \vartheta_2 \cap A_+$，$\varepsilon > 0$，并命 $\Omega_\varepsilon = \{\rho \in \mathscr{S} \mid \rho(a) \geqslant \varepsilon\}$，则 Ω_ε 是 A^* 的 $\sigma(A^*, A)$ 紧子集. 对任意的 $\rho \in \Omega_\varepsilon$，自然 $\rho(\vartheta_2) \neq \{0\}$，依假定，亦必有 $\rho(\vartheta_1) \neq \{0\}$，从而有 $a^{(\rho)} \in \vartheta_1$，使得 $|\rho(a^{(\rho)})| > 1$. 依连续性，有 ρ 的 $\sigma(A^*, A)$ 邻域 V_ρ，使得 $|f(a^{(\rho)})| > 1$，$\forall f \in V_\rho$. 自然 $\bigcup_{\rho \in \Omega_\varepsilon} V_\rho \supset \Omega_\varepsilon$，依 Ω_ε 的 $\sigma(A^*, A)$ 紧性，便有 $\rho_1, \cdots, \rho_n \in \Omega_\varepsilon$，使得 $\Omega_\varepsilon \subset \bigcup_{i=1}^{n} V_i$，这里 $V_i = V_{\rho_i}$，并记 $a_i = a^{(\rho_i)}$，$1 \leqslant i \leqslant n$. 于是，$1 < |f(a_i)| \leqslant f(a_i^* a_i)$，$\forall f \in V_i \cap \Omega_\varepsilon$，$1 \leqslant i \leqslant n$. 特别，$\rho\left(\sum_{i=1}^{n} a_i^* a_i\right) > 1$，$\forall \rho \in \Omega_\varepsilon$. 代 a_i 以它的适当倍数，可以认为

$$\rho\left(\sum_{i=1}^{n} a_i^* a_i\right) \geqslant \rho(a) \geqslant \varepsilon, \quad \forall \rho \in \Omega_\varepsilon,$$

因此, $\rho\left(\sum\limits_{i=1}^{n}a_i^*a_i+\varepsilon-a\right)\geqslant 0$, $\forall\rho\in\mathscr{S}$. 依系 2.3.15,

$\sum\limits_{i=1}^{n}a_i^*a+\varepsilon\geqslant a$. 由于 $\sum\limits_{i=1}^{n}a_i^*a_i\in\vartheta_1$ 及 $\varepsilon>0$ 是任意的, 依引理 2.7.4, $a\in\vartheta_1$, 即有

$$\vartheta_2\cap A_+\subset\vartheta_1\cap A_+.$$

依命题 2.4.1, 有网 $\{d_l\}\subset\vartheta_2\cap A_+$, 使得 $ad_l\to a$, $\forall a\in\vartheta_2$. 前已证, $\{d_l\}$ 也 $\subset\vartheta_1$, 又 ϑ_1 是闭左理想, 因此, $\vartheta_2\subset\vartheta_1$. 进而依所设, $\vartheta_1=\vartheta_2$. 证毕.

定理 2.7.6 设 ϑ 是 c^*-代数 A 的闭左理想, 则 $\vartheta=\cap\{\mathscr{L}\,|\,\mathscr{L}$ 是 A 的正则极大左理想, 且 $\supset\vartheta\}$.

证. 令 $\Omega=\{\rho\in A^*\,|\,\rho\geqslant 0,\ \|\rho\|\leqslant 1,\rho(\vartheta)=0\}$, 对每个 $\rho\in\Omega$, 设 ϑ_ρ 是 ρ 的左核, 显然,

$$\cap\{\vartheta_\rho\,|\,\rho\in\Omega\}\supset\vartheta.$$

依引理 2.7.5, $\vartheta=\cap\{\vartheta_\rho\,|\,\rho\in\Omega\}$. 显然 Ω 是 A^* 的非空 $\sigma(A^*,A)$ 紧凸集, 设 $\mathrm{ex}\,\Omega$ 是 Ω 的端点集, 则 $\vartheta=\cap\{\vartheta_\rho\,|\,\rho\in\mathrm{ex}\,\Omega\}$. 今依定理 2.7.3, 只须证明: 如果 $\rho\in\mathrm{ex}\,\Omega$, 并且 $\rho\neq 0$, 则 ρ 是 A 上的纯态(注意 $\mathrm{ex}\,\Omega\neq\{0\}$, 否则 $\Omega=\{0\}$, 依引理 2.7.5, 将有 $\vartheta=A$, 矛盾). 由于 $0\in\Omega$ 及 $\rho\in\mathrm{ex}\,\Omega$, 因此, $\|\rho\|=1$, 即 ρ 是 A 上的态. 今设有 $\rho_1,\rho_2\in\mathscr{S}$ 及数 $\lambda\in(0,1)$, 使得 $\rho=\lambda\rho_1+(1-\lambda)\rho_2$. 对任意的 $a\in\vartheta$, $a^*a\in\vartheta\subset\vartheta_\rho$, 因此, $0\leqslant\rho_i(a^*a)\leqslant\max\{\lambda^{-1},(1-\lambda)^{-1}\}\rho(a^*a)=0$. 可见 $\rho_i(\vartheta)=\{0\}$, 即 $\rho_i\in\Omega$, $i=1,2$. 但 $\rho\in\mathrm{ex}\,\Omega$, 因此, $\rho=\rho_1=\rho_2$, 即 ρ 是 A 上的纯态. 证毕.

定理 2.7.7 设 ϑ 是 c^*-代数 A 的极大左理想, 则 ϑ 是正则的, 当且仅当, ϑ 是闭的.

证. 充分性由定理 2.7.6 立见. 今设 ϑ 是 A 的正则极大左理想, 于是有 $x_0\in A$, 使得 $(bx_0-b)\in\vartheta$, $\forall b\in A$. 令 $\tilde{\vartheta}=\vartheta+C(1-x_0)$, 它是 $A\dotplus C$ 的左理想. 如果 $\mathscr{L}$ 是 $A\dotplus C$ 的包含 $\tilde{\vartheta}$ 的左理想, 依 ϑ 的极大性, $\mathscr{L}\cap A=\vartheta$. 今若 $y=a+\lambda\in\mathscr{L}$,

这里 $a \in A$，$\lambda \in \mathbf{C}$，由于 $(1 - x_0) \in \mathfrak{H} \subset \mathscr{L}$，因此，$\lambda x_0 + a = y - \lambda(1 - x_0) \in \mathscr{L} \cap A = \mathfrak{H}$。从而，$\mathscr{L} = \mathfrak{H}$，即 $\mathfrak{H}$ 是 $A \dotplus \mathbf{C}$ 的极大左理想。但 $A \dotplus \mathbf{C}$ 有单位元，因此，$\mathfrak{H}$ 是闭的。进而，$\mathfrak{H} = \mathfrak{H} \cap A$ 也是闭的。证毕。

注．c^*-代数的非闭极大左理想是可能存在的。

定理 2.7.8 设 $\mathfrak{H}$ 是 c^*-代数 A 的正则极大左理想，则有 A 上的唯一态 ρ，使得 $\mathfrak{N}(\rho) = \{a \in A \mid \rho(a) = 0\} \supset \mathfrak{H}$，并且这个 ρ 必是纯态及其左核为 $\mathfrak{H}$，$\mathfrak{N}(\rho) = \mathfrak{H} + \mathfrak{H}^*$。

证．依定理 2.7.7 及定理 2.7.6 的证明，有 A 上的纯态 ρ，使得 $\rho(\mathfrak{H}) = \{0\}$，及 $\mathfrak{H}_\rho \supset \mathfrak{H}$。但 $\mathfrak{H}$ 是极大左理想，因此，$\mathfrak{H}_\rho = \mathfrak{H}$。再依定理 2.7.3，$\mathfrak{N}(\rho) = \mathfrak{H} + \mathfrak{H}^*$。

今设 φ 是 A 上的态，$\varphi(\mathfrak{H}) = \{0\}$，于是 $\varphi(\mathfrak{N}(\rho)) = \{0\}$。如果 $\{d_l\}$ 是 A 的逼近单位元，$x_0 \in A$ 使得 $(bx_0 - b) \in \mathfrak{H}, \forall b \in A$，可见

$$\rho(x_0) = \lim_l \rho(d_l), \quad \varphi(x_0) = \lim_l \varphi(d_l).$$

依命题 2.4.4，$\rho(x_0) = \varphi(x_0) = 1$。又显然 $A = \mathfrak{N}(\rho) \dotplus \mathbf{C}x_0$，因此，$\varphi = \rho$。证毕。

系 2.7.9 c^*-代数上的纯态与其正则极大左理想一一对应。

定理 2.7.10 设 A 是 c^*-代数，$\rho \in \mathscr{S}$，$\mathfrak{H}$ 是 ρ 的左核并且是 A 的正则左理想，则下列条件是相互等价的：1) ρ 是纯态；2) $\mathfrak{H}$ 是 A 的极大左理想；3) $\mathfrak{N}(\rho) = \{a \in A \mid \rho(a) = 0\} = \mathfrak{H} + \mathfrak{H}^*$。

证．依定理 2.7.3 及 2.7.8，立见 1) 与 2) 是等价的，并由 1) 可导出 3)。

今设 $\mathfrak{N}(\rho) = \mathfrak{H} + \mathfrak{H}^*$，及 $x_0 \in A$ 使得 $(bx_0 - b) \in \mathfrak{H}, \forall b \in A$。如果有 $\rho_1, \rho_2 \in \mathscr{S}$ 及数 $\lambda \in (0, 1)$，使得 $\rho = \lambda \rho_1 + (1 - \lambda)\rho_2$。当 $x \in \mathfrak{H}$ 时，$x^*x \in \mathfrak{N}(\rho)$，从而 $\rho_i(x^*x) = 0$，$\rho_i(x) = 0$，因此，$\rho_i(\mathfrak{N}(\rho)) = \{0\}$，$i = 1, 2$。再仿定理 2.7.8 的证明，有 $\rho(x_0) = \rho_1(x_0) = \rho_2(x_0) = 1$。又 $A = \mathfrak{N}(\rho) \dotplus \mathbf{C}x_0$，因此，$\rho = \rho_1 = \rho_2$，即 ρ 是纯态。证毕。

§8. 理想与商 c^*-代数

定义 2.8.1 设 A 是 c^*-代数，$\mathscr{P}(A)$ 是它的纯态全体(见定义 2.3.8)，记 $\hat{A}$ 为 A 的不可约 * 表示酉等价类的全体，$\mathrm{Prim}(A)$ 为 A 的素理想全体，这里 ϑ 是 A 的一个素理想，指有 A 的不可约 * 表示 $\{\pi, \mathscr{H}\}$，使得 $\vartheta = \ker \pi = \{a \in A \,|\, \pi(a) = 0\}$，即素理想是不可约 * 表示的核。

显然，素理想是闭双侧 * 理想，并且酉等价的不可约 * 表示有相同的核，即可以自然地建立 $\hat{A}$ 到 $\mathrm{Prim}(A)$ 上的映象。此外，如果 $\rho \in \mathscr{P}(A)$，依定理 2.7.1，ρ 产生的 * 表示是不可约的；反之，如果 $\{\pi, \mathscr{H}\}$ 是 A 的不可约 * 表示，对任意的 $\xi \in \mathscr{H}$，$\|\xi\| = 1$，令 $\rho(\cdot) = \langle \pi(\cdot)\xi, \xi \rangle$，依命题 2.3.21，$\rho$ 产生的 * 表示将酉等价于 $\{\pi, \mathscr{H}\}$，再由定理 2.7.1，$\rho \in \mathscr{P}(A)$。因此，可自然地建立 $\mathscr{P}(A)$ 到 $\hat{A}$ 上的映象。

命题 2.8.2 设 ϑ 是 c^*-代数 A 的闭双侧理想，则 $\vartheta = \bigcap \{ J \in \mathrm{Prim}(A) \,|\, J \supset \vartheta \} = \bigcap \{ \ker \pi_\rho \,|\, \rho \in \mathscr{P}(A), \rho(\vartheta) = 0 \}$，这里 $\ker \pi_\rho = \{ a \in A \,|\, \pi_\rho(a) = 0 \}$ 是表示 π_ρ 的核。

证. ϑ 当然也是 A 的闭左理想，依定理 2.7.6 的证明可见

$$\vartheta = \bigcap \{ \vartheta_\rho \,|\, \rho \in \mathscr{P}(A), \rho(\vartheta) = 0 \}$$
$$\supset \bigcap \{ \ker \pi_\rho \,|\, \rho \in \mathscr{P}(A), \rho(\vartheta) = 0 \}.$$

这里 ϑ_ρ 是 ρ 的左核。另一方面，如 $\rho \in \mathscr{P}(A)$，$\rho(\vartheta) = \{0\}$，当 $a \in \vartheta$ 时，由于 ϑ 是双侧理想，从而 $b^* a^* ab \in \vartheta$，即 $\|\pi_\rho(a)b_\rho\|^2 = \rho(b^* a^* ab) = 0, \forall b \in A$，因此，$a \in \ker \pi_\rho$。所以，$\vartheta = \bigcap \{ \ker \pi_\rho \,|\, \rho \in \mathscr{P}(A), \rho(\vartheta) = 0 \}$。又显然

$$\vartheta \subset \{ J \in \mathrm{Prim}(A) \,|\, J \supset \vartheta \} \subset \bigcap \{ \ker \pi_\rho \,|\, \rho \in \mathscr{P}(A), \rho(\vartheta) = 0 \}$$

由此得证。

系 2.8.3 设 Ω 是紧 Hausdorff 空间，ϑ 是 $C(\Omega)$ 的闭理想，则存在 Ω 的闭子集 Ω_0，使得

$$\vartheta = \{f \in C(\Omega) \mid f(t) = 0, \forall t \in \Omega_0\}$$

这由命题 2.8.2 及 2.3.9 立见.

定义 2.8.4 设 A 是 c^*-代数, ϑ 是 A 的闭双侧理想, 记

$$\mathscr{P}_\vartheta(A) = \{\rho \in \mathscr{P}(A) \mid \rho(\vartheta) = 0\},$$
$$\mathscr{P}^\vartheta(A) = \mathscr{P}(A) \backslash \mathscr{P}_\vartheta(A),$$
$$\hat{A}_\vartheta = \{\pi \in \hat{A} \mid \ker \pi \supset \vartheta\}, \quad \hat{A}^\vartheta = \hat{A} \backslash \hat{A}_\vartheta,$$
$$\mathrm{Prim}_\vartheta(A) = \{J \in \mathrm{Prim}(A) \mid J \supset \vartheta\},$$
$$\mathrm{Prim}^\vartheta(A) = \mathrm{Prim}(A) \backslash \mathrm{Prim}_\vartheta(A).$$

定理 2.8.5 设 ϑ 是 c^*-代数 A 的闭双侧理想.

1) 对任意的 $\pi \in \hat{A}_\vartheta$, 令 $\tilde{\pi}(\tilde{a}) = \pi(a)$, 这里 $a \in \tilde{a}$, $a \to \tilde{a}$ 是 A 到 A/ϑ 上的正则映象, 则 $\pi \to \tilde{\pi}$ 是 $\hat{A}_\vartheta$ 到 $(A/\vartheta)^\wedge$ 上的一一映象;

2) $\pi \to \pi|\vartheta$ 是 $\hat{A}^\vartheta$ 到 $\hat{\vartheta}$ 上的一一映象.

证. 1) 显然. 今证 2). 设 $\{\pi, \mathscr{H}\}$ 是 A 的不可约 $*$ 表示, 并且 $\pi|\vartheta \neq 0$. 由于 ϑ 是 A 的双侧理想, $\{\pi(a)\xi \mid a \in \vartheta, \xi \in \mathscr{H}\}$ 张成的闭子空间 $\mathscr{K}$ 对 $\pi(A)$ 是不变的, 但 π 是不可约的, 因此 $\mathscr{K} = \mathscr{H}$, 即 $\{\pi|\vartheta, \mathscr{H}\}$ 是 ϑ 的非退化表示. 如果 $\{d_l\}$ 是 ϑ (作为 c^*-代数) 的逼近单位元, 依命题 2.4.6, $\pi(d_l) \xrightarrow{\text{强算子}} 1$. 从而 $\pi(ad_l) \xrightarrow{\text{强算子}} \pi(a)$, $\forall a \in A$, 即 $\pi(\vartheta)$ 在 $\pi(A)$ 中强算子稠. 再依命题 2.6.2, $\{\pi|\vartheta, \mathscr{H}\}$ 是 ϑ 的不可约 $*$ 表示.

反之设 $\{\pi, \mathscr{H}\}$ 是 ϑ 的不可约 $*$ 表示, 对任意的 $a \in A$, 定义 $\pi'(a)\pi(b)\xi = \pi(ab)\xi$, $\forall b \in \vartheta$, $\xi \in \mathscr{H}$. 易见 $\{\pi', \mathscr{H}\}$ 是 A 的不可约 $*$ 表示, 且为 π 的唯一扩张. 此外, ϑ 的两个酉等价的不可约 $*$ 表示作相应的扩张后, 易见仍然是酉等价的. 因此, $\pi \to \pi|\vartheta$ 是 $\hat{A}^\vartheta$ 到 $\hat{\vartheta}$ 上的一一映象. 证毕.

引理 2.8.6 设 $\vartheta \in \mathrm{Prim}(A)$, ϑ_1, ϑ_2 是 A 的双侧理想, 并且 $\vartheta \supset \vartheta_1\vartheta_2$, 则 $\vartheta \supset \vartheta_1$ 或 $\vartheta \supset \vartheta_2$.

证. 无妨设 ϑ_1, ϑ_2 是闭的. 如果 $\vartheta \not\supset \vartheta_1$, 并且 $\vartheta \not\supset \vartheta_2$, 取 A 的不可约 $*$ 表示 $\{\pi, \mathscr{H}\}$, 使得 $\ker \pi = \vartheta$, 依定理 2.8.5, $\{\pi|$

$\vartheta_1, \mathcal{H}\}$ 是 ϑ_1 的不可约 * 表示. 我们也可取 $a \in \vartheta_2 \backslash \vartheta$ 及 $\xi \in$ $\mathcal{H}$, 使得 $\pi(a)\xi \neq 0$. 于是 $\pi(\vartheta_1)\pi(a)\xi$ 在 $\mathcal{H}$ 中稠. 但 $\vartheta_1 a \subset$ $\vartheta_1\vartheta_2 \subset \vartheta$, 从而 $\pi(\vartheta_1)\pi(a)\xi = \{0\}$. 矛盾. 证毕.

定理 2.8.7 设 ϑ 是 c^*-代数 A 的闭双侧理想.

1) $J \to J/\vartheta$ 是 $\mathrm{Prim}_\vartheta(A)$ 到 $\mathrm{Prim}(A/\vartheta)$ 上的一一映象;

2) $J \to J \cap \vartheta$ 是 $\mathrm{Prim}^\vartheta(A)$ 到 $\mathrm{Prim}(\vartheta)$ 上的一一映象.

证. 1) 设 $J \in \mathrm{Prim}_\vartheta(A)$, 取 A 的不可约 * 表示 $\{\pi, \mathcal{H}\}$, 使得 $\ker \pi = J \supset \vartheta$. 对任意的 $\tilde{a} \in A/\vartheta$, 定义 $\tilde{\pi}(\tilde{a}) = \pi(a)(a \in \tilde{a})$, 于是, $\{\tilde{\pi}, \mathcal{H}\}$ 是 A/ϑ 的不可约 * 表示, 并且 $\ker \tilde{\pi} = J/\vartheta$, 所以, $J/\vartheta \in \mathrm{Prim}(A/\vartheta)$. 反之, 设 $\{\tilde{\pi}, \mathcal{H}\}$ 是 A/ϑ 的不可约 * 表示, 定义 $\pi(a) = \tilde{\pi}(\tilde{a})$, $\forall a \in A$, 则 $\{\pi, \mathcal{H}\}$ 是 A 的不可约 * 表示, 并且 $\ker \pi = J \supset \vartheta$ 以及 $\ker \tilde{\pi} = J/\vartheta$. 这说明 A/ϑ 的素理想必有 J/ϑ 的形式, 即 $J \to J/\vartheta$ 是 $\mathrm{Prim}_\vartheta(A)$ 到 $\mathrm{Prim}(A/\vartheta)$ 上的映象.

今若 $J_1/\vartheta = J_2/\vartheta$, 这里 $J_1, J_2 \in \mathrm{Prim}_\vartheta(A)$. 对任意的 $a \in$ ϑ_1, 则 $\tilde{a} \in J_1/\vartheta = J_2/\vartheta$. 因此有 $b \in J_2$, 使得 $(a-b) \in \vartheta \subset J_2$, 从而 $a \in J_2$, 即 $J_1 \subset J_2$. 同证 $J_2 \subset J_1$, 所以, $J_1 = J_2$.

2) 设 $J \in \mathrm{Prim}^\vartheta(A)$, $\{\pi, \mathcal{H}\}$ 是 A 的不可约 * 表示, 使得 $\ker \pi = J \not\supset \vartheta$. 依定理 2.8.5, $\{\pi|\vartheta, \mathcal{H}\}$ 也是 ϑ 的不可约 * 表示, 所以, $\ker(\pi|\vartheta) = J \cap \vartheta \in \mathrm{Prim}(\vartheta)$. 反之, 如果 $\{\pi, \mathcal{H}\}$ 是 ϑ 的不可约 * 表示, 依定理 2.8.5, 它可以唯一扩张为 A 的不可约 * 表示. 因此, $J \to J \cap \vartheta$ 是 $\mathrm{Prim}^\vartheta(A)$ 到 $\mathrm{Prim}(\vartheta)$ 上的映象.

今若有 $J_1, J_2 \in \mathrm{Prim}^\vartheta(A)$, 使得 $J_1 \cap \vartheta = J_2 \cap \vartheta$. 于是, $J_2 \supset$ $J_1 \cap \vartheta \subset J_1\vartheta$. 但 $J_2 \not\supset \vartheta$, 依引理 2.8.6, $J_2 \supset J_1$. 同证 $J_1 \supset J_2$, 因此, $J_1 = J_2$. 证毕.

定理 2.8.8 设 ϑ 是 c^*-代数 A 的闭双侧理想.

1) $\rho \to \tilde{\rho}$ 是 $\mathscr{P}_\vartheta(A)$ 到 $\mathscr{P}(A/\vartheta)$ 上的一一映象, 这里 $\tilde{\rho}(\tilde{a}) = \rho(a)$, $\forall \tilde{a} \in A/\vartheta$, $a \in \tilde{a}$;

2) $\rho \to \rho|\vartheta$ 是 $\mathscr{P}^\vartheta(A)$ 到 $\mathscr{P}(\vartheta)$ 上的一一映象.

证. 1) 即命题 2.4.11. 今证 2). 设 $\rho \in \mathscr{P}^{\vartheta}(A)$, $\{\pi, \mathscr{H}, \xi\}$ 是 ρ 产生的不可约循环 $*$ 表示. 如果 $\vartheta \subset \ker \pi$, 特别, $\rho(a) = \langle \pi(a)\xi, \xi \rangle = 0$, $\forall a \in \vartheta$, 这与 $\rho \notin \mathscr{P}_{\vartheta}(A)$ 相矛盾. 因此, 依定理 2.8.5, $\{\pi|\vartheta, \mathscr{H}\}$ 是 ϑ 的不可约 $*$ 表示. 再依命题 2.3.21, $\{\pi|\vartheta, \mathscr{H}\}$ 将与 $(\rho|\vartheta)(\cdot) = \langle(\pi|\vartheta)(\cdot)\xi, \xi\rangle$ 产生的 ϑ 的 $*$ 表示酉等价, 所以, $\rho|\vartheta \in \mathscr{P}(\vartheta)$. 此外, 如果取 $\{d_l\}$ 是 ϑ(作为 c^*-代数)的逼近单位元, 则 $\pi(d_l) \xrightarrow{\text{强算子}} 1$. 于是, $\rho(a) = \langle \pi(a)\xi, \xi \rangle = \lim_l \langle \pi(ad_l)\xi, \xi \rangle = \lim_l \rho(ad_l)$, $\forall a \in A$. 即 ρ 在 A 上的行为完全由 $\rho|\vartheta$ 所决定. 因此, 如果 $\rho_1, \rho_2 \in \mathscr{P}^{\vartheta}(A)$, 并且 $\rho_1|\vartheta = \rho_2|\vartheta$, 则 $\rho_1 = \rho_2$. 反之, 如果 $\rho \in \mathscr{P}(\vartheta)$, $\{\pi, \mathscr{H}, \xi\}$ 是 ρ 产生的 ϑ 的不可约循环 $*$ 表示. 由定理 2.8.5, 它可以唯一地扩张成 A 的 $*$ 表示 $\{\pi', \mathscr{H}\}$. 于是, $\rho'(\cdot) = \langle \pi'(\cdot)\xi, \xi \rangle$ 是 ρ 的扩张, 它产生的 A 的 $*$ 表示将酉等价于 $\{\pi', \mathscr{H}\}$. 从而, $\rho' \in \mathscr{P}^{\vartheta}(A)$. 证毕.

综合定理 2.8.5, 2.8.7 及 2.8.8, 我们有下图:

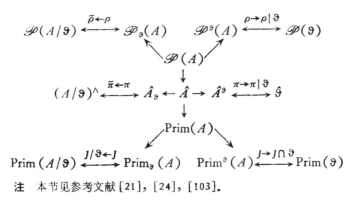

注 本节见参考文献 [21], [24], [103].

§9. 可传的 c^*-子代数

引理 2.9.1 设 A 是 c^*-代数, $a, x, y \in A$, 并且 $a \geqslant 0$. 又设有数 $\lambda, \mu > 0$, $\lambda + \mu > 1$, 使得

$$x^*x \leqslant a^\lambda, \quad yy^* \leqslant a^\mu.$$

令 $u_n = x\left(\dfrac{1}{n} + a\right)^{-\frac{1}{2}} y$，则有 $u \in A$，使得 $\|u_n - u\| \to 0$，并且

$$\|u\| \leqslant \|a^{\frac{\lambda + \mu - 1}{2}}\|.$$

证. 令 $d_{nm} = \left(\dfrac{1}{n} + a\right)^{-\frac{1}{2}} - \left(\dfrac{1}{m} + a\right)^{-\frac{1}{2}}$，于是

$$\|u_n - u_m\|^2 = \|x d_{nm} y\|^2 = \|y^* d_{nm} x^* x d_{nm} y\|$$

$$\leqslant \|y^* d_{nm} a^\lambda d_{nm} y\| = \|a^{\frac{\lambda}{2}} d_{nm} y\|^2$$

$$= \|a^{\frac{\lambda}{2}} d_{nm} y y^* d_{nm} a^{\frac{\lambda}{2}}\| \leqslant \|a^{\frac{\lambda}{2}} d_{nm} a^\mu d_{nm} a^{\frac{\lambda}{2}}\|$$

$$= \|d_{nm} a^{\frac{\lambda + \mu}{2}}\|^2.$$

无妨设 A 有单位元，用 $\{1, a\}$ 生成交换 c^*-子代数 $B \cong C(\Omega)$. 对每个 $t \in \Omega$，$\left(\left(\dfrac{1}{n} + a\right)^{-\frac{1}{2}} a^{\frac{\lambda + \mu}{2}}\right)(t) \nearrow a^{\frac{\lambda + \mu - 1}{2}}(t)$. 由 Dini 定理，这个收敛在 Ω 上一致，从而 $\|d_{nm} a^{\frac{\lambda + \mu}{2}}\| \to 0$，$\|u_n - u_m\| \to 0$，即有 $u \in A$，使得 $\|u_n - u\| \to 0$. 另一方面，同样可证 $\|u_n\| \leqslant \left\|\left(\dfrac{1}{n} + a\right)^{-\frac{1}{2}} a^{\frac{\lambda + \mu}{2}}\right\| \leqslant \|a^{\frac{\lambda + \mu - 1}{2}}\|$，$\forall n$，因此，$\|u\| \leqslant \|a^{\frac{\lambda + \mu - 1}{2}}\|$. 证毕.

命题 2.9.2 设 A 是 c^*-代数，$x, a \in A$，并且 $a \geqslant 0$，$x^*x \leqslant a$. 又设 $0 < \lambda < 1/2$，则存在 $u \in A$，使得

$$x = ua^\lambda, \quad \|u\| \leqslant \|a^{\frac{1}{2} - \lambda}\|.$$

证. 令 $u_n = x\left(\dfrac{1}{n} + a\right)^{-\frac{1}{2}} a^{\frac{1}{2} - \lambda}$，依引理 1.9.1，$u_n \to u$，且 $\|u\| \leqslant \|a^{\frac{1}{2} - \lambda}\|$. 此外，由 $x^*x \leqslant a$，$\|x - u_n a^\lambda\| \leqslant \left\|a^{\frac{1}{2}}\left[1 - \left(\dfrac{1}{n} + a\right)^{-\frac{1}{2}} a^{\frac{1}{2}}\right]\right\| \to 0$，所以，$x = ua^\lambda$. 证毕.

系 2.9.3 设 A 是 c^*-代数，$x \in A$，$0 < \lambda < 1$，则有 $u \in A$，使得 $x = u(x^*x)^{\frac{\lambda}{2}}$，$\|u\| \leqslant \|(x^*x)^{\frac{1 - \lambda}{2}}\|$.

定义 2.9.4 设 A 是 c^*-代数，锥 $M(\subset A_+)$ 称为可传的，指

如果 $a \in \Lambda_+$，且有 $b \in M$，使得 $a \leqslant b$，则 $a \in M$。

对于可传锥 M，我们定义
$$\mathscr{L}(M) = \{x \in A \mid x^*x \in M\}.$$
容易证明，$\mathscr{L}(M)$ 是 A 的左理想。

A 的 c^*-子代数 B 称为可传的，指 B_+ 是可传锥。

定理 2.9.5 设 A 是 c^*-代数.

1）$B \to B_+$ 是 A 的可传 c^*-子代数全体到 A 的闭可传锥全体上的一一映象；其逆映象为 $M \to \mathscr{L}(M) \cap \mathscr{L}(M)^*$；

2）$M \to \mathscr{L}(M)$ 是 A 的闭可传锥全体到 A 的闭左理想全体上的一一映象，并且 $M = \mathscr{L}(M)_+$；其逆映象为 $L \to L_+$；

3）$L \to L \cap L^*$ 是 A 的闭左理想全体到 A 的可传 c^*-子代数全体上的一一映象，并且 $L_+ = (L \cap L^*)_+$；其逆映象为 $B \to \mathscr{L}(B_+)$.

证. 若 B 是可传 c^*-子代数，B_+ 自然是闭可传锥，并且由于 B 是 B_+ 的线性包，$B \to B_+$ 是一一的.

如果 M 是闭可传锥，$\mathscr{L}(M)$ 当然是闭左理想. 设 $x \in A$，使得 $x^*x \in \mathscr{L}(M)$，于是 $(x^*x)^{\frac{1}{3}} \in \mathscr{L}(M)$. 依系 2.9.3，可写 $x = u(x^*x)^{\frac{1}{3}}$，因此，$x \in \mathscr{L}(M)$. 从而，$\mathscr{L}(M)_+ = \{x^*x \mid x \in \mathscr{L}(M)\}$. 再由 $\mathscr{L}(M)$ 的定义，$M = \mathscr{L}(M)_+$. 因此，映象 $M \to \mathscr{L}(M)$ 是一一的.

今设 L 是闭左理想，自然 $(L \cap L^*)$ 是 A 的 c^*-子代数. 由于 $L_+ \subset L \cap L^* \subset L$，可见 $L_+ = (L \cap L^*)_+$. 因此要证 $L \cap L^*$ 是可传的，只须证 L_+ 是可传锥. 设 $a \in A_+, b \in L_+$，并且 $a \leqslant b$. 依命题 2.9.2，可写 $a^{\frac{3}{4}} = ub^{\frac{1}{3}}$，因此，$a^{\frac{3}{4}} \in L_+$，$a \in L_+$，即 L_+ 是可传的.

如果 L 是闭左理想，已证 L_+ 是可传锥. 又若 $x \in A$，使得 $x^*x \in L_+$，依系 2.9.3，可写 $x = u(x^*x)^{1/3}$，因此，$x \in L$. 这说明 $L = \mathscr{L}(L_+)$，2）得证.

如果 M 是闭可传锥，$\mathscr{L}(M)$ 是闭左理想，于是 $\mathscr{L}(M) \cap \mathscr{L}(M)^*$ 是可传的 c^*-子代数，并且 $M = \mathscr{L}(M)_+ = (\mathscr{L}(M) \cap$

$\mathscr{L}(M)^*)_+$，因此 1) 得证.

如果 B 是可传的 c^*-子代数，B_+ 是闭可传锥，$\mathscr{L}(B_+)$ 是闭左理想，$\mathscr{L}(B_+)\cap\mathscr{L}(B_+)^*$ 是可传 c^*-子代数. 又 $(\mathscr{L}(B_+)\cap\mathscr{L}(B_+)^*)_+ = \mathscr{L}(B_+)_+ = B_+$，因此，$\mathscr{L}(B_+)\cap\mathscr{L}(B_+)^*=B$，即 $L \to L\cap L^*$ 是闭左理想全体到可传 c^*-子代数全体上的映象. 此外，如果有闭左理想 L，使得 $B = L\cap L^*$，则 $B_+ = (L\cap L^*)_+ = L_+$，于是，$L = \mathscr{L}(L_+) = \mathscr{L}(B_+)$，即 3) 的映象也是一一的，且逆映象为 $B \to \mathscr{L}(B_+)$. 证毕.

引理 2.9.6 设 Φ 是 c^*-代数 A 到 c^*-代数 B 上的 * 同态，$a\in A_+$，$b\in B$，$b^*b \leqslant \Phi(a)$，则有 $x\in A$，使得 $b = \Phi(x)$，$x^*x \leqslant a$.

证. 取 $y\in A$，使得 $b = \Phi(y)$. 分解 $y^*y - a = h - k$，这里 $h, k\in A_+$，且 $hk = 0$. 由于 $b^*b \leqslant \Phi(a)$，因此，$0 \leqslant \Phi(h) \leqslant \Phi(k)$. 但 $\Phi(h)^{\frac{1}{2}}\Phi(k)\Phi(h)^{\frac{1}{2}} = 0$，因此，$\Phi(h) = 0$.

显然 $y^*y \leqslant a + h$，令 $x_n = y\left(\frac{1}{n} + a + h\right)^{-\frac{1}{2}}a^{\frac{1}{2}}$，依引理 2.9.1，有 $x\in A$，使得 $x_n \to x$. 又由于 $\Phi(h) = 0$，及 $b^*b \leqslant \Phi(a)$，因此，

$$\Phi(x) = \lim_n \Phi(x_n) = \lim_n b\left(\frac{1}{n} + \Phi(a)\right)^{-\frac{1}{2}}\Phi(a)^{\frac{1}{2}} = b.$$

此外，由于 $y^*y \leqslant a + h$，对任意的 n，

$$x_n^*x_n \leqslant a^{\frac{1}{2}}\left(\frac{1}{n} + a + h\right)^{-\frac{1}{2}}(a + h)\left(\frac{1}{n} + a + h\right)^{-\frac{1}{2}}a^{\frac{1}{2}} \leqslant a,$$

所以，$x^*x \leqslant a$. 证毕.

命题 2.9.7 设 Φ 是 c^*-代数 A 到 c^*-代数 B 上的 * 同态，则 Φ 把 A 的可传 c^*-子代数变成 B 的可传 c^*-子代数.

由引理 2.9.6 立见.

命题 2.9.8 设 A 是 c^*-代数，B 是 A 的可传 c^*-子代数，φ 是 B 上的态，则 φ 扩张为 A 上的态是唯一的.

证. 设 ψ 是 A 上的态，且 $\psi|B = \varphi$. 又若 $\{d_l\}$ 是 B 的逼近

单位元，于是，$\|\phi\| = \|\varphi\| = 1 = \lim_l \varphi(d_l)$．从而，依 Schwartz 不等式可见

$$\phi(a(1 - d_l)) \to 0, \quad \phi((1 - d_l)a) \to 0, \quad \forall \, a \in A.$$

进而，$\phi(a) = \lim_l \phi(d_l a d_l)$，$\forall \, a \in A$．如果 $a \in A_+$，则 $0 \leqslant d_l \cdot a d_l \leqslant \|a\| d_l^2 \in B_+$，$B$ 是可传的，从而 $d_l a d_l \in B$，即 $d_l A d_l \subset B$，$\forall \, l$．于是

$$\phi(a) = \lim_l \varphi(d_l a d_l), \quad \forall \, a \in A$$

因此，ϕ 为 φ 唯一决定．证毕．

注　本节见参考文献 [24]，[86]．

§10. *表示的比较、分离性与拟等价性

定义 2.10.1　设 A 是 c^*-代数，$\{\pi, \mathscr{H}\}$ 是 A 的 * 表示，如果 $\mathscr{K}$ 是 $\mathscr{H}$ 的闭子空间，且对 π 不变（即 $\pi(a)\mathscr{K} \subset \mathscr{K}$，$\forall \, a \in A$），则 $\{\pi, \mathscr{K}\}$ 也是 A 的 * 表示，称为 $\{\pi, \mathscr{H}\}$ 的一个子 * 表示．

今设 $\{\pi_i, \mathscr{H}_i\}$ 是 A 的 * 表示，$i = 1, 2$，如果 $\{\pi_1, \mathscr{H}_1\}$ 酉等价于 $\{\pi_2, \mathscr{H}_2\}$ 的一个子 * 表示，则记以 $\pi_1 \lesssim \pi_2$．

命题 2.10.2　设 $\{\pi_i, \mathscr{H}_i\}$ 是 c^*-代数 A 的 * 表示，$i = 1, 2$．1）令 $\pi = \pi_1 \oplus \pi_2$，$\mathscr{H} = \mathscr{H}_1 \oplus \mathscr{H}_2$，$p_i'$ 是 $\mathscr{H}$ 到 $\mathscr{H}_i$ 上的投影，自然 $p_i' \in \pi(A)'$，$i = 1, 2$．则 $\pi_1 \lesssim \pi_2$，当且仅当，在 $\pi(A)'$ 中有 $p_1' \lesssim p_2'$；2）如果 $\pi_1 \lesssim \pi_2$，又 $\pi_2 \lesssim \pi_1$，则它们酉等价，即 $\{\pi_1, \mathscr{H}_1\} \cong \{\pi_2, \mathscr{H}_2\}$．

证．1）显然．2）由 1）及命题 1.5.3 立见．

定义 2.10.3　设 $\{\pi_i, \mathscr{H}_i\}$ 是 c^*-代数 A 的 * 表示，$i = 1, 2$，π_1 与 π_2 称为分离的，记作 $\pi_1 \delta \pi_2$，指 π_1 的任何非零子 * 表示不能与 π_2 的任何非零子 * 表示酉等价．

命题 2.10.4　设 $\{\pi_i, \mathscr{H}_i\}$ 是 c^*-代数 A 的 * 表示，$i = 1, 2$，令 $\pi = \pi_1 \oplus \pi_2$，$\mathscr{H} = \mathscr{H}_1 \oplus \mathscr{H}_2$，$p_i'$ 是 $\mathscr{H}$ 到 $\mathscr{H}_i$ 上的投

影，于是 $p_i' \in \pi(A')$，$i = 1, 2$。则下列是相互等价的：1) $\pi_1 \delta \pi_2$；2) $c(p_1') \cdot c(p_2') = 0$，这里 $c(p_i')$ 是 p_i 在 $\pi(A)'$ 中的中心覆盖，$i = 1, 2$；3) p_i' 是 $\pi(A)'$ 的中心投影，$i = 1, 2$。

证. 由于 $p_1' \oplus p_2' = 1$，因此，2) 与 3) 等价。又显然 $\pi_1 \delta \pi_2$，当且仅当，不存在 $\pi(A)'$ 的非零投影 q_1', q_2'，使得 $q_1' \sim q_2'$，$q_1' \leqslant p_1'$，$q_2' \leqslant p_2'$。依命题 1.5.9，后者等价于 $c(p_1') \cdot c(p_2') = 0$。证毕.

定义 2.10.5 c^*-代数 A 的非退化 $*$ 表示 $\{\pi, \mathscr{H}\}$ 称为因子的，指 $\pi(A)$ 生成的（$\mathscr{H}$ 中的）vN 代数（即 $\pi(A)''$）是因子.

命题 2.10.6 设 $\{\pi_i, \mathscr{H}_i\}$ 是 c^*-代数 A 的因子 $*$ 表示，$i = 1, 2$，则必有下列三者之一成立：

$$\pi_1 \delta \pi_2, \quad \pi_1 \lesssim \pi_2, \quad \pi_2 \lesssim \pi_1.$$

证. 令 $\pi = \pi_1 \oplus \pi_2$，$\mathscr{H} = \mathscr{H}_1 \oplus \mathscr{H}_2$，$M = \pi(A)''$，$p_i'$ 是 $\mathscr{H}$ 到 $\mathscr{H}_i$ 上的投影，则 $p_i' \in M'$，$i = 1, 2$。依所设，$M p_i'$ 是 $\mathscr{H}_i$ 中的因子，$i = 1, 2$。如果 $c(p_i')$ 是 p_i' 在 M' 中的中心覆盖，依命题 1.5.10，$M p_i'$ 与 $M c(p_i')$ $*$ 同构，因此，$M c(p_i')$ 也是 $(c(p_i') \mathscr{H}$ 中的）因子，从而，$c(p_i')$ 是 $Z = M \cap M'$ 的极小投影（即若 Z 的投影 $z \leqslant c(p_i')$，则 $z = 0$ 或者 $c(p_i')$），$i = 1, 2$。由此，$c(p_1') \cdot c(p_2') = 0$，或者 $c(p_1') = c(p_2')$.

当 $c(p_1') \cdot c(p_2') = 0$，依命题 2.10.4，$\pi_1 \delta \pi_2$.

当 $c(p_1') = c(p_2')$ 时，已经指出 $M c(p_1')$ 是因子，依命题 1.3.8，$M' c(p_1')$ 也是因子，于是，由 p_1', p_2' 都 $\in M' c(p_1')$，必将有 $p_1' \lesssim p_2'$，或者 $p_2' \lesssim p_1'$（定理 1.5.4）。依命题 2.10.2，相应有 $\pi_1 \lesssim \pi_2$，或者 $\pi_2 \lesssim \pi_1$。证毕.

命题 2.10.7 设 $\{\pi_i, \mathscr{H}_i\}$ 是 c^*-代数 A 的不可约 $*$ 表示，$i = 1, 2$，则 $\pi_1 \delta \pi_2$，当且仅当，π_1 与 π_2 不是酉等价的.

证. 由于 π_i 的非零子 $*$ 表示只能是它本身，$i = 1, 2$，依定义 2.10.3，立即得证.

命题 2.10.8 如果 $\pi \delta \pi_l$，$\forall l$，则 $\pi \delta \sum_l \oplus \pi_l$.

证. 分别设 π, π_l 的作用空间是 $\mathscr{H}$, $\mathscr{H}_l$, 并令 $\Phi = \pi \oplus \bigoplus_l \pi_l$, $\mathscr{K} = \mathscr{H} \oplus \sum_l \oplus \mathscr{H}_l$, p', p'_l 是 $\mathscr{K}$ 到 $\mathscr{H}$, $\mathscr{H}_l$ 上的投影, 于是 p', $p'_l \in \Phi(A)'$, $\forall l$. 依命题 2.10.4 的证明, $c(p') \cdot c(p'_l) = 0$, $\forall l$. 依命题 1.5.8,

$$c(p') \perp \sup_l c(p'_l) = c(\sup_l p'_l) = c\left(\sum_l p'_l\right)$$

再由命题 2.10.4, $\pi \between \sum_l \oplus \pi_l$. 证毕.

定义 2.10.9 设 $\{\pi_i, \mathscr{H}_i\}$ 是 c^*-代数 A 的非退化 $*$ 表示, $M_i = \pi_i(A)''$, $i = 1, 2$. π_1 与 π_2 称为拟等价的, 记作 $\pi_1 \approx \pi_2$, 指存在 M_1 到 M_2 上的 $*$ 同构 Φ, 使得 $\Phi(\pi_1(a)) = \pi_2(a)$, $\forall a \in A$.

命题 2.10.10 设 $\{\pi_i, \mathscr{H}_i\}$ 是 c^*-代数 A 的非退化 $*$ 表示, $i = 1, 2$, 则下列是等价的:

1) $\pi_1 \approx \pi_2$;

2) π_i 的任何非零子 $*$ 表示不能与 π_j 相分离, $i \ne j$;

3) 令 $\pi = \pi_1 \oplus \pi_2$, $\mathscr{H} = \mathscr{H}_1 \oplus \mathscr{H}_2$, p'_i 是 $\mathscr{H}$ 到 $\mathscr{H}_i$ 上的投影 ($\in \pi(A)'$), $i = 1, 2$, 则 $c(p'_1) = c(p'_2)$;

4) 存在 π_1 的增补 π (即有 Hilbert 空间 $\mathscr{L}$, 使得 $\pi(a) = \pi_1(a) \otimes 1_{\mathscr{L}}$, $\forall a \in A$) 及 $\pi(A)'$ 的投影 p', p' 在 $\pi(A)'$ 中的中心覆盖是 $1_{\mathscr{H}_1 \otimes \mathscr{L}}$, 并且 $\pi p' \cong \pi_2$;

5) 分别存在 π_1, π_2 的增补, 而它们酉等价.

证. 1) 推导 4): 由定理 1.12.4 及命题 1.12.5 立见.

4) 推导 1): 用 4) 来定义 Φ_3, Φ_2, Φ_1 如定理 1.12.4, 再令 $\Phi = \Phi_3 \circ \Phi_2 \circ \Phi_1$, 即见 $\pi_1 \approx \pi_2$.

4) 推导 5): 由条件 4), π_2 将酉等价于 $\pi_1 \otimes 1_{\mathscr{L}}$ 的一个子 $*$ 表示. 1) 与 4) 等价, 因此, π_1 也酉等价于 $\pi_2 \otimes 1_{\mathscr{K}}$ 的一个子 $*$ 表示 ($\mathscr{K}$ 为某 Hilbert 空间). 命 R 是无穷维的 Hilbert 空间, 并且 $\dim R \geqslant \dim \mathscr{L}$, $\dim \mathscr{K}$, 于是

$$\pi_2 \otimes 1_R \lesssim \pi_1 \otimes 1_{\mathscr{L}} \otimes 1_R \cong \pi_1 \otimes 1_R \lesssim \pi_2 \otimes 1_{\mathscr{K}} \otimes 1_R \cong \pi_2 \otimes 1_R \quad \text{再依}$$

命题 2.10.2，$\pi_1\otimes 1_R \cong \pi_2\otimes 1_R$.

5) 推导 2)：设 $\pi_1\otimes 1_R \cong \pi_2\otimes 1_R$，这里 R 是某个 Hilbert 空间。如果 τ_i 是 π_i 的非零子 * 表示，它也是 $\pi_i\otimes 1_R$ 的子 * 表示，于是 τ_i 不能与 $\pi_i\otimes 1_R$ 相分离。再依命题 2.10.8，τ_i 不能与 π_i 相分离。

2) 推导 3)：如果 $c(p_1')\not\approx c(p_2')$，无妨设 $c(p_1')\not\geqslant c(p_2')$，于是 $z = c(p_2')-c(p_1')\cdot c(p_2')$ 是 $\pi(A)'$ 的非零中心投影，$z\leqslant c(p_2')$，并且 $z\perp c(p_1')$。依命题 1.5.8 的 4)，$zp_2'\not\approx 0$。当然也有 $c(zp_2')\perp c(p_1')$。依命题 2.10.4，$\{\pi_2, \mathscr{H}_2\}$ 的非零子 * 表示 $\{\pi_2, z\mathscr{H}_2\}$ 与 $\{\pi_1, \mathscr{H}_1\}$ 相分离。这与条件 2) 相矛盾。

3) 推导 1)：设 $z = c(p_1') = c(p_2')$，$M = \pi(A)''$，依命题 1.5.10，Mp_1' 与 $Mz*$ 同构，$i = 1, 2$。于是存在 $M_1 = Mp_1'$ 到 $M_2 = Mp_2'$ 上的 * 同构 Φ，使得 $\Phi(bp_1') = bp_2'$，$\forall b\in M$。特别对任意的 $a\in A$，由于 $\pi_i(a) = \pi(a)p_i'$，因此，$\Phi(\pi_1(a)) = \pi_2(a)$，即 $\pi_1\approx \pi_2$。证毕。

命题 2.10.11 设 $\{\pi_i, \mathscr{H}_i\}$ 是 c^*-代数 A 的非退化 * 表示，$i = 1, 2$。

1) 如果 $\pi_1\cong \pi_2$，则 $\pi_1\approx \pi_2$；

2) 如果 π_1，π_2 都是不可约的，并且 $\pi_1\approx \pi_2$，则 $\pi_1\cong \pi_2$。

证. 1) 是显然的。今证 2)。依命题 2.10.10 的 2)，π_1 与 π_2 不是分离的。再由 π_1，π_2 的不可约性及定义 2.10.3，即见 $\pi_1\cong \pi_2$。证毕。

命题 2.10.12 如果 $\{\pi_i, \mathscr{H}_i\}$ 是 c^*-代数 A 的因子 * 表示，$i = 1, 2$，则 $\pi_1\,\delta\,\pi_2$ 或者 $\pi_1\approx \pi_2$。特别当 $\{\pi_i, \mathscr{H}_i\}$ 还是不可约的，$i = 1, 2$，则 $\pi_1\,\delta\,\pi_2$，或者 $\pi_1\cong \pi_2$。

证. 依命题 2.10.6，可设 $\pi_1\preccurlyeq \pi_2$，于是有投影 $p'\in \pi_2(A)'$，使得 $\pi_1\cong \pi_2p'$。但 $\pi_2(A)'$ 是因子，p' 在 $\pi_2(A)'$ 中的中心复盖只能是 1，依命题 1.5.10，$\pi_2\approx \pi_2p'$，因此，$\pi_1\approx \pi_2$。当 π_1, π_2 还是不可约的，由命题 2.10.11 立见。证毕。

注 本节见参考文献 [21]，[69]，[70]。

§11. c^*-代数的包络 vN 代数

定义 2.11.1 设 A 是 c^*-代数，$\mathscr{S}$ 是其态空间，对每个 $\rho \in \mathscr{S}$，有 A 的循环 $*$ 表示 $\{\pi_\rho, \mathscr{H}_\rho, \xi_\rho\}$（如命题 2.3.18）. 令

$$\pi = \sum_{\rho \in \mathscr{S}} \oplus \pi_\rho, \quad \mathscr{H} = \sum_{\rho \in \mathscr{S}} \oplus \mathscr{H}_\rho$$

称它为 A 的泛表示，并记 $\bar{A} = \pi(A)''$，称为 A 的包络 vN 代数.

如果 φ 是 $\bar{A}$ 上的正规正泛函，由于 A 与 $\pi(A)*$ 同构，φ 可诱导 A 上一个正泛函. 依 $\{\pi, \mathscr{H}\}$ 的构造，有 $\xi \in \mathscr{H}$，使得 $\varphi(\pi(a)) = \langle \pi(a)\xi, \xi \rangle$，$\forall a \in A$. 但 φ 是正规的，从而

$$\varphi(b) = \langle b\xi, \xi \rangle, \quad \forall b \in \bar{A}.$$

由此易见，在 vN 代数 $\bar{A}$ 中，弱算子拓扑与 σ-弱算子拓扑等价，强算子拓扑与 σ-强算子拓扑等价.

现在讨论 $\bar{A}$ 与 A^{**} 间的关系. 依命题 1.33，$\bar{A}$ 是 Banach 空间 $\bar{A}_* = T(\mathscr{H})/\bar{A}_\perp$ 的共轭空间，这里

$$\bar{A}_\perp = \{\iota \in T(\mathscr{H}) | \operatorname{tr}(\iota b) = 0, \ \forall b \in \bar{A}\}.$$

$\bar{A}_*$ 与 A^* 可以通过下面的方式实现等距同构：对任意的 $f \in \bar{A}_*$，令

$$F(a) = \pi(a)(f), \quad \forall a \in A,$$

则 $F \in A^*$，并且 $\|F\| = \|f\|$；反之 A^* 的任意元 F 必有上述的形式. 事实上，当 $f \in \bar{A}_*$ 时，依稠密性定理 1.6.1，$\|f\| = \sup\{|\pi(a)(f)| \mid a \in A, \|a\| \leqslant 1\} = \|F\|$. 反之，设 $\rho \in \mathscr{S}$，于是 $\rho(a) = \langle \pi(a)\xi_\rho, \xi_\rho \rangle$，$\forall a \in A$. 命 p_ρ 是 $\mathscr{H}$ 到 $[\xi_\rho]$ 上的一秩投影，并记 f 是 p_ρ 在 $T(\mathscr{H})/\bar{A}_*$ 中的正则映象，则

$$\pi(a)(f) = \operatorname{tr}(\pi(a)p_\rho) = \langle \pi(a)\xi_\rho, \xi_\rho \rangle = \rho(a), \quad \forall a \in A.$$

因此，对 $\rho \in \mathscr{S}$ 有上述的形式. 此外，A^* 是 $\mathscr{S}$ 的线性包，从而对 A^* 的任意元有所述的形式.

记前面所说的 $\bar{A}_*$ 到 A^* 上的等距同构为 π_*，即

$$\pi_*(f)(a) = \pi(a)(f), \quad \forall a \in A, \ f \in \bar{A}_*,$$

于是 $(\pi_*)^*$ 是 A^{**} 到 $\bar{A}$ 上的等距同构. 如果把 A 正则地嵌入 A^{**} 之中, 则对任意的 $a \in A$,

$$(\pi_*)^*(a)(f) = \pi_*(f)(a) = \pi(a)(f), \quad \forall f \in \bar{A}_*.$$

所以, $(\pi_*)^*(a) = \pi(a)$, 即 $(\pi_*)^*$ 正是 A 到 $\pi(A)$ 上 $*$ 同构 π 的扩张. 由此, 我们将简单地写 $(\pi_*)^* = \pi$. 通过上面的讨论, 我们有

定理 2.11.2　设 A 是 c^*-代数, 则 A 的二次共轭空间 A^{**} 与 A 的包络 vN 代数 $\bar{A}$ 等距同构. 从而可以在 A^{**} 中引入乘法与 $*$ 运算, 使得 A^{**} 也成为 c^*-代数, 并且以 A 为它的 c^*-子代数. 此外, 如果 A 有单位元, 则它也是 A^{**} 的单位元.

在上面讨论中, A^{**} 中的乘法与 $*$ 运算是通过 $\bar{A}$ 转嫁而来的. 现在我们设法直接借助于 A^* 与 A 表达出来.

定理 2.11.3　设 A 是 c^*-代数, 在 A^{**} 中定义 $*$ 运算

$$X^*(F) = \overline{X(F^*)}, \quad F^*(a) = \overline{F(a^*)}$$

及乘法 (Arens 乘积)

$$XY(F) = X([Y, F]), \quad [Y, F](a) = Y(L_a F),$$
$$(L_a F)(b) = F(ab)$$

$\forall X, Y \in A^{**}, F \in A^*, a, b \in A$, 则 A^{**} 中的这个 $*$ 运算与乘法正是由 $\bar{A}$ 转嫁而来的.

证. 设 $\bar{A}, \bar{A}_*, \bar{A}_\perp$ 意义均如前面, π_* 是 $\bar{A}_*$ 到 A^* 上的等距同构, $(\pi_*)^* = \pi$ 是 A^{**} 到 $\bar{A}$ 上的等距同构.

对任意的 $X \in A^{**}$, 可取网 $\{x_l\} \subset A$, 使得 $x_l \xrightarrow{\sigma(A^{**}, A^*)} X$. 依 A^{**} 中 $*$ 的定义, 易见 $x_l^* \xrightarrow{\sigma(A^{**}, A^*)} X^*$. 但 $\pi = (\pi_*)^*$ 是 $\sigma(A^{**}, A) - \sigma(\bar{A}, \bar{A}_*)$ 连续的, 因此,

$$\pi(X^*) = \pi(X)^*, \quad \forall X \in A^{**}.$$

设 $f(\in \bar{A}_*)$ 是 $t(\in T(\mathcal{H}))$ 在 $T(\mathcal{H})/\bar{A}_\perp$ 中的正则映象, $a \in A$, 令 $L_a f$ 是 $t\pi(a)(\in T(\mathcal{H}))$ 在 $T(\mathcal{H})/\bar{A}_\perp$ 中的正则映象. 于是

$$(L_a \pi_*(f))(b) = \pi_*(f)(ab) = \pi(ab)(f)$$

$$= \operatorname{tr}(\iota ab) = \pi(b)(L_a f),$$

$\forall b \in A$，所以，$L_a \pi_*(f) = \pi_*(L_a f)$. 如果 $Y \in A^{**}$，由于

$$[Y, \pi_*(f)](a) = Y(L_a \pi_*(f)) = Y(\pi_*(L_a f))$$
$$= \pi(Y)(L_a f) = \operatorname{tr}(\pi(Y)\iota\pi(a))$$
$$= \pi(a)(g) = \pi_*(g)(a),$$

$\forall a \in A$，这里 g 是 $\pi(Y)\iota (\in T(\mathscr{H}))$ 在 $T(\mathscr{H})/\overline{A}_\perp$ 中的正则映象，因此，$[Y, \pi_*(f)] = \pi_*(g)$. 又若 $X \in A^{**}$，则

$$\pi(XY)(f) = XY(\pi_*(f)) = X([Y, \pi_*(f)])$$
$$= X(\pi_*(g)) = \pi(X)(g)$$
$$= \operatorname{tr}(\pi(X)\pi(Y)\iota) = (\pi(X)\pi(Y))(f),$$

$\forall f \in \overline{A}_*$，所以，$\pi(X)\pi(Y) = \pi(XY)$，$\forall X, Y \in A^{**}$. 证毕.

命题 2.11.4 设 A 是 c^*-代数，B 是 A 的 c^*-子代数，则 B^{**}（作为 c^*-代数）$*$同构于 B 在 A^{**} 中的 $\sigma(A^{**}, A^*)$ 闭包 $\overline{B}^\sigma$.

证. 对任意的 $X \in B^{**}$，令 $\Phi(X)(F) = X(F|B)$，$\forall F \in A^*$，于是，Φ 是 B^{**} 到 $\overline{B}^\sigma$ 上的等距线性同构，再依定理 2.11.3，容易验证 Φ 将保持 $*$ 与乘法运算. 证毕.

注 本节见参考文献 [45]，[108]，[112].

§12. c^*-代数的公理

§12.1 c^*-代数的单位球

命题 2.12.1 设 A 是有单位元的 c^*-代数，$S = \{a \in A \mid \|a\| \leqslant 1\}$ 是 A 的单位球，$A_u = \{v \in A \mid v^*v = vv^* = 1\}$ 是 A 的酉元全体，则 $S = \overline{CoA_u}$，即 S 是 A_u 的凸闭包.

证. 设 $a \in A$，$\|a\| < 1$，于是

$$f(a, \lambda) = (1 - aa^*)^{-\frac{1}{2}}(1 + \lambda a),$$

对每个 $|\lambda| = 1$ 在 A 中是可逆的. 由于

$$a^*(1 - aa^*)^{-1} = a^* \sum_{n=0}^{\infty} (aa^*)^n$$

$$= \sum_{n=0}^{\infty} (a^*a)^n a^* = (1 - a^*a)^{-1} a^*,$$

于是

$$
\begin{aligned}
f(a, \lambda)^* f(a, \lambda) + 1 &= (1 + \bar{\lambda}a^*)(1 - aa^*)^{-1}(1 + \lambda a) + 1 \\
&= (1 - aa^*)^{-1} + \bar{\lambda}a^*(1 - aa^*)^{-1} \\
&\quad + \lambda(1 - aa^*)^{-1}a \\
&\quad + [a^*(1 - aa^*)^{-1}a + 1] \\
&= (1 - aa^*)^{-1} + \bar{\lambda}(1 - a^*a)^{-1}a^* \\
&\quad + \lambda(1 - aa^*)^{-1}a \\
&\quad + (1 - a^*a)^{-1}, \quad \forall |\lambda| = 1.
\end{aligned}
$$

当 a 代以 a^*, λ 代以 $\bar{\lambda}$ 时，此式不变，因此，

$$f(a, \lambda)^* f(a, \lambda) = f(a^*, \bar{\lambda})^* f(a^*, \bar{\lambda}), \quad \forall |\lambda| = 1.$$

从而，

$$u_\lambda = f(a, \lambda) f(a^*, \bar{\lambda})^{-1} \in A_u, \quad \forall |\lambda| = 1.$$

今命

$$u(\lambda) = (1 - aa^*)^{-\frac{1}{2}}(\lambda + a)(1 + \lambda a^*)^{-1}(1 - a^*a)^{\frac{1}{2}},$$

它是取值于 A 的在 $|\lambda| \leqslant 1$ 中解析的函数，并且，$u(\lambda) = \lambda u_\lambda \in A_u$, $\forall |\lambda| = 1$. 此外，$u(0) = a$, 于是

$$
\begin{aligned}
a &= \frac{1}{2\pi i} \int_{|\lambda|=1} \frac{u(\lambda)}{\lambda} d\lambda \\
&= \frac{1}{2\pi} \int_0^{2\pi} u(e^{i\theta}) d\theta \\
&= \lim_n \frac{1}{n} \sum_{k=1}^{n} u(e^{2\pi ki/n}),
\end{aligned}
$$

已经指出 $u(\lambda) \in A_u$, $\forall |\lambda| = 1$, 因此，$a \in \overline{CoA_u}$. 证毕.

定理 2.12.2 设 A 是有单位元的 c^*-代数，S 是它的单位球，则 $Co\{e^{ih} | h^* = h \in A\}$ 在 S 中稠.

证. 设 $\{\pi, \mathscr{H}\}$ 是 A 的泛表示，$\bar{A}$ 是 A 的包络 vN 代数.

若 u 是 $\bar{A}$ 的酉元，依谱分解

$$u = \int_0^{2\pi} e^{i\theta}\, dp(\theta) = \lim_n \sum_{k=1}^n e^{2\pi k i/n}$$

$$\cdot \left[p\left(\frac{2\pi k}{n}\right) - p\left(\frac{2\pi(k-1)}{n}\right) \right]$$

$$= \lim_n \exp\left(i \sum_{k=1}^n \frac{2\pi k}{n} p_k^{(n)} \right),$$

这里 $p_k^{(n)} = p\left(\dfrac{2\pi k}{n}\right) - p\left(\dfrac{2\pi(k-1)}{n}\right)$ 是 $\bar{A}$ 的投影，因此，依命题 2.12.1，$Co\{e^{ih} | h = h^* \in \bar{A}\}$ 在 $\bar{A}$ 的单位球中依一致拓扑是稠的。

又依稠密性定理 1.6.1，$Co\{\pi(e^{ih}) | h = h^* \in A\}$ 在 $\bar{A}$ 的单位球中是强算子稠的，当然更在 $\pi(S)$ 中强算子稠。

今若 $Co\{e^{ih} | h = h^* \in A\}$ 不在 S 中稠，于是有 $a \in S$ 及 $f \in A^*$，使得

$$\sup \{\mathrm{Re}\, f(e^{ih}) | h^* = h \in A\} < \mathrm{Re}\, f(a)$$

另一方面，依上面所证，有网 $\{a_l\} \subset Co\{e^{ih} | h^* = h \in A\}$，使得 $\pi(a_l) \xrightarrow{\text{强算子}} \pi(a)$. 对任意的 $\rho \in \mathscr{S}$，则

$$\rho(a_l) = \langle \pi(a_l)\xi_\rho, \xi_\rho \rangle \to \langle \pi(a)\xi_\rho, \xi_\rho \rangle = \rho(a)$$

但 A^* 是 $\mathscr{S}$ 的线性包，因此，$f(a_l) \to f(a)$. 这便与 $\sup \{\mathrm{Re}\, f(e^{ih}) | h^* = h \in A\} < \mathrm{Re}\, f(a)$ 相矛盾. 证毕.

定理 2.12.3 设 A 是有单位元的 c^*-代数，则

$$\|a\| = \inf \left\{ \sum_j |\lambda_j| \,\Big|\, a = \sum_j \lambda_j e^{ih_j},\ \text{这里 } h_j^* = h_j,\ \forall j \right\}, \ \forall a \in A.$$

证. 记右端的数为 $\|a\|_1$，显然，$\|a\|_1 \geqslant \|a\|$.

对任意的 $a^* = a \in A$，$\|a\| \leqslant 1$，$v_\pm = a \pm i(1-a^2)^{1/2} \in A_u$. 由于 $\sigma(a) \subset [-1, 1]$，因此 $\sigma(v_\pm) \subset \{\lambda \mid |\lambda| = 1\}$. 从而，存在 $h_\pm^* = h_\pm \in A$，使得 $v_\pm = \exp(ih_\pm)$. 所以，

$$a = \frac{1}{2} v_+ + \frac{1}{2} v_- \in Co\{e^{ih} | h^* = h \in A\}.$$

今若 $x \in A$，$\|x\| \leqslant \dfrac{1}{2}$，依上面的讨论，$(x + x^*)$ 及 $i(x - x^*)$

均 $\in Co\{e^{ih}\,|\,h^* = h \in A\}$. 但可写 $x - x^* = e^{-\frac{\pi}{2}i} \cdot i(x - x^*)$,因此,$(x - x^*) \in Co\{e^{ih}\,|\,h^* = h \in A\}$. 于是可知

$$\frac{1}{2} S \subset Co\{e^{ih}\,|\,h^* = h \in A\}.$$

这里 S 是 A 的单位球. 由此

$$\|a\| \leqslant \|a\|_1 \leqslant 2\|a\|, \quad \forall a \in A,$$

对 A 的任意非零元 a,依定理 2.12.2,有列 $\{a_n\} \subset Co\{e^{ih}\,|\,h^* = h \in A\}$,使得 $\|a_n - \|a\|^{-1}a\| \to 0$. 于是,$\|a_n - \|a\|^{-1}a\|_1 \to 0$,但显然有 $\|a_n\|_1 \leqslant 1$,从而,$\|\|a\|^{-1}a\|_1 \leqslant 1$,即 $\|a\|_1 \leqslant \|a\|$. 所以,$\|a\| = \|a\|_1$, $\forall a \in A$. 证毕.

命题 2.12.4 设 A 是有单位元的 c^*-代数,S 是 A 的单位球,$\mathring{S} = \{a \in A \,|\, \|a\| < 1\}$,则

$$\mathring{S} \subset Co\{e^{ih}\,|\,h^* = h \in A\} \subset S.$$

证. 设 $a \in \mathring{S}$,依定理 2.12.3,可写 $a = \sum_i \lambda_i e^{ih_i}$,这里 $h_i^* = h_i$, $\lambda_i > 0$, $\forall i$,并且 $\sum_i \lambda_i < 1$. 于是

$$a = \left(\sum_i \lambda_i e^{ih_i} + \frac{1 - \sum_i \lambda_i}{2} e^{i \cdot 0} + \frac{1 - \sum_i \lambda_i}{2} e^{i \cdot \pi} \right)$$
$$\in Co\{e^{ih}\,|\,h^* = h \in A\}.$$

证毕.

定理 2.12.5 设 A 是有单位元的 c^*-代数,B 是赋范线性空间,Φ 是 A 到 B 中的有界线性算子,则 $\|\Phi\| = \sup\{\|\Phi(e^{ih})\|\,|\,h^* = h \in A\}$.

证. 依命题 2.12.4,
$$\|\Phi\| = \sup_{\|a\| < 1} \|\Phi(a)\|$$
$$= \sup\left\{ \left\| \sum_i \lambda_i \Phi(e^{ih_i}) \right\| \,\middle|\, \begin{matrix} h_i^* = h_i,\ \lambda_i > 0,\ \forall i, \\ \sum_i \lambda_i = 1 \end{matrix} \right\}$$
$$\leqslant \sup\{\|\Phi(e^{ih})\|\,|\,h^* = h \in A\} \leqslant \|\Phi\|.$$

证毕.

§12.2 严格正元

定义 2.12.6 设 A 是 c^*-代数，$\mathscr{S}$ 是它的态空间，$a \in A_+$ 称为严格正的，指 $\rho(a) > 0$，$\forall \rho \in \mathscr{S}$.

如果 A 有单位元，依命题 2.3.13，$a \in A_+$ 是严格正的，当且仅当，a 在 A 中有逆.

引理 2.12.7 设 a 是 A 的严格正元，$\{\pi, \mathscr{H}\}$ 是 A 的非退化 $*$ 表示，则 $\pi(a)\mathscr{H}$ 在 $\mathscr{H}$ 中稠.

证. 若有 $\xi \in \mathscr{H}$，$\|\xi\| = 1$，使得 $\langle \pi(a)\eta, \xi \rangle = 0$，$\forall \eta \in \mathscr{H}$. 令 $\rho(\cdot) = \langle \pi(\cdot)\xi, \xi \rangle$，则 $\rho \in \mathscr{S}$. 但 $\rho(a) = 0$，与 a 严格正相矛盾. 因此 $\pi(a)\mathscr{H}$ 在 $\mathscr{H}$ 中稠. 证毕.

定理 2.12.8 设 A 是 c^*-代数，则 A 至少有一个严格正元，当且仅当，A 有逼近单位元 $\{d_n\}_{n=1}^\infty$，并且 $d_n d_m = d_m d_n$，$\forall n, m$.

证. 若满足要求的 $\{d_n\}$ 存在，令 $a = \sum_n 2^{-n} d_n$. 对任意的 $\rho \in \mathscr{S}$，依命题 2.4.4，$\rho(d_n) \to 1$，因此，$\rho(a) > 0$，即 a 是严格正元.

反之设 A 有严格正元 a，无妨设 $\|a\| = 1$. 令 $d_n = a^{\frac{1}{n}}$，自然 $d_n d_m = d_m d_n$，$d_m \geqslant d_n$，$\|d_n\| = 1$，$\forall m \geqslant n$. 今只须对任意的 $x \in A_+$，证明

$$\|x d_n - x\| \to 0.$$

令 $z_n = x - x^{\frac{1}{2}} d_n x^{\frac{1}{2}}$，易见 $z_n \geqslant z_m \geqslant 0$，$\forall m \geqslant n$. 记

$$\Omega = \{\rho \in A^* \,|\, \rho \geqslant 0, \|\rho\| \leqslant 1\}$$

它是 A^* 的 $\sigma(A^*, A)$ 紧子集. 令 $z_n(\rho) = \rho(z_n)$，则 $z_n(\cdot) \in C(\Omega)$，并且 $z_1(\cdot) \geqslant \cdots \geqslant z_n(\cdot) \geqslant \cdots$. 我们说

$$\lim_n z_n(\rho) = 0, \quad \forall \rho \in \Omega$$

事实上，$\rho \in \Omega$ 可以产生 A 的循环 $*$ 表示 $\{\pi_\rho, \mathscr{H}_\rho, \xi_\rho\}$，于是，$z_n(\rho) = \langle \pi_\rho(z_n)\xi_\rho, \xi_\rho \rangle = \langle \pi_\rho(x)\xi_\rho, \xi_\rho \rangle - \langle \pi_\rho(x^{\frac{1}{2}} d_n x^{\frac{1}{2}})\xi_\rho, \xi_\rho \rangle.$

依引理 2.12.7，$\pi_\rho(a)\mathscr{H}_\rho$ 在 $\mathscr{H}_\rho$ 中稠. 又 $a^{1+\frac{1}{n}} \to a$，从而 $\pi_\rho(d_n) \xrightarrow{\text{强算子}} 1$. 进而 $z_n(\rho) \to 0$，$\forall \rho \in \Omega$. 再由 Dini 定理，$\max\{z_n(\rho)|\rho \in \Omega\} \to 0$. 再由系 2.3.14，$\|z_n\| \to 0$，即 $x^{\frac{1}{2}}d_n x^{\frac{1}{2}} \to x$. 从而

$$\|xd_n - x\|^2 = \|(1 - d_n)x\|^2 \leqslant 4\|x\| \cdot \|(1 - d_n)^{1/2}x^{1/2}\|^2$$
$$= 4\|x\| \cdot \|x^{1/2}(1 - d_n)x^{1/2}\| \to 0.$$

证毕.

定理 2.12.9 若 A 是可分的 c^*-代数，则 A 至少有一个严格正元.

证. 设 $\{x_n\}$ 是 $A_+ \cap S$ 中的可数稠集，这里 S 是 A 的单位球，并令 $a = \sum_n 2^{-n}x_n$. 对任意的 $\rho \in \mathscr{S}$，至少有一个 n，使得 $\rho(x_n) > 0$，因此，$\rho(a) > 0$，即 a 是 A 的严格正元. 证毕.

命题 2.12.10 若 A 有一个严格正元，则严格正元全体在 A_+ 中是稠的.

证. 设 a 是 A 的严格正元，对任意的 $b \in A_+$，则 $\left(b + \dfrac{1}{n}a\right)$ 也是严格正元，并且 $\left(b + \dfrac{1}{n}a\right) \to b$. 证毕.

§12.3 Banach＊代数

定义 2.12.11 A 称为 Banach＊代数，指 A 是复 Banach 代数，并且其中定义＊运算，满足

$$(\lambda x + \mu y)^* = \bar{\lambda}x^* + \bar{\mu}y^*, \quad (xy)^* = y^*x^*, \quad (x^*)^* = x,$$

$\forall x, y \in A$，$\lambda, \mu \in \mathbf{C}$.

A 中的＊运算称为厄米的，指对任意的 $h^* = h \in A$，$\sigma(h) \subset \mathbf{R}$.

A 的元 a 称为正的，记作 $a \geqslant 0$，指 $a^* = a$，并且 $\sigma(a)$ 由非负实数组成. 此外，$a \geqslant b$，指 $(a - b) \geqslant 0$.

引理 2.12.12 设 A 是有单位元的 Banach＊代数，B 是 A 的极大交换的＊子代数，则 B 是闭的，并且 $\sigma_B(b) = \sigma_A(b)$，$\forall b \in B$.

证. 设 $x_n \in B$，并且 $x_n \to x$. 由于 $x_n y = yx_n$，$\forall n$ 及

$y \in B$，因此，$xy = yx$，$\forall y \in B$。B 是 *子代数，于是 $x^*y = yx^*$，$\forall y \in B$。此外，由于 $x_n x^* = x^* x_n$，$\forall n$，所以，$x^*x = xx^*$。今 B 是极大交换的 *子代数，所以，$x \in B$，即 B 是闭的。

若 $b \in B$，$\lambda \in \mathbf{C}$，使得 $(b - \lambda)^{-1}$ 在 A 中存在。易见 $\{(x - \lambda)^{-1}, (x^* - \bar{\lambda})^{-1}, B\}$ 又可生成交换 *子代数，但 B 是极大交换的 *子代数，所以，$(x - \lambda)^{-1} \in B$。这说明 $\sigma_A(b) = \sigma_B(b)$，$\forall b \in B$。证毕。

引理 2.12.13 设 A 是交换的 Banach *代数，有单位元且半单纯，则 *运算是连续的。

证。设 Ω 是 A 的谱空间，对任意的 $\rho \in \Omega$，定义 $\bar{\rho}(a) = \overline{\rho(a^*)}$，$\forall a \in A$，易见 $\bar{\rho}$ 仍然是 A 上的非零乘法泛函，即 $\bar{\rho} \in \Omega$。

今设 $\|x_n - x\| \to 0$，$\|x_n^* - y\| \to 0$，于是

$$|\rho(x - y^*)| \leqslant |\rho(x_n - x)| + |\rho(x_n - y^*)|$$
$$= |\rho(x_n - x)| + |\bar{\rho}(x_n^* - y)|$$
$$\leqslant \|x_n - x\| + \|x_n^* - y\| \to 0,$$

$\forall \rho \in \Omega$。由于 A 是半单纯的，所以，$x = y^*$。这说明 *运算在实 Banach 空间 A 中是闭线性算子，因此，*运算是连续的。证毕。

定理 2.12.14 设 A 是有单位元的 Banach *代数，$a \in A$，$a \geqslant 0$，并且 a 在 A 中有逆，则存在 $u \in A$，$u \geqslant 0$，u 在 A 中有逆，使得 $u^2 = a$，并且 u 属于 A 的任何包含 a 的极大交换 *子代数。

证。设 B 是 A 的包含 a 的任意极大交换 *子代数。

无妨设 $\|a\| < 1$，于是 $\nu(1 - a) < 1$。注意复函数 $(1 + z)^{\frac{1}{2}} = \sum_{n=0}^{\infty} \lambda_n z^n$ 在 $|z| < 1$ 中解析，以及存在 n_0，$\varepsilon \in (0, 1)$，使得 $\|(a - 1)^n\|^{\frac{1}{n}} \leqslant 1 - \varepsilon$，$\forall n \geqslant n_0$，因此，

$$a_k = \sum_{n=0}^{k} \lambda_n (a - 1)^n \to u + iv.$$

这里 $u^* = u$，$v^* = v$。自然 $a_k \in B$，$\forall k$，依引理 2.12.12，$u + iv \in B$。B 是 *子代数，于是 $u, v \in B$，特别，$uv = vu$。此外，由

于 $(u+iv)^2=a$ 及 $a^*=a$，从而
$$a=u^2-v^2,\quad uv=0.$$

如果 R 是 B 的根基(即 B 的所有极大理想的交)，由于 B 的极大理想的 $*$ 映象仍然是 B 的极大理想，所以，$R^*=R$. 从而，B/R 是有单位元的、半单纯的交换 Banach $*$ 代数. 依引理 2.12.13，$*$ 运算在 B/R 中是连续的. 如果 $b\to\tilde{b}$ 是 B 到 B/R 上的正则映象，则

$$(\widetilde{a_k-u})^*=(\widetilde{a_k-u})\to i\tilde{v}=(i\tilde{v})^*,$$

因此，$\tilde{v}=0$，即 $v\in R$.

若 $0\in\sigma(u)$，依引理 2.12.12，有 B 上的非零乘法泛函 ρ，使得 $\rho(u)=0$. 于是由 $v\in R$，$\rho(a)=0$. 这与 a 在 A 中有逆(依引理 2.12.12，a 在 B 中也有逆) 相矛盾. 因此，u 在 A 中有逆，且 $u^{-1}\in B$. 进而，$v=u^{-1}uv=0$，$a=u^2$.

对于 B 上任意的非零乘法泛函 ρ，$\lambda=\rho(a)\in(0,1)$，于是

$$\rho(a_k)=\sum_{n=0}^{k}\lambda_n(\lambda-1)^n\to(1+(\lambda-1))^{1/2}=\lambda^{1/2}\geqslant 0.$$

所以，$\rho(u)=\lim_k\rho(a_k)\geqslant 0$. 再依引理 2.12.12，可见 $\sigma(u)$ 由非负实数组成，因此，$u\geqslant 0$. 证毕.

定理 2.12.15 设 A 是 Banach $*$ 代数，并且 $*$ 运算是厄米的，如果 $a,b\in A$，$a\geqslant 0$，$b\geqslant 0$，则 $(a+b)\geqslant 0$.

证. 无妨设 A 有单位元.

第一步建立不等式

$$v(x)\leqslant v(x^*x)^{\frac{1}{2}},\quad\forall x\in A.$$

事实上，对 $x\in A$ 及任意的 $\varepsilon>0$，令 $y=(v(x^*x)+\varepsilon)^{-\frac{1}{2}}x$，则 $v(y^*y)<1$. 由于 $*$ 运算厄米，$1-y^*y\geqslant 0$，并且 $(1-y^*y)$ 在 A 中有逆. 依定理 2.12.14，有 $w\geqslant 0$，并且 w^{-1} 存在，使得 $w^2=1-y^*y$. 注意等式

$$(1+y^*)(1-y)=w[1+w^{-1}(y^*-y)w^{-1}]w,$$

由于 $w^{-1}(y^*-y)w^{-1}$ 的谱为纯虚数所组成，因此等式右端的元

有逆,即 $(1-y)$ 有左逆.

今设 $\lambda \in \sigma(y)$,并且 $|\lambda| = \nu(y) > 1$. 由于 $\nu(y^*y) < 1$,因此,$1 - |\lambda|^{-2}y^*y \geqslant 0$,并且有逆. 仿照上面可证 $(1 - \lambda^{-1}y)$ 有左逆(代替 y 以 $\lambda^{-1}y$ 来考虑). 设 z 是 $(y - \lambda)$ 的左逆. 由于 λ 是 $\sigma(y)$ 的边界点,可取 y 的正则点列 $\lambda_n \to \lambda$,于是 $\|(y - \lambda_n)^{-1}\| \to +\infty$. 从而

$$1 = \|z(y - \lambda)(y - \lambda_n)^{-1}\| \cdot \|(y - \lambda_n)^{-1}\|^{-1}$$
$$= \|z + (\lambda_n - \lambda)z(y - \lambda_n)^{-1}\| \cdot \|(y - \lambda_n)^{-1}\|^{-1}$$
$$\leqslant \|z\| \cdot \|(y - \lambda_n)^{-1}\|^{-1} + |\lambda_n - \lambda| \cdot \|z\| \to 0,$$

这不可能. 因此,$\nu(y) \leqslant 1$,即 $\nu(x) \leqslant (\nu(x^*x) + \varepsilon)^{1/2}$. $\varepsilon > 0$ 是任意的,所以,$\nu(x) \leqslant \nu(x^*x)^{\frac{1}{2}}$,$\forall x \in A$.

第二步证明对任意的 $h^* = h$,$k^* = k \in A$,有

$$\nu(hk) \leqslant \nu(h)\nu(k).$$

事实上,由第一步

$$\nu(hk)^2 \leqslant \nu(kh^2k) = \lim_n \|(kh^2k)^n\|^{\frac{1}{n}}$$
$$= \lim_n \|k(h^2k^2)^{n-1}h^2k\|^{\frac{1}{n}} \leqslant \nu(h^2k^2).$$

一般有

$$\nu(hk) \leqslant \nu(h^{2^n}k^{2^n})^{1/2^n} \leqslant \|h^{2^n}\|^{1/2^n} \cdot \|k^{2^n}\|^{1/2^n}.$$

令 $n \to +\infty$,即见 $\nu(hk) \leqslant \nu(h)\nu(k)$.

最后证明定理. 设 $a, b \in A$,$a \geqslant 0$,$b \geqslant 0$. 注意

$$1 + a + b = (1 + a)(1 + b) - ab$$
$$= (1 + a)(1 - uv)(1 + b).$$

这里 $u = (1 + a)^{-1}a$,$v = b(1 + b)^{-1}$. 显然,$\nu(u) < 1$,$\nu(v) < 1$,于是依第二步,$\nu(uv) < 1$,所以,$(1 + a + b)$ 有逆,即 $-1 \bar{\in} \sigma(a + b)$. 如果 $\lambda > 0$,同样 $-1 \bar{\in} \sigma\left(\dfrac{a}{\lambda} + \dfrac{b}{\lambda}\right)$,即 $-\lambda \bar{\in} \sigma(a + b)$. 又 $*$ 运算是厄米的,因此,$\sigma(a + b)$ 由非负实数构成,即 $(a + b) \geqslant 0$. 证毕.

定理 2.12.16 设 A 是 Banach $*$ 代数,则 $*$ 运算是厄米的,必

须且只须，$a^*a \geqslant 0$，$\forall a \in A$.

证. 充分性. 若 $h^* = h$ 有非实数的谱，则 $h^2 = h^*h$ 将有非实数或负实数的谱，这与 $h^*h \geqslant 0$ 相矛盾. 因此，$*$ 运算是厄米的.

反之，设 $*$ 运算是厄米的，这时也无妨设 A 有单位元. 对任意的 $a \in A$ 及 $\varepsilon > 0$，显然 $(a^*a)^2 + \varepsilon \geqslant 0$，并且有逆. 于是依定理 2.12.14，有 $u \geqslant 0$，使得

$$u^2 = (a^*a)^2 + \varepsilon, \tag{1}$$

设 B 是 A 的包含 a^*a 的极大交换 $*$ 子代数，由定理 2.12.14，$u \in B$. 记

$$h = \frac{1}{2}(u + a^*a), \quad k = \frac{1}{2}(u - a^*a). \tag{2}$$

显然，$h - k = a^*a$，$hk = kh = \frac{1}{4}\varepsilon$. 如果 Ω 是 B 的谱空间，由于 $\rho(u) = (\rho(a^*a)^2 + \varepsilon)^{\frac{1}{2}} > |\rho(a^*a)|$，$\forall \rho \in \Omega$，因此

$$h \geqslant 0, \quad k \geqslant 0. \tag{3}$$

如果有 $\rho_0 \in \Omega$，使得 $\rho_0(a^*a) = -1$，由 (1)，(2)

$$\rho_0((ak)^*(ak)) = -\rho_0(k)^2 = \frac{-1}{4}(1 + \sqrt{1+\varepsilon})^2 < -1, \tag{4}$$

取 $0 < \varepsilon < 2v(a^*a)^{-1}$，由 (1)，(2)，(3)

$$(ak)^*(ak) = k(h-k)k \leqslant khk = \frac{\varepsilon}{4}k \leqslant \frac{\varepsilon}{4}v(k)$$

$$\leqslant \frac{\varepsilon}{8}(v(u) + v(a^*a)) < \frac{3}{4}. \tag{5}$$

另一方面，由定理 2.12.15，$(ak)^*(ak) + (ak)(ak)^* = 2(h_1^2 + h_2^2) \geqslant 0$，这里 $h_1^* = h_1$，$h_2^* = h_2$，使得 $ak = h_1 + ih_2$. 于是

$$(ak)^*(ak) + \max\{\lambda \mid \lambda \in \sigma((ak)(ak)^*)\}$$
$$= [(ak)^*(ak) + (ak)(ak)^*]$$
$$+ [\max\{\lambda \mid \lambda \in \sigma((ak)(ak)^*)\}$$
$$- (ak)(ak)^*] \geqslant 0.$$

从而

$$\min\{\lambda\,|\,\lambda\in\sigma((ak)^*(ak))\}\geqslant-\max\{\lambda\,|\,\lambda\in\sigma((ak)(ak)^*)\}$$

再由引理 2.2.6，可见

$$\min\{\lambda\,|\,\lambda\in\sigma((ak)^*(ak))\}$$
$$\geqslant-\max\{\lambda\,|\,\lambda\in\sigma((ak)^*(ak))\}. \tag{6}$$

今由 (4)，(5)，(6)

$$-1>\rho_0((ak)^*(ak))\geqslant\min\{\lambda\,|\,\lambda\in\sigma((ak)^*(ak))\}$$
$$\geqslant-\max\{\lambda\,|\,\lambda\in\sigma((ak)^*(ak))\}>-\frac{3}{4}$$

矛盾. 所以，$-1\bar{\in}\sigma(a^*a)$. 如果 $\lambda>0$，同样 $-1\bar{\in}\sigma((\lambda^{-\frac{1}{2}}a)^*\cdot(\lambda^{-\frac{1}{2}}a))$，即 $-\lambda\bar{\in}\sigma(a^*a)$. 因此，$a^*a\geqslant0$，$\forall a\in A$. 证毕.

§12.4 c^*-等价的代数

定义 2.12.17 设 A 是有单位元的 Banach * 代数，A 上的线性泛函 ρ 称为态，指

$$\rho(1)=1,\ \rho(a)\geqslant0,\ \forall a\in A\ 并且\ a\geqslant0.$$

如果还假定 A 中的 * 运算是厄米的，对于 $h^*=h$，由于 $\|h\|+h\geqslant0$，所以，$\rho(h)\in\mathbf{R}$. 由此，$\rho(a^*)=\overline{\rho(a)}$，$\forall a\in A$. 此外，由于定理 2.12.16，可见 Schwartz 不等式也是成立的，即

$$|\rho(b^*a)|^2\leqslant\rho(a^*a)\rho(b^*b),\ \forall a,b\in A.$$

引理 2.12.18 设 A 是有单位元的 Banach * 代数，并且 * 运算是厄米的，$h^*=h\in A$，则对每个 $\lambda\in[\lambda_1,\lambda_2]$，这里 $\lambda_1=\min\{\mu\,|\,\mu\in\sigma(h)\}$，$\lambda_2=\max\{\mu\,|\,\mu\in\sigma(h)\}$，存在 A 上的态 ρ，使得 $\rho(h)=\lambda$.

证. 在 A 的线性子空间 $[1,h]$ 上定义

$$\rho(\alpha+\beta h)=\alpha+\beta\lambda,\ \forall\alpha,\beta\in\mathbf{C}.$$

如果 $\alpha+\beta h\geqslant0$，特别，$\alpha,\beta\in\mathbf{R}$，于是数 $(\alpha+\beta\lambda)$ 介于 $(\alpha+\beta\lambda_1)$ 与 $(\alpha+\beta\lambda_2)$ 之间. 但 $(\alpha+\beta\lambda_j)\in\sigma(\alpha+\beta h)$，因此 $(\alpha+\beta\lambda_j)\geqslant0$，$j=1,2$，从而 $(\alpha+\beta\lambda)\geqslant0$.

其余的证明，由于 * 运算是厄米的以及定理 2.12.15，完全与

命题 2.3.11 相似. 证毕.

引理 2.12.19 设 $\triangle$ 是复平面 C 的包含 0 的紧子集, $\lambda \in C$, 则

$$\max\{|\mu + \lambda| \,|\, \mu \in \triangle\} \geqslant \frac{1}{3}[\max\{|\mu| \,|\, \mu \in \triangle\} + |\lambda|].$$

证. 由于 $|\mu + \lambda| \geqslant |\mu| - |\lambda|$, 于是

$$\max\{|\mu + \lambda| \,|\, \mu \in \triangle\} \geqslant \max\{|\mu| \,|\, \mu \in \triangle\} - |\lambda|.$$

又 $0 \in \triangle$, $2\max\{|\mu + \lambda| \,|\, \mu \in \triangle\} \geqslant 2|\lambda|$. 将这两个不等式相加, 即得证.

引理 2.12.20 设 A 是 Banach $*$ 代数, 并且有正常数 C, 使得 $C\|h\| \leqslant v(h)$, $\forall h^* = h \in A$, 则 A 中的 $*$ 运算是连续的.

证. 设 $H = \{a \in A \,|\, a^* = a\}$, 对任意的 $h \in \bar{H}$, 有 $h_n \in H$, $\|h_n - h\| \to 0$. 于是对任意的 $\varepsilon > 0$, 当 n 充分大, $v(h) + \varepsilon \geqslant v(h_n) \geqslant C\|h_n\|$. 由此可见

$$v(h) \geqslant C\|h\|, \quad \forall h \in \bar{H}. \tag{1}$$

今设 $h_n \in H$, $h_n \to k$, 且 $k^* = -k$. 由于 $(h_m + h_n)^2 \in H$, $(h_m + h_n)^2 \xrightarrow{m} (k + h_n)^2$, 依 (1),

$$\begin{aligned}
C\|(k + h_n)^2\| &\leqslant v((k + h_n)^2) = v(k + h_n)^2 \\
&= v((k + h_n)^*)^2 = v(-k + h_n)^2 \\
&\leqslant \|h_n - k\|^2 \to 0,
\end{aligned}$$

由此

$$\|k^2 + h_n^2\| = \frac{1}{2}\|(k + h_n)^2 + (k - h_n)^2\|$$

$$\leqslant \frac{1}{2}(\|(k + h_n)^2\| + \|k - h_n\|^2) \to 0.$$

进而, $2\|k^2\| \leqslant \|k^2 + h_n^2\| + \|k^2 - h_n^2\| \to 0$. 再由 (1),

$$0 = \|k^2\| \geqslant v(k^2) = v(k)^2 \geqslant C^2\|k\|^2.$$

从而 $k = 0$. 这说明 $H = \bar{H}$, 所以, A 中的 $*$ 运算是连续的. 证毕.

定义 2.12.21 Banach $*$ 代数 A 称为 c^*-等价的, 指可以赋予 A 一个新范数 $\|\cdot\|_1$, 它与原来的范数 $\|\cdot\|$ 等价, 并且, $(A, \|\cdot$

$\|_1)$ 是 c^*-代数.

定理 2.12.22　设 A 是 Banach $*$ 代数，并且 $*$ 运算是厄米的，又设有正常数 C，使得

$$C\|h\| \leqslant \nu(h), \ \forall\, h^* = h \in A,$$

则 A 是 c^*-等价的.

证.　如果 A 无单位元，考虑 Banach $*$ 代数 $A \dotplus \mathbf{C}$，其 $*$ 运算自然也是厄米的. 如果 $(h + \lambda)^* = h + \lambda$，这里 $h \in A$，$\lambda \in \mathbf{C}$，于是 $h^* = h$，$\bar{\lambda} = \lambda$. 由于 A 无单位元，$0 \in \sigma(h)$. 于是由引理 2.12.19 及 $C \leqslant 1$，

$$\nu(h + \lambda) = \max\{|\mu + \lambda|\,|\,\mu \in \sigma(h)\}$$

$$\geqslant \frac{1}{3}(\nu(h) + |\lambda|)$$

$$\geqslant \frac{C}{3}(\|h\| + |\lambda|)$$

$$= \frac{C}{3}\|h + \lambda\|$$

因此，无妨设 A 有单位元.

依引理 2.12.20，有正常数 K，使得

$$\|a^*\| \leqslant K^2\|a\|, \ \forall\, a \in A.$$

如果 ρ 是 A 上的态，令 $\vartheta_\rho = \{a \in A\,|\,\rho(a^*a) = 0\}$，由于 ρ 满足 Schwartz 不等式，ϑ_ρ 是 A 的左理想. 令 $a \to a_\rho$ 是 A 到 A/ϑ_ρ 上的正则映象，在 A/ϑ_ρ 上定义内积 $\langle a_\rho, b_\rho \rangle = \rho(b^*a)$ （$\forall\, a$，$b \in A$），依此完备化，得到 Hilbert 空间 $\mathscr{H}_\rho$. 对任意的 $a \in A$，令

$$\pi_\rho(a)b_\rho = (ab)_\rho, \ \forall\, b \in A$$

对任意的 $\varepsilon > 0$，依定理 2.12.14，有 $u^* = u$，使得

$$\|a^*a\| + \varepsilon - a^*a = u^2,$$

于是由定理 2.12.16，$b^*(\|a^*a\| + \varepsilon - a^*a)b = (ub)^*(ub) \geqslant 0$，所以，$\|a^*a\|\rho(b^*b) + \varepsilon\rho(b^*b) \geqslant \rho(b^*a^*ab)$. 但 $\varepsilon > 0$ 是任意的，因此

$$\|\pi_\rho(a)b_\rho\|^2 = \rho(b^*a^*ab) \leqslant \|a^*a\|\rho(b^*b) \leqslant K^2\|a\|^2\|b_\rho\|^2,$$

$\forall b \in A$. 于是, $\pi_\rho(a)$ 可以唯一地扩张为 $\mathcal{H}_\rho$ 中范数 $\leqslant K\|a\|$ 的算子, 仍记以 $\pi_\rho(a)$, $\forall a \in A$. 这样, 由 ρ 得到 A 的 $*$ 表示 $\{\pi_\rho,$ $\mathcal{H}_\rho\}$, 并且

$$\rho(a) = \langle \pi_\rho(a)1_\rho, 1_\rho \rangle, \quad \forall a \in A.$$

设 $\mathscr{S}$ 是 A 上态的全体, 构作 A 的泛表示

$$\pi = \sum_{\rho \in \mathscr{S}} \oplus \pi_\rho, \qquad \mathcal{H} = \sum_{\rho \in \mathscr{S}} \oplus \mathcal{H}_\rho,$$

并命 $\|a\|_1 = \|\pi(a)\|$, $\forall a \in A$. 显然, $\|a\|_1 \leqslant K\|a\|$, $\forall a \in A$. 如果有 $a \in A$, 使得 $\|\pi(a)\| = 0$. 设 $a = a_1 + ia_2$, 这里 $a_1^* = a_1$, $a_2^* = a_2$, 于是 $\pi(a_1) = \pi(a_2) = 0$. 特别, $\rho(a_1) = \rho(a_2) = 0$, $\forall \rho \in \mathscr{S}$. 今依引理 2.12.18, $\nu(a_1) = \nu(a_2) = 0$. 但 $\nu(a_j) \geqslant C \cdot \|a_j\|$, 因此, $a_1 = a_2 = 0$. 这说明 $\|\cdot\|_1$ 是 A 上的范数, 当然满足 $\|a^*a\|_1 = \|a\|_1^2$, $\forall a \in A$.

已经指出 $\|\cdot\|_1 \leqslant K\|\cdot\|$, 因此只须证明 $\|\cdot\|$ 关于 $\|\cdot\|_1$ 是连续的. 设 $\|a_n\|_1 \to 0$, 我们要证明 $\|a_n\| \to 0$. 由于 $\|a_n^*\| = \|a_n\|_1$, 无妨设 $a_n^* = a_n$, $\forall n$. 依引理 2.12.18,

$$\|a_n\|_1 = \sup_{\rho \in \mathscr{S}} \|\pi_\rho(a_n)\| \geqslant \nu(a_n) \geqslant C\|a_n\|, \quad \forall n$$

因此, $\|a_n\| \to 0$. 证毕.

定理 2.12.23 设 A 是 Banach $*$ 代数, 并且存在正常数 K, 使得对 A 的任意正规元 a (指 $a^*a = aa^*$), 有 $K\|a^*a\| \geqslant \|a^*\| \cdot \|a\|$, 则 A 是 c^*-等价的.

证. 对任意的 $h^* = h \in A$, $K\|h^2\| \geqslant \|h\|^2$, 一般

$$K^{2^n-1}\|h^{2^n}\| \geqslant \|h\|^{2^n}.$$

因此, $K\nu(h) \geqslant \|h\|$. 于是依定理 2.12.22, 只须证明 A 中的 $*$ 运算是厄米的.

设 $h^* = h \in A$, 依引理 2.12.20, A 中的 $*$ 运算是连续的, 于是, $f(th) = e^{ith} - 1 = \sum_{n=1}^{\infty} \frac{(ith)^n}{n!}$ 是 A 的正规元, 并且 $f(th)^* = f(-th)$, $\forall t \in \mathbb{R}$. 于是

$$Kv(2 - e^{ith} - e^{-ith}) = Kv(f(th)*f(th))$$
$$\geqslant \|f(th)*f(th)\|$$
$$\geqslant K^{-1}\|f(th)*\| \cdot \|f(th)\|$$
$$\geqslant K^{-1}v(f(th))^2, \quad \forall t \in \mathbf{R}.$$

设 $\beta = \max\{|I_m\lambda| \mid \lambda \in \sigma(h)\}$，由于 $\sigma(h) = \overline{\sigma(h)}$，因此有 $\alpha \in \mathbf{R}$，使得 $\alpha \pm i\beta \in \sigma(h)$. 从而对 $t > 0$，

$$2(1 + e^{\beta t}) \geqslant v(2 - e^{ith} - e^{-ith}) \geqslant K^{-2}v(f(th))^2$$
$$\geqslant K^{-2}|1 - e^{it(\alpha - i\beta)}|$$
$$= K^{-2}(1 + e^{2\beta t} - 2e^{\beta t}\cos\alpha t)$$

如果 $\beta > 0$，令 $t \to +\infty$ 将得到矛盾. 因此，$\sigma(h) \subset \mathbf{R}$，即 * 运算是厄米的. 证毕.

§ 12.5 c^*-代数的公理

定理 2.12.24 设 A 是有单位元的 Banach * 代数，并且有正常数 C，使得 $\|e^{ih}\| \leqslant C$，$\forall h^* = h \in A$，则 A 是 c^*-等价的. 此外，如果 $C = 1$，则 A 是 c^*-代数.

证. 第一步指出 A 中的 * 运算是厄米的. 设 $h^* = h \in A$，$\alpha + i\beta \in \sigma(h)$，这里 $\alpha, \beta \in \mathbf{R}$. 由于 $\sigma(h) = \overline{\sigma(h)}$，可以设 $\beta \leqslant 0$. 于是对任意的 $t > 0$，

$$C \geqslant \|e^{ith}\| \geqslant |e^{it(\alpha + i\beta)}| = e^{-\beta t},$$

因此，$\beta = 0$，$\sigma(h) \subset \mathbf{R}$.

第二步证明 $\inf\{\|h^2\| \mid h^* = h \in A, \|h\| = 1\} = \varepsilon > 0$. 事实上，设 $h^* = h$，$\|h\| = 1$，$\|h^2\| = \eta$，自然 $0 \leqslant \eta \leqslant 1$，于是

$$\|h^{2n}\| \leqslant \|h^2\|^n = \eta^n, \quad \|h^{2n+1}\| \leqslant \|h^{2n}\| \leqslant \eta^n.$$

令 $\delta = \eta^{\frac{1}{3}}$，当 $n \geqslant 1$ 时，

$$\|h^{2n}\| \leqslant \delta^{3n} \leqslant \delta^{2n}, \quad \|h^{2n+1}\| \leqslant \delta^{3n} \leqslant \delta^{2n+1}.$$

总之，$\|h^n\| \leqslant \delta^n$，$\forall n \geqslant 2$. 今设 $t > 0$，则

$$C \geqslant \|e^{ith}\| \geqslant \|th\| - 1 - \sum_{n=2}^{\infty} t^n\|h^n\|/n!$$

$$\geq t - 1 - \sum_{n=2}^{\infty} \frac{1}{n!} t^n \delta^n \geq t - e^{t\delta},$$

即 $C + e^{t\delta} \geq t$. 令 $t = C + 2$, 则 $e^{\delta(C+2)} \geq 2$. 因此

$$\varepsilon \geq [(C + 2)^{-1} \ln 2]^3 > 0.$$

第三步证明 $v(h) \geq \varepsilon \|h\|$, $\forall h^* = h \in A$. 事实上, 由第二步, 对任意的 $h^* = h$, $\|h^2\| \geq \varepsilon \|h\|^2$, 一般 $\|h^{2^n}\| \geq \varepsilon^{2^n-1} \|h\|^{2^n}$, 因此, $v(h) \geq \varepsilon \|h\|$.

今依第一步, 第三步及定理 2.12.22, 即见 A 是 c^*-等价的.

现在设 $C = 1$, 及 $\| \cdot \|_1$ 是 A 上与 $\| \cdot \|$ 等价的范数, 使得 $(A, \| \cdot \|_1)$ 是 c^*-代数. 考虑恒等映射 $I: (A, \| \cdot \|_1) \to (A, \| \cdot \|)$, 依定理 2.12.5, $\|a\| \leq \|a\|_1$, $\forall a \in A$. 如果有 $a_0 \in A$, 使得 $\|a_0\|_1 > \|a_0\|$, 则由命题 2.1.8,

$$v(a_0^* a_0) \leq \|a_0^*\| \cdot \|a_0\| < \|a_0^*\|_1 \cdot \|a_0\|_1 = \|a_0^* a_0\|_1 = v(a_0^* a_0)$$

矛盾. 所以, $\|a\| = \|a\|_1$, $\forall a \in A$. 证毕.

引理 2.12.25 设 A 是有单位元的 Banach $*$ 代数, 并且对 A 的任意正规元 a, $\|a^* a\| = \|a^*\| \cdot \|a\|$, 则 A 是 c^*-代数.

证. 设 $h^* = h \in A$, 令 $\sigma_n(h) = \sum_{k=0}^{n} \frac{1}{k!} (ih)^k$, 它是 A 的正规元, 并且 $\sigma_n(h)^* = \sigma_n(-h)$. 于是

$$\|\sigma_n(h) \cdot \sigma_n(-h)\| = \|\sigma_n(h)\| \cdot \|\sigma_n(-h)\|, \quad \forall n,$$

令 $n \to +\infty$, $\|e^{ih}\| \cdot \|e^{-ih}\| = 1$. 依定理 2.12.23, A 是 c^*-等价的, 特别 $*$ 运算是厄米的, 因此, $\sigma(h) \subset \mathbf{R}$. 于是, $\|e^{ih}\| \geq 1$, $\|e^{-ih}\| \geq 1$. 从而, $\|e^{ih}\| = 1$, $\forall h^* = h \in A$. 再由定理 2.12.24, A 是 c^*-代数. 证毕.

定理 2.12.26 设 A 是 Banach $*$ 代数, 如果对 A 的任意正规元 a (指 $a^* a = a a^*$), $\|a^* a\| = \|a^*\| \cdot \|a\|$, 则 A 是 c^*-代数.

证. 由引理 2.12.25, 可以设 A 是无单位元的.

依定理 2.12.23, A 是 c^*-等价的, 于是有 A 上的范数 $\| \cdot \|'$, 它与原来的范数 $\| \cdot \|$ 等价, 并且 $(A, \| \cdot \|')$ 是 c^*-代数. 此外, 由条件, 易见 $\|h\| = \|h\|' = v(h)$, $\forall h^* = h \in A$. 特别, 设 $\{d_l\}$

是 $(A, \|\cdot\|')$ 的逼近单位元，则 $\|d_l\| = \|d_l\|' \leqslant 1, \forall l$.

我们说对任意的 $a \in A$，有

$$\|a\| = \sup \{\|ab\| \,|\, b \in A, \|b\| \leqslant 1\}.$$

事实上，由于 $\|\cdot\|'$ 与 $\|\cdot\|$ 等价，$\|ad_l - a\| \to 0$，于是

$$\|a\| \geqslant \sup \{\|ab\| \,|\, b \in A, \|b\| \leqslant 1\} \geqslant \|ad_l\| \to \|a\|.$$

因此，$\|a\| = \sup \{\|ab\| \,|\, b \in A, \|b\| \leqslant 1\}$.

在 $A \dotplus C$ 上定义

$$\|a + \lambda\| = \sup \{\|ab + \lambda b\| \,|\, b \in A, \|b\| \leqslant 1\},$$

$\forall a \in A, \lambda \in C$. 如果 $ab + \lambda b = 0, \forall b \in A$，由于 A 无单位元，$(A, \|\cdot\|')$ 是 c^*-代数及依命题 2.1.2，可见 $a = 0, \lambda = 0$. 因此，$(A \dotplus C, \|\cdot\|)$ 将是有单位元的 Banach $*$ 代数，并保持 A 上的范数不变.

我们需要证明 $(A \dotplus C, \|\cdot\|)$ 是 c^*-代数，依定理 2.12.24，只须对任意的 $h^* = h \in A$，证明

$$\|e^{ih}\| \leqslant 1,$$

依 $A \dotplus C$ 中范数的定义，可取 $b_n \in A, \|b_n\| \leqslant 1$，使得 $\|e^{ih}\| = \lim_n \|e^{ih} b_n\|$.

用 $\{h, b_n, b_n^* \,|\, n\}$ 生成 A 的闭 $*$ 子代数 B，于是 $(B, \|\cdot\|')$ 将是 $(A, \|\cdot\|')$ 的可分 c^*-子代数.

如果 B 有单位元 p，依引理 2.12.25，$(B, \|\cdot\|)$ 是 c^*-代数. 从而

$$\|e^{ih}\| = \lim_n \|e^{ih} b_n\| = \lim_n \left\| \left(p + \sum_{j=1}^{\infty} \frac{(ih)^j}{j!} \right) b_n \right\|$$

$$\leqslant \left\| p + \sum_{j=1}^{\infty} \frac{(ih)^j}{j!} \right\| \leqslant 1.$$

于是可以假定 B 没有单位元，在 $B \dotplus C$ 上定义 $\|b + \lambda\|_1 = \sup \{\|bc + \lambda c\| \,|\, c \in B, \|c\| \leqslant 1\}, \forall b \in B, \lambda \in C$. 相似于前面的证明，$(B \dotplus C, \|\cdot\|_1)$ 将是有单位元的 Banach $*$ 代数，并且 $\|b\| = \|b\|_1, \forall b \in B$.

设 a 是 $(B, \|\cdot\|')$ 的严格正元（见定义 2.12.6），依定理 2.12.8 的证明，$\left\{d_n = \left(\dfrac{a}{\|a\|'}\right)^{\frac{1}{n}}\right\}$ 将是 $(B, \|\cdot\|')$ 的逼近单位元。由于

$$\|b + \lambda\|_1 \geqslant \|(b + \lambda)d_n\| \geqslant \|(b + \lambda)d_n c\| \to \|(b + \lambda)c\|,$$

$\forall c \in B, \|c\| \leqslant 1,$ 因此

$$\|b + \lambda\|_1 = \lim_n \|(b + \lambda)d_n\|, \ \forall b \in B, \ \lambda \in \mathbf{C}.$$

由此，

$$1 = \|d_n^2\|' = \|d_n^2\| = \|d_n(e^{ia})^* e^{ia} d_n\|$$
$$= \|e^{-ia}d_n\| \cdot \|e^{ia}d_n\| \to \|e^{-ia}\|_1 \cdot \|e^{ia}\|_1,$$

但 $\sigma(a)$ 由非负实数组成，$\|e^{\pm ia}\|_1 \geqslant \nu(e^{ia}) = 1$，因此，$\|e^{\pm ia}\|_1 = 1$. 依定理 2.12.9 及命题 2.12.10，严格正元全体在 $(B, \|\cdot\|')_+$ 中是稠的。注意

$$\|e^{ib_1} - e^{ib_2}\|_1 \leqslant \sum_{k=1}^{\infty} \frac{1}{k!} \|b_1^k - b_2^k\|, \ \forall b_1, b_2 \in B$$

以及 $\|\cdot\|$ 与 $\|\cdot\|'$ 是等价的，从而

$$\|e^{\pm ib}\|_1 = 1, \ \forall b \in (B, \|\cdot\|')_+.$$

今回到 h. 可写 $h = h_+ - h_-$，这里 $h_\pm \in (B, \|\cdot\|')_+$，并且 $h_+ \cdot h_- = 0$. 由于

$$1 = \|e^{ih_+}\|_1 = \|e^{ih} \cdot e^{ih_-}\|_1 \leqslant \|e^{ih}\|_1 \leqslant \|e^{ih_+}\|_1 \cdot \|e^{-ih_-}\|_1 = 1$$

所以，$\|e^{ih}\|_1 = 1.$ 从而

$$\|e^{ih}\| = \lim_n \|e^{ih}b_n\| \leqslant \sup\{\|e^{ih}b\| \mid b \in B, \|b\| \leqslant 1\}$$
$$= \|e^{ih}\|_1 = 1.$$

证毕。

注 本节见参考文献 [3], [4], [31], [37], [39], [40], [42], [50], [58], [61], [67], [68], [85], [130], [136], [137].

第三章 c^*-代数的张量积

在第一章，我们讨论过 vN 代数的张量积，本章将讨论 c^*-代数的张量积，这是从已给的 c^*-代数来构造新的 c^*-代数的一种方法．

§1 引入 Banach 空间的张量积与交叉范的概念，这是 R. Schatten 与 J. von Neumann 早先的结果． §2 讨论 c^*-代数张量积与空间的 c^*-范，这首先为 T. Turumaru 所研究． 通过空间 c^*-范的张量积与 vN 代数的张量积相类似（3.2.5 与 3.2.9），区别在于按照不同的拓扑（一致拓扑，弱算子拓扑）取闭包． M. Takesaki 发现：构造 c^*-代数张量积的 c^*-范一般并非仅有空间 c^*-范，因此在 §3，我们讨论一下最大的 c^*-范，虽然至今对它的认识仍然不够深刻． 这里值得提出的是核 c^*-代数的重要理论． 核 c^*-代数指它与任何 c^*-代数的张量积只能依照一种方式来构造．但是限于本书的篇幅，将不予介绍． 有兴趣的读者，可以参看 C. Lance 等的工作． §5 指出空间 c^*-范是最小的及任意 c^*-范都是交叉范（3.5.10），这结果属于 M. Takesaki． §6 研究 c^*-代数间的全正映象，它在张量积理论中的重要性为 C. Lance 与 E. Effros 所认识． 定理 3.6.7 属于 W. Stinespring． §7 c^*-代数的诱导极限首先为 Z. Takeda 所研究 ． §8 把前面 c^*-代数的有限张量积推广到任意张量积，其中特别提到了 (UHF)（一致超有限）代数（3.8.2），这为 J. Glimm 所提出并给予深刻研究的，我们还将在第十二章中讨论它．

§1. Banach 空间的张量积与交叉范

设 $X_1, \cdots, X_n$ 是（复）Banach 空间，令

$$\bigotimes_{i=1}^{n} X_i = \left\{ \sum_j \bigotimes_{i=1}^{n} x_i^{(j)} \mid x_i^{(j)} \in X_i, \forall i, j \right\},$$

在这个集合中定义零元(即引入一种等价关系),$u = \sum_j \bigotimes_{i=1}^{n} x_i^{(j)} = 0$,指

$$\bigotimes_{i=1}^{n} f_i(u) = \sum_j \prod_{i=1}^{n} f_i(x_i^{(j)}) = 0, \forall f_i \in X_i^*, 1 \leqslant i \leqslant n,$$

于是,$\bigotimes_{i=1}^{n} X_i$ 便成为线性空间,称为 Banach 空间 $X_1, \cdots, X_n$ 的代数张量积.

自然,这里的做法只不过是第一章 §4 Hilbert 空间代数张量积的推广.

如果 $\alpha(\cdot)$ 是 $\bigotimes_{i=1}^{n} X_i$ 上的一个范数,依此完备化,得到的 Banach 空间,称为 $X_1, \cdots, X_n$ 依照 $\alpha(\cdot)$ 的张量积,记作 $\alpha\text{-}\bigotimes_{i=1}^{n} X_i$.

定义 3.1.1 Banach 空间 $X_1, \cdots, X_n$ 的代数张量积 $\bigotimes_{i=1}^{n} X_i$ 上的范数 $\alpha(\cdot)$ 称为交叉的,指 $\alpha\left(\bigotimes_{i=1}^{n} x_i\right) = \|x_1\| \cdots \|x_n\|, \forall x_i \in X_i, 1 \leqslant i \leqslant n.$

命题 3.1.2 设 $X_1, \cdots, X_n$ 是 Banach 空间,$\bigotimes_{i=1}^{n} X_i$ 是它们的代数张量积. 则

1) $\lambda(u) = \sup\left\{ \left| \bigotimes_{i=1}^{n} f_i(u) \right| \mid f_i \in X_i^*, \|f_i\| \leqslant 1, 1 \leqslant i \leqslant n \right\}$

是 $\bigotimes_{i=1}^{n} X_i$ 上的交叉范;

2) $\gamma(u) = \inf\left\{ \sum_j \prod_{i=1}^{n} \|x_i^{(j)}\| \mid u = \sum_j \bigotimes_{i=1}^{n} x_i^{(j)} \right\}$ 是 $\bigotimes_{i=1}^{n} X_i$ 上

最大的交叉范.

易证, 从略.

设 $X_1, \cdots, X_n$ 是 Banach 空间, 当然也可以考虑 Banach 空间 $X_1^*, \cdots, X_n^*$ 的代数张量积 $\bigotimes\limits_{i=1}^{n} X_i^*$. 由于 X_i 在 X_i^{**} 中 $\sigma(X_i^{**}, X_i^*)$ 稠, $1 \leqslant i \leqslant n$, 因此, $u^* \in \bigotimes\limits_{i=1}^{n} X_i^*$, $u^* = 0$, 当且仅当, $u^*\left(\bigotimes\limits_{i=1}^{n} x_i\right) = 0$, $\forall x_i \in X_i$, $1 \leqslant i \leqslant n$. 于是, 若 $\alpha(\cdot)$ 是 $\bigotimes\limits_{i=1}^{n} X_i$ 上的范数, 并且对任意的 $u^* \in \bigotimes\limits_{i=1}^{n} X_i^*$, $\alpha^*(u^*) = \sup\left\{ |u^*(u)| \,\Big|\, u \in \bigotimes\limits_{i=1}^{n} X_i, \alpha(u) \leqslant 1 \right\} < \infty$, 那么, $\alpha^*(\cdot)$ 也是 $\bigotimes\limits_{i=1}^{n} X_i^*$ 上的范数, 称为 $\alpha(\cdot)$ 的对偶范数.

命题 3.1.3 设 $X_1, \cdots, X_n$ 是 Banach 空间.

1) $\bigotimes\limits_{i=1}^{n} X_i$ 上的范数 $\gamma(\cdot)$ 的对偶范数是 $\bigotimes\limits_{i=1}^{n} X_i^*$ 上的范数 $\lambda(\cdot)$, 即 $\gamma^*(\cdot) = \lambda(\cdot)$ $(\lambda(\cdot), \gamma(\cdot)$ 的定义见命题 3.1.2);

2) 设 $\alpha(\cdot)$ 是 $\bigotimes\limits_{i=1}^{n} X_i$ 上的交叉范, 则 $\alpha^*(\cdot)$ 是 $\bigotimes\limits_{i=1}^{n} X_i^*$ 上的交叉范, 当且仅当, $\lambda(\cdot) \leqslant \alpha(\cdot) \leqslant \gamma(\cdot)$. 这时在 $\bigotimes\limits_{i=1}^{n} X_i^*$ 上还有 $\gamma(\cdot) \geqslant \lambda^*(\cdot) \geqslant \alpha^*(\cdot) \geqslant \lambda(\cdot)$.

证. 1) 对任意的 $u^* \in \bigotimes\limits_{i=1}^{n} X_i^*$, 由于 X_i 的单位球在 X_i^{**} 的单位球中 $\sigma(X_i^{**}, X_i^*)$ 稠 $(1 \leqslant i \leqslant n)$, 因此,

$$\gamma^*(u^*) = \sup\left\{ |u^*(u)| \,\Big|\, u \in \bigotimes\limits_{i=1}^{n} X_i, \ \gamma(u) \leqslant 1 \right\}$$

$$\geqslant \sup\left\{ \left|u^*\left(\bigotimes\limits_{i=1}^{n} x_i\right)\right| \,\Big|\, x_i \in X_i, \|x_i\| \leqslant 1, 1 \leqslant i \leqslant n \right\}$$

$$= \sup \left\{ \left| \bigotimes_{i=1}^{n} x_i(u^*) \right| \,\middle|\, x_i \in X_i^{**}, \|x_i\| \leqslant 1, 1 \leqslant i \leqslant n \right\}$$

$$= \lambda(u^*).$$

另一方面,对任意的 $u \in \bigotimes_{i=1}^{n} X_i$, $\gamma(u) \leqslant 1$ 及 $\varepsilon > 0$, 可写 $u =$

$\sum_j \bigotimes_{i=1}^{n} x_j^{(i)}$, 使得 $\sum_j \prod_{i=1}^{n} \|x_j^{(i)}\| - \gamma(u) \leqslant \varepsilon$, 于是

$$|u^*(u)| \leqslant \sum_j \left| u^* \left(\bigotimes_{i=1}^{n} x_j^{(i)} \right) \right| =$$

$$\leqslant \lambda(u^*) \sum_j \prod_{i=1}^{n} \|x_j^{(i)}\|$$

$$\leqslant (\gamma(u) + \varepsilon)\lambda(u^*)$$

$$\leqslant (1 + \varepsilon)\lambda(u^*),$$

从而, $\gamma^*(u^*) \leqslant (1 + \varepsilon)\lambda(u^*)$. $\varepsilon > 0$ 是任意的, 所以, $\gamma^*(u^*) = \lambda(u^*)$.

2) 对任意的 $u \in \bigotimes_{i=1}^{n} X_i$, 依 $\lambda(u)$ 的定义, 易见

$$\lambda(u) \leqslant \alpha(u) \sup \left\{ \alpha^* \left(\bigotimes_{i=1}^{n} f_i \right) \,\middle|\, f_i \in X_i^*, \|f_i\| \leqslant 1, 1 \leqslant i \leqslant n \right\}.$$

当 $\alpha^*(\cdot)$ 是交叉范时, 由于 $\gamma(\cdot)$ 是最大的交叉范, 立见 $\lambda(\cdot) \leqslant \alpha(\cdot) \leqslant \gamma(\cdot)$.

反之, 设在 $\bigotimes_{i=1}^{n} X_i$ 上, $\lambda(\cdot) \leqslant \alpha(\cdot) \leqslant \gamma(\cdot)$. 对任意的 $u^* \in$

$\bigotimes_{i=1}^{n} X_i^*$, 依 1),

$$\lambda(u^*) = \sup \left\{ |u^*(u)| \,\middle|\, u \in \bigotimes_{i=1}^{n} X_i, \gamma(u) \leqslant 1 \right\}$$

$$\leqslant \sup \{ |u^*(u)| \,|\, \alpha(u) \leqslant 1 \} = \alpha^*(u^*)$$

$$\leqslant \sup \{ |u^*(u)| \,|\, \lambda(u) \leqslant 1 \} = \lambda^*(u^*)$$

$$\leqslant \sup \left\{ \sum_j \left| \bigotimes_{i=1}^{n} f_j^{(i)}(u) \right| \,\middle|\, \lambda(u) \leqslant 1 \right\}$$

$$\leqslant \sum_j \prod_{i=1}^{n} \| f_j^{(i)} \|,$$

这里 $u^* = \sum_j \bigotimes_{i=1}^{n} f_j^{(i)}, \ f_j^{(i)} \in X_i^*, \ \forall i, j.$ 因此在 $\bigotimes_{i=1}^{n} X_i^*$ 上,

$$\gamma(\cdot) \geqslant \lambda^*(\cdot) \geqslant \alpha^*(\cdot) \geqslant \lambda(\cdot),$$

又 $\gamma(\cdot), \lambda(\cdot)$ 是交叉范,因此 $\alpha^*(\cdot)$ 也是交叉范. 证毕.

注 本节见参考文献 [44], [98].

§2. c^*-代数的张量积与空间的 c^*-范

设 $A_1, \cdots, A_n$ 是 c^*-代数,把它们当作 Banach 空间,依 §1 有代数张量积 $\bigotimes_{i=1}^{n} A_i$,自然地引入

$$\left(\bigotimes_{i=1}^{n} a_i \right) \cdot \left(\bigotimes_{i=1}^{n} b_i \right) = \bigotimes_{i=1}^{n} a_i b_i, \quad \left(\bigotimes_{i=1}^{n} a_i \right)^* = \bigotimes_{i=1}^{n} a_i^*,$$

于是, $\bigotimes_{i=1}^{n} A_i$ 成为 $*$ 代数.

定义 3.2.1 设 $A_1, \cdots, A_n$ 是 c^*-代数, $\bigotimes_{i=1}^{n} A_i$ 上的范数 $\alpha(\cdot)$ 称为 c^*-范,指

$$\alpha(uv) \leqslant \alpha(u)\alpha(v), \quad \alpha(u^*u) = \alpha(u)^2,$$

$\forall u, v \in \bigotimes_{i=1}^{n} A_i.$ $\bigotimes_{i=1}^{n} A_i$ 依照 c^*-范 $\alpha(\cdot)$ 完备化得到的 c^*-代数,记作 $\alpha\text{-}\bigotimes_{i=1}^{n} A_i$, 称为 c^*-代数 $A_1, \cdots, A_n$ 依照 c^*-范 $\alpha(\cdot)$ 的张量积.

命题 3.2.2 设 $\alpha(\cdot)$ 是 $\bigotimes_{i=1}^{n} A_i$ 上的 c^*-范,则 $\alpha(\cdot) \leqslant \gamma(\cdot)$, 这里 $\gamma(\cdot)$ 定义如命题 3.1.2.

证. 首先注意这样的事实:在任意的 c^*-代数 A 中, $a \in A_+$, 则 $\|a\| \leqslant 1$, 当且仅当, $a^2 \leqslant a$.

若 $b_i \in A_i$, $b_i \geqslant 0$, $\|b_i\| \leqslant 1$, $1 \leqslant i \leqslant n$, 由于在 $\alpha\text{-}\bigotimes\limits_{i=1}^{n} A_i$ 中，

$$\bigotimes_{i=1}^{n} b_i^2 \leqslant b_1 \otimes \bigotimes_{i=2}^{n} b_i^2 \leqslant \cdots \leqslant \bigotimes_{i=1}^{n} b_i,$$

因此，$\alpha\left(\bigotimes\limits_{i=1}^{n} b_i\right) \leqslant 1$.

由此对任意的 $a_i \in A_i$, $1 \leqslant i \leqslant n$,

$$\alpha\left(\bigotimes_{i=1}^{n} a_i\right)^2 = \alpha\left(\bigotimes_{i=1}^{n} a_i^* a_i\right)$$

$$\leqslant \|a_1^* a_1\| \cdots \|a_n^* a_n\| = (\|a_1\| \cdots \|a_n\|)^2,$$

因此，$\alpha(\cdot) \leqslant \gamma(\cdot)$. 证毕.

定义 3.2.3 设 $A_1, \cdots, A_n$ 是 c^*-代数，$\bigotimes\limits_{i=1}^{n} A_i$ 的形如 $u = \sum\limits_{j} u_j^* u_j$ $\left(\text{这里 } u_j \in \bigotimes\limits_{i=1}^{n} A_i, \ \forall j\right)$ 的元称为正的，记作 $u \geqslant 0$. $\bigotimes\limits_{i=1}^{n} A_i$ 的正元全体记为 $\left(\bigotimes\limits_{i=1}^{n} A_i\right)_+$.

$\bigotimes\limits_{i=1}^{n} A_i$ 上的线性泛函 φ 称为正的，记作 $\varphi \geqslant 0$, 指 $\varphi(u) \geqslant 0$, $\forall u \in \left(\bigotimes\limits_{i=1}^{n} A_i\right)_+$.

显然，$\left(\bigotimes\limits_{i=1}^{n} A_i\right)_+$ 是锥，并且 $\bigotimes\limits_{i=1}^{n} A_i$ 是 $\left(\bigotimes\limits_{i=1}^{n} A_i\right)_+$ 的线性包，以及对于 $\bigotimes\limits_{i=1}^{n} A_i$ 上任意的 c^*-范 $\alpha(\cdot)$, 有

$$\left(\bigotimes_{i=1}^{n} A_i\right)_+ \subset \left(\alpha\text{-}\bigotimes_{i=1}^{n} A_i\right)_+.$$

此外，如果 φ 是 $\bigotimes\limits_{i=1}^{n} A_i$ 上的正泛函，易见 $\varphi(u^*) = \overline{\varphi(u)}$, 及

有 Schwartz 不等式 $|\varphi(v^*u)|^2 \leqslant \varphi(u^*u)\varphi(v^*v)$, $\forall u, v \in \bigotimes\limits_{i=1}^{n} A_i$.

命题 3.2.4 设 φ_i 是 c^*-代数 A_i 上的正泛函，$1 \leqslant i \leqslant n$，则 $\bigotimes\limits_{i=1}^{n} \varphi_i$ 是 $\bigotimes\limits_{i=1}^{n} A_i$ 上的正泛函，这里 $\bigotimes\limits_{i=1}^{n} \varphi_i$ 自然地定义为

$$\varphi_i\left(\bigotimes_{i=1}^{n} a_i\right) = \prod_{i=1}^{n} \varphi_i(a_i), \ \forall a_i \in A_i, \ 1 \leqslant i \leqslant n.$$

证明与第一章 §4 相似.

定理 3.2.5 设 A_i 是 c^*-代数，$\mathscr{S}_i$ 是 A_i 的态空间，$1 \leqslant i \leqslant n$，对任意的 $u \in \bigotimes\limits_{i=1}^{n} A_i$，定义

$$\alpha_0(u)^2 =$$

$$\sup\left\{ \frac{\bigotimes\limits_{i=1}^{n} \varphi_i(v^*u^*uv)}{\bigotimes\limits_{i=1}^{n} \varphi_i(v^*v)} \ \middle|\ \begin{array}{l} \varphi_i \in \mathscr{S}_i, \ 1 \leqslant i \leqslant n, \\ v \in \bigotimes\limits_{i=1}^{n} A_i, \text{ 并且 } \bigotimes\limits_{i=1}^{n} \varphi_i(v^*v) > 0 \end{array} \right\}$$

则 $\alpha_0(\cdot)$ 是 $\bigotimes\limits_{i=1}^{n} A_i$ 上的 c^*-范，并且 $\lambda(\cdot) \leqslant \alpha_0(\cdot) \leqslant \gamma(\cdot)$. 特别，$\alpha_0(\cdot)$ 是交叉范.

证. 设 $\varphi_i \in \mathscr{S}_i$，产生 A_i 的循环 $*$ 表示 $\{\pi_{\varphi_i}, \mathscr{H}_{\varphi_i}, \xi_{\varphi_i}\}$，$1 \leqslant i \leqslant n$，于是可以自然地定义 $\bigotimes\limits_{i=1}^{n} A_i$ 的 $*$ 表示 $\{\bigotimes\limits_{i=1}^{n} \pi_{\varphi_i}, \bigotimes\limits_{i=1}^{n} \mathscr{H}_{\varphi_i}\}$. 由于 $A_i/\vartheta_{\varphi_i}$ 在 $\mathscr{H}_{\varphi_i}$ 中稠，这里 ϑ_{φ_i} 是 φ_i 的左核，$1 \leqslant i \leqslant n$，因此，对任意的 $u \in \bigotimes\limits_{i=1}^{n} A_i$，

$$\left\| \bigotimes_{i=1}^{n} \pi_{\varphi_i}(u) \right\|^2 =$$

$$\sup\left\{\left.\frac{\bigotimes\limits_{i=1}^{n}\varphi_i(v^*u^*uv)}{\bigotimes\limits_{i=1}^{n}\varphi_i(v^*v)}\right|v\in\bigotimes_{i=1}^{n}A_i,\ \text{并且}\ \bigotimes_{i=1}^{n}\varphi_i(v^*v)>0\right\},$$

进而，

$$\alpha_0(u)=\sup\left\{\left\|\bigotimes_{i=1}^{n}\pi_{\varphi_i}(u)\right\|\Big|\varphi_i\in\mathscr{S}_i,\ 1\leqslant i\leqslant n\right\}.$$

如果 $u\in\bigotimes\limits_{i=1}^{n}A_i$，使得 $\alpha_0(u)=0$. 于是

$$0=\left\langle\bigotimes_{i=1}^{n}\pi_{\varphi_i}(u)\bigotimes_{i=1}^{n}\xi_{\varphi_i},\ \bigotimes_{i=1}^{n}\xi_{\varphi_i}\right\rangle$$

$$=\bigotimes_{i=1}^{n}\varphi_i(u),\ \forall\varphi_i\in\mathscr{S}_i,\ 1\leqslant i\leqslant n,$$

但 A_i^* 是 φ_i 的线性包，$1\leqslant i\leqslant n$，因此，$u=0$. 从而，$\alpha_0(\cdot)$ 是 $\bigotimes\limits_{i=1}^{n}A_i$ 上的 c^*-范. 依命题 3.2.2，$\alpha_0(\cdot)\leqslant\gamma(\cdot)$.

我们注意这样的事实；如果 A 是 c^*-代数，$f\in A^*$，$\|f\|=1$，依定理 2.11.2，A^{**} 可以看作 A 的泛表示空间中的 vN 代数. 于是依定理 1.9.3，有极分解 $f=R_u\varphi$，这里 φ 是 A 上的态，u 是 A^{**} 的部分等距元. 但 A 的单位球在 A^{**} 的单位球中 $\sigma(A^{**},A^*)$ 稠，因此有网 $\{a_l\}\subset A$，$\|a_l\|\leqslant1$，$\forall l$，且 $a_l\xrightarrow{\sigma(A^{**},A^*)}u$. 易见将有 $R_{a_l}\varphi\xrightarrow{\sigma(A^*,A^{**})}f$.

于是可见，对任意的 $u\in\bigotimes\limits_{i=1}^{n}A_i$，依 Schwartz 不等式，

$$\lambda(u)=\sup\left\{\left|\bigotimes_{i=1}^{n}f_i(u)\right|\Big|f_i\in A_i^*,\ \|f_i\|=1,\ 1\leqslant i\leqslant n\right\}$$

$$=\sup\left\{\left|\bigotimes_{i=1}^{n}R_{a_i}\varphi_i(u)\right|\Big|\varphi_i\in\mathscr{S}_i,\right.$$

$$\left.a_i\in A_i,\ \|a_i\|\leqslant1,\ 1\leqslant i\leqslant n\right\}$$

$$\leqslant \sup\left\{\left(\bigotimes_{i=1}^{n}\varphi_i(uu^*)\cdot\bigotimes_{i=1}^{n}\varphi_i\left(\bigotimes_{i=1}^{n}a_i^*a_i\right)\right)^{1/2}\,\middle|\,\varphi_i,\ a_i\ \text{如上}\right\}$$

$$= \sup\left\{\left\langle\bigotimes_{i=1}^{n}\pi_{\varphi_i}(uu^*)\bigotimes_{i=1}^{n}\xi_{\varphi_i},\ \bigotimes_{i=1}^{n}\xi_{\varphi_i}\right\rangle^{1/2}\,\middle|\right.$$

$$\left.\cdot\,\varphi_i\in\mathscr{S}_i,\ 1\leqslant i\leqslant n\right\}\leqslant\alpha_0(u),$$

证毕.

系 3.2.6 设 $f_i\in A_i^*$, $1\leqslant i\leqslant n$, 则 $\bigotimes\limits_{i=1}^{n}A_i$ 上的线性泛函 $\bigotimes\limits_{i=1}^{n}f_i$ 可以唯一扩充为 α_0-$\bigotimes\limits_{i=1}^{n}A_i$ 上范数为 $\prod\limits_{i=1}^{n}\|f_i\|$ 的线性泛函.

事实上, 对任意的 $u\in\bigotimes\limits_{i=1}^{n}A_i$, 依 $\lambda(\cdot)$ 的定义及 $\lambda(\cdot)\leqslant\alpha_0(\cdot)$,

$$\left|\bigotimes_{i=1}^{n}f_i(u)\right|\leqslant\prod_{i=1}^{n}\|f_i\|\lambda(u)\leqslant\prod_{i=1}^{n}\|f_i\|\alpha_0(u),$$

由此得证.

命题 3.2.7 上面的 c^*-范 $\alpha_0(\cdot)$ 还可这样表达

$$\alpha_0(u) = \sup\left\{\left\|\bigotimes_{i=1}^{n}\pi_i(u)\right\|\,\middle|\,\pi_i\ \text{是}\ A_i\ \text{的}\ *\ \text{表示},\ 1\leqslant i\leqslant n\right\}$$

$$= \sup\left\{\left\|\bigotimes_{i=1}^{n}\pi_{\rho_i}(u)\right\|\,\middle|\,\rho_i\in\Delta_i,\ 1\leqslant i\leqslant n\right\},$$

$$\forall\,u\in\bigotimes_{i=1}^{n}A_i.$$

这里 Δ_i 是 A_i 上正泛函的集合, 使得 $\left\{\sum\limits_i\lambda_i\rho_i^{(i)}\,\middle|\,\lambda_i\geqslant 0,\ \rho_i^{(i)}\in\Delta_i,\right.$ $\left.\forall_j\right\}$ 在 A_i^* 中的 $\sigma(A_i^*,A_i)$ 闭包 $\supset\varphi_i$, 及当 $\rho_i\in\Delta_i$, π_{ρ_i} 是 ρ_i 产生的 A_i 的 $*$ 表示, $1\leqslant i\leqslant n$.

证. c^*-代数的任意 $*$ 表示是循环 $*$ 表示族与零表示的直和, 而循环 $*$ 表示必酉等价于某个态产生的 $*$ 表示, 因此, 依定理

3.2.5,

$$\alpha_0(u) = \sup\left\{\left\|\bigotimes_{i=1}^{n}\pi_{\varphi_i}(u)\right\|\,\middle|\,\varphi_i\in\mathscr{S}_i,\ 1\leqslant i\leqslant n\right\}$$

$$= \sup\left\{\left\|\bigotimes_{i=1}^{n}\pi_i(u)\right\|\,\middle|\,\pi_i\text{ 是 }A_i\text{ 的}*\text{表示},\right.$$

$$\left.1\leqslant i\leqslant n\right\}\geqslant\alpha(u),$$

这里 $\alpha(u)=\sup\left\{\left\|\bigotimes_{i=1}^{n}\pi_{\rho_i}(u)\right\|\,\middle|\,\rho_i\in\Delta_i,\ 1\leqslant i\leqslant n\right\}$, $\forall u\in\bigotimes_{i=1}^{n}$

A_i. 我们说 $\alpha(\cdot)$ 也是 $\bigotimes_{i=1}^{n}A_i$ 上的 c^*-范,事实上,如果 $\alpha(u)=$

0,则 $\bigotimes_{i=1}^{n}\rho_i(u)=0$, $\forall\rho_i\in\Delta_i$, $1\leqslant i\leqslant n$, 依 Δ_i 的性质,即见

$u=0$.

对任意的 $\rho_i\in\Delta_i$, $1\leqslant i\leqslant n$, $\left|\bigotimes_{i=1}^{n}\rho_i(u)\right|\leqslant\left\|\bigotimes_{i=1}^{n}\pi_{\rho_i}(u)\right\|\leqslant$

$\alpha(u)$, $\forall u\in\bigotimes_{i=1}^{n}A_i$. 因此, $\bigotimes_{i=1}^{n}\rho_i$ 可扩充为 $\alpha\text{-}\bigotimes_{i=1}^{n}A_i$ 上的正泛

函. 对任意的 $u,v\in\bigotimes_{i=1}^{n}A_i$, $v^*(\alpha(u^*u)-u^*u)v$ 是 $\alpha\text{-}\bigotimes_{i=1}^{n}A_i$

的正元,因此, $\bigotimes_{i=1}^{n}\rho_i(v^*(\alpha(u^*u)-u^*u)v)\geqslant0$, $\forall\rho_i\in\Delta_i$, $1\leqslant$

$i\leqslant n$. 进而依 Δ_i 的假定,可见 $\bigotimes_{i=1}^{n}\varphi_i(v^*(\alpha(u^*u)-u^*u)v)\geqslant0$,

$\forall\varphi_i\in\mathscr{S}_i$, $1\leqslant i\leqslant n$. 从而, $\alpha(\cdot)\geqslant\alpha_0(\cdot)$. 证毕.

引理 3.2.8 设 A 是 Hilbert 空间 $\mathscr{H}$ 中的 c^*-代数,令 $\Delta=$ $\{\omega_\xi(\cdot)=\langle\cdot\xi,\xi\rangle\,|\,\xi\in\mathscr{H},\ \|\xi\|=1\}$,则 Δ 在 A^* 中的 $\sigma(A^*,A)$ 凸闭包 $\supset A$ 的态空间 $\mathscr{S}$.

证. 设 $\varphi\in\mathscr{S}$,依系 2.3.12, φ 可以扩张为 $B(\mathscr{H})$ 上的 态,仍记以 φ. $T(\mathscr{H})$ 的单位球在 $B(\mathscr{H})^*$ 的单位球中是弱 $*$ 稠的,于是有网 $\{t_l\}\subset T(\mathscr{H})$, $\|t_l\|_1\leqslant1$, $\forall l$, 使得 $\mathrm{tr}(t_l b)\to$

$\varphi(b)$, $\forall b \in B(\mathcal{H})$. 由于 $\varphi = \varphi^*$, 无妨设 $t_l = t_l^*$, $\forall l$. 于是可写 $t_l = t_l^+ - t_l^-$, 这里 $t_l^\pm$ 是正迹类算子, $t_l^+ \cdot t_l^- = 0$, 自然也有 $\|t_l^\pm\|_1 \leqslant \|t_l\|_1 \leqslant 1$, $\forall l$. $B(\mathcal{H})^*$ 的单位球是弱 $*$ 紧的, 因此可设 $\{t_l^\pm\}$ 是 $B(\mathcal{H})^*$ 的弱 $*$ 收敛网. 令 $|t_l| = t_l^+ + t_l^-$, 则有 $\psi \in B(\mathcal{H})^*$, 使得 $\mathrm{tr}(|t_l|b) \to \psi(b)$, $\forall b \in B(\mathcal{H})$. 自然 ψ 是 $B(\mathcal{H})$ 上的正泛函, 并且由于 $\varphi(1) = 1 = \lim_l \mathrm{tr}(t_l) \leqslant \lim_l \mathrm{tr}(|t_l|) = \psi(1)$ 及 $\||t_l|\|_1 = \|t_l\|_1 \leqslant 1$, $\forall l$, 因此 ψ 是 $B(\mathcal{H})$ 上的态, 并且 $\lim_l \mathrm{tr}(t_l^-) = 0$. 对任意的 $a \in B(\mathcal{H})$, $a \geqslant 0$, 由于 $0 \leqslant \mathrm{tr}(t_l^- a) \leqslant \|a\| \mathrm{tr}(t_l^-) \to 0$, 因此, $\mathrm{tr}(t_l^+ b) \to \varphi(b)$, $\forall b \in B(\mathcal{H})$, 即我们可以假定 $t_l \geqslant 0$, $\forall l$. 从而可写

$$\mathrm{tr}(t_l b) = \sum_n \lambda_n^{(l)} \langle b \xi_n^{(l)}, \xi_n^{(l)} \rangle, \ \forall l \ \text{及} \ b \in B(\mathcal{H}).$$

这里 $\|\xi_n^{(l)}\| = 1$, $\lambda_n^{(l)} \geqslant 0$, $\forall n, l$. 由于 $\sum_n \lambda_n^{(l)} = \mathrm{tr}(t_l) \to 1$, 于是 N, l 充分大时,

$$\omega_{N,l}(\cdot) = \sum_{n=1}^N \left(\sum_{k=1}^N \lambda_k^{(l)} \right)^{-1} \lambda_n^{(l)} \langle \cdot \xi_n^{(l)}, \xi_n^{(l)} \rangle \in Co\Delta,$$

并且 $\omega_{N,l}(a) \xrightarrow{(N, l)} \varphi(a)$, $\forall a \in A$. 证毕.

定理 3.2.9 如果 $\{\pi_i, \mathcal{H}_i\}$ 是 c^*-代数 A_i 忠实的 $*$ 表示, 则 $\alpha_0(u) = \left\| \bigotimes_{i=1}^n \pi_i(u) \right\|$, $\forall u \in \bigotimes_{i=1}^n A_i$.

证. 依命题 3.2.7, 对任意的 $u \in \bigotimes_{i=1}^n A_i$,

$$\alpha_0(u) \geqslant \left\| \bigotimes_{i=1}^n \pi_i(u) \right\| \geqslant$$

$$\sup \left\{ \frac{\left\| \bigotimes_{i=1}^n \pi_i(uv) \bigotimes_{i=1}^n \xi_i \right\|}{\left\| \bigotimes_{i=1}^n \pi_i(v) \bigotimes_{i=1}^n \xi_i \right\|} \ \middle| \ \begin{array}{l} \xi_i \in \mathcal{H}_i, \|\xi_i\| = 1, 1 \leqslant i \leqslant n, \\ v \in \bigotimes_{i=1}^n A_i, \text{且} \left\| \bigotimes_{i=1}^n \pi_i(v) \bigotimes_{i=1}^n \xi_i \right\| > 0 \end{array} \right\}$$

$$= \sup$$

$$\cdot \left\{ \frac{\left(\bigotimes_{i=1}^{n} \rho_i(v^*u^*uv) \right)^{1/2}}{\left(\bigotimes_{i=1}^{n} \rho_i(v^*v) \right)^{1/2}} \middle| \begin{array}{l} \rho_i \in \Delta_i, \ 1 \leqslant i \leqslant n \\[2mm] v \in \bigotimes_{i=1}^{n} A_i, \ \text{且} \ \bigotimes_{i=1}^{n} \rho_i(v^*v) > 0 \end{array} \right\}$$

$$= \sup \left\{ \left\| \bigotimes_{i=1}^{n} \pi_{\rho_i}(u) \right\| \middle| \rho_i \in \Delta_i, \ 1 \leqslant i \leqslant n \right\},$$

这里 $\Delta_i = \{ \langle \pi_i(\cdot)\xi_i, \xi_i \rangle | \xi_i \in \mathcal{H}_i, \|\xi_i\| = 1 \}$, 及当 $\rho_i \in \Delta_i$, π_{ρ_i} 是 ρ_i 产生的 A_i 的 $*$ 表示, $1 \leqslant i \leqslant n$. 依命题 3.2.7, 引理 3.2.8, 及 π_i 是 A_i 忠实的 $*$ 表示 $(1 \leqslant i \leqslant n)$, 可见 $\sup \left\{ \left\| \bigotimes_{i=1}^{n} \pi_{\rho_i}(u) \right\| \middle| \rho_i \in \Delta_i, \ 1 \leqslant i \leqslant n \right\} = \alpha_0(u)$. 由此得证.

本定理说明了 $\alpha_0(\cdot)$ 的几何意义, 因此, 称 $\alpha_0(\cdot)$ 为 $\bigotimes_{i=1}^{n} A_i$ 上空间的 c^*-范. 以后, 我们将看到 $\alpha_0(\cdot)$ 实际上是 $\bigotimes_{i=1}^{n} A_i$ 上最小的 c^*-范.

命题 3.2.10 $\bigotimes_{i=1}^{n} A_i^*$ 在 $\left(\alpha_0 - \bigotimes_{i=1}^{n} A_i \right)^*$ 中是弱 $*$ 稠的.

证. 由系 3.2.6, $\bigotimes_{i=1}^{n} A_i^* \subset \left(\alpha_0 - \bigotimes_{i=1}^{n} A_i \right)^*$. 无妨设 A_i 是 $\mathcal{H}_i$ 中的 c^*-代数, $1 \leqslant i \leqslant n$, 依定理 3.2.9, $\alpha_0 - \bigotimes_{i=1}^{n} A_i$ 实际上是 $\bigotimes_{i=1}^{n} A_i$ 在 $B \left(\bigotimes_{i=1}^{n} \mathcal{H}_i \right)$ 中的一致闭包, 依引理 3.2.8, $\left\{ \langle \cdot \xi, \xi \rangle | \xi \in \bigotimes_{i=1}^{n} \mathcal{H}_i \right\}$ 的弱 $*$ 凸闭包包含 $\alpha_0 - \bigotimes_{i=1}^{n} A_i$ 的态空间. 进而, $\bigotimes_{i=1}^{n} A_i^*$ 的子集

$$\left\{ \bigotimes_{i=1}^{n} \langle \cdot \xi_i, \xi_i \rangle \,\bigg|\, \xi_i \in \mathscr{H}_i, \ 1 \leqslant i \leqslant n \right\}$$

的弱 $*$ 凸闭包将包含 $\alpha_0 - \bigotimes_{i=1}^{n} A_i$ 的态空间. 证毕.

注 本节见参考文献 [64], [115], [126], [132], [134]

§3. 最大的 c^*-范

设 $A_1, \cdots, A_n$ 是 c^*-代数,依定理 3.2.5, $\bigotimes_{i=1}^{n} A_i$ 上至少有一个 c^*-范 $\alpha_0(\cdot)$, 又依命题 3.2.2, $\bigotimes_{i=1}^{n} A_i$ 上任意的 c^*-范 $\alpha \cdot$

$(\cdot) \leqslant \gamma(\cdot)$, 因此,可以定义 $\bigotimes_{i=1}^{n} A_i$ 上的最大的 c^*-范

$$\alpha_1(u) = \sup \left\{ \alpha(u) \,\big|\, \alpha(\cdot) \text{ 是 } \bigotimes_{i=1}^{n} A_i \text{ 上的 } c^*\text{-范} \right\},$$

$$\forall u \in \bigotimes_{i=1}^{n} A_i.$$

与定义 2.4.5 一样,我们称 $*$ 代数 $\bigotimes_{i=1}^{n} A_i$ 的 $*$ 表示 $\{\pi, \mathscr{H}\}$ 是非退化的, 指 $\left\{ \pi(u)\xi \,\big|\, u \in \bigotimes_{i=1}^{n} A_i, \xi \in \mathscr{H} \right\}$ 张成的闭子空间就是 $\mathscr{H}$.

引理 3.3.1 设 $\{\pi, \mathscr{H}\}$ 是 $\bigotimes_{i=1}^{n} A_i$ 的非退化 $*$ 表示, 则存在 A_i 的唯一的非退化 $*$ 表示 $\{\pi_i, \mathscr{H}\}$, $1 \leqslant i \leqslant n$, 使得

$$\pi_i(a_i)\pi_j(a_j) = \pi_j(a_j)\pi_i(a_i),$$

$$\pi\left(\bigotimes_{i=1}^{n} a_i\right) = \pi_1(a_1)\cdots\pi_n(a_n),$$

$\forall a_i \in A_i$, $1 \leqslant i \neq j \leqslant n$. 特别, $\|\pi(u)\| \leqslant \gamma(u)$, $\forall u \in \bigotimes_{i=1}^{n} A_i.$

此外，如果 π 是忠实的，则 π_i 也是忠实的，$1 \leqslant i \leqslant n$.

证. 记 $A_i^{(1)} = A_i \dotplus \mathrm{C}1_i$ 是 A_i 添加单位元 1_i 的 c^*-代数，并

对 $\displaystyle\xi = \sum_{j,k} \pi\Big(\bigotimes_{s=1}^{n} a_{jk}^{(s)}\Big)\xi_k$，令

$$\varphi_i(b_i) = \sum_{j,k,l,m} \Big\langle \pi\Big(\bigotimes_{s \neq i} 1_s \otimes b_i \cdot \bigotimes_s a_{jk}^{(s)}\Big)\xi_k, \ \pi\Big(\bigotimes_s a_{lm}^{(s)}\Big)\xi_m \Big\rangle$$

$\forall b_i \in A_i^{(1)}$，易见 φ_i 是 $A_i^{(1)}$ 上的正泛函，于是

$$\Big\| \sum_{j,k} \pi\Big(\bigotimes_{s \neq i} 1_s \otimes b_i \cdot \bigotimes_s a_{jk}^{(s)}\Big)\xi_k \Big\| = \varphi_i(b_i^* b_i)^{\frac{1}{2}}$$

$$\leqslant \|b_i\| \varphi_i(1_i)^{1/2} = \|b_i\| \cdot \|\xi\|,$$

但 π 是非退化的，因此可以唯一决定 $\pi_i(b_i) \in B(\mathscr{H})$，使得

$$\pi_i(b_i)\xi = \sum_{j,k} \pi\Big(\bigotimes_{s \neq i} 1_s \otimes b_i \cdot \bigotimes_s a_{jk}^{(s)}\Big)\xi_k,$$

易见 $\{\pi_i, \mathscr{H}\}$ 是 $A_i^{(1)}$ 的 $*$ 表示，并且

$$\pi_1(b_1)\cdots\pi_n(b_n)\xi = \sum_{j,k} \pi\Big(\bigotimes_s b_s \cdot \bigotimes_s a_{jk}^{(s)}\Big)\xi_k,$$

$\forall b_s \in A_s^{(1)}$, $a_{jk}^{(s)} \in A_s$, $\xi_k \in \mathscr{H}$ 及 $\displaystyle\xi = \sum_{j,k} \pi\Big(\bigotimes_s a_{jk}^{(s)}\Big)\xi_k$. 因此，

$$\pi\Big(\bigotimes_i a_i\Big) = \pi_1(a_1)\cdots\pi_n(a_n),$$

$$\pi_i(a_i)\pi_j(a_j) = \pi_j(a_j)\pi_i(a_i),$$

$\forall a_i \in A_i$, $1 \leqslant i \neq j \leqslant n$.

如果 $\xi \in \mathscr{H}$，使对某 i 有 $\pi_i(a_i)\xi = 0$, $\forall a_i \in A_i$，则也有 $\pi\Big(\bigotimes_s a_s\Big)\xi = 0$, $\forall a_s \in A_s$, $1 \leqslant s \leqslant n$. 但 π 是非退化的，因此，$\xi = 0$. 即 $\{\pi_i, \mathscr{H}\}$ 是 A_i 非退化的 $*$ 表示，$1 \leqslant i \leqslant n$.

又若 π 是忠实的，由 $\pi\Big(\bigotimes_i a_i\Big) = \pi_1(a_1)\cdots\pi_n(a_n)$, $\forall a_i \in A_i$, $1 \leqslant i \leqslant n$，可见 $\{\pi_i, \mathscr{H}\}$ 也是 A_i 忠实的 $*$ 表示，$1 \leqslant i \leqslant n$.

最后，如果 $\{d_{l_i}^{(i)}\}$ 是 A_i 的逼近单位元，依命题 2.4.6,

$$\pi_i(a_i) = (\text{强算子}) - \lim_{j \neq i, l_i} \pi\Big(\bigotimes_{j \neq i} d_{l_i}^{(i)} \otimes a_i\Big), \ \forall a_i \in A_i,$$

因此，π_i 为 π 唯一决定，$1 \leqslant i \leqslant n$. 证毕.

注. 如果不假定 π 是非退化的，限于 π 的本质子空间来讨论，可见仍有分解 $\pi = \pi_1 \cdots \pi_n$，但不必唯一.

命题 3.3.2 对任意的 $u \in \bigotimes\limits_{i=1}^{n} A_i$，我们有

$$\alpha_1(u) = \sup\left\{\|\pi(u)\| \,\Big|\, \pi \text{ 是 } \bigotimes\limits_{i=1}^{n} A_i \text{ 的 } * \text{表示}\right\}.$$

证. 设 π_0 是 $\alpha_1\text{-}\bigotimes\limits_{i=1}^{n} A_i$ 忠实的 $*$ 表示，则 $\alpha_1(u) = \|\pi_0(u)\|$.

当然 π_0 限于 $\bigotimes\limits_{i=1}^{n} A_i$ 也是 $\bigotimes\limits_{i=1}^{n} A_i$ 的 $*$ 表示，因此，$\alpha_1(u) \leqslant$

$\sup\left\{\|\pi(u)\| \,\Big|\, \pi \text{ 是 } \bigotimes\limits_{i=1}^{n} A_i \text{ 的} * \text{表示}\right\}$. 又依引理 3.3.1，$\|\pi(\cdot)\|$

$\leqslant r(\cdot)$，因此，

$$\sup\left\{\|\pi(\cdot)\| \,\Big|\, \pi \text{ 是 } \bigotimes\limits_{i=1}^{n} A_i \text{ 的} * \text{表示}\right\},$$

也是 $\bigotimes\limits_{i=1}^{n} A_i$ 上的 c^*-范，但 $\alpha_1(\cdot)$ 是 $\bigotimes\limits_{i=1}^{n} A_i$ 上最大的 c^*-范，

所以，$\alpha_1(u) = \sup\left\{\|\pi(u)\| \,\Big|\, \pi \text{ 是 } \bigotimes\limits_{i=1}^{n} A_i \text{ 的} * \text{表示}\right\}$. 证毕.

命题 3.3.3 对任意的 $u \in \bigotimes\limits_{i=1}^{n} A_i$，我们有

$$\alpha_1(u) = \sup\left\{\alpha(u) \,\Big|\, \alpha(\cdot) \text{ 是 } \bigotimes\limits_{i=1}^{n} A_i \text{ 上的 } c^*\text{-拟范}\right\},$$

这里 $\alpha(\cdot)$ 是 c^*-拟范，只与 c^*-范差一个条件，即若 $\alpha(v) = 0$，未必有 $v = 0$.

证. 显然右端 $\geqslant$ 左端. 今设 $\alpha(\cdot)$ 是 $\bigotimes\limits_{i=1}^{n} A_i$ 上的 c^*-拟范，

则 $\vartheta = \left\{v \in \bigotimes\limits_{i=1}^{n} A_i \,\Big|\, \alpha(v) = 0\right\}$ 是 $\bigotimes\limits_{i=1}^{n} A_i$ 的 $*$ 双侧理想. 令

$v \to \tilde{v}$ 是 $\bigotimes\limits_{i=1}^{n} A_i$ 到 $\bigotimes\limits_{i=1}^{n} A_i/\vartheta$ 上的正则映象，并命 $\tilde{\alpha}(\tilde{v}) = \alpha(v)$，则 $\tilde{\alpha}(\cdot)$ 是 $\bigotimes\limits_{i=1}^{n} A_i/\vartheta$ 上的 c^*-范. 设 $\tilde{\pi}$ 是 $\tilde{\alpha}\text{-}\left(\bigotimes\limits_{i=1}^{n} A_i/\vartheta \right)$ 忠实的 $*$ 表示，及命 $\pi(v) = \tilde{\pi}(\tilde{v})$，则 π 是 $\bigotimes\limits_{i=1}^{n} A_i$ 的 $*$ 表示. 依命题 3.3.2，

$$\alpha_1(u) \geqslant \|\pi(u)\| = \|\tilde{\pi}(\tilde{u})\| = \tilde{\alpha}(\tilde{u}) = \alpha(u),$$

证毕.

命题 3.3.4 集合 $\left\{ \alpha(\cdot) \,\middle|\, \alpha(\cdot) \text{ 是 } \bigotimes\limits_{i=1}^{n} A_i \text{ 上的 } c^*\text{-范} \right\}$ 与 $\left\{ \vartheta \,\middle|\, \vartheta \text{ 是 } \alpha_1\text{-}\bigotimes\limits_{i=1}^{n} A_i \text{ 的闭双侧理想，并且 } \vartheta \cap \bigotimes\limits_{i=1}^{n} A_i = 0 \right\}$ 通过下面的方式一一对应：

设 $\alpha(\cdot)$ 是 $\bigotimes\limits_{i=1}^{n} A_i$ 上的 c^*-范，则有 $\alpha_1\text{-}\bigotimes\limits_{i=1}^{n} A_i$ 唯一的闭双侧理想 ϑ_α，使得 $u \to \tilde{u} \left(\forall u \in \bigotimes\limits_{i=1}^{n} A_i \right)$ 可以扩充为 $\alpha\text{-}\bigotimes\limits_{i=1}^{n} A_i$ 到 $\left(\alpha_1\text{-}\bigotimes\limits_{i=1}^{n} A_i \right)\!\!\Big/ \vartheta_\alpha$ 上的 $*$ 同构，这里 $a \to \tilde{a}$ 是 $\alpha_1\text{-}\bigotimes\limits_{i=1}^{n} A_i$ 到 $\left(\alpha_1\text{-}\bigotimes\limits_{i=1}^{n} A_i \right)\!\!\Big/ /\vartheta_\alpha$ 上的正则映象. 此外，这个 ϑ_α 必然满足 $\vartheta_\alpha \cap \bigotimes\limits_{i=1}^{n} A_i = \{0\}$. 反之，对 $\alpha_1\text{-}\bigotimes\limits_{i=1}^{n} A_i$ 的每个闭双侧理想 ϑ，并且 $\vartheta \cap \bigotimes\limits_{i=1}^{n} A_i = \{0\}$，必有 $\bigotimes\limits_{i=1}^{n} A_i$ 上唯一的 c^*-范 $\alpha(\cdot)$，使得 $\vartheta = \vartheta_\alpha$.

特别，对 $\bigotimes\limits_{i=1}^{n} A_i$ 上每个 c^*-范 $\alpha(\cdot)$，有

$$\alpha(u) = \inf\{\alpha_1(u + v) \mid v \in \vartheta_\alpha\}, \quad \forall u \in \bigotimes\limits_{i=1}^{n} A_i.$$

证. 设 $\alpha(\cdot)$ 是 $\bigotimes_{i=1}^{n} A_i$ 上的 c^*-范,于是 $\alpha(\cdot) \leqslant \alpha_1(\cdot)$. 从而 $\bigotimes_{i=1}^{n} A_i$ 上的恒等映象 I 可以扩充为 $\alpha_1\text{-}\bigotimes_{i=1}^{n} A_i$ 到 $\alpha\text{-}\bigotimes_{i=1}^{n} A_i$ 的 $*$ 同态. 但 $I\left(\alpha_1\text{-}\bigotimes_{i=1}^{n} A_i\right)$ 是 $\alpha\text{-}\bigotimes_{i=1}^{n} A_i$ 的包含 $\bigotimes_{i=1}^{n} A_i$ 的 c^*-子代数,因此,$I\left(\alpha_1\text{-}\bigotimes_{i=1}^{n} A_i\right) = \alpha\text{-}\bigotimes_{i=1}^{n} A_i$. 记这个 $*$ 同态的核为 ϑ_α,它是 $\alpha_1\text{-}\bigotimes_{i=1}^{n} A_i$ 的闭双侧理想,并且由于 $\mathscr{I} u = u$, $\forall u \in \bigotimes_{i=1}^{n} A_i$,因此,$\vartheta_\alpha \cap \bigotimes_{i=1}^{n} A_i = \{0\}$. 于是我们自然地得到 $\alpha\text{-}\bigotimes_{i=1}^{n} A_i$ 到 $\left(\alpha_1\text{-}\bigotimes_{i=1}^{n} A_i\right)\Big/ \vartheta_\alpha$ 上的 $*$ 同构,使得 $u \to \tilde{u}$, $\forall u \in \bigotimes_{i=1}^{n} A_i$.

今若 ϑ 是 $\alpha_1\text{-}\bigotimes_{i=1}^{n} A_i$ 的闭双侧理想,Φ 是 $\alpha\text{-}\bigotimes_{i=1}^{n} A_i$ 到 $\left(\alpha_1\text{-}\bigotimes_{i=1}^{n} A_i\right)\Big/ \vartheta$ 上的 $*$ 同构,使得 $\Phi(u) = \tilde{u}$, $\forall u \in \bigotimes_{i=1}^{n} A_i$. 于是 $a \to \tilde{a} \to \Phi^{-1}(\tilde{a})$ 是 $\alpha_1\text{-}\bigotimes_{i=1}^{n} A_i$ 到 $\alpha\text{-}\bigotimes_{i=1}^{n} A_i$ 上的 $*$ 同态,记这个 $*$ 同态为 Ψ. 显然,Ψ 的核是 ϑ,并且 $\Psi(u) = u$, $\forall u \in \bigotimes_{i=1}^{n} A_i$. 因此,$\Psi$ 是 $\bigotimes_{i=1}^{n} A_i$ 上恒等映象的扩充,从而 $\vartheta = \vartheta_\alpha$.

反之,设 ϑ 是 $\alpha_1\text{-}\bigotimes_{i=1}^{n} A_i$ 的闭双侧理想,并且 $\vartheta \cap \bigotimes_{i=1}^{n} A_i = \{0\}$,于是,$\bigotimes_{i=1}^{n} A_i$ 一一地嵌入 $\left(\alpha_1\text{-}\bigotimes_{i=1}^{n} A_i\right)\Big/ \vartheta$ 之中. 这样 $\left(\alpha_1\text{-}\bigotimes_{i=1}^{n} A_i\right)\Big/ \vartheta$ 的范数便决定 $\bigotimes_{i=1}^{n} A_i$ 上一个 c^*-范 $\alpha(\cdot)$. 于

是 $\alpha\text{-}\bigotimes\limits_{i=1}^{n} A_i$ 与 $\left(\alpha_1\text{-}\bigotimes\limits_{i=1}^{n} A_i\right)\Big/\vartheta*$ 同构，并且 $u\to\tilde{u}, \forall u\in\bigotimes\limits_{i=1}^{n} A_i$，从而 $\vartheta=\vartheta_\alpha$. 证毕.

注 本节见参考文献 [46]，[64]，[115].

§4. 代数张量积上的态

设 $A_1,\cdots,A_n$ 是 c^*-代数，$\bigotimes\limits_{i=1}^{n} A_i$ 是代数张量积.

命题 3.4.1 设 φ 是 $\bigotimes\limits_{i=1}^{n} A_i$ 上的正泛函，则有正常数 K，使得

$$\left|\varphi\left(\bigotimes_{i=1}^{n} a_i\right)\right|\leqslant K\|a_1\|\cdots\|a_n\|, \ \forall a_i\in A_i, \ 1\leqslant i\leqslant n.$$

证. 固定 $a_i\in(A_i)_+, \ 2\leqslant i\leqslant n$，则 $\varphi\left(\cdot\otimes\bigotimes\limits_{i=2}^{n} a_i\right)$ 是 A_1 上的正泛函，从而连续（命题 2.3.2）. 进而，$\varphi\left(\bigotimes\limits_{i=1}^{n} a_i\right)$ 对每个变量 a_i 分别是连续的. 再依一致有界定理，即得证.

命题 3.4.2 设 $A_i^{(1)}=A_i\dotplus C1_i$ 是 A_i 添加单位元 1_i 的 c^*-代数，$1\leqslant i\leqslant n$，φ 是 $\bigotimes\limits_{i=1}^{n} A_i$ 上的正泛函，则 φ 可开拓为 $\bigotimes\limits_{i=1}^{n} A_i^{(1)}$ 上的正泛函 $\bar{\varphi}$，使得对 $\{1,\cdots,n\}$ 的任意子集 II 及 $a_i\in A_i$，$\forall j\notin$ II，有

$$\bar{\varphi}\left(\bigotimes_{i\in\text{II}} 1_i\otimes\bigotimes_{j\notin\text{II}} a_j\right)=\lim_{i\in\text{II}, l_i} \varphi\left(\bigotimes_{i\in\text{II}} d_{l_i}^{(i)}\otimes\bigotimes_{j\notin\text{II}} a_j\right),$$

这里 $\{d_{l_i}^{(i)}\}$ 是 A_i 的逼近单位元，$1\leqslant i\leqslant n$.

证. 对任意的 $a_i\in A_i, \ 2\leqslant i\leqslant n$，依命题 2.4.4，下面的极限存在并且相等：

$$\lim_{l_1} \varphi\left(d_{l_1}^{(1)}\otimes\bigotimes_{i=2}^{n} a_i\right)=\lim_{l_1} \varphi\left(d_{l_1}^{(1)2}\otimes\bigotimes_{i=2}^{n} a_i\right)$$

今把 φ 扩张为 $A_1^{(1)} \otimes \bigotimes\limits_{i=2}^{n} A_i$ 上的线性泛函 $\bar\varphi$，使得

$$\bar\varphi\left(1_1 \otimes \bigotimes_{i=2}^{n} a_i\right) = \lim_{l_1} \varphi\left(d_{l_1}^{(1)} \otimes \bigotimes_{i=2}^{n} a_i\right), \forall a_i \in A_i, 2 \leqslant i \leqslant n,$$

对任意的 $x = \sum\limits_j (\lambda_j 1_1 + a_j^{(1)}) \otimes \bigotimes\limits_{i=2}^{n} a_j^{(i)}$，这里 $a_j^{(i)} \in A_i$，$\lambda_j \in \mathbf{C}$，$\forall i, j,$

$$\bar\varphi(x^*x) = \varphi\left(\sum_{j,k} (a_j^{(1)*}a_k^{(1)} + \bar\lambda_j a_k^{(1)} + \lambda_k a_j^{(1)*}) \otimes \bigotimes_{i=2}^{n} a_j^{(i)*}a_k^{(i)}\right)$$

$$+ \lim_{l_1} \sum_{j,k} \varphi\left(d_{l_1}^{(1)2} \otimes \bigotimes_{i=2}^{n} a_j^{(i)*}a_k^{(i)}\right) \bar\lambda_j \lambda_k$$

$$= \lim_{l_1} \varphi\left(\left(\sum_j (\lambda_j d_{l_1}^{(1)} + a_j^{(1)}) \otimes \bigotimes_{i=2}^{n} a_j^{(i)}\right)^*\right.$$

$$\left. \cdot \left(\sum_j (\lambda_j d_{l_1}^{(1)} + a_j^{(1)}) \otimes \bigotimes_{i=2}^{n} a_j^{(i)}\right)\right)$$

从而 $\bar\varphi$ 也是 $A_1^{(1)} \otimes \bigotimes\limits_{i=2}^{n} A_i$ 上的正泛函．如此手续，可以逐步进行到 $\bigotimes\limits_{i=1}^{n} A_i^{(1)}$ 之上．证毕．

命题 3.4.3 设 φ 是 $\bigotimes\limits_{i=1}^{n} A_i$ 上的正泛函，及 $\{d_{l_i}^{(i)}\}$ 是 A_i 的逼近单位元，$1 \leqslant i \leqslant n$，则

$$\lim_{l_1 \cdots l_n} \varphi\left(\bigotimes_{i=1}^{n} d_{l_i}^{(i)}\right) = \sup\left\{\varphi\left(\bigotimes_{i=1}^{n} a_i\right)\right|$$

$$\cdot\ a_i \in (A_i)_+,\ \|a_i\| \leqslant 1,\ 1 \leqslant i \leqslant n\Big\}$$

$$= \sup\left\{\left|\varphi\left(\bigotimes_{i=1}^{n} a_i\right)\right|\right|$$

$$\cdot\ a_i \in A_i,\ \|a_i\| \leqslant 1,\ 1 \leqslant i \leqslant n\Big\}.$$

证．设 $\bar\varphi$ 是 φ 如命题 3.4.2 的扩张，于是，

$$\lim_{l_1,\cdots,l_n} \varphi\left(\bigotimes_{i=1}^{n} d_{l_i}^{(i)}\right) = \tilde{\varphi}\left(\bigotimes_{i=1}^{n} 1_i\right),$$

如果 $a_i \in (A_i)_+$, $\|a_i\| \leqslant 1$, $1 \leqslant i \leqslant n$, 则在 $\bigotimes_{i=1}^{n} A_i^{(1)}$ 中,

$$\bigotimes_{i=1}^{n} 1_i \geqslant a_1 \otimes \bigotimes_{i=2}^{n} 1_i \geqslant \cdots \geqslant \bigotimes_{i=1}^{n} a_i.$$

因此, $\tilde{\varphi}\left(\bigotimes_{i=1}^{n} 1_i\right) \geqslant \tilde{\varphi}\left(\bigotimes_{i=1}^{n} a_i\right) = \varphi\left(\bigotimes_{i=1}^{n} a_i\right)$. 又 $d_{l_i}^{(i)} \in (A_i)_+$,
且 $\|d_{l_i}^{(i)}\| \leqslant 1$, $\forall l_i$, $1 \leqslant i \leqslant n$, 所以

$$\lim_{l_1,\cdots,l_n} \varphi\left(\bigotimes_{i=1}^{n} d_{l_i}^{(i)}\right) = \sup\left\{\varphi\left(\bigotimes_{i=1}^{n} a_i\right)\right|$$
$$\left. \cdot\, a_i \in (A_i)_+,\ \|a_i\| \leqslant 1,\ 1 \leqslant i \leqslant n\right\},$$

此外, 对任意的 $a_i \in A_i$, $\|a_i\| \leqslant 1$, $1 \leqslant i \leqslant n$, 由 Schwartz 不等式

$$\left|\varphi\left(\bigotimes_{i=1}^{n} a_i\right)\right|^2 = \left|\tilde{\varphi}\left(\bigotimes_{i=1}^{n} a_i\right)\right|^2$$
$$\leqslant \tilde{\varphi}\left(\bigotimes_{i=1}^{n} 1_i\right) \varphi\left(\bigotimes_{i=1}^{n} a_i^* a_i\right)$$
$$\leqslant \sup\left\{\varphi\left(\bigotimes_{i=1}^{n} b_i\right)^2\right|$$
$$\left. \cdot\, b_i \in (A_i)_+,\ \|b_i\| \leqslant 1,\ 1 \leqslant i \leqslant n\right\}.$$

所以,

$$\sup\left\{\left|\varphi\left(\bigotimes_{i=1}^{n} a_i\right)\right| \,\middle|\, a_i \in A_i,\ \|a_i\| \leqslant 1,\ 1 \leqslant i \leqslant n\right\}$$
$$= \sup\left\{\varphi\left(\bigotimes_{i=1}^{n} a_i\right) \,\middle|\, a_i \in (A_i)_+,\ \|a_i\| \leqslant 1,\ 1 \leqslant i \leqslant n\right\},$$

证毕.

定义 3.4.4 $\bigotimes_{i=1}^{n} A_i$ 上的正泛函 φ 称为态, 指

$$\sup\left\{\varphi\left(\bigotimes_{i=1}^{n}a_i\right)\bigg|\ a_i\in(A_i)_+,\ \|a_i\|\leqslant 1,\ 1\leqslant i\leqslant n\right\}=1,$$

记 $\bigotimes_{i=1}^{n}A_i$ 上态的全体为 $\mathscr{S}\left(\bigotimes_{i=1}^{n}A_i\right)$.

命题 3.4.5 设 $\varphi\in\mathscr{S}\left(\bigotimes_{i=1}^{n}A_i\right)$, 则存在唯一的 $\tilde{\varphi}\in$

$\mathscr{S}\left(\bigotimes_{i=1}^{n}A_i^{(1)}\right)$, 这里 $A_i^{(1)}=A_i\dotplus\mathbb{C}|_i,1\leqslant i\leqslant n$, 使得 $\tilde{\varphi}$ 是 φ 的扩张.

证. 命题 3.4.2 已指出 $\tilde{\varphi}$ 的存在性.

今设 $\phi\in\mathscr{S}\left(\bigotimes_{i=1}^{n}A_i^{(1)}\right)$ 也是 φ 的扩张. 对任意的 $a_i\in(A_i)_+$,

$2\leqslant i\leqslant n$, 则

$$\phi\left(1_1\otimes\bigotimes_{i=2}^{n}a_i\right)\geqslant\phi\left(d_l\otimes\bigotimes_{i=2}^{n}a_i\right)=\varphi\left(d_l\otimes\bigotimes_{i=2}^{n}a_i\right),$$

这里 $\{d_l\}$ 是 A_1 的逼近单位元. 于是依命题 3.4.2,

$$\phi\left(1_1\otimes\bigotimes_{i=2}^{n}a_i\right)\geqslant\tilde{\varphi}\left(1_1\otimes\bigotimes_{i=2}^{n}a_i\right).$$

如果存在 $a_i\in(A_i)_+$, $\|a_i\|<1$, $2\leqslant i\leqslant n$, 使得

$$\phi\left(1_1\otimes\bigotimes_{i=2}^{n}a_i\right)-\tilde{\varphi}\left(1_1\otimes\bigotimes_{i=2}^{n}a_i\right)=\delta>0,$$

当 $b_i\in(A_i)_+$, $\|b_i\|<1$, $b_i\geqslant a_i$, $2\leqslant i\leqslant n$ 时,

$$\phi\left(1_1\otimes\bigotimes_{i=2}^{n}b_i\right)-\tilde{\varphi}\left(1_1\otimes\bigotimes_{i=2}^{n}b_i\right)$$

$$=\left[\phi\left(1_1\otimes(b_2-a_2)\otimes\bigotimes_{i=3}^{n}b_i\right)\right.$$

$$\left.-\tilde{\varphi}\left(1_1\otimes(b_2-a_2)\otimes\bigotimes_{i=3}^{n}b_i\right)\right]$$

$$+\left[\phi\left(1_1\otimes a_2\otimes(b_3-a_3)\otimes\bigotimes_{i=3}^{n}b_i\right)\right.$$

$$\left.-\tilde{\varphi}\left(1_1\otimes a_2\otimes(b_3-a_3)\otimes\bigotimes_{i=3}^{n}b_i\right)\right]+\cdots$$

$$+\left[\phi\left(1_1\otimes\bigotimes_{i=2}^{n}a_i\right)-\tilde{\varphi}\left(1_1\otimes\bigotimes_{i=2}^{n}a_i\right)\right]\geqslant\delta,$$

从而，$1\geqslant\phi\left(1_1\otimes\bigotimes_{i=2}^{n}b_i\right)\geqslant\tilde{\varphi}\left(1_1\otimes\bigotimes_{i=2}^{n}b_i\right)+\delta$，进而

$$1\geqslant\sup\left\{\tilde{\varphi}\left(1_1\otimes\bigotimes_{i=2}^{n}b_i\right)\Big|\ b_i\geqslant a_i,\ \|b_i\|<1,\ 2\leqslant i\leqslant n\right\}+\delta,$$

但依命题 2.2.11 及态的定义，

$$\sup\left\{\tilde{\varphi}\left(1_1\otimes\bigotimes_{i=2}^{n}b_i\right)\Big|\ b_i\geqslant a_i,\ \|b_i\|<1,\ 2\leqslant i\leqslant n\right\}=1,$$

矛盾. 因此，ϕ 与 $\tilde{\varphi}$ 在 $A_1^{(1)}\otimes\bigotimes_{i=2}^{n}A_i$ 上相同. 继续递推，可见 $\phi=\tilde{\varphi}$. 证毕.

命题 3.4.6 设 $\varphi\in\mathscr{S}\left(\bigotimes_{i=1}^{n}A_i\right)$，则 φ 可唯一扩张成 $\alpha_1-\bigotimes_{i=1}^{n}A_i$ 上的态. 特别

$$\alpha_1(u)^2=\sup\left\{\varphi(u^*u)\,|\,\varphi\in\mathscr{S}\left(\bigotimes_{i=1}^{n}A_i\right)\right\},\quad\forall u\in\bigotimes_{i=1}^{n}A_i.$$

证. 依命题 3.4.5，φ 可唯一扩张成 $\tilde{\varphi}\in\mathscr{S}\left(\bigotimes_{i=1}^{n}A_i^{(1)}\right)$，这里 $A_i^{(1)}=A_i+\mathrm{C}1_i,\ 1\leqslant i\leqslant n$. 令

$$\vartheta=\left\{x\in\bigotimes_{i=1}^{n}A_i^{(1)}\Big|\ \tilde{\varphi}(x^*x)=0\right\},$$

它是 $\bigotimes_{i=1}^{n}A_i^{(1)}$ 的左理想. 设 $x\to\tilde{x}$ 是 $\bigotimes_{i=1}^{n}A_i^{(1)}$ 到 $\left(\bigotimes_{i=1}^{n}A_i^{(1)}\right)\Big/\vartheta$ 上的正则映象，并定义 $\left(\bigotimes_{i=1}^{n}A_i^{(1)}\right)\Big/\vartheta$ 上的内积

$$\langle\tilde{x},\tilde{y}\rangle=\tilde{\varphi}(y^*x),\quad\forall x,\ y\in\bigotimes_{i=1}^{n}A_i^{(1)},$$

依此完备化,得到 Hilbert 空间 $\mathscr{H}$. 对任意的 $x\in\bigotimes_{i=1}^{n}A_i^{(1)}$，令

$$\pi(x)\tilde{y} = \widetilde{xy}, \quad \forall\, y \in \bigotimes_{i=1}^{n} A_i^{(1)}.$$

如果 $x_i \in A_i^{(1)}$, $\|x_i\| \leqslant 1$, $1 \leqslant i \leqslant n$, 由于在 $\bigotimes_{i=1}^{n} A_i^{(1)}$ 中,

$\bigotimes_{i=1}^{n} x_i^* x_i \leqslant \bigotimes_{i=1}^{n} 1_i$, 因此, $\left\| \pi\left(\bigotimes_{i=1}^{n} x_i\right) \tilde{y} \right\|^2 = \tilde{\varphi}\left(y^* \cdot \bigotimes_{i=1}^{n} x_i^* x_i \cdot y\right) \leqslant$

$\tilde{\varphi}(y^* y) = \|\tilde{y}\|^2$. 从而, $\pi\left(\bigotimes_{i=1}^{n} x_i\right)$ 可扩张为 $\mathscr{H}$ 中的有界线性

算子. 一般, 我们便有 $\bigotimes_{i=1}^{n} A_i^{(1)}$ 的 $*$ 表示 $\{\pi, \mathscr{H}\}$, 并且

$$\tilde{\varphi}(x) = \left\langle \pi(x) \widetilde{\bigotimes_{i=1}^{n} 1_i}, \; \widetilde{\bigotimes_{i=1}^{n} 1_i} \right\rangle, \quad \forall\, x \in \bigotimes_{i=1}^{n} A_i^{(1)},$$

进而, 依命题 3.3.2,

$$|\varphi(u)| = |\tilde{\varphi}(u)| \leqslant \|\pi(u)\| \leqslant \alpha_1(u), \quad \forall\, u \in \bigotimes_{i=1}^{n} A_i.$$

因此, φ 可唯一扩张为 $\alpha_1\text{-}\bigotimes_{i=1}^{n} A_i$ 上的态.

当然, $\alpha_1\text{-}\bigotimes_{i=1}^{n} A_i$ 上的态限于 $\bigotimes_{i=1}^{n} A_i$ 仍然是 $\bigotimes_{i=1}^{n} A_i$ 上的

态, 所以, $\alpha_1(u)^2 = \left\{ \varphi(u^* u) \mid \varphi \text{ 是 } \alpha_1\text{-}\bigotimes_{i=1}^{n} A_i \text{ 上的态} \right\} =$

$\left\{ \varphi(u^* u) \mid \varphi \in \mathscr{S}\left(\bigotimes_{i=1}^{n} A_i\right) \right\}$, $\forall\, u \in \bigotimes_{i=1}^{n} A_i$. 证毕.

命题 3.4.7 设 $\varphi \in \mathscr{S}\left(\bigotimes_{i=1}^{n} A_i\right)$, 则通过 GNS 构造, 可以

得到 $\bigotimes_{i=1}^{n} A_i$ 的循环 $*$ 表示 $\{\pi, \mathscr{H}, \xi\}$, 使得

$$\varphi(u) = \langle \pi(u)\xi, \xi \rangle, \quad \forall\, u \in \bigotimes_{i=1}^{n} A_i,$$

这里 $\xi \in \mathscr{H}$, 并且 $\|\xi\| = 1$.

证. 依命题 3.4.6，φ 可唯一开拓为 $\alpha_1\text{-}\bigotimes\limits_{i=1}^{n} A_i$ 上的态，仍记为 φ. 令

$$\vartheta = \left\{u \in \bigotimes_{i=1}^{n} A_i \,\middle|\, \varphi(u^*u) = 0\right\},$$

$$\vartheta_\varphi = \left\{a \in \alpha_1\text{-}\bigotimes_{i=1}^{n} A_i \,\middle|\, \varphi(a^*a) = 0\right\}$$

自然 $\vartheta \subset \vartheta_\varphi$. 设 $u \to \tilde{u}$, $a \to a_\varphi$ 分别是 $\bigotimes\limits_{i=1}^{n} A_i$ 到 $\left(\bigotimes\limits_{i=1}^{n} A_i\right)\big/ \vartheta$ 上及 $\alpha_1\text{-}\bigotimes\limits_{i=1}^{n} A_i$ 到 $\left(\alpha_1\text{-}\bigotimes\limits_{i=1}^{n} A_i\right)\big/ \vartheta_\varphi$ 上的正则映象，我们有图

$$
\begin{array}{ccc}
& \tilde{u} \in \left(\bigotimes\limits_{i=1}^{n} A_i\right)\big/ \vartheta & \longrightarrow \mathscr{H} \\[2mm]
\nearrow & & \Big\downarrow U \\[2mm]
u \in \bigotimes A_i & & \\[2mm]
\searrow & u_\varphi \in \left(\alpha_1\text{-}\bigotimes\limits_{i=1}^{n} A_i\right)\big/ \vartheta_\varphi & \longrightarrow \mathscr{H}_\varphi
\end{array}
$$

这里 $\{\pi, \mathscr{H}\}$ 是 φ 产生的 $\bigotimes\limits_{i=1}^{n} A_i$ 的 $*$ 表示(算子 $\pi(u)$ 的有界性可仿命题 3.4.6 的证明)，$\{\pi_\varphi, \mathscr{H}_\varphi, \xi_\varphi\}$ 是 φ 产生的 $\left(\alpha_1\text{-}\bigotimes\limits_{i=1}^{n} A_i\right)$ 的循环 $*$ 表示. 易见 U 可以扩张为 $\mathscr{H}$ 到 $\mathscr{H}_\varphi$ 上的酉算子，并且 $\pi(u) = U^{-1}\pi_\varphi(u)U$, $\forall u \in \bigotimes\limits_{i=1}^{n} A_i$. 再令 $\xi = U^{-1}\xi_\varphi$，即得证.

命题 3.4.8 设 $\alpha(\cdot)$ 是 $\bigotimes\limits_{i=1}^{n} A_i$ 上的 c^*-范，$\Gamma = \Big\{ \varphi \in \mathscr{S}\left(\bigotimes\limits_{i=1}^{n} A_i\right)\Big|\varphi$ 依 $\alpha(\cdot)$ 连续$\Big\}$，则对任意的 $u \in \bigotimes\limits_{i=1}^{n} A_i$,

$$\alpha(u) = \sup\left\{\varphi(u^*u)^{\frac{1}{2}} \,\middle|\, \varphi \in \Gamma\right\} = \sup\left\{\|\pi_\varphi(u)\| \,\middle|\, \varphi \in \Gamma\right\},$$

这里 $\{\pi_\varphi, \mathscr{H}_\varphi, \xi_\varphi\}$ 是 φ 产生的 $\bigotimes\limits_{i=1}^{n} A_i$ 的循环 $*$ 表示，

$\forall \varphi \in \Gamma.$

证. 由于 $\Gamma = \left\{\rho \text{ 限于 } \bigotimes_{i=1}^{n} A_i \,\middle|\, \rho \in \mathscr{S}\left(\alpha - \bigotimes_{i=1}^{n} A_i\right)\right\}$, 所以有第一个等式. 当 $\varphi \in \Gamma$ 时, 仿命题 3.4.7 的证明 (但那里的 $\alpha_1(\cdot)$ 代以 $\alpha(\cdot)$), $\|\pi_\varphi(u)\| \leqslant \alpha(u)$. 另一方面, $\varphi(u^*u) = \langle \pi_\varphi(u^*u)\xi_\varphi, \xi_\varphi \rangle \leqslant \|\pi_\varphi(u)\|^2$, 由此即得证.

注 本节见参考文献 [29], [64], [65]

§5. 不等式 $\lambda(\cdot) \leqslant \alpha_0(\cdot) \leqslant \alpha(\cdot) \leqslant \gamma(\cdot)$

引理 3.5.1 设 $A_1, \cdots, A_n$ 是 c^*-代数, 并且 A_n 无单位元. 如果 $x \in \bigotimes_{i=1}^{n-1} A_i \otimes A_n^{(1)}$, 这里 $A_n^{(1)} = A_n \dotplus \mathbb{C}1_n$, 使得 $xv = 0$, $\forall v \in \bigotimes_{i=1}^{n} A_i$, 则 $x = 0$.

证. 无妨认为 $A_i \subset B(\mathscr{H}_i)$, 并且 A_i 在 $\mathscr{H}_i$ 中是非退化的, $1 \leqslant i \leqslant n$. 由于 A_n 无单位元, 也可认为 1_n 即 $\mathscr{H}_n$ 中的恒等算子. 若 $\xi_i, \eta_i \in \mathscr{H}_i$, $\langle \cdot \xi_i, \eta_i \rangle \in A_i^*$, $1 \leqslant i \leqslant n$, 于是

$$\left\langle xv \bigotimes_{i=1}^{n} \xi_i, \bigotimes_{i=1}^{n} \eta_i \right\rangle = 0, \quad \forall v \in \bigotimes_{i=1}^{n} A_i, \ \xi_i, \eta_i \in \mathscr{H}_i, \ 1 \leqslant$$

$i \leqslant n$. 因此, x 是 $\bigotimes_{i=1}^{n} \mathscr{H}_i$ 中的零算子. 依定理 3.2.9, $\|x\| = \alpha_0(x) = 0$, 所以, $x = 0$. 证毕.

命题 3.5.2 设 $A_1, \cdots, A_n$ 是 c^*-代数, 并且 A_n 无单位元. 如果 $\alpha(\cdot)$ 是 $\bigotimes_{i=1}^{n} A_i$ 上的 c^*-范, 令

$$\tilde{\alpha}(x) = \sup\left\{\alpha(xu) \,\middle|\, u \in \bigotimes_{i=1}^{n} A_i, \ \alpha(u) \leqslant 1\right\},$$

$\forall x \in \bigotimes_{i=1}^{n-1} A_i \otimes A_n^{(1)}$, 这里 $A_n^{(1)} = A_n \dotplus \mathbb{C}1_n$, 则 $\tilde{\alpha}(\cdot)$ 是 $\bigotimes_{i=1}^{n-1} A_i \otimes A_n^{(1)}$

上的 c^*-范,并且是 $\alpha(\cdot)$ 的扩张. 此外,如果 $\{d_{li}^{(i)}\}$ 是 A_i 的逼近单位元,$1 \leqslant i \leqslant n$, 则

$$\tilde{\alpha}(x) = \lim_{l_1,\cdots,l_n} \alpha\left(x \cdot \bigotimes_{i=1}^n d_{li}^{(i)}\right), \quad \forall x \in \bigotimes_{i=1}^{n-1} A_i \otimes A_n^{(1)}.$$

证. 依命题 3.2.2,$\alpha\left(\bigotimes_{i=1}^n a_i\right)$ 对每个变量 a_i 依 A_i 中的范数是连续的,于是对 $x \in \bigotimes_{i=1}^{n-1} A_i \otimes A_n^{(1)}$ 及 $v \in \bigotimes_{i=1}^n A_i$, $\alpha(v) \leqslant 1$,

$\alpha \quad (xv) = \lim_{l_1,\cdots,l_n} \alpha\left(x \cdot \bigotimes_{i=1}^n d_{li}^{(i)} \cdot v\right).$ 由此对任意的 $\varepsilon > 0$, 当 $(l_1,\cdots,l_n)$ 充分大时,

$$\alpha(xv) \leqslant \alpha\left(x \cdot \bigotimes_{i=1}^n d_{li}^{(i)} \cdot v\right) + \varepsilon \leqslant \alpha\left(x \cdot \bigotimes_{i=1}^n d_{li}^{(i)}\right) + \varepsilon$$

$$\leqslant \sup\left\{\alpha(xu)\,\middle|\,u \in \bigotimes_{i=1}^n A_i,\ \alpha(u) \leqslant 1\right\} + \varepsilon,$$

这就说明对任意的 $x \in \bigotimes_{i=1}^{n-1} A_i \otimes A_n^{(1)}$, 有

$$\tilde{\alpha}(x) = \sup\left\{\alpha(xu)\,\middle|\,u \in \bigotimes_{i=1}^n A_i,\ \alpha(u) \leqslant 1\right\}$$

$$= \lim_{l_1,\cdots,l_n} \alpha\left(x \cdot \bigotimes_{i=1}^n d_{li}^{(i)}\right).$$

特别地,$\tilde{\alpha}(\cdot)$ 是 $\alpha(\cdot)$ 的扩张.

由引理 3.5.1,$\tilde{\alpha}(\cdot)$ 是 $\bigotimes_{i=1}^{n-1} A_i \otimes A_n^{(1)}$ 上的范数. 此外,

$$\alpha(xyu) = \lim_{l_1,\cdots,l_n} \alpha\left(x \cdot \bigotimes_{i=1}^n d_{li}^{(i)} \cdot yu\right) \leqslant \tilde{\alpha}(x)\tilde{\alpha}(y),$$

$\forall u \in \bigotimes_{i=1}^n A_i$, $\alpha(u) \leqslant 1$, 所以, $\tilde{\alpha}(xy) \leqslant \tilde{\alpha}(x)\tilde{\alpha}(y)$, $\forall x, y \in \bigotimes_{i=1}^{n-1} A_i \otimes A_n^{(1)}$. 同时由

$$\tilde{\alpha}(x^*)\tilde{\alpha}(x) \geqslant \tilde{\alpha}(x^*x) \geqslant \sup\Big\{\alpha(u^*x^*xu) \,\big|\, u \in \bigotimes_{i=1}^{n} A_i,$$

$$\alpha(u) \leqslant 1\Big\} = \tilde{\alpha}(x)^2$$

可见 $\tilde{\alpha}(x^*x) = \tilde{\alpha}(x)^2$，即 $\tilde{\alpha}(\cdot)$ 是 c^*-范. 证毕.

命题 3.5.3 设 $A_i \cong C(\Omega_i)$，这里 Ω_i 是紧 Hausdorff 空间，$1 \leqslant i \leqslant n$，则 $\displaystyle\bigotimes_{i=1}^{n} A_i$ 上仅有一个 c^*-范 $\alpha_0(\cdot)$，并且 $\alpha_0(\cdot) = \lambda(\cdot)$ 以及 $\lambda\text{-}\displaystyle\bigotimes_{i=1}^{n} A_i \cong C(\Omega_1 \times \cdots \times \Omega_n)$.

证. 设 $\alpha(\cdot)$ 是 $\displaystyle\bigotimes_{i=1}^{n} A_i$ 上任意的 c^*-范,于是,$\alpha\text{-}\displaystyle\bigotimes_{i=1}^{n} A_i$ 是有单位元的 c^*-代数,设其谱空间是 Ω. 如果 $\varphi \in \Omega$,由于 $\varphi\Big(\bigotimes_{j \neq i} 1_j \otimes \cdot\Big)$ 也是 A_i 上的非零乘法泛函,$1 \leqslant i \leqslant n$ (这里 1_i 是 A_i 的单位元),于是可唯一地写 $\varphi(u) = \displaystyle\bigotimes_{i=1}^{n} \varphi_i(u)$，$\forall\, u \in \displaystyle\bigotimes_{i=1}^{n} A_i$，这里 $\varphi_i \in \Omega_i$，$1 \leqslant i \leqslant n$. 因此,$\Omega$ 可嵌入 $\Omega_1 \times \cdots \times \Omega_n$ 之中,易见这个嵌入也是拓扑的. Ω 又是紧的,所以可把 Ω 看为 $\Omega_1 \times \cdots \times \Omega_n$ 的闭子集. 若 $\Omega \neq \Omega_1 \times \cdots \times \Omega_n$,则有 Ω_i 的非空开子集 U_i，$1 \leqslant i \leqslant n$,使得 $(U_1 \times \cdots \times U_n) \cap \Omega = \varnothing$. 取 $a_i \in A_i$，$a_i \neq 0$,使得 $\operatorname{supp} a_i(\cdot) \subset U_i$，$1 \leqslant i \leqslant n$. 于是 $\varphi\Big(\displaystyle\bigotimes_{i=1}^{n} a_i\Big) = 0$，$\forall\, \varphi \in \Omega$. 这将与 $\displaystyle\bigotimes_{i=1}^{n} a_i \neq 0$ 相矛盾. 所以,$\Omega = \Omega_1 \times \cdots \times \Omega_n$,即

$$\alpha\text{-}\bigotimes_{i=1}^{n} A_i \cong C(\Omega_1 \times \cdots \times \Omega_n),$$

从而 $\alpha(\cdot) = \alpha_0(\cdot)$. 此外,对任意的 $u \in \displaystyle\bigotimes_{i=1}^{n} A_i$，

$$\alpha_0(u) = \sup\left\{\left|\bigotimes_{i=1}^{n}\varphi_i(u)\right| \middle| \varphi_i \in \Omega_i, \ 1 \leqslant i \leqslant n\right\}$$

$$\leqslant \sup\left\{\left|\bigotimes_{i=1}^{n} f_i(u)\right| \middle| f_i \in A_i^*, \ \|f_i\| \leqslant 1, \ 1 \leqslant i \leqslant n\right\}$$

$$= \lambda(u)$$

再依定理 3.2.5, $\alpha_0(u) = \lambda(u)$. 证毕.

命题 3.5.4 设 A_i 是有单位元 1_i 的 c^*-代数, $1 \leqslant i \leqslant n$, $\alpha \cdot$

$(\cdot)$ 是 $\bigotimes\limits_{i=1}^{n} A_i$ 上的 c^*-范, 令 $\beta(\cdot)$ 是 $\alpha(\cdot)$ 限于 $1_1 \otimes \bigotimes\limits_{i=2}^{n} A_i$

所诱导的 $\bigotimes\limits_{i=2}^{n} A_i$ 上的 c^*-范. 如果 φ 是 α-$\bigotimes\limits_{i=1}^{n} A_i$ 上的态, 并且

$\chi(\cdot) = \varphi\left(\cdot \otimes \bigotimes\limits_{i=2}^{n} 1_i\right)$ 是 A_1 上的纯态, 则可唯一地写 $\varphi = \chi \otimes$

ϕ, 其中 ϕ 是 β-$\bigotimes\limits_{i=2}^{n} A_i$ 上的态.

证. 令 $\phi(v) = \varphi(1_1 \otimes v)$, $\forall v \in \bigotimes\limits_{i=2}^{n} A_i$, 显然 ϕ 可扩张为

β-$\bigotimes\limits_{i=2}^{n} A_i$ 上的态. 今只须证明

$$\varphi\left(\bigotimes_{i=1}^{n} a_i\right) = \chi(a_1)\phi\left(\bigotimes_{i=2}^{n} a_i\right), \ \forall 0 \geqslant a_i \in (A_i)_+, \ 1 \leqslant i \leqslant n.$$

如果 $\phi\left(\bigotimes\limits_{i=2}^{n} a_i\right) = 0$, 依 Schwartz 不等式

$$0 \leqslant \varphi\left(\bigotimes_{i=1}^{n} a_i\right) = \varphi\left(a_1 \otimes \bigotimes_{i=2}^{n} a_i^{\frac{1}{2}} \cdot 1_1 \otimes \bigotimes_{i=2}^{n} a_i^{\frac{1}{2}}\right)$$

$$\leqslant \varphi\left(a_1^2 \otimes \bigotimes_{i=2}^{n} a_i\right)^{\frac{1}{2}} \cdot \phi\left(\bigotimes_{i=2}^{n} a_i\right)^{\frac{1}{2}} = 0$$

所以, $\varphi\left(\bigotimes\limits_{i=1}^{n} a_i\right) = \chi(a_1)\phi\left(\bigotimes\limits_{i=2}^{n} a_i\right) = 0.$

如果 $\phi\left(\bigotimes_{i=2}^{n} a_i\right) = \prod_{i=2}^{n} \|a_i\|$，由于 $v = \prod_{i=2}^{n} \|a_i\| \bigotimes_{i=2}^{n} 1_i - \bigotimes_{i=2}^{n}$

$a_i \in \left(\bigotimes_{i=2}^{n} A_i\right)_+$ 及 $0 = \|a_1\| \varphi(1_1 \otimes v) \geqslant \varphi(a_1 \otimes v) \geqslant 0$，所以，

$\varphi(a_1 \otimes v) = 0$，即 $\varphi\left(\bigotimes_{i=1}^{n} a_i\right) = \chi(a_1) \phi\left(\bigotimes_{i=2}^{n} a_i\right)$.

今设 $0 < \lambda = \phi\left(\bigotimes_{i=2}^{n} a_i\right) < \prod_{i=2}^{n} \|a_i\|$，$\mu = \prod_{i=2}^{n} \|a_i\| - \lambda$ 及

$\rho_1(\cdot) = \lambda^{-1} \varphi\left(\cdot \otimes \bigotimes_{i=2}^{n} a_i\right)$，$\rho_2(\cdot) = \mu^{-1}\left[\prod_{i=2}^{n} \|a_i\| \varphi\left(\cdot \otimes \bigotimes_{i=2}^{n} 1_i\right) - \right.$

$\left. \varphi\left(\cdot \otimes \bigotimes_{i=2}^{n} a_i\right)\right]$，则 ρ_1，ρ_2 是 A_1 上的态，并且

$$\chi(\cdot) = \left(\prod_{i=2}^{n} \|a_i\|\right)^{-1} \lambda \rho_1(\cdot) + \left(\prod_{i=2}^{n} \|a_i\|\right)^{-1} \mu \rho_2(\cdot)$$

但 χ 是 A_1 上的纯态，因此，$\chi = \rho_1 = \rho_2$，即

$$\varphi\left(\bigotimes_{i=1}^{n} a_i\right) = \lambda \rho_1(a_1) = \lambda \chi(a_1) = \chi(a_1) \phi\left(\bigotimes_{i=2}^{n} a_i\right),$$

证毕.

系 3.5.5 设 A_i 是有单位元 1_i 的 c^*-代数，$1 \leqslant i \leqslant n$，

$\varphi \in \mathscr{S}\left(\bigotimes_{i=1}^{n} A_i\right)$，并且对 $1 \leqslant i \leqslant k$ $(k \leqslant n)$，$\chi_i(\cdot) = $

$\varphi\left(\cdot \otimes \bigotimes_{j \neq i} 1_j\right)$ 是 A_i 上的纯态，则

$$\varphi = \chi_1 \otimes \cdots \otimes \chi_k \otimes \phi,$$

这里 $\phi \in \mathscr{S}\left(\bigotimes_{i=k+1}^{n} A_i\right)$. 此外，如果 φ 依 $\otimes A_i$ 上的 c^*-范 $\alpha(\cdot)$

是连续的，则 ϕ 也依 $\beta(\cdot)$ 连续，这里 $\beta(\cdot)$ 是 $\alpha(\cdot)$ 限于

$\bigotimes_{i=1}^{k} \Big|_{1_i} \otimes \bigotimes_{i=k+1}^{n} A_i$ 所诱导的 $\bigotimes_{i=k+1}^{n} A_i$ 上的 c^*-范.

命题 3.5.6 设 A_i 是有单位元 1_i 的 c^*-代数，$1 \leqslant i \leqslant n$，并

且 $A_1, \cdots, A_k$ 是交换的 $(k \leqslant n)$. 如果 $\alpha(\cdot)$ 是 $\bigotimes_{i=1}^{n} A_i$ 上的

c^*-范,及 φ 是 $\alpha - \bigotimes_{i=1}^{n} A_i$ 上的纯态,则

$$\varphi = \chi_1 \otimes \cdots \otimes \chi_k \otimes \phi$$

这里 $\chi_i(\cdot) = \varphi\left(\cdot \otimes \bigotimes_{j \neq i}\Big|_j\right)$ 是 A_i 上的纯态,$1 \leqslant i \leqslant k$,

$\phi(v) = \varphi\left(\bigotimes_{i=1}^{k}\Big|_i \otimes v\right) \left(\forall v \in \bigotimes_{i=k+1}^{n} A_i\right)$ 可开拓为 $\beta - \bigotimes_{i=k+1}^{n} A_i$ 上

的纯态,$\beta(\cdot)$ 是 $\alpha(\cdot)$ 限于 $\bigotimes_{i=1}^{k}\big|_i \otimes \bigotimes_{i=k+1}^{n} A_i$ 所诱导的 $\bigotimes_{i=k+1}^{n} A_i$

上的 c^*-范.

证. φ 产生 $A = \alpha - \bigotimes_{i=1}^{n} A_i$ 的不可约循环 $*$ 表示 $\{\pi, \mathscr{H}, \xi\}$,所以,$\pi(A)' = \mathbf{C}|_{\mathscr{H}}$. 由于 A_i 是交换的,因此有 A_i 上的线性泛函 χ_i,使得 $\pi\left(\cdot \otimes \bigotimes_{j \neq i}\Big|_i\right) = \chi_i(\cdot)|_{\mathscr{H}}$,易见 χ_i 是 A_i 上的非零乘法泛函,即为 A_i 上的纯态,$1 \leqslant i \leqslant k$. 依系 3.5.5, $\varphi = \chi_1 \otimes \cdots \otimes \chi_k \otimes \phi$.

还须证明 ϕ 是 $\beta - \bigotimes_{i=k+1}^{n} A_i$ 上的纯态,设有 $\beta - \bigotimes_{i=k+1}^{n} A_i$ 上的态 ϕ_1, ϕ_2 及数 $\lambda \in (0, 1)$,使得 $\phi = \lambda\phi_1 + (1 - \lambda)\phi_2$. 于是对任意的 $u \in \bigotimes_{i=1}^{n} A_i$,

$$|\chi_1 \otimes \cdots \otimes \chi_k \otimes \phi_i(u)|^2 \leqslant \chi_1 \otimes \cdots \otimes \phi_i(u^*u)$$

$$\leqslant \left(\frac{1}{\lambda} + \frac{1}{1 - \lambda}\right) \varphi(u^*u) \leqslant \left(\frac{1}{\lambda} - \frac{1}{1 - \lambda}\right) \alpha(u)^2.$$

因此,$\chi_1 \otimes \cdots \otimes \chi_k \otimes \phi_i$ 可唯一扩张为 $\alpha - \bigotimes_{i=1}^{n} A_i$ 上的态 φ_i,

$i = 1, 2$. 显然,$\varphi = \lambda\varphi_1 + (1 - \lambda)\varphi_2$. 但 φ 是 $\alpha - \bigotimes_{i=1}^{n} A_i$ 上

的纯态,所以,$\varphi = \varphi_1 = \varphi_2$. 进而, $\psi = \psi_1 = \psi_2$. 证毕.

引理 3.5.7 设 A 是有单位元的 c^*-代数, ε 是 $(\mathscr{S}, \sigma(A^*, A))$ 的紧凸子集,这里 $\mathscr{S}$ 是 A 的态空间,如果对任意的 $h^* = h \in A$,有 $\varphi \in \varepsilon$,使得

$$\varphi(h) = \max \{\lambda \mid \lambda \in \sigma(h)\},$$

则 $\varepsilon = \mathscr{S}$.

证. 若有 $\rho \in \mathscr{S} \backslash \varepsilon$,依分离性定理,有 $h^* = h \in A$,使得 $\rho(h) > \sup \{\varphi(h) \mid \varphi \in \varepsilon\}$. 但 $\rho(h) \leqslant \max \{\lambda \mid \lambda \in \sigma(h)\}$,这便与假设相矛盾,证毕.

引理 3.5.8 设 $A_1, \cdots, A_n$ 是 c^*-代数, $\alpha(\cdot)$ 是 $\bigotimes\limits_{i=1}^{n} A_i$ 上的 c^*-范,则 $\alpha(\cdot) \geqslant \alpha_0(\cdot)$,当且仅当, $\bigotimes\limits_{i=1}^{n} \varphi_i$ 依 $\alpha(\cdot)$ 是连续的, $\forall \varphi_i \in \mathscr{S}_i$,这里 $\mathscr{S}_i$ 是 A_i 的态空间, $1 \leqslant i \leqslant n$.

证. 必要性由之见系 3.2.6. 反之,当 $\varphi_i \in \mathscr{S}_i$, $1 \leqslant i \leqslant n$, $\bigotimes\limits_{i=1}^{n} \varphi_i$ 是 $\bigotimes\limits_{i=1}^{n} A_i$ 上的态时,且依 $\alpha(\cdot)$ 连续,于是

$$\bigotimes\limits_{i=1}^{n} \varphi_i(v^*(\alpha(u^*u) - u^*u)v) \geqslant 0, \quad \forall u, v \in \bigotimes\limits_{i=1}^{n} A_i,$$

再依定理 3.2.5,即见 $\alpha(\cdot) \geqslant \alpha_0(\cdot)$. 证毕.

命题 3.5.9 设 $A_i \cong C(\Omega_i)$,这里 Ω_i 是紧 Hausdorff 空间, $1 \leqslant i \leqslant n-1$, A_n 是有单位元 1_n 的 c^*-代数,则在 $\bigotimes\limits_{i=1}^{n} A_i$ 上仅有一个 c^*-范 $\alpha_0(\cdot)$,并且 $\alpha_0(\cdot) = \lambda(\cdot)$,及

$$\lambda - \bigotimes\limits_{i=1}^{n} A_i \cong C(\Omega_1 \times \cdots \times \Omega_{n-1}, A_n).$$

证. 设 $\alpha(\cdot)$ 是 $\bigotimes\limits_{i=1}^{n} A_i$ 上的 c^*-范,并任意取定 $\chi_i \in \Omega_i$ (即为 A_i 上的纯态), $1 \leqslant i \leqslant n-1$,令

$$\varepsilon = \left\{\chi_n \mid \chi_n \text{ 是 } A_n \text{ 上的态,并且 } \bigotimes\limits_{i=1}^{n} \chi_i \text{ 依 } \alpha(\cdot) \text{ 连续}\right\}.$$

显然 ε 是 $(\varphi_n, \sigma(A_n^*, A_n))$ 的紧凸子集，这里 $\mathscr{S}_n$ 是 A_n 的态空间. 对任意的 $h^* = h \in A_n$，设 B 是 $\{1_n, h\}$ 生成的 A_n 的交换 c^*-子代数，自然有 B 上的态 ψ_B，使得 $\psi_B(h) = \max\{\lambda \mid \lambda \in \sigma(h)\}$. 依命题 3.5.3，在 $\bigotimes\limits_{i=1}^{n-1} A_i \otimes B$ 上只有一个 c^*-范，再依系 3.2.6，

可见 $\bigotimes\limits_{i=1}^{n-1} \chi_i \otimes \psi_B$ 在 $\bigotimes\limits_{i=1}^{n-1} A_i \otimes B$ 上依 $\alpha(\cdot)$ 是连续的，从而

$\bigotimes\limits_{i=1}^{n-1} \chi_i \otimes \psi_B$ 可扩充为 $\alpha - \bigotimes\limits_{i=1}^{n} A_i$ 上的态 φ（系 2.3.12）. 显然，

$\varphi\left(\cdot \otimes \bigotimes\limits_{j \neq i} \Big|_i\right) = \chi_i(\cdot)$，$1 \leqslant i \leqslant n-1$，于是依系 3.5.5，$\varphi =$

$\bigotimes\limits_{i=1}^{n} \chi_i$，这里 χ_n 是 A_n 上的态，且为 ψ_B 的开拓，特别，$\chi_n(h) =$

$\psi_B(h)$. 今依引理 3.5.7，$\varepsilon = \mathscr{S}_n$. 这就说明 $\left\{\bigotimes\limits_{i=1}^{n} \chi_i \mid \chi_i \in \mathcal{Q}_i,\right.$

$\left.1 \leqslant i \leqslant n-1, \chi_n \in \mathscr{S}_n\right\}$ 都是 $\alpha(\cdot)$ 连续的，进而 $\bigotimes\limits_{i=1}^{n} \varphi_i$ 都

是 $\alpha(\cdot)$ 连续的，$\forall \varphi_i \in \mathscr{S}_i$，$1 \leqslant i \leqslant n$. 依引理 3.5.8，$\alpha(\cdot) \geqslant$ $\alpha_0(\cdot)$.

另一方面，如果 φ 是 $\alpha - \otimes A_i$ 上的纯态，依命题 3.5.6，$\varphi =$ $\bigotimes\limits_{i=1}^{n} \chi_i$，这里 χ_i 是 A_i 上的纯态，$1 \leqslant i \leqslant n$，所以，

$$\alpha(u^*u) = \alpha(u)^2$$

$$= \sup\left\{\varphi(u^*u) \mid \varphi \text{ 是 } \alpha - \bigotimes\limits_{i=1}^{n} A_i \text{ 上的纯态}\right\}$$

$$= \sup\left\{\bigotimes\limits_{i=1}^{n} \chi_i(u^*u) \mid \chi_i \text{ 是 } A_i \text{ 上的纯态 } 1 \leqslant i \leqslant n\right\}$$

$$\leqslant \lambda(u^*u) \leqslant \alpha_0(u^*u) = \alpha_0(u)^2, \quad \forall u \in \bigotimes\limits_{i=1}^{n} A_i,$$

即 $\bigotimes\limits_{i=1}^{n} A_i$ 上仅有一个 c^*-范 $\alpha_0(\cdot)$.

对每个 $u \in \bigotimes\limits_{i=1}^{n} A_i$，可唯一地写 $u = u(t_1, \cdots, t_{n-1})$，这里 $u(t_1, \cdots, t_{n-1})$ 是 $\Omega_1 \times \cdots \times \Omega_{n-1}$ 到 A_n 中的连续映象. 显然，$\|u\| = \max \{\|u(t_1, \cdots, t_{n-1})\| \,|\, t_i \in \Omega_i, 1 \leqslant i \leqslant n-1\}$ 将是 $\bigotimes\limits_{i=1}^{n} A_i$ 上的 c^*-范，因此，$\|u\| = \alpha_0(u)$，即

$$\alpha_0 - \bigotimes_{i=1}^{n} A_i \cong C(\Omega_1 \times \cdots \times \Omega_{n-1}, A_n).$$

最后，对任意的 $u \in \bigotimes\limits_{i=1}^{n} A_i$，由于

$$\alpha_0(u) = \sup \{\,|f_n(u(t_1, \cdots, t_{n-1}))| \,|\, f_n \in A_n^*,$$
$$\|f_n\| \leqslant 1, t_i \in \Omega_i, 1 \leqslant i \leqslant n-1\}$$
$$\leqslant \sup \left\{\left|\bigotimes_{i=1}^{n} f_i(u)\right| \,\middle|\, f_i \in A_i^*, \|f_i\| \leqslant 1, 1 \leqslant i \leqslant n\right\}$$
$$= \lambda(u),$$

因此，$\alpha_0(\cdot) = \lambda(\cdot)$. 证毕.

定理 3.5.10 设 A_i 是 c^*-代数，$1 \leqslant i \leqslant n$，$\alpha(\cdot)$ 是 $\bigotimes\limits_{i=1}^{n} A_i$ 上的 c^*-范，则 $\lambda(\cdot) \leqslant \alpha_0(\cdot) \leqslant \alpha(\cdot) \leqslant \gamma(\cdot)$. 特别，$\alpha(\cdot)$ 必是交叉范.

证. 只须证明 $\alpha(\cdot) \geqslant \alpha_0(\cdot)$. 依命题 3.5.2，$\alpha(\cdot)$ 可以开拓为 $\bigotimes\limits_{i=1}^{n} A_i'$ 上的 c^*-范，这里 $A_i' = A_i$（如果 A_i 有单位元）或者 $A_i \dotplus \mathbf{C}1_i$（如果 A_i 无单位元）. 又依定理 3.2.9，$\bigotimes\limits_{i=1}^{n} A_i$ 上的 $\alpha_0(\cdot)$ 可以开拓为 $\bigotimes\limits_{i=1}^{n} A_i'$ 上的 $\alpha_0(\cdot)$，因此，无妨假定 A_i 有单位元 1_i，$1 \leqslant i \leqslant n$.

如果 $A_1, \cdots, A_n$ 中有 $(n-1)$ 个是交换的，依命题 3.5.9 即得证. 现在归纳假定：如果 $A_1, \cdots, A_n$ 中有 k 个是交换的，则 $\alpha(\cdot) \geqslant \alpha_0(\cdot)$，这里 $k \leqslant n-1$.

今设 $A_1, \cdots, A_{k-1}$ 是交换的，χ_i 是 A_i 上的纯态，$1 \leqslant i \leqslant n-1$，并令 $\varepsilon = \left\{ x_n \in \mathscr{S}_n \Big| \bigotimes\limits_{i=1}^{n} \chi_i \text{ 依 } \alpha(\cdot) \text{ 连续} \right\}$. 于是 ε 是 $(\mathscr{S}_n, \sigma(A_n^*, A_n))$ 的紧凸子集，这里 $\mathscr{S}_n$ 是 A_n 的态空间. 对任意的 $h^* = h \in A_n$，令 B 是由 $\{1_n, h\}$ 生成的 A_n 的交换 c^*-子代数，并取 B 上的态 ψ_B，使得 $\psi_B(h) = \max\{\lambda \,|\, \lambda \in \sigma(h)\}$. 由于 $\{A_1, \cdots, A_{n-1}, B\}$ 中有 k 个是交换的，在 $\bigotimes\limits_{i=1}^{n-1} A_i \otimes B$ 上，$\alpha \cdot (\cdot) \geqslant \alpha_0(\cdot)$. 再依系 3.2.6，$\bigotimes\limits_{i=1}^{n-1} \chi_i \otimes \psi_B$ 在 $\bigotimes\limits_{i=1}^{n-1} A_i \otimes B$ 上依 $\alpha(\cdot)$ 是连续的，从而 $\bigotimes\limits_{i=1}^{n-1} \chi_i \otimes \psi_B$ 可扩充为 $\alpha - \bigotimes\limits_{i=1}^{n} A_i$ 上的态 φ. 依系 3.5.5，$\varphi = \bigotimes\limits_{i=1}^{n} \chi_i$，其中 χ_n 是 A_n 上的态，且为 ψ_B 的开拓，特别，$\chi_n(h) = \psi_B(h)$. 从而由引理 3.5.7，$\varepsilon = \mathscr{S}_n$. 进而可见，$\bigotimes\limits_{i=1}^{n} \varphi_i$ 依 $\alpha(\cdot)$ 连续，$\forall \varphi_i \in \mathscr{S}_i$，$1 \leqslant i \leqslant n$. 再由引理 3.5.8，$\alpha(\cdot) \geqslant \alpha_0(\cdot)$. 证毕.

引理 3.5.11 设 Φ 是 c^*-代数 A 到 c^*-代数 B 上的 * 同态，则 Φ^* 是 B^* 到 A^* 的等距映象.

证. 设 $\vartheta = \{a \in A \,|\, \Phi(a) = 0\}$，它是 A 的闭双侧理想，于是 A/ϑ 与 B^* 同构. 因此，对任意的 $b \in B$，$\|b\| = \inf\{\|a\| \,|\, a \in A, \Phi(a) = b\}$. 特别

$$\{b \in B \,|\, \|b\| < 1\} \subset \Phi(\{a \in A \,|\, \|a\| < 1\}),$$

于是对任意的 $g \in B^*$，

$$\|\Phi^*(g)\| = \sup\{|g(\Phi(a))| \,|\, a \in A, \|a\| \leqslant 1\}$$
$$\geqslant \sup\{|g(b)| \,|\, b \in B, \|b\| < 1\} = \|g\|.$$

又显然 $\|\Phi^*\| = \|\Phi\| \leqslant 1$，因此，$\Phi^*$ 是等距的. 证毕.

命题 3.5.12 设 $\alpha(\cdot)$ 是 $\bigotimes\limits_{i=1}^{n} A_i$ 上的 c^*-范，则 $\alpha^*(\cdot)$ 是

$\bigotimes\limits_{i=1}^{n} A_i^*$ 上不随 $\alpha(\cdot)$ 而异的交叉范.

证. 依定理 3.5.10 及命题 3.1.3, $\alpha^*(\cdot)$ 是 $\bigotimes\limits_{i=1}^{n} A_i^*$ 上的交叉范. 由于 $\alpha_0^*(\cdot) \geqslant \alpha^*(\cdot) \geqslant \alpha_1^*(\cdot)$, 因此只须在 $\bigotimes\limits_{i=1}^{n} A_i^*$ 上证明 $\alpha_0^*(\cdot) = \alpha_1^*(\cdot)$. 自然地定义 $\alpha_1 - \bigotimes\limits_{i=1}^{n} A_i$ 到 $\alpha_0 - \bigotimes\limits_{i=1}^{n} A_i$ 上的 *同态 Φ, 使得 $\Phi(u) = u$, $\forall u \in \bigotimes\limits_{i=1}^{n} A_i$. 对任意的 $\omega \in \bigotimes\limits_{i=1}^{n} A_i^*$, 易见 $\alpha_0^*(\omega)$ 正是 ω 作为 $\left(\alpha_0 - \bigotimes\limits_{i=1}^{n} A_i\right)^*$ 元的范数. 从而由 $\Phi^*: \left(\alpha_0 - \bigotimes\limits_{i=1}^{n} A_i\right)^* \to \left(\alpha_1 - \bigotimes\limits_{i=1}^{n} A_i\right)^*$ 及引理 3.5.11,

$$\alpha_1^n(\omega) = \sup\left\{|\omega(u)| \,\Big|\, u \in \bigotimes\limits_{i=1}^{n} A_i, \ \alpha_1(u) \leqslant 1\right\}$$

$$= \sup\left\{|\omega(\Phi(u))| \,\Big|\, u \in \bigotimes\limits_{i=1}^{n} A_i, \ \alpha_1(u) \leqslant 1\right\}$$

$$= \sup\left\{|\Phi^*(\omega)(u)| \,\Big|\, u \in \bigotimes\limits_{i=1}^{n} A_i, \ \alpha_1(u) \leqslant 1\right\}$$

$$= \|\Phi^*(\omega)\| = \alpha_0^*(\omega)$$

证毕.

注 本节见参考文献 [65], [97], [115], [132].

§6. 全 正 映 象

设 n 是正整数, 记 $\mathcal{H}_n$ 为 n 维的 Hilbert 空间, $M_n = B(\mathcal{H}_n)$ 即 $n \times n$ 阶的矩阵代数.

引理 3.6.1 设 n 是正整数, A 是任意的 c^*-代数, 则 $M_n \otimes A$ 上仅有一个 c^*-范 $\alpha_0(\cdot)$, 并且 $M_n \otimes A$ 依 $\alpha_0(\cdot)$ 就是 c^*-代

数. 此外，如果 A 是 $\mathscr{H}$ 中的 c^*-代数，则 $M_n \otimes A *$ 同构于 $\mathscr{H} \oplus \cdots \oplus \mathscr{H}$ (n 个) 中的 c^*-代数

$$M_n(A) = \{(a_{ij})_{1 \leqslant i, j \leqslant n} | a_{ij} \in A, \forall i, j\},$$

并且

$$M_n(A)^* = M_n(A^*) = \{(f_{ij})_{1 \leqslant i, j \leqslant n} | f_{ij} \in A^*, \forall i, j\},$$

这里 $\langle (f_{ij}), (a_{ij}) \rangle = \sum_{i,j} f_{ij}(a_{ij})$.

证. 设 $\{e_{ij} | 1 \leqslant i, j \leqslant n\}$ 是 M_n 的矩阵单位，即

$$e_{ij}^* = e_{ji}, \ e_{ij}e_{kl} = \delta_{jk}e_{il}, \ \forall i, j, k, l,$$

于是，每个 $u \in M_n \otimes A$ 可唯一地写成 $u = \sum_{i,j} a_{ij} \otimes e_{ij}$，从而可自然地建立 $M_n \otimes A$ 到 $M_n(A)$ 上的 $*$ 同构 Φ: $\Phi(u) = (a_{ij})$. 显然，$M_n(A)$ 是 $\mathscr{H} \oplus \cdots \oplus \mathscr{H}$ (n 个) 中的 c^*-代数，如果把 $M_n(A)$ 的范数通过 Φ 转嫁到 $M_n \otimes A$，那么，$M_n \otimes A$ 依此范数成为 c^*-代数. 今依命题 2.1.10，可见 $M_n \otimes A$ 上仅有一个 c^*-范 $\alpha_0(\cdot)$，而且 $\alpha_0(\cdot)$ 可以通过 $M_n(A)$ 上范数转嫁得到. 余皆显然. 证毕.

注. 今后把 $M_n \otimes A$ 与 $M_n(A)$ 等同起来.

命题 3.6.2 设 n 是正整数，A 是 c^*-代数，$a = (a_{ij}) \in M_n \cdot (A)$，则下列条件是相互等价的：1) a 是 $M_n(A)$ 的正元；2) a 是形如 $(a_i^* a_j)$ 元的和，这里 $a_1, \cdots, a_n \in A$；3) 对任意的 $x_1, \cdots, x_n \in A$，$\sum_{i,j} x_i^* a_{ij} x_j$ 是 A 的正元.

证. 1) 推导 2): 设 $(a_{ij}) = (b_{ij})^*(b_{ij})$，于是

$$a_{ij} = \sum_k b_{ki}^* b_{kj}, \ \forall i, j.$$

如果命 $c_k = (b_{ki}^* b_{kj})$，则 $a = c_1 + \cdots + c_n$.

2) 推导 3): 显然.

3) 推导 1): 如果 $\{\pi, \mathscr{K}, \xi\}$ 是 A 的任意的循环 $*$ 表示,定义 $M_n(A)$ 的 $*$ 表示 $\{\tilde{\pi}, \mathscr{K} \oplus \cdots \oplus \mathscr{K}$ (n 个)$\}$:

$$\tilde{\pi}((b_{ij})) = (\pi(b_{ij})), \ \forall (b_{ij}) \in M_n(A),$$

对任意的 $\xi_1, \cdots, \xi_n \in \mathcal{K}$，取 $x_i^{(m)} \in A$，使得 $\pi(x_i^{(m)})\xi \to \xi_i$，$1 \leqslant i \leqslant n$. 于是依条件 3)

$$\langle \tilde{\pi}(a)(\xi_i), (\xi_i) \rangle = \lim_m \left\langle \pi\left(\sum_{i,j} x_i^{(m)*}a_{ij}x_j^{(m)}\right)\xi, \xi \right\rangle \geqslant 0,$$

所以，$\tilde{\pi}(a)$ 是 $\mathcal{K} \oplus \cdots \oplus \mathcal{K}$（$n$ 个）中的正算子.

今若 $\{\pi_l\}$ 是 A 的循环 *-表示族，使得 $\pi = \sum_l \oplus \pi_l$ 是忠实的，则 $\tilde{\pi} = \sum_l \oplus \tilde{\pi}_l$ 也将是 $M_n(A)$ 的忠实 *-表示. 依前段所证，$\tilde{\pi}(a) \geqslant 0$，因此，$a$ 是 $M_n(A)$ 的正元. 证毕.

定义 3.6.3 设 Φ 是 c^*-代数 A 到 c^*-代数 B 中的线性映象，n 是正整数，自然地定义 $M_n(A)$ 到 $M_n(B)$ 中的线性映象 Φ_n:

$$\Phi_n((a_{ij})) = (\Phi(a_{ij})), \ \forall (a_{ij}) \in M_n(A).$$

Φ 称为 n-正的，指 Φ_n 把 $M_n(A)$ 的任意正元变为 $M_n(B)$ 的正元. Φ 称为全正的，指对任意的正整数 n，Φ 是 n-正的.

命题 3.6.4 1) 如果 Φ 是 A 到 B 中的 *-同态，则 Φ 是全正的；

2) 全正映象的复合也是全正的；

3) 设 $\{\pi, \mathcal{H}\}$ 是 A 的 *-表示，v 是 Hilbert 空间 $\mathcal{K}$ 到 $\mathcal{H}$ 中的有界线性映象，则 $\Phi(\cdot) = v^*\pi(\cdot)v$ 是 A 到 $B(\mathcal{K})$ 中的全正映象.

证. 1) 只须注意，对任何的 n，Φ_n 也是 $M_n(A)$ 到 $M_n(B)$ 中的 *-同态. 2) 是显然的.

3) 对任何的 n，$a_1, \cdots, a_n \in A$，$b_1, \cdots, b_n \in B(\mathcal{K})$，

$$\sum_{i,j} b_i^*\Phi(a_i^*a_j)b_j = \left(\sum_i \pi(a_i)vb_i\right)^*\left(\sum_i \pi(a_i)vb_i\right)$$

是 $B(\mathcal{K})$ 的正元. 再依命题 3.6.2，Φ 是全正的. 证毕.

引理 3.6.5 如果 Φ 是 A 到 B 中的正（即 1-正）线性映象，则 Φ 是连续的.

证. 只须证明 Φ 是闭算子. 设 $a_n \to 0$，且 $\Phi(a_n) \to b$. 对 B 上任意的正泛函 f，$f \circ \Phi$ 是 A 上的正泛函，从而连续（命题 2.3.2）. 由此，$f \circ \Phi(a_n) \to 0$，$f(b) = 0$，$b = 0$. 证毕.

命题 3.6.6 设 Φ 是 A 到 B 中的正线性映象，并且 A 或者 B 是交换的，则 Φ 是全正的.

证. 设 $B \cong C_0^\infty(\Omega)$，这里 Ω 是局部紧 Hausdorff 空间，对任意的 $a_1, \cdots, a_n \in A$，$b_1, \cdots, b_n \in B$，$t \in \Omega$，

$$\left(\sum_{i,j} b_i^* \Phi(a_i^* a_j) b_j \right)(t) = \sum_{i,j} \overline{b_i(t)} \, \Phi(a_i^* a_j)(t) b_j(t)$$

$$= \Phi\left(\left(\sum_i b_i(t) a_i \right)^* \cdot \left(\sum_i b_i(t) a_i \right) \right)(t) \geq 0$$

因此，Φ 是全正的.

今设 $A \cong C_0^\infty(\Omega)$，$B \subset B(\mathscr{H})$，要证明

$$\sum_{i,j} \langle \Phi(a_i^* a_j) \xi_j, \xi_i \rangle \geq 0, \quad \forall a_i \in A, \ \xi_i \in \mathscr{H}, \ 1 \leq i \leq n.$$

依引理 3.6.5，存在 Ω 上有限的 Radon 测度 μ_{ij}，使得 $\langle \Phi(a) \xi_j,$ $\xi_i \rangle = \int_\Omega a(t) d\mu_{ij}(t)$，$\forall a \in A$，$i, j$. 令 $\mu = \sum_{i,j} |\mu_{ij}|$，则有 $f_{ij} \in L^1(\Omega, \mu)$，使得 $\mu_{ij} = f_{ij} \cdot \mu, \forall i, j$[1]. 对任意固定的复数 $\lambda_1, \cdots, \lambda_n$，由于 Φ 是正的，

$$\int_\Omega |a(t)|^2 d\left(\sum_{i,j} \bar{\lambda}_i \lambda_j \mu_{ij}(t) \right)$$

$$= \left\langle \Phi(a^* a) \left(\sum_i \lambda_i \xi_i \right), \left(\sum_i \lambda_i \xi_i \right) \right\rangle \geq 0,$$

$\forall a \in A$，因此，$\sum_{i,j} \bar{\lambda}_i \lambda_j \mu_{ij}$ 是 Ω 上的正测度. 从而对 p, p, μ 的 t，$\sum_{i,j} \bar{\lambda}_i \lambda_j f_{ij}(t) \geq 0$. 进而存在 Ω 的 Borel 子集 Ω_0，$\mu(\Omega_0) = 0$，使得对于任何的复有理数 $\lambda_1, \cdots, \lambda_n$ 及 $t \bar{\in} \Omega_0$，$\sum_{i,j} \bar{\lambda}_i \lambda_j f_{ij}(t) \geq 0$. 任何复数可为复有理数逼近，因此，

$$\sum_{i,j} \bar{\lambda}_i \lambda_j f_{ij}(t) \geq 0, \quad \forall t \bar{\in} \Omega_0, \ \lambda_i \in \mathbf{C}, \ 1 \leq i \leq n.$$

于是，

$$\sum_{i,j} \langle \Phi(a_i^* a_j) \xi_j, \xi_i \rangle = \sum_{i,j} \int_\Omega (a_i^* a_j)(t) f_{ij}(t) d\mu(s)$$

---

1) 例见后面的定理 5.1.4.

$$= \int_{\Omega} \Big(\sum_{i,j} \overline{a_i(t)} \, a_i(t) f_{ii}(t) \Big) d\mu(t) \geq 0,$$

证毕.

定理 3.6.7 设 A 是 c^*-代数，$\mathcal{K}$ 是 Hilbert 空间，Φ 是 A 到 $B(\mathcal{K})$ 中的全正映象，则存在 A 的 $*$ 表示 $\{\pi, \mathcal{H}\}$，vN 代数 $B = \Phi(A)'$ 到 $B(\mathcal{H})$ 中的正规 $*$ 同态 Ψ，以及 $\mathcal{K}$ 到 $\mathcal{H}$ 中的有界线性算子 v，使得

$$\Phi(a) = v^*\pi(a)v, \ \forall \, a \in A, \ \Psi(b)v = vb, \ \forall \, b \in B.$$

以及 $\Psi(B) \subset \pi(A)'$，$\mathcal{H} = \overline{[\pi(A)v\mathcal{K}]}$，$\|v\| = \|\Phi\|^{1/2}$.

此外，如果 A 有单位元 1，并且 $\Phi(1) = 1_{\mathcal{K}}$，则 v 可以是等距的.

证. 设 $A \otimes \mathcal{K}$ 是 A，$\mathcal{K}$ 作为 Banach 空间的代数张量积，定义

$$\Big\langle \sum_i a_i \otimes \xi_i, \ \sum_j b_j \otimes \eta_j \Big\rangle = \sum_{i,j} \langle \Phi(b_j^*a_i)\xi_i, \eta_j \rangle$$

$\forall \, a_i, b_j \in A$，$\xi_i, \eta_j \in \mathcal{K}$. 由于 Φ 是全正的，它是非负内积. 记 $N = \{x \in A \otimes \mathcal{K} \,|\, \langle x, x \rangle = 0\}$，$x \to \tilde{x}$ 是 $A \otimes \mathcal{K}$ 到 $(A \otimes \mathcal{K})/N$ 上的正则映象，于是上面的非负内积诱导 $(A \otimes \mathcal{K})/N$ 上一个内积，依此完备化，得到 Hilbert 空间 $\mathcal{H}$. 对任意的 $a \in A$，$b \in B$，令

$$\pi(a) \widetilde{\sum_i a_i \otimes \xi_i} = \widetilde{\sum_i aa_i \otimes \xi_i},$$

$$\Psi(b) \widetilde{\sum_i a_i \otimes \xi_i} = \widetilde{\sum_i a_i \otimes b\xi_i},$$

$\forall \, a_i \in A$，$\xi_i \in \mathcal{K}$. 由于 Φ 是全正的，

$$\Big\| \pi(a) \widetilde{\sum_{i=1}^n a_i \otimes \xi_i} \Big\|^2 = \sum_{i,j=1}^n \langle \Phi(a_j^* a^* aa_i)\xi_i, \xi_j \rangle$$

$$= \Big\langle \Phi_n \Big(\begin{pmatrix} a_1 \cdots a_n \\ \quad 0 \end{pmatrix}^* \begin{pmatrix} a & \cdots & 0 \\ & \ddots & \\ 0 & & a \end{pmatrix}^* \begin{pmatrix} a & \cdots & 0 \\ & \ddots & \\ 0 & & a \end{pmatrix} \Big.$$

$$\cdot \begin{pmatrix} a_1 \cdots a_n \\ & 0 \end{pmatrix} \Big) \begin{pmatrix} \xi_1 \\ \vdots \\ \xi_n \end{pmatrix}, \begin{pmatrix} \xi_1 \\ \vdots \\ \xi_n \end{pmatrix} \Big\rangle$$

$$\leqslant \Big\| \begin{pmatrix} a & & 0 \\ & \ddots & \\ 0 & & a \end{pmatrix} \Big\|^2 \Big\langle \Phi_n \Big(\begin{pmatrix} a_1 \cdots a_n \\ & 0 \end{pmatrix}^* $$

$$\cdot \begin{pmatrix} a_1 \cdots a_n \\ & 0 \end{pmatrix} \Big) \begin{pmatrix} \xi_1 \\ \vdots \\ \xi_n \end{pmatrix} \Big) \begin{pmatrix} \xi_1 \\ \vdots \\ \xi_n \end{pmatrix} \Big\rangle$$

$$= \|a\|^2 \Big\| \sum_{i=1}^n a_i \otimes \xi_i \Big\|^2.$$

于是 $\pi(a)$ 可唯一扩充为 $\mathscr{H}$ 中的有界算子,仍记以 $\pi(a)$. 不难见 $\{\pi, \mathscr{H}\}$ 是 A 的 $*$ 表示. 由 $B = \Phi(A)'$,

$$\Big\| \Psi(b) \overbrace{\sum_{i=1}^n a_i \otimes \xi_i} \Big\|^2 = \sum_{i,j=1}^n \langle b^* b \Phi(a_i^* a_j) \xi_j, \xi_i \rangle,$$

但 Φ 是全正的,因此 $(\Phi(a_i^* a_j))$ 是 $M_n(B')$ 的正元,从而可写 $(\Phi(a_i^* a_j)) = (b'_{ij})^* \cdot (b'_{ij})$, 这里 $b'_{ij} \in B'$, $\forall i, j$. 由此,

$$\Big\| \Psi(b) \overbrace{\sum_{i=1}^n a_i \otimes \xi_i} \Big\|^2$$

$$= \Big\langle \begin{pmatrix} b^* b & & 0 \\ & \ddots & \\ 0 & & b^* b \end{pmatrix} (b'_{ij}) \begin{pmatrix} \xi_1 \\ \vdots \\ \xi_n \end{pmatrix}, (b'_{ij}) \begin{pmatrix} \xi_1 \\ \vdots \\ \xi_n \end{pmatrix} \Big\rangle$$

$$\leqslant \|b\|^2 \Big\langle (b'_{ij}) \begin{pmatrix} \xi_1 \\ \vdots \\ \xi_n \end{pmatrix}, (b'_{ij}) \begin{pmatrix} \xi_1 \\ \vdots \\ \xi_n \end{pmatrix} \Big\rangle$$

$$= \|b\|^2 \cdot \Big\| \overbrace{\sum_{i=1}^n a_i \otimes \xi_i} \Big\|^2,$$

于是 $\Psi(b)$ 可唯一扩充为 $\mathscr{H}$ 中的有界算子,仍记以 $\Psi(b)$. 不难见 Ψ 是 B 到 $B(\mathscr{H})$ 中的 $*$ 同态,并且 $\Psi(B) \subset \pi(A)'$.

如果 $\{b_l\}$ 是 B_+ 的任意有界递增网,于是 $\{\Psi(b_l)\}$ 是 $B \cdot (\mathscr{H})_+$ 的有界递增网,由于对任意的 $a_i \in A$, $\xi_i \in \mathscr{K}$,

$$\left\langle \Psi(b_l) \overbrace{\sum_i a_i \otimes \xi_i}, \overbrace{\sum_j a_j \otimes \xi_j} \right\rangle = \sum_{i,j} \langle \Phi(a_j^* a_i) b_l \xi_i, \xi_j \rangle,$$

对 l 取极限，即见 $\sup_l \Psi(b_l) = \Psi(\sup_l b_l)$，因此，$\Psi$ 是正规的．

今设 $\{d_l\}$ 是 A 的逼近单位元，于是依引理 3.6.5，$\{\Phi(d_l)\}$ 是 $B(\mathcal{K})_+$ 的有界递增网，因此，$\sup_l \Phi(d_l) = $（强算子）$\text{-}\lim_l \Phi(d_l)$．令 $\iota_l: \mathcal{K} \to \mathcal{H}$，

$$v_l \xi = \overbrace{d_l \otimes \xi}, \quad \forall \xi \in \mathcal{K},$$

由于 $\|v_l \xi\|^2 = \langle \Phi(d_l^2) \xi, \xi \rangle \leqslant \|\Phi\| \|\xi\|^2$，因此，$\|v_l\| \leqslant \|\Phi\|^{\frac{1}{2}}$，$\forall l$．当 $l' \geqslant l$ 时，$(d_{l'} - d_l)^2 \leqslant (d_{l'} - d_l)$，于是

$$\|(v_{l'} - v_l)\xi\|^2 \leqslant \langle (\Phi(d_{l'}) - \Phi(d_l))\xi, \xi \rangle \xrightarrow{l', l} 0, \quad \forall \xi \in \mathcal{K}.$$

因此依强算子拓扑，$v_l \to v$，自然 $\|v\| \leqslant \|\Phi\|^{1/2}$．由于 $\langle v_l^* \overbrace{a \otimes \xi}, \eta \rangle = \langle \overbrace{a \otimes \xi}, \overbrace{d_l \otimes \eta} \rangle = \langle \Phi(d_l a)\xi, \eta \rangle$，$\forall \eta \in \mathcal{K}, l$，因此，$v^* \cdot \overbrace{a \otimes \xi} = \Phi(a)\xi$，$\forall a \in A, \xi \in \mathcal{K}$．由此，$v^* \pi(a) v_l \xi = v^* \overbrace{a d_l \otimes \xi} = \Phi(a d_l)\xi$，所以，

$$\Phi(a) = v^* \pi(a) v, \quad \forall a \in A.$$

特别地，$\|\Phi\| \leqslant \|v\|^2$，所以，$\|\Phi\|^{\frac{1}{2}} = \|v\|$． 又若 $a, b \in A, \xi, \eta \in \mathcal{K}$，

$$\langle \pi(a) v\xi, \overbrace{b \otimes \eta} \rangle = \lim_l \langle \overbrace{a d_l \otimes \xi}, \overbrace{b \otimes \eta} \rangle$$
$$= \langle \Phi(b^* a)\xi, \eta \rangle$$
$$= \langle \overbrace{a \otimes \xi}, \overbrace{b \otimes \eta} \rangle.$$

因此，$\pi(a)v\xi = \overbrace{a \otimes \xi}$，特别地，$\overline{[\pi(A) v \mathcal{K}]} = \mathcal{K}$，及 A 的 $*$ 表示 $\{\pi, \mathcal{H}\}$ 是非退化的，所以 $\pi(d_l) \xrightarrow{\text{强算子}} 1_{\mathcal{H}}$． 注意当 $b \in B, \xi \in \mathcal{K}$，

$$\pi(d_l)\Psi(b)v\xi = \Psi(b)\pi(d_l)v\xi = \overbrace{d_l \otimes b\xi} = \pi(d_l)vb\xi.$$

因此，$\Psi(b)v = vb$，$\forall b \in B$．

最后,如果 A 有单位元 1,并且 $\Phi(1) = 1_{\mathscr{K}}$. 取上面的 $d_l =$ 1, $\forall l$,则 $v\xi = \widetilde{1 \otimes \xi}$, $\forall \xi \in \mathscr{K}$. 由此,$\|v\xi\|^2 = \langle \Phi(1)\xi, \xi \rangle = \|\xi\|^2$, $\forall \xi \in \mathscr{K}$,即 v 是等距的. 证毕.

命题 3.6.8 设 Φ 是 A 到 B 中的全正映象,则 $\Phi(a)^*\Phi(a) \leqslant \|\Phi\|\Phi(a^*a)$, $\forall a \in A$.

证. 无妨设 $B \subset B(\mathscr{K})$,依定理 3.6.7,

$$\Phi(a)^*\Phi(a) = v^*\pi(a^*)vv^*\pi(a)v$$
$$\leqslant \|v\|^2 v^*\pi(a^*a)v = \|\Phi\|\Phi(a^*a),$$

证毕.

引理 3.6.9 设 A 是 c^*-代数,B 是 A 的 c^*-子代数,$\{\pi, \mathscr{K}\}$ 是 B 的 $*$ 表示,则有 A 的 $*$ 表示 $\{\pi_1, \mathscr{K}_1\}$,使得 $\mathscr{K}_1 \supset \mathscr{K}$,并且 $\pi_1(b)\xi = \pi(b)\xi$, $\forall b \in B$, $\xi \in \mathscr{K}$.

证. 依命题 2.3.21,可设 $\{\pi, \mathscr{K}\}$ 为 B 上的态 φ 产生. φ 可开拓为 A 上的态,仍记以 φ. 再用 φ 产生 A 的 $*$ 表示,即满足要求. 证毕.

命题 3.6.10 设 A 是 c^*-代数,B 是 A 的 c^*-子代数,Φ 是 B 到 $B(\mathscr{K})$ 中的全正映象,则 Φ 可开拓为 A 到 $B(\mathscr{K})$ 中的全正映象.

证. 依定理 3.6.7,有 B 的 $*$ 表示 $\{\pi, \mathscr{K}\}$,及 $v: \mathscr{K} \to \mathscr{K}$,使得 $\Phi(b) = v^*\pi(b)v$, $\forall b \in B$. 设 $\{\pi_1, \mathscr{K}_1\}$ 是 A 的 $*$ 表示,并满足引理 3.6.9,令 P 是 $\mathscr{K}_1$ 到 $\mathscr{K}$ 上的投影,再命

$$\Psi(a) = v^*P\pi_1(a)Pv, \quad \forall a \in A,$$

依命题 3.6.4,Ψ 是 A 到 $B(\mathscr{K})$ 中的全正映象. 显然,Ψ 也是 Φ 的开拓. 证毕.

命题 3.6.11 设 Φ_i 是 A_i 到 B_i 中的全正映象,$1 \leqslant i \leqslant n$,则 $\overset{n}{\underset{i=1}{\otimes}} \Phi_i$ 可扩充为 $\alpha_0 - \overset{n}{\underset{i=1}{\otimes}} A_i$ 到 $\alpha_0 - \overset{n}{\underset{i=1}{\otimes}} B_i$ 的全正映象.

证. 设 $B_i \subset B(\mathscr{K}_i)$,依定理 3.6.7,有 A_i 的 $*$ 表示 $\{\pi_i, \mathscr{K}_i\}$,$v_i: \mathscr{K}_i \to \mathscr{K}_i$,使得

$$\Phi_i(a_i) = v_i^* \pi_i(a_i) v_i, \quad \forall a_i \in A_i, \quad 1 \leqslant i \leqslant n.$$

依命题 3.2.6, $\bigotimes\limits_{i=1}^{n} \pi_i$ 可扩充为 $\alpha_0 - \bigotimes\limits_{i=1}^{n} A_i$ 的 *-表示. 令

$$\Phi(a) = \left(\bigotimes_{i=1}^{n} v_i\right)^* \cdot \bigotimes_{i=1}^{n} \pi_i(a) \cdot \left(\bigotimes_{i=1}^{n} v_i\right), \quad \forall a \in \alpha_0 - \bigotimes_{i=1}^{n} A_i,$$

则 Φ 是 $\alpha_0 - \bigotimes\limits_{i=1}^{n} A_i$ 到 $B\left(\bigotimes\limits_{i=1}^{n} \mathscr{K}_i\right)$ 中的全正映象. 此外, 由于

$$\Phi\left(\bigotimes_{i=1}^{n} A_i\right) \subset \bigotimes_{i=1}^{n} B_i, \quad 及 \quad \alpha_0 - \bigotimes_{i=1}^{n} B_i \quad 是 \quad \bigotimes_{i=1}^{n} B_i \quad 在 \quad B\left(\bigotimes_{i=1}^{n} \mathscr{K}_i\right)$$

中的一致闭包, 因此, $\Phi\left(\alpha_0 - \bigotimes\limits_{i=1}^{n} A_i\right) \subset \alpha_0 - \bigotimes\limits_{i=1}^{n} B_i$. 证毕.

引理 3.6.12 设 $a_s = (a_{ij}^{(s)}) \in M_n(A)_+$, $1 \leqslant s \leqslant m$, 并且 $a_{ij}^{(s)} a_{kl}^{(s')} = a_{kl}^{(s')} a_{ij}^{(s)}$, $\forall s \neq s'$, i, j, k, l, 则

$$a = (a_{ij}^{(1)} \cdots a_{ij}^{(m)}) \in M_n(A)_+.$$

证. 只须对 $m = 2$ 来证明, 即若 $x = (x_{ij})$ 及 $y = (y_{ij}) \in M_n(A)_+$, 并且 $x_{ij} y_{kl} = y_{kl} x_{ij}$, $\forall i, j, k, l$, 要证明 $(x_{ij} y_{ij}) \in M_n(A)_+$.

用 $\{x_{ij} | i, j\}$, $\{y_{ij} | i, j\}$ 分别生成 A 的 c^*-子代数 B, C, 由于 $x_{ij}^* = x_{ij}$, $y_{kl}^* = y_{lk}$, $\forall i, j, k, l$, 因此, $bc = cb$, $\forall b \in B$, $c \in C$ 显然, x, y 也分别是 $M_n(B)$, $M_n(C)$ 的正元, 于是可写

$$x_{ij} = \sum_k b_{ki}^* b_{kj}, \quad y_{ij} = \sum_k c_{ki}^* c_{kj}.$$

这里 $b_{ij} \in B$, $c_{ij} \in C$, $\forall i, j$. 从而

$$(x_{ij} y_{ij}) = \sum_{k, l} ((b_{ki} c_{li})^* \cdot (b_{kj} c_{lj})).$$

依命题 3.6.2, 这是 $M_n(A)$ 的正元. 证毕.

命题 3.6.13 设 Φ_i 是 A_i 到 B 中的全正映象, 并且 $\Phi_i(a_i) \Phi_j(a_j) = \Phi_j(a_j) \Phi_i(a_i)$, $\forall a_i \in A_i$, $1 \leqslant i \neq j \leqslant n$, 则 $\Phi\left(\bigotimes\limits_{i=1}^{n} a_i\right) =$

$\prod\limits_{i=1}^{n} \Phi_i(a_i)$ $(\forall a_i \in A_i,\ 1 \leqslant i \leqslant n)$ 可扩张成 $\alpha_1 - \bigotimes\limits_{i=1}^{n} A_i$ 到 B 的全正映象.

证. 令 B_i 是由 $\Phi(A_i)$ 生成的 B 的 c^*-子代数, 于是 $b_i b_j = b_j b_i$, $\forall b_i \in B_i$, $1 \leqslant i \neq j \leqslant n$.

首先指出 Φ 是 $\bigotimes\limits_{i=1}^{n} A_i$ 到 B 的正线性映象. 设 $u = \sum\limits_{j} \bigotimes\limits_{i=1}^{n} a_j^{(i)}$, 这里 $a_j^{(i)} \in A_i$, $\forall i, j$, 于是

$$\Phi(u^*u) = \sum\limits_{j,k} \Phi_1(a_j^{(1)*}a_k^{(1)}) \cdots \Phi_n(a_j^{(n)*}a_k^{(n)}).$$

如果记 $b_{jk} = \Phi_1(a_j^{(1)*}a_k^{(1)}) \cdots \Phi_n(a_j^{(n)*}a_k^{(n)})$, 依引理 3.6.12, (b_{jk}) 是 $M_n(B)$ 的正元. 依命题 3.6.2, $\sum\limits_{j,k} d_l b_{jk} d_l \in B_+$, $\forall l$, 这里 $\{d_l\}$ 是 B 的逼近单位元. 因此, $\Phi(u^*u) = \sum\limits_{j,k} b_{jk} \in B_+$.

对 B 上任意的正泛函 ρ, $\rho \circ \Phi$ 将是 $\bigotimes\limits_{i=1}^{n} A_i$ 上的正泛函, 从而可唯一扩张为 $\alpha_1 - \bigotimes\limits_{i=1}^{n} A_i$ 上的正泛函. 一般对任意的 $f \in B^*$, $f \circ \Phi$ 可唯一扩张为 $\alpha_1 - \bigotimes\limits_{i=1}^{n} A_i$ 上的有界线性泛函, 仍然记以 $f \circ \Phi$, 于是可定义 $\Phi': B^* \to \left(\alpha_1 - \bigotimes\limits_{i=1}^{n} A_i\right)^*$, $\Phi'(f) = f \circ \Phi, \forall f \in B^*$.

我们说 Φ' 是连续的, 只须证明 Φ' 是闭的. 设 $f_k(\in B^*) \to 0$, $\Phi'(f_k) = f_k \circ \Phi \to F \left(\in \left(\alpha_1 - \bigotimes\limits_{i=1}^{n} A_i\right)^* \right)$, 由于对任意的 $a_i \in A_i$, $1 \leqslant i \leqslant n$,

$$F\left(\bigotimes\limits_{i=1}^{n} a_i\right) = \lim\limits_{k} f_k \left(\prod\limits_{i=1}^{n} \Phi_i(a_i)\right) = 0.$$

因此, $F = 0$, 即 Φ' 是闭的.

今对任意的 $u \in \bigotimes\limits_{i=1}^{n} A_i$,

$$\|\Phi(u)\| = \sup\{|f \circ \Phi(u)| \,|\, f \in B^*, \ \|f\| \leqslant 1\}$$
$$= \sup\{|\Phi'(f)(u)| \,|\, f \in B^*, \ \|f\| \leqslant 1\} \leqslant \|\Phi'\|\alpha_1(u).$$

因此，Φ 可唯一扩张为 $\alpha_1 - \otimes A_i$ 到 B 的有界线性映象，仍记为 Φ。

最后，证明 Φ 是 $\alpha_1 - \bigotimes\limits_{i=1}^{n} A_i$ 到 B 的全正映象。由于 Φ 是连续的，依命题 3.6.2，只须对任意的正整数 m，$u_1, \cdots, u_m \in \bigotimes\limits_{i=1}^{n} A_i$，$b_1, \cdots, b_m \in B$，证明

$$\sum_{i,j=1}^{m} b_i^* \Phi(u_i^* u_j) b_j \in B_+.$$

设 $u_i = \sum\limits_{k=1}^{p} \bigotimes\limits_{s=1}^{n} a_{ik}^{(s)}$，$1 \leqslant i \leqslant m$，这里 $a_{ik}^{(s)} \in A_s$，$\forall i, k, s$，由于 Φ_s 是全正的，因此，$(\Phi_s(a_{ik}^{(s)*} a_{il}^{(s)}))_{\substack{1 \leqslant i,j \leqslant m \\ 1 \leqslant k,l \leqslant p}}$ 是 $M_{pm}(B)$ 的正元，$1 \leqslant s \leqslant n$。依引理 3.6.12，

$$\left(\prod_{s=1}^{n} \Phi_s(a_{ik}^{(s)*} a_{il}^{(s)})\right)_{\substack{1 \leqslant i,j \leqslant m \\ 1 \leqslant k,l \leqslant p}} \in M_{pm}(B)_+.$$

如果令 $b_{ik} = b_i$，$1 \leqslant i \leqslant m$，$1 \leqslant k \leqslant p$，则

$$\sum_{i,j=1}^{m} b_i^* \Phi(u_i^* u_j) b_j = \sum_{i,j=1}^{m} \sum_{k,l=1}^{p} b_{ik}^* \prod_{s=1}^{n} \Phi_s(a_{ik}^{(s)*} a_{il}^{(s)}) b_{jl}.$$

依命题 3.6.2，可见它是 B 的正元。证毕。

注 本节见参考文献 [29]，[64]，[109]。

§7. c^*-代数的诱导极限

设 I 是定向指标集，对每个指标 $\alpha \in I$，A_α 是 c^*-代数。又设对任意的 $\alpha \leqslant \beta \,(\alpha, \beta \in I)$，有 A_α 到 A_β 中的 $*$ 同构 $\Phi_{\beta\alpha}$，使得

$$\Phi_{\gamma\beta}\Phi_{\beta\alpha} = \Phi_{\gamma\alpha}, \quad \forall \alpha, \beta, \gamma \in I, \ 且 \ \alpha \leqslant \beta \leqslant \gamma.$$

设

$$\mathscr{T} = \underset{\alpha \in I}{\times} A_\alpha = \{(a_\alpha)_{\alpha \in I} \,|\, a_\alpha \in A_\alpha, \ \forall \alpha \in I\}$$

以相应的分量相加、相乘、* 运算等，$\mathscr{T}$ 自然地成为 * 代数. 令

$$\mathscr{L} = \{a = (a_l) \mid a \in \mathscr{T}, \text{ 且有 } \alpha \in \mathbf{I},$$
$$\text{使得 } a_\beta = \Phi_{\beta\alpha}(a_\alpha), \forall \beta \geq \alpha\},$$

易见 $\mathscr{L}$ 是 $\mathscr{T}$ 的 * 子代数. 如果 $a = (a_\alpha) \in \mathscr{L}$, 令 $\|a\| = \lim_{\alpha} \|a_\alpha\|$, 则 $\|\cdot\|$ 是 $\mathscr{L}$ 上的 c^*-拟范. 再令

$$\vartheta = \{a \in \mathscr{L} \mid \|a\| = 0\} = \{(a_l) \in \mathscr{T} \mid$$
$$\text{有 } \alpha \in \mathbf{I}, \text{ 使得 } a_\beta = 0, \forall \beta \geq \alpha\}.$$

显然 ϑ 是 $\mathscr{L}$ 的 * 双侧理想. 如果 $a \to \tilde{a}$ 是 $\mathscr{L}$ 到 $\mathscr{L}/\vartheta$ 上的正则映象, 显然 $\|\tilde{a}\| = \|a\|$ 将是 $\mathscr{L}/\vartheta$ 上的 c^*-范, 依此完备化, 得到 c^*-代数 A.

定义 3.7.1 记上面得到的 c^*-代数 A 为

$$\varinjlim_{\alpha} \{A_\alpha, \Phi_{\beta\alpha} \mid (\alpha, \beta) \in \mathbf{I} \times \mathbf{I}, \alpha \leq \beta\},$$

称它为用 * 同构族 $\{\Phi_{\beta\alpha} \mid (\alpha, \beta) \in \mathbf{I} \times \mathbf{I}, \alpha \leq \beta\}$ 定义的 c^*-代数族 $\{A_\alpha \mid \alpha \in \mathbf{I}\}$ 的诱导极限.

现在, 对任意的 $\alpha \in \mathbf{I}$, 令

$$\mathscr{L}_\alpha = \{(a_l) \in \mathscr{T} \mid a_\beta = \Phi_{\beta\alpha}(a_\alpha), \forall \beta \geq \alpha\}.$$

显然 $\mathscr{L}_\alpha$ 是 $\mathscr{L}$ 的 * 子代数, 并且

$$\tilde{A}_\alpha = \mathscr{L}_\alpha / \vartheta = \{\tilde{a} \in \mathscr{L}/\vartheta \mid \text{存在 } (a_l) \in \tilde{a},$$
$$\text{使得 } a_l = \begin{cases} \Phi_{l\alpha}(a_\alpha), & \forall l \geq \alpha \\ 0, & \forall l \ngeq \alpha \end{cases}\}.$$

对任意的 $a_\alpha \in A_\alpha$, 定义

$$a_l = \begin{cases} \Phi_{l\alpha}(a_\alpha), & \forall l \geq \alpha; \\ 0, & \forall l \ngeq \alpha. \end{cases}$$

于是, $\Phi_\alpha(a_\alpha) = (\tilde{a}_l)$ 定义一个由 A_α 到 $\tilde{A}_\alpha$ 上的 * 同构. 特别地, $\tilde{A}_\alpha$ 也是 A 的 c^*-子代数. 今指出

$$\Phi_\alpha = \Phi_\beta \Phi_{\beta\alpha}, \quad \forall \beta \geq \alpha.$$

事实上, 对任意的 $a_\alpha \in A_\alpha$, $\beta \geq \alpha$,

$$\Phi_\alpha(a_\alpha) = \left(a_l = \begin{cases} \Phi_{l\alpha}(a_\alpha), & \forall l \geq \alpha \\ 0, & \forall l \ngeq \alpha \end{cases} \right) + \vartheta,$$

$$\Phi_\beta\Phi_{\beta\alpha}(a_\alpha) = \left(b_l = \begin{cases} \Phi_{l\beta}\Phi_{\beta\alpha}(a_\alpha) = \Phi_{l\alpha}(a_\alpha), & \forall l \geq \beta \\ 0 & , \forall l \ngeq \beta \end{cases} \right) + \vartheta.$$

因此，$\Phi_\beta\Phi_{\beta\alpha} = \Phi_\alpha$, $\forall \beta \geq \alpha$. 特别地，

$$\tilde{A}_\alpha = \Phi_\alpha(A_\alpha) = \Phi_\beta\Phi_{\beta\alpha}(A_\alpha) \subset \Phi_\beta(A_\beta) = \tilde{A}_\beta, \quad \forall \beta \geq \alpha.$$

这一点也可以 $\mathscr{L}_\alpha \subset \mathscr{L}_\beta$ $(\forall \beta \geq \alpha)$ 看出. 此外, 由于 $\mathscr{L} = \bigcup_{\alpha \in I} \mathscr{L}_\alpha$,

因此, $\mathscr{L}/\vartheta = \bigcup_{\alpha \in I} \tilde{A}_\alpha$. 从而我们有

定理 3.7.2 设 $A = \varinjlim_\alpha \{A_\alpha, \Phi_{\beta\alpha} | (\alpha, \beta) \in I \times I, \alpha \leq \beta\}$, 则存在 A 的 c^*-子代数族 $\{\tilde{A}_\alpha | \alpha \in I\}$ 及对每个 $\alpha \in I$, 有 A_α 到 $\tilde{A}_\alpha$ 上的 *同构 Φ_α, 使得: 1) $\tilde{A}_\alpha \subset \tilde{A}_\beta$, $\forall \alpha \leq \beta$; 2) $\Phi_\alpha = \Phi_\beta\Phi_{\beta\alpha}$, $\forall \alpha \leq \beta$; 3) $\bigcup_{\alpha \in I} \tilde{A}_\alpha$ 在 A 中是稠的.

反过来, 我们也有

定理 3.7.3 设 B 是 c^*-代数, $\{B_\alpha | \alpha \in I\}$ 是 B 的 c^*-子代数族, 且对每个 $\alpha \in I$, 有 A_α 到 B_α 上的 *同构 Ψ_α, 使得: 1) $B_\alpha \subset B_\beta$, $\forall \alpha \leq \beta$; 2) $\Psi_\alpha = \Psi_\beta\Phi_{\beta\alpha}$, $\forall \alpha \leq \beta$; 3) $\bigcup_{\alpha \in I} B_\alpha$ 在 B 中稠, 则存在 $A = \varinjlim_\alpha \{A_\alpha, \Phi_{\beta\alpha} | (\alpha, \beta) \in I \times I, \alpha \leq \beta\}$ 到 B 上的 *同构 Ψ, 使得 $\Psi(\tilde{A}_\alpha) = B_\alpha$, $\Psi\Phi_\alpha = \Psi_\alpha$, $\forall \alpha \in I$, 这里 $\{\tilde{A}_\alpha, \Phi_\alpha | \alpha \in I\}$ 如定理 3.7.2 所构作.

证. 对任意的 $\alpha \in I$, $\Psi_\alpha\Phi_\alpha^{-1}$ 是 $\tilde{A}_\alpha$ 到 B_α 上的 *同构, 今指出

$$\Psi_\beta\Phi_\beta^{-1} | \tilde{A}_\alpha = \Psi_\alpha\Phi_\alpha^{-1}, \quad \forall \alpha \leq \beta.$$

事实上, 对任意的 $a \in \tilde{A}_\alpha$, $\Psi_\beta\Phi_\beta^{-1}(a) = \Psi_\beta\Phi_\beta^{-1}\Phi_\alpha\Phi_\alpha^{-1}(a) = \Psi_\beta\Phi_\beta^{-1} \cdot \Phi_\beta\Phi_{\beta\alpha}\Phi_\alpha^{-1}(a) = (\Psi_\beta\Phi_{\beta\alpha})\Phi_\alpha^{-1}(a) = \Psi_\alpha\Phi_\alpha^{-1}(a)$. 于是, 我们可以定义 $\bigcup_{\alpha \in I} \tilde{A}_\alpha$ 到 $\bigcup_{\alpha \in I} B_\alpha$ 上的 *同构 Ψ, 使得

$$\Psi | \tilde{A}_\alpha = \Psi_\alpha\Phi_\alpha^{-1}, \quad \forall \alpha \in I,$$

自然 Ψ 是等距的, 从而 Ψ 可唯一扩张为 A 到 B 上的 *同构, 仍记以 Ψ, 即满足要求. 证毕.

系 3.7.4 设 A 是 c^*-代数族, $\{A_\alpha | \alpha \in I\}$ 是 A 的 c^*-子代数

族,使得 $A_\alpha \subset A_\beta$, $\forall \alpha \leqslant \beta$, 并且 $\bigcup\limits_{\alpha \in I} A_\alpha$ 在 A 中稠. 对 $\alpha \leqslant \beta$, 令 $\Phi_{\beta\alpha}$ 是 A_α 到 A_β 中的嵌入映象,则 $A *$ 同构于 $\varinjlim\limits_{\alpha}\{A_\alpha, \Phi_{\beta\alpha}|(\alpha, \beta) \in I \times I, \alpha \leqslant \beta\}$.

事实上,取定理 3.7.3 中的 $B = A$, $B_\alpha = A_\alpha$, 及 $\Psi_\alpha = I_\alpha$ (A_α 上的恒等映象), $\forall \alpha \in I$, 即得证.

定理 3.7.5 设 $A = \varinjlim\limits_{2}\{A_\alpha, \Phi_{\beta\alpha}|(\alpha, \beta) \in I \times I, \alpha \leqslant \beta\}$, $B = \varinjlim\limits_{\alpha}\{B_\alpha, \Psi_{\beta\alpha}|(\alpha, \beta) \in I \times I, \alpha \leqslant \beta\}$, 并且对任意的 $\alpha \in I$, 有 A_α 到 B_α 上的 $*$ 同构 Λ_α, 使得 $\Lambda_\beta\Phi_{\beta\alpha} = \Psi_{\beta\alpha}\Lambda_\alpha$, $\forall \alpha \leqslant \beta$, 则 $A *$ 同构于 B.

证. 由定理 3.7.2, $A = \overline{\bigcup\limits_{\alpha \in I} \tilde{A}_\alpha}$, $B = \overline{\bigcup\limits_{\alpha \in I} \tilde{B}_\alpha}$, 并且有 A_α 到 $\tilde{A}_\alpha$ 上的 $*$ 同构 Φ_α, B_α 到 $\tilde{B}_\alpha$ 上的 $*$ 同构 Ψ_α, 使得

$$\Phi_\alpha = \Phi_\beta\Phi_{\beta\alpha}, \quad \Psi_\alpha = \Psi_\beta\Psi_{\beta\alpha}, \quad \forall \alpha, \beta \in I, \quad \alpha \leqslant \beta,$$

于是 $\Psi_\alpha\Lambda_\alpha$ 是 A_α 到 $\tilde{B}_\alpha$ 上的 $*$ 同构,并且

$$(\Psi_\beta\Lambda_\beta)\Phi_{\beta\alpha} = (\Psi_\beta\Psi_{\beta\alpha})\Lambda_\alpha = \Psi_\alpha\Lambda_\alpha, \quad \forall \alpha \leqslant \beta.$$

今依定理 3.7.3, $A *$ 同构于 B. 证毕.

命题 3.7.6 设 $A = \varinjlim\limits_{n}\{A_n, \Phi_{mn}|m, n = 1, 2, \cdots, m \geqslant n\}$, $B = \varinjlim\limits_{n}\{B_n, \Psi_{mn}|m, n = 1, 2, \cdots, m \geqslant n\}$, 如果对每个 n, A_n 与 B_n 都 $*$ 同构于 M_{p_n}, 这里 M_{p_n} 是 $p_n \times p_n$ 阶的矩阵代数, 且 $p_n < \infty$. 又若 Φ_{mn}, Ψ_{mn} 分别把 A_n, B_n 的单位元变成 A_m, B_m 的单位元, $\forall m \geqslant n$, 则 $A *$ 同构于 B.

证. 依定理 3.7.2, $A = \overline{\bigcup\limits_{n} \tilde{A}_n}$, $B = \overline{\bigcup\limits_{n} \tilde{B}_n}$, 这里 $\tilde{A}_n$, $\tilde{B}_n$ 都 $*$ 同构于 M_{p_n}, $\forall n$, 并且

$$1_A \in \tilde{A}_1 \subset \cdots \subset \tilde{A}_n \subset \cdots, \quad 1_B \in \tilde{B}_1 \subset \cdots \subset \tilde{B}_n \subset \cdots.$$

我们只须对每个 n, 构作 $\tilde{A}_n$ 到 $\tilde{B}_n$ 上的 $*$ 同构 Λ_n, 使得

$$\Lambda_{n+1}|\tilde{A}_n = \Lambda_n, \quad \forall n.$$

设已有 $\Lambda_1, \cdots, \Lambda_n$ 满足要求,我们来构造 $\tilde{A}_{n+1}$ 到 $\tilde{B}_{n+1}$ 上的 $*$

同构 Λ_{n+1}, 使得 $\Lambda_{n+1}|\tilde{A}_n = \Lambda_n$.

设 $\{e_{ij}|1\leqslant i,j\leqslant p_n\}$ 是 $\tilde{A}_n$ 的矩阵单位, 即

$$e_{ij}^* = e_{ji}, \quad e_{ij}e_{kl} = \delta_{jk}e_{il}, \quad \forall i,j,k,l$$

如果把 $\tilde{A}_{n+1}$ 与 $M_{p_{n+1}} = B(\mathscr{H})$ 等同起来, 这里 $\mathscr{H}$ 是 p_{n+1} 维的 Hilbert 空间, $\tilde{A}_n\subset\tilde{A}_{n+1}$, 于是 $\{e_{ii}|1\leqslant i\leqslant p_n\}$ 应当是 $\mathscr{H}$ 中相互直交、(关于 vN 代数 $B(\mathscr{H})$) 等价且和为 $1_{\mathscr{H}}$ 的投影族. 因此, 如果命 $\mathscr{H}_i = e_{ii}\mathscr{H}$, 则 $\dim\mathscr{H}_i = \dim\mathscr{H}_j$, $1\leqslant i,j\leqslant p_n$. 这说明 $m = p_n^{-1}p_{n+1}$ 是正整数, 并且 $\dim\mathscr{H}_i = m$, $\forall i$. 今可取 $\{v_{1i,1j}|1\leqslant i,j\leqslant m\}\subset\tilde{A}_{n+1}$, 使得

$$v_{1i,1j}^* = v_{1j,1i}, \quad v_{1i,1j}v_{1k,1l} = \delta_{jk}v_{1i,1l} \quad \forall i,j,k,l,$$

并且 $\sum_{i=1}^m v_{1i,1i} = e_{11}$. 进而令

$$v_{ij,kl} = e_{i1}v_{1j,1l}e_{1k}, \quad 1\leqslant i,k\leqslant p_n, \quad 1\leqslant j,l\leqslant m,$$

易证它是 $\tilde{A}_{n+1}$ 的矩阵单位.

记 $f_{ij} = \Lambda_n(e_{ij})$, 自然 $\{f_{ij}|1\leqslant i,j\leqslant p_n\}$ 是 B_n 的矩阵单位. 同样的手续施于 $\tilde{B}_{n+1}$, 可找到 $\{u_{1i,1j}|1\leqslant i,j\leqslant m\}$, 使得

$$u_{1i,1j}^* = u_{1j,1i}, \quad u_{1i,1j}u_{1k,1l} = \delta_{jk}u_{1i,1l}, \quad \forall i,j,k,l,$$

并且 $\sum_{i=1}^m u_{1i,1i} = f_{11}$. 于是

$$u_{ij,kl} = f_{i1}u_{1j,1l}f_{1k}, \quad 1\leqslant i,k\leqslant p_n, \quad 1\leqslant j,l\leqslant m$$

是 $\tilde{B}_{n+1}$ 的矩阵单位. 今命

$$\Lambda_{n+1}v_{ij,kl} = u_{ij,kl}, \quad 1\leqslant i,k\leqslant p_n, \quad 1\leqslant j,l\leqslant m,$$

即见 Λ_{n+1} 满足要求. 证毕.

现在考虑 $A = \varinjlim_\alpha\{A_\alpha, \Phi_{\beta\alpha}|(\alpha,\beta)\in\mathbf{I}\times\mathbf{I}, \alpha\leqslant\beta\}$, 并设 φ_α 是 A_α 上的态, $\forall\alpha\in\mathbf{I}$, 使得

$$\varphi_\beta(\Phi_{\beta\alpha}(a_\alpha)) = \varphi_\alpha(a_\alpha), \quad \forall a_\alpha\in A_\alpha, \quad \alpha\leqslant\beta \tag{1}$$

用 φ_α 定义 $\tilde{A}_\alpha$ 上的态 $\tilde{\varphi}_\alpha$:

$$\tilde{\varphi}_\alpha(a_\alpha) = \varphi_\alpha(\Phi_\alpha^{-1}(a_\alpha)), \quad \forall a_\alpha\in\tilde{A}_\alpha, \quad \alpha\in\mathbf{I}.$$

这里 Φ_α 见定理 3.7.2, 于是依 (1) 及定理 3.7.2,

$$\bar{\varphi}_\beta(a_\alpha) = \varphi_\beta(\Phi_\beta^{-1}(a_\alpha)) = \varphi_\beta(\Phi_\beta^{-1}\Phi_\alpha\Phi_\alpha^{-1}(a_\alpha))$$

$$= \varphi_\beta(\Phi_\beta^{-1}\Phi_\beta\Phi_{\beta\alpha}\Phi_\alpha^{-1}(a_\alpha)) = \varphi_\alpha(\Phi_\alpha^{-1}(a_\alpha)) = \bar{\varphi}_\alpha(a_\alpha),$$

$\forall a_\alpha \in \tilde{A}_\alpha, \ \alpha \leqslant \beta$. 因此，$\{\bar{\varphi}_\alpha | \alpha \in I\}$ 定义 $\bigcup_\alpha \tilde{A}_\alpha$ 上一个线性泛函 φ，使得 $\varphi | \tilde{A}_\alpha = \bar{\varphi}_\alpha, \ \forall \alpha \in I$. 当然 φ 可以唯一地扩张为 A 上的态，仍记以 φ.

定义 3.7.7 上面得到的 $A = \lim\limits_{\overrightarrow{\alpha}} \{A_\alpha, \Phi_{\beta\alpha} | (\alpha, \beta) \in I \times I, \ \alpha \leqslant \beta\}$ 上的态 φ，称为 $\{\varphi_\alpha, \Phi_{\beta\alpha} | (\alpha, \beta) \in I \times I, \ \alpha \leqslant \beta\}$ 的诱导极限，记以

$$\varphi = \lim_{\overrightarrow{\alpha}} \{\varphi_\alpha, \Phi_{\beta\alpha} | (\alpha, \beta) \in I \times I, \ \alpha \leqslant \beta\}.$$

注 本节见参考文献 [97]，[111].

§8. c^*-代数的任意张量积

设 Λ 是任意的指标集，对每个 $l \in \Lambda$，A_l 是有单位元 1_l 的 c^*-代数，命

$$\bigotimes_{l \in \Lambda} A_l = \left\{ u = u_F \otimes \bigotimes_{l \notin F} 1_l \,\middle|\, F \text{ 是 } \Lambda \text{ 的有限子集}, \ u_F \in \bigotimes_{l \in F} A_l \right\}$$

定义 $u = u_F \otimes \bigotimes\limits_{l \notin F} 1_l = 0$，指 $\bigotimes\limits_{l \in \Lambda} \varphi_l(u) = \bigotimes\limits_{l \in F} \varphi_l(u_F) = 0, \ \forall \varphi_l \in \mathscr{S}_l$，这里 $\mathscr{S}_l$ 是 A_l 的态空间，$l \in \Lambda$. 显然，$\bigotimes\limits_{l \in \Lambda} A_l$ 将自然地成为 $*$ 代数，称为 $\{A_l | l \in \Lambda\}$ 的代数张量积.

$\bigotimes\limits_{l \in \Lambda} A_l$ 上的范数 $\|\cdot\|$ 称为交叉范，指对 Λ 的任意有限子集 F，$a_l \in A_l, \ l \in F$，有

$$\left\| \bigotimes_{l \in F} a_l \otimes \bigotimes_{l \notin F} 1_l \right\| = \prod_{l \in F} \|a_l\|.$$

例如

$$\lambda(u) = \sup \left\{ \left| \bigotimes_{l \in F} f_l \otimes \bigotimes_{l \notin F} \varphi_l(u) \right| \right.$$

$$F \text{ 是 } \Lambda \text{ 的有限子集}, \quad \left. \begin{array}{l} f_l \in A_l^*, \ \|f_l\| \leqslant 1, \ l \in F, \\ \varphi_l \in \mathscr{S}_l, \ l \notin F \end{array} \right\},$$

$$\gamma(u) = \inf \left\{ \sum_i \prod_{l \in F} \|a_i^{(l)}\| \, \Big| \, u \right.$$

$$= \sum_i \bigotimes_{l \in F} a_i^{(l)} \otimes \bigotimes_{l \notin F} 1_l, \text{ 这里 } a_i^{(l)} \in A_l, \ \forall l \in F \Big\}$$

都是交叉范，并且 $\gamma(\cdot)$ 是最大的交叉范.

$\bigotimes\limits_{l \in \Lambda} A_l$ 上的范数 $\alpha(\cdot)$ 称为 c^*-范，指

$$\alpha(uv) \leqslant \alpha(u)\alpha(v), \ \alpha(u^*u) = \alpha(u)^2, \ \forall u, v \in \bigotimes_{l \in \Lambda} A_l$$

依此完备化的 c^*-代数记作 $\alpha - \bigotimes\limits_{l \in \Lambda} A_l$，称为 c^*-代数族 $\{A_l \mid l \in \Lambda\}$ 依 c^*-范 $\alpha(\cdot)$ 的张量积.

在 $\bigotimes\limits_{l \in \Lambda} A_l$ 上，同样有空间的 c^*-范 $\alpha_0(\cdot)$ 及其几何意义，最大的 c^*-范 $\alpha_1(\cdot)$，任意的 c^*-范 $\alpha(\cdot)$ 必满足 $\lambda(\cdot) \leqslant \alpha_0(\cdot) \leqslant \alpha(\cdot) \leqslant \gamma(\cdot)$，特别 $\alpha(\cdot)$ 是交叉范. 凡此种种，可仿照本章 §1--§5 作相应讨论.

命 $I = \{F \mid F \text{ 是 } \Lambda \text{ 的有限子集}\}$，依包含关系，$I$ 是定向指标集. 如果 $\alpha(\cdot)$ 是 $\bigotimes\limits_{l \in \Lambda} A_l$ 上的 c^*-范对任意的 $F \in I$，令 $\alpha_F(\cdot)$ 是 $\alpha(\cdot)$ 限于 $\bigotimes\limits_{l \in F} A_l \otimes \bigotimes\limits_{l \notin F} 1_l$ 所诱导的 $\bigotimes\limits_{l \in F} A_l$ 上的 c^*-范，并记 $B_F = \alpha_F - \bigotimes\limits_{l \in F} A_l$. 如果 $F, F' \in I$，并且 $F' \supset F$，命

$$\Phi_{F'F}(u_F) = u_F \otimes \bigotimes_{l \in F' \setminus F} 1_l, \ \forall u_F \in \bigotimes_{l \in F} A_l$$

显然，$\Phi_{F'F}$ 可扩张为 B_F 到 $B_{F'}$ 中的 $*$ 同构，并映 B_F 的单位元为 $B_{F'}$ 的单位元，也易见

$$\Phi_{F''F'}\Phi_{F'F} = \Phi_{F''F}, \ \forall F'' \supset F' \supset F.$$

依定理 3.7.3，容易证明

命题 3.8.1 c^*-代数 $\alpha - \bigotimes\limits_{l \in \Lambda} A_l *$ 同构于

$$\varlimsup_{F} \{B_F, \Phi_{F \wedge F'} | (F, F') \in I \times I, F \subset F'\},$$

作为例子, 我们考虑

定义 3.8.2 c^*-代数 A 称为 (UHF)(一致超有限)的, 指 A 有单位元 1, 及 $1 \in A_1 \subset \cdots \subset A_n \subset \cdots \subset A$, 使得 $A = \overline{\bigcup_n A_n}$, 这里每个 $A_n *$ 同构于有限阶的矩阵代数.

如果 $A_n *$ 同构于 p_n 阶矩阵代数, $\forall n$, 也称 A 是 $\{p_n\}$ 型的 (UHF) 代数.

这时, 命 Φ_{mn} 是 A_n 到 A_m 中的嵌入映象, $\forall m \geqslant n$, 依系 3.7.4, $A *$ 同构于诱导极限

$$\varlimsup_{n} \{A_n, \Phi_{mn} | m, n = 1, 2, \cdots, m \geqslant n\}.$$

此外, 依命题 3.7.6, 同型的 (UHF) 代数必然是 * 同构的.

命题 3.8.3 $\{p_n\}$ 型 (UHF) 代数存在的充要条件是: $p_n | p_{n+1}$, $n = 1, 2, \cdots$. 这时, 它 * 同构于 c^*-代数 $\alpha_0 - \bigotimes_{n=1}^{\infty} M_{m_n}$, 这里 M_{m_n} 是 m_n 阶矩阵代数, 以及 $m_1 = p_1$, $m_n = p_{n-1}^{-1} p_n$, $\forall n \geqslant 2$.

证. 必要性已为命题 3.7.6 的证明所包含. 反之, 设 $p_n | p_{n+1}$, $\forall n$. 由于 $\alpha_0 - \bigotimes_{i=1}^{n} M_{m_i} = M_{p_n}$, $\forall n$, 因此, $\alpha_0 - \bigotimes_{n=1}^{\infty} M_{m_n}$ 就是 $\{p_n\}$ 型的 (UHF) 代数.

已经指出同型的 (UHF) 代数必然是 * 同构的, 因此, $\{p_n\}$ 型 (UHF) 代数必 * 同构于 $\alpha_0 - \bigotimes_{n=1}^{\infty} M_{m_n}$. 证毕.

注. 可仿引理 3.6.1 证明, $\bigotimes_{n=1}^{\infty} M_{m_n}$ 上仅有一个空间的 c^*-范 $\alpha_0(\cdot)$.

现在回到 c^*-代数任意张量积的讨论.

定义 3.8.4 设 Λ 是任意指标集, 对每个 $l \in \Lambda$, $\mathcal{H}_l$ 是 Hilbert 空间. 取定 $\xi = (\xi_l)_{l \in \Lambda}$, 这里 $\xi_l \in \mathcal{H}_l$, $\|\xi_l\| = 1$, $\forall l$.

Hilbert 空间族 $\{\mathscr{H}_l | l \in \Lambda\}$ 关于参考矢 $\xi = (\xi_l)_{l \in \Lambda}$ 的张量积,

记作 $\overset{\xi}{\underset{l \in \Lambda}{\bigotimes}} \mathscr{H}_l$,指它是由线性空间

$$\overset{\xi}{\underset{l \in \Lambda}{\bigodot}} \mathscr{H}_l = \bigcup \left\{ \underset{l \in F}{\bigodot} \mathscr{H}_l \otimes \underset{l \notin F}{\bigotimes} \xi_l \,\middle|\, F \text{ 是 } \Lambda \text{ 的有限子集} \right\}$$

$\left(\text{这里 } \underset{l \in F}{\bigodot} \mathscr{H}_l \text{ 是第一章 §4 } ^{\#}F = 2 \text{ 情形的自然推广}\right)$ 依照内积

$$\left\langle \underset{l \in F}{\bigotimes} \eta_l \otimes \underset{l \notin F}{\bigotimes} \xi_l , \underset{l \in F}{\bigotimes} \zeta_l \otimes \underset{l \notin F}{\bigotimes} \xi_l \right\rangle = \prod_{l \in F} \langle \eta_l, \zeta_l \rangle$$

$(\forall \eta_l, \zeta_l \in \mathscr{H}_l, l \in F, F \text{ 是 } \Lambda \text{ 的有限子集})$ 的完备化.

引理 3.8.5 设 M, N 分别是 Hilbert 空间 $\mathscr{H}, \mathscr{K}$ 中的 vN 代数,$f \in M_*, g \in N_*$,则 $(f \otimes g) \in (M \overline{\otimes} N)_*$,并且 $\|f \otimes g\| = \|f\| \cdot \|g\|$,这里 $f \otimes g \in (M \overline{\otimes} N)_*$,指有 $\varphi \in (M \overline{\otimes} N)_*$,使得 $\varphi(x \otimes y) = f(x) g(y), \forall x \in M, y \in N$. 自然这 φ 是唯一的,记以 $\varphi = f \otimes g$.

证. 设 $s \in T(\mathscr{H}), t \in T(\mathscr{K})$,使得

$$f(x) = \mathrm{tr}\,(sx), \forall x \in M, \quad g(y) = \mathrm{tr}\,(ty), \forall y \in N,$$

易见 $s \otimes t \in T(\mathscr{H} \otimes \mathscr{K}), \|s \otimes t\|_1 = \|s\|_1 \cdot \|t\|_1$,及

$$\mathrm{tr}\,((s \otimes t)(x \otimes y)) = f(x)g(y), \forall x \in M, y \in N.$$

因此,$f \otimes g(\,\cdot\,) = \mathrm{tr}\,((s \otimes t) \cdot) \in (M \overline{\otimes} N)_*$,且 $\|f \otimes g\| \leqslant \|s\|_1 \cdot \|t\|_1$. 可以取 s, t,使得 $\|s\|_1, \|t\|_1$ 分别任意接近 $\|f\|, \|g\|$,所以,$\|f \otimes g\| \leqslant \|f\| \cdot \|g\|$. 反向不等式是显然的,因此,$\|f \otimes g\| = \|f\| \cdot \|g\|$. 证毕.

命题 3.8.6 设 $\mathscr{H} = \overset{\xi}{\underset{l \in \Lambda}{\bigotimes}} \mathscr{H}_l$,对每个 $l \in \Lambda$,M_l 是 $\mathscr{H}_l$ 中的 vN 代数. 又设 M 是由 $\left\{ M_l \otimes \underset{l' \neq l}{\bigotimes} 1_{l'} \,\middle|\, l \in \Lambda \right\}$ 生成的 $\mathscr{H}$ 中的 vN 代数. 则

1) M' 由 $\left\{ M_l' \otimes \underset{l' \neq l}{\bigotimes} 1_{l'} \,\middle|\, l \in \Lambda \right\}$ 生成;

2) $M = B(\mathscr{H})$,当且仅当,$M_l = B(\mathscr{H}_l), \forall l \in \Lambda$;

3) M 是 $\mathscr{H}$ 中的因子，当且仅当，M_l 是 $\mathscr{H}_l$ 中的因子，$\forall l \in \Lambda$.

证. 1) 设 F 是 Λ 的任意有限子集，显然

$$\mathscr{H} = \Big(\bigotimes_{l \in F} \mathscr{H}_l\Big) \otimes \Big(\bigotimes_{l \notin F}^{\xi} \mathscr{H}_l\Big), \quad M = M_F \overline{\otimes} M_{\Lambda \backslash F}$$

这里 M_F 是 $\{M_l | l \in F\}$ 的 vN 代数张量积，即 $M_F = \overline{\bigotimes_{l \in F}} M_l$,

$M_{\Lambda \backslash F}$ 由 $\Big\{ B_l \otimes \bigotimes_{l' \notin F, l' \neq l} 1_{l'} \Big| l \notin F \Big\}$ 生成. 依定理 1.4.12,

$$M' = M'_F \overline{\otimes} M'_{\Lambda \backslash F}.$$

令 $g_F(\cdot) = \Big\langle \cdot \bigotimes_{l \notin F} \xi_l, \bigotimes_{l \notin F} \xi_l \Big\rangle \in (M'_{\Lambda \backslash F})_*$, 依引理 3.8.5, 有 M' 到 M'_F 中的线性映象 Φ_F, 使得

$$\Phi_F(x)(f_F) = (f_F \otimes g_F)(x), \quad \forall x \in M', \ f_F \in (M'_F)_*.$$

设 t 是 $\mathscr{H}$ 中如下形式的一秩算子

$$t\eta = \Big\langle \eta, \ \xi_F \otimes \bigotimes_{l \notin F} \xi_l \Big\rangle \Big(\zeta_F \otimes \bigotimes_{l \notin F} \xi_l \Big), \quad \forall \eta \in \mathscr{H},$$

这里 $\xi_F, \zeta_F \in \bigodot_{l \in F} \mathscr{H}_l$. 于是可写 $t = t_F \otimes t_{\Lambda \backslash F}$, 这里 t_F 是 $\bigotimes_{l \in F} \mathscr{H}_l$ 中的一秩算子，$t_F \eta_F = \langle \eta_F, \ \xi_F \rangle \zeta_F$, $\forall \eta_F \in \bigotimes_{l \in F} \mathscr{H}_l$, $t_{\Lambda \backslash F}$ 是 $\bigotimes_{l \notin F}^{\xi} \mathscr{H}_l$ 中的一秩算子，$t_{\Lambda \backslash F} \eta = \Big\langle \eta, \bigotimes_{l \notin F} \xi_l \Big\rangle \bigotimes_{l \notin F} \xi_l$, $\forall \eta \in \bigotimes_{l \notin F}^{\xi} \mathscr{H}_l$. 设 $f_F(\cdot) = \mathrm{tr}(t_F \cdot) \in (M'_F)_*$, 又显然 $\mathrm{tr}(t_{\Lambda \backslash F} \cdot) = g_F(\cdot) \in (M'_{\Lambda \backslash F})_*$, 于是对任意的 $x \in M'$,

$$\mathrm{tr}(t(\Phi_F(x) \otimes p_F)) = (f_F \otimes g_F)(\Phi_F(x) \otimes p_F)$$
$$= \Phi_F(x)(f_F) = (f_F \otimes g_F)(x) = \mathrm{tr}(tx), \quad (1)$$

这里 $p_F = \bigotimes_{l \notin F} 1_l$. 由于 $\|\Phi_F\| \leqslant 1$, $\forall F$, $B(\mathscr{H})$ 的有界球是 $\sigma(B(\mathscr{H}), T(\mathscr{H}))$ 紧的，因此 $\{\Phi_F(x) \otimes p_F | F\}$ 有聚点 y.

依 (1), 对任何用 $\bigodot_{l \in \Lambda}^{\xi} \mathscr{H}_l$ 元构成的一秩算子 t, 有 $\mathrm{tr}(t(x -$

$y)) = 0$. 但这样的 t 的线性和在 $T(\mathcal{H})$ 中是稠的,因此,$x = y$, 即

$$\Phi_F(x) \otimes p_F \xrightarrow{\ \sigma(B(\mathcal{H}), T(\mathcal{H}))\ } x, \quad \forall\, x \in M'.$$

依定理 1.4.12, $\Phi_F(x) \in M_F' = \overline{\bigotimes_{l \in F} M_l'}, \quad \forall\, x \in M'$. 因此

$$M' \subset \left\{ M_l' \otimes \bigotimes_{l' \neq l} 1_{l'} \,\Big|\, l \in \Lambda \right\}''$$

反包含关系是显然的,因此,M' 由 $\left\{ M_l' \otimes \bigotimes_{l' \neq l} 1_{l'} \,\Big|\, l \in \Lambda \right\}$ 生成.

2) $M = B(\mathcal{H})$, 当且仅当, $M' = \mathbf{C} 1_{\mathcal{H}}$. 由 1), 这等价于 $M_l' = \mathbf{C} 1_l, \forall\, l$, 即 $M_l = B(\mathcal{H}_l), \forall\, l$.

3) M 是 $\mathcal{H}$ 中的因子, 当且仅当, $M \cup M'$ 生成 $B(\mathcal{H})$. 依 1), 这等价于 $\left\{ (M_l \cup M_l') \otimes \bigotimes_{l' \neq l} 1_{l'} \,\Big|\, l \in \Lambda \right\}$ 生成 $B(\mathcal{H})$. 依 2), 即 $(M_l \cup M_l')$ 生成 $B(\mathcal{H}_l)$, 或 M_l 是 $\mathcal{H}_l$ 中的因子, $\forall\, l$. 证毕.

命题 3.8.7 设 Λ 是任意的指标集, A_l 是有单位元 1_l 的 c^*-代数, φ_l 是 A_l 上的态, $\forall\, l \in \Lambda$. 又若 $\alpha(\cdot)$ 是 $\bigotimes_{l \in \Lambda} A_l$ 上的 c^*-范, $A = \alpha - \bigotimes_{l \in \Lambda} A_l$, 则 $\bigotimes_{l \in \Lambda} \varphi_l$ 可以唯一扩张为 A 上的态 φ, 并且 φ 是 A 上的纯态(或因子态[1]), 当且仅当, φ_l 是 A_l 上的纯态(或因子态), $\forall\, l \in \Lambda$.

证. 用 φ_l 产生 A_l 的循环 $*$ 表示 $\{\pi_l, \mathcal{H}_l, \xi_l\}$, $\forall\, l \in \Lambda$. 命 $\mathcal{H}$ 是 $\{\mathcal{H}_l | l \in \Lambda\}$ 关于参考矢 $\xi = (\xi_l)_{l \in \Lambda}$ 的张量积, $\pi = \bigotimes_{l \in \Lambda} \pi_l$, 于是, $\{\pi, \mathcal{H}, \xi\}$ 是 A 的循环 $*$ 表示.

依系 3.2.6, $\bigotimes_{l \in \Lambda} \varphi_l$ 可唯一扩张为 A 上的态 φ. 用 φ 产生 A 的循环 $*$ 表示 $\{\pi_\varphi, \mathcal{H}_\varphi, |_\varphi\}$. 由于

---

1) c^*-代数的态称为因子的, 指它产生的 $*$ 表示是因子的 (定义 2.10.5).

$$\langle \pi(u)\xi, \xi \rangle = \bigotimes_{l \in A} \varphi_l(u) = \varphi(u) = \langle \pi_\varphi(u)1_\varphi, 1_\varphi \rangle,$$

$\forall u \in \bigotimes_{l \in A} A_l$,因此,$\{\pi, \mathscr{H}\} \cong \{\pi_\varphi, \mathscr{H}_\varphi\}$. 今依命题 3.8.6,立即得证.

注. 依命题 3.8.1,$A = \alpha - \bigotimes_{l \in A} A_l *$ 同构于

$$\lim_F \{B_F, \Phi_{F'F} | (F, F') \in I \times I, F \subset F'\}.$$

显然 $\bigotimes_{l \in F} \varphi_l$ 可唯一扩张为 $B_F = \alpha - \bigotimes_{l \in F} A_l$ 上的态 φ_F,

$\forall F \in I$. 依定义 3.7.7 易见 A 上的态 $\varphi = \bigotimes_{l \in A} \varphi_l$ 即相应于

$\lim_F \{B_F, \Phi_{F'F} | (F, F') \in I \times I, F \subset F'\}$ 上的诱导极限态

$\lim_F \{\varphi_F, \Phi_{F'F} | (F, F') \in I \times I, F \subset F'\}$.

注 本节见参考文献 [41],[80],[97],[111].

第四章 w^*- 代 数

w^*-代数就是抽象的 vN 代数，它不依赖于 Hilbert 空间而定义，然而可以通过 vN 代数的理论来研究它。因此，本章是第一章的继续。

§1 指出范数为 1 的投影映象就是条件期望 (4.1.5)，它属于 H. Umegahi 与 J. Tomiyama。§2 证明重要的 S. Sakai 定理(4.2.6)，指出 w^*-代数与 vN 代数 * 同构，因此，w^*-代数是 vN 代数的抽象定义。这个定理与 c^*-代数表示定理 (2.3.20)，可以说整个算子代数的理论是基于它们而发展起来的。此外，§2 中的证明利用 §1 的结果（不同于 Sakai 原来的证明）。§3 用抽象的方式定义 w^*-代数的张量积，实质与 vN 代数张量积相同。§4 指出 w^*-代数上任意有界线性泛函可分解为正规部分与奇异部分，并给出了奇异泛函的特征 (4.4.2，属于 M. Takesaki) 与正规泛函的全可加的特征 (4.4.5)。此外，又证明了 w^*-代数的准对偶是弱列备的 (4.4.7，属于 C. A. Akemann)。§5 讨论 w^*-代数准对偶的弱紧子集的特征 (4.5.1)，可以说是第一章 §11 的继续。

§1. 范数为 1 的投影映象

定义 4.1.1 设 A 是有单位元 1 的 C^*-代数，B 是 A 的 c^*-子代数，且 $1 \in B$，P 是 A 到 B 上范数为 1 的投影映象，指 P 是线性的，$PA = B$，$Pb = b$，$\forall b \in B$，及 $\|Pa\| \leqslant \|a\|$，$\forall a \in A$。

引理 4.1.2 设 Φ 是 c^*-代数 A 到 c^*-代数 B 中的正线性映象，并且 A 有单位元 1，则 $\|\Phi\| = \|\Phi(1)\|$。

证. 依定理 2.12.5，只须证明

$$\|\Phi(e^{ih})\| \leqslant \|\Phi(1)\|, \ \forall h^* = h \in A,$$

因此可以假定 A 是交换的．依命题 3.6.6，Φ 将是全正的．无妨设 $B \subset B(\mathscr{K})$．依定理 3.6.7，有 A 的非退化 * 表示 $\{\pi, \mathscr{H}\}$，及 $\mathscr{K}$ 到 $\mathscr{H}$ 中的算子 v，使得

$$\Phi(a) = v^* \pi(a) v, \ \forall a \in A, \ \|v\| = \|\Phi\|^{\frac{1}{2}},$$

于是 $\|\Phi(1)\| = \|v^* v\| = \|v\|^2 = \|\Phi\|$．证毕.

命题 4.1.3 设 A 是有单位元 1 的 c^*-代数，P 是 A 中的正线性映象，并且 $P1 = 1$ 及

$$P(Pb_1 \cdot a \cdot Pb_2) = Pb_1 \cdot Pa \cdot Pb_2, \ \forall a, b_1, b_2 \in A,$$

则 $PA = B$ 是 A 的 c^*-子代数，$1 \in B$，及 P 是 A 到 B 上范数为 1 的投影映象．

证．依引理 4.1.2，$\|P\| = 1$．对于任意的 $a \in A$，$P^2 a = P(P1 \cdot 1 \cdot Pa) = Pa$，因此 P 是 A 中的投影映象．今只须证明 $PA = B$ 是 A 的 c^*-子代数．由于 P 是正的，因此，$B^* = B$．又

$$Pa \cdot Pb = Pa \cdot P1 \cdot Pb = P(Pa \cdot 1 \cdot Pb), \ \forall a, b \in A,$$

因此，B 对于乘法运算封闭．此外，如果 $a_n, a \in A$，$Pa_n \to a$，则 $P^2 a_n = Pa_n \to Pa = a$，即 B 是闭的．证毕.

引理 4.1.4 设 P 是 A 到 B 上的范数为 1 的投影映象，则 P 可扩张为 A^{**} 到 B^{**} 上范数为 1 的投影映象，并且将是 $\sigma(A^{**}, A^*)$-$\sigma(B^{**}, B^*)$ 连续的．

注．依定理 2.11.2，A^{**} 是 c^*-代数，并以 A 为它的 c^*-子代数，同时 A 的单位元亦将是 A^{**} 的单位元．此外，依命题 2.11.4，B^{**} 可看作为 B 在 A^{**} 中的 $\sigma(A^{**}, A^*)$ 闭包，因此，B^{**} 也是 A^{**} 的 c^*-子代数．

证．显然，P^{**} 是 A^{**} 到 B^{**} 上范数为 1 的、且 $\sigma(A^{**}, A^*)$-$\sigma(B^{**}, B^*)$ 连续的线性映象．此外，$P^{**} | A = P$，因此，P^{**} 也是投影映象．证毕.

定理 4.1.5 设 A 是有单位元 1 的 c^*-子代数，B 是 A 的 c^*-子代数，且 $1 \in B$，P 是 A 到 B 上范数为 1 的投影映象，则

1) P 是全正的；

2) $P(Pa \cdot b) = Pa \cdot Pb = P(a \cdot Pb), \ \forall a, b \in A$；

3) $(Px)^* \cdot (Px) \leqslant P(x^*x), \forall x \in A.$

证. 首先指出 P 是正的. 无妨设 $B \subset B(\mathcal{K})$, 及 $1 = 1_{\mathcal{K}}$, 对任意的 $\xi \in \mathcal{K}$, 令

$$\omega_\xi(a) = \langle P(a)\xi, \xi \rangle, \quad \forall a \in A.$$

由于 $P1 = 1$, $\|P\| = 1$, 因此, $\omega_\xi(1) = \|\xi\|^2 = \|\omega_\xi\|$. 依命题 2.3.3, $\omega_\xi(\cdot)$ 是 A 上的正泛函. 因此, P 是 A 到 B 的正线性映象.

必要时, 把 P 作如同引理 4.1.3 的扩张, 于是依定理 2.11.2, 可以假定 B 为其投影元全体的线性闭包. 因此, 2) 可以归结为证明

$$P(pa) = p \cdot Pa, \quad P(ap) = Pa \cdot p,$$

但由于 P 是正的, 将保持 * 运算, 从而 2) 又归结为证明:

$$P(pa) = p \cdot Pa, \quad \forall a \in A,$$

p 为 B 的投影元.

令取定 B 的投影元 p. 如果 $y \in A_+$, $\|y\| \leqslant 1$, 于是 $p \geqslant pyp$, $Pp = p \geqslant P(pyp)$. 所以, $pP(pyp)p = P(pyp)$. 进而

$$P(pxp) = pP(pxp)p, \quad \forall x \in A \tag{1}$$

代 p 以 $(1-p)$, 则又有

$$P((1-p)x(1-p))$$
$$= (1-p)P((1-p)x(1-p))(1-p), \quad \forall x \in A. \tag{1'}$$

取定 $a \in A$, $\|a\| \leqslant 1$, 则

$$\|pa(1-p) \pm np\| = \|(pa(1-p) \pm np) \cdot (pa(1-p) \pm np)^*\|^{\frac{1}{2}}$$
$$= \|pa(1-p)a^*p + n^2p\|^{\frac{1}{2}} \leqslant (1+n^2)^{\frac{1}{2}}.$$

令 $a' = P(pa(1-p))$. 如果 $\frac{1}{2}(pa'p + pa'^*p) \neq 0$, 无妨设它有正的谱点 λ (若只有负谱, 下面的 n 代以 $-n$, 同证之), 于是

$$\|a' + np\| \geqslant \|pa'p + np\|$$
$$\geqslant \left\|\frac{1}{2}(pa'p + pa'^*p) + np\right\| \geqslant \lambda + n$$

从而 $(1+n^2)^{\frac{1}{2}} \geqslant \|pa(1-p) + np\| \geqslant \|P(pa(1-p) + np)\| = \|a' + np\| \geqslant \lambda + n$, 这当 n 充分大时是不可能的. 因此,

$$\frac{1}{2}(pa'p + pa'^*p) = 0.$$

同样,如果 $\frac{1}{2}(pa'p - pa'^*p) \neq 0$,代上面的 n 以 in,也得到矛盾. 所以

$$pa'p = 0. \tag{2}$$

由于 $a'^* = P((1-p)a^*p)$,同上证明(但代 p 以 $(1-p)$),应有 $(1-p)a'^*(1-p) = 0$,因此

$$(1-p)a'(1-p) = 0. \tag{3}$$

今设 $(1-p)a'p \neq 0$,由 (2),(3),当 n 充分大时,

$$\|a' + n(1-p)a'p\| = \|pa'(1-p) + (n+1)(1-p)a'p\|$$
$$= \max\{\|pa'(1-p)\|, (n+1)\|(1-p)a'p\|\}$$
$$= (n+1)\|(1-p)a'p\|;$$

另一方面,n 充分大时,由于 $(1-p)a'p \in B$,

$$\|a' + n(1-p)a'p\| = \|P(pa(1-p) + n(1-p)a'p)\|$$
$$\leqslant \|pa(1-p) + n(1-p)a'p\| = n\|(1-p)a'p\|$$

这就产生矛盾. 因此,

$$(1-p)a'p = 0. \tag{4}$$

由 (2),(3),(4),$a' = pa'(1-p)$,即

$$P(pa(1-p)) = pP(pa(1-p))(1-p) \tag{5}$$

代 p 以 $(1-p)$,同样有

$$P((1-p)ap) = (1-p)P((1-p)ap)p \tag{6}$$

由 $Pa = P(pap) + P(pa(1-p)) + P((1-p)ap) + P((1-p)a(1-p))$,并利用 (1),(1'),(5),(6),可见

$$p \cdot Pa \cdot (1-p) = P(pa(1-p)),$$
$$p \cdot Pa \cdot p = P(pap).$$

所以,$p \cdot Pa = P(pa)$. 于是 2) 得证.

对任意的 n,$b_1, \cdots, b_n \in B$,$a_1, \cdots, a_n \in A$,依 2) 及 P 是正的,于是

$$\sum_{i,j} b_i^* P(a_i^* a_i) b_i = \sum_{i,j} P(b_i^* a_i a_i b_i)$$

$$= P\left(\left(\sum_i a_i b_i\right)^* \cdot \left(\sum_i a_i b_i\right)\right)$$

是 B 的正元,因此,P 是全正的.

最后,由于

$$P(x^*x) - (Px)^* \cdot (Px)$$
$$= P(x^*x) - P(Px^* \cdot x) - P(x^* \cdot Px) + P(Px^* \cdot 1 \cdot Px)$$
$$= P((x - Px)^* \cdot (x - Px)) \geqslant 0.$$

所以,$(Px)^* \cdot (Px) \leqslant P(x^*x)$,$\forall x \in A$. 证毕.

命题 4.1.6 设 M,N 分别是 $\mathscr{H}$,$\mathscr{K}$ 中的 vN 代数,则存在 $M \overline{\otimes} N$ 到 N 上的范数为 1 的投影映象 Φ,并且 Φ 是 $\sigma - \sigma$ 连续的.

注. 这里把 N 与 $1_{\mathscr{H}} \otimes N$ 等同起来,从而 N 可看成 $M \overline{\otimes} N$ 的 c^*-子代数,且包含 $M \overline{\otimes} N$ 的单位元.

证. 设 φ 是 M 上的正规态,定义

$$\Phi(x)(f) = x(\varphi \overline{\otimes} f), \quad \forall x \in M \overline{\otimes} N, \ f \in N_*.$$

依引理 3.8.5,即可见 Φ 满足要求. 证毕.

注 本节见参考文献 [124],[125],[127].

§2. w^*-代数及其 * 表示

定义 4.2.1 c^*-代数 M 称为 w^*-代数,指存在 Banach 空间 M_*,使得 $M = (M_*)^*$.

依命题 1.3.3,所有的 vN 代数是 w^*-代数. 依定理 2.11.2,如果 A 是 c^*-代数,则 A^{**} 是 w^*-代数.

引理 4.2.2 w^*-代数必有单位元.

事实上,它的单位球是弱 * 紧凸的,必有端点. 再依定理 2.5.3,可见必有单位元.

今设 M 是 w^*-代数,其单位元是 1. 依定理 2.11.2,M^{**} 也是 w^*-代数 以 M 为它的 c^*-子代数,且 1 也是 M^{**} 的单位元. 设 $M = (M_*)^*$,把 M_* 看作 M^* 的闭子空间,令 $P: M^{**} \to M$,

$$P(X) = X|_{M_*}, \quad \forall X \in M^{**}.$$

显然，P 将是 M^{**} 到 M 上范数为 1 的投影映象，并且是 $\sigma(M^{**}, M^*)$-$\sigma(M, M_*)$ 连续的. 令
$$\vartheta = \{X \in M^{**} | PX = 0\} = M_*^{\perp},$$
即是 M_* 作为 M^* 的闭子空间在 M^{**} 中的直交余，因此，ϑ 是 $\sigma(M^{**}, M^*)$ 闭的. 依定理 4.1.5，
$$P(aXb) = a \cdot P(X) \cdot b, \ \forall X \in M^{**}, \ a, b \in M.$$
依第二章 § 11 的讨论，M^{**} 可以看作为 vN 代数，因此，M^{**} 中的乘法对单个变量是 $\sigma(M^{**}, M^*)$ 连续的. 又 M 在 M^{**} 中是 $\sigma(M^{**}, M^*)$ 稠的，从而，ϑ 是 M^{**} 的 * 双侧理想. 依命题 1.7.1，有 M^{**} 唯一的中心投影 z，使得
$$\vartheta = M_*^{\perp} = M^{**}(1 - z).$$
P 是投影映象及 ϑ 是双侧理想，因此，
$$(P(X) - X) \in \vartheta, \ (P(X) - X)Y \in \vartheta.$$
依定理 4.1.5，
$$P(XY) = P(X) \cdot P(Y), \ \forall X, Y \in M^{**},$$
所以，P 是 $M^{**}z$ 到 M 上的 * 同构.

显然，$P(xz) = x, \ \forall x \in M$，因此，如果 Q 是 $P: M^{**}z \to M$ 的逆映象，则
$$Q(x) = xz, \ \forall x \in M.$$
任意的 $X \in M^{**}$，可写为 $X = P(X) + (X - PX)$. 又若 $x \in M \cap \vartheta$，则 $x = Px = 0$，因此，
$$M^{**} = M \dotplus M_*^{\perp}.$$
M^{**} 中的乘法对单个变量是 $\sigma(M^{**}, M^*)$ 连续的，因此如果 $F \in M^*$，则 $R_z F$ 与 $R_{(1-z)}F$ （其意义见第一章 § 9）也 $\in M^*$，从而，$M^* = R_z M^* \dotplus R_{(1-z)}M^*$. 今证明
$$M_* = R_z M^*.$$
事实上，M_* 是 M^* 的闭子空间，因此，$M_* = (M_*^{\perp})_{\perp} = (M^{**}(1-z))_{\perp}$. 由此，$M_* \supset R_z M^*$. 反之，如果 $f \in M_*$，则 $f(X(1-z)) = 0$，$f(X) = f(Xz) = (R_z f)(X), \ \forall X \in M^{**}$，因此，$f = R_z f$. 所以，$M_* = R_z M^*$.

个指出 M 到 $M^{**}z$ 上的 $*$ 同构 Q 也是 $\sigma(M，M_*)$-$\sigma(M^{**}，M^*)$ 连续的. 设网 $\{x_l\} \subset M$，$x_l \xrightarrow{\sigma(M, M_*)} 0$，对任意的 $F \in M^*$，由于 $f = R_z F \in M_*$，因此，

$$F(Q(x_l)) = F(x_l z) = f(x_l) \to 0.$$

综上所述，我们有

命题 4.2.3 设 M 是 w^*-代数，$M = (M_*)^*$，把 M，M_* 分别正则地嵌入 M^{**}，M^* 之中，则存在 M^{**} 的中心投影 z 及 M^{**} 到 M 上范数为 1 的投影映象 P，使得:

1) P 也是 M^{**} 到 M 上的 $*$ 同态，并且是 $\sigma(M^{**}，M^*)$-$\sigma(M，M_*)$ 连续的;

2) P 是 $M^{**}z$ 到 M 上的 $*$ 同构，设其逆映象为 Q，则 $Q(x) = xz$，$\forall x \in M$，并且 Q 也是 $\sigma(M，M_*)$-$\sigma(M^{**}，M^*)$ 连续的;

3) $M_*^{\perp} = M^{**}(1-z)$，$M_* = R_z M^*$，以及

$$M^{**} = M \dotplus M_*^{\perp}，\quad M^* = M_* \dotplus R_{(1-z)} M^*.$$

定义 4.2.4 设 M 是 w^*-代数，$M = (M_*)^*$，$\{\pi, \mathscr{H}\}$ 称为 M 的 w^*-表示，指 π 是 M 到 $B(\mathscr{H})$ 中的 $*$ 同态，并且是 $\sigma(M，M_*)$-$\sigma(B(\mathscr{H})，T(\mathscr{H}))$ 连续的.

如果 $\{\pi, \mathscr{H}\}$ 是 M 的 w^*-表示，仿照命题 1.8.13 的证明，易见 $\pi(M)$ 是 $\mathscr{H}$ 中弱算子闭的 $*$ 代数. 如果 π 还是非退化的，则 $\pi(1) = 1_{\mathscr{H}}$，及 $\pi(M)$ 是 $\mathscr{H}$ 中的 vN 代数. 此外，如果 π 是忠实的，依命题 1.2.6 及 M 单位球的 $\sigma(M，M_*)$ 紧性，易见 $\pi(M)$ 到 M 上的 $*$ 同构 π^{-1} 也是 $\sigma(B(\mathscr{H})，T(\mathscr{H}))$-$\sigma(M，M_*)$ 连续的.

定理 4.2.5 设 M 是 w^*-代数，则 M 有忠实的非退化 w^*-表示. 特别，w^*-代数必可 $*$ 同构于 vN 代数，且这 $*$ 同构是 σ-σ 连续的.

证. 设 $\{\pi, \mathscr{H}\}$ 是 M 作为 c^*-代数的泛表示，依第二章 §11 的讨论，$\{\pi, \mathscr{H}\}$ 可开拓为 w^*-代数 M^{**} 忠实的非退化 w^*-表示，仍记以 $\{\pi, \mathscr{H}\}$. 依命题 4.2.3，有 M 到 $M^{**}z$ 上 σ-σ 连续的 $*$

同构 Q, 于是, $\{\pi \circ Q, \pi(z) \mathscr{H}\}$ 即为 M 忠实的非退化 w^*-表示. 证毕.

注. 依此定理, 我们可以把 w^*-代数当作 vN 代数来对待(只要不涉及到 vN 代数的交换子). 特别, 我们有

命题 4.2.6 设 M 是 w^*-代数, $M = (M_*)^*$, 则 M 中的 $*$ 运算是 $\sigma(M, M_*)$ 连续的; 乘法对单个变量也是 $\sigma(M, M_*)$ 连续的; M_* 是 M 上正规正泛函全体的线性包, 特别, M_* 是唯一的[1]; 对 M 上任意的正规正泛函 φ, 通过 GNS 构造, 可以产生 M 的循环 w^*-表示 $\{\pi_\varphi, \mathscr{H}_\varphi, 1_\varphi\}$. 如果记 $\mathscr{S}_n$ 为 M 上正规态的全体, 则 $\left\{\pi = \sum_{\varphi \in \mathscr{S}_n} \oplus \pi_\varphi, \ \mathscr{H} = \sum_{\varphi \in \mathscr{S}_n} \oplus \mathscr{H}_\varphi\right\}$ 是 M 忠实的非退化 w^*-表示, 将称它为 w^*-代数 M 的正规泛表示.

现在讨论 w^*-表示的几个性质.

定理 4.2.7 设 A 是 c^*-代数, $\{\pi, \mathscr{H}\}$ 是 A 的 $*$ 表示, 则存在 w^*-代数 A^{**} 唯一的 w^*-表示 $\{\tilde{\pi}, \mathscr{H}\}$ 是 π 的扩张, 并且 $\tilde{\pi}(A^{**})$ 是 $\pi(A)$ 的弱算子闭包. 反之, 如果 $\{\pi^w, \mathscr{H}\}$ 是 A^{**} 的 w^*-表示, $\{\pi = \pi^w | A, \mathscr{H}\}$ 是 A 的 $*$ 表示, 当将 π 作上述的扩张时, $\tilde{\pi} = \pi^w$. 因此, A 的 $*$ 表示与 A^{**} 的 w^*-表示一一对应.

证. 注意 $\pi: A \to B(\mathscr{H})$, $\pi^*: B(\mathscr{H})^* \to A^*$. 令 $\pi_* = \pi^* | T(\mathscr{H})$, 及 $\tilde{\pi} = (\pi_*)^*$, 则 $\tilde{\pi}: A^{**} \to B(\mathscr{H})$, 我们来证明 $\tilde{\pi}$ 即满足要求. 由于 $\pi_*: T(\mathscr{H}) \to A^*$, 因此, $\tilde{\pi}$ 是 $\sigma(A^{**}, A^*)$-$\sigma(B(\mathscr{H}), T(\mathscr{H}))$ 连续的. 注意

$$\tilde{\pi}(a)(t) = a(\pi_*(t)) = a(\pi^*(t)) = \pi(a)(t),$$
$$\forall a \in A, \ t \in T(\mathscr{H}),$$

所以, $\tilde{\pi}$ 是 π 的扩张. 今 A 在 A^{**} 中是 $\sigma(A^{**}, A^*)$ 稠的, 又 $\tilde{\pi}$ σ-σ 连续, 因此, $\{\tilde{\pi}, \mathscr{H}\}$ 是 A^{**} 的 w^*-表示, 且为 π 的唯一扩张. 定义 4.2.4 已指出 $\tilde{\pi}(A^{**})$ 是弱算子闭的, 因此是 $\pi(A)$ 的弱算子闭包. 定理的其余部分是显然的. 证毕.

---

[1] 因此, 也称 M_* 为 M 的预对偶(predual).

命题 4.2.8 设 $\{\pi_i, \mathscr{H}_i\}$ 是 w^*-代数 M 的非退化 w^*-表示，$\ker \pi_i = \{a \in M \mid \pi_i(a) = 0\}$，$i = 1, 2$. 如果 $\ker \pi_1 \subset \ker \pi_2$，则 $\{\pi_2, \mathscr{H}_2\}$ 酉等价于 $\{\pi_1, \mathscr{H}_1\}$ 的某个增补的诱导，即存在 Hilbert 空间 $\mathscr{K}$，及 $(\pi_1(M) \overline{\otimes} C1_{\mathscr{K}})'$ 的投影 p'，使得 $\{\pi_2, \mathscr{H}_2\}$ 酉等价于 $\{\pi, p'(\mathscr{H}_1 \otimes \mathscr{K})\}$，这里 $\pi(a) = (\pi_1(a) \otimes 1_{\mathscr{K}}) p'$，$\forall a \in M$.

证. 令 $M_i = \pi_i(M)$，则 M_i 是 $\mathscr{H}_i$ 中的 vN 代数，$i = 1, 2$. 由于 $\ker \pi_1 \subset \ker \pi_2$，因此可以建立 M_1 到 M_2 上的正规 $*$ 同态 Φ，使得 $\Phi \circ \pi_1 = \pi_2$. 今依定理 1.12.4，即得证.

命题 4.2.9 设 $\{\pi_i, \mathscr{H}_i\}$ 是 w^*-代数 M 的 w^*-表示，$\ker \pi_i = \{a \in M \mid \pi_i(a) = 0\}$，$i = 1, 2$. 如果 $\pi_i(M)$ 在 $\mathscr{H}_i$ 中既有循环矢，又有分离矢，$i = 1, 2$，并且 $\ker \pi_1 = \ker \pi_2$，则 $\{\pi_1, \mathscr{H}_1\} \cong \{\pi_2, \mathscr{H}_2\}$.

证. $M_i = \pi_i(M)$ 是 $\mathscr{H}_i$ 中的 vN 代数，$i = 1, 2$. 由于 $\ker \pi_1 = \ker \pi_2$，因此可以建立 M_1 到 M_2 上的 $*$ 同构 Φ，使得 $\Phi \circ \pi_1 = \pi_2$. 今依定理 1.13.5，即得证.

注 本节见参考文献 [13]，[90]，[124]，[125].

§3. w^*-代数的张量积

设 M, N 是 w^*-代数，我们要定义它们的张量积，使之仍然为 w^*-代数. 如果把它们与 vN 代数等同起来，可以通过 vN 代数的张量积来定义，而且这样的定义，并不依赖所 $*$ 同构的 vN 代数的选择 (定理 1.12.6). 本节将从 M, N 本身出发来定义，而且结果与上面的一致.

设 M, N 是 w^*-代数，$M = (M_*)^*$，$N = (N_*)^*$. 作为 c^*-代数，M 与 N 的代数张量积 $M \otimes N$ 上有空间 c^*-范 $\alpha_0(\cdot)$，依此完备化，得到的 c^*-代数记以 $M \otimes_{\alpha_0} N$，设 $\alpha_0^*(\cdot)$ 是 $\alpha_0(\cdot)$ 的对偶范数 (见第三章 §1)，于是

$$(M \otimes_{\alpha_0} N)^* \supset M^* \otimes_{\alpha_0^*} N^* \supset M_* \otimes_{\alpha_0^*} N_*.$$

这里 $M^* \otimes_{\alpha_0^*} N^*$ 是 $M^* \otimes N^*$ 依 $\alpha_0^*(\cdot)$ 的完备化；$M_* \otimes_{\alpha_0^*} N_*$ 是

$M_* \otimes N_*$ 依 $\alpha_0^*(\cdot)$ 的完备化, 也可理解为 $M^* \otimes_{\alpha_0} N^*$ 的由 $M_* \otimes N_*$ 张成的闭子空间. 令

$$\vartheta = (M_* \otimes_{\alpha_0^*} N_*)^\perp,$$

即 $(M_* \otimes_{\alpha_0^*} N_*)$ 作为 $(M \otimes_{\alpha_0} N)^*$ 的闭子空间在 $(M \otimes_{\alpha_0} N)^{**}$ 中的直交余. 设 $Y \in \vartheta$, $X \in (M \otimes_{\alpha_0} N)^{**}$, 自然可取网 $\{u_l\} \subset M \otimes N$, 使得依 $(M \otimes_{\alpha_0} N)^{**}$ 中的弱 * 拓扑, $u_l \to X$. 对任意的 $f \in M_* \otimes N_*$, 由于 $L_{u_l} f$, $R_{u_l} f$ 仍然属于 $M_* \otimes N_*$, 于是

$$f(u_l Y) = (L_{u_l} f)(Y) = 0, \quad f(Y u_l) = (R_{u_l} f)(Y) = 0,$$

对 l 取极取, 可见 XY 与 $YX \in \vartheta$, 即 ϑ 是 w^*-代数 $(M \otimes_{\alpha_0} N)^{**}$ 的弱 * 闭的双侧理想. 由此, $(M \otimes_{\alpha_0} N)^{**} / \vartheta$ 也是 w^*-代数, 并且它是 $(M_* \otimes_{\alpha_0^*} N_*)$ 的共轭空间.

定义 4.3.1 w^*-代数 $(M \otimes_{\alpha_0} N)^{**} / \vartheta$ 称为 w^*-代数 M, N 的张量积, 记以 $M \overline{\otimes} N$.

依前面的讨论, $M \overline{\otimes} N = (M_* \otimes_{\alpha_0^*} N_*)^*$, $M_* \otimes_{\alpha_0^*} N_* = (M \overline{\otimes} N)_*$.

引理 4.3.2 $M_* \otimes N_*$ 在 $(M \otimes_{\alpha_0} N)^*$ 中是弱 * 稠的.

证. 依命题 3.2.10, $M^* \otimes N^*$ 在 $(M \otimes_{\alpha_0} N)^*$ 中是弱 * 稠的. 今注意 M_*, N_* 在 M^*, N^* 中分别是有界地弱 * 稠的, 又 $\alpha_0^*(\cdot)$ 是 $M^* \otimes N^*$ 上的交叉范, 于是易证 $M_* \otimes N_*$ 在 $M^* \otimes N^*$ 中将依 $(M \otimes_{\alpha_0} N)^*$ 中的弱 * 拓扑是稠的. 所以, $M_* \otimes N_*$ 在 $(M \otimes_{\alpha_0} N)^*$ 中是弱 * 稠的. 证毕.

命题 4.3.3 $(M \otimes_{\alpha_0} N) \cap \vartheta = \{0\}$, 于是 $M \otimes_{\alpha_0} N$ 可以嵌入 $M \overline{\otimes} N$ 之中, 并且是弱 * 稠的.

证. 设 $x \in (M \otimes_{\alpha_0} N) \cap \vartheta$, 于是

$$(f \otimes g)(x) = 0, \quad \forall f \in M_*, \ g \in N_*,$$

再依引理 4.3.2, $x = 0$. 今若 $\tilde{X} \in M \overline{\otimes} N = (M \otimes_{\alpha_0} N)^{**} / \vartheta$, $X \in \tilde{X}$, 于是有网 $\{x_l\} \subset M \otimes_{\alpha_0} N$, 依 $(M \otimes_{\alpha_0} N)^{**}$ 的弱 * 拓扑, $x_l \to X$. 从而对任意的 $F \in (M \overline{\otimes} N)_* = M_* \otimes_{\alpha_0^*} N_* \subset (M \otimes_{\alpha_0} N)^*$,

$$|(\tilde{x}_l - \tilde{X})(F)| = |(x_l - X)(F)| \to 0,$$

即 $M \otimes_{\alpha_0} N$ 在 $M \overline{\otimes} N$ 中是弱 * 稠的. 证毕.

定理 4.3.4 设 $\{\pi_i, \mathscr{H}_i\}$ 是 w^*-代数 M_i 的非退化 w^*-表示，$i = 1, 2$，则存在 $M_1 \overline{\otimes} M_2$ 唯一的 w^*-表示 $\{\pi, \mathscr{H}\}$，这里 $\mathscr{H} = \mathscr{H}_1 \otimes \mathscr{H}_2$，使得

$$\pi(a_1 \otimes a_2) = \pi_1(a_1) \otimes \pi_2(a_2), \ \forall a_i \in M_i, \ i = 1, 2,$$

并且 $\pi(M_1 \overline{\otimes} M_2) = \pi_1(M_1) \overline{\otimes} \pi_2(M_2)$（vN 代数 $\pi_1(M_1)$ 与 $\pi_2(M_2)$ 的张量积）。此外，如果 π_i 是忠实的，$i = 1, 2$，则 π 也是忠实的。

证．依命题 3.2.7，有 $M_1 \otimes_{a_0} M_2$ 唯一的 $*$ 表示 $\{\pi_0, \mathscr{H}\}$，使得 $\pi_0(a_1 \otimes a_2) = \pi_1(a_1) \otimes \pi_2(a_2), \forall a_1 \in M_1, a_2 \in M_2$．依定理 4.2.7，$\pi_0$ 可以唯一扩张为 $(M_1 \otimes_{a_0} M_2)^{**}$ 的 w^*-表示 $\{\tilde{\pi}_0, \mathscr{H}\}$．对任意的 $\xi_i, \eta_i \in \mathscr{H}_i$，令 $f_i(\cdot) = \langle \pi_i(\cdot)\xi_i, \eta_i \rangle \in (M_i)_*$，$i = 1, 2$，于是 $f_1 \otimes f_2 \in (M_1)_* \otimes (M_2)_* \subset (M_1 \otimes_{a_0} M_2)^*$．依 ϑ 的定义，

$$f_1 \otimes f_2(\vartheta) = \{0\}.$$

又 $\mathscr{H}_1 \odot \mathscr{H}_2$ 在 $\mathscr{H}_1 \otimes \mathscr{H}_2$ 中稠，因此，$\tilde{\pi}_0(\vartheta) = \{0\}$．从而，$\tilde{\pi}_0$ 可以诱导 $M_1 \overline{\otimes} M_2 = (M_1 \otimes_{a_0} M_2)^{**}/\vartheta$ 的 w^*-表示 $\{\pi, \mathscr{H}\}$．易见 $\{\pi, \mathscr{H}\}$ 将满足要求．其唯一性是显然的．

此外，如果 π_i 是忠实的，$i = 1, 2$．由于 M_i 与 $\pi_i(M_i)$ 同构，因此如果 $f_i \in (M_i)_*$，必有 $\sum_n (\|\xi_n^{(i)}\|^2 + \|\eta_n^{(i)}\|^2) < \infty$，这里 $\xi_n^{(i)}, \eta_n^{(i)} \in \mathscr{H}_i$，使得

$$f_i(\cdot) = \sum_n \langle \pi_i(\cdot)\xi_n^{(i)}, \eta_n^{(i)} \rangle, \ i = 1, 2,$$

从而对任意的 $x \in M_1 \overline{\otimes} M_2$，有

$$f_1 \otimes f_2(x) = \sum_{j, k} \langle \pi(x)\xi_j^{(1)} \otimes \xi_k^{(2)}, \eta_j^{(1)} \otimes \eta_k^{(2)} \rangle.$$

今若 $\pi(x) = 0$，则 $f_1 \otimes f_2(x) = 0$，$\forall f_i \in (M_i)_*$，$i = 1, 2$．但 $(M_1)_* \otimes (M_2)_*$ 在 $(M_1)_* \otimes_{a_0^*} (M_2)_* = (M_1 \overline{\otimes} M_2)_*$ 中是稠的，因此，$x = 0$，即 π 也是忠实的．证毕．

系 4.3.5 设 M_i 是 $\mathscr{H}_i$ 中的 vN 代数，$i = 1, 2$，则 M_1 与 M_2 的 w^*-代数张量积 $*$ 同构于其 vN 代数张量积．

命题 4.3.6 设 φ_i 是 w^*-代数 M_i 上的正规正泛函，$i = 1, 2$，则有唯一的 $M_1 \overline{\otimes} M_2$ 上的正规正泛函 φ，使得

$$\varphi(a_1 \otimes a_2) = \varphi_1(a_1) \cdot \varphi_2(a_2), \ \forall a_i \in M_i, \ i = 1, 2,$$

并且 $s(\varphi) = s(\varphi_1) \otimes s(\varphi_2)$.

证. 设 $\{\pi_i, \mathscr{H}_i, \xi_i\}$ 是 φ_i 所产生的 M_i 的循环 w^*-表示, $i = 1, 2$. 依定理 4.3.4, $\pi_1 \otimes \pi_2$ 可唯一扩张为 $M_1 \bar{\otimes} M_2$ 的 w^*-表示 $\{\pi, \mathscr{H}\}$, 这里 $\mathscr{H} = \mathscr{H}_1 \otimes \mathscr{H}_2$. 令

$$\varphi(x) = \langle \pi(x)\xi_1 \otimes \xi_2, \ \xi_1 \otimes \xi_2 \rangle, \ \forall x \in M_1 \bar{\otimes} M_2,$$

易见 φ 即满足要求. 此外, 由命题 1.8.11 及定理 1.4.12, $s(\varphi) = s(\varphi_1) \otimes s(\varphi_2)$. 证毕.

命题 4.3.7 设 Φ_i 是 w^*-代数 M_i 到 w^*-代数 N_i 中的全正映象, 并且是 σ-σ 连续的, $i = 1, 2$, 则存在 $M_1 \bar{\otimes} M_2$ 到 $N_1 \bar{\otimes} N_2$ 中 σ-σ 连续的全正映象 Φ, 使得

$$\Phi(a_1 \otimes a_2) = \Phi_1(a_1) \otimes \Phi_2(a_2), \ \forall a_i \in M_i, \ i = 1, 2.$$

证. 依命题 3.6.11, 有 $M_1 \otimes_{\alpha_0} M_2$ 到 $N_1 \otimes_{\alpha_0} N_2$ 中的全正映象 Φ_0, 使得

$$\Phi_0(a_1 \otimes a_2) = \Phi_1(a_1) \otimes \Phi_2(a_2), \ \forall a_i \in M_i, \ i = 1, 2,$$

对任意的 $f_i \in (N_i)_*$, $i = 1, 2$, 由于 Φ_i 是 σ-σ 连续的, 因此,

$$\Phi_0^*(f_1 \otimes f_2) = \Phi_1^*(f_1) \otimes \Phi_2^*(f_2) \in (M_1)_* \otimes (M_2)_*.$$

进而, $\Phi_0^*((N_1)_* \otimes_{\alpha_0^*} (N_2)_*) \subset (M_1)_* \otimes_{\alpha_0^*} (M_2)_*$. 命

$$\Phi = (\Phi_0^* | (N_1)_* \otimes_{\alpha_0^*} (N_2)_*)^*,$$

则 Φ 是 $M_1 \bar{\otimes} M_2$ 到 $N_1 \bar{\otimes} N_2$ 中的 σ-σ 连续映象, 并且 $\Phi(a_1 \otimes a_2) = \Phi_1(a_1) \otimes \Phi_2(a_2), \ \forall a_i \in M_i, \ i = 1, 2$.

为了证明 Φ 是全正的, 假定 $N_1 \bar{\otimes} N_2 \subset B(\mathscr{H})$, 于是需要对任意的正整数 n, $x_1, \cdots, x_n \in M_1 \bar{\otimes} M_2$, 及 $\xi_1, \cdots, \xi_n \in \mathscr{H}$, 证明

$$\sum_{ij} \langle \Phi(x_i^* x_i)\xi_i, \ \xi_i \rangle \geq 0.$$

这由 $\Phi | M_1 \otimes M_2 = \Phi_0$ 以及稠密性定理 1.6.1 即可得证.

注 本节见参考文献 [72].

§4. 全可加泛函与奇异泛函

定义 4.4.1 设 M 是 w^*-代数, $M = (M_*)^*$. 依命题 4.2.3,

有 M^{**} 的中心投影 z，使得

$$M^* = M_* \dotplus R_{(1-z)} M^*, \quad M_* = R_z M^*,$$

M_* 的元是 M 上 $\sigma(M, M_*)$ 连续泛函，我们也称它为 M 上的正规泛函．另一方面，我们称 $R_{(1-z)} M^*$ 中的元为 M 上的奇异泛函．

于是，对任意的 $F \in M^*$，有唯一的分解

$$F = F_n + F_s, \quad F_n = R_z F \in M_*, \quad F_s = R_{(1-z)} F,$$

F_n，F_s 分别是 M 上的正规泛函、奇异泛函．容易证明 $\|F\| = \|F_n\| + \|F_s\|$．

定理 4.4.2　设 F 是 w^*-代数 M 上的正泛函．则 F 是奇异的，当且仅当，对 M 的每个非零投影 p，有 M 的非零投影 $q \leqslant p$，使得 $F(q) = 0$．

证．依命题 2.3.2，$F \in M^*$．设 $F = F_n + F_s$ 意义如上．

充分性．如果 $F_n \gneqq 0$，则 F_n 是 M 上非零正规正泛函，于是其支持 $s(F_n) = p$ 是 M 的非零投影．依假定有 M 的非零投影 q，使得 $q \leqslant p$，$F(q) = 0$．但依定义 1.8.9，$F_n(q) > 0$．当然 $F_s(q) \geqslant 0$，这就发生矛盾，所以，$F_n = 0$，F 是奇异的．

今设 $F_n = 0$，$F = F_s$ 及 p 是 M 的非零投影，无妨假定 $F(p) > 0$．当然存在 M 上的正规正泛函 f，使得 $f(p) > F(p)$．令

$$\mathscr{L} = \{q \mid q \text{ 是 } M \text{ 的投影}, q \leqslant p, f(q) \leqslant F(q)\}.$$

依投影的包含关系，$\mathscr{L}$ 是非空偏序集，如果 $\{q_l\}$ 是 $\mathscr{L}$ 的全序子集，$q = \sup_l q_l$，则由于 f 是正规的，

$$F(q) \geqslant \sup_l F(q_l) \geqslant \sup_l f(q_l) = f(q),$$

所以，$q \in \mathscr{L}$．依 Zorn 辅理，$\mathscr{L}$ 至少有一个极大元 p_0．但 $p \bar{\in} \mathscr{L}$，因此，$q_0 = p - p_0 \gneqq 0$．依 p_0 的极大性质，对 M 的任意非零投影 q，并且 $q \leqslant q_0$，则

$$F(q) < f(q).$$

进而，$F(q_0 X q_0) \leqslant f(q_0 X q_0)$，$\forall x \in M_+$．依命题 1.6.4，$F(q_0 X q_0) \leqslant f(q_0 X q_0)$，$\forall X \in M_+^{**}$．特别，

$$F(q_0(1-z)) \leqslant f(q_0(1-z)),$$

但 $f \in M_* = R_z M^*$，因此，$f(q_0(1-z)) = 0$，$F(q_0(1-z)) = 0$．又 F 是奇异的，所以，$F(q_0) = F(q_0(1-z)) = 0$，即 q_0 满足要求．证毕．

系 4.4.3 如果 F 是 M 的奇异泛函，p 是 M 的投影，则存在 M 的相互直交的投影族 $\{p_l\}$，使得 $p = \sum\limits_l p_l$，$F(p_l) = 0$，$\forall l$．

定义 4.4.4 设 $f \in M^*$，f 称为全可加的，指对于 M 的任意相互直交的投影族 $\{p_l\}$，有 $f(p) = \sum\limits_l f(p_l)$，这里 $p = \sum\limits_l p_l$．

定理 4.4.5 设 $f \in M^*$，则 $f \in M_*$，当且仅当，f 是全可加的．

证． 必要性是显然的． 今设 f 是全可加的，$f = f_n + f_s$，我们要证明 $f_s = 0$．依定理 2.3.23，可写 $f = f^{(1)} - f^{(2)} + if^{(3)} - if^{(4)}$，这里 $f^{(j)}$ 是 M 上的正泛函，于是 $f_s = f_s^{(1)} - f_s^{(2)} + if_s^{(3)} - if_s^{(4)}$，其中 $f_s^{(j)}$ 是 M 上的奇异正泛函．记 $g_s = \sum\limits_{j=1}^{4} f_s^{(j)}$，它也是 M 上的奇异正泛函．设 p 是 M 的任意投影，依系 4.4.3，有 M 的相互直交的投影族 $\{p_l\}$，使得 $p = \sum\limits_l p_l$，$g_s(p_l) = 0$，$\forall l$．于是，$f_s(p_l) = 0$，$\forall l$．但 f 是全可加的及 $f_n \in M_*$，从而

$$f_s(p) = f(p) - f_n(p) = \sum\limits_l [f(p_l) - f_n(p_l)]$$

$$= \sum\limits_l f_s(p_l) = 0.$$

p 是任意的，所以，$f_s = 0$．证毕．

注． 本定理是命题 1.8.5 的推广．

现在设 Λ 是任意的集合，$\nu(\cdot)$ 是定义在 Λ 所有子集上的有界、可加复值函数，即

$$\nu(\Lambda_1 \cup \Lambda_2) = \nu(\Lambda_1) + \nu(\Lambda_2),$$

$\forall \Lambda_1, \Lambda_2 \subset \Lambda$，并且 $\Lambda_1 \cap \Lambda_2 = \phi$，以及 $\sup\limits_{J \subset \Lambda} |\nu(J)| < \infty$．记全体这样的 ν 为 $BV(\Lambda)$，显然是线性空间．

1) 设 $v \in BV(\Lambda)$，对任意的 $J \subset \Lambda$，定义

$$v(v)(J) = \sup\left\{\sum_i |v(J_i)| \,\Big|\, J_i \subset J, J_i \cap J_j \asymp \phi, \forall i \asymp j\right\},$$

则 $v(v) \in BV(\Lambda)$。

事实上，设 $J_1, \cdots, J_n \subset J$，且 $J_i \cap J_j = \phi, \forall i \asymp j$，写 $\{1, \cdots, n\} = I_1 \cup I_2 = I_3 \cup I_4$，这里 $I_1 \cap I_2 = \phi, I_3 \cap I_4 = \phi$，使得 i 属于 I_1, I_2, I_3, I_4 时，分别有 $\operatorname{Re} v(J_i) \geqslant 0, \operatorname{Re} v(J_i) < 0, \operatorname{Im} v(J_i) \geqslant 0, \operatorname{Im} v(J_i) < 0$。于是

$$\sum_{i=1}^{n} |v(J_i)| \leqslant \sum_{i \in I_1} \operatorname{Re} v(J_i) - \sum_{i \in I_2} \operatorname{Re} v(J_i)$$
$$+ \sum_{i \in I_3} \operatorname{Im} v(J_i) - \sum_{i \in I_4} \operatorname{Im} v(J_i)$$
$$= \operatorname{Re} v\left(\bigcup_{i \in I_1} J_i\right) - \operatorname{Re} v\left(\bigcup_{i \in I_2} J_i\right) + \operatorname{Im} v$$
$$\cdot \left(\bigcup_{i \in I_3} J_i\right) - \operatorname{Im} v\left(\bigcup_{i \in I_4} J_i\right)$$
$$\leqslant 4 \sup_{J' \subset \Lambda} |v(J')| < \infty.$$

余皆显然。

2) 对任意的 $v \in BV(\Lambda)$，定义 $\|v\| = v(v)(\Lambda)$，则 $BV(\Lambda)$ 是 Banach 空间。

易证，从略。

3) 记 Λ 上有界复值函数全体为 $l^{\infty}(\Lambda)$，赋以极大模的范数，则 $l^{\infty}(\Lambda)^* = BV(\Lambda)$。

首先，如果 $f \in l^{\infty}(\Lambda)$ 是简单的，指可写 $\Lambda = \bigcup_{i=1}^{n} \Lambda_i, \Lambda_i \cap \Lambda_j = \phi, \forall i \asymp j$，并且有复数 $\lambda_1, \cdots, \lambda_n$，使得 $f(l) = \lambda_i, \forall l \in \Lambda_i, 1 \leqslant i \leqslant n$。这时对 $v \in BV(\Lambda)$，定义

$$v(f) = \int_{\Lambda} f(l) dv(l) = \sum_{i=1}^{n} \lambda_i v(\Lambda_i).$$

显然，$|v(f)| \leqslant \|v\| \cdot \|f\|$。

对任意的 $f \in l^\infty(\Lambda)$，显然有简单的 $f_n \in l^\infty(\Lambda)$，使得 $\|f_n - f\| \to 0$. 由于 $|\nu(f_n - f_m)| \leqslant \|\nu\| \cdot \|f_n - f_m\| \to 0$，可以定义 $\nu(f) = \int_\Lambda f(l)d\nu(l) = \lim_n \nu(f_n)$，易见这个定义将不依赖 $\{f_n\}$ 的选择，且有 $|\nu(f)| \leqslant \|\nu\| \cdot \|f\|$. 也容易证明

$$\|\nu\| = \sup\{|\nu(f)| \mid f \in l^\infty(\Lambda), \ \|f\| \leqslant 1\}.$$

因此，$BV(\Lambda)$ 等距地嵌入 $l^\infty(\Lambda)^*$ 之中.

反之，如果 $F \in l^\infty(\Lambda)^*$，令 $\nu(J) = F(\chi_J)$，$\forall J \subset \Lambda$，易见 $\nu \in BV(\Lambda)$，并且 $\nu(f) = F(f)$，$\forall f \in l^\infty(\Lambda)$.

4) 设 $\nu \in BV(\Lambda)$，则显然有

$$\sum_{l \in \Lambda} |\nu(\{l\})| \leqslant \|\nu\|.$$

5) 设 $\{\nu_n\} \subset BV(\Lambda)$，并且 $\sup_n \|\nu_n\| < \infty$，及

$$\lim_n \nu_n(J) = 0, \ \forall J \subset \Lambda,$$

则 $\lim_n \sum_{l \in \Lambda} |\nu_n(\{l\})| = 0$.

设不然，有 $\varepsilon > 0$，使得（必要时代以子列）

$$\sum_{l \in \Lambda} |\nu_n(\{l\})| \geqslant \varepsilon, \ \forall n, \tag{1}$$

对 $n = 1$，有 Λ 的有限子集 F_1，使得

$$\sum_{l \in F_1} |\nu_1(\{l\})| > \sum_{l \in \Lambda} |\nu(\{l\})| - \frac{\varepsilon}{10},$$

由于 $\nu_n(\{l\}) \to 0$，$\forall l$，于是有 n_2，使得 $\sum_{l \in F_1} |\nu_{n_2}(\{l\})| < \frac{\varepsilon}{20}$. 从而可找到有限子集 $F_2 \subset \Lambda \backslash F_1$，使得

$$\sum_{l \in F_2} |\nu_{n_2}(\{l\})| > \sum_{l \in \Lambda} |\nu_{n_2}(\{l\})| - \frac{\varepsilon}{10}$$

$\cdots$，一般可找到 Λ 的互不相交的有限子集列 $\{F_k\}$，及 $\{n_k\}$，使得

$$\sum_{l \in F_k} |\nu_{n_k}(\{l\})| > \sum_{l \in \Lambda} |\nu_{n_k}(\{l\})| - \frac{\varepsilon}{10}, \ \forall k.$$

取定 m，使得 $m > \frac{10}{\varepsilon} \sup_n \|\nu_n\|$.

令 $E_1 = F_1$, $\mu_1 = \nu_{n_1}$, 如果对于 $p = 1, \cdots, m$, 都有

$$v(\mu_1)\left(\bigcup_{j=1}^{\infty} F_{mi+p}\right) \geq \frac{\varepsilon}{10},$$

则

$$\|\mu_1\| \geq v(\mu_1)\left(\bigcup_{p=1}^{m}\bigcup_{j=1}^{\infty} F_{mi+p}\right)$$

$$= \sum_{p=1}^{m} v(\mu_1)\left(\bigcup_{j=1}^{\infty} F_{mi+p}\right) \geq m \cdot \frac{\varepsilon}{10}$$

$$> \sup_n \|\nu_n\| \geq \|\mu_1\|,$$

产生矛盾. 因此, 必有 p_1, $1 \leq p_1 \leq k$, 使得

$$v(\mu_1)\left(\bigcup_{j=1}^{\infty} F_{mi+p_1}\right) < \frac{\varepsilon}{10}.$$

令 $E_2 = F_{m+p_1}$, $\mu_2 = \nu_{n_{m+p_1}}$. 记 $F_i' = F_{mi+p_1}$, 则 $\{F_i'\}$ 仍然是 Λ 的互不相交的有限子集列, 于是同样可证明, 存在 p_2, $1 \leq p_2 \leq m$, 使得

$$v(\mu_2)\left(\bigcup_{j=1}^{\infty} F'_{mi+p_2}\right) = v(\mu_2)\left(\bigcup_{j=1}^{\infty} F_{m(mi+p_2)+p_1}\right) < \frac{\varepsilon}{10}$$

$\cdots$, 一般存在 $\{p_s | s = 1, 2, \cdots\}$, 使得对每个 s. 有 $1 \leq p_s \leq m$ 及(注意 (1))

$$\sum_{l \in E_s} |\mu_s(\{l\})| > \sum_{l \in \Lambda} |\mu_s(\{l\})| - \frac{\varepsilon}{10},$$

$$v(\mu_s)\left(\bigcup_{j > s} E_j\right) < \frac{\varepsilon}{10}, \tag{2}$$

其中 $\mu_s = \nu_{n_{b_s}}$, $E_s = F_{b_s}$, 而 $b_1 = 1$, $b_2 = mb_1 + p_1, \cdots, b_s = mb_{s-1} + p_s, \cdots$.

今定义 $f \in l^{\infty}(\Lambda)$ 如下:

$$f(l) = \begin{cases} 0, & \text{如 } l \not\in \bigcup_{j=1}^{\infty} E_j; \\ \overline{\arg \mu_i(\{l\})}, & \text{如 } l \in E_i, \forall j. \end{cases}$$

于是由诸 E_i 的有限性及 (2), 对任意的 s,

$$\left| \mu_s(f) - \sum_{l \in E_s} |\mu_s(\{l\})| \right|$$

$$\leq \left| \sum_{j < s} \int_{E_j} f d\mu_s \right| + \left| \int_{E_s} f d\mu_s - \sum_{l \in E_r} |\mu_s(\{l\})| \right|$$

$$+ \left| \int_{\bigcup_{j > s} E_j} f d\mu_s \right| \leq \sum_{j < s} \sum_{l \in E_j} |\mu_s(\{l\})|$$

$$+ v(\mu_s) \left(\bigcup_{j > s} E_j \right) < \frac{\varepsilon}{5}.$$

因此,由 (2), (1),对任意的 s,

$$|\mu_s(f)| \geq \sum_{l \in E_s} |\mu_s(\{l\})| - \frac{\varepsilon}{5}$$

$$> \sum_{l \in \Lambda} |\mu_s(\{l\})| - \frac{3}{10} \varepsilon \geq \frac{7}{10} \varepsilon;$$

另一方面,由于 $\sup_n \|v_n\| < \infty$, $v_n(J) \to 0$, $\forall J \subset \Lambda$, 应当有

$$v_n(f) \to 0,$$

从而 $\mu_s(f) \to 0$. 这便发生矛盾. 所以,

$$\lim_n \sum_{l \in \Lambda} |v_n(\{l\})| = 0.$$

命题 4.4.6 设 M 是 w^*-代数,列 $\{f_k\} \subset M^*$, 且依 $\sigma(M^*, M)$, $f_k \to f(\in M^*)$, 则依 $\sigma(M^*, M)$, $f_k^n \to f^n$, $f_k^s \to f^s$, 这里 $f_k^{n,s}$, $f^{n,s}$ 分别是 f_k, f 的正规部份与奇异部份.

注. 依定理 2.3.23, 对任意的 $g \in M^*$, 可唯一地写 $g = g_1 - g_2 + ig_3 - ig_4$, 其中 g_i 是 M 上的正泛函, $\forall i$. 记 $[g] = g_1 + g_2 + g_3 + g_4$.

证. 无妨设 $f = 0$, 只须证 $f_k^s \xrightarrow{\sigma(M^*, M)} 0$. 由于 $\sup_k \|f_k^s\| < \infty$, 因此, 只须对 M 的任意投影 p, 证明 $f_k^s(p) \to 0$.

记 $g = \sum_k \frac{1}{2^k} [f_k^s]$, 它是 M 上的奇异正泛函. 依系 4.4.3, 有 M 的相互直交的投影族 $\{p_l | l \in \Lambda\}$, 使得 $p = \sum_{l \in \Lambda} p_l$, $g(p_l) = 0$, $\forall l \in \Lambda$. 因此, $f_k^s(p_l) = 0$, $\forall k, l$.

定义 $v_k \in BV(\Lambda)$ 如下

$$v_k(J) = f_k\left(\sum_{l \in J} p_l\right), \quad \forall J \subset \Lambda$$

由于 $\sup_k \|f_k\| < \infty$，从而，$\sup\{|v_k(J)| \mid k, J \subset \Lambda\} < \infty$. 又显然 $\lim_k v_k(J) = 0, \forall J \subset \Lambda$. 于是依关于 $BV(\Lambda)$ 的讨论 5) 及 $f_k^n(p_l) = 0, \forall k, l$,

$$\lim_k \sum_{l \in \Lambda} |f_k^n(p_l)| = \lim_k \sum_{l \in \Lambda} |f_k(p_l)|$$
$$= \lim_k \sum_{l \in \Lambda} |v_k(\{l\})| = 0.$$

进而，由 $f_k^n \in M_*, \forall k$, $\lim_k f_k^n(p) = \lim_k \sum_{l \in \Lambda} f_k^n(p_l) = 0$. 证毕.

定理 4.4.7 设 M 是 w^*-代数，$M = (M_*)^*$，则 M_* 是弱列备的.

证. 设 $\{f_k\}$ 是 M_* 的依弱拓扑 $\sigma(M_*, M)$ 的 Cauchy 列，自然，$\sup_k \|f_k\| < \infty$，于是有 $f \in M^*$，使得 $f_k \xrightarrow{\sigma(M^*, M)} f$. 依命题 4.4.6，按 $\sigma(M^*, M)$,

$$f_k^n \to f^n, \quad f_k^r \to f^r,$$

但 $f_k^n = f_k, f_k^r = 0, \forall k$，所以，$f = f^n \in M_*$. 证毕.

注 本节见参考文献 [1]，[2]，[114].

§5. M_* 的弱紧子集的特征

引理 1.11.5 实际上给出了 M_* 的弱紧子集的特征. 进一步我们有

定理 4.5.1 设 M 是 w^*-代数，$M = (M_*)^*$，$A \subset M_*$，则下列条件是相互等价的:

1) A 的 $\sigma(M_*, M)$ 闭包是 $\sigma(M_*, M)$ 紧的;

2) 存在 M 上的正规正泛函 ψ，使得对于任意的 $\varepsilon > 0$，有 $\delta(\varepsilon) = \delta > 0$，只要 $a \in M$，$\|a\| \leqslant 1$，并且 $\psi(a^*a + aa^*) < \delta$,

就有 $|\varphi(a)| < \varepsilon$, $\forall \varphi \in A$;

3) A 是有界集,并且对于任何的列 $\{a_n\} \subset M$, $a_n \xrightarrow{s^*(M, M_*)} 0$, 对 $\varphi \in A$ 一致地有 $\varphi(a_n) \to 0$;

4) A 是有界集,并且对于 M 的任何递减于 0 的投影列 $\{p_n\}$, 对 $\varphi \in A$ 一致地有 $\varphi(p_n) \to 0$;

5) A 是有界集,并且对于 M 的任何相互直交的投影列 $\{p_n\}$, 对 $\varphi \in A$ 一致地有 $\varphi(p_n) \to 0$;

6) 对于 M 的任何极大交换的 w^*-子代数 N, $\{(\varphi|N)\,\big|\,\varphi \in A\}$[1] 的 $\sigma(N_*, N)$ 闭包是 $\sigma(N_*, N)$ 紧的;

7) A 是有界集,并且对于 M 的任何投影递增网 $\{p_l\}$, 对 $\varphi \in A$ 一致地有 $\varphi(p_l) \to \varphi(p)$, 这里 $p = \sup\limits_{l} p_l$;

8) A 是有界集,并且对于 M 的任何递增于 1 的投影网 $\{p_l\}$, 对 $\varphi \in A$ 一致地有

$$\|L_{(1-p_l)} R_{(1-p_l)} \varphi\| \to 0.$$

证. 1) 推导 2): 即为引理 1.11.5.

2) 推导 3): 取条件 2) 的 ϕ 及 $\varepsilon = 1$, 对任意的 $a \in M$, 取充分大的正整数 m, 使得

$$\phi(b^*b + bb^*) < \delta = \delta(1),$$

这里 $b = \dfrac{a}{m}$, 并且 $\|b\| \leqslant 1$. 于是依 2)

$$\sup \{|\varphi(a)|\,\big|\,\varphi \in A\} \leqslant m,$$

依一致有界定理, A 是有界集. 今设 M 的列 $a_n \xrightarrow{s^*(M, M_*)} 0$. 自然 $\sup\limits_{n}\|a_n\| < \infty$, 于是有正整数 m, 使得 $\|a_n\| \leqslant m$ $\forall n$ 对任意的 $\varepsilon > 0$, 由于 $(a_n^* a_n + a_n a_n^*) \xrightarrow{\sigma(M, M_*)} 0$, 所以有 n_0, 使得

$$\frac{1}{m^2} \varphi(a_n^* a_n + a_n a_n^*) < \delta = \delta(\varepsilon), \quad \forall n \geqslant n_0.$$

依 2), $|\varphi(a_n)| \leqslant m\varepsilon$, $\forall \varphi \in A$, $n \geqslant n_0$, 即说明对 $\varphi \in A$ 一致地

---

1) 这里 $(\varphi|N)$ 表示泛函 φ 在 N 上的限制.

有 $\varphi(a_n) \to 0$.

3）推导 4）：显然.

4）推导 5）：设 $\{p_n\}$ 是 M 的相互直交投影列, 则

$$\left\{q_n = \sum_{k \geqslant n} p_k\right\}$$

是 M 的递减于 0 的投影列. 依 4）, 对 $\varphi \in A$ 一致地有 $\varphi(q_n) \to 0$. 于是, $\varphi(p_n) = (\varphi(q_n) - \varphi(q_{n+1}))$ 也对 $\varphi \in A$ 一致地 $\longrightarrow 0$.

5）推导 1）：将 A 嵌入 M^* 之中, 并令 $\overline{A}$ 是 A 在 M^* 中的 $\sigma(M^*, M)$ 闭包. 由于 A 是有界的, 因此 $\overline{A}$ 是 $\sigma(M^*, M)$ 紧的. 今只须证明 $\overline{A} \subset M_*$. 依定理 4.4.5, 要对任意的 $f \in \overline{A}$, 证明 f 是全可加的. 设 $\{p_l | l \in \Lambda\}$ 是 M 的相互直交投影族, 又归结为要证明对 $\varphi \in A$ 一致地有

$$\sum_{l \in F} \varphi(p_l) \to \varphi(p),$$

这里 F 是 Λ 的有限子集, 依包含关系成为定向指标集,

$$p = \sum_{l \in \Lambda} p_l.$$

事实上, 设网 $\{\varphi_t\} \subset A$, 并且 $\varphi_t \xrightarrow{\sigma(M^*, M)} f$. 对任意的 $\varepsilon > 0$, 于是有 Λ 的有限子集 F_0, 只要 $F \supset F_0$, 对任何 t 都有

$$\left| \sum_{l \in F} \varphi_t(p_l) - \varphi_t(p_l) \right| < \varepsilon,$$

对 t 取极限, 即见 $\left| \sum_{l \in F} f(p_l) - f(p) \right| < \varepsilon$, $\forall F \supset F_0$, 因此, f 是全可加的.

今设有 $\varepsilon > 0$, 使得对 Λ 的任何有限子集 F, 有 $\varphi_F \in A$, 而

$$\left| \sum_{l \in F} \varphi_F(p_l) \right| > \varepsilon.$$

于是可以找到 Λ 的互不相交的有限子集列 $\{F_n\}$, 及 $\{\varphi_n\} \subset A$, 使得 $\left| \sum_{l \in F_n} \varphi_n(p_l) \right| \geqslant \varepsilon$, $\forall n$. 但 $\left\{q_n = \sum_{l \in F_n} p_l \,\middle|\, n\right\}$ 是 M 的相互直交投影列, 依 5）, 对 $\varphi \in A$ 一致地有 $\varphi(q_n) \to 0$. 这便产生矛盾.

因此,对 $\varphi \in A$ 一致地有 $\displaystyle\sum_{l \in F} \varphi(p_l) \to \varphi(p)$.

6) 推导 5): 设 $\{p_n\}$ 是 M 的相互直交的投影列,令 N 是包含 $\{p_n\}$ 的 M 的极大交换 w^*-子代数,于是依 6),
$$A_N = \{(\varphi|N)|\varphi \in A\}$$
的 $\sigma(N_*, N)$ 闭包是 $\sigma(N_*, N)$ 紧的. 由于 1) 可推导 5),所以,对 $\varphi \in A$ 一致地有 $\varphi(p_n) = (\varphi|N)(p_n) \to 0$.

同样可证 $\sup\{|\varphi(h)| \big| \varphi \in A\} < \infty$, $\forall h^* = h \in A$, 因此, A 是有界集.

1) 推导 6): 设 $\overline{A}$ 是 A 的 $\sigma(M_*, M)$ 闭包,于是 $\overline{A}$ 是 $\sigma(M_*, M)$ 紧的. 如果 N 是 M 的极大交换 w^*-子代数,自然
$$\overline{A}_N = \{(\varphi|N) \big| \varphi \in \overline{A}\}$$
是 N_* 的 $\sigma(N_*, N)$ 紧子集,又 $\overline{A}_N \supset \{(\varphi|N) \big| \varphi \in A\}$, 因此, 6) 成立.

2) 推导 7): 设 $\{p_l\}$ 是 M 的投影递增网, $p = \sup_l p_l$. 取条件 2) 的 ϕ, 对任意的 $\varepsilon > 0$, 由于
$$\phi((p - p_l)^*(p - p_l) + (p - p_l)(p - p_l)^*)$$
$$= 2\phi(p - p_l) \to 0.$$
所以, l 充分大时, $\phi(p - p_l) < \delta = \delta(\varepsilon)$. 于是依 2),对 $\varphi \in A$ 一致地有 $|\varphi(p - p_l)| < \varepsilon$, 即 $\varphi(p_l) \to \varphi(p)$ 对 $\varphi \in A$ 是一致的. 此外,在 2) 推导 3) 中已指出 A 是有界集.

7) 推导 4): 设 $\{p_n\}$ 是 M 的递减于 0 的投影列,于是 $\{1 - p_n\}$ 是递增于 1 的投影列,依 7),对 $\varphi \in A$ 一致地有 $\varphi(1 - p_n) \to \varphi(1)$, 即对 $\varphi \in A$ 一致地有 $\varphi(p_n) \to 0$.

8) 推导 7): 只须注意: 如果 $\{p_l\}$ 是 M 的投影递增网,则 $\{p_l + (1 - p)\}$ 是 M 的递增于 1 的投影网,这里 $p = \sup_l p_l$.

2) 推导 8): 设 $\{p_l\}$ 是 M 的投影递增网,并且 $\sup_l p_l = 1$, ϕ 如 2) 所述. 对任意的 $\varepsilon > 0$, 有 $l(\varepsilon)$, 使得 $\phi(1 - p_l) < \dfrac{1}{2}\delta(\varepsilon)$,

$\forall l \geqslant l(\varepsilon)$. 于是对任意的 $a \in M$, $\|a\| \leqslant 1$, 及 $l \geqslant l(\varepsilon)$,

$$\phi((1 - p_l)a^*(1 - p_l)a(1 - p_l)$$
$$+ (1 - p_l)a(1 - p_l)a^*(1 - p_l))$$
$$\leqslant 2\phi(1 - p_l) < \delta(\varepsilon),$$

依 2),$|\varphi((1 - p_l)a(1 - p_l))| < \varepsilon$, $\forall \varphi \in A$, $l \geqslant l(\varepsilon)$, $\|a\| \leqslant 1$. 即对 $\varphi \in A$ 一致地有

$$\|L_{(1-p_l)}R_{(1-p_l)}\varphi\| \to 0,$$

证毕.

命题 4.5.2 设 A 是 M 上正规正泛函组成的集合,并且其 $\sigma(M_*, M)$ 闭包是 $\sigma(M_*, M)$ 紧的,则

$$E = \{R_a\varphi \mid a \in M, \|a\| \leqslant 1, \varphi \in A\}$$

的 $\sigma(M_*, M)$ 闭包也是 $\sigma(M_*, M)$ 紧的.

证. 显然 E 是有界的. 若 $\{p_n\}$ 是 M 的递减于 0 的投影列,依定理 4.5.1,对 $\varphi \in A$ 一致地有 $\varphi(p_n) \to 0$. 由 Schwartz 不等式

$$|R_a\varphi(p_n)| \leqslant \varphi(a^*a)^{1/2}\varphi(p_n)^{1/2} \leqslant \|\varphi\|^{1/2}\varphi(p_n)^{1/2}$$

可见对 $\rho \in E$ 也一致地有 $\rho(p_n) \to 0$. 再依定理 4.5.1 即得证.

注 本节见参考文献 [1],[43],[93],[113],[128].

第五章　交换的算子代数

我们已经知道，交换 c^*-代数同构于 $C(\Omega)$，这里 Ω 是它的谱空间. 本章主要研究交换 w^*-代数及有关的测度理论.

§1 是局部紧空间上的测度与积分理论，这可以加强本书的自足性；另一方面，处理的方法与传统的 N. Bourbaki 的方法略为不同，而是沿袭 P. Halmos "测度论"一书的框架，特别测度不作完全化. §2 研究 Stonean 空间与超 Stonean 空间，这概念为 M. Stone 所引入，而本节则依据 J. Dixmier 的处理. §3 指出，若 Ω 是紧 Hausdorff 空间，则 $C(\Omega)$ 是 w^*-代数，当且仅当，Ω 是超 Stonean 空间(5.3.3 与 5.3.4). 此外，交换 w^*-代数必同构于 $L^\infty(\Gamma, \nu)$，这里 Γ 是局部紧空间，ν 是 Γ 上的测度 (5.3.4). 本节也研究了可分 Hilbert 空间中的交换 vN 代数，指出它可以由一个元生成 (5.3.7)，相互不同构的仅可数个 (5.3.9，这结果属于 P. R. Halmos 与 J. von Neumann)；以及极大交换的充要条件是具有循环矢 (5.3.16). §4讨论交换 c^*-代数在可分 Hilbert 空间中的 $*$ 表示，指出它可以为谱空间上唯一的测度列所决定 (5.4.11). 本节系依据 Kirillov 的处理，也可以运用 (I) 型 vN 代数的理论来处理(例见 [5])，两者的结果是相同的.

§1. 局部紧空间上的测度理论

设 Ω 是局部紧 Hausdorff 空间，S 是 Ω 的 Borel 子集全体(由 Ω 的紧子集全体生成的 σ-Bool 环). 命

$$S_{loc} = \{E \subset \Omega | E \cap K \in S, \forall K \text{ 是 } \Omega \text{ 的紧子集}\},$$

S_{loc} 是 σ-Bool 代数，S_{loc} 中的子集称为局部 Borel 子集. 显然，$E \in S_{loc}$，当且仅当，$E \cap F \in S$，$\forall F \in S$.

以下简称,Ω 上的复值函数 f 是可测的,指 f 是 S-可测的;f 是局部可测的,指 f 是 S_{loc} 可测的. 显然,可测函数必是局部可测的;反之,局部可测函数 f 是可测的,当且仅当,$\{t \in \Omega | f(t) \neq 0\} \cdot \in S$.

设 ν 是 Ω 上的正则 Borel 测度,$F(\subset \Omega)$ 称为 ν-零的,指 $F \in S$,且 $\nu(F) = 0$;$E(\subset \Omega)$ 称为局部 ν-零的,指 $E \in S_{loc}$,且 $\nu(E \cap K) = 0$,$\forall K$ 是 Ω 的紧子集. Ω 上的命题 $P(t)$ 称为关于 ν 殆遍成立($p.p.\nu$),指 $\{t \in \Omega | P(t)$ 不成立$\}$ 是某 ν-零集的子集;$P(t)$ 称为关于 ν 局部殆遍成立($l.p.p.\nu$),指 $\{t \in \Omega | P(t)$ 不成立$\}$ 是某局部 ν-零集的子集.

设 ν 是 Ω 上的正则 Borel 测度,令

$$V_0 = \bigcup \{V \subset \Omega | V \text{ 是局部 } \nu\text{-零的开集}\}$$

易证 V_0 是最大的局部 ν-零的开集. 记

$$\mathrm{supp}\, \nu = \Omega \backslash V_0$$

称为 ν 的支集. 它显然有这样的性质:如果 $U(\subset \Omega)$ 是 Borel 开集,则 $\nu(U) = 0$,当且仅当,$U \cap \mathrm{supp}\, \nu = \phi$.

引理 5.1.1 设 ν 是 Ω 上非零的正则 Borel 测度,则存在 Ω 的非空紧子集 K,使得对于 Ω 的任何开子集 U,只要 $K \cap U \neq \varnothing$,就有 $\nu(K \cap U) > 0$.

证. 由于 $\mathrm{supp}\, \nu$ 是 Ω 的非空闭子集,我们能够取开集 V,使得 $\bar{V}$ 紧,并且 $K = \bar{V} \cap \mathrm{supp}\, \nu \neq \varnothing$. 我们说这 K 即满足要求. 事实上,如果有开集 U,$K \cap U \neq \varnothing$,但 $\nu(K \cap U) = 0$. 依 K 的定义,有 $\nu(U \cap V \cap \mathrm{supp}\, \nu) = 0$. 于是,

$$\nu(U \cap V) = \nu((U \cap V) \backslash \mathrm{supp}\, \nu),$$

但 $(U \cap V) \backslash \mathrm{supp}\, \nu$ 是与 $\mathrm{supp}\, \nu$ 无交的 Borel 开集,因此,

$$\nu(U \cap V) = \nu((U \cap V) \backslash \mathrm{supp}\, \nu) = 0.$$

进而,$U \cap V \cap \mathrm{supp}\, \nu = \varnothing$. 取 $t \in U \cap K$,U 是 t 的开邻域,

$$t \in K = \bar{V} \cap \mathrm{supp}\, \nu,$$

于是,$U \cap V \cap \mathrm{supp}\, \nu \neq \varnothing$. 矛盾. 所以,$K$ 满足要求. 证毕.

命题 5.1.2 设 ν 是 Ω 上非零的正则 Borel 测度,则存在 Ω 的

非空、相互无交的紧子集族 $\{K_l\}_{l \in \Lambda}$，使得 $N = \Omega \backslash \bigcup_{l \in \Lambda} K_l$ 是局部

ν-零集，并且对 Ω 的任意紧子集 K，$\{l \in \Lambda \mid K_l \cap K \neq \emptyset\}$ 是可数的（这个性质称为族 $\{K_l\}_{l \in \Lambda}$ 的局部可数的性质）.

证. 依引理 5.1.1 及 Zorn 辅理，存在 Ω 的非空、相互无交的紧子集的极大族 $\{K_l\}_{l \in \Lambda}$，使得对于任意的 $l \in \Lambda$ 及 Ω 的开子集 U，只要 $K_l \cap U \neq \emptyset$，就有 $\nu(K_l \cap U) > 0$.

如果 V 是任意开子集，并且 $\bar{V}$ 紧，于是

$$\sum_{l \in \Lambda} \nu(K_l \cap V) \leqslant \nu(V) < \infty.$$

因此，$\{l \in \Lambda \mid \nu(K_l \cap V) > 0\}$ 至多可数. 又若 $l \in \Lambda$ 使得
$$\nu(K_l \cap V) = 0,$$
依 K_l 的性质，$K_l \cap V = \emptyset$，因此，$\{l \in \Lambda \mid K_l \cap V \neq \emptyset\}$ 是可数的. 这即说明族 $\{K_l\}_{l \in \Lambda}$ 是局部可数的. 特别地，$\bigcup_{l \in \Lambda} K_l \in S_{\text{loc}}$ 及

$$N = \Omega \backslash \bigcup_{l \in \Lambda} K_l \in S_{\text{loc}}.$$

尚须证明 N 是局部 ν-零的. 若有紧子集 $H \subset N$，而 $\nu(H) > 0$. 对于 H 及 $\nu|H$ 使用引理 5.1.1，有 H 的非空紧子集 K（亦必是 Ω 的紧子集），使得对于 H 的任意开子集 U_H，只要 $U_H \cap K \neq \emptyset$，就有

$$\nu(U_H \cap K) > 0,$$

因此也对于 Ω 的任意开子集 U，只要 $U \cap K \neq \emptyset$，就有

$$\nu(U \cap K) > 0.$$

自然 $K \cap K_l = \emptyset$，$\forall l$，这便与族 $\{K_l\}$ 的极大性相矛盾. 因此，N 是局部 ν-零的. 证毕.

设 f 是 Ω 上局部可测函数，ν 是 Ω 上正则 Borel 测度，f 称为关于 ν 是局部本质有界的，指存在常数 C，使得

$$|f(x)| \leqslant C, \quad l.p.p.\nu.$$

这样 C 的最小者称为 f 的局部本质上界. 记

$$L^\infty(\Omega, \nu) = \{f \mid f \text{ 是 } \Omega \text{ 上局部可测函数,}$$

且关于 ν 局部本质有界}

以局部本质上界为范数, 显然 $L^\infty(\Omega, \nu)$ 将是交换 c^*-代数. 下面的定理说明 $L^\infty(\Omega, \nu)$ 还是 w^*-代数.

定理 5.1.3 $(L^1(\Omega, \nu))^* = L^\infty(\Omega, \nu)$.

证. 首先, 如果 $f \in L^\infty(\Omega, \nu)$, 显然可决定 $F_f \in (L^1(\Omega, \nu))^*$:
$F_f(g) = \int_\Omega f(t)g(t)d\nu(t)$, $\forall g \in L^1(\Omega, \nu)$, 且 $\|F_f\| = \|f\|$.

今设 $F \in (L^1(\Omega, \nu))^*$, 对 Ω 的任意紧子集 K, 可把 $L^1(K, \nu|K)$ 看为 $L^1(\Omega, \nu)$ 的闭子空间, 由于 $\nu(K) < \infty$, 因此有唯一的 $f_K \in L^\infty(K, \nu|K)$[1), 使得

$$|f_K(t)| \leqslant \|F\|, \quad \forall t \in K, \quad F(g) = \int_K f_K(t)g(t)d\nu(t),$$
$$\forall g \in L^1(K, \nu|K),$$

于是可写 $f_K = F | L^1(K, \nu|K)$.

依命题 5.1.2, $\Omega = N \cup \bigcup_{l \in \Lambda} K_l$, 于是对每个 l,

$$F | L^1(K_l, \nu|K_l) = f_l \in L^\infty(K_l, \nu|K_l).$$

如果命

$$f(t) = \sum_{l \in \Lambda} \chi_{K_l}(t) f_l(t),$$

则 $|f(t)| \leqslant \|F\|$, $\forall t \in \Omega$, 及 $f \in L^\infty(\Omega, \nu)$. 对任意的 $g \in L^1(\Omega, \nu)$, 由于 $\operatorname{supp} g = \{t \in \Omega \mid g(t) \neq 0\} \in S$, 因此

$$J = \{l \in \Lambda \mid K_l \cap \operatorname{supp} g \neq \varnothing\}$$

是可数的. 记 $g_l = \chi_{K_l} g$, 则 $g = \sum_{l \in J} g_l$. 再由 F 的连续性及控制收敛定理, 即见 $F(g) = \int_\Omega f(t)g(t)d\nu(t)$. 所以, $(L^1(\Omega, \nu))^* = L^\infty(\Omega, \nu)$. 证毕.

设 ν 是 Ω 上的正则 Borel 测度, Ω 上的函数 f 称为非负局部 ν-可积的, 指 f 是非负局部可测函数, 并且对 Ω 的任意紧子集 K, $\chi_K f \in L^1(\Omega, \nu)$. 这时定义

$$\mu(E) = \int_E f d\nu = \int f \chi_E d\nu, \quad \forall E \in S.$$

---

1) 例见 [120] Th. 7.4-A.

易见 μ 也是 Ω 上的正则 Borel 测度,将记以

$$\mu = f \cdot \nu.$$

可以证明,这时如果 g 是 Ω 上的可测函数,则 $g \in L^1(\Omega, \mu)$, 当且仅当, $fg \in L^1(\Omega\nu)$. 同时

$$\int g d\mu = \int f g d\nu.$$

此外, μ 关于 ν 是绝对连续的,即若 $E \in S$, $\nu(E) = 0$, 则 $\mu(E) = 0$.

定理 5.1.4 设 μ, ν 是 Ω 上的正则 Borel 测度,则下列相互等价:

1) 有非负局部可积函数 f, 使得 $\mu = f \cdot \nu$;

2) 如果 N 为局部 ν-零集,则也是局部 μ-零的;

3) 如果 K 是紧子集,且 $\nu(K) = 0$, 则 $\mu(K) = 0$, 即 μ 关于 ν 是绝对连续的.

证. 2) 与 3) 的等价, 及 1) 推导 2) 均为显然. 今只须证明 2) 推导 1). 依命题 5.1.2, $\Omega = N \cup \bigcup_l K_l$, 其中 N 为局部 ν-零集,从而也是局部 μ-零的. 对每个 l, 由于 $\nu(K_l) < \infty$, $\mu(K_l) < \infty$, 依 Radon-Nikodym 定理,有 $0 \leqslant f_l \in L^1(K_l, \nu|K_l)$, 使得

$$\mu(E) = \int_E f_l d\nu, \quad \forall E \in S, \text{ 且 } E \subset K_l.$$

令 $f = \sum_l \chi_{K_l} f_l$, 由于 $\{K_l\}$ 局部可数,因此, f 是非负局部可测的. 对任意的 $E \in S$, 由于 $f|N = 0$, $\mu(E \cap N) = 0$, 及 $J = \{l | K_l \cap E \neq \varnothing\}$ 可数,

$$\mu(E) = \sum_{l \in J} \mu(K_l \cap E)$$
$$= \sum_{l \in J} \int_{K_l \cap E} f d\nu = \int_E f d\nu,$$

即 $\mu = f \cdot \nu$. 证毕.

如果 μ 关于 ν 是绝对连续的,记以 $\mu \prec \nu$.

如果同时有 $\mu \prec \nu$, 及 $\nu \prec \mu$, 称 μ 与 ν 是等价的,记以 $\mu \sim$

ν. 这时 $p.p.\mu = p.p.\nu$，$l.p.p.\mu = l.p.p.\nu$，并且有非负局部 ν-可积函数 f，与非负局部 μ-可积函数 g，使得

$$\mu = f \cdot \nu, \quad \nu = g \cdot \mu.$$

易证 $f(t)g(t) = 1$，$l.p.p.\mu$ 或者 $l.p.p.\nu$.

Ω 上的正则 Borel 测度 μ，ν 称为相互奇异的，记以 $\mu \perp \nu$，指存在 $A \in S_{\text{loc}}$，使得 A 为局部 μ-零集，同时 $(\Omega \backslash A)$ 为局部 ν-零集.

定理 5.1.5 设 μ，ν 是 Ω 上的正则 Borel 测度，则可以唯一地写 $\mu = f \cdot \nu + \mu_1$，其中 f 是非负局部 ν-可积函数，$\mu_1 \perp \nu$.

证. 依定理 5.1.4，必有局部 $(\mu + \nu)$-可积函数 g，使得 $\mu = g \cdot (\mu + \nu)$，且 $0 \leqslant g(t) \leqslant 1$，$\forall t \in \Omega$. 令

$$B = \{t \in \Omega \,|\, g(t) = 1\}, \quad A = \{t \in \Omega \,|\, 0 \leqslant g(t) < 1\},$$

$$\mu_1 = \mu \,|\, B, \quad \mu_0 = \mu \,|\, A.$$

显然 A 是局部 μ_1-零的. 又若紧集 $K \subset B$ 时，

$$\mu(K) = \int_K g d(\mu + \nu) = \mu(K) + \nu(K).$$

因此，$\nu(K) = 0$，即 B 是局部 ν-零的. 因此，$\mu_1 \perp \nu$.

今设 K 是 ν-零的紧集，于是

$$\mu_0(K) = \mu(K \cap A)$$
$$= \int_{K \cap A} g d\mu + \int_{K \cap A} g d\nu = \int_{K \cap A} g d\mu$$

即 $\int_{K \cap A} (1 - g) d\mu = 0$. 依 A 的定义，$\mu_0(K) = \mu(K \cap A) = 0$，即 $\mu_0 \prec \nu$. 从而有非负局部 ν-可积函数 f，使得 $\mu_0 = f \cdot \nu$，由此，$\mu = f \cdot \nu + \mu_1$.

今设 $\mu = f_i \cdot \nu + \mu_i$，其中 f_i 是非负局部 ν-可积的，$\mu_i \perp \nu$，于是有 $A_i \in S_{\text{loc}}$，使得 A_i 是局部 ν-零的，$\Omega \backslash A_i$ 是局部 μ_i-零的，$i = 1, 2$. 于是 $A_1 \cup A_2$ 是局部 ν-零的，而

$$\Omega \backslash (A_1 \cup A_2) = (\Omega \backslash A_1) \cap (\Omega \backslash A_2)$$

同时是局部 μ_1- 与 μ_2-零的. 设紧集 $K \subset A_1 \cup A_2$，则 $\nu(K) = 0$，因此 $\mu(K) = \mu_1(K) = \mu_2(K)$，即 $\mu_1 \,|\, A_1 \cup A_2 = \mu_2 \,|\, A_1 \cup A_2$. 从而

$\mu_1 = \mu_2$. 进而 $f_1 = f_2$ $l.p.p.v.$ 证毕.

注 本节见参考文献 [6], [47], [120].

§2. Stonean 空间

定义 5.2.1 一个 Hausdorff 空间称为极不连通的, 指它的每个开子集的闭包仍然是开子集. 紧的极不连通空间又称为 Stonean 空间.

命题 5.2.2 设 Ω 是 Stonean 空间, 则 $C(\Omega)$ 的投影全体的线性包在 $C(\Omega)$ 中是稠的.

证. 设 $f \in C(\Omega)$, $f \geqslant 0$ 及 $\varepsilon > 0$, 考虑分割

$$0 = \lambda_0 < \lambda_1 < \cdots < \lambda_n = \|f\| + 1$$

使得 $(\lambda_{i+1} - \lambda_i) < \varepsilon$, $0 \leqslant i \leqslant n-1$. 显然

$$E_1 = \{t \in \Omega | f(t) < \lambda_1\}$$

是 Ω 的开子集, 于是 $G_1 = \bar{E}_1$ 是 Ω 的既闭又开的子集. 归纳地定义

$$E_i = \left\{ t \in \Omega \Big| f(t) < \lambda_i, \; t \bar{\in} \bigcup_{j=1}^{i-1} G_j \right\}$$

及 $G_i = \bar{E}_i$, $2 \leqslant i \leqslant n$. 显然, E_i 是 Ω 的开子集, G_i 是 Ω 的既闭又开的子集, $1 \leqslant i \leqslant n$.

我们说 $\Omega = \bigcup_{i=1}^{n} G_i$. 事实上, 若 $t \in \Omega \setminus \bigcup_{i=1}^{n} G_i$, 特别地, $t \bar{\in}$ G_n, $t \bar{\in} \bigcup_{i=1}^{n-1} G_i$. 另一方面, 自然 $f(t) \leqslant \|f\| < \lambda_n$, 依 E_n 的定义, $t \in E_n \subset G_n$, 矛盾.

我们也有 $G_i \cap G_j = \emptyset$, $\forall i \neq j$. 事实上, 无妨设 $i > j$, 于是 $\bigcup_{k=1}^{i-1} G_k$ 是包含 G_j 的开集. 又显然 $\left(\Omega \setminus \bigcap_{k=1}^{i-1} G_k \right)$ 是包含 E_i 的闭集, 因此, $G_i \subset \Omega \setminus \bigcup_{k=1}^{i-1} G_k$. 所以, $G_i \cap G_j = \emptyset$.

今命 χ_i 是 G_i 的特征函数,它是 $C(\Omega)$ 的投影,并且 $\lambda_{i-1} \leqslant f(t) \leqslant \lambda_i$, $\forall t \in G_i$, $1 \leqslant i \leqslant n$. 于是, $\left\| f - \sum_{i=1}^{n} \lambda_i \chi_i \right\| < \varepsilon$. 证毕.

定理 5.2.3 设 Ω 是紧 Hausdorff 空间,$C_r(\Omega)$ 表示 Ω 上实值连续函数的全体,则下列等价:

1) Ω 是 Stonean 空间;

2) $C_r(\Omega)$ 的任意有界非负递增网在 $C_r(\Omega)$ 中有上端;

2') $C_r(\Omega)$ 的任意有界子集在 $C_r(\Omega)$ 中有上端;

4) 对 Ω 上任意有界的下半连续实值函数 g,有 $f \in C_r(\Omega)$ 及 Ω 的第一纲的 Borel 子集 E,使得 $f(t) = g(t)$, $\forall t \in E$.

此外,4) 中的 f 可以取为 $f(t) = \overline{\lim_{t' \to t}} g(t')$, $\forall t \in \Omega$.

证. 4) 推导 3):设 A 是 $C_r(\Omega)$ 的有界子集,于是

$$g(t) = \sup \{f'(t) | f' \in A\}$$

是 Ω 上有界的下半连续函数. 依 4),有 $f \in C_r(\Omega)$ 及 Ω 的第一纲子集 E,使得 $f(t) = g(t)$, $\forall t \in E$. 当然,$(g-f)$ 也是下半连续的,于是开子集 $G = \{t \in \Omega | g(t) > f(t)\} \subset E$,但 Ω 是 Baire 空间及 E 是第一纲的,所以,$G = \emptyset$,即 $f(t) \geqslant g(t)$, $\forall t \in \Omega$. 如果 $h \in C_r(\Omega)$,并且 $h \geqslant f'$, $\forall f' \in A$,自然 $h(t) \geqslant g(t)$, $\forall t \in \Omega$,所以,$h(t) \geqslant f(t)$, $\forall t \in E$. 另一方面,$(\Omega \backslash E)$ 在 Ω 中是稠的,因此,$h \geqslant f$,即 f 是 A 在 $C_r(\Omega)$ 中的上端.

3) 推导 2):显然.

2) 推导 1):设 U 是 Ω 的任意开子集,令

$$A = \{f' \in C_r(\Omega) | 0 \leqslant f' \leqslant 1, \text{ supp } f' \subset U\}$$

依 $C_r(\Omega)$ 的偏序,显然 A 是 $C_r(\Omega)$ 的有界非负递增网,依 2),A 在 $C_r(\Omega)$ 中有上端 f. 又令

$$g(t) = \sup \{f'(t) | f' \in A\}, \quad \forall t \in \Omega.$$

显然 $g(t) \leqslant f(t)$, $\forall t \in \Omega$. 对任意的 $t \in U$,显然有 $f' \in A$,使得 $f'(t) = 1$,因此,$g(t) = 1$. 又 $1 \geqslant f'$, $\forall f' \in A$,所以,$1 \geqslant f$,从而

$$f(t) = 1, \quad \forall t \in \bar{U}.$$

今若有 $t_0 \bar{\in} \bar{U}$, 使得 $f(t_0) > 0$. 可以取 $h \in C_r(\Omega)$, 使得 $h \geqslant 0$, $h(t_0) = 0$, $h(t) = 1$, $\forall t \in \bar{U}$. 于是,

$$f' \leqslant \inf \{h, f\} \lneq f, \quad \forall f' \in A.$$

这将与 f 是 A 的上端相矛盾. 所以, $f(t) = 0$, $\forall t \bar{\in} \bar{U}$. 从而, $\bar{U}$ 也是 Ω 的开子集.

1) 推导 4): 设 g 是 Ω 上有界的下半连续实值函数, 无妨认为 $0 \leqslant g(t) \leqslant 1$, $\forall t \in \Omega$. 对任意的实数 λ, $F(\lambda) = \{t \in \Omega \mid g(t) \leqslant \lambda\}$ 是 Ω 的闭子集. 记 $G(\lambda) = \mathring{F}(\lambda)$, 注意

$$G(\lambda) = \Omega \backslash \overline{(\Omega \backslash F(\lambda))},$$

依 1), $G(\lambda)$ 是 Ω 的既闭又开的子集, 因此, $G(\lambda)$ 的特征函数 $\chi_\lambda \in C_r(\Omega)$. 令

$$f_n = \sum_{k=1}^{2^n} \frac{k}{2^n} \left(\chi_{\frac{k}{2^n}} - \chi_{\frac{k-1}{2^n}} \right)$$

$$= 1 - \frac{1}{2^n} \sum_{k=0}^{2^n-1} \chi_{\frac{k}{2^n}}$$

任意固定 n 及 $t \in \Omega$, 设 k 是 $\{0, 1, \cdots, 2^n\}$ 中的最小数, 使得 $\chi_{\frac{k}{2^n}}(t) = 1$, 于是 $\chi_{\frac{m}{2^n}}(t) = 1$, $\forall m \geqslant k$. 所以, $f_n(t) = \frac{k}{2^n}$. 同时显然有 $\chi_{\frac{m}{2^{n+1}}}(t) = 1$, $\forall m \geqslant 2k$; $\chi_{\frac{m}{2^{n+1}}}(t) = 0$, $\forall m \leqslant 2(k-1)$, 因此 $\frac{k}{2^n} - \frac{1}{2^{n+1}} \leqslant f_{n+1}(t) \leqslant \frac{k}{2^n}$. 所以, 在 $C_r(\Omega)$ 中, $\|f_n - f_{n+1}\| \leqslant \frac{1}{2^{n+1}}$, $\forall n$. 从而有 $f \in C_r(\Omega)$, 使得 $\|f_n - f\| \to 0$. 令

$$E = \bigcup_{n=1}^{\infty} \bigcup_{k=1}^{2^n} \left(F\left(\frac{k}{2^n}\right) \backslash G\left(\frac{k}{2^n}\right) \right),$$

易见 E 是 Ω 的第一纲的 Borel 子集. 今只须证明

$$f(t) = g(t), \quad \forall t \bar{\in} E.$$

任意固定 n, 记 $N = 2^n$, $F_k = F\left(\frac{k}{N}\right)$, $G_k = G\left(\frac{k}{N}\right) = \mathring{F}_k$,

及 $E_k = \Omega \backslash F_k$. 于是, $F_1 \subset F_2 \subset \cdots \subset F_N = \Omega$, $G_1 \subset G_2 \subset \cdots \subset G_N = \Omega$, $E_1 \supset E_2 \supset \cdots \supset E_N = \emptyset$. 因此, $G_i \cap E_i = G_i \backslash F_i = \emptyset$, $\forall i \leqslant 1$. 由此, 运用集合论的公式

$$A \cap (B \cup C) = (A \cap B) \cup (A \cap C),$$

我们有:

$$(G_1 \cup E_1) \cap (G_2 \cup E_2) = G_1 \cup E_2 \cup (E_1 \cap G_2)$$

$$[G_1 \cup E_2 \cup (E_1 \cap G_2)] \cap (G_3 \cup E_3)$$

$$= G_1 \cup E_3 \cup (G_2 \cap E_1) \cup (G_3 \cap E_2) \cdots, 可见$$

$$\bigcap_{k=1}^{N} (G_k \cup E_k) = G_1 \cup \bigcup_{k=1}^{N-1} (G_{k+1} \backslash F_k).$$

如果 $t \in G_1$, 则 $0 \leqslant g(t) \leqslant \dfrac{1}{N}$; $\chi_{\frac{k}{N}}(t) = 1$, $\forall k \geqslant 1$, 从而,

$$f_n(t) = \frac{1}{N} - \frac{1}{N} \chi_0(t).$$

如果 $t \in G_{k+1} \backslash F_k (1 \leqslant k \leqslant N-1)$, 则

$$\frac{k}{N} < g(t) \leqslant \frac{k+1}{N}; \quad \chi_{\frac{m}{N}}(t) = 1, \forall m \geqslant k+1;$$

$$\chi_{\frac{m}{N}}(t) = 0, \forall m \leqslant k,$$

从而, $f_n(t) = \dfrac{k+1}{N}$. 总之,

$$|g(t) - f_n(t)| \leqslant \frac{1}{2^n}, \quad \forall t \in \bigcap_{k=1}^{2^n} (G_k \cup E_k).$$

上面的 n 是任意的, 又 $f_n \to f$, 所以, $g(t) = f(t)$, $\forall t \in E$.

今只须证明上面构造的 f 满足

$$f(t) = \varlimsup_{t' \to t} g(t'), \quad \forall t \in \Omega.$$

在前面证明 $\|f_n - f_{n+1}\| \leqslant \dfrac{1}{2^n}$ 中, 已指出 $f_n(t) \searrow f(t)$, $\forall t \in \Omega$. 当 $t' \in E$ 时, 有 n 及 $k(1 \leqslant k \leqslant 2^n)$, 使得 $t' \in F\left(\dfrac{k}{2^n}\right) \backslash G\left(\dfrac{k}{2^n}\right)$. 由

于对任意的 p, $\chi_{\frac{2^p k}{2^{n+p}}}(t') = \chi_{\frac{k}{2^n}}(t') = 0$, 因此

$$f_{n+p}(t') \geqslant 1 - \frac{1}{2^{n+p}} \sum_{i > 2^p k}^{2^{n+p}-1} 1 > \frac{k}{2^n} \geqslant g(t'),$$

所以，$f(t) \geqslant g(t)$, $\forall t \in \Omega$. 从而

$$\varlimsup_{t' \to t} g(t') \leqslant \varlimsup_{t' \to t} f(t') = f(t), \quad \forall t \in \Omega.$$

另一方面，对 $t \in \Omega$ 及任意的 $\varepsilon > 0$, 有 t 的邻域 U, 使得 $f(t'') > f(t) - \varepsilon$, $\forall t'' \in U$. 但 E 是第一纲的，因此有 $t' \in U \backslash E$, 从而，$g(t') = f(t') > f(t) - \varepsilon$. 因此，$\varlimsup_{t' \to t} g(t') \geqslant f(t) - \varepsilon$. $\varepsilon > 0$ 是任意的，所以，$\varlimsup_{t' \to t} g(t') = f(t)$, $\forall t \in \Omega$. 证毕.

定义 5.2.4 设 Ω 是 Stonean 空间，μ 是 Ω 上的正则 Borel 测度(相当于 $C(\Omega)$ 上的一个正泛函). 我们称 μ 是正规的，指对于 $C_r(\Omega)$ 的任意有界非负递增网 $\{f_l\}$, 有 $\mu(f) = \sup_l \mu(f_l)$, 这里 f 是 $\{f_l\}$ 在 $C_r(\Omega)$ 中的上端.

命题 5.2.5 设 Ω 是 Stonean 空间，μ 是 Ω 上正规的正则 Borel 测度，则对于 Ω 的任意稀疏闭子集 F 及第一纲 Borel 子集 E, 有 $\mu(F) = \mu(E) = 0$.

证. $(\Omega \backslash F)$ 是 Ω 的开稠子集，于是

$$\Omega \backslash F = \{\operatorname{supp} f \mid f \in C(\Omega), \ 0 \leqslant f \leqslant 1, \ \operatorname{supp} f \subset \Omega \backslash F\}.$$

注意 $\operatorname{supp} f = \overline{\{t \in \Omega \mid f(t) \neq 0\}}$, 又 Ω 是 Stonean 空间，因此，

$$\Omega \backslash F = U\{G \mid G \text{ 是 } \Omega \text{ 的既闭又开子集，且 } \subset \Omega \backslash F\}.$$

于是，依 G 的包含关系，$\{\chi_G \mid G \text{ 如上}\}$ 是 $C_r(\Omega)$ 的有界非负递增网，并且它在 $C_r(\Omega)$ 中的上端是 1. 因此，

$$\mu(\Omega) = \sup\{\mu(G) \mid G \text{ 如上}\}.$$

自然 $\mu(G) \leqslant \mu(\Omega \backslash F)$, 所以，$\mu(F) = 0$.

可以写 $E = \bigcup_n F_n$, 其中每个 F_n 是稀疏的. 于是 $\overline{F}_n$ 是稀疏闭子集，$\forall n$. 再依上面的讨论，可见 $\mu(E) = 0$. 证毕.

命题 5.2.6 设 Ω 是 Stonean 空间，μ 是 Ω 上正规的正则 Borel 测度，则 $\operatorname{supp}\mu$ 是既闭又开的.

证. 记 $F = \operatorname{supp}\mu$，它是 Ω 的闭子集. 于是，$(F\backslash\mathring{F})$ 是稀疏闭子集，依命题 5.2.5，$\mu(F) = \mu(\mathring{F})$. 令 E 是 $\mathring{F}$ 的闭包，则 E 是既闭又开的，并且 $\mathring{F}\subset E\subset F$，从而 $\mu(E) = \mu(F)$. 依 $\operatorname{supp}\mu$ 的定义，$F = E$. 证毕.

命题 5.2.7 设 Ω 是 Stonean 空间，h 是 Ω 上的有界 Borel 可测函数，则存在 $f\in C(\Omega)$，使得对于 Ω 上任意正规的正则 Borel 测度 μ，有

$$f(t) = h(t),\quad p.p.\mu.$$

证. 无妨设 h 是实值的，于是，$g(t) = \varliminf_{t'\to t} h(t')$ 是 Ω 上有界的下半连续实值函数. 依定理 5.2.3，有 $f\in C_r(\Omega)$ 及 Ω 的第一纲 Borel 子集 E，使得

$$f(t) = g(t),\quad \forall t\notin E.$$

对 Ω 上任意正规的正则 Borel 测度 μ，依 Лузин 定理，有 Ω 的互不相交的紧子集列 $\{K_n\}$，使得 $h|K_n$ 是连续的，$\forall n$，并且

$$\mu\left(\Omega\backslash\bigcup_n K_n\right) = 0.$$

于是

$$h(t) = g(t),\quad \forall t\in\bigcup_n \mathring{K}_n.$$

由于 $(K_n\backslash\mathring{K}_n)$ 是闭稀疏集，依命题 5.2.5，$\mu(K_n\backslash\mathring{K}_n) = 0$，$\forall n$. 因此，$\mu\left(\left(\Omega\backslash\bigcup_n \mathring{K}_n\right)\cup E\right) = 0$，并对任意的 $t\in\left(\bigcup_n \mathring{K}_n\right)\cap(\Omega\backslash E)$，$f(t) = h(t)$. 证毕.

定义 5.2.8 Ω 称为超 Stonean 空间，指它是 Stonean 空间，并且对于 $C(\Omega)$ 的任意非零正元 f，有 Ω 上正规的正则 Borel 测度 μ，使得 $\mu(f) > 0$.

命题 5.2.9 设 Ω 是超 Stonean 空间，则存在 Ω 上正规的正则 Borel 测度族 $\{\mu_l\}$，使得对任意的 $l\neq l'$，$\operatorname{supp}\mu_l\cap\operatorname{supp}\mu_{l'} = \varnothing$，

并且 $\bigcup_l \operatorname{supp} \mu_l$ 在 Ω 中稠.

证. 设 $\{\mu_l\}$ 是 Ω 上正规的正则 Borel 测度极大族, 使得 $\operatorname{supp} \mu_l \cap \operatorname{supp} \mu_{l'} = \varnothing,\ \forall l \neq l'$. 记 $\Gamma = \bigcup_l \operatorname{supp} \mu_l$, 依命题 5.2.6, Γ 是 Ω 的开子集, 于是 $\bar{\Gamma}$ 是既闭又开的. 如果 $\bar{\Gamma} \neq \Omega$, 则 $\chi_{\Omega \setminus \bar{\Gamma}}$ 是 $C(\Omega)$ 的非零正元, 因此有 Ω 上正规的正则 Borel 测度 μ', 使得 $\mu'(\Omega \setminus \bar{\Gamma}) > 0$. 令

$$\mu(E) = \mu'(E \setminus \bar{\Gamma}),\ \forall E \text{ 是 } \Omega \text{ 的 Borel 子集}.$$

易见 μ 是 Ω 上正规的正则 Borel 测度, 并且

$$\varnothing \neq \operatorname{supp} \mu \subset \Omega \setminus \bar{\Gamma},$$

这便与 $\{\mu_l\}$ 的极大性相矛盾. 因此, $\bar{\Gamma} = \Omega$. 证毕.

注 本节见参考文献 [14], [110], [119].

§3. 交换的 w^*-代数

定理 5.3.1 设 Z 是 σ-有限的交换 w^*-代数, Ω 是其谱空间, 则 Ω 是超 Stonean 空间, 并且在 Ω 上有正规的正则 Borel 测度 ν, 使得

$$\operatorname{supp} \nu = \Omega,\ C(\Omega) = L^\infty(\Omega, \nu).$$

证. 无妨设 $Z \subset B(\mathscr{H})$, 依命题 1.14.5, Z 在 $\mathscr{H}$ 中有分离矢 ξ_0. 设 $f \to m_f$ 是 $C(\Omega)$ 到 Z 上的 $*$ 同构, 依定理 5.2.3 的 2) 及命题 1.2.10, 可见 Ω 是 Stonean 空间. 自然有 Ω 上的正则 Borel 测度 ν, 使得 $\langle m_f \xi_0, \xi_0 \rangle = \int_\Omega f(t) d\nu(t),\ \forall f \in C(\Omega)$. 同样由命题 1.2.10, ν 是正规的. 如果有 Ω 的非空开子集 U, 使得 $\nu(U) = 0$. 取 $f \in C(\Omega), f \geqslant 0, f \neq 0, \operatorname{supp} f \subset U$, 则 $\langle m_f \xi_0, \xi_0 \rangle = 0$. 但 ξ_0 是 Z 的分离矢, 因此, $f = 0$, 矛盾. 所以, $\operatorname{supp} \nu = \Omega$. 特别, Ω 是超 Stonean 空间, 并且 $C(\Omega)$ 一一地嵌入 $L^\infty(\Omega, \nu)$ 之中.

设网 $\{f_l\} \subset C(\Omega)$, 且 $\|f_l\| \leqslant 1, \forall l$ 及依 $L^\infty(\Omega, \nu)$ 的弱 $*$ 拓扑, $f_l \to f \in L^\infty(\Omega, \nu)$. 记 $m_l = m_{f_l} \in Z$, 于是 $\|m_l\| \leqslant 1$, 必要时

代以子网,可设 $m_l \xrightarrow{\text{弱算子}} m_g$,这里 $g \in C(\Omega)$. 对任意的 $h \in C(\Omega)$,

$$\left| \int (f_l - g) h d\nu \right| = |\langle (m_l - m_g) m_h \xi_0, \xi_0 \rangle| \to 0,$$

又 $C(\Omega)$ 在 $L^1(\Omega, \nu)$ 中是稠的,因此,依 $L^\infty(\Omega, \nu)$ 的弱 * 拓扑,$f_l \to g$,从而 $f(t) = g(t)$, $p.p.\nu$. 这表明 $C(\Omega)$ 在 $L^\infty(\Omega, \nu)$ 中是弱 * 闭的. 易见 $C(\Omega)$ 在 $L^\infty(\Omega, \nu)$ 中是弱 * 稠的,所以,$C(\Omega) = L^\infty(\Omega, \nu)$. 证毕.

命题 5.3.2 设 Ω 是紧 Hausdorff 空间,ν 是 Ω 上的正则 Borel 测度,则 $Z = L^\infty(\Omega, \nu)$ 是 σ-有限的交换 w^*-代数.

证. 令 $\omega(f) = \int_\Omega f(t) d\nu(t), \forall f \in L^\infty(\Omega, \nu)$. 由于 $1 \in L^1(\Omega, \nu)$,可见 φ 是 $L^\infty(\Omega, \nu)$ 上忠实的弱 * 连续的正泛函,依命题 1.14.2,Z 是 σ-有限的. 证毕.

定理 5.3.3 设 Ω 是超 Stonean 空间,则 $C(\Omega)$ 是交换的 w^*-代数. 此外,如果 Ω 上有正规的正则 Borel 测度 ν,而 supp $\nu = \Omega$,则 $C(\Omega) = L^\infty(\Omega, \nu)$ 还是 σ-有限的.

证. 首先设 Ω 上有正规的正则 Borel 测度 ν,而 supp $\nu = \Omega$. 于是 $C(\Omega)$ ——嵌入 $L^\infty(\Omega, \nu)$ 之中,对任意的 $h \in L^\infty(\Omega, \nu)$,依命题 5.2.7,有 $f \in C(\Omega)$,使得 $f(t) = h(t)$, $p.p.\nu$. 所以,$C(\Omega) = L^\infty(\Omega, \nu)$. 依命题 5.3.2,$C(\Omega)$ 是 σ-有限的交换 w^*-代数.

一般,依命题 5.2.9,有 Ω 上正规的正则 Borel 测度族 $\{\nu_l\}$,使得 $\Omega_l \cap \Omega_{l'} = \varnothing$,这里 $\Omega_l = \text{supp } \nu_l, \forall l \neq l'$,并且 $\Gamma = \bigcup_l \Omega_l$ 在 Ω 中稠. 依命题 5.2.6,Ω_l 是 Ω 的既闭又开子集,$\forall l$. 于是,Γ 依诱导拓扑是局部紧 Hausdorff 空间. 从而,$\nu = \sum_l \oplus \nu_l$ 将是 Γ 上的正则 Borel 测度,并且 supp $\nu = \Gamma$. 由此,$f \to f | \Gamma$ 是 $C(\Omega)$ 到 $L^\infty(\Gamma, \nu)$ 中的——映象. 反之,如果 $h \in L^\infty(\Gamma, \nu)$,令 $h(t) = 0, \forall t \in \Omega \backslash \Gamma$,依命题 5.2.7,有 $f \in C(\Omega)$,使得 $f(t) = h(t)$ $p.p.\nu_l$,$\forall l$. 因此在 Γ 上,$f(t) = h(t)$, $l.p.p.\nu$. 这说明 $C(\Omega)$ 与 $L^\infty(\Gamma, \nu)$ 是 * 同构的,因此,$C(\Omega)$ 是交换 w^*-代数. 证毕.

定理 5.3.4 设 Z 是交换的 w^*-代数，Ω 是它的谱空间，则 Ω 是超 Stonean 空间，并且存在局部紧 Hausdorff 空间 Γ，及 Γ 上的正则 Borel 测度 ν，$\text{supp}\nu = \Gamma$，使得 Z^* 同构于 $L^\infty(\Gamma, \nu)$.

证. 设 $Z \subset B(\mathscr{H})$，$f \to m_f$ 是 $C(\Omega)$ 到 Z 上的 $*$ 同构，于是对每个 $\xi \in \mathscr{H}$，可决定 Ω 上的正则 Borel 测度 ν_ξ，使得

$$\langle m_f \xi, \xi \rangle = \int_\Omega f(t) d\nu_\xi(t), \ \forall f \in C(\Omega).$$

依定理 5.2.3 的 2) 及命题 1.2.10，Ω 是 Stonean 空间，并且 ν_ξ 是正规的，$\forall \xi \in \mathscr{H}$. 如果 f 是 $C(\Omega)$ 的非零正元，自然有 $\xi \in \mathscr{H}$，使得 $\nu_\xi(f) > 0$，因此，Ω 是超 Stonean 空间. 其余部份，已包含于定理 5.3.3 的证明之中. 证毕.

定义 5.3.5 设 M 是 w^*-代数，$E(\subset M)$ 称为 M 的生成集，指 M 的包含 E 的最小 w^*-子代数就是 M. 此外，如果 M 有一个可数的生成集，则称 M 是可数生成的.

相仿地理解 c^*-代数的生成集.

引理 5.3.6 设 Ω 是紧 Hausdorff 空间，如果 c^*-代数 $C(\Omega)$ 由可数个投影生成，则 $C(\Omega)$ 可以由一个可逆的正元生成.

证. 设 $\{p_n\}$ 是 $C(\Omega)$ 的投影列，且生成 $C(\Omega)$. 令

$$h = \sum_{n=1}^\infty \frac{1}{3^n} \left(2p_n + \frac{1}{2} \right),$$

则 h 是 $C(\Omega)$ 的可逆正元. 对任意的 $t_1, t_2 \in \Omega$，$t_1 \neq t_2$，由于 $\{p_n\}$ 生成 $C(\Omega)$，有最小的正整数 k，使得 $p_k(t_1) \neq p_k(t_2)$. 于是，

$$|h(t_1) - h(t_2)| = 2 \left| \sum_{n=k}^\infty \frac{1}{3^n} (p_n(t_1) - p_n(t_2)) \right|$$

$$\geq \frac{2}{3^k} - 2 \sum_{n=k+1}^\infty \frac{1}{3^n} = \frac{1}{3^k},$$

即函数 h 也是分离 Ω 的点的. 再由 Stone-Weierstrass 定理及引理 2.1.5，可见 h 生成 $C(\Omega)$. 证毕.

定理 5.3.7 设 Z 是可数生成的交换 w^*-代数，则 Z 可以由一个可逆的正元生成. 特别，可分 Hilbert 空间中的交换 vN 代数可

以由一个元生成.

证. 设 $\{a_n\}$ 生成 Z, 代 a_n 以 $\dfrac{a_n + a_n^*}{2}$, 可以认为 $a_n^* = a_n$, $\forall n$. 再由关于 a_n 的谱分解, 可见 Z 能够由可数个投影生成. 把 Z 看作 c^*-代数, 设这可数个投影所生成的 Z 的 c^*-子代数是 A. 依引理 5.3.6, A 将由一个可逆的正元 a 生成. 自然 A 也是 w^*-代数 Z 的生成集, 因此, $\{a\}$ 生成 Z. 此外, 可分 Hilbert 空间中任意 vN 代数都是可数生成的, 由此得证.

定理 5.3.8 如果 Z 是可分 Hilbert 空间 $\mathcal{H}$ 中的交换 vN 代数, 并且无极小投影 (Z 的投影 p 称为极小的, 指如果 Z 的投影 $q \leqslant p$, 则 $q = 0$ 或 p), 则 $Z*$ 同构于 $L^\infty([0, 1])$, 这里 $[0, 1]$ 使用的是 Lebesgue 测度.

证. 设 Ω 是 Z 的谱空间, 依定理 5.3.1, Ω 是超 Stonean 空间, 并且 Ω 上有正规的正则 Borel 测度 ν, 使得 $\operatorname{supp} \nu = \Omega$, $C(\Omega) = L^\infty(\Omega, \nu)$. 又依定理 5.3.7, 存在 Z 的正元 a, 它生成 Z. 无妨设 $0 \leqslant a \leqslant 1$. 记 $I = [0, 1]$, 由于 $a(\cdot)$ 是 Ω 到 I 的连续映象, 可定义 I 上的 Borel 测度 μ:

$$\mu(E) = \nu(a^{-1}(E)), \quad \forall E \text{ 是 } I \text{ 的 Borel 子集}$$

及 $L^\infty(I, \mu)$ 到 $L^\infty(\Omega, \nu)$ 的 *同态 Φ:

$$\Phi(f)(t) = f(a(t)), \quad \forall t \in \Omega, \ f \in L^\infty(I, \mu),$$

如果 f 是 I 的多项式, 显然, $\Phi(f) = f(a)$. 但 $\{a\}$ 生成 Z, 因此, $\Phi(L^\infty(I, \mu))$ 包含 $L^\infty(\Omega, \nu)$ 的一个弱*稠集.

我们说 $\Phi(L^\infty(I, \mu))$ 在 $L^1(\Omega, \nu)$ 中也是稠的. 事实上, 如果 $g \in L^\infty(\Omega, \nu)$, 使得 $\int_\Omega g(t) \Phi(f)(t) d\nu(t) = 0$, $\forall f \in L^\infty(I, \mu)$, 由于 $\Phi(L^\infty(I, \mu))$ 在 $L^\infty(\Omega, \nu)$ 是弱*稠的, 因此有网 $\{f_l\} \subset L^\infty(I, \mu)$, 使得依 $L^\infty(\Omega, \nu)$ 的弱*拓扑, $\Phi(f_l) \to \bar{g}$. 自然 g 也 $\in L^1(\Omega, \nu)$, 因此

$$0 = \int_\Omega g(t) \Phi(f_l)(t) d\nu(t) \to \int_\Omega |g(t)|^2 d\nu(t)$$

即 $g = 0$.

现在指出 Φ 是 σ-σ 连续的, 这需要对任意的网 $\{f_l\}\subset L^\infty(I, \mu)$, $\|f_l\|\leqslant 1$, $\forall l$, 且 $f_l\xrightarrow{\text{弱}*\text{拓扑}}0$, 来证明 $\Phi(f_l)\xrightarrow{\text{弱}*\text{拓扑}}0$. 对任意的 $g\in L^1(\Omega, \nu)$ 及 $\varepsilon>0$, 依前段, 可取 $f\in L^\infty(I, \mu)$, 使得

$$\int_\Omega |g(t)-\Phi(f)(t)|d\nu(t)<\varepsilon,$$

于是当 l 充分大,

$$\left|\int_\Omega g(t)\Phi(f_l)(t)d\nu(t)\right|\leqslant \left|\int_I f_l(\lambda)f(\lambda)d\mu(\lambda)\right|$$
$$+\int_\Omega |g(t)-\Phi(f)(t)|d\nu(t)<2\varepsilon,$$

即说明 Φ 是 σ-σ 连续的. 于是, $\Phi(L^\infty(I, \mu))=L^\infty(\Omega, \nu)$.

如果 $f\in L^\infty(I, \mu)$, 使得 $\Phi(f)=0$, 于是,

$$\Phi(fg)=0, \quad \forall g\in C(I).$$

因此, $\int_I f(\lambda)g(\lambda)d\mu(\lambda)=\int_\Omega \Phi(fg)(t)d\nu(t)=0$, $\forall g\in C(I)$, 即 $f=0$. 所以, Φ 是 $L^\infty(I, \mu)$ 到 $L^\infty(\Omega, \nu)$ 上的 $*$ 同构.

现在指出 I 上的测度 μ 是非原子的, 即对任意的 $\lambda\in I$, 有 $\mu(\{\lambda\})=0$. 事实上, 如果有 $\lambda\in I$, 使得 $\mu(\{\lambda\})>0$. 记 $E=a^{-1}(\{\lambda\})$, 则 $\nu(E)>0$. 从而 χ_E 是 $L^\infty(\Omega, \nu)$ 的非零投影. 由 $\Phi(\chi_{\{\lambda\}})=\chi_E$, $\chi_{\{\lambda\}}$ 也是 $L^\infty(I, \mu)$ 的非零投影, 自然 $\chi_{\{\lambda\}}$ 是极小的, 所以, χ_E 将是 $L^\infty(\Omega, \nu)$ ($\cong Z$) 的极小投影, 这与假设相矛盾.

令 $f(\lambda)=\mu([0, \lambda])$, $\forall \lambda\in I$, 则 f 是 I 上的递增连续函数, 并且 $f(0)=0$, $f(1)=1$ (这里无妨设 $\nu(\Omega)=1$). 又命 $g(\lambda)=\min\{\lambda'|f(\lambda')=\lambda\}$, $\forall\lambda\in I$, 则 g 是 I 上左连续的严格增函数, 并且至多有可数个跳跃点. 如果 $\{\lambda_1<\lambda_2<\cdots<\lambda_n<\cdots\}$ 是 g 的跳跃点, 则有 $\{\lambda_n'\}$, $\lambda_1<\lambda_1'<\lambda_2<\lambda_2'<\cdots<\lambda_n<\lambda_n'<\cdots$, 使对每个 n,

$$f(\lambda)=f(\lambda_n), \quad \forall \lambda\in [\lambda_n, \lambda_n'], \quad f(\lambda)>f(\lambda_n), \quad \forall \lambda>\lambda_n'.$$

于是, $g\circ f(\lambda)=\lambda$, $\forall \lambda\in I\setminus\bigcup_n [\lambda_n, \lambda_n']$. 另一方面,

$$\mu([\lambda_n, \lambda_n'])=\mu((\lambda_n, \lambda_n'])=f(\lambda_n')-f(\lambda_n)=0, \quad \forall n,$$

因此，$g \circ f(\lambda) = \lambda$，$p.p.\mu$.

注意，如果 m 是 I 上的 Lebesgue 测度，对于任意的 $0 \leqslant \lambda_1 \leqslant \lambda_2 \leqslant 1$，

$$m((f(\lambda_1), f(\lambda_2)]) = f(\lambda_2) - f(\lambda_1) = \mu((\lambda_1, \lambda_2]),$$

因此，$m = \mu \circ f^{-1}$. 进而，$\mu = m \circ g^{-1}$.

今可以定义 $L^\infty(I) = L^\infty(I, m)$ 到 $L^\infty(I, \mu)$ 的 * 同态 Ψ：

$$\Psi(h) = h \circ f, \quad \forall h \in L^\infty(I).$$

如果 $k \in L^\infty(I, \mu)$，则 $k \circ g \in L^\infty(I)$，并且

$$\Psi(k \circ g)(\lambda) = (k \circ g \circ f)(\lambda) = k(\lambda) \quad p.p.\mu,$$

因此，$\Psi(L^\infty(I)) = L^\infty(I, \mu)$. 此外，如果 $h \in L^\infty(I)$，使得 $\Psi(h) = 0$. 由于 $\int \Psi(h\bar{h})(\lambda) d\mu(\lambda) = \int |h(\lambda)|^2 dm(\lambda)$，所以，$h = 0$. 即 Ψ 是 $L^\infty(I)$ 到 $L^\infty(I, \mu)$ 上的 * 同构. 进而，$\Phi \circ \Psi$ 是 $L^\infty([0, 1])$ 到 $L^\infty(\Omega, \nu)$ 上的 * 同构. 证毕.

系 5.3.9 可分 Hilbert 空间中，相互不 * 同构的交换 vN 代数只有可数多个.

定义 5.3.10 Hilbert 空间 $\mathcal{H}$ 中的交换 vN 代数 Z 称为极大交换的，指在 $\mathcal{H}$ 中没有真的包含 Z 的交换 vN 代数.

显然，Z 是极大交换的，当且仅当，$Z = Z'$.

定义 5.3.11 设 Ω 是局部紧 Hausdorff 空间，ν 是 Ω 上的正则 Borel 测度，对任意的 $f \in L^\infty(\Omega, \nu)$，定义 $\hat{m}_f g = fg$，$\forall g \in L^2(\Omega, \nu)$，自然 $\hat{m}_f$ 是 $L^2(\Omega, \nu)$ 中的有界线性算子. 称 $\{\hat{m}_f | f \in L^\infty(\Omega, \nu)\}$ 为 $L^2(\Omega, \nu)$ 中的乘法代数.

引理 5.3.12 如果 Ω 是紧 Hausdorff 空间，ν 是 Ω 上的正则 Borel 测度，则 $L^2(\Omega, \nu)$ 中的乘法代数 Z 是极大交换的 vN 代数.

证. 设 $a' \in Z'$，于是对任意的 $f \in L^\infty(\Omega, \nu)$，$a'f = a'\hat{m}_f 1 = f \cdot a'1$，这里 1 是 Ω 上恒取值 1 的函数. 记 $a'1 = g(\in L^2(\Omega, \nu))$，则 $a'f = gf$，$\forall f \in L^\infty(\Omega, \nu)$.

今指出 $|g(t)| \leqslant \|a'\|$，$p.p.\nu$. 若否，则有 $\varepsilon > 0$ 及 Ω 的紧子集 K，使得

$$\nu(K) > 0, \quad |g(t)| \geqslant \|a'\| + \varepsilon, \quad \forall t \in K.$$

于是,

$$\nu(K)(\|a'\| + \varepsilon)^2 \leqslant \int |g(t)\chi_K(t)|^2 d\nu(t)$$

$$= \|a'\chi_K\|^2 \leqslant \|a'\|^2\nu(K)$$

矛盾. 因此, $g \in L^\infty(\Omega, \nu)$. 再由 $a'f = gf, \forall f \in L^\infty(\Omega\nu)$, 及 $L^\infty(\Omega, \nu)$ 在 $L^2(\Omega, \nu)$ 中稠, 可见 $a' = \hat{m}_g$. 所以, $Z' = Z$. 证毕.

定理 5.3.13 设 Ω 是局部紧 Hausdorff 空间, ν 是 Ω 上的正则 Borel 测度, 则 $L^2(\Omega, \nu)$ 中的乘法代数 Z 是极大交换的 vN 代数, 并且 $f \to \hat{m}_f$ 是 $L^\infty(\Omega, \nu)$ 到 Z 上的 σ-σ 连续 $*$ 同构.

证. 对任意的 $f \in L^\infty(\Omega, \nu)$, 显然 $\|\hat{m}_f\| \leqslant \|f\|$. 另一方面, 如果在 Ω 的某紧子集 K 上, $|f(t)| \geqslant \lambda$, 并且 $\nu(K) > 0$, 则

$$\|\hat{m}_f\chi_K\| \geqslant \lambda\|\chi_K\|.$$

因此, $\|\hat{m}_f\| = \|f\|$, 即 $f \to \hat{m}_f$ 是 $L^\infty(\Omega, \nu)$ 到 Z 上的 $*$ 同构. 容易证明这 $*$ 同构是 σ-σ 连续的. 特别, Z 是 $L^2(\Omega, \nu)$ 中的 vN 代数.

依命题 5.1.2, $\Omega = N \cup \bigcup_l K_l$, 其中 $\{K_l\}$ 是互不相交的局部可数的紧集族, N 是局部 ν-零的. 于是

$$L^2(\Omega, \nu) = \sum_l \oplus L^2(K_l, \nu_l),$$

这里 $\nu_l = \nu|K_l, \forall l$, 今如 $a' \in Z'$, 由于 $a'h_l = a'\hat{m}_lh_l = \hat{m}_la'h_l$, $\forall h \in L^2(K_l, \nu_l)$, 这里 $\hat{m}_l$ 为 $L^2(\Omega, \nu)$ 中乘以 χ_{K_l} 的算子, 因此, a' 对 $L^2(\Omega, \nu)$ 的闭子空间 $L^2(K_l, \nu_l)$ 是不变的, $\forall l$. 依引理 5.3.12, $a'|L^2(K_l, \nu_l) = \hat{m}_{g_l}$, 这里 $g_l \in L^\infty(K_l, \nu_l), \forall l$. 令

$$g = \sum_l \chi_{K_l}g_l,$$

则 $g \in L^\infty(\Omega, \nu)$, 且 $a' = \hat{m}_g$. 因此, $Z' = Z$. 证毕.

命题 5.3.14 设 Z 是 $\mathscr{H}$ 中的交换 vN 代数, 且有循环矢 ξ_0, 则在 Z 的谱空间 Ω 上有正则 Borel 测度 ν, 及 $\mathscr{H}$ 到 $L^2(\Omega, \nu)$ 上

的酉算子 u，使得

$$\text{supp } \nu = \Omega, \quad C(\Omega) = L^\infty(\Omega, \nu),$$
$$u m_f u^{-1} = \hat{m}_f, \quad \forall f \in L^\infty(\Omega, \nu)$$

这里 $f \to m_f$ 是 $C(\Omega)$ 到 Z 上的 $*$ 同构。

证. ξ_0 对 Z' 是分离的，但 $Z \subset Z'$，因此，ξ_0 对 Z 也是分离的。依定理 5.3.1 的证明，由

$$\langle m_f \xi_0, \xi_0 \rangle = \int_\Omega f(t) d\nu(t), \quad \forall f \in C(\Omega)$$

决定的 Ω 上的正则 Borel 测度 ν 满足：

$$\text{supp } \nu = \Omega, \quad C(\Omega) = L^\infty(\Omega, \nu).$$

今命 $u m_f \xi_0 = f, \quad \forall f \in C(\Omega)$，由于 ξ_0 是 Z 的循环矢，因此 u 可扩张为 $\mathscr{H}$ 到 $L^2(\Omega, \nu)$ 上的酉算子，并且

$$u m_f u^{-1} = \hat{m}_f, \quad \forall f \in C(\Omega) = L^\infty(\Omega, \nu).$$

证毕。

命题 5.3.15 设 Z 是 $\mathscr{H}$ 中的交换 vN 代数，则 Z 是极大交换且 σ-有限的，当且仅当，Z 在 $\mathscr{H}$ 中有循环矢。

证. 充分性由命题 5.3.14 及 1.14.2 立见。

今设 Z 是极大交换且 σ-有限的，依命题 1.14.5，Z 有分离矢 ξ_0。但 $Z' = Z$，因此，ξ_0 也是 Z 的循环矢。 证毕。

系 5.3.16 如果 Z 是可分 Hilbert 空间中的交换 vN 代数，则 Z 是极大交换的，当且仅当，Z 有循环矢。

定理 5.3.17 设 Z 是 $\mathscr{H}$ 中极大交换的 vN 代数，则存在局部紧 Hausdorff 空间 Ω，Ω 上的正则 Borel 测度 ν，$\text{supp } \nu = \Omega$，使得 Z 酉等价于 $L^2(\Omega, \nu)$ 中的乘法代数。

证. 依 Zorn 辅理，可分解

$$\mathscr{H} = \sum_l \oplus \mathscr{H}_l, \quad \mathscr{H}_l = \overline{Z \xi_l}.$$

令 p_l 是 $\mathscr{H}$ 到 $\mathscr{H}_l$ 上的投影，则 $p_l \in Z' = Z$，$\forall l$. 设 Ω' 是 Z 的谱空间，$f \to m_f$ 是 $C(\Omega')$ 到 Z 上的 $*$ 同构。于是对每个 l，存在 Ω' 的既闭又开的子集 Ω_l，使得 $p_l = m_{\chi_l}$，这里 χ_l 是 Ω_l 的特征函

数. 由于 $p_l p_{l'} = 0$, 因此, $\Omega_l \cap \Omega_{l'} = \varnothing$, $\forall l \neq l'$.

对每个 l, $Z_l = Z p_l$ 是 $\mathscr{H}_l$ 中有循环矢 ξ_l 的交换 vN 代数, 其谱空间是 Ω_l, 从而依命题 5.3.14, 有 Ω_l 上的正则 Borel 测度 ν_l, supp $\nu_l = \Omega_l$, 及 $\mathscr{H}_l$ 到 $L^2(\Omega_l, \nu_l)$ 上的酉算子 u_l, 使得

$$C(\Omega_l) = L^\infty(\Omega_l, \nu_l), \quad u_l m_f^{(l)} u_l^{-1} = \hat{m}_f^{(l)}, \quad \forall f \in L^\infty(\Omega_l, \nu_l),$$

这里 $f \to m_f^{(l)}$ 是 $C(\Omega_l)$ 到 Z_l 上的 $*$ 同构, $\hat{m}_f^{(l)}$ 是 $L^2(\Omega_l, \nu_l)$ 中乘以 f 的算子.

记 $\Omega = \bigcup_l \Omega_l$, 它是 Ω' 的开稠子集, 从而是局部紧 Hausdorff 空间. 又令 $\nu = \sum_l \oplus \nu_l$, 则 ν 是 Ω 上的正则 Borel 测度, 且 supp $\nu = \Omega$, 再设 $u = \sum_l \oplus u_l$, 则 u 是 $\mathscr{H} = \sum_l \oplus \mathscr{H}_l$ 到

$$L^2(\Omega, \nu) = \sum_l \oplus L^2(\Omega_l, \nu_l)$$

上的酉算子. 对任意的 $f \in C(\Omega')$, $g = f|\Omega \in L^\infty(\Omega, \nu)$, 易见 $u m_f u^{-1} = \hat{m}_g$. 因此, $uZu^{-1} \subset L^2(\Omega, \nu)$ 中的乘法代数, 但依定理 5.3.13, 两者都是极大交换的, 因此, $uZu^{-1} = L^2(\Omega, \nu)$ 中的乘法代数. 证毕.

定义 5.3.18 w^*-代数 M 的投影 p 称为交换的, 指 pMp 是交换的.

命题 5.3.19 设 M 是 w^*-代数, p, q 是 M 的投影, 且 p 是交换的.

1) 若 $p \sim q$, 则 q 也是交换的;

2) $pMp = Zp$, 这里 Z 是 M 的中心;

3) 若 $q \leqslant p$, 则 $q = c(q)p$, 这里 $c(q)$ 是 q 在 M 中的中心覆盖.

证. 无妨设 M 是 vN 代数.

1) 由命题 1.5.2 立见.

2) 由于 M_p 是交换的, 因此, $M_p \subset M_p'$. 依命题 1.3.8, $M_p = M_p \cap M_p' = Zp$.

3）依命题 1.5.8，q 在 M_p 中的中心覆盖是 $c(q)p$，但 M_p 是交换的，所以，$q = c(q)p$. 证毕.

注 本节见参考文献 [14]，[48]，[104]．

§4. 交换 c^*-代数的 $*$ 表示

本节中，设 A 是有单位元的交换 c^*-代数，于是 $A \cong C(\Omega)$，这里 Ω 是 A 的谱空间（紧 Hausdorff）．

定理 5.4.1 如果 $\{\pi, \mathcal{H}\}$ 是 A 的循环 $*$ 表示，则在测度等价的意义下，在 Ω 上有唯一的正则 Borel 测度 μ，使得

$$\{\pi, \mathcal{H}\} \cong \{\Phi_\mu, L^2(\Omega, \mu)\},$$

这里 $(\Phi_\mu(a)f)(t) = a(t)f(t)$，$\forall f \in L^2(\Omega, \mu)$，而 $a \to a(\cdot)$ 是 A 到 $C(\Omega)$ 上的 $*$ 同构.

证. 设 $\xi \in \mathcal{H}$ 是 π 的循环矢，于是有 Ω 上的正则 Borel 测度 μ，使得

$$\langle \pi(a)\xi, \xi \rangle = \int_\Omega a(t) d\mu(t), \ \forall a \in A.$$

令 $u\pi(a)\xi = a(\cdot)(\forall a \in A)$，则 u 可扩张 $\mathcal{H}$ 到 $L^2(\Omega, \mu)$ 上的酉算子，且显然 $u\pi(a)u^{-1} = \Phi_\mu(a)$，$\forall a \in A$.

今若 μ, ν 是 Ω 上的正则 Borel 测度，v 是 $L^2(\Omega, \mu)$ 到 $L^2(\Omega, \nu)$ 上的酉算子，使得

$$v\Phi_\mu(a)v^{-1} = \Phi_\nu(a), \ \forall a \in A,$$

记 $v1 = \alpha \in L^2(\Omega, \nu)$，则 $va = v\Phi_\mu(a)1 = \Phi_\nu(a)\alpha$. 于是

$$\int |a(t)|^2 d\mu(t) = \int |a(t)\alpha(t)|^2 d\nu(t), \ \forall a \in A,$$

即 $\mu = |\alpha|^2 \cdot \nu$. 从而 $\mu \prec \nu$. 同证 $\nu \prec \mu$，所以，$\mu \sim \nu$. 证毕.

当然，A 的任何 $*$ 表示都可分解成循环 $*$ 表示族与零表示的直和．但本节中，将特别研究 A 的这样一类 $*$ 表示 $\{\pi, \mathcal{H}\}$，它可分解成可数个循环 $*$ 表示的直和，依命题 1.14.2，这等价于说 $\pi(A)'$ 是 σ-有限的．

定义 5.4.2 设 $\{\pi, \mathcal{H}\}$ 是 A 的 $*$ 表示,对任意的 $\xi \in \mathcal{H}$,有 Ω 上唯一的正则 Borel 测度 μ_ξ,使得

$$\langle \pi(a)\xi, \xi \rangle = \int_\Omega a(t) d\mu_\xi(t), \ \forall a \in A.$$

我们引入 $\mathcal{H}$ 的元之间的偏序关系 $\succ$: $\xi \succ \eta$,指 $\mu_\xi \succ \mu_\eta$. $\xi \in \mathcal{H}$ 称为极大的,指 $\xi \succ \eta$, $\forall \eta \in \mathcal{H}$.

引理 5.4.3 如果 $\eta \in \mathcal{H}_\xi = \overline{\pi(A)\xi}$,则 $\eta \prec \xi$.

证. 依定理 5.4.1,有 $\mathcal{H}_\xi$ 到 $L^2(\Omega, \mu_\xi)$ 上的酉算子 u,使得 $u(\pi(a)|\mathcal{H}_\xi)u^{-1} = \Phi_{\mu_\xi}(a)$, $\forall a \in A$. 设 $f = u\eta \, (\in L^2(\Omega, \mu_\xi))$,则

$$\langle \pi(a)\eta, \eta \rangle = \int a(t)|f(t)|^2 d\mu_\xi(t), \ \forall a \in A.$$

从而,$\mu_\eta = |f|^2 \cdot \mu_\xi$,即 $\mu_\eta \prec \mu_\xi$,$\eta \prec \xi$. 证毕.

引理 5.4.4 如果 $\mathcal{H} = \sum_{k=1}^\infty \oplus \mathcal{H}_k$, $\mathcal{H}_k = \overline{\pi(A)\xi_k}$, $\|\xi_k\| \leqslant 1$, $\forall k$,则 $\xi = \sum_{k=1}^\infty 2^{-\frac{k}{2}}\xi_k$. 是极大矢.

证. 显然 $\mu_\xi = \sum_{k=1}^\infty 2^{-k}\mu_{\xi_k}$. 任意的 $\eta \in \mathcal{H}$,可分解为 $\eta = \sum_k \eta_k$,这里 $\eta_k \in \mathcal{H}_k$, $\forall k$,于是 $\mu_\eta = \sum_k \mu_{\eta_k}$,并依引理 5.4.3,$\mu_{\eta_k} \prec \mu_{\xi_k}$, $\forall k$. 今若 Ω 的 Borel 子集 E,使得 $\mu_\xi(E) = 0$,于是 $\mu_{\xi_k}(E) = 0$, $\mu_{\eta_k}(E) = 0$, $\forall k$. 进而 $\mu_\eta(E) = 0$,即 $\mu_\eta \prec \mu_\xi$, $\eta \prec \xi$. 证毕.

引理 5.4.5 如果 $\pi(A)'$ 是 σ-有限的,则极大矢的全体在 $\mathcal{H}$ 中是稠的.

证. 依引理 5.4.4,$\mathcal{H}$ 至少有一个极大矢 ξ,记 $\mathcal{H}_\xi = \overline{\pi(A)\xi}$. 任意的 $\eta \in \mathcal{H}$ 可分解为

$$\eta = \eta_1 + \eta_2, \eta_1 \in \mathcal{H}_\xi, \eta_2 \in \mathcal{H}_\xi^\perp,$$

记 $\mathcal{H}_1 = \overline{\pi(A)\eta_1}(\subset \mathcal{H}_\xi)$,又可分解

$$\xi = \xi_1 + \xi_2, \quad \xi_1 \in \mathscr{H}_1, \quad \xi_2 \in \mathscr{H}_1^{\perp}$$

如果记 $\mu_i = \mu_{\xi_i}$, $i = 1, 2$, 则 $\mu_{\xi} = \mu_1 + \mu_2$. 对任意的 $\varepsilon > 0$, 显然 $\mu_{\eta_1 + \varepsilon\xi_2} = \mu_{\eta_1} + \varepsilon^2\mu_2$. 既然 $\xi_1 \in \mathscr{H}_1$, 依引理 5.4.3, $\mu_1 \prec \mu_{\eta_1}$. 于是

$$\mu_{\eta_1 + \varepsilon\xi_2} \succ \mu_1 + \varepsilon^2\mu_2 \sim \mu_1 + \mu_2 = \mu_{\xi},$$

因此, $\eta_1 + \varepsilon\xi_2$ 也是极大矢. 注意 $\xi_1 \in \mathscr{H}_1 \subset \mathscr{H}_{\xi}$, 于是 $\xi_2 = \xi - \xi_1 \in \mathscr{H}_{\xi}$, $\eta_1 + \varepsilon\xi_2 \in \mathscr{H}_{\xi}$. 从而

$$\mu_{\eta_1 + \varepsilon\xi_2 + \eta_2} = \mu_{\eta_1 + \varepsilon\xi_2} + \mu_{\eta_2},$$

所以 $\eta + \varepsilon\xi_2 = \eta_1 + \varepsilon\xi_2 + \eta_2$ 也是极大矢. 显然

$$\|(\eta + \varepsilon\xi_2) - \eta\| \leqslant \varepsilon\|\xi\|,$$

因此, 极大矢的全体在 $\mathscr{H}$ 中是稠的. 证毕.

引理 5.4.6 如果 $\pi(A)'$ 是 σ-有限的, 则可以分解

$$\mathscr{H} = \sum_{k=1}^{\infty} \oplus \mathscr{H}_k, \quad \mathscr{H}_k = \overline{\pi(A)\xi_k},$$

且 $\xi_1 \succ \xi_2 \succ \cdots \succ \xi_k \succ \cdots$.

证. 设 $\{\zeta_n\}$ 是 $\pi(A)$ 的循环矢列, 命

$$\{\eta_k | k = 1, 2, \cdots\}$$
$$= \{\zeta_1, \zeta_1, \zeta_2, \zeta_1, \zeta_2, \zeta_3, \zeta_1, \zeta_2, \zeta_3, \zeta_4, \cdots\},$$

依引理 5.4.5, 可取 $\mathscr{H}$ 中的极大矢 ξ_1, 使得

$$\|\xi_1 - \eta_1\| < 1.$$

令 p_1 是 $\mathscr{H}$ 到 $\mathscr{H}_1 = \overline{\pi(A)\xi_1}$ 上的投影, 同样可取 $(1 - p_1)\mathscr{H}$ 中的极大矢 ξ_2, 使得

$$\|\xi_2 - (1 - p_1)\eta_1\| < \frac{1}{2},$$

再命 p_2 是 $\mathscr{H}$ 到 $\mathscr{H}_2 = \overline{\pi(A)\xi_2}$ 上的投影, $\cdots$, 一般设已取到 $\xi_1, \cdots, \xi_{k-1}$, 及 p_i 是 $\mathscr{H}$ 到 $\mathscr{H}_i = \overline{\pi(A)\xi_i}$ 上的投影, $1 \leqslant i \leqslant k-1$, 则再取 ξ_k 是 $\left(1 - \sum_{i=1}^{k-1} p_i\right)\mathscr{H}$ 中的极大矢, 使得

$$\left\|\xi_k - \left(1 - \sum_{i=1}^{k-1} p_i\right)\eta_k\right\| < \frac{1}{k},$$

并命 p_k 是 $\mathscr{H}$ 到 $\mathscr{H}_k = \overline{\pi(A)\xi_k}$ 上的投影. 这样得到的列 $\{\xi_k\}$ 显然满足

$$\xi_1 > \xi_2 > \cdots > \xi_k > \cdots, \quad \mathscr{H}_i \perp \mathscr{H}_j, \ \forall i \neq j$$

今只须证明 $\mathscr{H} = \sum_{i=1}^{\infty} \oplus \mathscr{H}_i$.

对任意的 ζ_k, 有子列 $\{k_n\}$, 使得 $\eta_{k_n} = \zeta_k, \forall n$. 依作法

$$\left\| \xi_{k_n} - \left(1 - \sum_{j=1}^{k_n-1} p_i \right) \eta_{k_n} \right\| < \frac{1}{k_n}, \ \forall n,$$

即

$$\left\| \left(\xi_{k_n} + \sum_{j=1}^{k_n-1} p_i \zeta_k \right) - \zeta_k \right\| < \frac{1}{k_n} \to 0,$$

因此, $\zeta_k \in \sum_{i=1}^{\infty} \oplus \mathscr{H}_i, \ \forall k.$ 但 $\{\zeta_1, \cdots, \zeta_k, \cdots\}$ 是 $\pi(A)$ 的循环

矢列, 所以, $\mathscr{H} = \sum_{i=1}^{\infty} \oplus \mathscr{H}_i.$ 证毕.

引理 5.4.7 设 μ, ν 是 Ω 上的正则 Borel 测度, v 是 $L^2(\Omega, \mu)$ 到 $L^2(\Omega, \nu)$ 中的有界线性算子, 使得

$$v\Phi_\mu(a) = \Phi_\nu(a)v, \ \forall a \in A,$$

则 $vf = \alpha f, \forall f \in L^2(\Omega, \mu)$, 这里 $\alpha = v1 \in L^2(\Omega, \nu)$.

证. 对任意的 $a \in C(\Omega)$, $va = v\Phi_\mu(a)1 = \alpha a$, 于是,

$$\int |\alpha(t)a(t)|^2 d\nu(t) \leqslant \|v\|^2 \int |a(t)|^2 d\mu(t), \ \forall a \in C(\Omega).$$

因此, $\|v\|^2 \mu \geqslant |\alpha|^2 \cdot \nu$, 由此, $\alpha f \in L^2(\Omega, \nu), \forall f \in L^2(\Omega, \mu)$. 再由 $C(\Omega)$ 在 $L^2(\Omega, \mu)$ 中是稠的, $va = \alpha a \ (\forall a \in C(\Omega))$ 及

$$\|v\|^2 \mu \geqslant |\alpha|^2 \cdot \nu,$$

即可见 $vf = \alpha f, \forall f \in L^2(\Omega, \mu)$. 证毕.

引理 5.4.8 设 $\{\mu_k\}, \{\nu_k\}$ 是 Ω 上的正则 Borel 测度列, $\mathscr{H} = \sum_k \oplus L^2(\Omega, \mu_k)$, $\mathscr{K} = \sum_k \oplus L^2(\Omega, \nu_k)$, 又 u 是 $\mathscr{H}$ 到 $\mathscr{K}$ 中的等距算子, 使得

$$u\Phi_{\mathscr{H}}(a) = \Phi_{\mathscr{K}}(a)u, \quad \forall a \in A,$$

这里 $\Phi_{\mathscr{H}}(a)(f_1, \cdots, f_k, \cdots) = (af_1, \cdots, af_k, \cdots)$，其中

$$f_k \in L^2(\Omega, \mu_k), \quad \forall k,$$

并且 $(f_1, \cdots, f_k, \cdots) \in \mathscr{H}$ $\left($即 $\sum_k \int |f_k(t)|^2 d\mu_k(t) < \infty\right)$，同样

定义 $\Phi_{\mathscr{K}}(a)$，$\forall a \in A$. 如果还假定

$$\mu_1 \succ \mu_2 \succ \cdots \succ \mu_k \succ \cdots, \quad v_2 \succ v_3 \succ \cdots \succ v_j \succ \cdots$$

则 $v_j \succ \mu_j$，$\forall j \geq 2$.

证. 记 p_k 为 $\mathscr{H}$ 到 $\mathscr{H}_k = L^2(\Omega, \mu_k)$ 上的投影，q_j 为 $\mathscr{K}$ 到 $\mathscr{K}_j = L^2(\Omega, v_j)$ 上的投影，$u_{jk} = q_j u p_k$，易见

$$u_{jk}\Phi_{\mu_k}(a) = \Phi_{v_j}(a)u_{jk}, \quad \forall j, k, a \in A.$$

如果记 $u_{jk}1 = \alpha_{jk}(\in \mathscr{K}_j)$，$\forall j, k$，依引理 5.4.7,

$$u(0, \cdots, f_k, 0, \cdots)$$
$$= (\alpha_{1k}f_k, \cdots, \alpha_{jk}f_k, \cdots), \quad \forall f_k \in \mathscr{H}_k,$$

u 是等距的,因此,

$$\int |f_k(t)|^2 d\mu_k(t) = \sum_j \int |\alpha_{jk}(t)f_k(t)|^2 dv_j(t). \tag{1}$$

今设 E 是 Ω 的 Borel 子集,使得 $v_2(E) = 0$, 自然 $v_j(E) = 0$,
$\forall j \geq 2$. 于是对任意的 $a \in A$,

$$k \, \text{位} \rightarrow \begin{pmatrix} 0 \\ \vdots \\ a\chi_E \\ \vdots \end{pmatrix} \xrightarrow{u} \begin{pmatrix} a\alpha_{1k}\chi_E \\ \vdots \\ a\alpha_{jk}\chi_E \\ \vdots \end{pmatrix} = \begin{pmatrix} a\alpha_{1k}\chi_E \\ 0 \\ \vdots \end{pmatrix} \tag{2}$$

$$\int \alpha_{11}(t)\overline{\alpha_{12}(t)}a(t)\chi_E(t)dv_1(t) = \left\langle \begin{pmatrix} a\alpha_{11}\chi_E \\ 0 \\ \vdots \end{pmatrix}, \right.$$

$$\left. \begin{pmatrix} \alpha_{12}\chi_E \\ 0 \\ \vdots \end{pmatrix} \right\rangle \overset{(2)}{=} \left\langle u\begin{pmatrix} a\chi_E \\ 0 \\ \vdots \end{pmatrix}, u\begin{pmatrix} 0 \\ a\chi_E \\ 0 \\ \vdots \end{pmatrix} \right\rangle = \left\langle \begin{pmatrix} a\chi_E \\ 0 \\ \vdots \end{pmatrix}, \right.$$

$$\left\langle \begin{pmatrix} 0 \\ a\chi_E \\ 0 \\ \vdots \end{pmatrix} \right\rangle = 0, \ \forall a \in A,$$

因此对 $p.p.\nu_1$ 的 $t \in E$, $\alpha_{11}(t)\overline{\alpha_{12}(t)} = 0$. 命

$$E_1 = \{t \in E \,|\, \alpha_{11}(t) \neq 0\}, \ E_2 = E \setminus E_1,$$

于是对 $p.p.\nu_1$ 的 $t \in E_1$, $\alpha_{12}(t) = 0$. 依 (2)

$$u(\chi_{E_2}, 0, \cdots) = (\alpha_{11}\chi_{E_2}, 0, \cdots),$$

但在 E_2 上, $\alpha_{11}(t) = 0$, 又 u 是等距的,因此, $\mu_1(E_2) = 0$. 从而 $\mu_2(E_2) = 0$. 又依 (2)

$$0 = u(0, \chi_{E_2}, 0, \cdots) = (\alpha_{12}\chi_{E_2}, 0, \cdots),$$

因此对 $p.p.\nu_1$ 的 $t \in E_2$, $\alpha_{12}(t) = 0$. 所以 $\alpha_{12}(t) = 0$, $p.p.\nu_1$ 于 E. 由此,依 (2)

$$u(0, \chi_E, 0, \cdots) = (\alpha_{12}\chi_E, 0, \cdots) = 0,$$

因此, $\mu_2(E) = 0$. 这表明

$$\nu_2 \succ \mu_2 \succ \mu_3 \succ \cdots. \tag{3}$$

依 (1),对任意的 k,

$$\int |\alpha_{1k}(t)f_k(t)|^2 d\nu_1(t) \leqslant \int |f_k(t)|^2 d\mu_k(t), \ \forall f_k \in \mathscr{H}_k. \tag{4}$$

设 E 是 Ω 的 Borel 子集,使得 $\nu_2(E) = 0$, 依 (3),则 $\mu_k(E) = 0$, $\forall k \geqslant 2$. 在 (4) 中命 $f_k = \chi_E$, 则 $\displaystyle\int_E |\alpha_{1k}(t)|^2 d\nu_1(t) = 0, \ \forall k \geqslant 2$. 这说明 $|\alpha_{1k}|^2 \cdot \nu_1 \prec \nu_2, \ \forall k \geqslant 2$. 依定理 5.1.4,有 Ω 上的非负可测函数 β_k, 使得

$$|\alpha_{1k}|^2 \cdot \nu_1 = \beta_k \cdot \nu_2, \ \forall k \geqslant 2. \tag{5}$$

今定义 $v: \mathscr{H} \ominus \mathscr{H}_1 \to \mathscr{K} \ominus \mathscr{K}_1$,

$$v(0, \cdots, f_k, 0, \cdots) = (0, (\beta_k + |\alpha_{2k}|^2)^{\frac{1}{2}}f_k, \alpha_{3k}f_k, \cdots),$$

$\forall f_k \in \mathscr{H}_k, \ k \geqslant 2$. 依 β_k 的定义 (5) 及 (1), v 是等距的. 自然也有

$$v\Phi_{\mathscr{H}\ominus\mathscr{H}_1}(a) = \Phi_{\mathscr{K}\ominus\mathscr{K}_1}(a)v, \ \forall a \in A.$$

在 $\mathscr{H} \ominus \mathscr{H}_1$ 中, $\mu_2 \succ \mu_3 \succ \cdots$, 在 $\mathscr{K} \ominus \mathscr{K}_1$ 中,$\nu_3 \succ \nu_4 \succ \cdots$,

同上可证 $v_3 > \mu_3$，及 v_2，v_3 之间有类似(5)的关系.

继续这过程，即可得证.

引理 5.4.9 设 u 是 $\mathscr{H} = \sum_k \oplus L^2(\Omega, \mu_k)$ 到

$$\mathscr{K} = \sum_k \oplus L^2(\Omega, v_k)$$

中的等距算子，并且

$$u\Phi_{\mathscr{H}}(a) = \Phi_{\mathscr{K}}(a)u, \quad \forall a \in A,$$

又设 $i \geqslant 2$，及 $\mu_1 \succ \mu_2 \succ \cdots$，$v_i \succ v_{i+1} \succ \cdots$，则 $v_k \succ \mu_k$，$\forall k \geqslant 1$.

证. 当 $i = 2$，即为引理 5.4.8. 今归纳设命题对 $(i-1)$ 成立 $(i > 2)$.

$\sum_{k > i-1} \oplus L^2(\Omega, v_k)$ 是表示 $\Phi_{\mathscr{K}}$ 的不变子空间，依引理 5.4.6 及定理 5.4.1，有 Ω 上的正则 Borel 测度列

$$r_{i-1} \succ r_i \succ \cdots,$$

使得 A 的 * 表示 $\{\mathscr{K}', \Phi_{\mathscr{K}'}\} \cong \{\mathscr{L}, \Phi_{\mathscr{L}}\}$，其中

$$\mathscr{K}' = \sum_{k > i-1} \oplus L^2(\Omega, v_k),$$

$$\mathscr{L} = \sum_{k > i-1} \oplus L^2(\Omega, r_k).$$

依引理 5.4.8，$v_k \succ r_k$，$\forall k \geqslant i$. 再把归纳假设用于 $\mathscr{H}$ 与

$$\sum_{k=1}^{i-2} \oplus L^2(\Omega, v_k) \oplus \mathscr{L},$$

可见 $r_k \succ \mu_k$，$\forall k \geqslant i-1$. 因此，$v_k \succ \mu_k$，$\forall k \geqslant i$. 证毕.

引理 5.4.10 设 u 是 $\mathscr{H} = \sum_k \oplus L^2(\Omega, \mu_k)$ 到

$$\mathscr{K} = \sum_k \oplus L^2(\Omega, v_k)$$

上的酉算子，使得 $u\Phi_{\mathscr{H}}(a)u^{-1} = \Phi_{\mathscr{K}}(a)$，$\forall a \in A$. 如果 $\mu_1 \succ \mu_2 \succ \cdots$，$v_1 \succ v_2 \succ \cdots$，则 $v_k \sim \mu_k$，$\forall k \geqslant 1$.

证. 命 $\xi = u(1, 0, \cdots)$，则对任意的 $a \in A$，

$$\int a(t)d\mu_1(t) = \langle \Phi_{\mathcal{K}}(a)(1, 0, \cdots), (1, 0, \cdots) \rangle$$

$$= \langle \Phi_{\mathcal{K}}(a)\xi, \xi \rangle = \int a(t)d\nu_\xi(t),$$

这里 ν_ξ 为 $\mathcal{K}$ 的矢 ξ 所决定的测度,因此,$\mu_1 = \nu_\xi$.

设 $\eta_k = (0, \cdots, 1, 0, \cdots)$ $(\in \mathcal{K})$,它决定的测度是 ν_k,$\forall k$. 若命 $\eta = \sum_k (\|\eta_k\|2^{\frac{k}{2}})^{-1}\eta_k$,依引理 5.4.4,$\eta$ 是 $\mathcal{K}$ 的极大矢,因此,$\nu_\eta \succ \nu_\xi = \mu_1$. 又显然

$$\nu_\eta = \sum_k (\|\eta_k\|^2 2^k)^{-1}\nu_k,$$

因此,$\nu_1 \sim \nu_\eta$,$\nu_1 \succ \mu_1$. 依引理 5.4.9,自然有 $\nu_k \succ \mu_k$,$\forall k \geqslant 2$. 从而 $\nu_k \succ \mu_k$,$\forall k \geqslant 1$.

u 是酉算子,同样也有 $\mu_k \succ \nu_k$,$\forall k \geqslant 1$. 证毕.

定理 5.4.11 设 A 是有单位元的交换 c^*-代数,Ω 是它的谱空间,$\{\pi, \mathcal{H}\}$ 是 A 的非退化 $*$ 表示,并且 $\pi(A)'$ 是 σ-有限的,则在测度等价的意义下,有 Ω 上唯一的正则 Borel 测度列 $\mu_1 \succ \mu_2 \succ \cdots$,使得 A 的 $*$ 表示 $\{\pi, \mathcal{H}\} \cong \{\Phi, \sum_{k=1}^{\infty} \oplus L^2(\Omega, \mu_k)\}$,这里

$$\Phi(a)(f_1, \cdots, f_k, \cdots) = (af_1, \cdots, af_k, \cdots),\ f_k \in L^2(\Omega, \mu_k),$$
$$(af_k)(t) = a(t)f_k(t)\ (\forall t \in \Omega),\ \forall k,$$

且 $\sum_k \int |f_k(t)|^2 d\mu_k(t) < \infty$.

此外,对任意的 $k \geqslant 1$,测度 μ_k 等价于集合

$$\left\{\mu_\eta \mid \eta \text{ 是 } \left(\sum_{j=1}^{k-1} \oplus \overline{\pi(A)\xi_j}\right)^{\perp} \text{ 的极大矢},\ \forall \xi_1, \cdots, \xi_{k-1} \in \mathcal{H}\right\}$$

中的最小(依绝对连续性而言)测度.

本定理由引理 5.4.10,5.4.6,5.4.1 及 5.4.9 立见

注. 定理后面部份所叙述的 $\{\mu_k\}$ 的决定方式与熟知的 Courant 原理很为相似,即若 a 是 $\mathcal{H}$ 中的全连续非负算子,$\lambda_1 \geqslant \lambda_2 \geqslant \cdots$ 是它的本征值列,则对任意的 k,

$$\lambda_k = \min_{\xi_1, \cdots, \xi_{k-1} \in \mathscr{H}} \ \max_{0 \neq \eta \in [\xi_1, \cdots, \xi_{k-1}]^\perp} \frac{\langle a\eta, \eta \rangle}{\langle \eta, \eta \rangle}.$$

命题 5.4.12 在定理 5.4.11 的假定与符号之下, 为了表示 π 是忠实的, 当且仅当, supp $\mu_1 = \Omega$.

证. 设 supp $\mu_1 = \Omega$. 如果 $a \in A$, 使得 $\Phi(a) = 0$, 于是 $af = 0$, $\forall f \in L^2(\Omega, \mu_1)$. 特别取 $f = \bar{a}$, 可见 $a(t) = 0$, $p.p.\mu_1$. 记 $U = \{t \in \Omega | a(t) \neq 0\}$ 是开集, 且 $\mu_1(U) = 0$. 但 supp $\mu_1 = \Omega$, 因此, $U = \varnothing$, 即 $a = 0$.

反之如果有非空集 U, 使得 $\mu_1(U) = 0$, 于是 $\mu_k(U) = 0$, $\forall k \geqslant 1$. 取 $a \in A$, 而 supp $a(\cdot) \subset U$, 则 $\Phi(a) = 0$, 即 π 不能是忠实的. 证毕.

定义 5.4.13 Ω 上的函数 $n(\cdot)$ 称为重数函数, 指 $n(\cdot)$ 是 Ω 上的可测函数, 并且取值为 $1, 2, \cdots, \infty$.

给定 Ω 上的正则 Borel 测度 μ 及重数函数 $n(\cdot)$, $A \cong C(\Omega)$ 的 $*$ 表示 $\Phi_{\mu, n}$, 指表示空间 $\mathscr{H} = \sum_k \oplus \mathscr{H}_k$, 这里

$$\mathscr{H}_k = L^2(\Omega, \mu_k), \ \mu_k = \chi_{E_k} \cdot \mu,$$
$$E_k = \{t \in \Omega | n(t) \geqslant k\}, \ \forall k \geqslant 1,$$

并且

$$\Phi_{\mu, n}(a)(f_1, \cdots, f_k, \cdots) = (af_1, \cdots, af_k, \cdots),$$

$\forall a \in A$, $(f_1, \cdots, f_k, \cdots) \in \mathscr{H}$.

引理 5.4.14 设 μ 是 Ω 上的正则 Borel 测度, $0 \leqslant \rho \in L^1(\Omega, \mu)$, $\nu = \rho \cdot \mu$, $E = \{t \in \Omega | \rho(t) > 0\}$, 则 $\nu \sim \chi_E \cdot \mu$.

证. 设 F 是 Ω 的 Borel 子集, 使得 $\nu(F) = 0$. 由于 $\nu(F) = \int_F \rho(t) d\mu(t)$, 因此, $\rho(t) = 0$ $p.p.\mu$ 于 F, 即有 Borel 子集 $F_1 \subset F$, 使得 $\rho(t) = 0$, $\forall t \in F \backslash F_1$, $\mu(F_1) = 0$. 于是,

$$(\chi_E \cdot \mu)(F) = \mu(E \cap F) = \mu(E \cap (F \backslash F_1)).$$

但在 E 上, $\rho(t) > 0$; 而在 $(F \backslash F_1)$ 上, $\rho(t) = 0$, 因此,

$$E \cap (F \backslash F_1) = \varnothing.$$

从而 $(\chi_E \cdot \mu)(F) = 0$.

反之，设 $(\chi_E \cdot \mu)(F) = \mu(E \cap F) = 0$，显然，在 $(F \backslash E)$ 上，$\rho(t) = 0$，于是

$$\nu(F) = \int_F \rho(t) d\mu(t) = \int_{F \cap E} \rho(t) d\mu(t) = 0.$$

证毕.

定理 5.4.15 设 A 是有单位元的交换 c^*-代数，Ω 是它的谱空间，$\{\pi, \mathscr{H}\}$ 是 A 的非退化 $*$ 表示，并且 $\pi(A)'$ 是 σ-有限的，则在测度的等价意义下，在 Ω 上有唯一的正则 Borel 测度 μ，及在 p.p.μ 的意义下，在 Ω 上有唯一的重数函数 $n(\cdot)$，使得 $*$ 表示 π 与 $\Phi_{\mu,n}$ 酉等价. 此外，π 是忠实的，当且仅当，$\mathrm{supp}\,\mu = \Omega$.

证. 取定理 5.4.11 的测度列 $\{\mu_k\}$. 依定理 5.1.4，有
$$0 \leqslant \rho_k \in L^1(\Omega, \mu),$$
使得 $\mu_k = \rho_k \cdot \mu, \forall k \geqslant 1$，这里 $\mu = \mu_1, \rho_1 = 1$. 再令
$$E_k = \{t \in \Omega | \rho_k(t) > 0\},$$
由于 $\mu_k \succ \mu_{k+1}$，无妨认为
$$\Omega = E_1 \supset E_2 \supset \cdots \supset E_k \supset \cdots.$$

今命
$$n(t) = \begin{cases} k, & \text{如 } t \in E_k \backslash E_{k+1}; \\ \infty, & \text{如 } t \in \bigcap_k E_k. \end{cases}$$
显然 $n(\cdot)$ 是 Ω 上的重数函数，且 $E_k = \{t \in \Omega | n(t) \geqslant k\}, \forall k$. 依引理 5.4.14，$\mu_k \sim \chi_{E_k} \cdot \mu, \forall k$. 因此，$\pi$ 与 $\Phi_{\mu,n}$ 酉等价.

至于 μ 与 $n(\cdot)$ 的唯一性，依定理 5.4.11 的唯一性不难可见. 最后，依命题 5.4.12，π 是忠实的，当且仅当，
$$\Omega = \mathrm{supp}\,\mu_1 = \mathrm{supp}\,\mu.$$

证毕.

注 本节见参考文献 [5]，[21]，[62].

第六章　von Neumann 代数的分类

本章的内容直接与 Murray-von Neumann 的维数理论有关。§1 提出有限投影等的概念，并利用交换投影，把 vN 代数分成有限的、半有限的、真无限的、纯无限的、离散的及连续的，或（I），（II），（III）型，及指出任意 vN 代数可表示成它们的直和（6.1.6，6.1.8）。以下各节，分别研究各类 vN 代数的性质。特别对有限的（§3），半有限的（§5），及离散的（§7）vN 代数的探讨较为详细。例如指出有限 vN 代数上存在正规迹态的完全集（6.3.10），并且有限 vN 代数有到它的中心上的重要映象——中心值的迹（6.3.13）；半有限 vN 代数的正部份上存在忠实的半有限正规迹（6.5.8）；（I）型 vN 代数可分解为（I_n）型 vN 代数的直和（6.7.11）等。§9 讨论 vN 代数张量积的类型（6.9.12）。

§1. vN 代数的分类

定义 6.1.1　设 M 是 Hilbert 空间 $\mathscr{H}$ 中的 vN 代数，M 的投影 p 称为有限的，指若 M 的投影 $q \leqslant p$，并且 $q \sim p$，则 $q = p$。M 的投影 p 称为无限的，指它不是有限的，即存在 M 的投影 $q \lneqq p$，并且 $q \sim p$。M 的投影 p 称为纯无限的，指它不包含任何非零的有限投影，即若 M 的非零投影 $q \leqslant p$，则 q 必是无限的。

M 称为有限的，无限的，纯无限的，分别指它的单位元是有限的，无限的，纯无限的投影。

命题 6.1.2　在 vN 代数 M 中，存在最大的有限中心投影 z_1。

证．记 $z_1 = \sup\{z \,|\, z$ 是 M 的有限中心投影$\}$，只须证明 z_1 是有限的。设 M 的投影 $p \leqslant z_1$，且 $p \sim z_1$，又若 z 是 M 的任意有限中心投影，于是，$z = z z_1 \sim z p \leqslant z$，所以，$pz = z$，即 $p \geqslant z$。

从而 $z_1 = p$，因此，z_1 是有限的．证毕．

命题 6.1.3 设 p, q 是 vN 代数 M 的投影，并且 $p \geqslant q$ 及 p 是有限的，则 q 也是有限的．

证．设有 M 的部分等距元 v，使得 $v^*v = q$，$vv^* = q_1 \leqslant q$．令 $u = v + (p - q)$，则 $u^*u = p$，$uu^* = (p - q) + q_1 \leqslant p$．但 p 是有限的，因此，$(p - q) + q_1 = p$，即 $q_1 = q$，从而，q 也是有限的．证毕．

命题 6.1.4 在 vN 代数 M 中，存在最大的纯无限中心投影 z_3．

证．命 $z_3 = \sup \{z \mid z$ 是 M 的纯无限中心投影$\}$，只须证明 z_3 是纯无限的．设 p 是 M 的有限投影，并且 $p \leqslant z_3$，而 z 是任意的纯无限中心投影．依命题 6.1.3，pz 也是有限的，但 $pz \leqslant z$，因此，$pz = 0$．从而，$p = pz_3 = 0$．证毕．

定义 6.1.5 vN 代数 M 称为半有限的，指 $z_3 = 0$，即任何中心投影都不能是纯无限的．M 称为真无限的，指 $z_1 = 0$，即任何非零中心投影都是无限的．

M 的投影 p 称为半有限或真无限的，指 vN 代数 M_p 是半有限或真无限的．

定理 6.1.6 任何 vN 代数 M 可唯一分解为

$$M = M_1 \oplus M_2 \oplus M_3,$$

其中 $M_1 = Mz_1$ 是有限的 vN 代数，$M_3 = Mz_3$ 是纯无限的 vN 代数，$M_2 = Mz_2$ 是半有限且真无限的 vN 代数，$z_1 + z_2 + z_3 = 1$．

证．由命题 6.1.2 及 6.1.4，可见能够这样分解．今若 $M = Mp_1 \oplus Mp_2 \oplus Mp_3$ 是这样的另一个分解，自然 $p_1 \leqslant z_1$，$p_3 \leqslant z_3$．中心投影 $(z_1 - p_1)p_i$ 应该是有限的，$i = 2, 3$，但依 Mp_2，Mp_3 的性质，必然有 $(z_1 - p_1)p_2 = 0$，$i = 2, 3$．因此，$z_1 = p_1$．同样，中心投影 $(z_3 - p_3)p_i$ 如非零，则必纯无限，$i = 1, 2$，但 Mp_1，Mp_2 不包含纯无限中心投影，因此，$(z_3 - p_3)p_i = 0$，$i = 1, 2$．因此，$z_3 = p_3$．证毕．

定义 6.1.7 vN 代数 M 称为离散的，指 M 的每个非零中心投影都包含非零的交换投影. M 称为连续的, 指 M 不包含任何非零的交换投影.

离散的 vN 代数也称为 (I) 型的; 纯无限的 vN 代数也称为 (III) 型的; 半有限且连续的 vN 代数称为 (II) 型的; 有限的 (II) 型 vN 代数也称为 (II₁) 型的; 真无限的 (II) 型 vN 代数又称为 (II_∞) 型的.

离散的概念与连续的概念显然相互排斥, 因此, (I) 型与 (II) 型的概念互不相容. 半有限与纯无限相互排斥, 因此, (II) 型与 (III) 型的概念互不相容. 容易证明交换投影必是有限的, 因此, (I) 型 vN 代数必是半有限的. 从而, (I) 型与 (III) 型的概念也互不相容.

定理 6.1.8 任何 vN 代数 M 可唯一分解成
$$M = M_1 \oplus M_2 \oplus M_3,$$
其中 $M_i = Mz_i$, $i = 1, 2, 3$ 分别是 (I), (II), (III) 型的 vN 代数, 且 $z_1 + z_2 + z_3 = 1$.

证. 依命题 6.1.4, M 有最大的纯无限中心投影 z_3, 于是, $M_3 = Mz_3$ 是 (III) 型的.

记 $z_1 = \sup\{z \mid z$ 是 M 的中心投影, 使得 Mz 是 (I) 型的}. 如果 p 是 M 的非零中心投影, 并且 $p \leqslant z_1$, 于是必有 M 的中心投影 z, 使得 Mz 是 (I) 型的, 并且 $pz \neq 0$. 由此, pz 是 (I) 型 vN 代数 Mz 的非零中心投影, 所以有 Mz 的非零交换投影 $q \leqslant pz \leqslant p$. q 当然也是 Mz_1 的交换投影, 因此, $M_1 = Mz_1$ 是 (I) 型的.

由于交换投影是有限的, 因此, $z_1 z_3 = 0$.

令 $z_2 = 1 - z_1 - z_3$, 自然 $M_2 = Mz_2$ 是半有限的. 如果 p 是 M_2 的非零交换投影, 于是 $c(p) \leqslant z_2$. 我们说 $Mc(p)$ 是 (I) 型的. 事实上, 设 z 是 $Mc(p)$ 的非零中心投影, 依命题 1.5.8, $zp \neq 0$. 注意 $(pMp)z = zp(Mc(p))zp$, 因此, z 包含非零交换投影 zp. 从而, $Mc(p)$ 是 (I) 型的. 今依 z_1 的定义, $c(p) \leqslant z_1$. 这与 $c(p) \leqslant z_2$ 相矛盾. 因此, M_2 不包含任何非零的交换投影, 即 M_2 是 (II) 型的.

此外,由于 z_1, z_3 的极大性,仿定理 6.1.6 的证明,可见分解为 (I), (II), (III) 型的直和是唯一的. 证毕.

定理 6.1.9 任何 vN 代数可唯一分解为

$$M = M_{11} \oplus M_{12} \oplus M_{21} \oplus M_{22} \oplus M_3,$$

其中 M_{11} 是有限 (I) 型的, M_{12} 是真无限 (I) 型 (也必是半有限), M_{21} 是 (II_1) 型的, M_{22} 是 (II_∞) 型的(也必是半有限), M_3 是 (III) 型的. 特别地,因子只呈上面所说的五种形态.

注 本节见参考文献 [15], [21], [55], [74].

§2. vN 代数的遍历型定理

设 $\mathcal{H}$ 是 Hilbert 空间, $h^* = h \in B(\mathcal{H})$, p 是 $\mathcal{H}$ 中的投影,并且 $ph = hp$, 命

$$M_p(h) = \sup \{\langle h\xi, \xi\rangle | \xi \in p\mathcal{H}, \|\xi\| = 1\},$$

$$m_p(h) = \inf \{\langle h\xi, \xi\rangle | \xi \in p\mathcal{H}, \|\xi\| = 1\},$$

$$\omega_p(h) = M_p(h) - m_p(h),$$

即 $M_p(h)$, $m_p(h)$ 分别是 h 限于 $p\mathcal{H}$ 时的最大,最小谱点. 如果 $p = 1$, $M_1(h) m_1(h)$, $\omega_1(h)$ 分别简记为 $M(h)$, $m(h)$, $\omega(h)$. 如果 $\mathcal{F}$ 是一族与 h 相交换的投影,记

$$\omega_{\mathcal{F}}(h) = \sup \{\omega_p(h) | p \in \mathcal{F}\}.$$

引理 6.2.1 设 M 是 $\mathcal{H}$ 中的 vN 代数, $Z = M \cap M'$, $h^* = h \in M$, 则存在投影 $z \in Z$ 及自伴西元 $u \in M$, 使得

$$\max \left\{ \omega_z \left(\frac{1}{2} (h + uhu^{-1}) \right), \right.$$

$$\left. \omega_{1-z} \left(\frac{1}{2} (h + uhu^{-1}) \right) \right\} \leqslant \frac{3}{4} \omega(h).$$

证. 记 $n(h) = \frac{1}{2} (M(h) + m(h))$, 谱分解 $h = \int \lambda de_\lambda$, 自然 $e = e_{n(h)}$, $f = 1 - e$ 都是 M 的投影,并且 $M_e(h) \leqslant n(h)$, $m_f(h) \geqslant n(h)$. 对 e, f 使用定理 1.5.4, 有 M 的中心投影 z, 使得

· 258 ·

$$ez \lesssim fz, \quad fz' \lesssim ez',$$

这里 $z' = 1 - z$. 因此有 M 的部分等距元 v, w, 使得

$$v^*v = ez, \quad vv^* = f_1 \leqslant fz, \quad w^*w = fz',$$
$$ww^* = e_1 \leqslant ez'.$$

令 $u = v + v^* + w + w^* + (1 - ez - f_1 - fz' - e_1)$, 由于

$$\mathcal{H} = (ez\mathcal{H} \oplus f_1\mathcal{H}) \oplus (fz - f_1)\mathcal{H}$$
$$\oplus (fz'\mathcal{H} \oplus e_1\mathcal{H}) \oplus (ez' - e_1)\mathcal{H},$$

可见 u 是 M 的自伴酉元. 今证明 u, z 满足要求.

由于

$$hz \geqslant m(h)ez + n(h)fz$$
$$= m(h)ez + n(h)f_1 + n(h)(fz - f_1),$$

依 u 的定义,

$$(uhu^{-1})z \geqslant m(h)f_1 + n(h)ez + n(h)(fz - f_1)$$

因此,

$$\frac{1}{2}(h + uhu^{-1})z \geqslant \frac{1}{2}(m(h) + n(h))(f_1 + ez)$$
$$+ n(h)(fz - f_1) \geqslant \frac{1}{2}(m(h) + n(h))z.$$

注意

$$M(h) - \frac{3}{4}\omega(h) = \frac{1}{4}M(h) + \frac{3}{4}m(h)$$
$$= \frac{1}{2}\left\{ m(h) + \frac{1}{2}(M(h) + m(h)) \right\}$$
$$= \frac{1}{2}(m(h) + n(h)).$$

从而

$$M(h)z \geqslant \frac{1}{2}(h + uhu^{-1})z$$
$$\geqslant \left(M(h) - \frac{3}{4}\omega(h) \right)z,$$

即有

$$\omega_z\left(\frac{1}{2}(h + uhu^{-1})\right) \leqslant \frac{3}{4}\omega(h).$$

同样

$$hz' \leqslant n(h)ez' + M(h)fz'$$
$$= n(h)e_1 + M(h)fz' + n(h)(ez' - e_1),$$
$$(uhu^{-1})z' \leqslant n(h)fz' + M(h)e_1 + n(h)(ez' - e_1).$$

所以，

$$m(h)z' \leqslant \frac{1}{2}(h + uhu^{-1})z'$$
$$\leqslant \frac{1}{2}(n(h) + M(h))(fz' + e_1)$$
$$+ n(h)(ez' - e_1) \leqslant \frac{1}{2}(n(h)$$
$$+ M(h))z' = \left(m(h) + \frac{3}{4}\omega(h)\right)z'.$$

从而，

$$\omega_{1-z}\left(\frac{1}{2}(h + uhu^{-1})\right) \leqslant \frac{3}{4}\omega(h).$$

证毕.

引理 6.2.2　设 h 是 vN 代数 M 的自伴元，$\mathscr{F}$ 是 $Z = M \cap M'$ 的相互直交、和为 1 的投影有限族，则有 Z 的另一个相互直交、和为 1 的投影有限族 $\mathscr{F}'$ 及 M 的自伴酉元 u，使得

$$\omega_{\mathscr{F}'}\left(\frac{1}{2}(h + uhu^{-1})\right) \leqslant \frac{3}{4}\omega_{\mathscr{F}}(h).$$

证.　设 $\mathscr{F} = \{z_1, \cdots, z_n\}(\subset Z)$，$z_i z_j = 0$，$\forall i \neq j$，

$$\sum_{i=1}^{n} z_i = 1.$$

对每个 i，在 $M_i = Mz_i$ 中，对 $h_i = hz_i$ 使用引理 6.2.1，于是有 M_i 的中心投影 c_{i1}，$c_{i2} = z_i - c_{i1}$，及 M_i 的自伴酉元 u_i，使得

$$\omega_{c_{ij}}\left(\frac{1}{2}(h_i + u_i h_i u_i^*)\right) \leqslant \frac{3}{4}\omega_{z_i}(h), \quad j = 1, 2.$$

令 $u = \sum\limits_{i=1}^{n} u_i$，它是 M 的自伴酉元，并且

$$\omega_{c_{ij}}\left(\frac{1}{2}\,(h + uhu^{-1})\right) \leqslant \frac{3}{4}\,\omega_{\mathscr{F}_i}(h)$$

$$\leqslant \frac{3}{4}\,\omega_{\mathscr{F}}(h),\ \forall i, j.$$

再命 $\mathscr{F}' = \{c_{ij} \mid 1 \leqslant i \leqslant n,\ j = 1, 2\}$，即有

$$\omega_{\mathscr{F}'}\left(\frac{1}{2}\,(h + uhu^{-1})\right) \leqslant \frac{3}{4}\,\omega_{\mathscr{F}}(h).$$

证毕.

定义 6.2.3　设 M 是 vN 代数，G 是 M 的酉元全体，记 $\mathbb{C}$ 为 G 上这样的非负函数 f 的全体，除去有限个点外，f 恒取值 0，并且 $\sum\limits_{u \in G} f(u) = 1$.

对 $f \in \mathbb{C}$ 及 $a \in M$，记 $f \cdot a = \sum\limits_{u \in G} f(u) u a v^{-1}$.

对 $f, g \in \mathbb{C}$，定义 $(f * g)(\cdot) = \sum\limits_{u \in G} f(u) g(u^{-1} \cdot)$，易见 $f * g$ 仍然 $\in \mathbb{C}$，并且对任何的 $a \in M$，$(f * g) \cdot a = f \cdot (g \cdot a)$.

引理 6.2.4　设 $h^* = h \in M$，$\varepsilon > 0$，则有

$$f \in \mathbb{C},\ \text{及}\ z \in Z = M \cap M',$$

使得 $\|f \cdot h - z\| < \varepsilon$.

证．依引理 6.2.1，有 M 的中心投影 z，及 $f_1 \in \mathbb{C}$，使得

$$\omega_{\mathscr{F}_1}(f_1 \cdot h) \leqslant \frac{3}{4}\,\omega(h),$$

这里 $\mathscr{F}_1 = \{z, 1 - z\}$. 今归纳假设：对 j，有 Z 的相互直交、和为 1 的投影有限族 $\mathscr{F}_j$，及 $f_j \in \mathbb{C}$，使得

$$\omega_{\mathscr{F}_j}(f_j \cdot h) \leqslant \left(\frac{3}{4}\right)^j \omega(h).$$

对 $f_j \cdot h$ 及 $\mathscr{F}_j$ 使用引理 6.2.2，则又有 Z 的相互直交、和为 1 的投影有限族 $\mathscr{F}_{j+1}$，及 $g \in \mathbb{C}$，使得

$$\omega_{\mathcal{F}_{j+1}}(g \cdot (f_j \cdot h)) \leqslant \frac{3}{4} \omega_{\mathcal{F}_j}(f_j \cdot h)$$

$$\leqslant \left(\frac{3}{4}\right)^{j+1} \omega(h),$$

因此,对于任何正整数 k, 都有 Z 的相互直交、和为 1 的投影有限族 $\mathcal{F}_k$ 及 $f_k \in \mathbb{C}$, 使得

$$\omega_{\mathcal{F}_k}(f_k \cdot h) \leqslant \left(\frac{3}{4}\right)^k \omega(h).$$

今取 k 充分大, 使得 $\left(\frac{3}{4}\right)^k \omega(h) < \varepsilon$. 对任意的 $c \in \mathcal{F}_k$, 令 $\lambda_c = \|(f_k \cdot h)|c\mathcal{H}\|$, 则 $\|(f_k \cdot h)c - \lambda_c c\| \leqslant \omega_c(f_k \cdot h)$. 于是, 取 $f = f_k$, $z = \sum_{c \in \mathcal{F}_k} \lambda_c c$, 则

$$\|f \cdot h - z\| = \max_{c \in \mathcal{F}_k} \|(f \cdot h)c - \lambda_c c\|$$

$$\leqslant \omega_{\mathcal{F}_k}(f_k \cdot h) \leqslant \left(\frac{3}{4}\right)^k \omega(h) < \varepsilon.$$

证毕.

引理 6.2.5 设 $\{a_1, \cdots, a_n\} \subset M$, $\varepsilon > 0$, 则有
$$f \in \mathbb{C}, \ \ \text{及} \ \{z_1, \cdots, z_n\} \subset Z,$$
使得 $\|f \cdot a_k - z_k\| < \varepsilon$, $1 \leqslant k \leqslant n$.

证. 无妨设诸 a_k 是自伴的, 当 $n = 1$ 时, 即为引理 6.2.4. 归纳设对 n 已成立.

今对于 $a_1, \cdots, a_{n+1} \in M$, 先取 $z_1, \cdots, z_n \in Z$, 及 $f \in \mathbb{C}$, 使得 $\|f \cdot a_k - z_k\| < \varepsilon$, $1 \leqslant k \leqslant n$. 对元 $f \cdot a_{n+1}$, 依引理 6.2.4, 又有 $g \in \mathbb{C}$, 及 $z_{n+1} \in Z$, 使得 $\|g \cdot (f \cdot a_{n+1}) - z_{n+1}\| < \varepsilon$. 但当 $1 \leqslant k \leqslant n$ 时, 由于 $z_k \in Z$,

$$\|g \cdot (f \cdot a_k) - z_k\| = \|g \cdot (f \cdot a_k - z_k)\|$$

$$\leqslant \|f \cdot a_k - z_k\| < \varepsilon.$$

所以, $\|(g * f) \cdot a_k - z_k\| < \varepsilon$, $1 \leqslant k \leqslant n+1$. 证毕.

引理 6.2.6 设 $\{a_k\} \subset M$, 则有 $\{z_k\} \subset Z$, 及 $\{f_n\} \subset \mathbb{C}$, 使得 $\|f_n \cdot a_k - z_k\| \to 0$, $\forall k$.

证. 依引理 6.2.5, 对 a_1, 可取 $g_1 \in \mathfrak{C}$ 及 $z_{11} \in Z$, 使得

$$\|g_1 \cdot a_1 - z_{11}\| < \frac{1}{2}.$$

对 $g_1 \cdot a_1, g_1 \cdot a_2$, 又可取 $g_2 \in \mathfrak{C}$, 及 $z_{12}, z_{22} \in Z$, 使得

$$\|(g_2 * g_1) \cdot a_k - z_{k2}\| < \frac{1}{2^2}, \ k = 1, 2. \cdots,$$

一般有 $g_1, \cdots, g_n \in \mathfrak{C}$, $z_{kn} \in Z$, 使得

$$\|(g_n * \cdots * g_1) \cdot a_k - z_{kn}\| < \frac{1}{2^n}, \ 1 \leqslant k \leqslant n.$$

令 $f_n = g_n * \cdots * g_1$, 由于 $z_{kn} \in Z$, 因此对 $1 \leqslant k \leqslant n$

$$\|f_{n+1} \cdot a_k - z_{kn}\| = \|g_{n+1} \cdot (f_n \cdot a_k - z_{kn})\|$$

$$\leqslant \|f_n \cdot a_k - z_{kn}\| < \frac{1}{2^n}.$$

从而, $\|f_{n+1} \cdot a_k - f_n \cdot a_k\| < \frac{1}{2^{n-1}}, \ 1 \leqslant k \leqslant n.$ 这表明对每个

k, $\{f_n \cdot a_k\}$ 是 Cauchy 列, 进而 $\{z_{kn}\}$ 也是 Cauchy 列. 设 $z_{kn} \to z_k (\in Z)$, 则 $\|f_n \cdot a_k - z_k\| \to 0, \ \forall k.$ 证毕.

定理 6.2.7 设 M 是 vN 代数, $Z = M \cap M'$, $a \in M$, 记

$$K(a) = \overline{\{f \cdot a \mid f \in \mathfrak{C}\}} \cap Z,$$

这里 $\overline{\{\cdots\}}$ 表示 $\{\cdots\}$ 依范数的闭包, 则 $K(a) \neq \varnothing$.

证. 依引理 6.2.6, 对 a, 有 $z \in Z$ 及 $\{f_n\} \subset \mathfrak{C}$, 使得

$$\|f_n \cdot a - z\| \to 0.$$

因此, $K(a) \neq \varnothing$. 证毕.

命题 6.2.8 沿用定理 6.2.7 的记号, 则:

1) $K(a_1 + a_2) \subset \overline{K(a_1) + K(a_2)}, \ \forall a_1, a_2 \in M$;

2) $K(za) \subset \overline{zK(a)}, \ \forall a \in M, \ z \in Z.$

证. 1) 设 $z \in K(a_1 + a_2)$, 则对任意的 $\varepsilon > 0$, 有 $f \in \mathfrak{C}$, 使得 $\|f \cdot (a_1 + a_2) - z\| < \varepsilon.$ 对 $\{f \cdot a_1, f \cdot a_2\}$ 使用引理 6.2.6, 则有 $g \in \mathfrak{C}$, 及 $z_i \in K(f \cdot a_i) \subset K(a_i)$, 使得

$$\|g \cdot (f \cdot a_i) - z_i\| < \varepsilon, \ i = 1, 2,$$

但 $\|g \cdot (f \cdot (a_1 + a_2)) - z\| \leqslant \|f \cdot (a_1 + a_2) - z\| < \varepsilon$, 因此,

$\|z - (z_1 + z_2)\| < 3\varepsilon$. 即说明 $K(a_1 + a_2) \subset \overline{K(a_1) + K(a_2)}$.

2) 设 $c \in K(za)$, 则对任意的 $\varepsilon > 0$, 有 $f \in \mathfrak{C}$, 使得

$$\|f \cdot (za) - c\| < \varepsilon.$$

对 $f \cdot a$, 依定理 6.2.7, 有 $g \in \mathfrak{C}$, 及 $c_1 \in K(f \cdot a) \subset K(a)$, 使得 $\|g \cdot (f \cdot a) - c_1\| < \varepsilon$. 于是,

$$\|zc_1 - c\| \leqslant \|z((g * f) \cdot a) - c_1\|$$
$$+ \|z((g * f) \cdot a) - zc_1\|$$
$$\leqslant \|g \cdot (f \cdot (za) - c)\| + \|z\|$$
$$\cdot \|g \cdot (f \cdot a) - c_1\| < \varepsilon(1 + \|z\|).$$

即说明 $K(za) \subset \overline{zK(a)}$. 证毕.

注 本节见参考文献 [12], [21].

§3. 有限的 vN 代数

命题 6.3.1 1) vN 代数 M 是有限的,当且仅当,如果 $v \in M$, 并且 $v^*v = 1$, 则 $vv^* = 1$; 2) 设 M 是有限的 vN 代数, p, p' 分别是 M, M' 的投影,则 $M_p, M_{p'}$ 都是有限的; 3) 如果 $M = \sum_l \oplus M_l$, 则 M 是有限的,当且仅当, M_l 是有限的, $\forall l$.

证. 1) 由 vv^* 也是投影立见.

2) 依命题 6.1.3, p 是有限投影,因此, M_p 是有限的. 今设 $c(p')$ 是 p' 在 M' 中的中心覆盖,于是 $M_{p'}$ 与 $Mc(p') *$ 同构. 当然 $Mc(p')$ 是有限的,因此 $M_{p'}$ 也是有限的.

3) 必要性由 2) 立见. 反之设 M_l 是有限的, 及 $M_l = Mz_l$, $\forall l$. 如果 p 是 M 的投影,且 $p \sim 1$, 于是 $pz_l \sim z_l$, $\forall l$. 但 z_l 是有限的,因此, $pz_l = z_l$, $\forall l$, 所以, $p = 1$, 即 M 是有限的. 证毕.

命题 6.3.2 设 M 是有限的 vN 代数, M 的投影 $p_i \sim q_i$, $i = 1, 2$, 并且 $p_1 \leqslant p_2$, $q_1 \leqslant q_2$, 则

$$(p_2 - p_1) \sim (q_2 - q_1).$$

证. 依定理 1.5.4, 有 M 的中心投影 z, 使得

$$(p_2 - p_1)z \lesssim (q_2 - q_1)z,$$

$$(q_2 - q_1)(1 - z) \lesssim (p_2 - p_1)(1 - z),$$

如果 $(p_2 - p_1)z \sim q \lneq (q_2 - q_1)z$, 则

$$p_2 z = (p_1 z + (p_2 - p_1)z) \sim (q_1 z + q) \lneq q_2 z,$$

但 $p_2 z \sim q_2 z$, 因此, $q_2 z \sim (q_1 z + q) \lneq q_2 z$, 这与 $q_2 z$ 是有限投影相矛盾. 所以, $(p_2 - p_1)z \sim (q_2 - q_1)z$. 同证

$$(p_2 - p_1)(1 - z) \sim (q_2 - q_1)(1 - z),$$

因此, $(p_2 - p_1) \sim (q_2 - q_1)$. 证毕.

下面, 对有限的 vN 代数 M 及其任意元 a, 我们来证明 $K(a)$ (其定义见定理 6.2.7) 只包含一个元. 为此, 需要作一些准备工作.

定义 6.3.3 vN 代数 M 上的正泛函 φ 称为迹的, 指

$$\varphi(a^*a) = \varphi(aa^*), \quad \forall a \in M.$$

这时对任意的 $a \in M_+$ 及 M 的酉元 u,

$$\varphi(a) = \varphi((ua^{\frac{1}{2}})^* \cdot (ua^{\frac{1}{2}})) = \varphi(uau^*).$$

因此, $\varphi(ab) = \varphi(ba), \quad \forall a, b \in M$.

引理 6.3.4 设 φ 是 M 上的正泛函, 且有正常数 K, 使得对 M 的任意等价的投影 p, q, 有 $\varphi(p) \leqslant K\varphi(q)$, 则

$$\varphi(a^*a) \leqslant K\varphi(aa^*), \quad \forall a \in M.$$

证. 设 $a \in M$, 且 $\|a\| \leqslant 1$, 谱分解

$$a^*a = \int_0^1 \lambda de_\lambda = \lim_n \sum_{i=1}^n \frac{i}{n} p_i^{(n)},$$

这里 $p_i^{(n)} = e_{\frac{i}{n}} - e_{\frac{i-1}{n}}$, $1 \leqslant i \leqslant n$. 如果 $a = uh$ 是 a 的极分解, 则 $p_i^{(n)} \leqslant u^*u, \quad \forall n, i$. 由于

$$aa^* = ua^*au^* = \lim_n \sum_{i=1}^n \frac{i}{n} up_i^{(n)}u^*$$

以及 $(up_i^{(n)})^*(up_i^{(n)}) = p_i^{(n)}$, $(up_i^{(n)})(up_i^{(n)})^* = up_i^{(n)}u^*$, 于是

$$\varphi(a^*a) = \lim_n \sum_{i=1}^n \frac{i}{n} \varphi(p_i^{(n)})$$

$$\leqslant K \lim_n \sum_{i=1}^n \frac{i}{n}\, \varphi(u p_i^{(n)} u^*)$$

$$= K\varphi(aa^*).$$

证毕.

系 6.3.5 设 φ 是 M 上的正泛函,则 φ 是迹的,当且仅当,对 M 的任意等价的投影 p,q,有 $\varphi(p)=\varphi(q)$.

引理 6.3.6 设 M 是有限的 vN 代数,p 是 M 的非零投影,n 是正整数,则存在 M 的非零投影 p_0,及 $M_0=M_{p_0}$ 上忠实的正规态 φ_0,使得

$$p_0\leqslant p,\quad \varphi_0(a^*a)\leqslant\left(1+\frac{1}{n}\right)\varphi_0(aa^*),\quad \forall a\in M_0.$$

证. 任意取 M_p 上的正规态 ψ,命 $\varphi(x)=\psi(pxp)$,$\forall x\in M$,则 φ 是 M 上的正规态,并且其支持 $s(\varphi)\leqslant p$. 用 $s(\varphi)$ 代替 p 考虑问题,可以认为 $s(\varphi)=p$,即 M_p 上有忠实的正规态 φ.

如果对于 M_p 的任意等价投影 q_1,q_2,有 $\varphi(q_1)=\varphi(q_2)$,依系 6.3.5,取 $\varphi_0=\varphi$,$p_0=p$,即满足要求. 若否,依 Zorn 辅理,在 M_p 中存在相互直交的投影极大族 $\{e_l\}$,$\{f_l\}$,使得

$$e_l\sim f_l,\quad \varphi(e_l)>\varphi(f_l),\quad \forall l.$$

记 $e_1=\sum_l e_l$,$f_1=\sum_l f_l$,则 $\varphi(e_1)>\varphi(f_1)$,特别地,$f_1\precsim p$. 由于 $e_1\sim f_1$,依命题 6.3.2,$(p-e_1)\sim(p-f_1)$,因此,$e_1\precsim p$. 由于族 $\{e_l\}$,$\{f_l\}$ 的极大性,对任意的等价投影 e,f,如果

$$e\leqslant p-e_1,\quad f\leqslant p-f_1,$$

则 $\varphi(e)\leqslant\varphi(f)$. 命

$$\mu_0=\inf\left\{\mu\ \middle|\ \begin{array}{l}\mu>0,\ \text{对任意等价的投影}\ e,f,\ \text{并且}\\ e\leqslant p-e_1,\ f\leqslant p-f_1,\ \text{有}\ \varphi(e)\leqslant\mu\varphi(f)\end{array}\right\},$$

显然 $\mu_0\leqslant 1$. 我们说 $0<\varphi(p-e_1)\leqslant\mu_0$. 事实上,如果 $\varphi(p-e_1)>\mu_0$,则有 μ,$\mu_0\leqslant\mu<\varphi(p-e_1)$,使得对于任何等价的投影 e,f,并且 $e\leqslant p-e_1$,$f\leqslant p-f_1$,有 $\varphi(e)\leqslant\mu\varphi(f)$. 特别,$\varphi(p-e_1)\leqslant\mu\varphi(p-f_1)<\varphi(p-e_1)\varphi(p-f_1)$. 但显然 $\varphi(p-$

$f_1) = 1$, 矛盾. 因此, $0 < \varphi(p - e_1) \leqslant \mu_0$.

现在取 $\varepsilon > 0$, 使得 $0 < (\mu_0 - \varepsilon)^{-1}\mu_0 \leqslant 1 + \dfrac{1}{n}$. 依照 μ_0 的定义, 必存在等价的投影 e_2, f_2, 并且 $e_2 \leqslant p - e_1, f_2 \leqslant p - f_1$, 使得 $\varphi(e_2) > (\mu_0 - \varepsilon)\varphi(f_2)$. 自然 e_2, f_2 均非零. 今我们指出, 存在等价的非零投影 $e_3, f_3, e_3 \leqslant e_2, f_3 \leqslant f_2$, 使得对任何等价的投影 e, f, 并且 $e \leqslant e_3, f \leqslant f_3$, 有 $\varphi(e) \geqslant (\mu_0 - \varepsilon)\varphi(f)$. 事实上, 如果这样的 e_3, f_3 不存在, 特别 e_2, f_2 不能是这样的 e_3, f_3, 因此有等价的投影 $e, f, e \leqslant e_2, f \leqslant f_2$, 而 $\varphi(e) < (\mu_0 - \varepsilon)\varphi(f)$. 继而 $e_2 - e, f_2 - f$ 也不能是这样的 e_3, f_3, 又有$\cdots$, 依 Zorn 辅理, 可写 $e_2 = \sum_t \oplus e_t, f_2 = \sum_t \oplus f_t, e_t \sim f_t$, 并且.

$$\varphi(e_t) < (\mu_0 - \varepsilon)\varphi(f_t), \quad \forall t.$$

由于 φ 是正规的, 因此, $\varphi(e_2) < (\mu_0 - \varepsilon)\varphi(f_2)$, 这与 e_2, f_2 的性质相矛盾. 所以, 所要求的 e_3, f_3 必存在.

设 $v \in M_p, v^*v = e_3, vv^* = f_3$, 并命

$$\phi(x) = \varphi(v^*xv), \quad \forall x \in f_3 M f_3,$$

由于 φ 在 M_p 上是忠实的, 因此, $\phi(f_3) = \varphi(e_3) > 0$. 如果 r, q 是 $f_3 M f_3$ 的等价投影, 由于 $(v^*q)^*(v^*q) = q$, 因此在 M_p 中, $r \sim q \sim v^*qv$, 并且 $v^*qv \leqslant e_3$. 依 e_3, f_3 的性质及 μ_0 的定义.

$$(\mu_0 - \varepsilon)\varphi(r) \leqslant \varphi(v^*qv) \leqslant \mu_0\varphi(r).$$

特别地, $(\mu_0 - \varepsilon)\varphi(r) \leqslant \varphi(v^*rv) \leqslant \mu_0\varphi(r)$. 从而,

$$\phi(q) \leqslant \mu_0\varphi(r) \leqslant \frac{\mu_0}{\mu_0 - \varepsilon} \phi(r)$$

$$\leqslant \left(1 + \frac{1}{n}\right) \phi(r).$$

命 $p_0 = f_3 (\leqslant p)$, 及

$$\varphi_0(x) = \phi(f_3)^{-1}\phi(x), \quad \forall x \in M_0 = M_{p_0},$$

显然 φ_0 是 M_0 上的正规态, 如果 $x \in M_0$, 使得 $\varphi_0(x^*x) = 0$, 由于 φ 在 M_p 上是忠实的, 因此, $xv = 0$. 从而, $x = xf_3 = xvv^* = 0$, 即 φ_0 在 M_0 上是忠实的. 前面也已指出, 对 M_0 的任何等价投影

r, q, 有

$$\varphi_0(q) \leqslant \left(1 + \frac{1}{n}\right) \varphi_0(r),$$

于是依引理 6.3.4, $\varphi_0(a^*a) \leqslant \left(1 + \frac{1}{n}\right) \varphi_0(aa^*), \ \forall a \in M_0$. 证毕.

引理 6.3.7 设 M 是有限的 vN 代数，则对任何的正整数 n, 有 M 上的正规态 ψ_n, 使得

$$\psi_n(x^*x) \leqslant \left(1 + \frac{1}{n}\right) \psi_n(xx^*), \ \forall x \in M.$$

证. 依引理 6.3.6, 有 M 的非零投影 p_0, 及 M_{p_0} 上忠实的正规态 φ_0, 使得

$$\varphi_0(a^*a) \leqslant \left(1 + \frac{1}{n}\right) \varphi_0(aa^*), \ \forall a \in M_{p_0}.$$

设 $\{p_1, \cdots, p_m\}$ 是 M 的相互直交的投影极大族，使得 $p_i \sim p_0$, $1 \leqslant i \leqslant m$ (注意 M 是有限的，因此, m 必有限). 依定理 1.5.4, 有 M 的中心投影 z, 使得

$$\left(1 - \sum_i p_i\right) z \precsim p_0 z,$$

$$p_0(1 - z) \precsim \left(1 - \sum_i p_i\right)(1 - z)$$

由于 $\{p_i\}$ 的极大性, $p_0 z \neq 0$.

设 $v_i^* v_i = p_0 z, \ v_i v_i^* = p_i z, \ 1 \leqslant i \leqslant m, \ v_{m+1}^* v_{m+1} \leqslant p_0 z$, 而

$$v_{m+1} v_{m+1}^* = \left(1 - \sum_i p_i\right) z,$$

并命

$$\varphi_n(x) = \sum_{i=1}^{m+1} \varphi_0(v_i^* x v_i), \ \forall x \in M,$$

于是对任意的 $x \in M$,

$$\varphi_n(x^*x) = \sum_{i=1}^{m+1} \varphi_0(v_i^* x^* x v_i) = \sum_{i,j=1}^{m+1} \varphi_0(v_i^* x^* v_j v_j^* x v_i)$$

$$\leqslant \left(1 + \frac{1}{n}\right) \sum_{i,j} \varphi_0(v_j^* x v_i v_i^* x^* v_j)$$

$$= \left(1 + \frac{1}{n}\right) \sum_j \varphi_0(v_j^* x x^* v_j)$$

$$= \left(1 + \frac{1}{n}\right) \varphi_n(x x^*).$$

此外，$\varphi_n(1) \geqslant m\varphi_0(p_0 z)$，但 φ_0 在 M_{p_0} 上是忠实的，因此，$\varphi_n(1) > 0$. 命 $\phi_n(\cdot) = \varphi_n(1)^{-1}\varphi_n(\cdot)$ 即满足要求. 证毕.

定理 6.3.8 设 M 是有限的 vN 代数，则对任意的 $a \in M$，$K(a)$ 包含且仅包含一个元,这里 $K(c)$ 的定义见定理 6.2.7.

证. 依命题 6.2.8,

$$K(a_1 + a_2) \subset \overline{K(a_1) + K(a_2)}, \quad \forall a_1, a_2 \in M.$$

因此,无妨设 $a \geqslant 0$, 及 $\|a\| \leqslant \frac{1}{2}$.

设若 $c_1, c_2 \in K(a)$, 且 $c_1 \not\approx c_2$. 自然 $c_1, c_2 \geqslant 0$, 及 $\|c_1 - c_2\| \leqslant 1$. 谱分解 $c_1 - c_2 = \int_{-1}^1 \mu dz_\mu$, 这里 z_μ 是 M 的中心投影, $\forall \mu$. 由于 $c_1 \not\approx c_2$, 必存在 $\lambda > 0$, 使得 $z_{-\lambda} \not\approx 0$ 或者 $(1 - z_\lambda) \not\approx 0$, 相应命 $z = z_{-\lambda}$ 或者 $(1 - z_\lambda)$, 则

$$c_2 z \geqslant c_1 z + \lambda z \quad \text{或者} \quad c_1 z \geqslant c_2 z + \lambda z.$$

无妨就 $c_1 z \geqslant c_2 z + \lambda z$ 来考虑. 限于 Mz, $c_1 z \not\approx c_2 z$, 并且 $c_1 z$, $c_2 z \in K(az)$, 因此可设 $z = 1$.

取引理 6.3.7 的 ϕ_n, 对于 M 的任意酉元 u,

$$\phi_n(u^* a u) = \phi_n((a^{\frac{1}{2}}u)^*(a^{\frac{1}{2}}u)) \leqslant \left(1 + \frac{1}{n}\right)\phi_n(a),$$

$$\phi_n(a) = \phi_n((a^{\frac{1}{2}}u)(a^{\frac{1}{2}}u)^*) \leqslant \left(1 + \frac{1}{n}\right)\phi_n(u^* a u),$$

因此对于任意的 $f, g \in \mathfrak{C}$ （见定义 6.2.3），

$$\phi_n(f \cdot a) \leqslant \left(1 + \frac{1}{n}\right)\phi_n(a) \leqslant \left(1 + \frac{1}{n}\right)^2 \phi_n(g \cdot a),$$

取 $f_k, g_k \in \mathfrak{C}$, 使得 $f_k \cdot a \to c_1$, $g_k \cdot a \to c_2$, 则

$$\phi_n(c_1) \leqslant \left(1 + \frac{1}{n}\right)^2 \phi_n(c_2).$$

另一方面，$c_1 \geqslant c_2 + \lambda$，因此

$$\phi_n(c_2) + \lambda \leqslant \phi_n(c_1) \leqslant \left(1 + \frac{1}{n}\right)^2 \phi_n(c_2).$$

当 n 充分大时，与 $\lambda > 0$ 相矛盾．因此，$K(a)$ 包含且仅包一个元．证毕．

注．在 §4 末，我们将证明：如果对于 vN 代数 M 的任意元 a，$K(a)$ 仅包含一个元，则 M 必是有限的．

下面用正规迹态来描述有限 vN 代数的特征．

引理 6.3.9 设 M 是有限的 vN 代数，则在 M 上至少有一个正规迹态．

证．设 T 是 M 到 Z 的映象，使得 $K(a) = \{T(a)\}$，$\forall a \in M$．又取 ϕ 为引理 6.3.7 的 ϕ_1，并命

$$\varphi(a) = \phi(T(a)), \quad \forall a \in M.$$

依命题 6.2.8，T 是线性的．依 $K(\cdot)$ 的定义，

$$T(1) = 1, \quad T(M_+) \subset Z_+,$$

因此，φ 是 M 上的态．对 M 的任意酉元 u，显然

$$K(u^*xu) = K(x),$$

由此，$T(x) = T(u^*xu)$．进而 $T(xy) = T(yx)$，$\forall x, y \in M$，所以，φ 也是迹的．

今只须证明 φ 是正规的．设 $\{b_l\}$ 是 M_+ 的有界递增网，$b = \sup_l b_l$，令 $a_l = b - b_l \in M_+$，则 $a_l \xrightarrow{\sigma(M, M_*)} 0$．我们需要证明 $\varphi(a_l) \to 0$．对任意的 $\varepsilon > 0$，由于 ϕ 是正规的，因此有 l_0，使得

$$0 \leqslant \phi(a_l) < \varepsilon, \quad \forall l \geqslant l_0.$$

今取 $f_l \in \mathfrak{C}$，使得 $\|f_l \cdot a_l - T(a_l)\| < \varepsilon$，由于 ϕ 是引理 6.3.7 的 ϕ_1，可见对任意的 $l \geqslant l_0$，

$$0 \leqslant \varphi(a_l) = \phi(T(a_l)) \leqslant \phi(f_l \cdot a_l) + \varepsilon$$
$$= \sum_u f_l(u)\phi(u^*a_lu) + \varepsilon$$

$$\leqslant 2 \sum_u f_l(u)\phi(a_l) + \varepsilon < 3\varepsilon,$$

因此，$\varphi(a_l) \to 0$．证毕．

定理 6.3.1　vN 代数 M 是有限的，必须且只须，在 M 上存在正规迹态的完全集，即对 M 的任意非零正元 a，有 M 上的正规迹态 φ，使得 $\varphi(a) > 0$．

证．设 M 是有限的，取引理 6.3.9 的 φ，其支持 $s(\varphi) = z$ 是 M 的非零中心投影，限于 Mz，φ 是忠实的．$M(I - z)$ 也是有限的，又可施用引理 6.3.9，$\cdots$，依 Zorn 辅理，有 M 上的正规迹态族 $\{\varphi_l\}$，使得 $\{s(\varphi_l)\}$ 是相互直交，和为 1 的中心投影族．易见 $\{\varphi_l\}$ 是完全的．

反之，设 $\mathscr{F}$ 是 M 上正规迹态的完全集．如果 $w \in M$，使得 $w^*w = 1$，$ww^* = p$．于是对任意的 $\varphi \in \mathscr{F}$，
$$\varphi(1 - p) = \varphi(w^*w) - \varphi(ww^*) = 0,$$
因此，$p = 1$，即 M 是有限的．证毕．

下面叙述有限 vN 代数的另一个特征．

引理 6.3.11　设 p 是 vN 代数 M 的投影，$v \in M$，使得
$$v^*v = p, \quad vv^* \lneq p,$$
令
$$q_n = v^n v^{*n}, \quad n = 1, 2, \cdots, \quad q_0 = p,$$
$$e_n = q_n - q_{n+1}, \quad n = 0, 1, 2, \cdots,$$
则 $\{e_n\}$ 是 M 的相互直交且等价的非零投影列，并且 $e_n \xrightarrow{\text{强算子}} 0$．

证．由于 $q_1 < p$，因此，$pv = v$，从而，$v^{*n}v^n = p \ \forall n \geqslant 1$．因而 q_n 均是投影．由于 $q_n q_{n+1} = q_n$，所以，
$$p = q_0 > q_1 \geqslant q_2 \geqslant \cdots,$$
由此，$e_n \perp e_m, \ \forall n \neq m$，及 $e_n \xrightarrow{\text{强算子}} 0$．

命 $u_n = vq_n, \ n = 0, 1, 2, \cdots,$ 则
$$(u_n - u_{n+1})^*(u_n - u_{n+1}) = e_n,$$
$$(u_n - u_{n+1})(u_n - u_{n+1})^* = e_{n+1},$$
因此，$e_n \sim e_{n+1} \ \forall n \geqslant 0$．此外，$e_0 = p - vv^* \neq 0$．证毕．

定理 6.3.12 vN 代数 M 是有限的,必须且只须,$*$ 运算在 M 的有界球中是强算子连续的.

证. 设 M 是有限的,依定理 6.3.10,M 上有正规迹态的完全集 $\mathscr{F}$. 设网 $\{x_l\} \subset M$,$\|x_l\| \leqslant 1$,$\forall l$,及 $x_l \xrightarrow{\text{强算子}} 0$,于是对任意的 $a \in M$ 及 $\varphi \in \mathscr{F}$,

$$|L_a\varphi(x_l x_l^*)| = |\varphi(x_l^* a x_l)| \leqslant \|a\| \varphi(x_l^* x_l) \to 0,$$

只须证明 $[L_a\varphi \mid a \in M, \varphi \in \mathscr{F}]$ 在 M_* 中是稠的,再由 $\|x_l\| \leqslant 1$ ($\forall l$),可见 $x_l x_l^* \xrightarrow{\text{弱算子}} 0$,即 $x_l^* \xrightarrow{\text{强算子}} 0$. 设若 $b \in M$,使得 $L_a\varphi(b) = 0$,$\forall a \in M$,$\varphi \in \mathscr{F}$. 特别,$\varphi(bb^*) = 0$,$\forall \varphi \in \mathscr{F}$. 依 $\mathscr{F}$ 的完全性,$b = 0$.

反之,设 $*$ 运算在 M 的有界球中是强算子连续的. 若 M 不是有限的,则有 $v \in M$,$v^*v = 1$,而 $vv^* \neq 1$. 依引理 6.3.11,有 M 的相互直交且等价的非零投影列 $\{e_n\}$,及 $e_n \xrightarrow{\text{强算子}} 0$. 设 $w_n \in M$,使得 $w_n^* w_n = e_n$,$w_n w_n^* = e_1$. 自然 $w_n \xrightarrow{\text{强算子}} 0$,$\|w_n\| \leqslant 1$. 依假定 $w_n^* \xrightarrow{\text{强算子}} 0$,因此 $e_1 = w_n w_n^* \xrightarrow{\text{弱算子}} 0$. 这与 $e_1 \neq 0$ 相矛盾. 所以 M 是有限的. 证毕

在引理 6.3.9 的证明中,我们曾经定义有限 vN 代数到其中心上的映象 T. 今进一步研究 T 的性质.

定义 6.3.13 设 M 是有限的 vN 代数,M 到 $Z = M \cap M'$ 上的映象 T,使得 $\{T(a)\} = K(a)$,$\forall a \in M$,称为 (M 上)中心值的迹.

命题 6.3.14 设 M 是有限的 vN 代数,$T : M \to Z = M \cap M'$ 是中心值的迹,则

1) T 是 M 到 Z 上范数为 1 且 σ-σ 连续的投影映象,特别 $T(a) \geqslant 0$,$\forall a \in M_+$;$T(za) = zT(a)$,$\forall a \in M$,$z \in Z$;$T(a)^* \cdot T(a) \leqslant T(a^*a)$,$\forall a \in M$;

2) $T(ab) = T(ba)$,$\forall a, b \in M$;

3) $T(a^*a) = 0$,当且仅当,$a = 0$;

4) $\{\varphi(T(\cdot))|\varphi$ 是 M 上的正规态$\}$ 是 M 上正规迹态的完全集；

5) 如果 p,q 是 M 的投影，则 $p\lesssim q$，当且仅当，$T(p)\leqslant T(q)$．

证. 1)(除去 σ-σ 连续性)与 2)均显然.

今设 φ 是 M 上的正规态，我们来证明 $\varphi(T(\cdot))$ 也是正规的(从而必是正规迹态)，由此立见 T 是 σ-σ 连续的．设 $\{a_l\}$ 是 M_+ 的有界递增网，$a=\sup_l a_l$，需要证明 $\varphi(T(a))=\sup_l\varphi(T(a_l))$．但 $\{T(a_l)\}$ 是 Z_+ 的有界递增网，依 φ 的正规性，归结为要证

$$T(a)=\sup_l T(a_l).$$

自然 $T(a)\geqslant\sup_l T(a_l)$．如不相等，则将有 M 的非零中心投影 z 及正数 λ，使得

$$zT(a)\geqslant z\sup_l T(a_l)+\lambda z.$$

设 $\mathscr{F}$ 是 M 上正规迹态的完全集．对任意的 $\varepsilon>0$ 及 l，可取 $f_l\in\mathbb{C}$，使得 $\|f_l\cdot(a-a_l)z-T((a-a_l)z)\|<\varepsilon$．于是对任意的 $\psi\in\mathscr{F}$，

$$|\psi(T((a-a_l)z))|\leqslant|\psi(f_l\cdot(a-a_l)z)|+\varepsilon$$

$$\leqslant\sum_u f_l(u)|\psi(u(a-a_l)zu^*)|+\varepsilon$$

$$=|\psi((a-a_l)z)|+\varepsilon,$$

但 ψ 是正规的，因此，

$$\psi(T(a-a_l)z)\to 0,\quad\forall\psi\in\mathscr{F},$$

即 $\psi(T(a)z)=\lim_l\psi(T(a_l)z)=\psi(z\sup_l T(a_l))$，$\forall\psi\in\mathscr{F}$．另一方面，$\psi(T(a)z)\geqslant\psi(z\sup_l T(a_l))+\lambda\psi(z)$，$\forall\psi\in\mathscr{F}$．所以，$\psi(z)=0$，$\forall\psi\in\mathscr{F}$，这与 $z\neq 0$ 相矛盾．因此，

$$T(a)=\sup_l T(a_l)$$

3) 设 $\vartheta=\{a\in M|T(a^*a)=0\}$，易见 ϑ 是 M 的 $*$ 双侧理想．由于 T 是 σ-σ 连续的，因此，ϑ 是 $s(M,M_*)$ 闭的．依命题

1.7.1，有 M 的中心投影 z，使得 $\vartheta = Mz$. 特别，

$$z = T(z) = T(z^*z) = 0,$$

所以，$\vartheta = \{0\}$.

4) 如果 $a \in M_+$，使得对 M 上任意的正规态 φ，有

$$\varphi(T(a)) = 0.$$

于是 $T(a) = 0$，依 3)，$a = 0$.

5) 如果 $p \sim q_1 \leqslant q$，依 2) $T(p) = T(q_1) \leqslant T(q)$. 反之设 $T(p) \leqslant T(q)$. 依定理 1.5.4，有 M 的中心投影 z，使得

$$pz \lesssim qz, \quad q(1-z) \lesssim p(1-z)$$

由此易见 $(1-z)T(p) = (1-z)T(q)$. 如果

$$q(1-z) \sim p_1 \leqslant p(1-z),$$

则 $T(p(1-z) - p_1) = 0$. 依 3)，$p(1-z) \sim p_1$，即

$$q(1-z) \sim p(1-z).$$

因此，$p \lesssim q$. 证毕.

现在讨论 σ-有限的有限 vN 代数.

命题 6.3.15 设 M 是 vN 代数，则下列是等价的：

1) M 是 σ-有限的，并且是有限的；

2) M 是有限的，$Z = M \cap M'$ 是 σ-有限的；

3) M 上有忠实的正规迹态.

证. 由定理 6.3.10 及命题 1.14.2，3) 蕴含 1). 1) 蕴含 2) 是显然的. 今设 2) 成立，于是 Z 上有忠实的正规态 ϕ，令

$$\varphi(a) = \phi(T(a)), \quad \forall a \in M.$$

由命题 6.3.14，φ 将是 M 上忠实的正规迹态. 证毕.

命题 6.3.16 设 M 是有限的 vN 代数，则 M 可以分解为 σ-有限的有限 vN 代数的直和. 特别地，有限的因子必是 σ-有限的.

证. 在定理 6.3.10 的证明中，已指出 M 上有正规迹态族 $\{\varphi_l\}$，使得 $\{s(\varphi_l)\}$ 为相互直交且和为 1 的中心投影族. 命

$$M = \sum_l \oplus M_l, \quad M_l = Mz_l,$$

依命题 6.3.15，M_l 是 σ-有限且有限的，$\forall l$. 证毕.

注 本节见参考文献 [12]，[52]，[91]，[97].

§4. 真无限的 vN 代数

命题 6.4.1 设 $M = \sum_l \oplus M_l$，则 M 是真无限的，当且仅当，每个 M_l 都是真无限的.

证. 必要性显然. 反之设每个 $M_l = M z_l$ 都是真无限的，而 z 是 M 的有限中心投影，则 $z z_l$ 是 M_l 的有限中心投影，因此，$z z_l = 0$，$\forall l$，即 $z = 0$. 证毕.

命题 6.4.2 vN 代数 M 是真无限的，当且仅当，M 上没有正规迹态.

证. 设 φ 是 M 上的正规迹态，则 $s(\varphi)$ 是 M 的非零中心投影，且依命题 6.3.15，$M s(\varphi)$ 是有限的，即 M 不能是真无限的.

反之如果 M 不是真无限的，于是有非零中心投影 z，使得 $M z$ 是有限的. $M z$ 上至少有一个正规迹态 ϕ，令 $\varphi(\cdot) = \phi(\cdot z)$，则 φ 是 M 上的正规迹态. 证毕.

命题 6.4.3 如果 M 是真无限的 vN 代数，则在 M 的有界球中，$*$ 运算不能是强算子连续的.

依定理 6.3.12 立见.

定理 6.4.4 设 M 是 vN 代数，则下列是等价的:

1) M 是真无限的;

2) 存在 M 的相互直交的投影无穷列 $\{p_n\}$，使得

$$\sum_n p_n = 1, \quad p_n \sim 1, \quad \forall n;$$

3) 存在 M 的投影 p，使得 $p \sim (1-p) \sim 1$.

证. 2) 推导 3): 取 $p = \sum_{n=0}^{\infty} p_{2n+1}$ 即可.

3) 推导 1): 设 z 是 M 的任意非零中心投影，则 $pz \sim (1 -$

$p)z \sim z$. 于是 z 不可能是有限的,即 M 是真无限的.

1) 推导 2): 投影 1 是无限的,因此有 $v \in M$, 使得 $v^*v = 1$, $vv^* \lneqq 1$. 令

$$q_n = v^n v^{*n}, \quad e_n = q_n - q_{n+1}, \quad n = 0, 1, 2, \cdots.$$

依引理 6.3.11, $\{e_n\}$ 相互直交,等价且非零.由 Zorn 辅理,可以构造相互直交且等价的投影极大族 $\{e_l | l \in \Lambda\}$, 使得它包含 $\{e_n\}$. 记 $p = 1 - \sum_{l \in \Lambda} e_l$, 依定理 1.5.4, 有 M 的中心投影 z, 使得

$$pz \precsim e_0 z, \quad e_0(1 - z) \precsim p(1 - z).$$

由于族 $\{e_l\}$ 的极大性, $z \neq 0$. $^\#\Lambda$ 是无穷的,于是可写

$$\Lambda = \bigcup_{i=1}^{\infty} \Lambda_i,$$

这里 $\Lambda_i \cap \Lambda_j = \varnothing$, $^\#\Lambda_i = {}^\#\Lambda$, $\forall i \neq j$. 命

$$r_1 = pz + \sum_{l \in \Lambda_1} e_l z, \quad r_j = \sum_{l \in \Lambda_j} e_l z,$$

易见 $r_i r_j = 0$, $\forall i \neq j$, $r_1 \sim r_2 \sim \cdots \sim z$, 及 $z = \sum_{i=1}^{\infty} r_i$. 由于 $M(1 - z)$ 仍然是真无限的, 同样的手续又可施于 $M(1 - z), \cdots$. 依 Zorn 辅理,可见存在 M 的相互直交、和为 1 的非零中心投影族 $\{z_l\}$, 使得对每个指标 l, 有投影的无穷列 $\{r_{ln} | n = 1, 2, \cdots\}$, 使得

$$r_{ln} r_{lm} = 0, \quad \forall n \neq m, \quad \sum_{n=1}^{\infty} r_{ln} = z_l,$$

$$r_{l1} \sim r_{l2} \sim \cdots \sim z_l.$$

今命 $\left\{ p_n = \sum_l r_{ln} | n = 1, 2, \cdots \right\}$ 即满足要求. 证毕.

现在利用定理 6.4.4, 证明关于有限投影的一个性质.

命题 6.4.5 设 p, q 是 vN 代数 M 的有限投影,则 $\sup \{p, q\}$ 也是有限投影.

证. 无妨设 $\sup \{p, q\} = 1$. 依命题 1.5.2,

$$(1 - p) \sim (q - \inf \{p, q\}) \leqslant q,$$

因此，$(1-p)$ 也是有限的. 如果 M 并非有限,便有非零中心投影 z,使得 Mz 真无限. 注意 pz, qz 是有限的,并且

$$\sup\{pz, qz\} = z,$$

因此又可设 M 是真无限的.

依定理 6.4.4.,可写 $1 = r + (1-r)$,其中 $r \sim (1-r) \sim 1$. 依命题 1.5.5,有中心投影 z,使得

$$rz \lesssim pz, \quad (1-r)(1-z) \lesssim (1-p)(1-z),$$

由于 $pz, (1-p)(1-z)$ 都是有限的,从而 $z \sim rz$,及 $(1 \sim z) \sim (1-r)(1-z)$ 是有限的. 这与 M 真无限相矛盾. 证毕.

作为本节的结束,我们来证明定理 6.3.8 下面的注,即

命题 6.4.6 若对 vN 代数 M 的任意元 a,$K(a)$ 仅包含一个元,则 M 是有限的.

证. 如果有 M 的非零中心投影 z,使得 Mz 是真无限的,依定理 6.4.4,有 M 的投影 $p \leqslant z$,使得 $p \sim (z-p) \sim z$. 于是有 $u, v \in Mz$,

$$u^*u = v^*v = z, \quad uu^* = p, \quad vv^* = z - p$$

可定义 $\varPhi: M \to Z = M \bigcap M'$,使得 $K(a) = \{\varPhi(a)\}$. 依 $K(\cdot)$ 的定义,有 $\varPhi(ab) = \varPhi(ba)$,$\forall a, b \in M$. 于是

$$z = \varPhi(z) = \varPhi(p) = \varPhi(z-p).$$

从而,$2z = 2\varPhi(z) = \varPhi(p) + \varPhi(z-p) = \varPhi(z) = z$,即 $z = 0$. 矛盾. 因此,M 是有限的. 证毕.

注 本节见参考文献 [12],[55].

§5. 半有限的 vN 代数

定义 6.5.1 设 M 是 vN 代数,$\varphi: M_+ \to [0, +\infty]$ 称为迹,指对任意的 $a, b \in M_+$,$x \in M$ 及数 $\lambda \geqslant 0$,有

$$\varphi(a+b) = \varphi(a) + \varphi(b), \quad \varphi(\lambda a) = \lambda \varphi(a),$$

$$\varphi(x^*x) = \varphi(xx^*)$$

这里规定 $0 \cdot +\infty = 0$.

迹 φ 称为忠实的, 指如果 $a \in M_+$, 使得 $\varphi(a) = 0$, 则 $a = 0$.

迹 φ 称为半有限的, 指对任意的 $0 \neq a \in M_+$, 必有 $0 \leqq b \leqslant a$, 使得 $\varphi(b) < \infty$.

迹 φ 称为正规的, 指对 M_+ 的任意有界递增网 $\{a_l\}$, 有

$$\varphi(\sup_l a_l) = \sup_l \varphi(a_l).$$

命题 6.5.2 设 φ 是 M_+ 上的迹, 令

$$\mathfrak{N} = \{x \in M \mid \varphi(x^*x) < \infty\},$$
$$\mathfrak{M} = \mathfrak{N}^2 = [xy \mid x, y \in \mathfrak{N}]^{1)}$$

则 $\mathfrak{M}, \mathfrak{N}$ 都是 M 的 $*$ 双侧理想, 并且

$$\mathfrak{M} = [\mathfrak{M}_+] = \{xy \mid x, y \in \mathfrak{N}\},$$
$$\mathfrak{M}_+ = \{a \in M_+ \mid \varphi(a) < \infty\}$$

这里 $\mathfrak{M}_+ = \mathfrak{M} \cap M_+$, φ 还可以唯一扩张为 $\mathfrak{M}$ 上的线性泛函, 仍记以 φ, 则

$$\varphi(ab) = \varphi(ba), \quad \forall a \in \mathfrak{M}, b \in M, \text{ 或者 } a, b \in \mathfrak{N}.$$

此外, 迹的条件 $\varphi(x^*x) = \varphi(xx^*)(\forall x \in M)$ 等价于

$$\varphi(a) = \varphi(u^*au)$$

($\forall a \in M_+$ 及 u 是 M 的酉元).

证. 显然 $\mathfrak{N}$ 是 M 的 $*$ 双侧理想, 从而 $\mathfrak{M}$ 亦然. 如果 $a \in M_+$, $\varphi(a) < \infty$, 则 $a^{\frac{1}{2}} \in \mathfrak{N}, a \in \mathfrak{M}_+$. 反之, 设 $a = \sum_i x_i^*y_i \in \mathfrak{M}_+$, 这里 $x_i, y_i \in \mathfrak{N}$, 由极化公式

$$4x_i^*y_i = (x_i + y_i)^*(x_i + y_i) - (x_i - y_i)^*(x_i - y_i)$$
$$- i(x_i + iy_i)^*(x_i + iy_i)$$
$$+ i(x_i - iy_i)^*(x_i - iy_i),$$

可见

$$a = \frac{1}{2}(a + a^*) \leqslant \frac{1}{4} \sum_i (x_i + y_i)^*(x_i + y_i),$$

---

1) 今后称 $\mathfrak{M}$ 为迹 φ 所定义的理想.

所以，$\varphi(a) < \infty$，即 $\mathfrak{M}_+ = \{a \in M_+ | \varphi(a) < \infty\}$. 极化公式也表明 $\mathfrak{M} = [\mathfrak{M}_+]$. 今设 $x \in \mathfrak{M}$，极分解 $x = uh$，则
$$h = u^* x \in \mathfrak{M}_+,$$
于是，$h^{\frac{1}{2}} \in \mathfrak{N}$. 又 $x = uh^{\frac{1}{2}} \cdot h^{\frac{1}{2}}$，因此，$\mathfrak{M} = \{xy | x, y \in \mathfrak{N}\}$.

由于 $\mathfrak{M} = [\mathfrak{M}_+]$，$\varphi$ 可以唯一扩张为 $\mathfrak{M}$ 上的线性泛函. 如果 $a \in \mathfrak{M}_+$，u 是 M 的酉元，则 $\varphi(uau^*) = \varphi((ua^{\frac{1}{2}})^* \cdot (ua^{\frac{1}{2}})) = \varphi(a)$. 进而 $\varphi(a) = \varphi(uau^*)$，$\forall a \in \mathfrak{M}$. 又 $\mathfrak{M}$ 是双侧理想，所以，$\varphi(ua) = \varphi(au)$，$\forall a \in \mathfrak{M}$. 从而 $\varphi(ab) = \varphi(ba)$，$\forall a \in \mathfrak{M}, b \in M$. 当 $a, b \in n$ 时，由 ab 的极化公式及 $\varphi(x^*x) = \varphi(xx^*)$ $(\forall x \in M)$，立见 $\varphi(ab) = \varphi(ba)$.

最后，如果 φ 是迹，自然有 $\varphi(a) = \varphi(u^*au)$，$\forall a \in M_+$，$u$ 是 M 的酉元. 反之，设 $\varphi: M_+ \to [0, +\infty]$ 满足加性及正齐性，及
$$\varphi(a) = \varphi(u^*au), \quad \forall a \in M_+,$$
u 是 M 的酉元. 同样定义 $\mathfrak{N}$，$\mathfrak{M}$，相仿地证明具有上述性质. 设 $x \in \mathfrak{M}$，极分解 $x = wh$，如果 $x^*x \in \mathfrak{M}_+$，则
$$xx^* = w(x^*x)w^* \in \mathfrak{M}_+.$$
因此可见 $\varphi(x^*x) < \infty$，当且仅当 $\varphi(xx^*) < \infty$. 限于两者均有限，则
$$\varphi(xx^*) = \varphi(w(x^*x)w^*) = \varphi(w^*w(x^*x)) = \varphi(x^*x)$$
因此，φ 是迹. 证毕.

命题 6.5.3 设 φ 是 M_+ 上的正规迹，$\mathfrak{M}$ 是 φ 定义的理想，则对任意的 $a \in \mathfrak{M}$，$\varphi(a\cdot) \in M_*$.

证. 无妨设 $a \in \mathfrak{M}_+$，依命题 6.5.2，$\varphi(a\cdot) = \varphi(a^{\frac{1}{2}} \cdot a^{\frac{1}{2}})$. 又 φ 是正规的，因此，$\varphi(a^{\frac{1}{2}} \cdot a^{\frac{1}{2}}) \in M_*$. 证毕.

命题 6.5.4 设 φ 是 M_+ 上的迹，则 φ 是半有限的，当且仅当，$\mathfrak{M}$ 在 M 中是 $\sigma(M, M_*)$ 稠的，这里 $\mathfrak{M}$ 是 φ 定义的理想.

此外，如果 φ 是半有限迹，p 是 M 的投影，则 $p = \sup\{q | q$ 是 M 的投影，$q \leqslant p$，且 $\varphi(q) < \infty\}$.

证. 设 φ 是半有限的，$\overline{\mathfrak{M}}$ 是 $\mathfrak{M}$ 的 $\sigma(M, M_*)$ 闭包，则 $\overline{\mathfrak{M}}$ 是 M 的 σ-闭 $*$ 双侧理想. 于是有 M 的中心投影 z，使得 $\overline{\mathfrak{M}} = Mz$. 如

果 $1-z \neq 0$，由于 φ 是半有限的，因此有 $0 \neq a \leqslant 1-z$，使得 $\varphi(a) < \infty$．从而 $a \in \mathfrak{M}_+ \subset Mz$，矛盾．因此 $z = 1$，即 $\mathfrak{M}$ 在 M 中是 $\sigma(M, M_*)$ 稠的．

反之，设 $\mathfrak{M}$ 在 M 中 $\sigma(M, M_*)$ 稠，依命题 1.7.2，对任意的 $0 \leqq a \in M$，有 $\mathfrak{M}_+$ 的递增网 $\{a_l\}$，使得 $a = \sup_l a_l$．因此 l 充分大，$0 \leqq a_l \leqq a$，且 $\varphi(a_l) < \infty$，即说明 φ 是半有限的．

今设 φ 是半有限的，p 是 M 的投影．如果 $e = \sup\{q \mid q$ 是 M 的投影，$q \leqslant p$，$\varphi(q) < \infty\} \leqq p$，依 φ 的半有限性，又将有 M 的非零投影 $q_1 \leqslant p - e$，使得 $\varphi(q_1) < \infty$．这与 e 的定义相矛盾．证毕．

命题 6.5.5 设 φ 是 M_+ 上正规迹，则 $z = \sup\{p \mid p$ 是 M 的投影，且 $\varphi(p) = 0\}$ 是中心投影，并且 $\{x \in M \mid \varphi(x^*x) = 0\} = Mz$，及 $\varphi \mid M_+(1-z)$ 是忠实的．

证．依命题 **1.5.2**，$(\sup\{p, q\} - p) \sim (q - \inf\{p, q\})$，因此，$\varphi(\sup\{p, q\}) + \varphi(\inf\{p, q\}) = \varphi(p) + \varphi(q)$．由此，如果 $\varphi(p) = \varphi(q) = 0$，则 $\varphi(\sup\{p, q\}) = 0$，即

$$\{p \mid p \text{ 是 } M \text{ 的投影，且 } \varphi(p) = 0\}.$$

依投影的包含关系是递增网。由于 φ 是正规的，因此，$\varphi(z) = 0$．此外，对 M 的任意酉元 u，易见 $u^*zu = z$，因此，z 是 M 的中心投影．

显然 $\varphi \mid M_+z = 0$．又若 $0 \neq a \in M_+(1-z)$，必有正数 λ 及非零投影 p，使得 $a \geqslant \lambda p$，因此，$\varphi(a) > 0$，即在 $M_+(1-z)$ 上，φ 是忠实的．由此，$Mz = \{x \in M \mid \varphi(x^*x) = 0\}$．证毕．

定义 6.5.6 设 φ 是 vN 代数 M 正部分上的正规迹，称命题 6.5.5 中的 $(1-z)$ 为 φ 的支持，记作 $s(\varphi)$．

现在讨论半有限 vN 代数的特征与性质．

命题 6.5.7 vN 代数 M 是半有限的，当且仅当，在 M_+ 上有半有限正规迹的完全集．

证．设 M 是半有限的，于是 M 至少有一个非零的有限投影

p. 设 $\{p_l\}$ 是 M 的相互直交的投影极大族，使得 $p_l \sim p$, $\forall l$. 依定理 1.5.4，有 M 的中心投影 z，使得

$$p_0 z \precsim p z, \quad p(1-z) \precsim p_0(1-z),$$

这里 $p_0 = 1 - \sum_l p_l$. 由于族 $\{p_l\}$ 是极大的，因此，$p z \not\approx 0$.

令 $v_l^* v_l = pz$, $v_l v_l^* = p_l z$, $\forall l$, 及 $v_0 v_0^* = p_0 z$, $v_0^* v_0 \leqslant pz$. 设 φ 是 M_{pz} 上的正规迹态，命

$$\psi(a) = \sum_l \varphi(v_l^* a v_l) + \varphi(v_0^* a v_0), \quad \forall a \in (Mz)_+,$$

由于 $\sum_l v_l v_l^* + v_0 v_0^* = z$ 及 φ 是 M_{pz} 上的正规迹态，因此，ψ 是 $(Mz)_+$ 上的正规迹. 设 $\mathfrak{M}$ 是 ψ 定义的 Mz 的理想，显然 $p_l z$ 及 $p_0 z \in \mathfrak{M}_+$. 又 $\sum_l p_l z + p_0 z = z$，因此，$\mathfrak{M}$ 在 Mz 中是 σ-稠的，即 ψ 是半有限的. 如果 $0 \not\approx a \in Mz$，则至少有一个指标 l，使得 $a v_l \not\approx 0$，或者 $a v_0 \not\approx 0$. M_{pz} 是有限的，依定理 6.3.10，有 M_{pz} 上的正规迹态 φ，使得 $\varphi(v_l^* a^* a v_l) \not\approx 0$，或者 $\varphi(v_0^* a^* a v_0) \not\approx 0$，因此，$\psi(a^* a) \not\approx 0$. 这说明 $(Mz)_+$ 上存在半有限正规迹的完全集.

$M(1-z)$ 也是半有限，又可施用同样的手续. 再依 Zorn 辅理，可见 M_+ 上存在半有限正规迹的完全集.

反之，设 M_+ 上有半有限正规迹的完全集. 如果 z 是 M 的非零纯无限的中心投影，于是有 M_+ 上的半有限正规迹 ψ，使得 $\psi(z) > 0$. 依命题 6.5.4，有 M 的投影 $p \leqslant z$，而 $0 < \psi(p) < \infty$. 这说明 M_p 上有正规迹态，依命题 6.4.2，M_p 不是真无限的，这与 $p \leqslant z$ 及 z 纯无限相矛盾. 因此，M 是半有限的. 证毕.

定理 6.5.8 vN 代数 M 是半有限的，必须且只须，M_+ 上存在忠实的半有限正规迹.

证. 充分性由命题 6.5.7 立见. 今设 M 是半有限的，由 Zorn 辅理可构作 M_+ 上半有限正规迹族 $\{\varphi_l\}$，使得 $\{s(\varphi_l)\}$ 两两直交且和为 1. 再命 $\varphi = \sum_l \varphi_l$ 即满足要求. 证毕.

注. 设 φ 是 M_+ 上忠实的半有限正规迹,用 GNS 构造,可以产生 M 忠实的 w^*-表示. 事实上,设 $\mathfrak{N}$, $\mathfrak{M}$ 如命题 6.5.2,在 $\mathfrak{N}$ 上定义内积 $\langle x, y\rangle = \varphi(y^*x) = \varphi(xy^*)$,依此完备化得到 Hilbert 空间 $\mathscr{H}_\varphi$. 记 $x \to x_\varphi$ 为 $\mathfrak{N}$ 到 $\mathscr{H}_\varphi$ 中的嵌入,对任意的 $a \in M$,定义

$$\pi_\varphi(a)x_\varphi = (ax)_\varphi, \ \forall x \in \mathfrak{N},$$

易证 $\pi_\varphi(a)$ 可唯一扩张为 $\mathscr{H}_\varphi$ 中的有界算子,仍记以 $\pi_\varphi(a)$. 于是得到 M 的 $*$ 表示 $\{\pi_\varphi, \mathscr{H}_\varphi\}$. 如果 $a \in M$,使得 $\pi_\varphi(a) = 0$,则 $ax = 0$, $\forall x \in \mathfrak{N}$. 又 $\mathfrak{M} \subset \mathfrak{N}$ 在 M 中是 σ-稠的,因此, $a = 0$,即 π_φ 是忠实的. 此外, 如果网 $\{a_l\} \subset M$, $\|a_l\| \leqslant 1(\forall l)$,且 $a_l \overset{\sigma}{\to} 0$,则对任意的 $x, y \in \mathfrak{N}$,依命题 6.5.3,

$$\langle \pi_\varphi(a_l)x_\varphi, y_\varphi\rangle = \varphi(y^*a_lx) = \varphi(xy^*a_l) \to 0$$

因此 π_φ 也是 M 的 w^*-表示.

命题 6.5.9 1,设 M 是半有限的, p, p' 分别是 M, M' 的投影,则 M_p, $M_{p'}$ 也是半有限的;

2,设 $M = \sum_l \oplus M_l$,则 M 是半有限的,当且仅当,每个 M_l 是半有限的.

证. 1,设 φ 是 M_+ 上忠实的半有限正规迹,则 $\varphi|(M_p)_+$ 也是忠实的半有限正规迹,因此, M_p 是半有限的. 此外, $M_{p'}*$ 同构于 $M_{c(p')}$,这里 $c(p')$ 是 p' 在 M' 中的中心覆盖,因此, $M_{p'}$ 也是半有限的. 2) 是显然的. 证毕.

定理 6.5.10 设 M 是 vN 代数,则下列是等价的:

1) M 是半有限的;

2) 存在 M 的相互直交的有限投影族 $\{p_l\}$,使得 $\sum_l p_l = 1$;

3) 存在 M 的有限投影递增网 $\{q_t\}$,而 $\sup_t q_t = 1$;

4) 存在 M 的有限投影 p,使得 $c(p) = 1$.

证. 1)推导 2):依 Zorn 辅理,可构造 M 的相互直交的有限投影极大族 $\{p_l\}$. 如果 $p = 1 - \sum_l p_l \neq 0$,由于 M_p 仍然是

半有限的,因此必有非零的有限投影 $q \leqslant p$. 显然 $qp_l = 0$, $\forall l$, 这与 $\{p_l\}$ 的极大性相矛盾. 所以, $\sum_l p_l = 1$.

2) 推导 3): 依命题 6.4.5 立见.

3) 推导 1): 如果 z 是 M 的非零中心投影, 则有指标 l, 使得 $zq_l \neq 0$. 于是 $zq_l(\leqslant z)$ 是有限投影, 这说明 z 不能是纯无限的.

4) 推导 1): 设 z 是 M 的非零中心投影, 依命题 1.5.8, $zp \neq 0$. 因此 z 包含非零有限投影 zp, 不能是纯无限的. 从而 M 是半有限的.

1) 推导 4): 依 Zorn 辅理, 构作有限投影的极大族 $\{p_l\}$, 使得 $c(p_l) \cdot c(p_{l'}) = 0$, $\forall l \neq l'$. 令 $p = \sum_l p_l$, 我们说 p 也是有限的. 事实上, 设投影 $r \leqslant p$, $r \sim p$, 则对任意指标 l,

$$rc(p_l) \sim pc(p_l) = p_l, \quad rc(p_l) \leqslant pc(p_l) = p_l,$$

但 p_l 有限, 因此 $rc(p_l) = p_l$. 从而,

$$p = \sum_l p_l = r \sum_l c(p_l)$$

$$= rp \sum_l c(p_l) = rp = r.$$

今只须证 $c(p) = 1$, 若否, 由于 $M(1 - c(p))$ 也是半有限的, 则有非零有限投影 $q \leqslant 1 - c(p)$. 自然 $c(q) \cdot c(p_l) = 0$, $\forall l$, 这与 $\{p_l\}$ 的极大性相矛盾. 证毕.

引理 6.5.11 设 N 是 Hilbert 空间 $\mathscr{H}$ 中的 vN 代数, ξ 是 $\mathscr{H}$ 的单位矢, 并对 N 分离且循环, 又设 $\varphi(\cdot) = \langle \cdot \xi, \xi \rangle$ 是 N 上的迹态, 则存在 $\mathscr{H}$ 中的共轭线性的等距算子 j, $j^2 = 1$, 使得 $a \to jaj$ 是 N 到 N' 上的共轭线性的 *代数同构.

证. 令 $ja\xi = a^*\xi$, $\forall a \in N$, 由于 φ 是 N 上的迹态, j 可扩张为 $\mathscr{H}$ 中的共轭线性的等距算子, 仍记以 j, 显然 $j^2 = 1$. 对任意的 $a, b, c \in N$,

$$jajbc\xi = bca^*\xi = bjajc\xi,$$

$\{c\xi | c \in N\}$ 在 $\mathscr{H}$ 中稠, 因此, $jaj \cdot b = b \cdot jaj$, $\forall b \in N$, 即 $jaj \in$

N', $\forall a \in N$. 注意

$$\langle (jaj)^*b\xi, c\xi \rangle = \varphi(ac^*b) = \varphi(c^*ba) = \langle ja^*jb\xi, c\xi \rangle$$

$\forall b, c \in N$, 因此, $(jaj)^* = ja^*j$, $\forall a \in N$. 显然, $jaj = 0$, 当且仅当 $a = 0$.

今只须证明 $jNj = N'$. 设 $a' \in N'$, 且 $0 \leqslant a' \leqslant 1$, 令

$$\phi(a) = \langle aa'\xi, \xi \rangle, \quad \forall a \in N,$$

则 $\phi \leqslant \varphi$, 依定理 1.10.3, 有 $t_0 \in N$, $0 \leqslant t_0 \leqslant 1$, 使得 $\phi(a) = \varphi(t_0at_0)$, $\forall a \in N$. 因此, $a'\xi = t_0^2\xi = jt_0^2j\xi$. 由于 ξ 对 N' 也是分离的, 所以, $a' = jt_0^2j$. 证毕.

引理 6.5.12 设 M 是 $\mathscr{H}$ 中的 vN 代数, $\xi \in \mathscr{H}$, p, p' 分别是 $\mathscr{H}$ 到 $\overline{M'\xi}$, $\overline{M\xi}$ 上的投影, 则 p 是 M 的有限投影, 当且仅当, p' 是 M' 的有限投影.

证. 设 p 是 M 的有限投影, 考虑 $pp'\mathscr{H}$ 中的 vN 代数 $L = pp'Mp'p$, 于是 $\xi(\in pp'\mathscr{H})$ 对 L 分离且循环. 依命题 6.3.1, L 是有限的. 自然 L 也是 σ-有限的. 依命题 6.3.15, L 上有忠实的正规迹态 φ. 用 φ 产生 L 的 w^*-表示 $\{\pi_\varphi, \mathscr{H}_\varphi\}$, 则 $N = \pi_\varphi(L)$ 将满足引理 6.5.11 的条件. 今 N 是有限的(因与 $L*$ 同构), 依引理 6.5.11, N' 也是有限的. 此外, L, N 都有循环且分离的矢, 依定理 1.13.5, L 与 N 空间 $*$ 同构, 因此, L' 也是有限的.

如果 $x' \in M'$, 使得 $pp'x'p'p = 0$, 则

$$0 = yp'x'p'p\xi = yp'x'p'\xi = p'x'p'y\xi, \quad \forall y \in M,$$

但 $\overline{M\xi} = p'\mathscr{H}$, 因此 $p'x'p' = 0$. 这说明 $p'x'p' \to pp'x'p'p$ 是 $p'M'p'$ 到 L' 上的 $*$ 同构, 从而, $p'M'p'$ 也是有限的, 即 p' 是 M' 的有限投影. 证毕.

命题 6.5.13 设 M 是 $\mathscr{H}$ 中半有限的 vN 代数, 则 M' 也是半有限的.

证. 如不然, 有非零中心投影 z, 使得 $M'z$ 纯无限. 这时, Mz 仍然半有限, 因此可以设: M 半有限, 而 M' 纯无限.

依定理 6.5.10, 有 M 的有限投影 p, 使得 $c(p) = 1$, 于是 M' 与 $M'_p *$ 同构. 因此又可以假定: M 有限, 而 M' 纯无限.

任取 $\mathscr{H}$ 的非零矢 ξ，令 p，p' 分别是 $\mathscr{H}$ 到 $\overline{M'\xi}$，$\overline{M\xi}$ 上的投影．当然 p 是有限投影，依引理 6.5.12，p' 也是 M' 的非零有限投影，这与 M' 纯无限相矛盾．因此，M' 是半有限的．证毕．

命题 6.5.14 vN 代数 M 是半有限的，当且仅当，存在 vN 代数 N，使得 N 与 $M*$ 同构，并且 N' 是有限的．

证．充分性．依命题 6.5.13，N 是半有限的，因此，M 也是半有限的．

今设 M 是半有限的，于是 M' 也半有限．依定理 6.5.10，有 M' 的有限投影 p'，而 $c(p') = 1$．由于 $M*$ 同构于 $M_{p'}$，取 $N = M_{p'}$ 即可．证毕．

命题 6.5.15 设 M 是半有限的 vN 代数，p 是 M 的投影，则 p 是有限的，当且仅当，在 M_+ 上存在半有限正规迹的完全集 $\mathscr{F}$，使得 $\varphi(p) < \infty$，$\forall \varphi \in \mathscr{F}$．

证．充分性．设投影 $q \leqslant p$，且 $q \sim p$，于是，

$$\varphi(p) = \varphi(q) < \infty, \quad \varphi(p - q) = 0, \quad \forall \varphi \in \mathscr{F}.$$

但 $\mathscr{F}$ 是完全集的，因此，$p = q$．

今设 p 是有限的．依命题 6.5.7 的证明，存在非零中心投影 z，及 $(Mz)_+$ 上的半有限正规迹的完全集 $\mathscr{F}_z$，使得 $\varphi(pz) < \infty$，$\forall \varphi \in \mathscr{F}_z$．依 Zorn 辅理，可见有相互直交的中心投影族 $\{z_l\}$，及 $(Mz_l)_+$ 上的半有限正规迹的完全集 $\mathscr{F}_l$，使得

$$\sum_l z_l = 1, \quad \varphi_l(pz_l) < \infty, \quad \forall \varphi_l \in \mathscr{F}_l, l$$

自然地将每个 $\varphi_l(\varepsilon \mathscr{F}_l)$ 扩张到 M_+ 上，令 $\mathscr{F} = \bigcup_l \mathscr{F}_l$ 即满足要求．证毕．

命题 6.5.16 设 p 是 vN 代数 M 的有限投影，则 $*$ 运算在 Mp 的有界球中是强算子连续的．

证．如代以考虑 $Mc(p)$，可以设 M 是半有限的．依命题 6.5.15，有 M_+ 上的半有限正规迹的完全集 $\mathscr{F}$，使得 $\varphi(p) < \infty$，$\forall \varphi \in \mathscr{F}$．

今设网 $x_l \xrightarrow{\text{强算子}} 0, \|x_l\| \leqslant 1, x_l p = x_l, \forall l.$ 对任意的 $\varphi \in \mathscr{F}$，$0 \leqslant a \in \mathfrak{M}_\varphi$，这里 $\mathfrak{M}_\varphi$ 是 φ 定义的理想，依命题 6.5.2, 6.5.3,

$$|L_a\varphi(x_l x_l^*)| = |\varphi(ax_l x_l^*)| = \varphi(x_l^* a x_l) \leqslant \|a\|\varphi(x_l^* x_l)$$
$$= \|a\|L_p\varphi(x_l^* x_l) \to 0,$$

因此只须证明 $[L_a\varphi \,|\, \varphi \in \mathscr{F}, a \in (\mathfrak{M}_\varphi)_+]$ 在 M_* 中是稠的. 若不然，则有 M 的非零元 x，使得

$$\varphi(ax) = 0, \quad \forall \varphi \in \mathscr{F}, \; a \in \mathfrak{M}_\varphi,$$

于是 $\varphi(x^* a x) = 0, \forall \varphi \in \mathscr{F}, a \in \mathfrak{M}_\varphi$. 既然 $\varphi(\varepsilon \mathscr{F})$ 是半有限正规的，依命题 6.5.4 及 1.7.2, $\varphi(x^* x) = 0, \forall \varphi \in \mathscr{F}$. $\mathscr{F}$ 是完全的，因此，$x = 0$，矛盾. 证毕.

为下节的需要，我们讨论一下，可分 Hilbert 空间中的半有限且真无限的 vN 代数.

引理 6.5.17 设 $\mathscr{H}$ 是可分 Hilbert 空间，M 是 $\mathscr{H}$ 中半有限且真无限的 vN 代数，则存在 M 的相互直交、等价且有限的投影无穷列 $\{p_n\}$，使得 $\sum_n p_n = 1$.

证. 设 q 是 M 的任意非零有限投影，$\{q_l\}_{l \in \Lambda}$ 是 M 的相互直交的投影极大族，使得 $q_l \sim q, \forall l$. 设 $p = c(q) - \sum_{l \in \Lambda} q_l$，依定理 1.5.4，有中心投影 z，使得

$$pz \precsim qz, \quad q(1-z) \precsim p(1-z),$$

由于 $\{q_l\}$ 的极大性，$qz \not\approx 0$，因此，$z_1 = c(q)z \not\approx 0$，并且

$$z_1 = \sum_{l \in \Lambda} q_l z_1 + p z_1, \quad p z_1 \precsim q z_1.$$

如果 Λ 是有限的，依命题 6.4.5 z_1 是非零有限的中心投影，这与 M 真无限相矛盾. 因此 Λ 是无穷的. 由于 $\mathscr{H}$ 可分，Λ 是可数无穷的. 由此，$z_1 \sim \sum_{l \in \Lambda} q_l z_1$，即有 $v \in M$，使得 $v^* v = \sum_{l \in \Lambda} q_l z_1$，$vv^* = z_1$. 对每个 $l \in \Lambda$，令 $p_l = v q_l z_1 v^*$，则 $p_l p_{l'} = 0, \forall l \neq l'$,

$$p_l \sim (v q_l z_1)^* \cdot (v q_l z_1) = q_l z_1, \quad \forall l$$

及 $\sum_{i \in \Lambda} p_i = z_1$. 因此，$z_1$ 是可数无穷多个相互直交、等价的有限投影之和．再依 Zorn 辅理，即可得证．

命题 6.5.18 设 M, N 是可分 Hilbert 空间 $\mathscr{H}$ 中的 vN 代数，并且 M', N' 都是半有限且真无限，则每个 M 到 N 上的 *同构 Φ 必是空间 * 同构．

证．依命题 1.12.5，可以设有 $\mathscr{H}$ 中的 vN 代数 L, p', q' 是 L' 的投影，$c(p') = c(q') = 1$，使得 $M = L_{p'}$，$N = L_{q'}$ 以及 $\Phi(ap') = aq'$, $\forall a \in L$．

依引理 6.5.17，有 L' 的相互直交，等价的有限投影无穷列 $\{p_i'\}$, $\{q_i'\}$，使得 $\sum_i p_i' = p'$，$\sum_i q_i' = q'$．写 $\{1, 2, \cdots\} = \bigcup_n \Lambda_n$，使得 $\Lambda_n \cap \Lambda_m = \phi$, $\forall n \neq m$，
且每个 Λ_n 都是无穷的．任意固定 n，有中心投影 z，使得

$$z q_n' \precsim z \sum_{i \in \Lambda_n} p_i', \quad (1 - z) \sum_{i \in \Lambda_n} p_i' \precsim (1 - z) q_n'$$

对任意固定的 $s \in \Lambda_n$，令 $\Lambda_n' = \Lambda_n \backslash \{s\}$．由于 Λ_n 是无穷的，因此，$\sum_{i \in \Lambda_n} p_i' \sim \sum_{i \in \Lambda_n'} p_i'$．于是

$$(1 - z) \sum_{i \in \Lambda_n} p_i' \sim (1 - z) \sum_{i \in \Lambda_n'} p_i'$$

$$\leqslant (1 - z) \sum_{i \in \Lambda_n} p_i' \precsim (1 - z) q_n'.$$

但 q_n' 是有限的，因此，$(1 - z) \sum_{i \in \Lambda_n} p_i' = (1 - z) \sum_{i \in \Lambda_n'} p_i'$，即

$$(1 - z) p_s' = 0.$$

但易见 $c(p_s') = c(p') = 1$，因此，$1 - z = 0$．从而

$$\sum_{i \in \Lambda_n} p_i' \succsim q_n', \quad \forall n;$$

所以，$p' \succsim q'$．同样证明 $p' \precsim q'$，即 $p' \sim q'$．这就说明 Φ 是空间 * 同构．证毕．

注 本节见参考文献 [21]，[91]，[97]，.

§6. 纯无限的 vN 代数

命题 6.6.1 1）如果 $M = \sum_l \oplus M_l$，则 M 是纯无限的，当且仅当，每个 M_l 是纯无限的；

2）如果 M 纯无限，则 M' 也纯无限；

3）设 M 是纯无限的，p, p' 分别是 M, M' 的投影，则 $M_p, M_{p'}$ 也是纯无限的。

证. 1）必要性显然. 反之若每个 $M_l = M z_l$ 是纯无限的，p 是 M 的有限投影，则 $p z_l = 0, \forall l$，因此 $p = 0$. 2）由命题 6.5.13 立见. 3）依 2），只须证 $M_{p'}$ 是纯无限的. 但 $M_{p'}{}^*$ 同构于 $Mc(p')$，后者自然纯无限，因此 $M_{p'}$ 纯无限. 证毕.

命题 6.6.2 vN 代数 M 是纯无限的，当且仅当，M_+ 上无非零的半有限正规迹.

证. 设 φ 是 M_+ 上非零的半有限正规迹，其支持 $s(\varphi)$ 是非零的中心投影. 依定理 6.5.8，$Ms(\varphi)$ 是半有限的，即 M 不能是纯无限的. 反之，如果有非零中心投影 z，使得 Mz 半有限.（Mz）$_+$ 上自然有非零半有限正规迹，因此，M_+ 上也有非零的半有限正规迹. 证毕.

命题 6.6.3 vN 代数 M 是纯无限的，当且仅当，对 M 的每个非零投影 p，$*$ 运算在 Mp 的有界球中不是强算子连续的.

证. 设 M 纯无限及 p 是 M 的非零投影. 由于 p 是无限的，有 $v \in M$，使得 $v^*v = p, vv^* \lneq p$. 依引理 6.3.11，有相互直交、等价的非零投影列 $\{e_n\}, e_n \leq p, \forall n$，及 $e_n \xrightarrow{\text{强算子}} 0$. 令 $w_n^* w_n = e_n$，$w_n w_n^* = e_1, \forall n$. 显然 $w_n \xrightarrow{\text{强算子}} 0, \|w_n\| \leq 1, w_n p = w_n, \forall n$，但 $\{w_n^*\}$ 并不依强算子拓扑收敛于 0，因此，$*$ 运算在 Mp 的有界球中不是连续的. 反之，如果 M 不是纯无限的，至少包含一个非零有限投影 p. 依命题 6.5.16，$*$ 运算在 Mp 的有界球中是强算子连续

的. 证毕.

命题 6.6.4 设 M 是 σ-有限并且纯无限的 vN 代数, p, q 是 M 的投影, 使得 $c(p) = c(q)$, 则 $p \sim q$.

证. 依 Zorn 辅理, 可以取相互直交的中心投影极大族 $\{z_l\}_{l \in \Lambda}$, 使得 $qz_l \precsim pz_l$, $\forall l \in \Lambda$. 令 $z = \sum_{l \in \Lambda} z_l$, $p' = p(1 - z)$, $q' = q(1 - z)$, 在 $M(1 - z)$ 中对 p', q' 使用定理 1.5.4, 并依 $\{z_l\}_{l \in \Lambda}$ 的极大性, 可见 $p' \precsim q'$.

如果 $p' \not\approx 0$, 可取相互直交的投影极大族 $\{q'_s\}_{s \in \mathbb{I}}$, 使得 $q'_s \sim p'$, $q'_s \leqslant q'$, $\forall s \in \mathbb{I}$. 依定理 1.5.4, 有 M 的中心投影 $z' \leqslant 1 - z$, 使得

$$\left(q' - \sum_{s \in \mathbb{I}} q'_s \right) z' \precsim p'z',$$

$$p'(1 - z') \precsim \left(q' - \sum_{s \in \mathbb{I}} q'_s \right)(1 - z')$$

依 $\{q'_s\}$ 的极大性, $p'z' \not\approx 0$. M_p 也是纯无限的, 依定理 6.4.4, 有 M_p 的相互直交的投影无穷列 $\{e_n\}$, 使得

$$\sum_{n=1}^{\infty} e_n = p, \quad e_n \sim p, \quad \forall n.$$

于是

$$e_n z' \sim pz' = p'z' \sim q'_s z' \quad \forall n, s$$

M 是 σ-有限的, $\mathbb{I}$ 必是可数指标集, 因此,

$$\sum_{n=2}^{\infty} e_n z' \succsim \sum_{s \in \mathbb{I}} q'_s z'.$$

当然 $e_1 z' \sim p'z' \succsim \left(q' - \sum_{s \in \mathbb{I}} q'_s \right) z'$, 因此, $pz' \succsim q'z' = qz'$. 但 $z' \not\approx 0$, 且 $z' \leqslant 1 - z$, 这便与 $\{z_l\}_{l \in \Lambda}$ 的极大性相矛盾. 所以, $p' = 0$, $p \leqslant z$. 于是

$$z \geqslant c(p) = c(q) \geqslant q,$$

因此, $p = pz = \sum_{l \in \Lambda} pz_l \succsim \sum_{l \in \Lambda} qz_l = qz = q$. 相仿证明 $p \precsim q$,

因此，$p \sim q$. 证毕.

命题 6.6.5 设 M 是 σ-有限的并且纯无限的 vN 代数，a 是 M 的非零元，则 $K(a) \nprec \{0\}$，这里 $K(a)$ 定义如定理 6.2.7.

证 依命题 6.2.8 及 $K(a^*) = K(a)^*$，可设 $a^* = a$. 当然也可设 $\|a\| \leqslant 1$ 及 $a_+ \neq 0$（否则代以 $-a$）. 于是有 a 的非零谱投影 p，及正整数 n，使得

$$a \geqslant \frac{1}{n} p - (1 - p).$$

如果有非零中心投影 $z \leqslant p$，则 $a \geqslant \frac{n+1}{n} z - 1$. 因此，$K(a)$ 中任意元将 $\geqslant \frac{n+1}{n} z - 1$，即见 $K(a) \nprec \{0\}$. 从而可设 p 不包含任何非零中心投影.

代以考虑 $Mc(p)$，又可设 $c(p) = 1$. 由于 $p \geqslant 1 - c(1 - p)$，及 p 不包含任何非零中心投影，因此，$c(1 - p) = c(p) = 1$. 依命题 6.6.4，

$$p \sim (1 - p) \sim 1,$$

依定理 6.4.4，有相互直交的投影 $\{e_1, \cdots, e_{n+1}\}$，使得

$$p = \sum_{i=1}^{n+1} e_i, \ e_i \sim p, \ \forall i.$$

又命 $e_0 = 1 - p$，于是有 $v_i \in M$，使得 $v_i^* v_i = e_i$，$v_i v_i^* = e_{i+1}$，$0 \leqslant i \leqslant n$. 再命 $v_{n+1} = v_0^* \cdots v_n^*$，则 $u = v_0 + v_1 + \cdots + v_{n+1}$ 是 M 的酉元，且

$$u e_i u^{-1} = e_{i+1}, \ 0 \leqslant i \leqslant n, \ u e_{n+1} u^{-1} = e_0.$$

令

$$b = (n + 2)^{-1} \sum_{j=0}^{n+1} u^j a u^{-j},$$

注意

$$\sum_{j=0}^{n+1} u^i e_i u^{-i} = 1, \ 0 \leqslant i \leqslant n + 1,$$

因此，

$$(n+2)b \geqslant \sum_{j=0}^{n+1} u^j \left(\frac{1}{n}(e_1 + \cdots \right.$$
$$\left. + e_{n+1}) - e_0 \right) u^{-j} = \frac{1}{n}.$$

从而,如果 $c \in K(b)$, 则 $c \geqslant \dfrac{1}{n(n+2)}$. 但显然 $K(b) \subset K(a)$, 所以, $K(a) \neq \{0\}$. 证毕.

命题 6.6.6 设 M 是可分 Hilbert 空间 $\mathscr{H}$ 中的纯无限 vN 代数,则 M 在 $\mathscr{H}$ 中必有循环并且分离的矢.

证. 设 ξ 是 $\mathscr{H}$ 的非零矢,令 p 是 $\mathscr{H}$ 到 $\overline{M'\xi}$ 上的投影, $\{p_l\}$ 是 M 的相互直交的投影极大族,使得 $p_l \sim p$, $\forall l$. 依定理 1.5.4,有 M 的中心投影 z, 使得

$$\left(1 - \sum_l p_l \right) z \precsim pz,$$

$$p(1-z) \precsim \left(1 - \sum_l p_l\right)(1-z).$$

由于族 $\{p_l\}$ 的极大性, $z \neq 0$. 由于 $p_l \sim p(\forall l)$ 及 $\{p_l\}$ 相互直交,因此, $zc(p) = c(pz) \geqslant \sum_l p_l z$. 另一方面,

$$c(p)z = c(pz) \geqslant \left(1 - \sum_l p_l\right) z,$$

因此, $c(p)z \geqslant z$, $c(pz) = z = c(z)$. 依命题 6.6.4, $pz \sim z$. 从而有 $\eta \in \mathscr{H}$, 使得 z 是 $\mathscr{H}$ 到 $\overline{M'\eta}$ 上的投影.

依 Zorn 辅理及 $\mathscr{H}$ 的可分性,有 M 的相互直交的中心投影列 $\{z_n\}$, 使得 $\sum_n z_n = 1$, 并且对每个 n, 有 $\eta_n \in \mathscr{H}$, 而 z_n 是 $\mathscr{H}$ 到 $\overline{M'\eta_n}$ 上的投影. 无妨设 $\eta = \sum_n \eta_n \in \mathscr{H}$, 则 η 是 M' 的循环矢.

M' 也是 $\mathscr{H}$ 中纯无限的 vN 代数,因此, M 在 $\mathscr{H}$ 中也有循环矢. 再依命题 1.13.4, M 在 $\mathscr{H}$ 中有循环并且分离的矢. 证

毕.

命题 6.6.7 设 M，N 是可分 Hilbert 空间 $\mathscr{H}$ 中的 vN 代数，并且 M'，N' 是真无限的，则每个 M 到 N 上的 $*$ 同构 Φ 必是空间 $*$ 同构.

证. 设 z 是 M 的最大中心投影，使得 Mz 是纯无限的. 于是，$N\Phi(z)$ 也是纯无限的，以及 $M'(1-z)$，$N'(1-\Phi(z))$ 是半有限且真无限的.

依命题 6.6.6，Mz，$N\Phi(z)$ 都有循环并且分离的矢. 依定理 1.13.5，$\Phi: Mz \to N\Phi(z)$ 是空间 $*$ 同构.

依命题 6.5.18，$\Phi: M(1-z) \to N(1-\Phi(z))$ 也是空间 $*$ 同构. 所以，$\Phi: M \to N$ 是空间 $*$ 同构. 证毕.

本命题显然是命题 6.5.18 的推广.

注 本节见参考文献 [12]，[21]，[91].

§7. 离散的 vN 代数

定理 6.7.1 设 M 是 $\mathscr{H}$ 中的 vN 代数，则下列等价：

1) M 是离散的；

2) M' 是离散的；

3) $M *$ 同构于某个 vN 代数 N，而 N' 是交换的；

4) 有 M 的交换投影 p，使得 $c(p) = 1$；

5) M 的任意非零投影必包含非零交换投影.

证. 1) 推导 4)：取 M 的非零交换投影的极大族 $\{p_l\}$，使得 $c(p_l) \cdot c(p_{l'}) = 0$，$\forall l \neq l'$，并记 $p = \sum_l p_l$. 如果 $1 - c(p) \neq 0$，由于 M 是离散的，则 $1 - c(p)$ 又将包含非零交换投影，这与族 $\{p_l\}$ 的极大性相矛盾. 因此，$c(p) = 1$. 此外，依命题 1.5.9，

$$p_l M p_{l'} = \{0\}, \quad \forall l \neq l',$$

所以，p 也是交换投影.

4) 推导 2)：命 $L = M'_p$，它是 $\mathscr{K} = p\mathscr{H}$ 中的 vN 代数，

且 $L' = M_p$ 是交换的. 由于 $c(p) = 1$, $\Phi(a') = a'p(\forall a' \in M')$ 是 M' 到 L 上的 * 同构. 今设 p' 是 M' 的任意非零投影,

$$0 \neq \xi \in \Phi(p').\mathscr{K},$$

q' 是 $\mathscr{K}$ 到 $\overline{L'\xi}$ 上的投影 (εL). 由于 $\Phi(p')\mathscr{K} \supset \Phi(p')L'\xi = L'\Phi(p')\xi = L'\xi$, 因此, $q' \leqslant \Phi(p')$. 在 $q'\mathscr{K}$ 中, vN 代数 $L'_{q'}$ 是交换的, 且有循环矢 ξ, 依命题 5.3.15, $(L'_{q'})' = L_{q'} = L'_{q'}$. 因此, $\Phi(p')$ 包含非零交换投影 q'. 进而, p' 包含 (M' 的) 非零交换投影. 所以, M' 是离散的.

2) 推导 3), 3) 推导 5) 实际都已寓于上面的推导之中. 5) 推导 1) 是显然的. 证毕.

注. 对任意的 vN 代数 M, 则由 $M \cup M'$ 生成的 vN 代数 N 是离散的. 事实上, $N' = M \cap M'$ 是交换的.

命题 6.7.2 1) 设 M 是离散的, p, p' 分别是 M, M' 的投影, 则 M_p, $M_{p'}$ 也是离散的;

2) 设 $M = \sum_l \oplus M_l$, 则 M 是离散的, 当且仅当, 每个 M_l 是离散的.

证. 1) 由 $M_{p'}$ * 同构于 $M_{c(p')}$, 可见 $M_{p'}$ 是离散的. 又 $(M_p)' = M'_p$, 因此, M_p 也是离散的.

2) 依离散 vN 代数的定义立见. 证毕.

命题 6.7.3 设 M 是离散的因子, 则 M * 同构于 $B(\mathscr{K})$, 这里 $\mathscr{K}$ 是某个 Hilbert 空间.

证. 依定理 6.7.1, M 可 * 同构于某 Hilbert 空间 $\mathscr{K}$ 中的 vN 代数 N, 而 N' 交换. 当然 N 也是因子, 因此

$$N' = \mathbf{C}, \quad N = B(\mathscr{K}).$$

证毕.

命题 6.7.4 有限维的 c^*-代数必为若干个矩阵代数的直和.

证. 设 M 是有限维的 c^*-代数, 作为 Banach 空间, M 是自反的, 因此, M 也是 w^*-代数. M 的中心是有限维的, 因此可以找到 M 的相互直交的极小中心投影 $z_1, \cdots, z_m$, 使得

$$\sum_{i=1}^{m} z_i = 1.$$

令 $M_i = Mz_i$，则它是有限维的因子，显然 M_i 也是离散的，依命题 6.7.3，M_i* 同构于 $B(\mathscr{H}_i)$，这里 $\mathscr{H}_i$ 是有限维的 Hilbert 空间，$1 \leqslant i \leqslant m$. 所以，$M*$ 同构于若干个矩阵代数的直和. 证毕.

引理 6.7.5 设 p, q 是 vN 代数 M 的投影，且 p 是交换的，及 $c(q) \geqslant p$，则 $p \precsim q$

证. 依定理 1.5.4，有中心投影 z，使得

$$qz \precsim pz, \quad p(1-z) \precsim q(1-z).$$

设 $qz \sim p_1 \leqslant pz$，依命题 1.5.8，p_1 在 M_{pz} 中的中心复盖是 $c(p_1)pz$，但 M_{pz} 是交换的，因此，

$$p_1 = c(p_1)pz = c(qz)pz = c(q)pz = pz,$$

即 $qz \sim pz$. 从而 $p \precsim q$. 证毕.

引理 6.7.6 设 M 是 $\mathscr{H}$ 中的 vN 代数，$\{p_l | l \in \Lambda\}$，$\{q_r | r \in \mathbf{I}\}$ 是 M 的相互直交，等价的交换投影族，并且 $\sum_{l \in \Lambda} p_l = \sum_{r \in \mathbf{I}} q_r = 1$，则 $^{\#}\Lambda = {}^{\#}\mathbf{I}$.

证. 显然 $c(p_l) = c(q_r) = 1$，依引理 6.7.5，$p_l \sim q_r$，$\forall l \in \Lambda$，$r \in \mathbf{I}$.

如果 $^{\#}\Lambda < \infty$，依命题 6.4.5，M 是有限的 vN 代数，从而 $^{\#}\mathbf{I} < \infty$. 所以，$^{\#}\Lambda$ 与 $^{\#}\mathbf{I}$ 同时有限或无限.

首先考虑 $^{\#}\Lambda$，$^{\#}\mathbf{I}$ 有限的情况. 无妨设 $^{\#}\Lambda \leqslant {}^{\#}\mathbf{I}$，于是，

$$1 = \sum_{l \in \Lambda} p_l \sim \sum_{r \in \Lambda} q_r \leqslant \sum_{r \in \mathbf{I}} q_r = 1.$$

但 M 是有限的，因此，$^{\#}\Lambda = {}^{\#}\mathbf{I}$.

今设 Λ，$\mathbf{I}$ 为无限的指标集. 任意固定 $p \in \{p_l\}$，交换 vN 代数 M_p 是有限的，依命题 6.3.16 及 1.3.8，存在 M 的非零中心投影 z，使得 M_{pz} 是 σ-有限的. 代以考虑 Mz，$\{p_l z\}$，$\{q_r z\}$，可以设 $z = 1$. 今对于任意的 $l \in \Lambda$，M_{p_l} 是 $p_l \mathscr{H}$ 中 σ-有限的 vN 代数，依命题 1.14.2，有 $p_l \mathscr{H}$ 的可数子集 $\mathfrak{M}_l$，使得 $[M' \mathfrak{M}_l]$ 在 $p_l \mathscr{H}$ 中

稠. 令 $I_l = \{r \in I | q_r \mathfrak{M}_l \neq 0\}$，由于 $\{q_r\}_{r \in I}$ 是相互直交的，易见 I_l 是 I 的可数子集，$\forall l \in \Lambda$. 现在指出 $I = \bigcup_{l \in \Lambda} I_l$. 事实上，若有 $r \in I \setminus \bigcup_{l \in \Lambda} I_l$，则 $q_r \mathfrak{M}_l = \{0\}$，$\forall l \in \Lambda$. 于是，$q_r M' \mathfrak{M}_l = \{0\}$，即 $q_r p_l = 0$，$\forall l \in \Lambda$. 但 $\sum_{l \in \Lambda} p_l = 1$，因此，$q_r = 0$，这不可能. 今由 $I = \bigcup_{l \in \Lambda} I_l$ 及 I_l 是可数的 $(\forall l)$，可见 $^\# I \leqslant {}^\# \Lambda$. 同证 $^\# \Lambda \leqslant {}^\# I$，所以，$^\# \Lambda = {}^\# I$. 证毕.

定义 6.7.7 vN 代数 M 称为 (I_n) 型的或者 n-齐次的，这里 n 可以是有限或无限的势，指存在 M 的相互直交、等价的交换投影族 $\{p_l | l \in \Lambda\}$，使得 $\sum_{l \in \Lambda} p_l = 1$，$^\# \Lambda = n$.

依引理 6.7.6，(I_n) 型的定义与 $\{p_l\}$ 的选取无关.

命题 6.7.8 1) (I_n) 型的 vN 代数必是 (I) 型的；

2) vN 代数 M 是 (I_n) 型的，当且仅当，M 空间 $*$ 同构于 $N \bar{\otimes} B(\mathscr{H}_n)$，这里 N 是交换的 vN 代数，$\mathscr{H}_n$ 是 n 维的 Hilbert 空间. 特别，(I_n) 型的因子 $*$ 同构于 $B(\mathscr{H}_n)$.

证. 1) 对定义 6.7.7 中的任意交换投影 p_l，必有 $c(p_l) = 1$. 再依定理 6.7.1，(I_n) 型 vN 代数必是 (I) 型的.

2) 必要性由定义 6.7.7 及定理 1.5.6 立见. 反之设 $\{e_l | l \in \Lambda\}$ 是 $\mathscr{H}_n$ 的直交规范基，这里 $^\# \Lambda = n$，令 p_l 是 $\mathscr{H}_n$ 到 $[e_l]$ 上的投影，则 $\{p_l | l \in \Lambda\}$ 是 $B(\mathscr{H}_n)$ 的相互直交、等价的交换投影族，且 $\sum_{l \in \Lambda} p_l = 1$. 由此，如果 N 是交换的 vN 代数，则 $N \bar{\otimes} B(\mathscr{H}_n)$ 是 (I) 型的. 证毕.

引理 6.7.9 设 $\{z_l\}$ 是 vN 代数 M 的相互直交的 n-齐次中心投影族，则 $z = \sum_l z_l$ 也是 n-齐次的.

证. 设 $\{p_\beta^{(l)} | \beta \in I\}$ 是 $M z_l$ 的相互直交、等价的交换投影族，使得 $\sum_{\beta \in I} p_\beta^{(l)} = z_l$，$^\# I = n$，$\forall l$. 令 $p_\beta = \sum_l p_\beta^{(l)}$，则 $\{p_\beta | \beta \in I\}$

将是 M 的相互直交、等价的交换投影族，且 $\sum\limits_{\beta \in \mathbb{I}} p_\beta = z$，因此，$Mz$ 是 (I_n) 型的. 证毕.

引理 6.7.10 设 z_i 是 vN 代数 M 的 n_i-齐次的中心投影，$i = 1, 2$，并且 $n_1 \neq n_2$，则 $z_1 z_2 = 0$.

证. 设 $\{p_l^{(i)} | l \in \Lambda_i\}$ 是相互直交、等价的交换投影族，使得
$$\sum_{l \in \Lambda_i} p_l^{(i)} = z_i, \quad {}^\# \Lambda_i = n_i, \ i = 1, 2.$$
于是 $\{p_l^{(1)} z_2 | l \in \Lambda_1\}$，$\{p_l^{(2)} z_1 | l \in \Lambda_2\}$ 也是相互直交、等价的交换投影族，且和都为 $z_1 z_2$. 如果 $z_1 z_2 \neq 0$，依引理 6.7.6 ${}^\# \Lambda_1 = {}^\# \Lambda_2$，这与 $n_1 \neq n_2$ 相矛盾. 因此，$z_1 z_2 = 0$. 证毕.

定理 6.7.11 设 M 是 (I) 型的 vN 代数，则可以唯一分解为 $M = \sum\limits_{n \in E} \oplus M_n$，这里 E 是某个不同势的集合，M_n 是 (I_n) 型的，$\forall n \in E$.

证. M 至少包含一个非零交换投影 p，取相互直交的投影极大族 $\{p_l\}$，使得 $p_l \sim p$，$\forall l$. 依定理 1.5.4，有中心投影 z，使得
$$(1 - q)z \precsim pz, \quad p(1 - z) \precsim (1 - q)(1 - z)$$
这里 $q = \sum\limits_l p_l$. 由 $\{p_l\}$ 的极大性，$z \neq 0$. 如果 $(1 - q)z = 0$，则 $z = \sum\limits_l p_l z$，可见 z 是齐次的中心投影. 如果 $(1 - q)z \neq 0$，令 $z_1 = z c(1 - q)$ 也是非零的中心投影. 设
$$(1 - q)z \sim q_1 \leqslant pz,$$
依命题 1.5.8 及 pz 是交换投影，$q_1 = c(q_1) pz = pz_1$. 显然 $(1 - q)z_1 = (1 - q)z$，因此，
$$(1 - q)z_1 \sim q_1 = pz_1 \sim p_l z_1, \ \forall l,$$
又 $z_1 = \sum\limits_l p_l z_1 + (1 - q)z_1$，因此，$z_1$ 是齐次的中心投影.

总之，M 必有非零的齐次中心投影. 由 Zorn 辅理，可写 $1 = \sum\limits_r z_r$，这里 $\{z_r\}$ 是相互直交的中心投影族，且每个 z_r 都是齐次

的. 再依引理 6.7.9, 就可得到所要求的分解. 分解的唯一性由引理 6.7.10 立见. 证毕.

注 本节见参考文献 [55], [57], [59].

§8. 连续的与 (II) 型的 vN 代数

命题 6.8.1 vN 代数 M 是连续的,当且仅当,不存在非零中心投影 z, 使得 Mz 是离散的. 特别,纯无限的 vN 代数是连续的.

证. 若 M 不是连续的,则 M 至少包含一个非零交换投影 p, 令 $z = c(p)$, 依定理 6.7.1, Mz 是离散的. 反之,如有非零中心投影 z, 使得 Mz 是离散的,则 Mz 包含非零交换投影 p, p 自然也是 M 的交换投影,因此,M 不是连续的. 证毕.

命题 6.8.2 1) 设 $M = \sum_l \oplus M_l$, 则 M 是连续或 (II) 型的, 当且仅当,每个 M_l 是连续或 (II) 型的;

2) 设 M 是连续或 (II) 型的,则 M' 亦然;

3) 设 M 是连续或 (II) 型的, p, p' 分别是 M, M' 的投影,则 M_p, $M_{p'}$ 也是连续或 (II) 型的.

证 1) 显然.

2) 设 M 是连续的,若 M' 有非零中心投影 z, 使得 $M'z$ 离散. 依定理 6.7.1, $(M'z)' = Mz$ 也离散, 这与命题 6.8.1 相矛盾. 因此, M' 也是连续的. 此外,依命题 6.5.13, 如果 M 是 (II) 型的,则 M' 也是 (II) 型的.

3) 由 $(M_p)' = M'_p$ 及 2), 只须对 $M_{p'}$ 来证明. 但 $M_{p'}$ 与 $M_{c(p')}*$ 同构,因此显然. 证毕.

定理 6.8.3 vN 代数 M 是连续的,必须且只须,M 的每个投影可写成 M 的两个相互直交且等价的投影之和。

证. 充分性. 如果 p 是 M 的交换投影,依所设,可写 $p = p_1 + p_2$, 这里 $p_1 p_2 = 0$, 且 $p_1 \sim p_2$. 于是 $c(p_1) = c(p)$. 又 $p_1 \leqslant p$ 及 p 是交换的,依命题 1.5.8, $p_1 = c(p_1)p = p$. 因此, $p = 0$, 即 M

是连续的.

今设 M 是连续的, p 是 M 的任意非零投影. 于是 M_p 不是交换的, 从而 M_p 有非零投影 q, 使得 $q \bar\in M_p \bigcap M_p'$. 依定理 1.5.4, 有 M 的中心投影 z, 使得 $qz \lesssim (p-q)z$, $(p-q)(1-z) \lesssim q(1-z)$. 如果 $qz = (p-q)(1-z) = 0$, 于是, $q = p - pz \in M_p \bigcap M_p'$, 矛盾. 因此有 $qz \bar{\ne} 0$, 或者 $(p-q)(1-z) \bar{\ne} 0$. 如果 $qz \bar{\ne} 0$, 设 $qz = r_1 \sim r_2 \lesssim (p-q)z$, 自然 $r_1 r_2 = 0$, 及 $r_1 + r_2 \leqslant p$. 如果 $(p-q)(1-z) \bar{\ne} 0$, 设 $(p-q)(1-z) = r_1 \sim r_2 \lesssim q(1-z)$, 自然 $r_1 r_2 = 0$, 及 $r_1 + r_2 \leqslant p$. 总之有非零投影 r_1, r_2, 使得 $r_1 r_2 = 0$, $r_1 \sim r_2$, $r_1 + r_2 \leqslant p$. 再对 $(p - (r_1 + r_2))$ 施用同样手续, 依 Zorn 辅理, 可见 p 可写成 M 的两个相互直交且等价的投影之和. 证毕.

定理 6.8.4 vN 代数 M 是 (II) 型的, 必须且只须, 存在 M 的投影递减列 $\{p_n\}$, 使得 p_1 是有限的, $c(p_1) = 1$, 并且 $(p_n - p_{n+1}) \sim p_{n+1}$, $\forall n$.

证. 设 M 是 (II) 型的, 依定理 6.5.10, 存在有限投影 p_1, 使得 $c(p_1) = 1$. 又依定理 6.8.3, 可写

$$p_1 = p_2 + q_2, \quad p_2 q_2 = 0, \quad p_2 \sim q_2$$
$$\cdots$$
$$p_n = p_{n+1} + q_{n+1}, \quad p_{n+1} q_{n+1} = 0, \quad p_{n+1} \sim q_{n+1}$$
$$\cdots$$

所得之 $\{p_n\}$ 即满足要求.

反之设满足条件的 $\{p_n\}$ 存在. 依定理 6.5.10, M 首先是半有限的. 如果能够证明 M_{p_1} 是连续的, 则 $(M_{p_1})' = M_{p_1}'$ 也是连续的. 但 M_{p_1}' $*$ 同构于 M', 因此, M', 从而 M, 也是连续的. 所以可设 $p_1 = 1$, 及 M 是有限的. 依命题 6.3.16 及 6.8.2, 还可以设 M 是 σ-有限的, 于是 M 上有忠实的正规迹态 φ. 如果 p 是 M 的交换投影, 对每个 n, 依定理 1.5.4, 有中心投影 z_n, 使得

$$p_n z_n \lesssim p z_n, \quad p(1-z_n) \lesssim p_n(1-z_n).$$

设 $p_n z_n \sim q_n \leqslant p z_n$，由于 p 是交换的，因此，$q_n = c(q_n) p z_n = c(p_n) p z_n$。注意 $p_n \sim (p_{n-1} - p_n)$，因此，$c(p_n) \geqslant p_{n-1}$。递推可见 $c(p_n) = 1$。从而 $q_n = p z_n$，即 $p_n z_n \sim p z_n$，$p \lesssim p_n$，$\forall n$。另一方面，由

$$p_n = p_{n+1} + (p_n - p_{n+1}), \quad p_{n+1} \sim (p_n - p_{n+1}),$$

因此，$\varphi(p_n) = 2\varphi(p_{n+1})$。但 $\varphi(p_1) = 1$，因此，$\varphi(p_n) = 2^{-n}$，$\forall n$。今 $\varphi(p) \leqslant \varphi(p_n) = 2^{-n}$，$\forall n$，所以，$\varphi(p) = 0$，$p = 0$，即 M 不包含任何非零的交换投影。证毕。

注 本节见参考文献 [12]，[55]。

§9. vN 代数张量积的类型

设 M_i 是 $\mathscr{H}_i$ 中的 vN 代数，$i = 1, 2$，$M_1 \bar{\otimes} M_2$ 是 $\mathscr{H}_1 \otimes \mathscr{H}_2$ 中的 vN 代数。本节考察 M_1，M_2 的类型与 $M_1 \bar{\otimes} M_2$ 的类型之间的关系。

命题 6.9.1 $M_1 \bar{\otimes} M_2$ 是有限的，当且仅当，M_1，M_2 都是有限的。

证. 设 $M_1 \bar{\otimes} M_2$ 是有限的，$M_1 *$ 同构于 $M_1 \otimes 1_2$，因此，M_1 是有限的。同样 M_2 也是有限的。

今设 M_1，M_2 是有限的，依命题 6.3.16.，又可设 M_1，M_2 还是 σ-有限的。从而 M_1，M_2 上有忠实的正规迹态 φ_1，φ_2。于是有

$\{\xi_n^{(i)}\} \subset \mathscr{H}_i$，$\sum_n \|\xi_n^{(i)}\|^2 < \infty$，使得

$$\varphi_i(\cdot) = \sum_n \langle \cdot \xi_n^{(i)}, \xi_n^{(i)} \rangle, \quad i = 1, 2.$$

今考虑

$$\varphi_1 \otimes \varphi_2(\cdot) = \sum_{n,m} \langle \cdot \xi_n^{(1)} \otimes \xi_m^{(2)}, \xi_n^{(1)} \otimes \xi_m^{(2)} \rangle,$$

它显然是 $M_1 \bar{\otimes} M_2$ 上的正规迹态。由于 φ_i 是忠实的，因此，$\{\xi_n^{(i)}\}$ 是 M_i' 的循环矢列 $i = 1, 2$。由此，$\{\xi_n^{(1)} \otimes \xi_m^{(2)}\}$ 将是 $M_1' \bar{\otimes} M_2' =$

$(M_1\bar\otimes M_2)'$ 的循环矢列. 所以, $\varphi_1\otimes\varphi_2$ 在 $M_1\bar\otimes M_2$ 上也是忠实的及 $M_1\bar\otimes M_2$ 是有限的. 证毕.

命题 6.9.2 $M_1\bar\otimes M_2$ 是真无限的,当且仅当,M_1 或者 M_2 是真无限的.

证. 必要性由命题 6.9.1 立见. 今设 M_1 是真无限的,如果 $M_1\bar\otimes M_2$ 并非真无限,于是 $M_1\bar\otimes M_2$ 上有正规迹态 φ, $\varphi|(M_1\otimes 1_2)$ 将产生 M_1 上一个正规迹态,这与 M_1 真无限相矛盾. 证毕.

命题 6.9.3 设 M_1, M_2 都是半有限的,则 $M_1\bar\otimes M_2$ 也是半有限的.

证. 依命题 6.5.14,可设 M_i' 是有限的, $i=1,2$. 于是, $(M_1\bar\otimes M_2)' = M_1'\bar\otimes M_2'$ 是有限的. 因而 $M_1\bar\otimes M_2$ 是半有限的. 证毕.

引理 6.9.4 设 φ 是 vN 代数 N 的正部分 N_+ 上半有限的正规迹, $s(\varphi)$ 是 φ 的支持, $b\in Ns(\varphi)$ 使得 $\varphi(b^*b) < \infty$,则 $a\to ba^*$ 在 N 的有界球中是强算子连续的.

证. 设网 $\{a_l\}\subset N$, $\|a_l\|\leqslant 1(\forall l)$,且 $a_l \xrightarrow{\text{强算子}} 0$,要证明 $a_l b^*ba_l^* \xrightarrow{\text{弱算子}} 0$.

由于 $a_l b^*ba_l^*\in Ns(\varphi)$ $(\forall l)$,因此无妨设 $s(\varphi)=1$,即 φ 是忠实的. 今依定理 6.5.8 下面的注. φ 将产生 N 忠实的 w^*-表示 $\{\pi_\varphi, \mathscr{H}_\varphi\}$. 由于 $\|a_l\|\leqslant 1(\forall l)$,只须对任意的 $x\in\mathfrak{N}$ (如命题 6.5.2 所定义),证明 $\langle\pi_\varphi(a_l b^*ba_l^*)x_\varphi, x_\varphi\rangle = \varphi(x^*a_l b^*ba_l^* x)\to 0$. 由于 φ 是迹, $b\in\mathfrak{N}$,依命题 6.5.2 及 6.5.3,

$$\varphi(x^*a_l b^*ba_l^* x) = \varphi(ba_l^* xx^*a_l b^*) \leqslant \|x\|^2\varphi(ba_l^* a_l b^*)$$
$$= \|x\|^2\varphi(b^*ba_l^* a_l)\to 0. \qquad \text{证毕.}$$

命题 6.9.5 $M_1\bar\otimes M_2$ 是纯无限的,当且仅当,M_1 或者 M_2 是纯无限的.

证. 如果 M_1, M_2 均非纯无限,依命题 6.9.3, $M_1\bar\otimes M_2$ 也不能是纯无限的。

今设 M_1 是纯无限的. 如果 $M_1\bar\otimes M_2$ 不是纯无限的,于是

$(M_1\bar{\otimes}M_2)_+$ 上有非零的半有限正规迹 φ。 取 $0\lneqq b\in(M_1\bar{\otimes}M_2)$ $s(\varphi)$，使得 $\varphi(b^2)<\infty$。

如果写 $\mathscr{H}_1\otimes\mathscr{H}_2=\sum_{l\in\Lambda}\oplus\mathscr{H}_l$，这里 $\mathscr{H}_l=\mathscr{H}_1,\forall l$，及

$^{\#}\Lambda=\dim\mathscr{H}_2$，相应 $b=(b_{ll'})_{l,l'\in\Lambda}$，其中 $b_{ll'}\in B(\mathscr{H}_1),\forall l,l'$。由于 $b\gneqq 0$，必有指标 $l_0\in\Lambda$，使得 $b_1=b_{l_0l_0}\gneqq 0$。

今考虑映象

$$M_1\xrightarrow{\alpha}M_1\bar{\otimes}M_2\xrightarrow{\beta}M_1\bar{\otimes}M_2\xrightarrow{\gamma}M_1,$$

其中 $\alpha(a_1)=a_1\otimes 1_2,\quad\forall a_1\in M_1,\quad\beta(a)=ba^*,\quad\forall a\in M_1\bar{\otimes}M_2$，$\gamma(a)=a_{l_0l_0},\forall a\in M_1\bar{\otimes}M_2$。依引理 6.9.4，

$$(\gamma\circ\beta\circ\alpha)(a_1)=b_1a_1^*,\forall a_1\in M_1.$$

在 M_1 的有界球中是强算子连续的。由于 $b_1\gneqq 0$，存在正数 λ 及 M_1 的非零投影 p_1，使得 $b_1^2\geqslant\lambda p_1$。从而，$a_1\cdot\to p_1a_1^*$ 在 M_1 的有界球中是强算子连续的。特别，$a_1\to a_1^*$ 在 M_1p_1 的有界球中是强算子连续的。但 M_1 是纯无限的，$p_1\neq 0$，这便与命题 6.6.3 相矛盾。因此，$M_1\bar{\otimes}M_2$ 是纯无限的。证毕。

系 6.9.6 如果 $M_1\bar{\otimes}M_2$ 是半有限的，则 M_1，M_2 都是半有限的。

命题 6.9.7 设 M_i 是 (I_{n_i}) 型的，$i=1,2$，则 $M_1\bar{\otimes}M_2$ 是 $(I_{n_1n_2})$ 型的。特别，M_1，M_2 是离散的，则 $M_1\bar{\otimes}M_2$ 亦然。

证。可设 $M_i=N_i\bar{\otimes}B(\mathscr{K}_i)$，这里 N_i 是交换的 vN 代数，$\mathscr{K}_i$ 是 n_i 维的 Hilbert 空间，$i=1,2$，于是，

$$M_1\bar{\otimes}M_2=(N_1\bar{\otimes}N_2)\bar{\otimes}B(\mathscr{K}_1\otimes\mathscr{K}_2),$$

依命题 6.7.8，$M_1\bar{\otimes}M_2$ 是 $(I_{n_1n_2})$ 型的。证毕。

命题 6.9.8 设 M 是 (I_n) 型的 vN 代数，则 M 是有限的，当且仅当，$n<\infty$。

证。设 $M=N\bar{\otimes}B(\mathscr{H}_n)$，其中 N 是交换 vN 代数（必是有限的），$\mathscr{H}_n$ 是 n 维 Hilbert 空间。依命题 6.9.1，M 是有限的，当且仅当，$B(\mathscr{H}_n)$ 是有限的，这等价于 $\aleph<\infty$。证毕。

命题 6.9.9 设 M_1, M_2 都半有限，且 M_1 是连续的，则 $M_1 \overline{\otimes} M_1$ 是 (II) 型的.

证. 依定理 6.8.4, 存在 M_1 的有限投影递减列 $\{p_n\}$, 使得 $c(p_1) = 1_1$, $p_{n+1} \sim (p_n - p_{n+1})$, $\forall n$. 又 M_2 是半有限的, 因此存在 M_2 的有限投影 q, 使得 $c(q) = 1_2$. 今命 $e_n = p_n \otimes q$, 依命题 6.9.1, $\{e_n\}$ 将是 $M_1 \overline{\otimes} M_2$ 的有限投影递减列. 依定义 1.5.7, 易见 e_1 在 $M_1 \overline{\otimes} M_2$ 中的中心覆盖是 1. 自然也有 $e_{n+1} \sim (e_n - e_{n+1})$, $\forall n$, 依定理 6.8.4, $M_1 \overline{\otimes} M_2$ 是 (II) 型的. 证毕.

命题 6.9.10 $M_1 \overline{\otimes} M_2$ 是连续的, 当且仅当, M_1 或者 M_2 是连续的.

证. 由于纯无限的代数必是连续的, 依命题 6.9.5, 可设 M_1, M_2 都是半有限的. 因此充分性由命题 6.9.9 立见.

今设 $M_1 \overline{\otimes} M_2$ 是连续的, 并且 M_1, M_2 是半有限的, 如果 M_1, M_2 都不是 (II) 型的, 依命题 6.9.7, $M_1 \overline{\otimes} M_2$ 也不能是连续的, 因此, 必有 M_1 或者 M_2 是连续的. 证毕.

系 6.9.11 1) 如果 $M_1 \overline{\otimes} M_2$ 是离散的, 则 M_1, M_2 都是离散的; 2) 如果 $M_1 \overline{\otimes} M_2$ 是 (II) 型的, 则 M_1, M_2 都是半有限的, 并且 M_1 或者 M_2 是连续的.

综上所述, 我们有:

定理 6.9.12 1) $M_1 \overline{\otimes} M_2$ 是有限的、半有限的、离散的, 当且仅当, M_1 与 M_2 都是有限的、半有限的、离散的;

2) $M_1 \overline{\otimes} M_2$ 是真无限的、纯无限的、连续的, 当且仅当, M_1 或者 M_2 是真无限的、纯无限的、连续的;

3) $M_1 \overline{\otimes} M_2$ 是 (II) 型的, 当且仅当, M_1 与 M_2 都是半有限的, 并且 M_1 或者 M_2 是 (II) 型的.

注 本节见参考文献 [21], [72], [91].

第七章 因子的理论

本章是因子理论的初步,也是第六章的继续. §1 的维数函数系 F. J. Murray 与 J. von Neumann 在卅年代所定义,他们用维数函数值域的不同 (7.1.3),把因子分成五类,这正是第六章的结果. 同时 §1 也指出维数函数与迹的关系 (7.1.6). §2 证明超有限的 (II_1) 型 (在 * 同构下) 是唯一的 (7.2.15). Murray 与 von Neumann 也曾指出非超有限 (II_1) 型因子的存在性,这说明把因子分成五类是不完全的. 正是由于这一点,因子理论在近代获得了重要的发展. 既然把因子分成了五类,自然要问它们是否实际地存在? 对于 (I_n), (I_∞) 型,是不待言的,而 (II) 型与 (III) 型因子的存在性并非显然,但它们的存在正是使得算子代数能够与其它代数尖锐地区别开来. §3 我们叙述构造 (II) 型与 (III) 型因子的标准办法——群测度空间的构造方法.

§1. 维 数 函 数

依第六章的分类,因子只有五种类型:

1) (I_n) 型因子,即离散且有限的因子,它必 * 同构于 $B(\mathcal{H}_n)$,这里 $\dim \mathcal{H}_n = n < \infty$;

2) (I_∞) 型因子,即离散且无限的因子,它必 * 同构于 $B(\mathcal{H})$,这里 $\dim \mathcal{H} = \infty$;

3) (II_1) 型因子,即连续且有限的因子;

4) (II_∞) 型因子,即连续且无限的因子;

5) (III) 型因子,即纯无限的因子.

定义 7.1.1 设 M 是因子,M_+ 上的迹 φ 称为满足条件 (R) 的,指如果 M 包含非零的有限投影,则存在 M 的非零有限投影 p_0,

使得 $\varphi(p_0) < \infty$.

命题 7.1.2 设 M 是因子, φ 是 M_+ 上满足条件 (R) 的忠实的正规迹.

1) 设 p 是 M 的投影, 则 p 是有限的或者无限的, 当且仅当, $\varphi(p) < \infty$ 或者 $\varphi(p) = +\infty$;

2) 设 p, q 是 M 的有限投影, 则 $p \precsim q$, 当且仅当, $\varphi(p) \leqslant \varphi(q)$;

3) 如果 M 包含非零的有限投影, 则 φ 是半有限的;

4) 除去正常数的倍数外, φ 是唯一决定的.

证. 1) 如果 p 是无限的, 它也是真无限的, 依定理 6.4.4, 可写 $p = p_1 + p_2$, 这里 $p_1 p_2 = 0$, 且 $p \sim p_1 \sim p_2$. 于是, $\varphi(p) = 2\varphi(p)$. 由于 φ 是忠实的, 因此, $\varphi(p) = +\infty$.

如果 p 是有限的, 设 p_0 如定义 7.1.1, 因子的任意两个投影都是可以比较的, 如果 $p \precsim p_0$, 自然 $\varphi(p) < \infty$; 如果 $p_0 \precsim p$, 设 $\{p_l\}_{l \in \Lambda}$ 是相互直交的投影族, 使得

$$p_l \sim p_0, \quad p_l \leqslant p, \quad \forall l \in \Lambda, \quad \left(p - \sum_l p_l \right) \precsim p_0,$$

由于 p 是有限的, $^\# \Lambda < \infty$, 由此可见 $\varphi(p) < \infty$. 所以, p 有限或无限, 当且仅当, $\varphi(p) < \infty$ 或 $\varphi(p) = +\infty$.

2) 如果 $p \precsim q$, 自然 $\varphi(p) \leqslant \varphi(q)$. 反之, 设 $\varphi(p) \leqslant \varphi(q)$, 而 $q \sim p_1 \precneqq p$, 由于 p 是有限的及 φ 是忠实的, 则 $\varphi(q) = \varphi(p_1) < \varphi(p)$, 矛盾. 因此, $p \precsim q$.

3) 设 $0 \neq a \in M_+$, 必有正数 λ 及投影 $p \in M$, 使得 $a \geqslant \lambda p$. 由于 M 包含非零有限投影, M 是半有限的, 因此必有非零有限投影 $q \leqslant p$. 于是 $a \geqslant \lambda q \neq 0$, 且 $0 < \varphi(\lambda q) < \infty$, 即 φ 是半有限的.

4) 如果 M 是纯无限的, 则 M 的任意非零投影是无限的, 因此, M_+ 上忠实的正规迹只能是: $\varphi(0) = 0, \varphi(a) = +\infty, \forall a \in M_+ \backslash \{0\}$, 即 φ 是唯一决定的.

如果 M 是半有限的，依 3) 及定理 6.5.8，φ 即是 M_+ 上所存在的忠实的半有限正规迹。今设 φ_1，φ_2 是 M_+ 上两个忠实的半有限正规迹，需要证明 φ_1 与 φ_2 仅相差一个正常数的倍数。

首先如果 M 是有限的，由 1) 及命题 6.5.2，φ_1，φ_2 可扩张为 M 上忠实的正规迹。令 $\varphi = \varphi_1 + \varphi_2$，依定理 1.10.3 及 φ 也是迹，有 $t \in M$，$0 \leqslant t \leqslant 1$，使得

$$\varphi_1(a) = \varphi(ta), \quad \forall a \in M.$$

对任意的 $a, b \in M$，

$$\varphi(tab) = \varphi_1(ab) = \varphi_1(ba) = \varphi(tba) = \varphi(atb),$$

即 $\varphi((ta - at)b) = 0$。φ 也是忠实的，因此，$t \in M \cap M' = \mathbf{C}$。进而可见，$\varphi_1$ 与 φ_2 仅相差一个正常数的倍数。

今若 M 是半有限且真无限的。依定理 6.5.10，将存在有限投影的递增网 $\{q_t\}$，使得 $\sup\limits_t q_t = 1$。依前段所证，对每个指标 t，有正常数 λ_t，使得

$$\varphi_1(a) = \lambda_t \varphi_2(a), \quad \forall a \in (M_{q_t})_+,$$

但 $\{q_t\}$ 是递增的，因此 λ_t 将不依赖于指标 t，设 $\lambda_t = \lambda$，$\forall t$，则 $\varphi_1(q_t a q_t) = \lambda \varphi_2(q_t a q_t)$，$\forall a \in M_+$，$\forall t$。另一方面，依命题 6.5.2，$\varphi_i(q_t a q_t) = \varphi_i(a^{\frac{1}{2}} q_t a^{\frac{1}{2}})$，又 φ_i 是正规的，因此，$\varphi_1(a) = \lambda \varphi_2(a)$，$\forall a \in M_+$。证毕。

注. 依本命题及其证明可见：对于 (I) 型因子 $B(\mathcal{H})$，$B(\mathcal{H})_+$ 上唯一的(除去常数倍数外)忠实的半有限正规迹是

$$\mathrm{tr}(\cdot) = \sum_l \langle \cdot \xi_l, \xi_l \rangle,$$

这里 $\{\xi_l\}$ 是 $\mathcal{H}$ 的直交规范基；对于有限型因子，其上有唯一的忠实的正规迹态；对于半有限因子，其正部份上有唯一的(除去常数倍数外)忠实的半有限正规迹；对于纯无限因子，情形是平凡的。

命题 7.1.3 设 M 是因子，P 表示 M 的投影全体，φ 如命题 7.1.2，$\mathscr{D} = \{\varphi(p) | p \in P\}$，则 φ 乘以适当正常数后，可以使得：

1) 当 $M(\mathrm{I}_n)$ 型 (n 可以是有限或无限的)时，

$$\mathscr{D} = \{0, 1, \cdots, n\}.$$

特别地，$M = B(\mathscr{H}_n)$，$\varphi(p) = \dim p\mathscr{H}_n$，$\forall p \in P$；

2) 当 $M(\mathrm{II}_1)$ 型时，$\mathscr{D} = [0, 1]$；

3) 当 $M(\mathrm{II}_\infty)$ 时，$\mathscr{D} = [0, +\infty]$；

4) 当 $M(\mathrm{III})$ 型时，$\mathscr{D} = \{0, +\infty\}$.

证. 1) 已见于命题 7.1.2 下面的注. 4) 是显然的.

2) 设 φ 为 M 上(唯一的)忠实的正规迹态. 依定理 6.8.3,

$$\{2^{-n}k \mid 1 \leqslant k \leqslant 2^n, n = 0, 1, \cdots\} \subset \mathscr{D}.$$

对于任意的 $\lambda \in [0,1]$，可以取 $p_n \in P$，使得 $\varphi(p_n) = \lambda_n \nearrow \lambda$. 依命题 7.1.2，$p_n \lesssim p_{n+1}$，$\forall n$.

取 $q_1 = p_1$. 设 $q_1 \sim q \leqslant p_2$，依命题 6.3.2，$(1 - q_1) \sim (1 - q)$. 因此，$(p_2 - q) \lesssim (1 - q_1)$. 设 $(p_2 - q) \sim r \leqslant (1 - q_1)$，于是，$p_2 \sim q_1 + r$. 令 $q_2 = q_1 + r$，则 $q_2 \geqslant q_1$，$q_i \sim p_i$，$i = 1, 2$. 继续下去，可以得到 $\{q_n\}$，使得 $q_n \leqslant q_{n+1}$，$q_n \sim p_n$，$\forall n$. 命 $q = \sup_n q_n$，则 $\varphi(q) = \sup_n \varphi(p_n) = \lambda$. 所以，$\mathscr{D} = [0, 1]$.

3) 设 $\{p_l\}$ 是 M 的有限投影递增网，且 $\sup_l p_l = 1$. 自然有 $\varphi(p_l) \nearrow +\infty = \varphi(1)$. 又依2)，对每个 l，$[0, \varphi(p_l)] \subset \mathscr{D}$，因此，$\mathscr{D} = [0, +\infty]$. 证毕.

引理 7.1.4 设 M 是有限的因子，P 是 M 的投影全体，$D: P \to [0, +\infty)$，并且满足: 1) 如果 $p_1 p_2 = 0$，则

$$D(p_1 + p_2) = D(p_1) + D(p_2);$$

2) 对于 M 的任意酉元 u 及 $p \in P$，$D(upu^*) = D(p)$; 3) $D(1) > 0$，则 $D = \varphi | P$，这里 φ 如命题 7.1.2.

证. 如果 $M = B(\mathscr{H}_n)$，这里 $\dim \mathscr{H}_n = n < \infty$. 依2)，$D$ 将对 M 的所有极小投影取同一个值 λ. 依1)，$D(1) = n\lambda$，因此，$\lambda > 0$. 无妨设 $\lambda = 1$. 由于 M 的任意投影必为若干个极小投影的和，因此，$D(P) = \{0, 1, \cdots, n\}$. 依命题 7.1.3，$D = \varphi | P$.

今设 M 是 (II_1) 型的. 无妨设 $D(1) = 1$，并设 φ 是 M 上忠

实的正规迹态. 如果 $p \sim q$, 依命题 6.3.2, $(1-p) \sim (1-q)$, 因此有酉元 u, 使得 $p = uqu^*$. 由此, 如果 $p \gtrsim q$, 则 $D(p) \geqslant D(q)$. 此外, 依定理 6.8.3, 有 $p_{n,k} \in P$, 使得 $\varphi(p_{n,k}) = D(p_{n,k}) = 2^{-n}k$, $0 \leqslant k \leqslant 2^n$, $n = 0, 1, \cdots$. 今对任意的 $p \in P$, 可以取 $\{p_m\}$, 使得 $D(p_m) = \varphi(p_m) \nearrow \varphi(p)$. 依命题 7.1.2, $p \gtrsim p_m$, 因此, $D(p) \geqslant D(p_m) = \varphi(p_m) \to \varphi(p)$. 同样证明, $D(1-p) \geqslant \varphi(1-p)$, 所以, $D(p) = \varphi(p)$, $\forall p \in P$. 证毕.

定义 7.1.5 设 M 是因子, P 是 M 的投影全体, $D: P \to [0, +\infty]$ 称为维数函数, 指 1) $D(p) = 0$, 当且仅当, $p = 0$; 2) 对任意的酉元 $u(\in M)$, 及 $p \in P$, $D(upu^*) = D(p)$; 3) 如果 $pq = 0$, 则 $D(p+q) = D(p) + D(q)$; 4) 如果 M 包含非零有限投影, 则有 $0 \neq p_0 \in P$, 使得 $D(p_0) < \infty$.

定理 7.1.6 设 M 是因子, P 是 M 的投影全体, $D(\cdot)$ 是维数函数, 则 $D = \varphi|P$, 这里 φ 如命题 7.1.2.

证. 首先指出, 如果 p 是无限的, 则 $D(p) = +\infty$. 事实上, p 也是真无限的, 依定理 6.4.4, 可写 $p = \sum_n p_n$, 这里

$$p_n p_m = \delta_{nm} p_n, \quad p_n \sim p, \quad \forall n, m.$$

显然存在酉元 u_{nm}, 使得 $u_{nm} p_n u_{nm}^* = p_m$, 因此, $D(p_n) = D(p_m)$, $\forall n, m$. 又 $D(p_n) > 0$, $\forall n$, 所以, $D(p) = +\infty$.

于是, 如果 M 是无限的, 则 $D = \varphi|P$.

如果 M 是半有限的, p_0 如定义 7.1.5, 依上面所证, p_0 必是有限投影. 因此可取 φ 如命题 7.1.2, 使得 $\varphi(p_0) = D(p_0)$. 我们来证明 $D = \varphi|P$, 仅须对有限投影 p 证明 $D(p) = \varphi(p)$. 令 $q = \sup\{p, p_0\}$, 依命题 6.4.5, q 也是有限投影. 依引理 7.1.4,

$$D|P \cap M_q = \varphi|P \cap M_q,$$

特别, $D(p) = \varphi(p)$. 证毕.

系 7.1.7 维数函数除去常数倍数外是唯一的.

注 本节见参考文献 [21], [74].

§2. 超有限的 (II₁) 型因子

设 M 是 (II_1) 型因子，于是 M 上有唯一忠实的正规迹态 φ，令
$$\|x\|_2 = \varphi(x^*x)^{1/2}, \quad \forall x \in M,$$
易见 $\|\cdot\|_2$ 将是 M 上的范数，并且
$$\|x\|_2 = \|x^*\|_2 \leqslant \|x\|, \quad \|xy\|_2 \leqslant \min\{\|x\|\|y\|_2, \|y\|\|x\|_2\}$$
$\forall x, y \in M$；依引理 1.11.2，在 M 的单位球 $(M)_1$ 中，$\|\cdot\|_2$ 产生的拓扑与强算子拓扑等价。

引理 7.2.1 设 p 是 M 的投影，$a^* = a \in (M)_1$，则存在 a 的谱投影 q，使得 $\|q - p\|_2 \leqslant 9\|a - p\|_2^{1/2}$. 此外，如果 $a \geqslant 0$，则
$$\|a^{1/2} - p\|_2 \leqslant 13\|a - p\|_2^{1/4}.$$

证. 设 $\varepsilon \in \left(0, \dfrac{1}{2}\right)$，$a = \displaystyle\int_{-1}^{1} \lambda de_\lambda$，以及
$$q = 1 - e_{1-\varepsilon}, \quad q_1 = e_\varepsilon - e_{-\varepsilon}, \quad q_2 = 1 - q - q_1,$$
当 $\lambda \notin [-\varepsilon, \varepsilon] \cup (1-\varepsilon, 1]$ 时，$|\lambda^2 - \lambda| \geqslant \varepsilon - \varepsilon^2 \geqslant \dfrac{\varepsilon}{2}$，因此，

$$\frac{1}{2}\varepsilon\|q_2\|_2 \leqslant \|(a^2 - a)q_2\|_2 \leqslant \|a^2 - a\|_2$$
$$\leqslant \|(a-p)a\|_2 + \|p(a-p)\|_2$$
$$+ \|p - a\|_2 \leqslant 3\|p - a\|_2,$$

即 $\|q_2\|_2 \leqslant \dfrac{6}{\varepsilon}\|p - a\|_2$. 另一方面，$\|aq_1\| \leqslant \varepsilon$，$\|aq - q\| \leqslant \varepsilon$，从而，

$$\|a - q\|_2 \leqslant \|aq - q\|_2 + \|aq_1\|_2$$
$$+ \|aq_2\|_2 \leqslant 2\varepsilon + \frac{6}{\varepsilon}\|a - p\|_2.$$

如果 $\|a - p\|_2^{1/2} < \dfrac{1}{2}$，取 $\varepsilon = \|a - p\|_2^{1/2}$，则
$$\|a - q\|_2 \leqslant 8\|a - p\|_2^{1/2}.$$

从而，$\|q - p\|_2 \leqslant \|a - p\|_2 + \|a - q\|_2 \leqslant 9\|a - p\|_2^{1/2}$，如果 $\|a -$

$p\|_2^{1/2} \geqslant \dfrac{1}{2}$，则直接有

$$\|q - p\|_2 \leqslant \|q\|_2 + \|a - p\|_2 + \|a\|_2 \leqslant 2$$
$$+ (\|a\|_2 + \|p\|_2)^{1/2}\|a - p\|_2^{1/2} \leqslant \|a - p\|_2^{1/2}(4$$
$$+ (\|a\|_2 + \|p\|_2)^{1/2}) \leqslant 9\|a - p\|_2^{1/2}.$$

今设 $a \geqslant 0$．用前面的符号，有

$$\|a^{1/2}q - q\| \leqslant \varepsilon, \quad \|a^{1/2}q_1\| \leqslant \varepsilon^{1/2},$$

于是由前面所证的 $\|q_2\|_2 \leqslant \dfrac{6}{\varepsilon}\|a - p\|_2$.

$$\|a^{1/2} - q\|_2 \leqslant \|a^{1/2}q - q\|_2 + \|a^{1/2}q_1\|_2$$
$$+ \|a^{1/2}q_2\|_2 \leqslant \varepsilon + \varepsilon^{1/2} + \|q_2\|_2 \leqslant \varepsilon$$
$$+ \varepsilon^{1/2} + \dfrac{6}{\varepsilon}\|a - p\|_2.$$

如果 $\|a - p\|_2^{1/2} < \dfrac{1}{2}$，取 $\varepsilon = \|a - p\|_2^{1/2}$，则

$$\|a^{1/2} - q\|_2 \leqslant 7\|a - p\|_2^{1/2} + \|a - p\|_2^{1/4} \leqslant 6\|a - p\|_2^{1/4}.$$

前面已证，这时 $\|q - p\|_2 \leqslant 9\|a - p\|_2^{1/2}$，因此，

$$\|a^{1/2} - p\|_2 \leqslant \|q - p\|_2 + \|a^{1/2} - q\|_2$$
$$\leqslant 9\|a - p\|_2^{1/2} + 6\|a - p\|_2^{1/4}$$
$$\leqslant \left(6 + \dfrac{9}{\sqrt{2}}\right)\|a - p\|_2^{1/4}$$
$$\leqslant 13\|a - p\|_2^{1/4}.$$

如果 $\|a - p\|_2^{1/2} \geqslant \dfrac{1}{2}$，则直接有

$$\|a^{1/2} - p\|_2 \leqslant \|a^{1/2}\|_2 + \|p\|_2 \leqslant 2 \leqslant 13\|a - p\|_2^{1/2}. \quad 证毕.$$

引理 7.2.2 设 p, q 是 M 的投影，则有 M 的部分等距元 w，使得

$$w^*w \leqslant p, \quad ww^* \leqslant q, \quad \|w - p\|_2 \leqslant 14\|p - q\|_2^{1/4}.$$

证．极分解 $qp = wb$，则 $0 \leqslant b \leqslant 1$，$w^*w \leqslant p$，$ww^* \leqslant q$．注意 $\|b^2 - p\|_2 = \|p(q - p)p\|_2 \leqslant \|q - p\|_2$，依引理 7.2.1，$\|b - p\|_2 \leqslant 13\|b^2 - p\|_2^{1/4} \leqslant 13\|q - p\|_2^{1/4}$．于是，由 $wp = w$，

$$\|w - p\|_2 \leqslant \|w - qp\|_2 + \|qp - p\|_2$$
$$= \|w(p - b)\|_2 + \|(q - p)p\|_2 \leqslant \|p - b\|_2$$
$$+ \|q - p\|_2 \leqslant 13\|q - p\|_2^{1/4} + \|q - p\|_2,$$

当$\|q - p\|_2 \leqslant 1$时，即见$\|w - p\|_2 \leqslant 14\|q - p\|_2^{1/4}$；当$\|q - p\|_2 > 1$，则直接有$\|w - p\|_2 \leqslant 2 < 14\|q - p\|_2^{1/4}$. 证毕.

引理 7.2.3 设 u 是 M 的酉元，w 是 M 的部分等距元，并且 $uw^*w = w$，则 $\|u - w\|_2^2 \leqslant 2\|w - 1\|_2$.

证. 由于 $(u - w)(u - w)^* = 1 - ww^*$，于是
$$\|u - w\|_2^2 = \varphi(1 - ww^*) \leqslant |\varphi(1 - w)|$$
$$+ |\varphi(w(1 - w^*))| \leqslant \|1 - w\|_2$$
$$+ \|1 - w^*\|_2 = 2\|w - 1\|_2.$$
证毕.

引理 7.2.4 设 p, q 是 M 的等价的投影，则有 M 的酉元 u，使得
$$q = upu^*, \quad \|u - 1\|_2 \leqslant 36\|p - q\|_2^{1/8}.$$

证. 依引理 7.2.2，有 M 的部分等距元 w，使得
$$w^*w \leqslant p, \quad ww^* \leqslant q, \quad \|w - p\|_2 \leqslant 14\|p - q\|_2^{1/4},$$
由于 M 是有限的，依命题 6.3.2，有 $v \in M$，使得 $v^*v = p - w^*w$，$vv^* = q - ww^*$.

又依引理 7.2.2，有部分等距元 $w_1 \in M$，使得
$$w_1^*w_1 \leqslant 1 - p, \quad w_1w_1^* \leqslant 1 - q,$$
$$\|w_1 - (1 - p)\|_2 \leqslant 14\|p - q\|_2^{1/4},$$
依命题 6.3.2，$1 - p \sim 1 - q$，因此又有 $v_1 \in M$，使得 $v_1^*v_1 = 1 - p - w_1^*w_1$，$v_1v_1^* = 1 - q - w_1w_1^*$.

令命 $u = w + v + w_1 + v_1$，则 u 是 M 的酉元，并且 $q = upu^*$. 注意 $\|w + w_1 - 1\|_2 \leqslant \|w - p\|_2 + \|w_1 - (1 - p)\|_2 \leqslant 28\|p - q\|_2^{1/4}$，又 $u(w + w_1)^*(w + w_1) = w + w_1$，依引理 7.2.3，
$$\|w + w_1 - u\|_2 \leqslant \sqrt{2}\|w + w_1 - 1\|_2^{1/2} \leqslant 8\|p - q\|_2^{1/8}.$$ 由此，
$$\|u - 1\|_2 \leqslant \|w + w_1 - u\|_2 + \|w + w_1 - 1\|_2$$
$$\leqslant 8\|p - q\|_2^{1/8} + 28\|p - q\|_2^{1/4},$$

当 $\|p - q\|_2 \leqslant 1$ 时，即有 $\|u - 1\|_2 \leqslant 36\|p - q\|_2^{1/8}$. 如果 $\|p -$

$q\|_2 > 1$，则直接有 $\|u - 1\|_2 \leqslant 2 < 36\|p - q\|_2^{1/8}$. 证毕.

定义 7.2.5 M 称为满足有限逼近条件的，指对于 M 的任意有限个元 $a_1, \cdots, a_m$ 及 $\varepsilon > 0$，存在 M 的有限维 $*$ 子代数 N 及 N 的元 $b_1, \cdots, b_m$，使得

$$\|a_i - b_i\|_2 \leqslant \varepsilon, \quad 1 \leqslant i \leqslant m.$$

在下面的引理 7.2.6—7.2.9 中，均设 M 满足有限逼近条件，并且所说 M 的子因子均包含 M 的单位元.

引理 7.2.6 对 M 的任意元 $a_1, \cdots, a_m$ 及 $\varepsilon > 0$，存在 M 的 (I_{2^n}) 型子因子 N (n 充分大) 及 N 的元 $b_1, \cdots, b_m$，使得

$$\|a_i - b_i\|_2 \leqslant \varepsilon, \quad 1 \leqslant i \leqslant m.$$

证. 首先对 $\dfrac{\varepsilon}{2}$，有 M 的有限维 $*$ 子代数 A，及 A 的元 $c_1, \cdots,$ c_m，使得 $\|a_i - c_i\|_2 \leqslant \dfrac{\varepsilon}{2}$，$1 \leqslant i \leqslant m$. 无妨设 $1 \in A$，依命题 6.7.4，有 A 的相互直交的中心投影 $\{z_i\}$，使得 $\sum\limits_i z_i = 1$，且每个 $A_i = Az_i$ 是有限维的因子. 于是对每个 i，又有 A_i 的相互直交的极小投影 $\{p_j^{(i)}\}$，使得 $\sum\limits_j p_j^{(i)} = z_i$. 在 A_i 中，$p_1^{(i)} \sim p_k^{(i)}$，于是有 $w_j^{(i)} \in A_i$，使得

$$w_1^{(i)} = p_1^{(i)}, \quad w_j^{(i)*} w_j^{(i)} = p_1^{(i)}, \quad w_j^{(i)} w_j^{(i)*} = p_j^{(i)}, \quad \forall i.$$

由此，$\{w_j^{(i)} w_k^{(i)*}\}_{j,k}$ 是 A_i 的矩阵单位，进而 $\{e_{jk}^{(i)} = w_j^{(i)} w_k^{(i)*}\}_{i,j,k}$ 是 A 的基. 因此，我们只须对充分小的 $\delta > 0$ (δ 依赖于 ε, $c_1, \cdots,$ c_m)，寻找 M 的 (I_{2^n}) 型子因子 N，及 N 的元 $\{v_j^{(i)}\}$，使得

$$\|w_j^{(i)} - v_j^{(i)}\|_2 \leqslant \delta, \quad \forall i, \ j.$$

取充分大的 n，使得 $2^{-n} < \delta^2$. 由于 M 是 (II_1) 型因子，依命题 7.1.3，对每个 i，可找到相互直交的投影 $\{q_k^{(i)}\}$，使得

$$q_k^{(i)} \leqslant p_1^{(i)}, \quad \varphi(q_k^{(i)}) = 2^{-n}, \quad \forall k,$$

$$\varphi\left(p_1^{(i)} - \sum_k q_k^{(i)}\right) < 2^{-n}.$$

现在可取 M 的 (I_{2^n}) 型子因子 N，使得 $\{w_j^{(i)} q_k^{(i)}\}_{i,j,k} \subset N$. 如果

命 $v_i^{(i)} = w_i^{(i)} \sum_k q_k^{(i)}$，则

$$(w_i^{(i)} - v_i^{(i)})^*(w_i^{(i)} - v_i^{(i)}) = p_1^{(i)} - \sum_k q_k^{(i)}.$$

因此，$\|w_i^{(i)} - v_i^{(i)}\|_2^2 = \varphi\left(p_1^{(i)} - \sum_k q_k^{(i)}\right) < 2^{-n} < \delta^2$，$\forall i, j$. 证毕.

引理 7.2.7 对 M 的任意元 $a_1, \cdots, a_m$ 及投影 $p, \varepsilon > 0$，如果 $\varphi(p) = 2^{-n}$，则存在 M 的 (I_{2^r}) 型子因子 N，这里 $r \geqslant n$，及 N 的元 $b_1, \cdots, b_m$, N 的投影 q，使得

$$\|a_i - b_i\|_2 \leqslant \varepsilon, \quad 1 \leqslant i \leqslant m, \quad \|p - q\|_2 \leqslant \varepsilon,$$
$$\varphi(q) = 2^{-n}.$$

证. 依引理 7.2.6，可取 M 的 (I_{2^r}) 型子因子 N，这里 $r \geqslant n$ 及 N 的元 $b_1, \cdots, b_{m+1}$，使得

$$\|a_i - b_i\|_2 \leqslant \delta, \quad 1 \leqslant i \leqslant m, \quad \|p - b_{m+1}\|_2 \leqslant \delta,$$

这里 $\delta > 0$ 待定，并无妨设 $b_{m+1}^* = b_{m+1}$. 记

$$b = 2b_{m+1}(1 + b_{m+1}^2)^{-1}.$$

显然 $b \in N$，$\|b\| \leqslant 1$. 注意 $p = 2p(1 + p)^{-1}$，因此，

$$\frac{1}{2}(b - p) = (1 + b_{m+1}^2)^{-1}(b_{m+1} - p)(1 + p)^{-1}$$
$$+ \frac{b}{4}(p - b_{m+1})p.$$

从而，$\|b - p\|_2 \leqslant \frac{5}{2}\delta$. 依引理 7.2.1，有 b 的谱投影 q_1，使得 $\|q_1 - p\|_2 \leqslant 9\|b - p\|_2^{1/2} \leqslant 15\delta^{1/2}$. 于是，

$$|\varphi(q_1) - 2^{-n}| = |\varphi(p - q_1)| \leqslant \|p - q_1\|_2 \leqslant 15\delta^{1/2}.$$

今取 N 的投影 q，使得 $\varphi(q) = 2^{-n}$，并且 $q \geqslant q_1$ 或者 $q \leqslant q_1$，则 $\|q - q_1\|_2^2 = |\varphi(q_1) - 2^{-n}| \leqslant 15\delta^{1/2}$. 由此，

$$\|q - p\|_2 \leqslant \|q - q_1\|_2 + \|q_1 - p\|_2$$
$$\leqslant 15\delta^{1/2} + \sqrt{15}\delta^{1/4}.$$

今只须取 $\delta > 0$，使得 $\delta \leqslant \varepsilon$，且 $15\delta^{1/2} + \sqrt{15}\,\delta^{1/4} \leqslant \varepsilon$，即得证.

引理 7.2.8 对 M 的任意元 $a_1, \cdots, a_m$，投影 p，这里 p 并满足: $\varphi(p) = 2^{-n}$, $pa_i = a_ip = a_i$, $1 \leqslant i \leqslant m$，则对任意的 $\varepsilon > 0$，存在 M 的 (I_{2^r}) 型子因子 N，使得 $r \geqslant n$, $p \in N$，并且有 N 的元 $b_1, \cdots, b_m$，满足

$$pb_i = b_ip = b_i, \quad \|a_i - b_i\|_2 \leqslant \varepsilon, \quad 1 \leqslant i \leqslant m.$$

此外，如果 $p \in L$，这里 L 是 M 的 (I_{2^n}) 型子因子，则还可以取上面的 $N \supset L$.

证. 依引理 7.2.7，有 M 的 (I_{2^r}) 型子因子 A，这里 $r \geqslant n$，及 A 的元 $c_1, \cdots, c_m$, A 的投影 q，使得 $\|a_i - c_i\|_2 \leqslant \delta$, $1 \leqslant i \leqslant m$, $\|p - q\|_2 \leqslant \delta$, $\varphi(q) = 2^{-n}$，这里 $\delta > 0$ 待定. 于是 $p \sim q$，依引理 7.2.4，有 M 的酉元 u,

$$p = u^*qu, \quad \|u - 1\|_2 \leqslant 36\|p - q\|_2^{1/8} \leqslant 36\delta^{1/8},$$

命 $V = u^*Au$，也是 M 的 (I_{2^r}) 型子因子，且 $p \in N$. 对 $1 \leqslant i \leqslant m$，设 $b_i = pu^*c_iup$，则 $b_i \in N$, $pb_i = b_ip = b_i$，及

$$\|a_i - b_i\|_2 \leqslant \|u^*c_iu - a_i\|_2 \leqslant \|c_i - ua_iu^*\|_2$$
$$\leqslant \|c_i - a_i\|_2 + \|a_iu - ua_i\|_2 \leqslant \|a_i - c_i\|$$
$$+ 2\|a_i\|\|u - 1\|_2 \leqslant \delta + 72\|a_i\|\delta^{1/8}.$$

今取 $\delta > 0$，使得 $\delta + 72\delta^{1/8} \max_{1 \leqslant i \leqslant m} \|a_i\| \leqslant \varepsilon$ 即可.

今设 $p \in L$，这里 L 是 M 的 (I_{2^n}) 型子因子. 取 L 的相互直交的极小投影 $p = p_1, p_2, \cdots, p_{2^n}$. 依定理 1.5.6, M 空间 $*$ 同构于 $M_p \bar{\otimes} B(\mathscr{K})$，这里 $\dim \mathscr{K} = 2^n$，这空间 $*$ 同构同时把 L 变成 $L_p \bar{\otimes} B(\mathscr{K}) = \mathbf{C}|_{p\mathscr{H}} \bar{\otimes} B(\mathscr{K})$ ($\mathscr{H}$ 是 M 的作用空间). 依前段所证，有 M 的 (I_{2^r}) 型子因子 A，这里 $r \geqslant n$，使得 $p \in A$，并且有 A 的元 $b_1, \cdots, b_m$，而 $\|a_i - b_i\|_2 \leqslant \varepsilon$, $pb_i = b_ip = b_i$, $1 \leqslant i \leqslant m$. 显然, p, $b_1, \cdots, b_m \in A_p$. 由于 $\varphi(p) = 2^{-n}$, A_p 应当 $*$ 同构于 2^{r-n} 阶的矩阵代数. 令 N 是 $A_p \bar{\otimes} B(\mathscr{K})$ 依前面空间 $*$ 同构的逆象，则 N 是 M 的 (I_{2^r}) 型子因子，并且 p, $b_1, \cdots, b_m \in N$. 此外, $L_p = \mathbf{C}|_{p\mathscr{H}} \subset A_p$，因此, $L \subset N$. 证毕.

引理 7.2.9 对 M 的任意元 $a_1, \cdots, a_m$, 及 $\varepsilon > 0$，又若 L 是

M 的 (I_{2^n}) 型子因子，则存在 M 的 (I_{2^r}) 型子因子 N 及 N 的元 $b_1,\cdots,b_m$，使得

$$r \geqslant n,\quad L \subset N,\quad \|a_i - b_i\|_2 \leqslant \varepsilon,\quad 1 \leqslant i \leqslant m.$$

证. 设 $\{p_i \mid 1 \leqslant i \leqslant 2^n\}$ 是 L 的相互直交的极小投影族，$\{w_i\} \subset L$，使得 $w_1 = p_1$, $w_i^* w_i = p_1$, $w_i w_i^* = p_i$, $\forall i$. 记 $p_1 = p$, $a_{ijk} = w_i^* a_k w_j$，则 $p a_{ijk} = a_{ijk} p = a_{ijk}$, $\forall 1 \leqslant i, j \leqslant 2^n$, $1 \leqslant k \leqslant m$. 于是依引理 7.2.8，有 M 的 (I_{2^r}) 型子因子 N，使得 $r \geqslant n$, $L \subset N$，并有 N 的元 b_{ijk}，而 $\|a_{ijk} - b_{ijk}\|_2 \leqslant \delta$, $\forall i, j, k$，这里 $\delta > 0$，且 $2^{2n}\delta \leqslant \varepsilon$. 令 $b_k = \sum\limits_{i,j} w_i b_{ijk} w_j^*$，显然 $b_k \in N$, $1 \leqslant k \leqslant m$. 注意

$$a_k = \sum_{i,j} p_i a_k p_j = \sum_{i,j} w_i w_i^* a_k w_j w_j^*$$
$$= \sum_{i,j} w_i a_{ijk} w_j^*,$$

于是，$\|a_k - b_k\|_2 \leqslant \sum\limits_{i,j} \|a_{ijk} - b_{ijk}\|_2 \leqslant 2^{2n}\delta \leqslant \varepsilon$, $1 \leqslant k \leqslant m$. 证毕.

命题 7.2.10 如果 M 是满足有限逼近条件的 (II_1) 型因子，并且 M 还是可数生成的，则存在

$$1 \in M_1 \subset \cdots \subset M_n \subset \cdots \subset M,$$

这里 M_n 是 M 的 (I_{2^n}) 型子因子，$\forall n$，且 $\bigcup\limits_n M_n$ 在 M 中是 $\sigma(M, M_*)$ 稠的.

证. 设 $\{a_n\}$ 是 M 的可数生成集，依引理 7.2.9，可以构作 $1 \in M_{r_1} \subset \cdots \subset M_{r_k} \subset \cdots \subset M$，这里对于每个 k, M_{r_k} 是 M 的 $(I_{2^{r_k}})$ 型子因子，并且有 $b_1^{(k)}, \cdots, b_k^{(k)} \in M_{r_k}$，使得

$$\|b_i^{(k)} - a_i\|_2 \leqslant \frac{1}{k},\quad 1 \leqslant i \leqslant k.$$

因此，$\bigcup\limits_k M_{r_k}$ 在 M 中是 $\sigma(M, M_*)$ 稠的. 再将 $\{M_{r_k}\}$ 插补起来，就可得到所要求的 $\{M_n\}$. 证毕.

定义 7.2.11 vN 代数 M 称为超有限的,指存在正整数列 $\{p_n\}$ 及 $1 \in M_{p_1} \subset \cdots \subset M_{p_n} \subset \cdots \subset M$,这里 M_{p_n} 是 M 的 (I_{p_n}) 型子因子,$\forall n$,使得 $\bigcup_n M_{p_n}$ 在 M 中是 $\sigma(M, M_*)$ 稠的.

依命题 3.8.3,这时必有 $p_n | p_{n+1}$,$\forall n$.

定义 7.2.12 vN 代数 M 称为有限逼近的,指存在 M 的有限维 $*$ 子代数的递增列 $\{M_n\}$,使得 $\bigcup_n M_n$ 在 M 中是 $\sigma(M, M_*)$ 稠的.

定理 7.2.13 设 M 是 (II_1) 型因子,则下列等价:

1) M 是超有限的;

2) M 是有限逼近的;

3) M 是可数生成的,并满足有限逼近条件,即对于 M 的任意元 $a_1, \cdots, a_m$ 及 $\varepsilon > 0$,存在 M 的有限维 $*$ 子代数 N 及 N 的 $b_1, \cdots, b_m$,使得 $\|a_i - b_i\|_2 \leq \varepsilon$,$1 \leq i \leq m$;

4) M 是可数生成的,并满足超有限条件,即对于 M 的任意元 $a_1, \cdots, a_m$ 及 $\varepsilon > 0$,存在 M 的子因子 $N(1 \in N)$,及 N 的元 $b_1, \cdots, b_m$,使得 $\|a_i - b_i\|_2 \leq \varepsilon$,$1 \leq i \leq m$.

证. 由 1) 推导 2),2) 推导 3),4) 推导 3) 均是显然的. 引理 7.2.6 指出 3) 蕴含 4). 此外,命题 7.2.10 指出 3) 蕴含 1). 证毕.

引理 7.2.14 设 A 是 (UHF) 代数(见定义 3.8.2),则在 A 上存在唯一的迹态 φ,即 φ 是态,同时 $\varphi(ab) = \varphi(ba)$,$\forall a, b \in A$.

证. 依命题 3.8.3,A 是 $\{B(\mathscr{H}_{m_n})\}_n$ 的无穷张量积. 每个 $B(\mathscr{H}_{m_n})$ 上自然有迹态 φ_n,再依命题 3.8.7,$\bigotimes_n \varphi_n$ 便是 A 上的迹态. 此外,$A = \overline{\bigcup_n A_n}$,这里 $1 \in A_1 \subset \cdots \subset A_n \subset \cdots \subset A$,并且 A_n $*$ 同构于 $B(\mathscr{H}_{p_n})$,$\forall n$. 显然 $B(\mathscr{H}_{p_n})$ 上的迹态是唯一的,因此,A 上的迹态是唯一的. 证毕.

定理 7.2.15 所有的超有限的 (II_1) 型因子都是相互 $*$ 同构的.

证. 设 M_i 是超有限的 (II_1) 型因子, φ_i 是 M_i 上唯一忠实的正规迹态, 它产生 M_i 忠实的循环 w^*-表示 $\{\pi_i, \mathscr{H}_i, \xi_i\}$, 自然 $\pi_i(M_i)$ 也是超有限的 (II_1) 型因子, $i = 1, 2$.

设 A 是 $\{2^n\}$ 型的 (UHF) 代数, 依命题 7.2.10 及定理 7.2.13, 将有 A 到 $\pi_i(M_i)$ 中的 *同构 Φ_i, 使得 $\Phi_i(A)$ 在 $\pi_i(M_i)$ 中是 σ-稠的, 由此, $\langle \Phi_i(\cdot)\xi_i, \xi_i \rangle$ 是 A 上的迹态, $i = 1, 2$. 依引理 7.2.14,

$$\langle \Phi_1(a)\xi_1, \xi_1 \rangle = \langle \Phi_2(a)\xi_2, \xi_2 \rangle, \quad \forall a \in A.$$

如果命 $u\Phi_1(a)\xi_1 = \Phi_2(a)\xi_2$, $\forall a \in A$, 则 u 可扩张为 $\mathscr{H}_1$ 到 $\mathscr{H}_2$ 上的酉算子, 并且 $u\Phi_1(a)u^* = \Phi_2(a)$, $\forall a \in A$. 因此,

$$u\pi_1(M_1)u^* = \pi_2(M_2),$$

进而, M_1 与 M_2 是 *同构的. 证毕.

命题 7.2.16 设 M 是有限的 vN 代数, 并且 M 是超有限的, 则 M 是因子.

证. 设 $M \subset B(\mathscr{H})$, z 是 M 的中心投影, 并且 $z \neq 0, 1$, 于是有 $\mathscr{H}$ 的单位矢 ξ, η, 使得

$$z\xi = \xi, \quad z\eta = 0,$$

M 是超有限的, 于是有 (UHF) 代数 $A \subset M$, $1 \in A$, 并且 A 在 M 中 σ-稠. M 是有限的, 于是有 M 到其中心上的映象 T ——中心值的迹 (见定义 6.3.13), 则 $\langle T(\cdot)\xi, \xi \rangle$, $\langle T(\cdot)\eta, \eta \rangle$ 都是 A 上的迹态. 依引理 7.2.14, $\langle T(a)\xi, \xi \rangle = \langle T(a)\eta, \eta \rangle$, $\forall a \in A$. 进而此等式在 M 上成立. 特别地,

$$1 = \langle z\xi, \xi \rangle = \langle T(z)\xi, \xi \rangle = \langle T(z)\eta, \eta \rangle$$
$$= \langle z\eta, \eta \rangle = 0$$

矛盾. 所以, M 是因子. 证毕.

命题 7.2.17 设 M 是超有限的 (II_1) 型因子, $\{p_n\}$ 是任意的正整数列, 满足 $p_n | p_{n+1}$, $\forall n$, $p_n \to \infty$, 则存在 $1 \in M_{p_1} \subset \cdots \subset M_{p_n} \subset \cdots \subset M$, 这里 M_{p_n} 是 M 的 (I_{p_n}) 型子因子, $\forall n$, 并且 $\bigcup_n M_{p_n}$ 在 M 中是 $\sigma(M, M_*)$ 稠的.

证. 由于 M 是 (II_1) 型因子,依命题 7.1.3,可取

$$1 \in N_1 \subset \cdots \subset N_n \subset \cdots \subset M,$$

使得 N_n 是 M 的 (I_{p_n}) 型子因子,$\forall n$. 设 N 是 $\bigcup_n N_n$ 的弱算子闭包,由于 $N \subset M$,N 也是有限的. 依命题 7.2.16,及 $p_n \to \infty$,N 也是超有限的 (II_1) 型因子. 依定理 7.2.15,有 N 到 M 上的 $*$ 同构 Φ,令 $M_{p_n} = \Phi(N_n)$,$\forall n$,则 $\{M_{p_n}\}$ 满足要求. 证毕.

注 本节见参考文献 [36],[73],[76],[133].

§3. 构造 (II) 型与 (III) 型的因子

定义 7.3.1 (M, G, α) 称为协变系统,指 M 是 vN 代数,G 是离散群,α 是 G 到 $\text{Aut}(M)$ 中的(群)同态,这里 $\text{Aut}(M)$ 是 M 到 M 上 $*$ 自同构全体所组成的群.

今设 (M, G, α) 是协变系统,并且 M 的作用空间是 $\mathscr{H}$. 考虑 Hilbert 空间 $\mathscr{H} \otimes l^2(G)$,并定义

$$(\pi(a)\xi)(g) = \alpha_{g^{-1}}(a)\xi(g), \quad (\lambda(h)\xi)(g) = \xi(h^{-1}g)$$

$\forall g, h \in G, a \in M, \xi(\cdot) \in \mathscr{H} \otimes l^2(G)$. 我们有

命题 7.3.2 π 是 M 在 $\mathscr{H} \otimes l^2(G)$ 中忠实的 w^*-表示,λ 是 G 在 $\mathscr{H} \otimes l^2(G)$ 中的酉表示,并且

$$\lambda(g)\pi(a)\lambda(g)^* = \pi(\alpha_g(a)), \quad \forall g \in G, a \in M.$$

证. π 显然是 M 忠实的 $*$ 表示. 设网 $\{a_l\} \subset M$,$\|a_l\| \leqslant 1$,$\forall l$,且 $a_l \xrightarrow{\text{弱算子}} 0$,对任意的 $\xi(\cdot) \in \mathscr{H} \otimes l^2(G)$,由于

$$|\langle \pi(a_l)\xi, \xi \rangle| = \left| \sum_{g \in G} \langle \alpha_{g^{-1}}(a_l)\xi(g), \xi(g) \rangle \right|$$

$$\leqslant \sum_{g \in F} |\langle \alpha_{g^{-1}}(a_l)\xi(g), \xi(g) \rangle|$$

$$+ \sum_{g \notin F} \|\xi(g)\|^2,$$

这里 F 是 G 的有限子集,因此,$\pi(a_l) \xrightarrow{\text{弱算子}} 0$,即 π 也是 w^*-表

示. 至于等式 $\lambda(g)\pi(a)\lambda(g)^* = \pi(\alpha_g(a))$ 可以直接验算. 证毕.

定义 7.3.3 $\mathscr{H} \otimes l^2(G)$ 中由 $\{\pi(a), \lambda(g)|a \in M, g \in G\}$ 所生成的 vN 代数称为 M 通过 G 的作用 α 的交叉积, 记以 $M \otimes_\alpha G$, 即 $M \otimes_\alpha G = \{\pi(a), \lambda(g)|a \in M, g \in G\}''$.

今记 $\widetilde{\mathscr{H}} = \mathscr{H} \otimes l^2(G)$, 并写

$$\widetilde{\mathscr{H}} = \sum_{g \in G} \oplus \mathscr{H}_g, \ \mathscr{H}_g = \mathscr{H}, \ \forall g \in G.$$

命 p_g 为 $\widetilde{\mathscr{H}}$ 到 $\mathscr{H}_g$ 上的投影, 于是任意的 $x \in B(\widetilde{\mathscr{H}})$ 有阵表示 $x = (x_{g,h})_{g,h \in G}$, 这里 $x_{g,h} = p_g x p_h^* \in B(\mathscr{H})$, $\forall g, h \in G$. 对任意的 $a \in M$, $k \in G$, 易见有公式

$$p_g \pi(a) p_h^* = \delta_{g,h} \alpha_{g^{-1}}(a), \ p_g \lambda(k) p_h^* = \delta_{h,k^{-1}g},$$

$$p_g \pi(a) \lambda(k) p_h^* = \delta_{h,k^{-1}g} \alpha_{g^{-1}}(a),$$

$\forall g, h \in G$.

下面设 α 有这样的形式:

$$\alpha_g(a) = u_g a u_g^*, \ \forall g \in G, \ a \in M,$$

这里 $g \to u_g$ 是 G 在 $\mathscr{H}$ 中的酉表示, 并且 $u_g M u_g^* = M$, $\forall g \in G$.

引理 7.3.4 对任意的 $x \in M \otimes_\alpha G$, 存在唯一的定义于 G 上而取值于 M 的函数 b, 使得

$$p_g x p_h^* = u_g^* b_{gh^{-1}} u_g, \ \forall g, h \in G.$$

如果定义 $\Phi(x) = b_e$, 这里 e 是 G 的单位元, 则 Φ 是 $M \otimes_\alpha G$ 到 M 的 $\sigma - \sigma$ 连续的正线性映象.

证. 对 $a \in M$, $k \in G$, 由于 $p_g \pi(a) \lambda(k) p_h^* = \delta_{h,k^{-1}g} u_g^* a u_g$, 令

$$b_g = \begin{cases} a, & \text{如果 } g = k; \\ 0, & \text{如果 } g \neq k, \end{cases}$$

则

$$p_g \pi(a) \lambda(k) p_h^* = u_g^* b_{gh^{-1}} u_g, \ \forall g, h \in G.$$

一般对于 $\sum_i \pi(a_i) \lambda(k_i)$, 这里 $a_i \in M$, $k_i \in G$, 且 $k_i \neq k_j$, $\forall i \neq j$, 令

$$b_g = \begin{cases} a_i, & \text{如果 } g = k_i; \\ 0, & \text{如果 } g \neq \text{任何的 } k_i, \end{cases}$$

则 $p_g \sum_i \pi(a_i)\lambda(k_i)p_h^* = u_g^* b_{gh^{-1}} u_g$, $\forall g, h \in G$. 依命题 7.3.2，形如 $\sum_i \pi(a_i)\lambda(k_i)$ 的元在 $M \otimes_\alpha G$ 中是 σ-稠的，因此，$M \otimes_\alpha G$ 的任意元有所说的矩阵表示.

由于 $\Phi(x) = p_e x p_e^*$，因此，Φ 是 $\sigma - \sigma$ 连续的. 又若 $x = (u_g^* b_{gh^{-1}} u_g) \in M \otimes_\alpha G$，易见 $\Phi(xx^*) = \sum_{g \in G} b_g b_g^*$，所以，$\Phi$ 是正的. 证毕.

引理 7.3.5 设 φ 是 M_+ 上忠实的半有限正规迹，并且它对 G 不变，即 $\varphi(\alpha_g(a)) = \varphi(a)$，$\forall g \in G$，$a \in M_+$，则 $\phi = \varphi \circ \Phi$ 是 $(M \otimes_\alpha G)_+$ 上忠实的半有限正规迹，并且 $\varphi = \phi \circ \pi$. 此外，ϕ 是有限的，当且仅当，φ 是有限的.

证. 如果 $x = (u_g^* b_{gh^{-1}} u_g) \in M \otimes_\alpha G$，则

$$\Phi(xx^*) = \sum_{g \in G} b_g b_g^*, \quad \Phi(x^*x) = \sum_{g \in G} u_g^* b_g^* b_g u_g.$$

因此，$\phi = \varphi \circ \Phi$ 是 $(M \otimes_\alpha G)_+$ 上的迹. 又 Φ 是 $\sigma - \sigma$ 连续的，所以，ϕ 也是正规的. 如果 $\phi(xx^*) = 0$，φ 是忠实的及 Φ 是正的，因此，$\Phi(xx^*) = 0$，即 $b_g = 0$，$\forall g \in G$. 由此，ϕ 是忠实的. 等式 $\varphi = \phi \circ \pi$ 是显然的.

由于 φ 是半有限的，依命题 6.5.4，有 M_+ 的递增网 $\{a_l\}$，使得 $\sup_l a_l = 1$，且 $\varphi(a_l) < \infty$，$\forall l$. 于是 $\{\pi(a_l)\}$ 也是 $(M \otimes_\alpha G)_+$ 的递增网，$\sup_l \pi(a_l) = 1$，及 $\phi(\pi(a_l)) = \varphi(a_l) < \infty$，$\forall l$. 对任意的 $x \in (M \otimes_\alpha G)_+$，$x \neq 0$，则有 l_0，使得 $0 \leqslant x^{\frac{1}{2}}\pi(a_{l_0})x^{\frac{1}{2}} \leqslant x$. 这时依命题 6.5.2，

$$\phi(x^{\frac{1}{2}}\pi(a_{l_0})x^{\frac{1}{2}}) = \phi(\pi(a_{l_0})^{\frac{1}{2}}x\pi(a_{l_0})^{\frac{1}{2}})$$
$$\leqslant \|x\|\phi(\pi(a_{l_0})) < \infty,$$

因此，ϕ 也是半有限的.

最后，由 $\phi = \varphi \circ \Phi$，$\varphi = \phi \circ \pi$，可见 ϕ 是有限的，当且仅当，φ 是有限的. 证毕.

引理 7.3.6 如果 M 是交换的，并且 $\pi(M)$ 在 $M \otimes_\alpha G$ 中是极大交换的，则 $M \otimes_\alpha G$ 是半有限的，当且仅且，M_+ 上存在对 G 不变的忠实的半有限正规迹。

证. 充分性由引理 7.3.5 及定理 6.5.8 立见. 今设 $M \otimes_\alpha G$ 是半有限的，于是，$(M \otimes_\alpha G)_+$ 上存在忠实的半有限正规迹 ϕ. 令 $\varphi = \phi \circ \pi$，易见 φ 是 M_+ 上忠实的正规迹. 依命题 7.3.2，及 ψ 是迹，

$$\varphi(\alpha_g(a)) = \phi(\pi(\alpha_g(a))) = \phi(\lambda(g)\pi(a)\lambda(g)^*)$$
$$= \phi(\pi(a)) = \varphi(a)$$

$\forall a \in M_+$，$g \in G$，因此，φ 是 G-不变的.

现在证明这样的事实：对任意的 $x \in M \otimes_\alpha G$，$\pi(\Phi(x)) \in \bar{K}_x^w$，这里 $K_x = Co\{\pi(u)^* x \pi(u) | u$ 是 M 的酉元$\}$，$\bar{K}_x^w$ 是 K_x 的弱算子闭包.

设 $x = (u_g^* b_{gh^{-1}} u_g)$ 如引理 7.3.4，u 是 M 的酉元，于是

$$p_g \pi(u)^* x \pi(u) p_g^* = u_g^* \Phi(x) u_g, \quad \forall g \in G.$$

进而

$$p_g y p_g^* = u_g^* \Phi(x) u_g, \quad \forall g \in G, \quad y \in \bar{K}_x^w.$$

由于 $\bar{K}_x^w$ 是 $(B(\mathscr{H})$，弱算子拓扑$)$ 的紧凸子集，及 M 是交换的，依 Kakutani-Markov 不动点定理[1]，有 $x_0 \in \bar{K}_x^w$，使得对 M 的任意酉元 u，有 $x_0 = \pi(u)^* x_0 \pi(u)$. 但 $\pi(M)$ 在 $M \otimes_\alpha G$ 中是极大交换的，因此，$x_0 \in \pi(M)$，即存在 $a \in M$，使得 $x_0 = \pi(a)$. 已经指出

$$p_g x_0 p_g^* = u_g^* \Phi(x) u_g = \alpha_{g^{-1}}(\Phi(x)), \quad \forall g \in G,$$

所以，$a = \Phi(x)$，即 $\pi(\Phi(x)) = x_0 \in \bar{K}_x^w$.

有了上面的事实之后，我们来证明 φ 的半有限性. 设 a 是 M 的非零正元，于是 $\pi(a)$ 也是 $M \otimes_\alpha G$ 的非零正元，因此有 $M \otimes_\alpha G$ 的非零正元 $x \leqslant \pi(a)$，使得 $\phi(x) < \infty$. 由于 M 是交换的，因此

$$0 \leqslant y \leqslant \pi(a), \quad \forall y \in \bar{K}_x^w.$$

---

1) 例见 [22].

特别地，$0 \leqslant \pi(\Phi(x)) \leqslant \pi(a)$。因此，$0 \leqslant \Phi(x) \leqslant a$。引理 7.3.4 的证明实际指出 Φ 在 $(M \otimes_\alpha G)_+$ 上是忠实的，因此，$\Phi(x) \neq 0$。今只须证明 $\varphi(\Phi(x)) < \infty$。

记 $\pi(\Phi(x)) = x_0$，于是有网 $\{x_l\} \subset K_x$，使得 $x_l \xrightarrow{\text{弱算子}} x_0$。$\phi$ 是半有限的，依命题 6.5.4，有 $(M \otimes_\alpha G)_+$ 的递增网 $\{y_l\}$，$\sup_l y_l = 1$，且 $\phi(y_l) < \infty$，$\forall l$。依命题 6.5.2，对任意的指标 l, t

$$\phi(y_t x_l) = \phi(x_l^{1/2} y_t x_l^{1/2}) \leqslant \phi(x_l) = \phi(x),$$

依命题 6.5.3，$\phi(y_t x_0) = \lim_l \phi(y_t x_l) \leqslant \phi(x)$。进而由于 ϕ 是正规的，并依命题 6.5.2，

$$\varphi(\Phi(x)) = \phi(x_0) = \lim_t \phi(x_0^{1/2} y_t x_0^{1/2})$$
$$= \lim_t \phi(y_t x_0) < \infty.$$

证毕。

引理 7.3.7 如果 M 是 $\mathcal{H}$ 中极大交换的 vN 代数，并且 $M \cap M u_g = \{0\}$，$\forall g \neq e$，则 $\pi(M)$ 在 $M \otimes_\alpha G$ 中是极大交换的。

证．设 $x = (u_g^* b_{gh^{-1}} u_g) \in (M \otimes_\alpha G) \cap \pi(M)'$，由于 $x\pi(a) = \pi(a)x$，可见 $b_g u_g a = a b_g u_g$，$\forall a \in M$，$g \in G$。但 M 在 $\mathcal{H}$ 中是极大交换的，因此，$b_g u_g \in M \cap M u_g$，$\forall g \in G$。依假定，$b_g = 0$，$\forall g \neq e$。因此，$x = \pi(\Phi(x)) \in \pi(M)$。证毕。

引理 7.3.8 设 $\pi(M)$ 在 $M \otimes_\alpha G$ 中是极大交换的，并且

$$\{a \in M \,|\, \alpha_g(a) = a, \ \forall g \in G\} = \mathbb{C} I_{\mathcal{H}},$$

则 $M \otimes_\alpha G$ 是因子。

证．设 x 是 $M \otimes_\alpha G$ 的中心元，它特别与 $\pi(M)$ 交换，因此有 $a \in M$，使得 $x = \pi(a)$。依引理 7.3.4，易证对任意的 $k \in G$，

$$u(k) = (\delta_{k, g^{-1}h} u_k) \in (M \otimes_\alpha G)'.$$

特别地，$u(k)\pi(a) = \pi(a)u(k)$，因此，

$$u_k a u_k^* = a, \quad \forall k \in G.$$

依假定，$a = \lambda I_{\mathcal{H}}$。所以，$M \otimes_\alpha G$ 是因子。证毕。

定义 7.3.9 (G, Ω, μ) 称为群测度空间,指 Ω 是具可数基的局部紧 Hausdorff 空间,μ 是 Ω 上正则 Borel 测度,G 是由 Ω 到 Ω 上的同胚所组成的可数离散群,并且 μ 对于 G 是拟不变的,即对任意的 $g \in G$, $\mu_g \prec \mu$, 这里 $d\mu_g(\cdot) = d\mu(\cdot g)$, 而 $\cdot \longrightarrow \cdot g$ 表示 g 对于 Ω 的作用.

显然,$\mu_g \sim \mu$, 于是存在 Ω 上的可测函数 $r_g(\cdot)$, 使得 $0 < r_g(t) < \infty$, $p.p.\mu$, $r_g(\cdot)d\mu(\cdot) = d\mu_g(\cdot)$. 由于 G 是可数的,我们有

$$r_{gh}(t) = r_h(tg)r_g(t), \quad p.p.\mu, \ \forall g, h \in G.$$

定义 7.3.10 设 (G, Ω, μ) 是群测度空间.

1) (G, Ω, μ) 称为自由的,指对任意的 $g \in G$, $g \neq e$,
$$\mu(\{t \in \Omega | tg = t\}) = 0;$$

2) (G, Ω, μ) 称为遍历的,指若有 Ω 的 Borel 子集 E, 使得对任意的 $g \in G$, 有
$$\mu((E \cup Eg)\backslash(E \cap Eg)) = 0,$$
则 $\mu(E) = 0$ 或者 $\mu(\Omega\backslash E) = 0$;

3) (G, Ω, μ) 称为可测的,指存在 Ω 的 Borel 子集全体上的 σ-有限测度 ν, 使得 ν 对于 G 是不变的, 即 $d\nu(\cdot g) = d\nu(\cdot)$, $\forall g \in G$, 并且 $\nu \sim \mu$;

4) (G, Ω, μ) 称为不可测的,指它不是可测度的.

今设 (G, Ω, μ) 是群测度空间,令
$$\mathcal{H} = L^2(\Omega, \mu), \quad M = \{m_f | f \in L^\infty(\Omega, \nu)\},$$
这里 m_f 是 $L^2(\Omega, \mu)$ 中乘以 f 的算子,依定理 5.3.13, M 是 $\mathcal{H}$ 中极大交换的 vN 代数. 对任意的 $g \in G$, 令
$$(u_g f)(\cdot) = r_g(\cdot)^{\frac{1}{2}} f(\cdot g), \ \forall f \in \mathcal{H},$$
易见 $g \to u_g$ 是 G 在 $\mathcal{H}$ 中的酉表示,并且
$$u_g^* m_f u_g = m_{f_g} \quad \forall f \in L^\infty(\Omega, \mu), \ g \in G,$$
这里 $f_g(\cdot) = f(\cdot g^{-1})$. 如果命 $\alpha_g(m_f) = u_g m_f u_g^*$, 则 (M, G, α) 是协变系统,并且有 $\widetilde{\mathcal{H}} = \mathcal{H} \otimes l^2(G)$ 中的 vN 代数: $M \otimes_\alpha G$.

引理 7.3.11 如果 (G, Ω, μ) 是自由且遍历的, 则 $\pi(M)$

在 $M \otimes_\alpha G$ 中极大交换，$\{a \in M \mid \alpha_g(a) = a, \ \forall g \in G\} = \mathbf{C} \vert_{\mathscr{H}}$，以及 $M \otimes_\alpha G$ 是因子。

证. 要证 $\pi(M)$ 在 $M \otimes_\alpha G$ 中是极大交换的，依引理 7.3.7，只须证 $M \cap M u_g = \{0\}$，$\forall g \neq e$。

设 $g \neq e$，令 $F_g = \{t \in \Omega \mid tg = t\}$，由于 (G, Ω, μ) 是自由的，因此 F 是 μ-零的闭子集. 如代以考虑 $\Omega \backslash F_g$，可以设 $F_g = \varnothing$. 今设 $m_{f_1} = m_{f_2} u_g \in M \cap M u_g$，这里 $f_1, f_2 \in L^\infty(\Omega, \mu)$，并记 $E = \{t \in \Omega \mid f_1(t) \neq 0\}$. 对每个 $t \in \Omega$，由于 $t \neq tg$，g 是 Ω 的同胚，因此有 t 的开邻域 V_t，使得 $V_t \cap V_t g = \varnothing$. 自然 $\{V_t \mid t \in \Omega\}$ 是 Ω 的开复盖，但 Ω 具可数基，因此 Ω 有可数开复盖 $\{V_n\}$，且 $V_n \cap V_n g = \varnothing$，$\forall n$. 今若 $\mu(E) > 0$，必有 $\mu(V \cap E) > 0$，这里 $V = $ 某个 V_n. 进而可取 Ω 的 Borel 子集 $F \subset V \cap E$，使得 $0 < \mu(F) < \infty$. 由 $m_{f_1} \chi_F = m_{f_2} u_g \chi_F$，
$$f_1(t) \chi_F(t) = f_2(t) r_g(t)^{\frac{1}{2}} \chi_F(tg) \quad p.p.\mu,$$
当 $t \in F$ 时，由于 $F \subset E$，$f_1(t) \chi_F(t) \neq 0$，另一方面，$F \cap Fg = \varnothing$，因此 $tg \notin F$. 这便与 $\mu(F) > 0$ 相矛盾. 所以，$\mu(E) = 0$，即 $f_1 = 0$，$M \cap M u_g = \{0\}$.

现在设 $f \in L^\infty(\Omega, \mu)$，$u_g^* m_f u_g = m_f$，$\forall g \in G$，于是，$f(tg) = f(t)$，$p.p.\mu$，$\forall g \in G$. 无妨设 $f = \bar{f}$，如果 f 不是常数，则有实数 $r_1 < r_2$，使得 $\mu(E) > 0$，$\mu(\Omega \backslash E) > 0$，这里 $E = \{t \in \Omega \mid r_1 \leqslant f(t) < r_2\}$. 另一方面，$f(tg) = f(t)$ $p.p.\mu$，及 G 是可数的，因此，
$$\mu((E \cup Eg) \backslash (E \cap Eg)) = 0, \ \forall g \in G.$$
由于 (G, Ω, μ) 是遍历的，因此 $\mu(E) = 0$ 或者 $\mu(\Omega \backslash E) = 0$，矛盾. 所以，$f$ 是常数，即
$$\{a \in M \mid \alpha_g(a) = a, \ \forall g \in G\} = \mathbf{C} \vert_{\mathscr{H}}$$
再依引理 7.3.8，$M \otimes_\alpha G$ 是因子. 证毕.

引理 7.3.12 设 (G, Ω, μ) 是自由且遍历的，并且有 Ω 的 Borel 子集全体上的 σ-有限测度 ν，ν 对 G 是不变的，$\nu \sim \mu$，以及 $\nu(\{t\}) = 0$，$\forall t \in \Omega$.

1）如果 $0 < \nu(\Omega) < \infty$，则 $M \otimes_\alpha G$ 是 (II_1) 型因子；

2) 如果 $\nu(\Omega) = +\infty$, 则 $M \otimes_\alpha G$ 是 (II_∞) 型因子.

证. 在 M_+ 上定义 $\varphi(m_f) = \int_\Omega f(t)d\nu(t)$. 由于 $\nu \sim \mu$, 因此 φ 是忠实的. 设 $\{m_{f_l}\}$ 是 M_+ 的有界递增网, $m_f = \sup_l m_{f_l}$, 依定理 5.3.13, $L^\infty(\Omega, \mu)_+$ 的网 $\{f_l\}$ 依 $\sigma(L^\infty(\Omega, \mu), L^1(\Omega, \mu))$ 收敛于 f. 由于 $\nu \sim \mu$, 这个收敛中的测度 μ 换以 ν 也成立. ν 是 σ-有限的, 于是可写 $\Omega = \bigcup_n E_n$, $\{E_n\}$ 是 Ω 的 Borel 子集递增列, 并且 $\nu(E_n) < \infty$, $\forall n$. 由此, $\chi_{E_n} \in L^1(\Omega, \nu)$, 及

$$\int f_l \chi_{E_n} d\nu \to \int f \chi_{E_n} d\nu, \quad \forall n.$$

进而

$$\sup_l \int f_l d\nu = \int \sup_l f_l d\nu,$$

即 φ 是正规的. φ 的半有限性由 ν σ-有限立见. 此外, 由于 ν 是 G-不变的,

$$\varphi(u_g^* m_f u_g) = \int f(tg^{-1})d\nu(t) = \int f d\nu = \varphi(m_f),$$

$\forall m_f \in M_+$, $g \in G$, 即 φ 也是 G-不变的. 今依引理 7.3.6, 7.3.11, 可见 $M \otimes_\alpha G$ 是半有限的因子. 如果 $\nu(\Omega) < \infty$, φ 还是有限的, 依引理 7.3.5, $M \otimes_\alpha G$ 还是有限的因子. 如果 $\nu(\Omega) = +\infty$, φ 便不能是有限的, 依引理 7.3.5 及命题 7.1.2, $M \otimes_\alpha G$ 是无限的因子.

今只须证明 $M \otimes_\alpha G$ 是连续的. 任意取 M 的非零投影 p, 使得 $\varphi(p) < \infty$. 依引理 7.3.5, $\phi = \varphi \circ \Phi$ 是 $(M \otimes_\alpha G)_+$ 上忠实的半有限正规迹, 并且 $\varphi = \phi \circ \pi$. 由此, $\phi(\pi(p)) < \infty$. 依命题 7.1.2, $\pi(p)$ 将是 $M \otimes_\alpha G$ 的非零有限投影. 如果 $M \otimes_\alpha G$ 不是连续的, 可以认为 $M \otimes_\alpha G = B(\mathcal{K})$, 这里 $\mathcal{K}$ 是某个 Hilbert 空间, 于是 $\dim \pi(p)\mathcal{K} < \infty$. 由此可见 M 将包含 (非零的) 极小投影 ($\leqslant p$), 这与 $\nu(\{t\}) = 0$ ($\forall t \in \Omega$) 相矛盾. 因此, $M \otimes_\alpha G$ 是连续的. 证毕.

引理 7.3.13 设 (G, Ω, μ) 是自由且遍历的, 但不可测, 则

$M \otimes_\alpha G$ 是（III）型因子.

证. 如果 $M \otimes_\alpha G$ 是半有限的, 引理 7.3.11 已指出 $\pi(M)$ 在 $M \otimes_\alpha G$ 中是极大交换的, 于是依引理 7.3.6, M_+ 上将存在对 G 不变的忠实的半有限正规迹 φ. 对 Ω 的任意 Borel 子集 E, 定义

$$\nu(E) = \varphi(m_{\chi_E}),$$

则 ν 是测度. φ 是忠实的, 因此 $\nu \sim \mu$. φ 对 G 是不变的, 所以 ν 对 G 也是不变的. φ 是半有限的, 依 Zorn 辅理, 存在 M 的相互直交投影族 $\{p_l\}_{l \in \Lambda}$, 使得 $\sum_{l \in \Lambda} p_l = 1$, $\varphi(p_l) < \infty$, $\forall l$. 又 Ω 具可数基, $\mathscr{H} = L^2(\Omega, \mu)$ 是可分的, 因此 Λ 是可数的. 命 $p_l = m_{\chi_{E_l}}$, $\forall l$, 则 $\nu(E_l) = \varphi(p_l) < \infty$, 及

$$\nu\left(\Omega \setminus \bigcup_{l \in \Lambda} E_l\right) = \varphi\left(1 - \sum_{l \in \Lambda} p_l\right) = 0,$$

因此, ν 是 σ-有限的. 这样便与 (G, Ω, μ) 不可测的假定相矛盾. 所以, $M \otimes_\alpha G$ 是（III）型因子. 证毕.

引理 7.3.14 设 (G, Ω, μ) 是群测度空间, 令

$$G_0 = \{g \in G \mid r_g(t) = 1, \; p.p.\mu\},$$

则 G_0 是 G 的子群. 如果 (G_0, Ω, μ) 是遍历的, 并且 $G_0 \subsetneqq G$, 则 (G, Ω, μ) 是不可测的.

证. 显然 G_0 是 G 的子群. 今设 (G_0, Ω, μ) 是遍历的, 并且 $G_0 \subsetneqq G$. 如果有 Ω 的 Borel 子集全体上的 σ-有限测度 ν, ν 对 G 不变, 且 $\nu \sim \mu$, 于是对任意的 $g \in G_0$, 由于 $\mu_g = \mu \sim \nu = \nu_g$,

$$\frac{d\mu}{d\nu}(t)d\nu(t) = d\mu(t) = d\mu(tg)$$

$$= \frac{d\mu}{d\nu}(tg)d\nu(tg) = \frac{d\mu}{d\nu}(tg)d\nu(t).$$

因此, $\frac{d\mu}{d\nu}(t) = \frac{d\mu}{d\nu}(tg)$, $p.p.\mu$, $\forall g \in G_0$. 今 (G_0, Ω, μ) 是遍历的, 仿引理 7.3.11 的证明, $\frac{d\mu}{d\nu}(t) = $ 常数, $p.p.\mu$. 因此, μ 对 G 也是不变的, 即 $G_0 = G$, 矛盾. 所以 (G, Ω, μ) 是不可测的.

证毕.

总结以上，我们有

定理 7.3.15 设 (G, Ω, μ) 是自由且遍历的群测度空间，命
$$\mathcal{H} = L^2(\Omega, \mu), \quad M = \{m_f | f \in L^\infty(\Omega, \mu)\}$$
$$(u_g f)(t) = r_g(t)^{\frac{1}{2}} f(tg), \quad \forall f \in \mathcal{H}, \ g \in G$$
$$\alpha_g(m_f) = u_g m_f u_g^*, \quad \forall f \in L^\infty(\Omega, \mu), \ g \in G,$$
其中 $d\mu_g(t) = r_g(t) d\mu(t), \ \forall g \in G$.

1) 如果还有 Ω 的 Borel 子集全体上 σ-有限测度 ν, ν 对 G 不变，$\nu \sim \mu$, $\nu(\{t\}) = 0, \ \forall t \in \Omega$，则当 $0 < \nu(\Omega) < \infty$ 时，$M \otimes_\alpha G$ 是 (II_1) 型因子；当 $\nu(\Omega) = +\infty$ 时，$M \otimes_\alpha G$ 是 (II_∞) 型因子；

2) 设 $G_0 = \{g \in G | r_g(t) = 1, \ p.p.\mu\}$，如果 (G_0, Ω, μ) 也是遍历的，并且 $G_0 \not\approx G$，则 $M \otimes_\alpha G$ 是 (III) 型因子.

例1. 一维圆周群 $\Omega = \{z \in \mathbf{C} \,\big|\, |z| = 1\}$，依复数乘法，$\Omega$ 是紧交换群. 设 μ 是 Ω 上的 Haar 测度，且 $\mu(\Omega) = 1$, G 是 Ω 的可数无穷子群，G 对 Ω 的作用 α 即为复数相乘. 如果 E 是 Ω 的 Bore 子集，使得
$$\mu((E \cup Eg) \backslash (E \cap Eg)) = 0, \quad \forall g \in G,$$
$\{z^n | n \in \mathbf{Z}\}$ 是 $L^2(\Omega, \mu)$ 的直交规范基，于是可写
$$\chi_E(z) = \sum_n \lambda_n z^n$$
由此，
$$\sum_n \lambda_n z^n = \chi_E(z) = \chi_E(zg)$$
$$= \sum_n \lambda_n g^n z^n, \quad p.p.\mu, \ \forall g \in G,$$
所以，$\lambda_n = 0, \ \forall n \neq 0$，即 $\mu(E) = 0$ 或者 $\mu(\Omega \backslash E)$. 这表明 (G, Ω, μ) 是遍历的. 显然，(G, Ω, μ) 也是自由的，μ 对 G 是不变的，$\mu(\{z\}) = 0, \ \forall z \in \Omega$，依定理 7.3.15, $M \otimes_\alpha G$ 是 (II_1) 型因子.

例2. $\Omega = \mathbf{R}$，依实数加法是局部紧交换群，设 μ 是 Ω 上的 Haar 测度，$\mu(\Omega) = +\infty$, G 是 Ω 的可数无穷稠子群（比如有理数

的全体)，G 对 Ω 的作用 α 为实数相加. 当然 (G, Ω, μ) 是自由的，μ 对 G 是不变的，$\mu(\{\eta\}) = 0$, $\forall \eta \in \Omega$. 今设 E 是 Ω 的 Borel 子集，使得

$$\mu([E \cup (E + \eta)] \setminus [E \cap (E + \eta)]) = 0, \ \forall \eta \in G,$$

即 $u_\eta^* m_{\chi_E} u_\eta = m_{\chi_E}$, $\forall \eta \in G$, 这里 $\eta \to u_\eta$ 是 Ω 在 $L^2(\Omega, \mu)$ 中的正则表示. 由于 G 在 Ω 中是稠的，因此对任意的 $\eta \in \Omega$, $m_{\chi_E} u_\eta = u_\eta m_{\chi_E}$. 从而 $\mu(E) = 0$, 或者 $\mu(\Omega \setminus E) = 0$, 即 (G, Ω, μ) 是遍历的. 依定理 7.3.15, $M \otimes_\alpha G$ 是 (II_∞) 型因子.

例 3. 设 (Ω, μ) 如例 2, 定义

$$\alpha(\rho, \sigma)\eta = \rho\eta + \sigma, \ \forall \eta \in \Omega,$$

这里 $G = \{(\rho, \sigma) | \rho > 0, \ \rho, \sigma$ 均为有理数$\}$, 于是 (G, Ω, μ) 是自由的，显然 μ 对 G 也是拟不变的. 令 $G_0 = \{(1, \sigma) | \sigma$ 有理数$\}$, 依例 2 所证，(G_0, Ω, μ) 是遍历的. 又显然 $G_0 \eqslantless G$, 依定理 7.3.15, $M \otimes_\alpha G$ 是 (III) 型因子.

定理 7.3.16 在可分的 Hilbert 空间中，存在着五类因子: (I_n), (I_∞), (II_1), (II_∞), (III) 型的因子.

关于 (II_∞) 型因子，它实际上可以从 (II_1) 型因子构造出来.

命题 7.3.17 因子 M 是 (II_∞) 型的，当且仅当，$M = N \overline{\otimes} B(\mathcal{H}_\infty)$, 这里 N 是 (II_1) 型因子，$\mathcal{H}_\infty$ 是无穷维的 Hilbert 空间.

证. 设 M 是 (II_∞) 型因子，任意取定 M 的非零有限投影 p, 并命 $\{p_l\}_{l \in \Lambda}$ 是 M 的相互直交的投影极大族，使得 $p_l \sim p$, $\forall l$. 于是 $q = 1 - \sum\limits_{l \in \Lambda} p_l \lesssim p$. 依命题 6.4.5, 指标集 Λ 是无穷的，从而，

$$1 = \sum_{l \in \Lambda} p_l + q \sim \sum_{l \in \Lambda} p_l,$$

因此，存在 M 的相互直交的投影族 $\{q_l\}_{l \in \Lambda}$, 使得

$$\sum_{l \in \Lambda} q_l = 1, \ q_l \sim p, \ \forall l.$$

由此，$M = M_p \overline{\otimes} B(\mathcal{H}_\infty)$, 这里 M_p 是 (II_1) 型因子，$\dim \mathcal{H}_\infty = {}^\# \Lambda$. 反之，依定理 6.9.12, (II_1) 型因子与 (I_∞) 型因子的张量积

是 (II_∞) 型因子. 证毕.

关于 (II_1) 型因子, 还有一个直接的构造方法.

设 G 是离散群, $g \to l_g$, r_g 分别是 G 在 $l^2(G)$ 中的左、右正则表示, 即

$$(l_g f)(\cdot) = f(g^{-1} \cdot), \quad (r_g f)(\cdot) = f(\cdot \, g), \quad \forall f \in l^2(G).$$

命 $R(G) = \{l_g | g \in G\}''$, 它是 $l^2(G)$ 中的 vN 代数.

引理 7.3.18 $R(G)$ 是 σ-有限的有限 vN 代数.

证. 对每个 $g \in G$, 令 $\varepsilon_g(\cdot) = \delta \cdot, \, g$, 它是 $l^2(G)$ 的单位矢. 在 $R(G)$ 上定义 $\varphi(a) = \langle a\varepsilon_e, \varepsilon_e \rangle$ $(\forall a \in R(G))$, 这里 e 是 G 的单位元. 于是, φ 是 $R(G)$ 上的正规态. 如果 $a \in R(G)$, 使得 $a\varepsilon_e = 0$, 则

$$0 = r_{g^{-1}} a\varepsilon_e = a r_{g^{-1}} \varepsilon_e = a\varepsilon_g, \quad \forall g \in G,$$

但 $[\varepsilon_g | g \in G]$ 在 $l^2(G)$ 中稠, 因此, $a = 0$, 即 φ 也是忠实的. 此外, 易见 $\varphi(l_g l_h) = \varphi(l_h l_g)$, $\forall g, \, h \in G$, 即 φ 也是迹. 依命题 6.3.15, $R(G)$ 是 σ-有限的有限 vN 代数. 证毕.

定义 7.3.19 离散群 G 称为无限共轭的, 简记为 $I.C.C.$, 指对任意的 $g \in G$, $g \neq e$, g 的共轭类 $\{hgh^{-1} | h \in G\}$ 是 G 的无穷子集.

命题 7.3.20 如果 G 是 $I.C.C.$ 群, 则 $R(G)$ 是 $l^2(G)$ 中的 (II_1) 型因子.

证. 设 $a \in R(G) \cap R(G)'$, 则对任意的 $g \in G$,

$$a\varepsilon_e = l_g a l_{g^{-1}} \varepsilon_e = l_g a r_g \varepsilon_e = r_g l_g a \varepsilon_e,$$

于是, $(a\varepsilon_e)(\cdot) = (a\varepsilon_e)(g^{-1} \cdot g)$, $\forall g \in G$. 但 $a\varepsilon_e \in l^2(G)$, 及 G 是 $I.C.C.$ 的, 因此 $(a\varepsilon_e)(h) = 0$, $\forall h \neq e$, 即 $a\varepsilon_e = \lambda \varepsilon_e$, 某 $\lambda \in \mathbb{C}$. 仿引理 7.3.18 所证, $a = \lambda$, 即 $R(G)$ 是因子. 此外, 显然 $R(G)$ 是无穷维的, 依引理 7.3.18, $R(G)$ 是 (II_1) 型因子. 证毕.

例. $\{1, 2 \cdots\}$ 的有限置换全体组成的群, 两个或更多个生成元的自由群都是 $I.C.C.$ 群.

命题 7.3.21 设 G 是 $I.C.C.$ 群, 并且有 G 的有限子群递增

列 $\{G_n\}$，使得 $G = \bigcup_n G_n$，则 $R(G)$ 是超有限的 (II_1) 型因子.

证. 显然对每个 n，$[l_g | g \in G_n]$ 是 $R(G)$ 的有限维 $*$ 子代数，并且 $\bigcup_n [l_g | g \in G_n]$ 生成 $R(G)$，所以，$R(G)$ 是超有限的 (II_1) 型因子. 证毕.

例. G 是 $\{1, 2, \cdots\}$ 的有限置换的全体，G_n 仅变动 $\{1, \cdots, n\}$，则 $G = \bigcup_n G_n$.

注 本节见参考文献 [76]，[83]，[87].

第八章　Tomita-Takesaki 理论

Tomita-Takesaki 理论是算子代数近代理论的重要组成部分. 在第一章的引言中，曾经提到第一次完全证实张量积的交换子定理的是 M. Tomita. 他当时引进了广义 Hilbert 代数与模 Hilbert 代数的概念. M. Tomita 理论的第一个说明与发展，属于 M. Takesaki. 本章只是 Tomita-Takesaki 理论的初步介绍及其特殊情况的讨论，而不涉及到权与广义 Hilbert 代数等理论.

§1 从 Hilbert 空间非退化的实线性闭子空间出发，引进单参数酉算子群，并用 KMS (Kubo-Martin-Schwinger) 条件来刻划它 (8.1.13). §2 是 Tomita-Takesaki 理论的本质部分. 对于具有循环并且分离矢的 UN 代数，说明它与它的交换子之间关系，并引入模自同构群 (8.2.7)，继而用 KMS 条件来刻划模自同构群 (8.2.10). 这些结果的证明系利用了 §1 的讨论，也就是 M. A. Rieffel 与 A. van Dale 的途径. §3 指出半有限 w^*-代数的模自同构群必是内自同构群 (8.3.6)，这结果属于 M. Takesaki，在第十章中，我们将需要它. 此外，8.3.3 说明相应于不同忠实的正规态的模自同群之间的关系，这也是十分重要的结果，它属于 A. Connes.

§1. KMS 条 件

首先分析复 Hilbert 空间的非退化实线性闭子空间所产生的结果.

定义 8.1.1 设 $\mathscr{H}$ 是复 Hilbert 空间，$\langle , \rangle$ 是它的内积，于是 $\mathscr{H}_r = (\mathscr{H}, \langle , \rangle_r = Re\langle , \rangle)$ 是实 Hilbert 空间. 设 $\mathscr{K}$ 是 $\mathscr{H}$ 的实线性闭子空间，$\mathscr{K}$ 称为非退化的，指

$$\mathscr{K} \cap i\mathscr{K} = \{0\}, \quad (\mathscr{K} \dotplus i\mathscr{K}) \text{ 在 } \mathscr{H} \text{ 中稠.}$$

引理 8.1.2 设 $\mathscr{K}$ 是 $\mathscr{H}_r$ 的非退化实线性闭子空间，p,q 分别为 $\mathscr{H}_r$ 到 $\mathscr{K}, i\mathscr{K}$ 上的投影（在 $\mathscr{H}_r$ 中是自伴的），令 $a = p + q$，$p - q = ib$ 是 $(p-q)$ 在 $\mathscr{H}_r$ 中的极分解，则

1）$pi = iq$，$ip = qi$；

2）a 是 $\mathscr{H}$ 中的正算子，$0 \leqslant a \leqslant 2$，并且 $\{0, 2\}$ 不是 a 的点谱；

3）b 是 $\mathscr{H}$ 中的正算子，$b = a^{\frac{1}{2}}(2 - a)^{\frac{1}{2}}$，$0$ 不是 b 的点谱并且 b 分别与 p, q, a, i 是交换的；

4）i 是 $\mathscr{H}_r$ 中的自伴酉算子，在 $\mathscr{H}$ 中是共轭线性的，即 $ji = -ij$，对任意的 $\xi, \eta \in \mathscr{H}$，

$$\langle i\xi, \eta \rangle = \langle i\eta, \xi \rangle$$

以及 $ip = (1 - q)i$，$iq = (1 - p)i$，$ia = (2 - a)i$.

证. 1）设 $\eta \in \mathscr{K}$，依照 $\mathscr{H}_r = \mathscr{K} \oplus \mathscr{K}^{\perp}$ 分解 $i\eta = \zeta + \zeta^{\perp}$，即 $p(i\eta) = \zeta$. 由于 $-\eta = i\zeta + i\zeta^{\perp}$ 正是 $-\eta$ 依照

$$\mathscr{H}_r = i\mathscr{K} \oplus (i\mathscr{K})^{\perp}$$

的分解，因此

$$ip(i\eta) = i\zeta = -q\eta.$$

令若 $\xi, \eta \in \mathscr{K}$，于是

$$ip(\xi + i\eta) = ip\xi + ip(i\eta) = i\xi - q\eta$$
$$= q(i\xi - \eta) = qi(\xi + i\eta),$$

$(\mathscr{K} \dotplus i\mathscr{K})$ 在 $\mathscr{H}_r$ 中是稠的，因此，$ip = qi$. 进而，$pi = iq$.

2）由 1）可见 a 是 $\mathscr{H}$ 中的（复）线性算子. 由于 a 在 $\mathscr{H}_r$ 中是自伴的，以及

$$\langle a\xi, \eta \rangle = \langle a\xi, \eta \rangle_r - i\langle a(i\xi), \eta \rangle_r, \quad \forall \xi, \eta \in \mathscr{H}.$$

因此，a 在 $\mathscr{H}$ 中也是自伴的. 对任意的 $\xi \in \mathscr{H}$，

$$\langle a\xi, \xi \rangle = \langle a\xi, \xi \rangle_r = \langle p\xi, \xi \rangle_r + \langle q\xi, \xi \rangle_r \geqslant 0.$$

因此，$0 \leqslant a \leqslant 2$. 在上式中，如果 $a\xi = 0$，则 $p\xi = q\xi = 0$，即 ξ 在 $\mathscr{H}_r$ 中直交于 $(\mathscr{K} \dotplus i\mathscr{K})$，从而 $\xi = 0$，即 0 不是 a 的点谱. 如果 $\mathscr{K}^{\perp}$ 是 $\mathscr{K}$ 在 $\mathscr{H}_r$ 中的直交余，则 $\mathscr{K}^{\perp}$ 也是 $\mathscr{H}_r$ 的非退化实线性闭子空间. 相应于此，0 不是 $(2 - a)$ 的点谱，即 2 不

是 a 的点谱.

3) 由 1) 可见 $(p-q)^2$ 是 $\mathscr{H}$ 中的(复)线性算子,仿 2) 证明,$(p-q)^2$ 在 $\mathscr{H}$ 中也是正的,因此,b 是 $\mathscr{H}$ 中的正算子. 又显然 $(p-q)^2$ 与 p,q 交换,因此,b 与 p,q,a 交换. 显然,$b=a^{\frac{1}{2}}(2-a)^{\frac{1}{2}}$,因此 b 是可逆的. 此外,$(p-q)$ 在 $\mathscr{H}_r$ 中是自伴的,$p-q=ib$ 是 $(p-q)$ 在 $\mathscr{H}_r$ 中的极分解,因此,b 与 i 交换.

4) 依 $p-q=ib$,$(p-q)$ 在 $\mathscr{H}_r$ 中自伴,及 b 可逆,可见 i 是 $\mathscr{H}_r$ 中的自伴酉算子. 注意 $bi=ib$,$(p-q)i=-i(p-q)$,从而 $ii=-ii$. 对任意的 $\xi,\eta\in\mathscr{H}$,

$$\langle i\xi,\eta\rangle=\langle i\xi,\eta\rangle_r+i\langle i(i\xi),\eta\rangle_r$$
$$=\langle\xi,i\eta\rangle_r+i\langle i\xi,i\eta\rangle_r=\langle i\eta,\xi\rangle,$$

最后,由 $bip=(p-q)p=(1-q)(p-q)=b(1-q)i$,及 b 是可逆的,因此,$ip=(1-q)i$. 在 $\mathscr{H}_r$ 中取伴随,又有 $iq=(1-p)i$. 由此,$ia=(2-a)i$. 证毕.

引理 8.1.3 设 $\mathscr{K}$ 是 $\mathscr{H}$ 的非退化实线性闭子空间,沿用引理 8.1.2 的各种记号,则 $\Delta=(2-a)a^{-1}=a^{-1}(2-a)$ 是 $\mathscr{H}$ 中(无界)非负可逆的自伴算子,并且对 $[0,+\infty)$ 上任意处处有限的可测函数 f,$if(\Delta)i=\bar{f}(\Delta^{-1})$.

证. 依引理 8.1.2,$ia=(2-a)i$,因此,$i\Delta i=\Delta^{-1}$. 从而如果 $\{e_\lambda\}$ 是 Δ 的谱族,则 $\{ie_\lambda i\}$ 是 Δ^{-1} 的谱族. 再由 $ii=-ii$,即可见 $if(\Delta)i=\bar{f}(\Delta^{-1})$. 证毕.

引理 8.1.4 设 $\mathscr{K}$ 是 $\mathscr{H}$ 的非退化实线性闭子空间,保持引理 8.1.2,8.1.3 的各种记号,并定义算子

$$\mathscr{D}(s)=\mathscr{K}\dotplus i\mathscr{K},\quad s(\xi+i\eta)=\xi-i\eta,\ \forall\xi,\eta\in\mathscr{K}$$
$$\mathscr{D}(s^+)=i\mathscr{K}^{\perp}\dotplus\mathscr{K}^{\perp},\quad s^+(i\xi_1+\eta_1)=i\xi_1-\eta_1,$$
$$\forall\xi_1,\eta_1\in\mathscr{K}^{\perp},$$

这里 $\mathscr{K}^{\perp}$ 是 $\mathscr{K}$ 在 $\mathscr{H}_r$ 中的直交余,它也是 $\mathscr{H}$ 的非退化实线性闭子空间. 则

1) s,s^+ 是 $\mathscr{H}$ 中共轭线性的闭稠定算子;

2) s, s^+ 在 $\mathcal{H}_r$ 中互为伴随,并且 $isi = s^+$;

3) $s = j\Delta^{\frac{1}{2}}$, $s^+ = j\Delta^{-\frac{1}{2}}$,并且分别是 s, s^+ 在 $\mathcal{H}_r$ 中的极分解. 特别, $\mathcal{D}(\Delta^{\frac{1}{2}}) = \mathcal{K} \dotplus i\mathcal{K}$.

证. 1) 显然.

2) 易见 $s^+ \subset (s$ 在 $\mathcal{H}_r$ 中的伴随). 如果 ζ, ζ' 满足

$$\langle \xi - i\eta, \zeta \rangle_r = \langle \xi + i\eta, \zeta' \rangle_r, \quad \forall \xi, \eta \in \mathcal{K},$$

令 $\eta = 0$,则 $(\zeta - \zeta') \in \mathcal{K}^\perp$;令 $\xi = 0$,则 $i(\zeta + \zeta') \in \mathcal{K}^\perp$. 因此,$\xi_1 = \frac{1}{2i}(\zeta + \zeta') \in \mathcal{K}^\perp$, $\eta_1 = \frac{1}{2}(\zeta - \zeta') \in \mathcal{K}$,及

$$\zeta = i\xi_1 + \eta_1, \quad \zeta' = i\xi_1 - \eta_1,$$

所以,s^+ 是 s 在 $\mathcal{H}_r$ 中的伴随. 又 s 是闭的,因此,s 也为 s^+ 在 $\mathcal{H}_r$ 中的伴随. 由引理 8.1.2,

$$i\mathcal{K} = ip\mathcal{H} = (1 - q)i\mathcal{H} = (i\mathcal{K})^\perp = i\mathcal{K}^\perp,$$

同样 $i(i\mathcal{K}) = \mathcal{K}^\perp$. 由此,$isi = s^+$.

3) 如果 ξ_1, $\eta_1 \in \mathcal{K}^\perp$,于是 $p\eta_1 = 0$, $q\xi_1 = ip\xi_1 = 0$,从而,$as^+(i\xi_1 + \eta_1) = (p - q)(i\xi_1 + \eta_1)$. 这说明 $as^+ = p - q = ib$. 由于 i 与 b 是交换的,$isi = s^+$,因此,$ajs \subset b$,即 $is \subset \Delta^{\frac{1}{2}}$. 但 is, $\Delta^{\frac{1}{2}}$ 都是 $\mathcal{H}_r$ 中的自伴算子,因此,$s = j\Delta^{\frac{1}{2}}$. 再依引理 8.1.3,$s^+ = j\Delta^{-\frac{1}{2}}$. 由此,$s^+ s = \Delta$, $ss^+ = \Delta^{-1}$,所以,$s = j\Delta^{\frac{1}{2}}$, $s^+ = j\Delta^{-\frac{1}{2}}$ 也是极分解. 证毕.

引理 8.1.5 $\{\Delta^{it} | t \in \mathbf{R}\}$ 是 $\mathcal{H}$ 中单参数强算子连续的酉算子群,并且满足

$$j\Delta^{it} = \Delta^{it}j, \quad \Delta^{it}\mathcal{K} = \mathcal{K}, \quad \forall t \in \mathbf{R}.$$

证. 依引理 8.1.3,$j\Delta^{it}j = \Delta^{it}$, $\forall t \in \mathbf{R}$. 此外,a 与 b 交换,因此,Δ^{it} 与 b 交换. 进而,Δ^{it} 与 $jb = p - q$ 交换. 自然 Δ^{it} 与 $a = p + q$ 交换. 因此,Δ^{it} 与 p 交换,即 $\Delta^{it}\mathcal{K} = \mathcal{K}$, $\forall t \in \mathbf{R}$. 证毕.

定义 8.1.6 设 $\mathcal{K}$ 是 $\mathcal{H}$ 的非退化实线性闭子空间,称前面的算子 j, Δ 为相应于 $\mathcal{K}$ 的酉对合与模算子. 它们将在本章的理论中起重要作用.

现在进行 KMS 条件的讨论.

设 $\mathscr{K}$ 是(复) Hilbert 空间 $\mathscr{H}$ 的非退化实线性闭子空间,沿用前面的一切号.

定义 8.1.7 $\mathscr{H}$ 中单参数强算子连续的酉算子群 $\{u_t | t \in \mathbf{R}\}$ 称为关于 $\mathscr{K}$ 满足 KMS 条件的,指对于任意的 $\xi, \eta \in \mathscr{K}$,有复值函数 $f(z)$,它在 $0 \leqslant \mathrm{Im}\, z \leqslant 1$ 中连续有界,在 $0 < \mathrm{Im}\, z < 1$ 中解析,并且

$$f(t) = \langle \eta, u_t \xi \rangle, \quad f(t + i) = \langle u_t \xi, \eta \rangle = \overline{f(t)}, \quad \forall t \in \mathbf{R},$$

这个 f 称为相应于 ξ, η 的 KMS 函数,显然是唯一的.

命题 8.1.8 $\{u_t\}$ 关于 $\mathscr{K}$ 满足 KMS 条件,当且仅当,对任意的 $\xi, \eta \in \mathscr{K}$,有复值函数 f,它在 $0 \leqslant \mathrm{Im}\, z \leqslant \frac{1}{2}$ 中连续有界,在 $0 < \mathrm{Im}\, z < \frac{1}{2}$ 中解析,并且对任意的 $t \in \mathbf{R}$,$f(t) = \langle \eta, u_t \xi \rangle$,$f\left(t + \frac{i}{2}\right) = \overline{f\left(t + \frac{i}{2}\right)}$.

证. 必要性. 设 f 是相应于 ξ, η 的 KMS 函数,令 $g(z) = \overline{f(\bar{z} - i)}$,易见 g 也是相应于 ξ, η 的 KMS 函数,因此,$f = g$. 特别地,

$$f\left(t + \frac{i}{2}\right) = g\left(t + \frac{i}{2}\right) = \overline{f\left(t + \frac{i}{2}\right)}, \quad \forall t \in \mathbf{R}.$$

充分性由 Schwartz 反射原理[1]立见. 证毕.

定义 8.1.9 设 $\{u_t | t \in \mathbf{R}\}$ 是 $\mathscr{H}$ 中单参数强算子连续的酉算子群,$\xi \in \mathscr{H}$ 称为关于 $\{u_t\}$ 是解析的,指存在整个复平面 $\mathbf{C}$ 上并取值于 $\mathscr{H}$ 的解析函数 $\xi(z)$,使得 $\xi(t) = u_t \xi, \forall t \in \mathbf{R}$.

引理 8.1.10 设 h 是 $\mathscr{H}$ 中非负可逆的自伴算子,对任意的 $\delta > 0$,令

$$A(\delta) = \left\{ \xi(z) \,\middle|\, \begin{array}{l} \xi(z) 是 -\delta \leqslant \mathrm{Im}\, z \leqslant 0 \text{ 到 } \mathscr{H} \text{ 中的连续} \\ \text{有界函数,并且在 } -\delta < \mathrm{Im}\, z < 0 \text{ 中解析} \end{array} \right\}$$

---

1) 例见 Tilchmarsh, E. C., The theory of functions, Oxford, 1952.

如果 $\xi \in \mathscr{H}$，则 $\xi \in \mathscr{D}(h^\delta)$，当且仅当，存在 $\xi(z) \in A(\delta)$，使得 $\xi(t) = h^{it}\xi$，$\forall t \in \mathbf{R}$. 此外，这时对任意的 z，$-\delta \leqslant \operatorname{Im} z \leqslant 0$，$\xi(z) = h^{iz}\xi$.

证. 必要性. 设 z 满足 $-\delta \leqslant \operatorname{Im} z \leqslant 0$，于是，

$$\mathscr{D}(h^{iz}) = \mathscr{D}(h^{-\operatorname{Im} z}) \supset \mathscr{D}(h^\delta),$$

因此，$\xi \in \mathscr{D}(h^{iz})$. 如果 $\{e_\lambda\}$ 是 h 的谱族，则对 $-\delta \leqslant \operatorname{Im} z \leqslant 0$ 一致地有

$$\|h^{iz}(e_n - e_{\frac{1}{n}})\xi - h^{iz}\xi\|^2$$

$$= \left(\int_0^{\frac{1}{n}} + \int_n^\infty\right) e^{-2\operatorname{Im} z \cdot \ln \lambda} d\|e_\lambda \xi\|^2$$

$$\leqslant \|e_{\frac{1}{n}}\xi\|^2 + \int_n^\infty e^{2\delta \ln \lambda} d\|e_\lambda \xi\|^2 \longrightarrow 0,$$

但 $z \longrightarrow h^{iz}(e_n - e_{\frac{1}{n}})\xi$ 是 $\mathbf{C}$ 到 $\mathscr{H}$ 中的解析函数，$\forall n$，因此，$\xi(z) = h^{iz}\xi$ 是在 $-\delta \leqslant \operatorname{Im} z \leqslant 0$ 中连续、且在 $-\delta < \operatorname{Im} z < 0$ 中解析的函数. 此外，当 $-\delta \leqslant \operatorname{Im} z \leqslant 0$，

$$\|h^{iz}\xi\|^2 = \left(\int_0^1 + \int_1^\infty\right) e^{-2\operatorname{Im} z \cdot \ln \lambda} d\|e_\lambda \xi\|^2$$

$$\leqslant \|\xi\|^2 + \|h^\delta \xi\|^2.$$

所以，$\xi(z) = h^{iz}\xi \in A(\delta)$.

今设有 $\xi(z) \in A(\delta)$，使得 $\xi(t) = h^{it}\xi$，$\forall t \in \mathbf{R}$. 对任意的 $\eta \in \mathscr{D}(h^\delta)$，前已证 $\eta(z) = h^{iz}\eta \in A(\delta)$，从而，$f(z) = \langle \xi(z), \eta \rangle$，$g(z) = \langle \xi, h^{-i\bar{z}}\eta \rangle$ 都是在 $-\delta \leqslant \operatorname{Im} z \leqslant 0$ 中连续有界、在 $-\delta < \operatorname{Im} z < 0$ 中解析的复值函数，并且 $f(t) = g(t)$，$\forall t \in \mathbf{R}$，因此，$f = g$. 特别当 $z = -i\delta$ 时，

$$\langle \xi(-i\delta), \eta \rangle = \langle \xi, h^\delta \eta \rangle, \quad \forall \eta \in \mathscr{D}(h^\delta).$$

所以，$\xi \in \mathscr{D}(h^\delta)$. 证毕.

命题 8.1.11 $\xi(\in \mathscr{H})$ 是关于 $\{\Delta^{it}\}$ 的解析矢，当且仅当，$\xi \in \mathscr{D}$，这里 Δ 是关于 $\mathscr{H}$ 的模算子，$\mathscr{D} = \cap \{\mathscr{D}(\Delta^z) | z \in \mathbf{C}\} = \cap \{\mathscr{D}(\Delta^n) | n \in \mathbf{Z}\}$. 这时 ξ 对应的解析函数 $\xi(z) = \Delta^{iz}\xi$.

证. 用引理 8.1.10 于 Δ、Δ^{-1} 立见.

命题 8.1.12 设 $\{u_t | t \in \mathbf{R}\}$ 是 $\mathcal{H}$ 中单参数强算子连续的酉算子群，$\xi \in \mathcal{H}$，对每个 $r > 0$，令

$$\xi_r = \sqrt{\frac{r}{\pi}} \int_{-\infty}^{\infty} e^{-rs^2} u_s \xi ds,$$

则 ξ_r 关于 $\{u_t\}$ 是解析的，并且当 $r \to +\infty$ 时，$\|\xi_r - \xi\| \to 0$。

证． $\xi_r(z) = \sqrt{\dfrac{r}{\pi}} \int_{-\infty}^{\infty} e^{-r(z-s)^2} u_s \xi ds$ 是 $\mathbf{C}$ 上取值于 $\mathcal{H}$ 的解析函数，并且

$$\xi_r(t) = \sqrt{\frac{r}{\pi}} \int_{-\infty}^{\infty} e^{-r(s-t)^2} u_s u_{-t} \xi ds = u_t \xi_r, \quad \forall t \in \mathbf{R}.$$

因此，ξ_r 关于 $\{u_t\}$ 是解析的，$\forall r > 0$。

由于 $\sqrt{\dfrac{r}{\pi}} \int_{-\infty}^{\infty} e^{-rs^2} ds = 1$，对任意的 $\varepsilon > 0$，取 $\delta > 0$，使得 $\|(u_t - 1)\xi\| < \varepsilon$，$\forall |t| < \delta$，于是当 r 充分大时，

$$\|\xi_r - \xi\| \leqslant \sqrt{\frac{r}{\pi}} \int_{-\delta}^{\delta} e^{-rs^2} \|(u_s - 1)\xi\| ds$$

$$+ 4\|\xi\| \sqrt{\frac{r}{\pi}} \int_{\delta}^{\infty} e^{-rs^2} ds$$

$$< \varepsilon + \frac{4\|\xi\|}{\sqrt{\pi}} \int_{\sqrt{r}\delta}^{\infty} e^{-s^2} ds < 2\varepsilon. \qquad \text{证毕。}$$

定理 8.1.13 设 $\mathcal{K}$ 是 $\mathcal{H}$ 的非退化实线性闭子空间，Δ 是关于 $\mathcal{K}$ 的模算子，则 $\{\Delta^{it} | t \in \mathbf{R}\}$ 是 $\mathcal{H}$ 中唯一的单参数强算子连续的酉算子群，使得关于 $\mathcal{K}$ 满足 KMS 条件，并且对 $\mathcal{K}$ 是不变的。

证． 引理 8.1.5 已指出 $\Delta^{it}\mathcal{K} = \mathcal{K}$，$\forall t \in \mathbf{R}$。今设 $\xi, \eta \in \mathcal{K}$，依引理 8.1.4 $\mathcal{K} \subset \mathscr{D}(\Delta^{\frac{1}{2}})$，再由引理 8.1.10，

$$f(z) = \langle \eta, \Delta^{iz}\xi \rangle$$

将是 $0 \leqslant \operatorname{Im} z \leqslant \dfrac{1}{2}$ 中的连续有界函数，且在 $0 < \operatorname{Im} z < \dfrac{1}{2}$ 中解析，对任意的 $t \in \mathbf{R}$，依引理 8.1.2，8.1.4，8.1.5，

$$f\left(t + \frac{i}{2}\right) = \langle \eta, \ \Delta^{it}\Delta^{\frac{1}{2}}\xi\rangle = \langle \Delta^{it}\xi, \ i\eta\rangle,$$

但 $\Delta^{it}\xi \in \mathscr{K}$, $i\eta \in i\mathscr{K}^{\perp}$, 从而, $f\left(t + \frac{i}{2}\right)$ 是实数. 今依命题 8.1.8, $\{\Delta^{it}\}$ 关于 $\mathscr{K}$ 满足 KMS 条件.

如果 $\{u_t\}$ 满足同样的条件, 由于 $(\mathscr{K} + i\mathscr{K})$ 在 $\mathscr{H}$ 中稠我们只须证明

$$u_t\eta = \Delta^{it}\eta, \ \forall t \in \mathbf{R}, \ \eta \in \mathscr{K}.$$

依命题 8.1.12, 无妨设 η 关于 $\{u_t\}$ 是解析的, 并且相应的 $\eta(z)$ 在复平面的每个平行于实轴的横条中是有界的.

注意 $i\sqrt{\frac{r}{\pi}}\int_{-\infty}^{\infty} e^{-rs^2}\Delta^{is}\xi ds = \sqrt{\frac{r}{\pi}}\int_{-\infty}^{\infty} e^{-rs^2}\Delta^{is}i\xi ds$, $ji = -ij$, 及 $j(\mathscr{K} + i\mathscr{K})$ 在 $\mathscr{H}$ 中稠, 因此只须对任意的 $t \in \mathbf{R}$, 如上的 η 及 $\xi \in \mathscr{K}$, 并且 ξ 与 $j\xi$ 关于 $\{\Delta^{it}\}$ 是解析的, 证明

$$\langle \Delta^{it}j\xi, \ u_t\eta\rangle = \langle j\xi, \ \eta\rangle.$$

令 $g(z) = \langle \Delta^{iz}j\xi, \ \eta(\bar{z})\rangle$, 它是 $\mathbf{C}$ 上的解析函数, 并且在每个平行于实轴的横条中有界. 当 $t \in \mathbf{R}$ 时, $\eta(t) = u_t\eta \in \mathscr{K}$, $\Delta^{it}j\xi = j\Delta^{it}\xi \in j\mathscr{K} = i\mathscr{K}^{\perp}$, 因此, $g(t)$ 是实数.

对任意固定的 $s \in \mathbf{R}$, η, $\Delta^{is}\xi \in \mathscr{K}$, 因此有关于 $\{u_t\}$ 的 KMS 函数 f, 使得

$$f(t) = \langle \Delta^{is}\xi, \ u_t\eta\rangle = \overline{f(t+i)}, \ \forall t \in \mathbf{R}.$$

并且依命题 8.1.8, $f\left(t + \frac{i}{2}\right) = \overline{f\left(t + \frac{i}{2}\right)}$, $\forall t \in \mathbf{R}$. 注意

$$h(z) = \langle \Delta^{is}\xi, \ \eta(\bar{z})\rangle$$

是 $\mathbf{C}$ 上的解析函数, 并且 $h(t) = f(t)$, $\forall t \in \mathbf{R}$. 用 Schwartz 反射原理于 $(f - h)$, 可见 $f(z) = h(z)$, $0 \leqslant \operatorname{Im} z \leqslant 1$. 特别地,

$$h\left(s + \frac{i}{2}\right) = f\left(s + \frac{i}{2}\right)$$

是实数. 即 $\langle \Delta^{is}\xi, \ \eta\left(s - \frac{i}{2}\right)\rangle = g\left(s + \frac{i}{2}\right)$ 是实数, $\forall s \in \mathbf{R}$.

现在 $g(z)$ 在 $\operatorname{Im} z = 0$ 与 $\dfrac{i}{2}$ 上为实数,在 $0 \leqslant \operatorname{Im} z \leqslant \dfrac{1}{2}$ 中连续有界,在 $0 < \operatorname{Im} z < \dfrac{1}{2}$ 中解析,依 Schwartz 反射原理,它可开拓成 $\mathbf{C}$ 上有界的解析函数,因此 $g(z)$ 是常数函数. 特别对任意的 $t \in \mathbf{R}$,

$$\langle \Delta^{it} i\xi, u_t\eta \rangle = g(t) = g(0) = \langle i\xi, \eta \rangle. \qquad \text{证毕.}$$

注 本节见参考文献 [86],[89].

§2. Tomita-Takesaki 理论

本节中,设 M 是 Hilbert 空间 $\mathscr{H}$ 中的 vN 代数,同时以 $\xi_0(\in \mathscr{H}, \|\xi_0\| = 1)$ 为它的循环并且分离的矢.

命题 8.2.1 令 $\mathscr{K} = \overline{\{x\xi_0 \mid x^* = x \in M\}}$,则 $\mathscr{K}$ 是 $\mathscr{H}$ 的非退化实线性闭子空间,并且

$$\{x'\xi_0 \mid x'^* = x' \in M\} \subset (i\mathscr{K})^{\perp} = i\mathscr{K}^{\perp},$$

这里"$\perp$"指在 $\mathscr{H}$ 中而言.

证. 如果 $x^* = x \in M, x'^* = x' \in M'$,则 $\langle x'\xi_0, x\xi_0 \rangle$ 是实数,因此,$x'\xi_0 \in (i\mathscr{K})^{\perp}$. 从而

$$M'\xi_0 \subset (i\mathscr{K})^{\perp} + \mathscr{K}^{\perp} \subset (\mathscr{K} \cap i\mathscr{K})^{\perp},$$

但 $M'\xi_0$ 在 $\mathscr{H}$ 中稠,所以,$\mathscr{K} \cap i\mathscr{K} = \{0\}$. 又 $M\xi_0 \subset \mathscr{K} + i\mathscr{K}$,$M\xi_0$ 也在 $\mathscr{H}$ 中稠,因此,$\mathscr{K}$ 是 $\mathscr{H}$ 的非退实线性闭子空间. 证毕.

以下,对于 $\mathscr{H}$,$\mathscr{K}$,保持 §1 的诸记号:$p, q, a, i, b, \Delta, s, s^+$ 等.

命题 8.2.2 $q\xi_0 = 0$;$p\xi_0 = a\xi_0 = i\xi_0 = b\xi_0 = \xi_0$;$\Delta^{it}\xi_0 = \xi_0, \forall t \in \mathbf{R}$;$M\xi_0 \subset \mathscr{D}(\Delta^{\frac{1}{2}})$,并且算子 s 是 $x\xi_0 \to x^*\xi_0 (x \in M)$ 的闭包. 此外,对每个 $x'^* = x' \in M'$,有 $x^* = x \in M$,使得

$$(p - q)x'\xi_0 = x\xi_0.$$

证. 由于 $\xi_0 \in \mathscr{K} \cap (i\mathscr{K})^{\perp}$,因此,$q\xi_0 = 0$,$p\xi_0 = \xi_0$,$a\xi_0 =$

ξ_0. 今 $(p-q)^2\xi_0 = \xi_0$，所以，$b\xi_0 = \xi_0$. 由此，$i\xi_0 = ib\xi_0 = (p-q)\xi_0 = \xi_0$. 又 $\xi_0 = s\xi_0 = i\Delta^{\frac{1}{2}}\xi_0$，因此，$\Delta\xi_0 = \xi_0$，$\Delta^{it}\xi_0 = \xi_0$，$\forall t \in \mathbf{R}$. 依 s 的定义，显然 $M\xi_0 \subset \mathscr{D}(\Delta^{1/2})$，及 s 是 $x\xi_0 \to x^*\xi_0$ $(x \in M)$ 的闭包.

今设 $x' \in M'$，$0 \leqslant x' \leqslant 1$. 令 $\varphi(\cdot) = \langle \cdot\xi_0, \xi_0 \rangle$，$\psi(\cdot) = \langle \cdot\xi_0, x'\xi_0 \rangle$，则 $\varphi, \psi \in M_*$，$0 \leqslant \psi \leqslant \varphi$. 依定理 1.10.4，有 $x \in M$，$0 \leqslant x \leqslant 1$，使得

$$\langle y\xi_0, x'\xi_0 \rangle = \frac{1}{2}\langle (xy+yx)\xi_0, \xi_0 \rangle, \quad \forall y \in M.$$

特别地，$\langle y\xi_0, x'\xi_0 \rangle = \langle y\xi_0, x\xi_0 \rangle_r$，$\forall y^* = y \in M$，即 $(x'-x)\xi_0 \in \mathscr{K}^\perp$. 因此，$x\xi_0 = px'\xi_0$. 又 $x'\xi_0 \in (i\mathscr{K})^\perp$，所以，$x\xi_0 = (p-q)x'\xi_0$. 由此，对任意的 $x'^* = x' \in M$，有 $x^* = x \in M$，使得 $(p-q)x'\xi_0 = x\xi_0$. 证毕.

引理 8.2.3 对每个 $x' \in M'$ 及复数 λ，$\mathrm{Re}\,\lambda > 0$，有 $x \in M$，使得 $bjx'jb = \lambda(2-a)xa + \bar{\lambda}ax(2-a)$.

证. 无妨假设 $0 \leqslant x' \leqslant 1$. 令 $\varphi(\cdot) = \langle \cdot\xi_0, \xi_0 \rangle$，$\psi(\cdot) = \langle \cdot\xi_0, x'\xi_0 \rangle$，则 $\varphi, \psi \in M_*$，$0 \leqslant \psi \leqslant \varphi$，依定理 1.10.4，有 $x \in M_+$，使得 $\langle y\xi_0, x'\xi_0 \rangle = \langle (\lambda xy + \bar{\lambda}yx)\xi_0, \xi_0 \rangle$，$\forall y \in M$. 代 y 以 z^*y，则

$$\langle y\xi_0, x'z\xi_0 \rangle = \lambda\langle y\xi_0, zx\xi_0 \rangle$$
$$+ \bar{\lambda}\langle yx\xi_0, z\xi_0 \rangle, \quad \forall y, z \in M, \tag{1}$$

对任意的 $y'^* = y'$，$z'^* = z' \in M'$，依命题 8.2.2，有 $y^* = y$，$z^* = z \in M$，使得 $jby'\xi_0 = y\xi_0$，$jbz'\xi_0 = z\xi_0$. 代到 (1) 中，则依 i 的性质，$\Delta^{\frac{1}{2}}b = (2-a)$，

$$\langle bjx'jbz'\xi_0, y'\xi_0 \rangle$$
$$= \lambda\langle jby'\xi_0, zx\xi_0 \rangle + \bar{\lambda}\langle yx\xi_0, jbz'\xi_0 \rangle$$
$$= \lambda\langle jby'\xi_0, i\Delta^{\frac{1}{2}}xz\xi_0 \rangle + \bar{\lambda}\langle i\Delta^{\frac{1}{2}}xy\xi_0, jbz'\xi_0 \rangle$$
$$= \lambda\langle xz\xi_0, (2-a)y'\xi_0 \rangle + \bar{\lambda}\langle (2-a)z'\xi_0, xy\xi_0 \rangle$$
$$= \lambda\langle xjbz'\xi_0, (2-a)y'\xi_0 \rangle + \bar{\lambda}\langle (2-a)z'\xi_0, xjby'\xi_0 \rangle,$$

由于 $a - ib = 2q$，$qc'\xi_0 = 0$，$\forall c'^* = c' \in M'$，因此，

$$\langle bjx'jbz'\xi_0, \ y'\xi_0 \rangle$$
$$= \lambda \langle xaz'\xi_0, \ (2-a)y'\xi_0 \rangle + \bar{\lambda}\langle (2-a)z'\xi_0, \ xay'\xi_0 \rangle$$
$$= \langle (\lambda(2-a)xa + \bar{\lambda}ax(2-a))z'\xi_0, \ y'\xi_0 \rangle,$$
$$\forall y'^{*} = y', \quad z'^{*} = z' \in M'.$$

进而，此式对任意的 y', $z' \in M'$ 成立. 但 ξ_0 是 M' 的循环矢，所以，

$$bjx'jb = \lambda(2-a)xa + \bar{\lambda}ax(2-a). \qquad 证毕.$$

引理 8.2.4 设 $\lambda = e^{\frac{i}{2}\theta}$, $|\theta| < \pi$, f 是 $\mathbf{C}$ 上的解析函数，并且在 $\left\{ z \in \mathbf{C} \mid |\operatorname{Re} z| \leqslant \frac{1}{2} \right\}$ 中有界，则

$$f(0) = \frac{1}{2} \int_{-\infty}^{\infty} \frac{e^{-\theta t}}{\operatorname{ch}(\pi t)} \left(\lambda f\left(it + \frac{1}{2} \right) \right.$$
$$\left. + \bar{\lambda} f\left(it - \frac{1}{2} \right) \right) dt.$$

证. 考虑 $g(z) = \dfrac{\pi e^{i\theta z}}{\sin(\pi z)} f(z)$，它在 $\left\{ z \in \mathbf{C} \mid |\operatorname{Re} z| \leqslant \frac{1}{2} \right\}$ 中仅以 $z = 0$ 为极点，留数恰为 $f(0)$，并且当 z 在这竖条中趋于 ∞ 时，$g(z)$ 急降于 0，因此，

$$f(0) = \frac{1}{2\pi i} \int_{-\infty}^{\infty} \left(g\left(it + \frac{1}{2} \right) - g\left(it - \frac{1}{2} \right) \right) i \, dt,$$

再稍加计算，即得证.

引理 8.2.5 设 x', λ, x 如引理 8.2.3，并且 $\lambda = e^{\frac{i}{2}\theta}$, $|\theta| < \pi$, 则

$$x = \frac{1}{2} \int_{-\infty}^{\infty} \frac{e^{-\theta t}}{\operatorname{ch}(\pi t)} \Delta^{it} j x' i \Delta^{-it} dt.$$

证. 设 ξ, $\eta \in \mathcal{H}$, 并且关于 $\{\Delta^{it}\}$ 是解析的，定义 $\mathbf{C}$ 上的解析函数 $f(z) = \langle bxb\Delta^{-z}\xi, \ \Delta^{\bar{z}}\eta \rangle$, f 自然在每个平行于虚轴的竖条中有界. 由于 $\Delta^{\frac{1}{2}} b = 2 - a$, $b\Delta^{-\frac{1}{2}} = a$, 因此，

$$f\left(it + \frac{1}{2} \right) = \langle bxb\Delta^{-it}\Delta^{-\frac{1}{2}}\xi, \ \Delta^{-it}\Delta^{\frac{1}{2}}\eta \rangle$$

$$= \langle \Delta^{it}(2-a)xa\Delta^{-it}\xi, \eta \rangle,$$

$$f\left(it - \frac{1}{2}\right) = \langle bxb\Delta^{-it}\Delta^{\frac{1}{2}}\xi, \ \Delta^{-it}\Delta^{-\frac{1}{2}}\eta \rangle$$

$$= \langle \Delta^{it}ax(2-a)\Delta^{-it}\xi, \eta \rangle,$$

依引理 8.2.3,

$$\lambda f\left(it + \frac{1}{2}\right) + \bar\lambda f\left(it - \frac{1}{2}\right)$$

$$= \langle \Delta^{it}bjx'jb\Delta^{-it}\xi, \eta \rangle.$$

由此依引理 8.2.4,

$$\langle bxb\xi, \eta \rangle = f(0)$$

$$= \frac{1}{2}\int_{-\infty}^{\infty} \frac{e^{-\theta t}}{\mathrm{ch}\,(\pi t)} \langle \Delta^{it}bjx'jb\Delta^{-it}\xi, \eta \rangle dt$$

b 与 Δ^{it} 是交换的,因此,

$$\langle xb\xi, b\eta \rangle = \left\langle \frac{1}{2}\int_{-\infty}^{\infty} \frac{e^{-\theta t}}{\mathrm{ch}\,(\pi t)} \Delta^{it}jx'j\Delta^{-it}dtb\xi, b\eta \right\rangle,$$

由于 b 是可逆的,$(\mathscr{K} + i\mathscr{K})$ 在 $\mathscr{H}$ 中是稠的,并依命题 8.1.12,即可得证.

引理 8.2.6 $\Delta^{it}jx'j\Delta^{-it} \in M$, $\forall x' \in M$, $t \in \mathbf{R}$.

证. 取 $y' \in M'$, $\xi, \eta \in \mathscr{H}$,并定义

$$g(t) = \langle (\Delta^{it}jx'j\Delta^{-it}y' - y'\Delta^{it}jx'j\Delta^{-it})\xi, \eta \rangle$$

依引理 8.2.5,对每个 θ, $|\theta| < \pi$,我们有

$$\int_{-\infty}^{\infty} \frac{e^{-\theta t}}{\mathrm{ch}\,(\pi t)} g(t)dt = 0.$$

令 $f(z) = \int_{-\infty}^{\infty} \frac{e^{-zt}}{\mathrm{ch}\,(\pi t)} g(t)dt$,它在 $|\mathrm{Re}\,z| < \pi$ 中是解析的,并且 $f(\theta) = 0$, $\forall |\theta| < \pi$,因此,$f = 0$. 特别,

$$\int_{-\infty}^{\infty} \frac{e^{-ist}}{\mathrm{ch}\,(\pi t)} g(t)dt = 0, \quad \forall s \in \mathbf{R}$$

依 Fourier 变换的唯一性,$g = 0$. 但 $y' \in M'$, $\xi, \eta \in \mathscr{H}$ 是任意的,所以,$\Delta^{it}jx'j\Delta^{-it} \in M$. 证毕.

定理 8.2.7 $jMj = M'$, $\Delta^{it}M\Delta^{-it} = M$, $\forall t \in \mathbf{R}$.

证. 在引理 8.2.6 中命 $t=0$，则 $iM'i \subset M$．

对任意的 $x^*=x$，$y^*=y \in M$，$x\xi_0$，$y\xi_0 \in \mathcal{K}$．依引理 8.1.2，$iy\xi_0 \in (i\mathcal{K})^{\perp}$，因此，$\langle xiy\xi_0, \xi_0 \rangle = \langle iy\xi_0, x\xi_0 \rangle$ 是实数．从而由 i 的性质，

$$\langle yix\xi_0, \xi_0 \rangle = \langle xiy\xi_0, \xi_0 \rangle = \langle \xi_0, xiy\xi_0 \rangle$$

由此易见对任意的 $a, b \in M$，有

$$\langle bia\xi_0, \xi_0 \rangle = \langle \xi_0, aib\xi_0 \rangle.$$

特别地，对 $x^*=x$，$y^*=y \in M$，$y' \in M'$，有

$$\langle y(iy'i)ix\xi_0, \xi_0 \rangle = \langle \xi_0, xiy(iy'i)\xi_0 \rangle.$$

注意 $i\xi_0 = \xi_0$，因此

$$\langle xiy\xi_0, y'\xi_0 \rangle = \langle iyix\xi_0, y'\xi_0 \rangle.$$

ξ_0 是 M' 的循环矢，所以，$xiyi\xi_0 = iyix\xi_0$．此式也将对任意的 $x, y \in M$ 成立，从而

$$iyixz\xi_0 = xziyi\xi_0 = xiyiz\xi_0, \quad \forall x, y, z \in M,$$

ξ_0 是 M 的循环矢，因此，$xiyi = iyix$，$\forall x, y \in M$，即 $iMi \subset M'$．已指出 $iM'i \subset M$，所以，$iMi = M'$．

再由 $iM'i = M$ 及引理 8.2.6，$\Delta^{it} M \Delta^{-it} = M$，$\forall t \in \mathbf{R}$．证毕．

定义 8.2.8　M 的 $*$ 自同构群 $\{\sigma_t(\cdot) = \Delta^{it} \cdot \Delta^{-it} | t \in \mathbf{R}\}$ 称为 M 的模自同构群．

定义 8.2.9　令 $\varphi_0(\cdot) = \langle \cdot \xi_0, \xi_0 \rangle$，它是 M 上忠实的正规态．M 上强算子连续的单参数 $*$ 自同构群 $\{\alpha_t(\cdot) | t \in \mathbf{R}\}$（即对任意的 $x \in M$，$t \to \alpha_t(x)$ 是强算子连续的）称为关于 φ_0 满足 KMS 条件的，指对于任意的 $x, y \in M$，存在在 $0 \leqslant \mathrm{Im}\, z \leqslant 1$ 中连续有界，并且在 $0 < \mathrm{Im}\, z < 1$ 中解析的复值函数 f，使得

$$f(t) = \varphi_0(\alpha_t(x)y), \quad f(t+i) = \varphi_0(y\alpha_t(x)), \quad \forall t \in \mathbf{R}.$$

显然这 f 是唯一的，称为关于 x, y 的 KMS 函数．当 $x^*=x$，$y^*=y$ 时，由于 $\varphi_0 \geqslant 0$，因此，$\overline{f(t)} = f(t+i)$，$\forall t \in \mathbf{R}$．依命题 8.1.8 所证，这时也有 $f\left(t+\dfrac{i}{2}\right) = \overline{f\left(t+\dfrac{i}{2}\right)}$，$\forall t \in \mathbf{R}$．

定理 8.2.10 φ_0 关于 M 的模自同构群 $\{\sigma_t | t \in \mathbf{R}\}$ 是不变的, 即 $\varphi_0(\sigma_t(x)) = \varphi_0(x)$, $\forall x \in M$, $t \in \mathbf{R}$, 并且关于 φ_0 满足 KMS 条件的 M 上强算子连续的单参数 * 自同构群只能是 $\{\sigma_t | t \in \mathbf{R}\}$.

证. 对任意的 $x^* = x$, $y^* = y \in M$, 依定理 8.1.3, 有 KMS 函数 f, 使得

$$f(t) = \langle y\xi_0, \Delta^{it}x\xi_0 \rangle, \quad f(t+i) = \langle \Delta^{it}x\xi_0, y\xi_0 \rangle, \quad \forall t \in \mathbf{R}.$$

由于 $\Delta^{-it}\xi_0 = \xi_0$, 因此,

$$f(t) = \varphi_0(\sigma_t(x)y), \quad f(t+i) = \varphi_0(y\sigma_t(x)), \quad \forall t \in \mathbf{R}.$$

进而可见 $\{\sigma_t\}$ 关于 φ_0 满足 KMS 条件. 此外, 由于 $\Delta^{-it}\xi_0 = \xi^0$ ($\forall t \in \mathbf{R}$), φ_0 关于 $\{\sigma_t\}$ 不变是显然的.

今设 M 上强算子连续的单参数 * 自同构群 $\{\alpha_t | t \in \mathbf{R}\}$ 关于 φ_0 也满足 KMS 条件, 首先 φ_0 关于 $\{\alpha_t\}$ 是不变的. 事实上, 对 $x \in M_+$ 及 $y = 1$, 有 KMS 函数 f, 使得

$$f(t) = f(t+i) = \varphi_0(\alpha_t(x)) \geqslant 0, \quad \forall t \in \mathbf{R}.$$

依 Schwartz 反射原理, f 可扩张为 $\mathbf{C}$ 上有界的解析函数, 因此 f 是常数. 特别地, $\varphi_0(\alpha_t(x)) = f(t) = f(0) = \varphi_0(x)$, $\forall t \in \mathbf{R}$, 即 φ_0 关于 $\{\alpha_t\}$ 是不变的. 由此定义

$$u_t x\xi_0 = \alpha_t(x)\xi_0, \quad \forall x \in M,$$

则 u_t 可扩张为 $\mathscr{H}$ 中的酉算子, 仍记为 u_t, $\forall t \in \mathbf{R}$. 显然 $\{u_t | t \in \mathbf{R}\}$ 是 $\mathscr{H}$ 中单参数强算子连续的酉算子群, 并且它对 $\mathscr{K}$ 是不变的. 对任意的 $\xi, \eta \in \mathscr{K}$, 有 $x_n^* = x_n$, $y_n^* = y \in M$, 使得 $x_n\xi_0 \to \xi$, $y_n\xi_0 \to \eta$. $\{\alpha_t\}$ 关于 φ_0 满足 KMS 条件, 因此对每个 n, 有 KMS 函数 f_n, 使得

$$f_n(t) = \varphi_0(\alpha_t(x_n)y_n) = \langle y_n\xi_0, \alpha_t(x_n)\xi_0 \rangle$$
$$= \langle y_n\xi_0, u_t x_n\xi_0 \rangle,$$
$$f_n(t+i) = \varphi_0(y_n\alpha_t(x_n)) = \langle \alpha_t(x_n)\xi_0, y_n\xi_0 \rangle$$
$$= \langle u_t x_n\xi_0, y_n\xi_0 \rangle$$

$\forall t \in \mathbf{R}$. 依极大模原理[1] 及 $\{u_t\}$ 是酉算子群,

---

1) 例见 Rudin, W., Real and Complex analysis, New York, 1966.

$$\sup_{\substack{0 \leqslant I_m z \leqslant 1}} |f_n(z) - f_m(z)| = \sup_{t \in \mathbf{R}} |f_n(t) - f_m(t)|$$
$$\leqslant \|y_n \xi_0\| \cdot \|x_n \xi_0 - x_m \xi_0\| + \|x_m \xi_0\|$$
$$\cdot \|y_n \xi_0 - y_m \xi_0\| \to 0,$$
$$\sup_{\substack{0 \leqslant I_m z \leqslant 1 \\ n}} |f_n(z)| = \sup_{n, t \in \mathbf{R}} |f_n(t)|$$
$$\leqslant \sup_n (\|y_n \xi_0\| \cdot \|x_n \xi_0\|).$$

因此有 KMS 函数 f, 使得 $f_n(z) \to f(z)$, $\forall 0 \leqslant \operatorname{Im} z \leqslant 1$. 于是, $f(t) = \langle \eta, u_t \xi \rangle$, $f(t + i) = \langle u_t \xi, \eta \rangle$. 即 $\{u_t\}$ 关于 $\mathcal{H}$ 满足 KMS 条件. 今依定理 8.1.13, $u_t = \Delta^{it}$, $\forall t \in \mathbf{R}$. 于是对任意的 $x \in M$, $t \in \mathbf{R}$,

$$\alpha_t(x) \xi_0 = u_t x \xi_0 = \Delta^{it} x \Delta^{-it} \xi_0 = \sigma_t(x) \xi_0,$$

但 ξ_0 是 M 的分离矢, 所以, $\alpha_t(x) = \sigma_t(x)$. 证毕.

注 本节见参考文献 [86], [89], [117], [123].

§3. σ-有限的 w^*-代数的模自同构群

设 M 是 σ-有限的 w^*-代数, 于是 M 上必有忠实的正规态 φ, 它产生 M 忠实的循环 w^*-表示 $\{\pi_\varphi, \mathcal{H}_\varphi, \xi_\varphi\}$. 显然, ξ_φ 也是 $\pi_\varphi(M)$ 的分离矢, 从而可以把 §2 的理论应用于 $\{\pi_\varphi(M), \mathcal{H}_\varphi, \xi_\varphi\}$. 相应有模算子 Δ_φ ($\mathcal{H}_\varphi$ 中非负可逆的自伴算子), 使得

$$\Delta_\varphi^{it} \pi_\varphi(M) \Delta_\varphi^{-it} = \pi_\varphi(M), \quad \forall t \in \mathbf{R},$$

由于 M 与 $\pi_\varphi(M)$ 是 * 同构的, 令

$$\sigma_t^\varphi(x) = \pi_\varphi^{-1}(\Delta_\varphi^{it} \pi_\varphi(x) \Delta_\varphi^{-it}), \forall x \in M, t \in \mathbf{R}.$$

显然 $\{\sigma_t^\varphi | t \in \mathbf{R}\}$ 将是 M 的 $s(M, M_*)$ 连续的 * 自同构群.

定义 8.3.1 $\{\sigma_t^\varphi | t \in \mathbf{R}\}$ 称为 M 的相应于 φ 的模自同构群.

依照定理 8.2.10, φ 关于 $\{\sigma_t^\varphi\}$ 是不变的, 即 $\varphi(\sigma_t^\varphi(x)) = \varphi(x)$, $\forall x \in M$, $t \in \mathbf{R}$, 并且 $\{\sigma_t^\varphi\}$ 关于 φ 是满足 KMS 条件的, 即对于任意的 $x, y \in M$, 有 KMS 函数 (即在 $0 \leqslant \operatorname{Im} z \leqslant 1$ 中连续有界, 在 $0 < \operatorname{Im} z < 1$ 中解析的函数) f, 使得

$$f(t) = \varphi(\sigma_t^\varphi(x)y), \quad f(t + i) = \varphi(y\sigma_t^\varphi(x)), \quad \forall t \in \mathbf{R}.$$

此外，M 的关于 φ 满足 KMS 条件的 $s(M, M_*)$ 连续的单参数 * 自同构群只能是 $\{\sigma_t^\varphi | t \in \mathbf{R}\}$。

命题 8.3.2 设 φ 是 w^*-代数 M 上忠实的正规态，

$$M^\varphi = \{x \in M | \sigma_t^\varphi(x) = x, \ \forall t \in \mathbf{R}\},$$

则 $x \in M^\varphi$，当且仅当，$\varphi(xy - yx) = 0$，$\forall y \in M$。

证. 设 $x \in M^\varphi$。对于任意的 $y \in M$，有关于 x, y 的 KMS 函数 f，使得

$$f(t) = \varphi(\sigma_t^\varphi(x)y) = \varphi(xy),$$
$$f(t + i) = \varphi(y\sigma_t^\varphi(x)) = \varphi(yx),$$

$\forall t \in \mathbf{R}$。因此，f 是常数，特别地，

$$\varphi(xy) = f(0) = f(i) = \varphi(yx).$$

反之设 $x \in M$，满足 $\varphi(xy - yx) = 0$，$\forall y \in M$，要证明 $x \in M^\varphi$。无妨设 $x^* = x$。对任意的 $y^* = y \in M$，有关于 x, y 的 KMS 函数 f，使得

$$f(t) = \varphi(\sigma_t^\varphi(x)y), \quad f(t + i) = \varphi(y\sigma_t^\varphi(x)), \quad \forall t \in \mathbf{R},$$

由于 $x^* = x$，$y^* = y$，因此，$f(t) = \overline{f(t + i)}$，$\forall t \in \mathbf{R}$。另一方面，$\varphi$ 关于 $\{\sigma_t^\varphi\}$ 是不变的，于是

$$f(t) = \varphi(x\sigma_{-t}^\varphi(y)) = \varphi(\sigma_{-t}^\varphi(y)x)$$
$$= \varphi(y\sigma_t^\varphi(x)) = f(t + i), \quad \forall t \in \mathbf{R}.$$

由此，f 可开拓为 **C** 上有界的解析函数，所以，f 是常数。从而，$\varphi((\sigma_t^\varphi(x) - x)y) = 0$，$\forall y^* = y \in M$，$t \in \mathbf{R}$，即见 $x \in M^\varphi$。证毕。

命题 8.3.3 设 M 是 σ-有限的 w^*-代数，φ, ψ 是 M 上忠实的正规态，$\{\sigma_t^\varphi\}$，$\{\sigma_t^\psi\}$ 分别是相应于 φ, ψ 是模自同构群，则存在 M 的依 $s(M, M_*)$ 连续的单参数酉元族 $\{u_t | t \in \mathbf{R}\}$，使得

$$\sigma_t^\psi(a) = u_t\sigma_t^\varphi(a)u_t^*, \quad u_{t+s} = u_t\sigma_t^\varphi(u_s), \quad \forall a \in M, \ t, s \in \mathbf{R}.$$

证. 考虑 w^*-代数

$$M_2 = \left\{ \begin{pmatrix} a & b \\ c & d \end{pmatrix} \middle| a, b, c, d \in M \right\}$$

及其上的泛函

$$\theta\left(\begin{pmatrix} a & b \\ c & d \end{pmatrix}\right) = \varphi(a) + \psi(d).$$

显然 θ 是 M_2 上忠实的正规态,相应有 M_2 的模自同构群 $\{\sigma_t^\theta\}$.

设 $e_{11} = \begin{pmatrix} 1 & 0 \\ 0 & 0 \end{pmatrix}$,易见 $\theta(e_{11}x - xe_{11}) = 0$,$\forall x \in M_2$. 依命题 8.3.2,$\sigma_t^\theta(e_{11}) = e_{11}$,$\forall t \in \mathbf{R}$. 注意对任意的 $a \in M$,

$$\begin{pmatrix} a & 0 \\ 0 & 0 \end{pmatrix} = \begin{pmatrix} 1 & 0 \\ 0 & 0 \end{pmatrix}\begin{pmatrix} a & 0 \\ 0 & 0 \end{pmatrix}\begin{pmatrix} 1 & 0 \\ 0 & 0 \end{pmatrix},$$

因此,

$$\sigma_t^\theta\left(\begin{pmatrix} a & 0 \\ 0 & 0 \end{pmatrix}\right) = \begin{pmatrix} 1 & 0 \\ 0 & 0 \end{pmatrix}\sigma_t^\theta\left(\begin{pmatrix} a & 0 \\ 0 & 0 \end{pmatrix}\right)\begin{pmatrix} 1 & 0 \\ 0 & 0 \end{pmatrix}$$

$$= \begin{pmatrix} \alpha_t(a) & 0 \\ 0 & 0 \end{pmatrix},$$

易见 $\{\alpha_t\}$ 将是 M 的 $s(M, M_*)$ 连续的单参数 $*$ 自同构群. 由 $\{\sigma_t^\theta\}$ 关于 θ 满足 KMS 条件,易见 $\{\alpha_t\}$ 关于 φ 满足 KMS 条件,依定理 8.2.10,$\alpha_t = \sigma_t^\varphi$,$\forall t \in \mathbf{R}$.

对 $e_{22} = \begin{pmatrix} 0 & 0 \\ 0 & 1 \end{pmatrix}$ 进行同样讨论,又有

$$\sigma_t^\theta\left(\begin{pmatrix} 0 & 0 \\ 0 & a \end{pmatrix}\right) = \begin{pmatrix} 0 & 0 \\ 0 & \sigma_t^\psi(a) \end{pmatrix},\quad \forall a \in M,\; t \in \mathbf{R}.$$

由于 $\begin{pmatrix} 0 & 0 \\ 1 & 0 \end{pmatrix} = \begin{pmatrix} 0 & 0 \\ 0 & 1 \end{pmatrix}\begin{pmatrix} 0 & 0 \\ 1 & 0 \end{pmatrix}\begin{pmatrix} 1 & 0 \\ 0 & 0 \end{pmatrix}$,因此

$$\sigma_t^\theta\left(\begin{pmatrix} 0 & 0 \\ 1 & 0 \end{pmatrix}\right) = \begin{pmatrix} 0 & 0 \\ 0 & 1 \end{pmatrix}\sigma_t^\theta\left(\begin{pmatrix} 0 & 0 \\ 1 & 0 \end{pmatrix}\right)\begin{pmatrix} 1 & 0 \\ 0 & 0 \end{pmatrix} = \begin{pmatrix} 0 & 0 \\ u_t & 0 \end{pmatrix}.$$

注意

$$\begin{pmatrix} 0 & 0 \\ 0 & 1 \end{pmatrix} = \sigma_t^\theta\left(\begin{pmatrix} 0 & 0 \\ 1 & 0 \end{pmatrix}\begin{pmatrix} 0 & 1 \\ 0 & 0 \end{pmatrix}\right)$$

$$= \begin{pmatrix} 0 & 0 \\ u_t & 0 \end{pmatrix}\sigma_t^\theta\left(\begin{pmatrix} 0 & 0 \\ 1 & 0 \end{pmatrix}^*\right) = \begin{pmatrix} 0 & 0 \\ 0 & u_tu_t^* \end{pmatrix},$$

因此,$u_tu_t^* = 1$. 相仿证 $u_t^*u_t = 1$. 从而 $\{u_t | t \in \mathbf{R}\}$ 是 M 的依 $s(M, M_*)$ 连续的单参数酉元族.

由于 $\begin{pmatrix} 0 & 0 \\ 0 & a \end{pmatrix} = \begin{pmatrix} 0 & 0 \\ 1 & 0 \end{pmatrix}\begin{pmatrix} a & 0 \\ 0 & 0 \end{pmatrix}\begin{pmatrix} 0 & 1 \\ 0 & 0 \end{pmatrix}$,因此,

$$\begin{pmatrix} 0 & 0 \\ 0 & \sigma_t^\psi(a) \end{pmatrix} = \sigma_t^\theta\left(\begin{pmatrix} 0 & 0 \\ 0 & a \end{pmatrix}\right)$$
$$= \begin{pmatrix} 0 & 0 \\ u_t & 0 \end{pmatrix}\begin{pmatrix} \sigma_t^\varphi(a) & 0 \\ 0 & 0 \end{pmatrix}\begin{pmatrix} 0 & u_t^* \\ 0 & 0 \end{pmatrix},$$

即 $\sigma_t^\psi(a) = u_t\sigma_t^\varphi(a)u_t^*,\ \forall a \in M,\ t \in \mathbf{R}.$ 此外，

$$\begin{pmatrix} 0 & 0 \\ u_{t+s} & 0 \end{pmatrix} = \sigma_t^\theta\left(\sigma_s^\theta\left(\begin{pmatrix} 0 & 0 \\ 1 & 0 \end{pmatrix}\right)\right) = \sigma_t^\theta\left(\begin{pmatrix} 0 & 0 \\ u_s & 0 \end{pmatrix}\right)$$
$$= \sigma_t^\theta\left(\begin{pmatrix} 0 & 0 \\ 1 & 0 \end{pmatrix}\begin{pmatrix} u_s & 0 \\ 0 & 0 \end{pmatrix}\right)$$
$$= \begin{pmatrix} 0 & 0 \\ u_t & 0 \end{pmatrix}\begin{pmatrix} \sigma_t^\varphi(u_s) & 0 \\ 0 & 0 \end{pmatrix}.$$

因此，$u_{t+s} = u_t\sigma_t^\varphi(u_s),\ \forall t, s \in \mathbf{R}.$ 证毕.

注. 依命题 8.3.3，对任意固定的 $t \in \mathbf{R}$，σ_t^φ 是否是 M 的内 $*$ 自同构（即形如 $\cdot \longrightarrow u^* \cdot u$ 的 $*$ 自同构，这里 u 是 M 的酉元)，这一性质将不随 φ 的选择而变化.

引理 8.3.4 设 φ 是 M 上忠实的正规态，$h \in M^\varphi \cap M_+$，并且 h 的谱族在 0 处是 $s(M, M^*)$ 连续的，令 $\psi(\cdot) = \varphi(h\cdot) = \varphi(h^{\frac{1}{2}} \cdot h^{\frac{1}{2}})$（命题 8.3.2）也将是 M 上忠实的正规正泛函. 记 $\{\sigma_t^\psi\}$ 是相应于 ψ 的模自构群，则

$$\sigma_t^\psi(x) = h^{it}\sigma_t^\varphi(x)h^{-it},\ \forall x \in M,\ t \in \mathbf{R}.$$

证. 任意固定 $x, y \in M$. 对正整数 n，令

$$x_n = \sqrt{\frac{n}{\pi}}\int_{-\infty}^\infty e^{-ns^2}\sigma_s^\varphi(x)ds,$$

于是 x_n 关于 $\{\sigma_t^\varphi\}$ 是解析的，即

$$x_n(z) = \sqrt{\frac{n}{\pi}}\int_{-\infty}^\infty e^{-n(s-z)^2}\sigma_s^\varphi(x)ds,\ \forall z \in \mathbf{C}$$

是 $\mathbf{C}$ 到 M 中的解析函数，并且 $x_n(t) = \sigma_t^\varphi(x_n),\ \forall t \in \mathbf{R}.$ 此外，显然 $x_n(z)$ 在每个平行于实轴的横条中是有界的. 从而，

$$f_n(z) = \varphi(h^{iz+1}x_n(z)h^{-iz}y)$$

是 $0 \leqslant \operatorname{Im} z \leqslant 1$ 中连续有界，并且在 $0 < \operatorname{Im} z < 1$ 中解析的函数. 我们来计算 f 的边界值. 对 $t \in \mathbf{R}$，

$$f_n(t) = \varphi(hh^{it}\sigma_t^\varphi(x_n)h^{-it}y) = \phi(h^{it}\sigma_t^\varphi(x_n)h^{-it}y)$$

由于 $h^{it} \in M^\varphi$，因此，

$$\begin{aligned}
f_n(t+i) &= \varphi(h^{it}x_n(t+i)h^{-it}hy) \\
&= \varphi(x_n(t+i)h^{-it}hyh^{it}) \\
&= \langle \pi_\varphi(h^{-it}hyh^{it})\xi_\varphi, \ \pi_\varphi(x_n(t+i)^*)\xi_\varphi \rangle.
\end{aligned}$$

如果记 $\eta = \pi_\varphi(x^*)\xi_\varphi$（$\in \mathscr{H}_\varphi$），依命题 8.1.12,

$$\eta_n = \sqrt{\frac{n}{\pi}}\int_{-\infty}^{\infty} e^{-ns^2}\Delta_\varphi^{is}\eta\, ds = \pi_\varphi(x_n^*)\xi_\varphi$$

是关于 $\{\Delta_\varphi^{it}\}$ 的解析矢. 再依命题 8.1.11 可见

$$\sqrt{\frac{n}{\pi}}\int_{-\infty}^{\infty} e^{-n(s-z)^2}\Delta_\varphi^{is}\eta\, ds = \eta_n(z) = \Delta_\varphi^{iz}\eta_n, \ \forall z \in \mathbf{C}.$$

从而对任意的 $z \in \mathbf{C}$

$$\begin{aligned}
\pi_\varphi(x_n(z)^*)\xi_\varphi &= \sqrt{\frac{n}{\pi}}\int_{-\infty}^{\infty} \overline{e^{-n(s-z)^2}}\pi_\varphi(\sigma_s^\varphi(x^*))\xi_\varphi\, ds \\
&= \sqrt{\frac{n}{\pi}}\int_{-\infty}^{\infty} e^{-n(s-\bar z)^2}\Delta_\varphi^{is}\eta\, ds \\
&= \eta_n(\bar z) = \Delta_\varphi^{i\bar z}\eta_n = \Delta_\varphi^{i\bar z}\pi_\varphi(x_n^*)\xi_\varphi.
\end{aligned}$$

由此，

$$\begin{aligned}
f_n(t+i) &= \langle \pi_\varphi(h^{-it}hyh^{it})\xi_\varphi, \ \Delta_\varphi\Delta_\varphi^{it}\pi_\varphi(x_n^*)\Delta_\varphi^{-it}\xi_\varphi \rangle \\
&= \langle \Delta_\varphi^{1/2}\pi_\varphi(h^{-it}hyh^{it})\xi_\varphi, \ \Delta_\varphi^{1/2}\pi_\varphi(\sigma_t^\varphi(x_n^*))\xi_\varphi \rangle \\
&= \langle \pi_\varphi(\sigma_t^\varphi(x_n))\xi_\varphi, \ \pi_\varphi(h^{-it}y^*hh^{it})\xi_\varphi \rangle \\
&= \varphi(h^{-it}hyh^{it}\sigma_t^\varphi(x_n)) = \varphi(hyh^{it}\sigma_t^\varphi(x_n)h^{-it}) \\
&= \phi(yh^{it}\sigma_t^\varphi(x_n)h^{-it})
\end{aligned}$$

由极大模原理及 $\|x_n - x\| \to 0$,

$$\sup_{0 \leqslant I_m z \leqslant 1} |f_n(z) - f_m(z)| \leqslant \|\phi\| \cdot \|y\| \cdot \|x_n - x_m\| \to 0,$$

$$\sup_{\substack{0 \leqslant I_m z \leqslant 1 \\ n}} |f_n(z)| < \infty,$$

因此有 KMS 函数 f, 使得 $f_n(z) \to f(z)$, $\forall 0 \leqslant \mathrm{Im}\, z \leqslant 1$, 并且 $f(t) = \phi(h^{it}\sigma_t^\varphi(x)h^{-it}y)$, $f(t+i) = \phi(yh^{it}\sigma_t^\varphi(x)h^{-it})$, $\forall t \in \mathbf{R}$. 这说明 M 的 *自同构群 $\{h^{it}\sigma_t^\varphi(\cdot)h^{-it}\,|\,t \in \mathbf{R}\}$ 关于 ϕ 满足 KMS 条

件，所以，$\sigma_t^{\psi}(x) = h^{it}\sigma_t^{\varphi}(x)h^{-it}$，$\forall x \in M$，$t \in \mathbf{R}$．证毕．

引理 8.3.5 设 φ 是 M 上忠实的正规态，如果 $\sigma_t^{\varphi}(x) = x$，$\forall x \in M$，$t \in \mathbf{R}$，则 φ 是迹．

证．对任意的 $x \in M$，有关于 x^*x 的 KMS 函数 f，使得对任意的 $t \in \mathbf{R}$，

$$f(t) = \varphi(\sigma_t^{\varphi}(x^*)x) = \varphi(x^*x) \geqslant 0,$$

$$f(t + i) = \varphi(x\sigma_t^{\varphi}(x^*)) = \varphi(xx^*) \geqslant 0,$$

因此，f 是常数．特别地，$\varphi(x^*x) = \varphi(xx^*)$．证毕．

定理 8.3.6 设 φ 是 w^*-代数 M 上忠实的正规态，$\{\sigma_t^{\varphi}|t \in \mathbf{R}\}$ 是相应的模自同构群，则 M 是半有限的，必须且只须，$\{\sigma_t^{\varphi}|t \in \mathbf{R}\}$ 是 M 的内 * 自同构群，即存在 M 的依 $s(M, M_*)$ 连续的单参数酉元群 $\{u_t|t \in \mathbf{R}\}$，使得

$$\sigma_t^{\varphi}(x) = u_t x u_t^*, \ \forall x \in M, \ t \in \mathbf{R}.$$

证．设满足要求的 $\{u_t\}$ 存在，也无妨设 M 是 $\mathscr{H}$ 中的 vN 代数．依 Stone 定理，将有 $\mathscr{H}$ 中非负可递的算子 h，使得 $u_t = h^{-it}$，$\forall t \in \mathbf{R}$．由于 $u_t \in M^{\varphi}$，$\forall t \in \mathbf{R}$，因此，h 的谱族 $\subset M^{\varphi}$．令 p_n 是 h 相应于 $[n^{-1}, n]$ 上的谱投影，于是 p_n，$hp_n \in M^{\varphi}$．在 $p_n M p_n$ 上，令 $\phi_n(\cdot) = \varphi(hp_n \cdot)$，依引理 8.3.4，相应于 ϕ_n 的模自同构群将是

$$(hp_n)^{it}\sigma_t^{\varphi}(x)(hp_n)^{-it} = h^{it}u_t x u_t^* h^{-it} = x,$$

$\forall x \in p_n M p_n$，$t \in \mathbf{R}$．依引理 8.3.5，ϕ_n 是 $p_n M p_n$ 上忠实的正规迹，从而 p_n 是 M 的有限投影，$\forall n$．又显然 $\sup_n p_n = 1$，所以，M 是半有限的．反之，设 M 是半有限的，于是，M_+ 上有忠实的半有限正规迹 τ．

1）设 p 是 M 的投影，使得 $\tau(p) < \infty$．于是 τ 可唯一扩张为 pMp 上忠实的正规迹．我们说存在唯一的 $h \in pMp$，$0 \leqslant h \leqslant 1$，使得

$$\tau((1 - h)x) = \varphi(hx) = \varphi(xh), \ \forall x \in pMp.$$

事实上，用定理 1.10.4 于 τ，$\varphi + \tau$，有 $h \in pMp$，$0 \leqslant h \leqslant 1$，

使得对任意的 $x \in pMp$，有

$$\tau(x) = \frac{1}{2}(\varphi + \tau)(xh + hx)$$

$$= \frac{1}{2}\varphi(xh + hx) + \tau(hx).$$

于是，$\tau((1 - h)x) = \frac{1}{2}\varphi(xh + hx), \forall x \in pMp$. 由此，

$$\frac{1}{2}\varphi(xh^2 + hxh) = \tau((1 - h)xh)$$

$$= \tau(h(1 - h)x) = \tau((1 - h)hx)$$

$$= \frac{1}{2}\varphi(hxh + h^2x),$$

即 $\varphi(xh^2) = \varphi(h^2x)$，$\forall x \in pMp$. 一般有 $\varphi(xh^{2n}) = \varphi(h^{2n}x)$，$\forall x \in pMp$ 及 n. 用 h^2 的多项式列逼近 h，则 $\varphi(hx) = \varphi(xh)$，即有 $\tau((1 - h)x) = \varphi(hx) = \varphi(xh)$，$\forall x \in pMp$.

2) 存在 $h \in M, 0 \leq h \leq 1, h$ 的谱族在 $\{0, 1\}$ 处 $s(M, M_*)$ 连续，使得

$$\tau(1 - h) < \infty, \tau((1 - h)x) = \varphi(hx) = \varphi(xh), \forall x \in M.$$

事实上，由于 τ 是半有限的，可取 M 的投影递增网 $\{p_l\}$，使得 $\sup_l p_l = 1, \tau(p_l) < \infty, \forall l$. 由 1)，对每个 l，有 $h_l \in p_l M p_l, 0 \leq h_l \leq 1$，使得

$$\tau((1 - h_l)x_l) = \varphi(h_l x_l) = \varphi(x_l h_l), \forall x_l \in p_l M p_l,$$

依命题 6.5.2，

$$\tau((1 - h_l)p_l x p_l) = \tau(p_l(1 - h_l)x p_l) = \tau((1 - h_l)x p_l),$$

因此，

$$\tau((1 - h_l)x p_l) = \varphi(h_l x p_l) = \varphi(p_l x h_l), \forall x \in M. \qquad (1)$$

由于 M 的单位球是 $\sigma(M, M_*)$ 紧的，必要时代以子网，可以设 $h_l \xrightarrow{\sigma(M, M_*)} h \in M, 0 \leq h \leq 1$. 如果 $p_l \leq p_{l'}$，则依 (1)

$$\tau((1 - h_{l'})x p_l) = \tau((1 - h_{l'})x p_l p_{l'})$$

$$\overset{(1)}{=} \varphi(h_{l'} x p_l p_{l'}) = \varphi(h_{l'} x p_l).$$

由于 $\tau(p_l) < \infty$，依命题 6.5.3，$\tau(\cdot p_l) \in M_*$。由此，对 l' 取极限，则

$$\tau((1-h)xp_l) = \varphi(hxp_l), \quad \forall x \in M \text{ 及指标 } l. \tag{2}$$

特别地，$\varphi(hp_l) = \tau((1-h)p_l) = \tau((1-h)^{\frac{1}{2}}p_l(1-h)^{\frac{1}{2}})$，$\forall l$。依 τ 的正规性，$\tau(1-h) = \varphi(h) < \infty$。再依命题 6.5.3，在 (2) 中对 p_l 取极限，则

$$\tau((1-h)x) = \varphi(hx), \quad \forall x \in M. \tag{3}$$

由 (1)，当 $p_{l'} \geqslant p_l$ 时，$\tau((1-h_{l'})xp_l) = \varphi(p_{l'}xp_lh_{l'})$。依 Schwartz 不等式。

$$|\varphi(p_{l'}xp_lh_{l'}) - \varphi(xp_lh)| \leqslant |\varphi(xp_l(h_{l'} - h))|$$
$$+ |\varphi((1 - p_{l'})xp_lh_{l'})| \leqslant |\varphi(xp_l(h_{l'} - h))|$$
$$+ \|x\|\|\varphi(1 - p_{l'})\|^{\frac{1}{2}},$$

对 l' 取极限，可见 $\tau((1-h)xp_l) = \varphi(xp_lh)$，$\forall l$。依命题 6.5.3，再对 p_l 取极限，则

$$\tau((1-h)x) = \varphi(xh), \quad \forall x \in M. \tag{4}$$

此外，由于 φ, τ 是忠实的，依 (3) 或 (4)，h 的谱族在 $\{0, 1\}$ 处必然是 $s(M, M_*)$ 连续的。

3) 令 $\alpha_t(x) = h^{-it}(1-h)^{it}xh^{it}(1-h)^{-it}$，$\forall x \in M$，$t \in \mathbf{R}$，今只须证明 $\sigma_t^{\varphi} = \alpha_t$，$\forall t \in \mathbf{R}$。

对任意的 $x, y \in M$，令

$$f(z) = \varphi(h^{-iz}(1-h)^{iz+1}xh^{iz+1}(1-h)^{-iz}y).$$

显然，f 在 $0 \leqslant \text{Im } z \leqslant 1$ 中连续有界，在 $0 < \text{Im } z < 1$ 中解析。对任意的 $t \in \mathbf{R}$，依 (3)，(4)

$$\left.\begin{array}{l} f(t) = \varphi(\alpha_t((1-h)xh)y), \\ f(t+i) = \varphi(h\alpha_t(x)(1-h)y) \\ \quad = \tau((1-h)\alpha_t(x)(1-h)y) \\ \quad = \tau((1-h)y(1-h)\alpha_t(x)) \\ \quad = \varphi(y(1-h)\alpha_t(x)h), \end{array}\right\} \tag{5}$$

取 $y = 1$，$x = ha(1-h)$，这里 $a^* = a$，则

$$f(t) = f(t+i) = \varphi(\alpha_t(y_0ay_0)$$

是实数，$\forall t \in \mathbf{R}$，这里 $y_0 = h(1-h)$. 因此，f 是常数. 特别地，
$$\varphi(\alpha_t(y_0 a y_0)) = \varphi(y_0 a y_0), \quad \forall a^* = a \in M, \ t \in \mathbf{R}.$$

设 $y_0 = \int_0^1 \lambda de_\lambda$，$p_n = e_{1-\frac{1}{n}} - e_{\frac{1}{n}}$，由于 $\{e_\lambda\}$ 在 $\{0,1\}$ 处 $s(M, M_*)$ 连续，因此 $p_n \nearrow 1$. 又命

$$a_n = \left(\int_{\frac{1}{n}}^{1-\frac{1}{n}} \frac{1}{\lambda} de_\lambda\right) a \left(\int_{\frac{1}{n}}^{1-\frac{1}{n}} \frac{1}{\lambda} de_\lambda\right),$$

则 $y_0 a_n y_0 = p_n a p_n$. 于是 $\varphi(\alpha_t(p_n a p_n)) = \varphi(p_n a p_n), \forall n$. 对 n 取极限，可见

$$\varphi(\alpha_t(a)) = \varphi(a), \quad \forall a \in M, \ t \in \mathbf{R}. \tag{6}$$

对任意的 x, y，令 $x_n = \left(\int_{\frac{1}{n}}^{1-\frac{1}{n}} \frac{1}{\lambda} de_\lambda\right) x \left(\int_{\frac{1}{n}}^{1-\frac{1}{n}} \frac{1}{\lambda} de_\lambda\right)$，

$$f_n(z) = \varphi(h^{-iz}(1-h)^{iz+1} h x_n (1-h) h^{iz+1}(1-h)^{-iz} y),$$

依 (5)，

$$f_n(t) = \varphi(\alpha_t(p_n x p_n) y), \ f_n(t+i) = \varphi(y \alpha_t(p_n x p_n)), \quad \forall t \in \mathbf{R}.$$

由极大模原理，Schwartz 不等式及 (6)，

$$\sup_{0 \leqslant I_m z \leqslant 1} |f_n(z) - f_m(z)| \leqslant \|y\| \varphi((p_n x p_n - p_m x p_m)^*$$
$$\cdot (p_n x p_n - p_m x p_m)) \to 0,$$
$$\sup_{0 \leqslant I_m z \leqslant 1, n} |f_n(z)| \leqslant \|x\| \cdot \|y\|.$$

从而有 KMS 函数 f，使得 $f_n(z) \to f(z), \forall 0 \leqslant \operatorname{Im} z \leqslant 1$，并且
$f(t) = \varphi(\alpha_t(x) y), \ f(t+i) = \varphi(y \alpha_t(x)), \forall t \in \mathbf{R}$. 因此，$\{\alpha_t\}$ 关于 φ 也满足 KMS 条件，所以，$\alpha_t = \sigma_t^\varphi, \forall t \in \mathbf{R}$. 证毕.

注 本节见参考文献 [11]，[86]，[117].

第九章　Borel 构造

本章叙述 Borel 构造方面的一些重要结果. 严格地说, 这些内容并不属于算子代数的范围 (因此可以独立地阅读它), 但是为着顺利地叙述后面的章节, 本章是必不可少的. 此外, 在这方面, 我们并不引入过多的概念与结果, 但对于后面章节的应用却已足够.

§1.　Polish 空间

定义 9.1.1 拓扑空间 E 称为 Polish 空间, 指可以给予 E 一个距离 d, 使得 (E, d) 成为完备可分的距离空间, 并且 d 所产生的拓扑与原来的拓扑等价.

例. 设 $\mathcal{H}$ 是可分的 Hilbert 空间, S 是 $B(\mathcal{H})$ 的单位球, 则 S 依弱算子、强算子、强 * 算子拓扑都是 Polish 空间.

事实上, 设 $\{\xi_n\}$ 是 $\mathcal{H}$ 的单位球的可数稠集, 对任意的 a, $b \in S$, 令

$$d(a, b) = \sum_{m, n} \frac{1}{2^{m+n}} |\langle (a - b)\xi_m, \xi_n \rangle|,$$

$$\rho(a, b) = \sum_n \frac{1}{2^n} \|(a - b)\xi_n\|,$$

$$\rho^*(a, b) = \sum_n \frac{1}{2^n} \{\|(a - b)\xi_n\| + \|(a - b)^*\xi_n\|\}.$$

再依 $B(\mathcal{H})$ 是可数生成的及稠密性定理 1.6.1 即得证.

命题 9.1.2 Polish 空间的可数并与可数积也是 Polish 空间.

证. 设 $\{(E_n, d_n)\}$ 是 Polish 空间的列.

在 $E = \bigcup_n E_n$（不相交的并）上，命

$$d(x, y) = \begin{cases} \min\{1, d_n(x, y)\}, & \text{如 } x, y \text{ 属于同一个 } E_n, \\ 1, & \text{如 } x, y \text{ 属于不同的 } E_n \end{cases}$$

易见 (E, d) 是 Polish 空间，每个 E_n 为 E 的既闭又开的子集，且在每个 E_n 上，d 诱导的拓扑与 d_n 产生的拓扑等价.

在 $\underset{n}{\times} E_n$ 上，命

$$d((x_n), (y_n)) = \sum_n \frac{1}{2^n} \frac{d_n(x_n, y_n)}{1 + d_n(x_n, y_n)},$$

即见 $\underset{n}{\times} E_n$ 依乘积拓扑是 Polish 空间. 证毕.

命题 9.1.3 Polish 空间的一个子空间是 Polish 的，当且仅当它是 G_δ 子集（即开集的可数交）.

证. 设 (E, d) 是 Polish 空间，无妨设 E 依 d 的直径不超过 1. 如果 U 是 E 的开子集，令

$$\delta(x, y) = d(x, y) + |d(x, U')^{-1} - d(y, U')^{-1}|,$$

$\forall x, y \in U$，这里 $U' = E \backslash U$. 易见 δ 是 U 上的距离，并且 δ 产生的拓扑正是 d 所诱导的拓扑. 如果 $\{x_n\}(\subset U)$ 是按 δ 的基本列，它也是依 d 的基本列，因此有 $x \in E$，使得 $d(x_n, x) \to 0$. 这时 $\{d(x_n, U')^{-1}\}$ 也是基本的，由于 E 依 d 的直径 ≤ 1，因此，$d(x_n, U') \to \lambda > 0$. 于是，$d(x, U') = \lambda > 0$，即 $x \in U$. 所以，U 作为 E 的子空间也是 Polish 空间.

今设 $F = \bigcap_n U_n$，这里 U_n 是 E 的开子集，$\forall n$. 设 δ_n 是 U_n 上如前段定义的距离，并命

$$d_F(x, y) = \sum_n \frac{1}{2^n} \frac{\delta_n(x, y)}{1 + \delta_n(x, y)}, \quad \forall x, y \in F,$$

由于 δ_n 与 d 在 F 上诱导相同的拓扑，$\forall n$，因此，d_F 与 d 在 F 上诱导相同的拓扑. 如果 $\{x_n\}(\subset F)$ 是依 d_F 的基本列，于是有 $y_k \in$

U_k，使得 $\delta_k(x_n,y_k)\xrightarrow{n}0,\ \forall k$．从而，$d(x_n,y_k)\xrightarrow{n}0,\ \forall k$．所以，$y_k\to x\in F,\ \forall k$，以及 $d_F(x_n,x)\to 0$，即 F 作为 E 的子空间是 Polish 空间．

又之，设 (F,d_F) 是 Polish 空间，$F\subset E$，并且 d_F 与 d 在 F 上诱导相同的拓扑．对每个 n，令

$$F_n=\Big\{x\in\bar F\ \big|\ \text{存在 }x\text{ 的开邻域 }U,$$

$$\text{使得 }(U\cap F)\text{ 依 }d_F\text{ 的直径}\leqslant\frac1n\Big\}.$$

显然，$F\subset\bigcap_n F_n$．如果 $x\in\bigcap_n F_n$，于是对每个 n，有 x 的开邻域 U_n，使得 $(U_n\cap F)$ 依 d_F 的直径 $\leqslant\dfrac1n$．无妨认为 $U_1\supset U_2\supset\cdots$，并且 U_n 关于 d 的直径 $\longrightarrow0$．取 $x_n\in U_n\cap F$，于是 $\{x_n\}(\subset F)$ 是依 d_F 的基本列，因此，有 $y\in F$，使得 $d_F(x_n,y)\to 0$．由此 $d(x_n,y)\to 0$．又 U_n 是 x 的邻域，且 U_n 依 d 的直径 $\longrightarrow0$，所以，$d(x_n,x)\to 0$，$y=x$，即 $F=\bigcap_n F_n$．

如果 $x\in F_n$，于是有 x 的开邻域 U，使得 $(U\cap F)$ 依 d_F 的直径 $\leqslant\dfrac1n$．依 F_n 的定义，$U\cap\bar F\subset F_n$，因此，F_n 是 $\bar F$ 的开子集．即有 E 的开子集 G_n，使得 $F_n=\bar F\cap G_n,\ \forall n$．今命 $U_m=\Big\{x\in E\,\big|\,d(x,\bar F)<\dfrac1m\Big\}$，它是 E 的开子集，并且 $\bar F=\bigcap_m U_m$．由此，

$$F=\bigcap_n F_n=\bigcap_n(G_n\cap\bar F)=\bigcap_{n,m}(G_n\cap U_m),$$

即 F 是 E 的 G_δ 子集． 证毕．

命题 9.1.4 任意 Polish 空间必同胚于 $[0,1]^\infty$（$[0,1]$ 的可数无穷积）的一个 G_δ 子集．

证．设 (E,d) 是 Polish 空间，$\{a_n\}$ 是 E 依 d 的可数稠集，

于是 $x \rightarrow \left(\dfrac{d(a_n, x)}{1 + d(a_n, x)} \right)_n$ 是 E 到 $[0, 1]^\infty$ 中的同胚. 再依命题 9.1.3 即得证.

命题 9.1.5 设 Ω 是局部紧 Hausdorff 空间,则 Ω 是 Polish 空间,当且仅当, Ω 具有可数基.

证. 设 Ω 具有可数基, Ω_∞ 是 Ω 的一点紧化,于是 Ω_∞ 必是 Polish 空间. 但 Ω 是 Ω_∞ 的开子集,依命题 9.1.3, Ω 也是 Polish 空间. 反之则显然. 证毕.

定义 9.1.6 Polish 空间 N^∞ 指集合
$$\{n = (n_k) \mid n_k \text{ 是非负整数}, k = 1, 2, \cdots\},$$
其中拓扑由距离
$$d(n, m) = \sum_k \frac{1}{2^k} \frac{|n_k - m_k|}{1 + |n_k - m_k|}$$
来定义. 形如 $n = (n_1, \cdots, n_k, 0, \cdots)$ 元的全体是 N^∞ 的可数稠集.此外,对任意的 $n = (n_k) \in N^\infty$,
$$N_{n_1, \cdots, n_k}^\infty = \{m \in N^\infty \mid m_i = n_i, 1 \leq i \leq k\}, k = 1, 2, \cdots$$
构成 n 的邻域基.

命题 9.1.7 设 E 是 Polish 空间,则存在 N^∞ 到 E 上的连续映象.

证. 设 d 是 E 上相应的距离,且 E 依 d 的直径 ≤ 1.

对 $n_1 = 0, 1, \cdots$, 令 $F(n_1) = E$, $F(n_1)$ 的 d-直径 $\leq 2^{-1}$ 的可数闭覆盖记为 $\{F(n_1, n_2) \mid n_2 = 0, 1, \cdots\}$. $F(n_1, n_2)$ 又有 d-直径 $\leq 2^{-2}$ 的可数闭覆盖 $\{F(n_1, n_2, n_3) \mid n_3 = 0, 1, \cdots\}, \cdots$, 一般我们有闭子集族 $\{F(n_1, \cdots, n_p) \mid n_i = 0, 1, \cdots, 1 \leq i \leq p, p = 1, 2, \cdots\}$, 使得 $F(n_1) = E$, $F(n_1, \cdots, n_p) = \bigcup_{k=0}^{\infty} F(n_1, \cdots, n_p, k)$, 且 $F(n_1, \cdots, n_p)$ 的 d-直径 $\leq 2^{-(p-1)}$.

由于 (E, d) 是完备的,从而对任意的 $n = (n_k) \in N^\infty$, $\bigcap_{k=1}^{\infty} F(n_1, \cdots, n_k)$ 包含且仅包含一点,记为 $f(n)$. 于是 f 为 N^∞

到 E 的映象，且易见 $f(N^\infty) = E$. 今若 $n^{(k)} \xrightarrow{N^\infty} n$，对任意的 $\varepsilon > 0$，取 p，使得 $2^{-(p-1)} < \varepsilon$. 于是 k 充分大时有 $n_i^{(k)} = n_i, 1 \leqslant i \leqslant p$，由此，$f(n)$ 与 $f(n^{(k)})$ 都 $\in F(n_1, \cdots, n_p)$，所以，$d(f(n^{(k)}),$ $f(n)) \leqslant 2^{-(p-1)} < \varepsilon$，即 f 是连续的. 证毕.

引理 9.1.8 设 (E, d) 是无孤立点的 Polish 空间，$\varepsilon > 0$，则存在 E 的无孤立点的非空 G_δ 子集无穷列 $\{E_n\}$，使得每个 E_n 关于 d 的直径 $\leqslant \varepsilon$，$E_n \bigcap E_m = \varnothing$，$\forall n \neq m$，及 $\bigcup_n E_n = E$.

证. 无妨设 ε 小于 E 关于 d 的直径，取 E 的非空的可数开覆盖 $\{V_n\}$，使得每个 V_n 关于 d 的直径 $\leqslant \varepsilon$. 令 $E_1 = \bar{V}_1$，自然是 G_δ 子集，且无孤立点. 归纳定义 $E_n = \bar{V}_n \backslash F_n$，这里 $F_n = \bigcup_{k=1}^{n-1} E_k$，$\forall n > 1$. 由于 F_n 是闭集，因此 E_n 是 G_δ 子集. 又 $(V_n \backslash F_n) \subset E_n \subset \overline{V_n \backslash F_n}$，所以，$E_n$ 也无孤立点. 今若 $\{E_n\}$ 中有无限个是非空的，即满足要求；否则至少有两个是非空的（因 ε 小于 E 的 d-直径），再对其中一个施行同样手续，继续下去，即得证.

引理 9.1.9 设 E 是无孤立点的 Polish 空间，则对任意的非负整数 $n_1, \cdots, n_k$，有 E 的非空的无孤立点 G_δ 子集 $E_{n_1, \cdots, n_k}^{(k)}$，使得

1) 如果 $(n_1, \cdots, n_k) \neq (m_1, \cdots, m_k)$，则
$$E_{n_1, \cdots, n_k}^{(k)} \bigcap E_{m_1, \cdots, m_k}^{(k)} = \varnothing;$$

2) $E^{(0)} = E$，$E_{n_1, \cdots, n_k}^{(k)} = \bigcup_{p=0}^{\infty} E_{n_1, \cdots, n_k, p}^{(k+1)};$

3) 如果 $d^{(0)}$ 是 Polish 空间 $E^{(0)} = E$ 上相应的距离，$d_{n_1, \cdots, n_k}^{(k)}$ 是 Polish 空间 $E_{n_1, \cdots, n_k}^{(k)}$（依 E 的诱导拓扑）上相应的距离，则 $E_{n_1, \cdots, n_{k+1}}^{(k+1)}$ 关于 $(d^{(0)} + d_{n_1}^{(1)} + \cdots + d_{n_1, \cdots, n_k}^{(k)})$ 的直径 $\leqslant (k+1)^{-1}$.

证. 对 $(E, d^{(0)})$ 及 $\varepsilon = 1$，使用引理 9.1.8，得到 $\{E_{n_1}^{(1)}\}$；再对 $(E_{n_1}^{(1)}, d^{(0)} + d_{n_1}^{(1)})$ 及 $\varepsilon = \dfrac{1}{2}$ 使用引理 9.1.8，又得到 $\{E_{n_1, n_2}^{(2)}\}$；

如此继续,即得证.

命题 9.1.10 Polish 空间 E 是 N^∞ 的一一连续映象, 当且仅当, E 非空并且无孤立点.

证. N^∞ 是无孤立点的, 因此必要性显然. 今设 E 是无孤立点的非空 Polish 空间, 取 $\{E_{n_1,\cdots,n_k}^{(k)}\}$ 如引理 9.1.9. 由于 $N_{n_1,\cdots,n_k}^\infty$ 与 N^∞ 同胚, 依命题 9.1.7, 有 $N_{n_1,\cdots,n_k}^\infty$ 到 $E_{n_1,\cdots,n_k}^{(k)}$ 上的连续映象 $f_{n_1,\cdots,n_k}^{(k)}$.

任意固定 k, $\{N_{n_1,\cdots,n_k}^\infty | n_1, \cdots, n_k\}$ 是 N^∞ 的互不相交的既闭又开覆盖, 于是可以定义 N^∞ 到 E 上的连续映象 $f^{(k)}$, 使得 $f^{(k)}|N_{n_1,\cdots,n_k}^\infty = f_{n_1,\cdots,n_k}^{(k)}$.

对任意的 $n = (n_k) \in N^\infty$ 及正整数 $p \leqslant q$,
$$f^{(q)}(n) \in E_{n_1,\cdots,n_q}^{(q)} \subset E_{n_1,\cdots,n_p}^{(p)}.$$
依引理 9.1.9, $d^{(0)}(f^{(p)}(n), f^{(q)}(n)) \leqslant p^{-1}$. 因此 $\{f^{(k)}(n)\}_k$ 是 $(E, d^{(0)})$ 的基本列, 因此有 $f(n) \in E$, 使得 $f^{(k)}(n) \overset{d^{(0)}}{\to} f(n)$, 并且收敛速度对 $n \in N^\infty$ 一致. 于是得到 N^∞ 到 E 的连续映象 f.

依引理 9.1.9, $\{f^{(p)}(n)\}_{p>k}$ 也是 $(E_{n_1,\cdots,n_k}^{(k)}, d_{n_1,\cdots,n_k}^{(k)})$ 的基本列, $\forall k$, 因此, $f(n) \in \bigcap_{k=1}^\infty E_{n_1,\cdots,n_k}^{(k)}$, 由于 $E_{n_1,\cdots,n_k}^{(k)}$ 关于 $d^{(0)}$ 的直径 $\leqslant k^{-1}$, 所以, $\{f(n)\} = \bigcap_{k=1}^\infty E_{n_1,\cdots,n_k}^{(k)}$, $\forall n \in N^\infty$. 今若 $n = (n_k) \neq m = (m_k) \in N^\infty$, k 足够大时 $(n_1, \cdots, n_k) \neq (m_1, \cdots, m_k)$, 于是 $E_{n_1,\cdots,n_k}^{(k)} \cap E_{m_1,\cdots,m_k}^{(k)} = \varnothing$, 所以, $f(n) \neq f(m)$, 即 f 是一一的. 最后, 对任意的 $x \in E$, 依引理 9.1.9, 必有 $n = (n_k) \in N^\infty$, 使得 $x \in \bigcap_{k=1}^\infty E_{n_1,\cdots,n_k}^{(k)}$, 即 $x = f(n)$, $f(N^\infty) = E$.   证毕.

命题 9.1.11 设 E 是 Polish 空间, 则可写 $E = F \cup G$, 这里 $F \cap G = \varnothing$, G 是 E 可数的开子集, F 或为空集或为 N^∞ 的一一连续映象.

证. 设 $\{V_n\}$ 是 E 拓扑的可数基, 令

$$G = U\{V_n | V_n \text{ 是可数子集}\}$$

及 $F = E \backslash G$. 如果 $F \neq \varnothing$, 依命题 9.1.10, 只须证明 F 无孤立点. 设 $x \in F$, V 是 x 的任意邻域, 于是有 n, 使得 $x \in V_n \subset V$. 既然 $x \notin G$, 所以 V_n 是不可数的. 又 G 是可数的, 因此必有 $y \in V_n \backslash G \subset V \cap F$, 且 $y \neq x$. 这说明 F 无孤立点.　　证毕.

注　本节见参考文献 [5], [7], [129].

§2.　Borel 子集与 Sousline 子集

定义 9.2.1　设 E 是 Polish 空间, E 的一个子集称为 Borel 子集, 指它属于由 E 的开子集全体所生成的 σ-Bool 代数.

E 的子集 A 称为 Sousline 的 (或者解析的), 指存在 N^∞ 到 E 的连续映象 f, 使得 $f(N^\infty) = A$.

引理 9.2.2　设 E 是 Polish 空间, $\mathscr{F}$ 是 E 的子集族, 使得: 1) $\mathscr{F}$ 包含 E 的任意开子集与闭子集; 2) $\mathscr{F}$ 对可数交封闭; 3) $\mathscr{F}$ 对互不相交子集的可数并封闭, 则 $\mathscr{F}$ 包含 E 的所有 Borel 子集.

证.　令 $\mathscr{S} = \{V \subset E | V \text{ 与 } (E \backslash V) \text{ 都} \in \mathscr{F}\}$, 显然 $\mathscr{S}$ 包含 E 的所有开子集与闭子集. 如果 $V_1, V_2 \in \mathscr{S}$, 于是, $V_1 \backslash V_2 = V_1 \cap (E \backslash V_2) \in \mathscr{F}$; $E \backslash (V_1 \backslash V_2) = (E \backslash V_1) \cup (V_1 \cap V_2) \in \mathscr{F}$, 因此, $(V_1 \backslash V_2) \in \mathscr{S}$. 又如果 $\{V_n\}$ 是 $\mathscr{S}$ 中互不相交的子集列, 于是, $\bigcup_n V_n \in \mathscr{F}$, $E \backslash \bigcup_n V_n = \bigcap_n (E \backslash V_n) \in \mathscr{F}$, 因此, $\bigcup_n V_n \in \mathscr{S}$. 这表明 $\mathscr{S}$ 是 σ-Bool 代数. 从而 $\mathscr{S}(\subset \mathscr{F})$ 包含所有的 Borel 子集.　证毕.

命题 9.2.3　设 E 是 Polish 空间.

1) 如果 P 是 Polish 空间, 且 f 是 P 到 E 的连续映象, 则 $f(P)$ 是 E 的 Sousline 子集;

2) E 的 Borel 子集必为 Polish 空间的一一连续映象;

3) E 的 Borel 子集必为 Sousline 子集.

证.　1) 由命题 9.1.7 及定义 9.2.1 立见.

2) 令 $\mathscr{F}$ 是 E 的可以为 Polish 空间——连续映象子集的全体，只须证明 $\mathscr{F}$ 满足引理 9.2.2 的条件。

E 的任意开子集或闭子集本身就是 Polish 空间，因此属于 $\mathscr{F}$。

今设 $\{E_n\} \subset \mathscr{F}$．$P_n$ 是 Polish 空间，f_n 是 P_n 到 E 的——连续映象，使得 $f(P_n) = E_n$，$\forall n$．定义积空间 $\underset{n}{\times} P_n$ 到 $\underset{n}{\times} E$ 的映象 f: $f(p_1, \cdots, p_n, \cdots) = (f_1(p_1), \cdots, f_n(p_n), \cdots)$．显然 f 是——且连续的。记 $\Delta = \{(x, \cdots, x, \cdots) | x \in E\}$，它是 $\underset{n}{\times} E$ 的闭子集，于是，$Q = f^{-1}(\Delta)$ 是 $\underset{n}{\times} P_n$ 的闭子集，从而 Q 也是 Polish 空间，并且 f 把 Q ——连续地映成 $\{(x, \cdots, x, \cdots) | x \in \bigcap_n E_n\}$．如果令 π 是 $\underset{n}{\times} E$ 到其第一分量上的投影，则 $\pi \circ f$ ——连续地把 Q 映成 $\bigcap_n E_n$，所以，$\bigcap_n E_n \in \mathscr{F}$．

最后，设 $\{E_n\} \subset \mathscr{F}$，且 $E_n \cap E_m = \varnothing$，$\forall n \neq m$．令 P_n 是 Polish 空间，f_n 是 P_n 到 E 的——连续映象，使得 $f(P_n) = E_n$，$\forall n$．记 $P = \bigcup_n P_n$，$f: P \to E$ 使得 $f|P_n = f_n$，$\forall n$．即见 f 是 Polish 空间 P 到 E 的——连续映象，且 $f(P) = \bigcup_n E_n$．所以，$\bigcup_n E_n \in \mathscr{F}$．

3）由2）与1）立见．   证毕．

命题 9.2.4 设 E 是 Polish 空间，B 是 E 的 Borel 子集，则或者 B 可数，或者有 N^∞ 到 E 的——连续映象 f，使得 $f(N^\infty) \subset B$，并且 $(B \setminus f(N^\infty))$ 是可数的。

证．由命题 9.2.3 与 9.1.11 立见．

命题 9.2.5 1）Sousline 子集的连续映象是 Sousline 的，即若 E，F 是 Polish 空间，f 是 E 到 F 的连续映象，如果 A 是 E 的 Sousline 子集，则 $f(A)$ 是 F 的 Sousline 子集；

2）Sousline 子集的可数交与可数并是 Sousline 的。

证. 1）由定义 9.2.1 立见. 2）设 $\{A_n\}$ 是 Polish 空间 E 的 Sousline 子集列. 于是对每个 n, 有 N^∞ 到 E 的连续映象 f_n, 使得 $f_n(N^\infty) = A_n$, $\forall n$. 定义 $f: P = \bigcup_n P_n \to E$, 使得 $f|P_n = f_n$, 这里 $P_n = N^\infty$, $\forall n$, 则 $f(P) = \bigcup_n A_n$, 因此, $\bigcup_n A_n$ 是 Sousline 的.

令 $Q = \underset{n}{\times} P_n$, 这里 $P_n = N^\infty$, $\forall n$, 及

$$M = \{x = (x_n) \in Q \mid f_n(x_n) = f_m(x_m),\ \forall n, m\}.$$

自然 M 是 Q 的闭子集, 因此是 Polish 空间. 再令 $g(x) = f_1(x_1)$, $\forall x = (x_n) \in M$, 则 $g(M) = \bigcap_n A_n$, 因此, $\bigcap_n A_n$ 是 Sousline 的. 证毕.

定义 9.2.6 Polish 空间 E 的子集 A, B 称为 Borel 分离的, 指存在 E 的 Borel 子集 F, 使得 $A \subset F$, $B \subset (E \setminus F)$.

引理 9.2.7 设 $\{A_n\}$, $\{B_m\}$ 是 Polish 空间的子集列, 并且 A_n 与 B_m Borel 分离, $\forall n, m$, 则 $A = \bigcup_n A_n$ 与 $B = \bigcup_m B_m$ 也是 Borel 分离的.

证. 设 $F_{n,m}$ 是 E 的 Borel 子集, 使得 $A_n \subset F_{n,m}$, $B_m \subset E \setminus F_{n,m}$, $\forall n, m$. 于是

$$A_n \subset \bigcap_m F_{n,m}, \quad B_k \subset (E \setminus F_{n,k}) \subset (E \setminus \bigcap_m F_{n,m}), \quad \forall n, k\ \text{如命}$$

$$F = \bigcup_n \bigcap_m F_{n,m}, \quad \text{则}\ A \subset F,\ B \subset \bigcap_n (E \setminus \bigcap_m F_{n,m}) = (E \setminus F),$$

所以, A 与 B Borel 分离. 证毕.

命题 9.2.8 设 A, B 是 Polish 空间 E 的不相交的 Sousline 子集, 则它们是 Borel 分离的.

证. 设 f, g 分别是 N^∞ 到 E 的连续映象, 使得 $f(N^\infty) = A$, $g(N^\infty) = B$. 若 A, B 并非是 Borel 分离的, 由于 $N^\infty = \bigcup_{k=0}^{\infty} N_k^\infty$,

依引理 9.2.7，必有 n_1，m_1，使得 $f(N^\infty_{n_1})$ 与 $g(N^\infty_{m_1})$ 不是 Borel 分离的．递推可见，存在 $n=(n_k)$ 及 $m=(m_k)\in N^\infty$，使得 $f(N^\infty_{n_1,\cdots,n_k})$ 与 $g(N^\infty_{m_1,\cdots,m_k})$ 不是 Borel 分离的，$\forall k$．由于 $A\cap B=\varnothing$，$f(n)\ne g(m)$，于是可取 E 的开子集 U,V，使得

$$f(n)\in U,\quad g(m)\in V,\quad U\cap V=\varnothing,$$

k 充分大时，$f(N^\infty_{n_1,\cdots,n_k})\subset U$，$g(N^\infty_{m_1,\cdots,m_k})\subset V$．这便与 $f(N^\infty_{n_1,\cdots,n_k})$，$g(N^\infty_{m_1,\cdots,m_k})$ 不是 Borel 分离的相矛盾．所以，A,B 是 Borel 分离的．　证毕．

命题 9.2.9　如果 $\{A_n\}$ 是 Polish 空间 E 的互不相交的 Sousline 子集列，则 $\{A_n\}$ 是 Borel 分离的，即存在 E 的互不相交的 Borel 子集列 $\{B_n\}$，使得 $A_n\subset B_n$，$\forall n$．

证．依命题 9.2.5，9.2.8，对任意的 n，有 Borel 子集 F_n，使得

$$A_n\subset F_n,\quad \bigcup_{k>n}A_k\subset(E\backslash F_n).\quad \text{再令 } B_1=F_1,\ B_n=F_n\Big\backslash\bigcup_{i=1}^{n-1}B_i,$$

$\forall n>1$，即满足要求．　证毕．

定理 9.2.10　(Sousline 准则)　设 E Polish 空间，$B\subset E$，则 B 是 Borel 子集，必须且只须，B 与 $(E\backslash B)$ 都是 Sousline 子集．

证．必要性显然．今设 B 与 $(E\backslash B)$ 都是 Sousline 子集，依命题 9.2.8，它们是 Borel 分离的，所以，B 必是 Borel 子集．　证毕．

定理 9.2.11　设 E 是 Polish 空间，$\mathscr{B}$ 表示 E 的 Borel 子集的全体，A 是 E 的 Sousline 子集，则对于 $\mathscr{B}$ 上任意的 σ-有限测度 ν，存在 E 的 Borel 子集 B,F，使得 $A\subset B$，$(B\backslash A)\subset F$，且 $\nu(F)=0$．

证．无妨设 ν 是有限的．对于 E 的任意子集 S，我们说存在着 S 关于 ν 的最小 Borel 覆盖，即有 $T\in\mathscr{B}$，$S\subset T$，使得如果 $F\in\mathscr{B}$，$S\subset F$，则 $\nu(T\backslash F)=0$．事实上，由于 ν 有限，可取 $\{E_n\}\subset\mathscr{B}$，使得 $E_1\supset E_2\supset\cdots\supset S$，并且 $\lim_n\nu(E_n)=\lambda=\inf\{\nu(F)|S\subset F\}$．令 $T=\bigcap_n E_n$，则 $S\subset T$，$T\in\mathscr{B}$，$\nu(T)=\lambda$．

如果 $F \in \mathscr{B}$, $S \subset F$, 则 $\nu(T) = \nu(T \cap F) = \lambda$. 因此, $\nu(T \backslash F) = 0$.

现在来证明定理. 依定义 9.2.1, 有 N^{∞} 到 E 的连续映象 f, 使得 $f(N^{\infty}) = A$. 对任意的非负整数 $n_1, \cdots, n_k$, 命 $E_{n_1, \cdots, n_k}$ 是 $f(N^{\infty}_{n_1, \cdots, n_k})$ 的最小 Borel 覆盖, 并无妨设 $E_{n_1, \cdots, n_k} \subset \overline{f(N^{\infty}_{n_1, \cdots, n_k})}$. 定义

$$B = \bigcup_{n_1 = 0}^{\infty} E_{n_1},$$

$$F = \bigcup_{k=1}^{\infty} \bigcup_{n_1, \cdots, n_k} \left(E_{n_1, \cdots, n_k} \backslash \bigcup_{p=0}^{\infty} E_{n_1, \cdots, n_k, p} \right).$$

于是

$$A = f(N^{\infty}) = \bigcup_{n_1 = 0}^{\infty} f(N^{\infty}_{n_1}) \subset \bigcup_{n_1 = 0}^{\infty} E_{n_1} = B.$$

由于 $N^{\infty}_{n_1, \cdots, n_k} = \bigcup_{p=0}^{\infty} N^{\infty}_{n_1, \cdots, n_k, p}$, 因此, $f(N^{\infty}_{n_1, \cdots, n_k}) \subset \bigcup_{p=0}^{\infty} E_{n_1, \cdots, n_k, p}$.

依 $E_{n_1, \cdots, n_k}$ 的定义, $\nu \left(E_{n_1, \cdots, n_k} \backslash \bigcup_{p=0}^{\infty} E_{n_1, \cdots, n_k, p} \right) = 0$, $\forall n_1, \cdots, n_k$, 所以, $\nu(F) = 0$.

今只须证明 $(B \backslash A) \subset F$. 设 $x \in (B \backslash A)$, 于是有 n_1, 使得 $x \in E_{n_1} \backslash A$. 如果 $x \bar{\in} F$, 则 $x \bar{\in} E_{n_1} \backslash \bigcup_{n_2 = 0}^{\infty} E_{n_1, n_2}$. 于是 $x \in E_{n_1} \cap \left(\bigcup_{n_2 = 0}^{\infty} E_{n_1, n_2} \right)$, 从而又有 n_2, 使得 $x \in E_{n_1, n_2}$. 又依 F 的定义, $x \bar{\in} E_{n_1, n_2} \backslash \bigcup_{n_3 = 0}^{\infty} E_{n_1, n_2, n_3}$. 如此继续, 有 $n = (n_k) \in N^{\infty}$, 使得 $x \in E_{n_1, \cdots, n_k}$, $\forall k$. 今指出

$$\{f(n)\} = \bigcap_{k=1}^{\infty} \overline{f(N^{\infty}_{n_1, \cdots, n_k})}.$$

事实上, 若 $y \neq f(n)$, 取 $f(n)$ 在 E 中的闭邻域 V, 使得 $y \bar{\in} V$. f

是连续的，因此 k 充分大，$f(N^{\infty}_{n_1,\cdots,n_k}) \subset V$. V 是闭的，因此，$y \bar{\in} \overline{f(N^{\infty}_{n_1,\cdots,n_k})}$. 从而，$y \bar{\in} \bigcap_{k=1}^{\infty} \overline{f(N^{\infty}_{n_1,\cdots,n_k})}$，即 $\{f(n)\} = \bigcap_{k=1}^{\infty} \overline{f(N^{\infty}_{n_1,\cdots,n_k})}$. 今 $x \in E_{n_1,\cdots,n_k} \subset \overline{f(N^{\infty}_{n_1,\cdots,n_k})}$, $\forall k$，因此，$x = f(n) \in A$，这与 $x \in (B \backslash A)$ 相矛盾. 从而 $(B \backslash A) \subset F$. 证毕.

系 9.2.12 设 E, A, ν 如定理 9.2.10，则存在 E 的 Borel 子集 C, G，使得 $C \subset A$，$(A \backslash C) \subset G$，$\nu(G) = 0$.

证. 设 B, F 如定理 9.2.11，令 $C = B \backslash F$，$G = F$，即满足要求. 证毕.

注 本节见参考文献 [5]，[63]，[129].

§3. Borel 映象与标准的 Borel 空间

定义 9.3.1 $(E, \mathscr{B})$ 称为 Borel 空间，指 E 是一个集合，$\mathscr{B}$ 是由 E 的子集组成的一个 σ-Bool 代数. $\mathscr{B}$ 中的子集将称为 E 的 Borel 子集，$\mathscr{B}$ 也称为 Borel 空间 E 的 Borel 构造.

例如 E 是 Polish 空间，$\mathscr{B}$ 是 E 的 Borel 子集 (定义 9.2.1) 全体，则 $(E, \mathscr{B})$ 是 Borel 空间.

Borel 空间 $(E, \mathscr{B}_E)$ 到 Borel 空间 $(F, \mathscr{B}_F)$ 的映象 f 称为 Borel 的，指 $f^{-1}(B_F) \in \mathscr{B}_E$，$\forall B_F \in \mathscr{B}_F$.

如果 f 是 $(E, \mathscr{B}_E)$ 到 $(F, \mathscr{B}_F)$ 上一一的 Borel 映象，并且 f^{-1} 也是 Borel 的，则称 $(E, \mathscr{B}_E)$ 与 $(F, \mathscr{B}_F)$ 是 Borel 同构的，f 称为 Borel 同构映象.

设 $(E, \mathscr{B}_E)$ 是 Borel 空间，$\mathscr{P}(\subset \mathscr{B})$ 称为 $\mathscr{B}$ 的生成集，指 $\mathscr{B}$ 是包含 $\mathscr{P}$ 的最小 σ-Bool 代数.

命题 9.3.2 1) 设 $(E, \mathscr{B}_E), (F, \mathscr{B}_F)$ 是 Borel 空间，$\mathscr{P}$ 是 $\mathscr{B}_F$ 的生成集，$f: E \to F$ 是 Borel 的，当且仅当，$f^{-1}(B_F) \in \mathscr{B}_E$，$\forall B_F \in \mathscr{P}$；2) 设 f 是 Polish 空间 E 到 Polish 空间 F 的连续映象，则 f 是 Borel 的；3) Borel 映象的复合仍然是 Borel 的.

证. 1) 令 $\mathscr{B}'_E = \{f^{-1}(B_F) | B_F \in \mathscr{B}_F\}$，它显然是 σ-Bool 代

数. 又若 $\mathscr{B}''_E$ 是由 $f^{-1}(\mathscr{P})$ 生成的 σ-Bool 代数, 则 $\mathscr{B}''_E \subset \mathscr{B}'_E$. 由此, $\mathscr{P} \subset \{B_F \in \mathscr{B}_F | f^{-1}(B_F) \in \mathscr{B}''_E\} = \mathscr{B}'_F \subset \mathscr{B}_F$. 但 $\mathscr{B}'_F$ 是 σ-Bool 代数, $\mathscr{P}$ 生成 $\mathscr{B}_F$, 因此, $\mathscr{B}'_F = \mathscr{B}_F$. 进而, $\mathscr{B}_E = \mathscr{B}''_E \subset \mathscr{B}_E$. 因此 f 是 Borel 的. 2) 由 f^{-1} 把开集变为开集, 再依 1) 立见. 3) 是显然的. 证毕.

定义 9.3.3 Borel 空间 $(E, \mathscr{B})$ 称为标准的, 指可以在 E 中引入拓扑 $\mathscr{T}$, 使得 $(E, \mathscr{T})$ 成为 Polish 空间, 同时 Polish 空间 $(E, \mathscr{T})$ 的 Borel 子集全体即为 $\mathscr{B}$.

显然 Polish 空间作为 Borel 空间时是标准的. 反之对于一个标准的 Borel 空间, 可能可以引入几种拓扑, 使之都成为 Polish 空间, 而保持 Borel 构造不变 (例见命题 9.3.14).

命题 9.3.4 1) 设 $(E, \mathscr{B})$ 是标准的 Borel 空间, f 是 E 中的 Borel 映象, 则 $\{x \in E | x = f(x)\} \in \mathscr{B}$;

2) 设 $(E, \mathscr{B}_E)$, $(F, \mathscr{B}_F)$ 是标准的 Borel 空间, f 是 E 到 F 的 Borel 映象, 则 f 的图象 $\{(x, f(x)) | x \in E\}$ 是 $E \times F$ 的 Borel 子集, 这里 $E \times F$ 的 Borel 构造是由 $B_E \times B_F (\forall B_E \in \mathscr{B}_E, B_F \in \mathscr{B}_F)$ 生成的 σ-Bool 代数 (也是标准 Borel 空间).

证. 1) 无妨设 E 是 Polish 空间, 于是 $\Delta = \{(x, x) | x \in E\}$ 是 $E \times E$ 的闭子集. 定义 E 到 $E \times E$ 的映象 $f \times I : x \rightarrow (f(x), x)$, 易见它是 Borel 的, 从而, $(f \times I)^{-1}(\Delta) = \{x \in E | x = f(x)\} \in \mathscr{B}$.

2) 定义 $E \times F$ 中的映象 $\varphi : (x, y) \rightarrow (x, f(x))$, 易见它是 Borel 的. 依 1), $\{(x, f(x)) | x \in E\} = \{(x, y) | (x, y) = \varphi(x, y)\}$ 是 $E \times F$ 的 Borel 子集. 证毕.

命题 9.3.5 设 E, F 是 Polish 空间, f 是 E 到 F 的 Borel 映象, A 是 E 的 Sousline 子集, 则 $f(A)$ 是 F 的 Sousline 子集.

证. 设 g 是 N^∞ 到 E 的连续映象, 使得 $g(N^\infty) = A$. 于是, $f \circ g$ 是 N^∞ 到 F 的 Borel 映象, 依命题 9.3.4, $\{(n, f \circ g(n)) | n \in N^\infty\}$ 是 $N^\infty \times F$ 的 Borel 子集. 定义 $N^\infty \times F$ 到 $E \times F$ 的映象 $g \times I : (n, y) \rightarrow (g(n), y)$, 它是连续的, 因此, $g \times I(\{(n, f \circ g(n)) |$

$n \in N^{\infty}\}) = \{(x, f(x)) | x \in A\}$ 是 $E \times F$ 的 Sousline 子集. 令 π 是 $E \times F$ 到 F 的投影,则 $f(A) = \pi(\{(x, f(x)) | x \in A\})$ 是 F 的 Sousline 子集. 证毕.

定义 9.3.6 集合 E 的子集族 $\mathscr{F}$ 称为分离的,指对任意的 $x \neq y \in E$,有 $F \in \mathscr{F}$,使得 $\{x, y\}$ 中的一个 $\in F$,而另一个 $\notin F$.

引理 9.3.7 设 $(E, \mathscr{B})$ 是 Borel 空间,$\mathscr{P} \subset \mathscr{B}$,则下列是等价的: 1) $\mathscr{B}$ 是分离的,$\mathscr{P}$ 生成 $\mathscr{B}$;2) $\mathscr{P}$ 是分离的,并且生成 $\mathscr{B}$.

证. 只须由 1)推导 2). 若 $\mathscr{P}$ 不是分离的,则存在 $x \neq y \in E$,使得对任意的 $F \in \mathscr{P}$,x 与 y 同时属于或不属于 F. 令 $\mathscr{L} = \{B \in \mathscr{B} | x, y$ 同时属于或不属于 $B\}$,显然,$\mathscr{P} \subset \mathscr{L} \subset \mathscr{B}$. 如果 $\{B_n\} \subset \mathscr{L}$,自然 $\bigcup_n B_n \in \mathscr{L}$. 如果 $B_1, B_2 \in \mathscr{L}$,则仅有三种情况: ① $x, y \notin B_1$; ② $x, y \in (B_1 \backslash B_2)$; ③ $x, y \in (B_1 \cap B_2)$,因此,$(B_1 \backslash B_2) \in \mathscr{L}$. 这说明 $\mathscr{L}$ 是 σ-Bool 代数,所以,$\mathscr{L} = \mathscr{B}$,即 $\mathscr{B}$ 不是分离的,矛盾. 证毕.

定义 9.3.8 Borel 空间 $(E, \mathscr{B})$ 称为 $\frac{1}{2}$-标准的,指 $\mathscr{B}$ 是分离的,且 $\mathscr{B}$ 包含一个可数的生成集. 依引理 9.3.7,这等价于存在 $\mathscr{P} \subset \mathscr{B}$,$\mathscr{P}$ 可数,$\mathscr{P}$ 生成 $\mathscr{B}$,且 $\mathscr{P}$ 是分离的.

显然标准的 Borel 空间必是 $\frac{1}{2}$-标准的.

记 $M = \{a = (a_1, \cdots, a_n, \cdots) | a_n = 0$ 或 $1, \forall n\}$,即 M 是离散紧空间 $\{0, 1\}$ 的可数无穷积,因此,M 是紧的 Polish 空间.

定理 9.3.9 Borel 空间 $(E, \mathscr{B})$ 是 $\frac{1}{2}$-标准的,必须且只须,它 Borel 同构于 M 的一个子空间.

证. 记 $F_n = \{a \in M | a$ 的第 n 个分量 $= 1\}$,它是 M 的既闭又开子集,并且 $\{F_n | n\}$ 生成 M 的 Borel 构造.

如果 $(E, \mathscr{B})$ 是 $\frac{1}{2}$-标准的,于是有 $\{B_n\} \subset \mathscr{B}$,它生成 $\mathscr{B}$,并且是分离的. 定义 $f: E \to M$,

$$f(x) \text{ 的第 } n \text{ 个分量} = \begin{cases} 1, & \text{如果 } x \in B_n \\ 0, & \text{如果 } x \bar{\in} B_n \end{cases} \quad n = 1, 2, \cdots,$$
$$\forall x \in E,$$

由于 $\{B_n\}$ 是分离的,因此,f 是一一的. 注意对任意的 n,$f(B_n) = F_n \cap f(E)$,依命题 9.3.2,f 是 E 到 $f(E)$ 上的 Borel 同构,这里 $f(E)$ 的 Borel 构造由 M 诱导而来,即由 $\{F_n \cap f(E) \mid n\}$ 生成.

反之如 $(E, \mathscr{B})$ Borel 同构于 M 的一个子空间,由于 M 的子空间必是 $\frac{1}{2}$-标准的,因此,$(E, \mathscr{B})$ 是 $\frac{1}{2}$-标准的.　　证毕.

引理 9.3.10 设 E 是 Polish 空间,f 是 N^∞ 到 E 的一一连续映象,则 $f(N^\infty)$ 是 E 的 Borel 子集.

证. 对任意固定的 k,$\{f(N^\infty_{n_1, \cdots, n_k}) \mid n_1, \cdots, n_k\}$ 是 E 的互不相交的 Sousline 子集列,依命题 9.2.9,有 E 的互不相交的 Borel 子集列 $\{F_{n_1, \cdots, n_k} \mid n_1, \cdots, n_k\}$,使得 $f(N^\infty_{n_1, \cdots, n_k}) \subset F_{n_1, \cdots, n_k}$,$\forall n_1, \cdots, n_k$. 归纳地定义: $A_{n_1} = F_{n_1}$,$A_{n_1, \cdots, n_k} = F_{n_1, \cdots, n_k} \cap \overline{f(N^\infty_{n_1, \cdots, n_k})} \cap A_{n_1, \cdots, n_{k-1}}$,$\forall k > 1$,则 Borel 子集族 $\{A_{n_1, \cdots, n_k} \mid n_1, \cdots, n_k, k \geq 1\}$ 有如下性质:

1) $A_{n_1, \cdots, n_k} \cap A_{m_1, \cdots, m_k} = \varnothing$,$\forall (n_1, \cdots, n_k) \bar{=} (m_1, \cdots, m_k)$;

2) $A_{n_1, \cdots, n_{k+1}} \subset A_{n_1, \cdots, n_k}$;

3) $f(N^\infty_{n_1, \cdots, n_k}) \subset A_{n_1, \cdots, n_k} \subset \overline{f(N^\infty_{n_1, \cdots, n_k})}$,

其中 $f(N^\infty_{n_1, \cdots, n_k}) \subset A_{n_1, \cdots, n_k}$ 可用归纳法证明,余皆显然.

由于 f 是一一的,因此,$f(n) = f\left(\bigcap_{k=1}^\infty N^\infty_{n_1, \cdots, n_k}\right) = \bigcap_{k=1}^\infty f(N^\infty_{n_1, \cdots, n_k})$,$\forall n = (n_k) \in N^\infty$. 仿照定理 9.2.11 证明的相应部分,也有 $\{f(n)\} = \bigcap_{k=1}^\infty \overline{f(N^\infty_{n_1, \cdots, n_k})}$. 再由性质 3),$\{f(n)\} = \bigcap_{k=1}^\infty A_{n_1, \cdots, n_k}$,$\forall n = (n_k) \in N^\infty$.

现在证明 $f(N^\infty) = \bigcap_{k=1}^\infty \bigcup_{n_1, \cdots, n_k} A_{n_1, \cdots, n_k}$,由此即见 $f(N^\infty)$ 是

E 的 Borel 子集. 已证 $\{f(n)\} = \bigcap\limits_{k=1}^{\infty} A_{n_1,\cdots,n_k}$，因此，$f(N^\infty) \subset$

$\bigcap\limits_{k=1}^{\infty} \bigcup\limits_{n_1,\cdots,n_k} A_{n_1,\cdots,n_k}.$ 反之如 $x \in \bigcap\limits_{k=1}^{\infty} \bigcup\limits_{n_1,\cdots,n_k} A_{n_1,\cdots,n_k}$，对 $k=1$，有 m_1，使得 $x \in A_{m_1}.$ 依性质 1)，2)，

$$x \in \bigcap\limits_{k=1}^{\infty} \bigcup\limits_{n_1,\cdots,n_k} (A_{n_1,\cdots,n_k} \cap A_{m_1})$$

$$= A_{m_1} \cap \bigcap\limits_{k=2}^{\infty} \bigcap\limits_{n_2,\cdots,n_k} A_{m_1,n_2,\cdots,n_k}$$

递推可见有 $m = (m_k) \in N^\infty$，使得 $x \in \bigcap\limits_{k=1}^{\infty} A_{m_1,\cdots,m_k} = \{f(m)\}$，所以，$x = f(m) \in f(N^\infty).$ 证毕.

引理 9.3.11 设 E, F 是 Polish 空间，f 是 E 到 F 的一一 Borel 映象，则 $f(E)$ 是 F 的 Borel 子集，并且 f 是 E 到 $f(E)$ 上的 Borel 同构.

证. 只须对 E 的任意 Borel 子集 B，证明 $f(B)$ 是 F 的 Borel 子集. 记 $G = \{(x, f(x)) \mid x \in B\}$. 设 d 是 F 上相应的距离，$\{a_n\}$ 是 F 的可数稠集，令

$$U_k^n = \left\{y \in F \mid d(y, a_k) \leqslant \frac{1}{2n}\right\}, \quad V_k^n = f^{-1}(U_k^n \cap f(B)).$$

我们来证明 $G = \bigcap\limits_{n} \bigcup\limits_{k} (V_k^n \times U_k^n).$ 事实上，对任意的 n，

$\bigcup\limits_{k} U_k^n = F$，因此，$G \subset \bigcap\limits_{n} \bigcup\limits_{k} (V_k^n \times U_k^n).$ 反之设 (x, y)

$\in \bigcap\limits_{n} \bigcup\limits_{k} (V_k^n \times U_k^n)$，即对每个 n，有 $k = k(n)$，使得 $(x, y) \in$

$V_k^n U_k^n.$ 于是 $f(x) \in U_k^n \cap f(B)$，f 是一一的，因此，$x \in B$，$f(x) \in$

$U_k^n.$ 又 $y \in U_k^n$，因此，$d(f(x), y) \leqslant \frac{1}{n}.$ 但 n 是任意的，所以，$f(x) = y$，即 $(x, y) \in G.$

由于 f 是一一的，$V_k^n = f^{-1}(U_k^n) \bigcap B$，由此可见 G 是 $E \times F$ 的 Borel 子集．

如果 G 是可数的，自然 $f(B)$ 是 F 的 Borel 子集．今设 G 不是可数的，依命题 9.2.4，有 N^∞ 到 $E \times F$ 的一一连续映象 g，使得 $g(N^\infty) \subset G$，并且 $(G \backslash g(N^\infty))$ 是可数的．记 π 是 $E \times F$ 到 F 上的投影，由于 $g(N^\infty) \subset G$ 及 f 是一一的，可见 $\pi \circ g$ 是 N^∞ 到 F 的一一连续映象．依引理 9.3.10，$\pi \circ g(N^\infty)$ 是 F 的 Borel 子集．于是，$f(B) = \pi G = \pi \circ g(N^\infty) \bigcup \pi(G \backslash g(N^\infty))$ 是 F 的 Borel 子集．证毕．

定理 9.3.12 设 E 是标准的 Borel 空间，F 是 $\frac{1}{2}$-标准的 Borel 空间，f 是 E 到 F 的一一 Borel 映象，则 $f(E)$ 是 F 的 Borel 子集，并且 f 是 E 到 $f(E)$ 上的 Borel 同构．

证．依定理 9.3.9，可以认为 $F \subset M$．再依引理 9.3.11 即得证．

定理 9.3.13 设 $(E, \mathscr{B})$ 是标准的 Borel 空间，如果 $\{B_n | n\}$ $(\subset \mathscr{B})$ 是分离的，则 $\{B_n\}$ 生成 $\mathscr{B}$．

证．设 $\mathscr{B}_0$ 是 $\{B_n\}$ 生成的 σ-Bool 代数，显然，$\mathscr{B}_0 \subset \mathscr{B}$，及 $(E, \mathscr{B}_0)$ 是 $\frac{1}{2}$-标准的．今恒等映象 I 是 $(E, \mathscr{B})$ 到 $(E, \mathscr{B}_0)$ 上的一一 Borel 映象，依定理 9.3.12，$\mathscr{B}_0 = \mathscr{B}$．证毕．

命题 9.3.14 设 $\mathscr{H}$ 是可分的 Hilbert 空间，则 $B(\mathscr{H})$ 中的弱算子拓扑、强算子拓扑、强*算子拓扑、$\sigma(B(\mathscr{H}), T(\mathscr{H}))$，$S(B(\mathscr{H}), T(\mathscr{H}))$，$S^*(B(\mathscr{H}), T(\mathscr{H}))$ 及 $\tau(B(\mathscr{H}), T(\mathscr{H}))$ 都产生相同的标准 Borel 构造，这里所谓某个拓扑产生的 Borel 构造，指依这个拓扑的所有开子集生成的 σ-Bool 代数．特别，$S = \{a \in B(\mathscr{H}) | \|a\| \leqslant 1\}$ 依弱算子拓扑、强算子拓扑、强*算子拓扑的三个 Polish 空间作为标准的 Borel 空间是相同的．

证．以 $\mathscr{T}$ 表示所提到的诸拓扑之一．记 $S_n = \{a \in B(\mathscr{H}) |$

$\|a\| \leqslant n\}$, $V_1 = S_1$, $V_{n+1} = S_{n+1} \backslash S_n$, $\forall n \geqslant 1$. 依定义 9.1.1 下面的例，$(S_n, \mathscr{T})$ 是 Polish 空间. 由于 V_n 是 $(S_n, \mathscr{T})$ 的开子集,因此，$(V_n, \mathscr{T})$ 也是 Polish 空间,$\forall n$. 由此，$B(\mathscr{H})$ 作为 $\{(V_n, \mathscr{T})\}_n$ 的拓扑并也是 Polish 空间，记它的拓扑为 $\mathscr{T}'$. 显然 $B(\mathscr{H})$ 的子集 U 是 $\mathscr{T}'$-开集,指 $U \cap V_n$ 是 $(V_n, \mathscr{T})$ 的开子集,$\forall n$. 于是 $U \in \mathscr{B}_\mathscr{T}$, 这里 $\mathscr{B}_\mathscr{T}$ 是由 $B(\mathscr{H})$ 的 $\mathscr{T}$-开集全体生成的 σ-Bool 代数. 又显然 $\mathscr{T}' \prec \mathscr{T}$,从而，$\mathscr{B}_\mathscr{T} = \mathscr{B}_{\mathscr{T}'}$, 这里 $\mathscr{B}_{\mathscr{T}'}$ 是 Polish 空间 $(B(\mathscr{H}), \mathscr{T}')$ 的 Borel 子集的全体，即 $(B(\mathscr{H}), \mathscr{B}_\mathscr{T})$ 是标准的 Borel 空间. 又显然 $\mathscr{B}_\tau \supset \mathscr{B}_\mathscr{T}$, 这里 τ 表示 Mackey 扑拓 $\tau(B(\mathscr{H}), T(\mathscr{H}))$,依定理 9.3.13, $\mathscr{B}_\tau = \mathscr{B}_\mathscr{T}$, $\forall \mathscr{T}$. 证毕.

命题 9.3.15 设 E 是标准的 Borel 空间，$B \subset E$,则 B 作为 E 的 Borel 子空间是标准的,当且仅当，B 是 E 的 Borel 子集.

证. 设 B 是标准的，I 表示 B 到 E 中的嵌入映象,依定理 9.3.12,即见 B 是 E 的 Borel 子集. 反之设 B 是 E 的 Borel 子集, 无妨认为 E 是 Polish 空间,依命题 9.2.3,有 Polish 空间 P, 及 P 到 E 的一一连续映象 f,使得 $f(P) = B$. 依定理 9.3.12，f 是 P 到 B 上的 Borel 同构,因此，B 是标准的. 证毕.

定理 9.3.16 标准 Borel 空间的势或为可数或为连续统,并且等势的标准 Borel 空间是 Borel 同构的.

证. 依命题 9.1.11,我们只须对势为连续统的标准 Borel 空间 E,证明它与 $\mathbf{R}$ Borel 同构.

依命题 9.1.10，存在 N^∞ 到 $\mathbf{R}$ 上一一连续映象. 再依命题 9.1.11 及定理 9.3.12,可见有 $\mathbf{R}$ 到 E 中的 Borel 同构 f,使得 $(E \backslash f(\mathbf{R}))$ 是可数的. 取 T 为 $\mathbf{R}$ 的闭子集,且 $^\#T = {}^\#(E \backslash f(\mathbf{R}))$. 自然有 T 到 $(E \backslash f(\mathbf{R}))$ 上的 Borel 同构 φ. 依命题 9.1.10,也有 $(\mathbf{R} \backslash T)$ 到 $\mathbf{R}$ 上的 Borel 同构 ψ. 今命

$$g(t) = \begin{cases} f \circ \psi(t), & \text{如果 } t \in (\mathbf{R} \backslash T); \\ \varphi(t), & \text{如果 } t \in T, \end{cases}$$

即见 g 是 $\mathbf{R}$ 到 E 上的 Borel 同构. 证毕.

注 本节见参考文献 [5]，[71]，[129].

§4. Borel 截面

引理 9.4.1 给予 N^∞ 以这样的全序：$n \leqslant m$ 指 $n = m$ 或者存在 j，使得 $n_k = m_k$ $1 \leqslant k < j$，及 $n_j < m_j$，则 N^∞ 的每个非空闭子集有最小元.

证. 设 F 是 N^∞ 的非空闭子集，令 $\alpha_1 = \min\{n_1 | n = (n_k) \in F\}$，$F_1 = \{n = (n_k) \in F | n_1 = \alpha_1\}$；$\alpha_2 = \min\{n_2 | n = (n_k) \in F_1\}$，$F_2 = \{n = (n_k) \in F_1 | n_2 = \alpha_2\}$；$\cdots$，如此得到 $F_1 \supset F_2 \supset \cdots$，显然 F_i 关于 d 的直径 $\leqslant 2^{-i}$，因此 $\bigcap_i F_i$ 仅包含一点，这个点显然是 F 的最小元.   证毕.

定理 9.4.2 设 E 是 Polish 空间，$\sim$ 是 E 中的等价关系，使得

1）对任意的 $x \in E$，$\{y \in E | y \sim x\}$ 是闭的；

2）如果 F 是 E 的闭子集，则 $\widetilde{F} = \{y \in E | $ 存在 $x \in F$，使得 $x \sim y\}$ 是 E 的 Borel 子集，或者代以 2）为

2)′ 如果 V 为 E 的开子集，则 $\widetilde{V} = \{y \in E | $ 存在 $x \in V$，使得 $x \sim y\}$ 是 E 的 Borel 子集.

那么，存在 E 的 Borel 子集 B，使得 B 与 E 的每个等价类的交包含且仅包含一个点.

证. 设 d 是 E 上相应的距离. 如果 1），2）满足，取 E 的非空闭子集族 $\{B(n_1, \cdots, n_k)\}$，使得① $E = \bigcup_{n_1=0}^{\infty} B(n_1)$；② $B(n_1, \cdots, n_k) = \bigcup_{p=0}^{\infty} B(n_1, \cdots, n_k, p)$；③ $B(n_1, \cdots, n_k)$ 的 d-直径 $< 2^{-k}$. 如果 1），2)′ 满足，取 E 的非空开子集族 $\{B(n_1, \cdots, n_k)\}$，也满足①②③，并且有④ $\overline{B(n_1, \cdots, n_{k+1})} \subset B(n_1, \cdots, n_k)$. 由于 E 是 Polish 空间，$\{B(n_1, \cdots, n_k)\}$ 是找得到的.

在每个情形中，我们定义 $f: N^\infty \to E$，使得 $\{f(n)\} =$

$$\bigcap_{k=1}^{\infty} B(n_1, \cdots, n_k), \quad \forall n = (n_k) \in N^\infty,$$ 则易见 $f(N^\infty) = E$，并且

f 是连续的.

记 $\tilde{B}(n_1, \cdots, n_k) = \{y \in E \mid 存在\ x \in B(n_1, \cdots, n_k),$ 使得 $x \sim y\}$，依假定，它是 E 的 Borel 子集. 今归纳地定义 E 的 Borel 子集族 $\{A(n_1, \cdots, n_k)\}$:

$$A(n_1) = B(n_1) \cap \left[E \setminus \bigcup_{m_1 < n_1} \tilde{B}(m_1) \right],$$

$$A(n_1, \cdots, n_{k+1}) = B(n_1, \cdots, n_{k+1}) \cap A(n_1, \cdots, n_k)$$
$$\cap \left[E \setminus \bigcup_{m_{k+1} < n_{k+1}} \tilde{B}(n_1, \cdots, n_k, m_{k+1}) \right].$$

对 E 的每个等价类 X，依 1) 可见 $f^{-1}(X)$ 是 N^∞ 的非空闭子集. 由引理 9.4.1，$f^{-1}(X)$ 有最小元 $(p_k) = p = p(X)$. 我们将有

a) $A(p_1, \cdots, p_k) \cap X = B(p_1, \cdots, p_k) \cap X \neq \varnothing, \quad \forall k;$

b) 如果 $(n_1, \cdots, n_k) \neq (p_1, \cdots, p_k)$，则 $A(n_1, \cdots, n_k) \cap X = \varnothing, \quad \forall k.$ 事实上，$f(p) \in X, \{f(p)\} = \bigcap_{k=0}^{\infty} B(p_1, \cdots, p_k)$，因此，$B(p_1, \cdots, p_k) \cap X \neq \varnothing, \quad \forall k.$ 依定义，$A(p_1, \cdots, p_k) \cap X \subset B(p_1, \cdots, p_k) \cap X, \quad \forall k.$ 今若 $x \in B(p_1) \cap X$，并且有 $m_1 < p_1$，使得 $x \in \tilde{B}(m_1)$. 取 $y \in B(m_1), y \sim x.$ 当然有 $m = (m_k) \in N^\infty$，使得 $y = f(m).$ 于是 $m \in f^{-1}(X).$ 但 p 是 $f^{-1}(X)$ 的最小元，便与 $m_1 < p_1$ 相矛盾. 因此，$x \in B(p_1) \setminus \bigcup_{m_1 < p_1} \tilde{B}(m_1)$ $= A(p_1)$，即 $A(p_1) \cap X = B(p_1) \cap X.$ 再用归纳法及相仿的手续，可见 a) 成立. 今设 $(n_1, \cdots, n_k) \neq (p_1, \cdots, p_k)$，且有 $x \in A(n_1, \cdots, n_k) \cap X.$ 于是有 $n = (n_1, \cdots, n_k, \cdots) \in N^\infty$，使得 $f(n) = x$，即 $n \in f^{-1}(X)$，因此 $n \geqslant p.$ 但 $(n_1, \cdots, n_k) \neq (p_1, \cdots, p_k)$，因此有 $i(\leqslant k)$，使得 $n_i = p_i, 1 \leqslant i < j$，而 $p_i <$

n_i. 于是

$$A(p_1, \cdots, p_{i-1}, n_i) \cap \widetilde{B}(p_1, \cdots, p_i)$$

$$\subset \left[E \setminus \bigcup_{p < n_i} \widetilde{B}(p_1, \cdots, p_{i-1}, p) \right] \cap \widetilde{B}(p_1, \cdots, p_i) = \varnothing.$$

另一方面,由于 $B(p_1, \cdots, p_i) \cap X \neq \varnothing$, 因此, $X \subset B(p_1, \cdots, p_i)$. 又 $i \leqslant k$, 从而,

$$x \in A(n_1, \cdots, n_i) \cap X$$

$$= A(p_1, \cdots, p_{i-1}, n_i) \cap X \subset A(p_1, \cdots, p_{i-1}, n_i)$$

$$\cap \widetilde{B}(p_1, \cdots, p_i) = \varnothing$$

矛盾. 因此 b) 成立.

令 $B = \bigcap_{k=1}^{\infty} \bigcup_{n_1, \cdots, n_k} A(n_1, \cdots, n_k)$, 它自然是 E 的 Borel 子集, 并且对 E 的每个等价类 X, 依 a), b),

$$B \cap X = \bigcap_{k=1}^{\infty} \bigcup_{n_1, \cdots, n_k} (A(n_1, \cdots, n_k) \cap X)$$

$$= \bigcap_{k=1}^{\infty} (A(p_1, \cdots, p_k) \cap X)$$

$$= \bigcap_{k=1}^{\infty} (B(p_1, \cdots, p_k) \cap X)$$

$$= \left(\bigcap_{k=1}^{\infty} B(p_1, \cdots, p_k) \right) \cap X = \{ f(p) \},$$

这里 $p = (p_k)$ 是 $f^{-1}(X)$ 的最小元, 所以, B 与 E 的每个等价类的交包含且仅包含一个点.   证毕.

定理 9.4.3 设 f 是 Polish 空间 E 到 Borel 空间 F 上的 Borel 映象, 并且满足

1) $f^{-1}(\{y\})$ 是 E 的闭子集, $\forall y \in F$;

2) f 把 E 的任何闭子集变为 F 的 Borel 子集, 或者代以 2) 为

2') f 把 E 的任何开子集变为 F 的 Borel 子集.

那么 f 有 Borel 截面, 即存在 F 到 E 的 Borel 映象 g, 使得 $f \circ g(y) = y$, $\forall y \in F$.

证. 在 E 中引入等价关系 $\sim$: $x_1 \sim x_2$ 指 $f(x_1) = f(x_2)$. 易见将满足定理 9.4.2 的条件, 因此有 E 的 Borel 子集 B, 使得 $(f^{-1}(\{y\}) \cap B)$ 包含且仅包含一个点, $\forall y \in F$. 令 $\{g(y)\} = f^{-1}(\{y\}) \cap B$, 即见 $f \circ g(y) = y$, $\forall y \in F$. 设 G 是 E 的闭子集(当满足条件 2)时)或者是 E 的开子集(当满足条件 2)′时), 于是 $f(G)$ 是 F 的 Borel 子集. 但 $g^{-1}(G) = f(G)$, 依命题 9.3.2, g 是 Borel 映象. 证毕.

引理 9.4.4 设 Ω 是具可数基的局部紧 Hausdorff 空间, ν 是 Ω 上正则的 Borel 测度, f 是 N^∞ 到 Ω 的连续映象, 则存在 $\Omega' = l(N^\infty)$ 到 N^∞ 的映象 g, 及包含在 Ω' 中的紧子集列 $\{K_n\}$, 使得

$$f \circ g(x) = x, \ \forall x \in \Omega', \ \left(\Omega' \setminus \bigcup_n K_n\right) \subset \text{某 } \nu\text{-零集},$$

并且对每个 n, g 在 K_n 上是连续的.

证. 对任意的 $x \in \Omega'$, 由于 f 是连续的, $f^{-1}(\{x\})$ 是 N^∞ 的非空闭子集, 它有最小元, 记作 $g(x)$. 即见 $f \circ g(x) = x$, $\forall x \in \Omega'$.

自然 Ω' 是 Ω 的 Sousline 子集, 依系 9.2.12, ν 的 σ-有限性及内正则性, 我们只须对包含在 Ω' 中的任意紧子集 K, 寻找紧子集列 $\{K_n\}$, 使得 $K_n \subset K$, g 在 K_n 上连续, $\forall n$, 并且

$$\nu\left(K \setminus \bigcup_n K_n\right) = 0.$$

1) Ω 的子集 E 称为关于 ν 是有 Borel 核的, 指存在 Borel 子集 F, G, 使得 $F \subset E$, $(E \setminus F) \subset G$, 并且 $\nu(G) = 0$. 依系 9.2.12, Ω 的任意 Sousline 子集关于 ν 是有 Borel 核的. 又如果 E_n 关于 ν 是有 Borel 核的, 显然 $\bigcup_n E_n$ 关于 ν 也将有 Borel 核. 此外, 如果 E_i 关于 ν 是有 Borel 核的, $i = 1, 2$, 则 $(E_1 \setminus E_2)$ 关于 ν 也有 Borel 核. 事实上, 设 F_i, G_i 如定义, $i = 1, 2$, 则 $E_2 \subset F_2 \cup G_2$, 于是, $F = F_1 \setminus (F_2 \cup G_2) \subset (E_1 \setminus E_2)$, 及 $(E_1 \setminus E_2) \setminus F \subset G_1 \cup G_2$.

2）令 $Q = \{n = (n_k) \in N^\infty \mid$ 除去有限个外，n_k 都 $= 0\}$，它是 N^∞ 的可数子集。设 V 是 N^∞ 的开子集，如果 $n = (n_k) \in V$，必有 k，使得 $N^\infty_{n_1,\cdots,n_k} \subset V$。令

$$z_1 = (n_1, \cdots, n_{k+1}, 0, \cdots),$$
$$z_2 = (n_1, \cdots, n_{k+1} + 1, 0, \cdots).$$

于是，$n \in [z_1, z_2) = \{z \in N^\infty \mid z_1 \leqslant z < z_2\} \subset N^\infty_{n_1,\cdots,n_k}$。由于 Q 是可数的，因此，V 必是形如 $[z_1, z_2) = [0, z_2) \backslash [0, z_1)$ 的可数并 $(z_1, z_2 \in Q)$。

3）对任意的 $z \in Q$，$g^{-1}([0, z)) = f([0, z))$。事实上，如果 $x \in g^{-1}([0, z))$，则 $x = f \circ g(x) \in f([0, z))$。反之如果 $n \in [0, z)$，依 g 的定义，$g \circ f(n) = f^{-1}(\{f(n)\})$ 的最小元，因此，$g \circ f(n) \leqslant n$。从而，$g \circ f(n) \in [0, z)$，即 $f(n) \in g^{-1}([0, z))$。

4）对任意的 $z \in Q$，$[0, z)$ 显然是 N^∞ 的 Borel 子集，f 是连续的，因此由 3），$g^{-1}([0, z)) = f([0, z))$ 是 Ω 的 Sousline 子集。依系 9.2.12，$g^{-1}([0, z))$ 关于 ν 是有 Borel 核的。

5）对 N^∞ 的任意开子集 V，闭子集 F，$g^{-1}(V)$ 与 $g^{-1}(F)$ 关于 ν 都有 Borel 核。事实上，由 1），2），4），$g^{-1}(V)$ 关于 ν 是有 Borel 核的。又 $g^{-1}(F) = \Omega' \backslash g^{-1}(F')$，这里 $F' = N^\infty \backslash F$，因此，$g^{-1}(F)$ 关于 ν 也有 Borel 核。

今设 K 是 Ω 的紧子集，$K \subset \Omega'$，$\{a_k\}$ 是 N^∞ 的可数稠集，d 是 N^∞ 中的距离（9.1.6），令

$$A_{k,p} = \{x \in K \mid d(g(x), a_k) \leqslant p^{-1}\},$$

并命

$$B_{1,p} = A_{1,p}, \quad B_{k+1,p} = A_{k+1,p} \backslash \bigcup_{i=1}^{k} A_{i,p},$$

于是对任何的 p，有

$$B_{i,p} \bigcap B_{j,p} = \varnothing, \quad \forall i \neq j,$$
$$\bigcup_{k=1}^{\infty} B_{k,p} = \bigcup_{k=1}^{\infty} A_{k,p} = K$$

又定义 $g_p: K \to N^\infty$，

$$g_p(x) = a_k, \quad \text{如果 } x \in B_{k,p},$$

易见 $g_p(x) \overset{N^\infty}{\to} g(x), \forall x \in K.$

对任意的 k, p, 依 5), $A_{k,p}$ 关于 ν 是具有 Borel 核的,因此,$B_{k,p}$ 关于 ν 也有 Borel 核. 于是对任意的正整数 m, 依 ν 的正则性及 g_p 的定义,可以找到紧子集 $K_p^{(m)} \subset K$, 使得 g_p 在 $K_p^{(m)}$ 上连续,并且 $\nu(K \backslash K_p^{(m)}) \prec (m \cdot 2^p)^{-1}$. 令 $K^{(m)} = \bigcap_p K_p^{(m)}$, 则 g_p 在 $K^{(m)}$ 上连续,$\forall p$, 并且 $\nu(K \backslash K^{(m)}) < m^{-1}, \forall m$. 记 N^∞ 到其第 i 个分量上的投影映象为 π_i, 自然 $(\pi_i g_p)(x) \to (\pi_i g)(x), \forall x \in K$. 依 Egorov 定理[1),对任意的 $\varepsilon > 0$, 有紧子集 $K_{mi}^{(\varepsilon)} \subset K^{(m)}$, 使得

$$(\pi_i g_p)(x) \to (\pi_i g)(x), \quad \text{对 } x \in K_{mi}^{(\varepsilon)} \text{ 一致,}$$

并且 $\nu(K^{(m)} \backslash K_{mi}^{(\varepsilon)}) < 2^{-i}\varepsilon.$ 令 $K_m^{(\varepsilon)} = \bigcap_i K_{mi}^{(\varepsilon)}$, 则

$$g_p(x) \overset{N^\infty}{\to} g(x), \quad \text{对 } x \in K_m^{(\varepsilon)} \text{ 一致,}$$

并且 $\nu(K^{(m)} \backslash K_m^{(\varepsilon)}) < \varepsilon.$ 于是, g 在 $K_m^{(\varepsilon)}$ 上也是连续的,今命 $\{K_n\} = \{K_m^{(p^{-1})} | m, p$ 正整数$\}$,则 $K_n \subset K$, g 在 K_n 上连续,$\forall n$,并且 $\nu\left(K \backslash \bigcup_n K_n\right) = 0.$ 证毕.

定理 9.4.5 设 E, F 是 Polish 空间,ν 是定义在 F 的 Borel 子集全体上的 σ-有限测度,G 是 $E \times F$ 的 Sonsline 子集. 如果 π_F 是 $E \times F$ 到 F 上的投影,则存在 $R = \pi_F(G)$ 到 E 中的映象 g, 及 F 的 Borel 子集 $B \subset R$,使得

$$(g(y), y) \in G, \quad \forall y \in R,$$

并且 g 是 B 到 E 中的 Borel 映象,以及 $(R \backslash B)$ 包含于某个 ν-零集之中.

证. 由于 ν σ-有限,依命题 9.3.15, 9.3.16,无妨认为 F 就是具可数基的局部紧 Hausdorff 空间,及 ν 是 F 上正则的 Borel 测度. 今 G 是 $E \times F$ 的 Sousline 子集. 于是有 N^∞ 到 $E \times F$ 的连续

---

1) 例见 [47].

映象 h，使得 $h(N^\infty) = G$．令 $f = \pi_F \circ h$，则 $R = f(N^\infty)$．依引理 9.4.4，有 R 到 N^∞ 中的映象 η，及 F 的 Borel 子集 $B \subset R$，使得 $f \circ \eta(y) = y$，$\forall y \in R$，并且 η 在 B 上是 Borel 的，以及 $(R \setminus B)$ 包含于某个 ν-零集之中．命 π_E 是 $E \times F$ 到 E 上的投影，$g = \pi_E \circ h \circ \eta$，于是 $g : R \to E$，且 $g \mid B$ 是 Borel 的．对任意的 $y \in R, h \circ \eta(y) \in G$，由于 $\pi_F \circ h \eta(y) = f \circ \eta(y) = y$，因此，$(g(y), y) = h \circ \eta(y) \in G$．　证毕．

命题 9.4.6　设 E，F 是标准的 Borel 空间，f 是 E 到 F 上的 Borel 映象，ν 是 F 的 Borel 子集全体上的 σ-有限测度，则 f 有关于 ν 的 Borel 截面，即有 F 的 Borel 子集 F_0，$(F \setminus F_0)$ 到 E 的 Borel 映象 g，使得 $\nu(F_0) = 0$，$f \circ g(y) = y$，$\forall y \in (F \setminus F_0)$．

证．依命题 9.3.4，f 的图象 $G = \{(x, f(x)) \mid x \in E\}$ 是 $E \times F$ 的 Borel 子集．又 $\pi_F(G) = F$，再依定理 9.4.5 即得证．

命题 9.4.7　设 E，F 是标准的 Borel 空间，f 是 E 到 F 上的 Borel 映象，μ 是 E 的 Borel 子集全体上的有限测度．在 E 中引入等价关系 $\sim$：$x_1 \sim x_2$ 指 $f(x_1) = f(x_2)$，则有 E 的完满的（在 $\sim$ 的意义下）Borel 子集 E_0，$\mu(E_0) = 0$，使得 f 在 $(E \setminus E_0)$ 上有 Borel 截面．

证．令 $\nu = \mu \circ f^{-1}$，它是 F 的 Borel 子集全体上的有限测度．依命题 9.4.6，有 F 的 Borel 子集 F_0 及 $(F \setminus F_0)$ 到 E 的 Borel 映象 g，使得 $\nu(F_0) = 0$，并且 $f \circ g(y) = y$，$\forall y \in (F \setminus F_0)$．　今命 $E_0 = f^{-1}(F_0)$，它是 E 的完满的 Borel 子集，$\mu(E_0) = 0$．自然 $f(E \setminus E_0) = F \setminus F_0$，$g(F \setminus F_0) \subset (E \setminus E_0)$，因此，$f$ 在 $(E \setminus E_0)$ 上有 Borel 截面．　证毕．

注　本节见参考文献 [5]，[17]，[21]，[84]．

第十章 von Neumann 代数的
Borel 空间

设 $\mathscr{H}$ 是可分的 Hilbert 空间，$\mathscr{A}$ 是 $\mathscr{H}$ 中 vN 代数的全体，E. G. Effros 在 $\mathscr{A}$ 中引入了一种 Borel 构造，使之成为标准的 Borel 空间(10.3.2)。本章 §1—§3 就来叙述这个 Borel 构造，并且指出 $\mathscr{H}$ 中因子的全体 $\mathscr{F}$ 是 $\mathscr{A}$ 的 Borel 子集，从而依诱导的构造，$\mathscr{F}$ 也是标准的 Borel 空间(10.3.6)。§4 指出 $\mathscr{H}$ 中各类因子的全体 $\mathscr{F}_{I_n}$, $\mathscr{F}_{I_\infty}$, $\mathscr{F}_{II_1}$, $\mathscr{F}_{II_\infty}$ 及 $\mathscr{F}_{III}$ 都是 $\mathscr{F}$ 的 Borel 子集(10.4.16)。J. T. Schwartz 曾指出过 $\mathscr{F}_{III}$ 的可测性，后来，O. Nielsen 证明了 $\mathscr{F}_{III}$ 还是 Borel 子集。同样的结果对 $\mathscr{A}$ 也是成立的，但由于要用到约化理论，我们将在第十一章来讨论它。

§1. $W(X^*)$ 的标准 Borel 构造

设 E 是拓扑空间，$\mathscr{C}(E)$ 表示 E 的非空闭子集的全体。

引理 10.1.1 如果 (E, d) 是紧距离空间，对任意的 F_1, $F_2 \in \mathscr{C}(E)$，定义

$$\rho(F_1, F_2) = \max\left\{\sup_{x \in F_1} d(x, F_2), \sup_{y \in F_2} d(y, F_1)\right\}$$

则 $(\mathscr{C}(E), \rho)$ 也是紧距空间。

证. 易见 ρ 是 $\mathscr{C}(E)$ 上的距离。设 $\{x_n\}$ 是 E 的可数稠集，对任意的 $\varepsilon > 0$，由于 (E, d) 是紧的，必有 k，使得 $\bigcup_{i=1}^{k} S_d(x_i, \varepsilon) = E$。我们说相应有

$$\bigcup_{I \subset \{1, \cdots, k\}} S_\rho(\{x_i\}_{i \in I}, \varepsilon) = \mathscr{C}(E).$$

事实上，对任意的 $F \in \mathscr{C}(E)$，必有 $I \subset \{1, \cdots, k\}$，使得 $S_d(x_i,$

$\varepsilon)\cap F \neq \emptyset$, $\forall i \in I$, 并且 $\bigcup\limits_{i \in I} S_d(x_i, \varepsilon) \supset F$. 于是, 对任意的 $i \in I$, $d(x_i, F) < \varepsilon$; 对任意的 $y \in F$, 必有 $i \in I$, $d(x_i, y) < \varepsilon$, 所以, $\rho(\{x_i\}_{i \in I}, F) < \varepsilon$.

今只须证明 $(\mathscr{C}(E), \rho)$ 是完备的. 设 $\{F_n\} \subset \mathscr{C}(E)$, 并且 $\rho(F_n, F_m) \to 0$. 命

$F = \{x \in E | $ 有子列 $\{n_k\}$, 及 $x_{n_k} \in F_{n_k}$, $\forall k$, 且 $x_{n_k} \to x\}$, 由于 E 是紧距空间, $F \neq \emptyset$. 进而易见 $F \in \mathscr{C}(E)$. 对任意的 $\varepsilon > 0$, 有 n_0, 使得 $\rho(F_n, F_m) < \varepsilon$, $\forall n, m \geq n_0$. 任意固定 $n(\geq n_0)$, 当 $y \in F_n$ 时, 由于 $d(y, F_m) < \varepsilon$, $\forall m \geq n_0$, 因此有 $x_m \in F_m$, 使得 $d(y, x_m) < \varepsilon$, $\forall m \geq n_0$. 由于 E 是紧距的, $\{x_m | m \geq n_0\}$ 中有子列收敛于 $x \in F$, 由此, $d(y, x) \leq \varepsilon$. 所以, $d(y, F) \leq \varepsilon$, $\forall y \in F_n$. 反之设 $x \in F$, 有子列 $\{n_k\}$ 及 $x_{n_k} \in F_{n_k}$, $\forall k$, 使得 $x_{n_k} \to x$. 取 k 充分大, 使得 $d(x_{n_k}, x) < \varepsilon$, 并且 $n_k \geq n_0$. 由于 $d(x_{n_k}, F_n) < \varepsilon$, 因此有 $y \in F_n$, 使得 $d(x_{n_k}, y) < \varepsilon$. 从而 $d(x, y) < 2\varepsilon$. 即 $d(x, F_n) < 2\varepsilon$, $\forall x \in F$. 以上说明 $\rho(F_n, F) < 2\varepsilon$ $\forall n \geq n_0$, 因此, $\rho(F_n, F) \to 0$. 证毕.

引理 10.1.2 设 (P, d) 是紧距离空间, E 是 P 的 Polish 子空间, 则 $(\mathscr{C}(E), \rho)$ 也是 Polish 空间.

证. 设 $\bar{E}$ 是 E 在 P 中的闭包, 于是, $(\bar{E}, d)$ 是紧距离空间, 依引理 10.1.1, $(\mathscr{C}(\bar{E}), \rho)$ 也是紧距离空间. 定义映象 f: $\mathscr{C}(E) \to \mathscr{C}(\bar{E})$, $f(F) = \bar{F}$, $\forall F \in \mathscr{C}(E)$, 这里 $\bar{F}$ 是 F 在 P 中的闭包. 易见

$$\rho(f(F_1), f(F_2)) = \rho(F_1, F_2), \quad \forall F_1, F_2 \in \mathscr{C}(E)$$

以及 $f(\mathscr{C}(E)) = \{K \in \mathscr{C}(\bar{E}) | (K \cap E) $ 在 K 中是稠的$\}$. 今 $(\mathscr{C}(E), \rho)$ 与 $(f(\mathscr{C}(E)), \rho)$ 是拓扑同胚的, 因此, 只须证明 $f(\mathscr{C}(E))$ 是 $(\mathscr{C}(\bar{E}), \rho)$ 的 Polish 子空间. 依命题 9.1.3, 要证 $f(\mathscr{C}(E))$ 是 $(\mathscr{C}(\bar{E}), \rho)$ 的 G_δ 子集.

由于 E 是 P 的 Polish 子空间, 依命题 9.1.3, 可写 $E = \bigcap\limits_n V_n$,

这里每个 V_n 是 P 的开子集. 如果 $K \in \mathscr{C}(\bar{E})$,并且 $(K \cap V_n)$ 在 K 中稠,$\forall n$,我们说 $K \in f(\mathscr{C}(E))$. 事实上,K 是 P 的紧子集,从而是 Baire 空间. 今 $(K \cap V_n)$ 是 K 的开稠集,因此,$K \cap E = \bigcap\limits_n (K \cap V_n)$ 也在 K 中稠,即 $K \in f(\mathscr{C}(E))$. 由此,

$$f(\mathscr{C}(E)) = \{K \in \mathscr{C}(\bar{E}) \mid (K \cap V_n) \text{ 在 } K \text{ 中稠 } \forall n\},$$

命 $\Sigma_n = \{K \in \mathscr{C}(\bar{E}) \mid (K \cap V_n) \text{ 不在 } K \text{ 中稠}\}$,$\forall n$,则 $f(\mathscr{C}(E)) = \bigcap\limits_n (\mathscr{C}(\bar{E}) \backslash \Sigma_n)$. 于是只须证明每个 Σ_n 是 $(\mathscr{C}(\bar{E}), \rho)$ 的 F_σ 子集(闭集的可数并).

任意固定 n,当 $K \in \Sigma_n$ 时,令 $L = \overline{K \cap V_n}$,则 $K \cap V_n \subset L \subset K$. 从而如果 $K \cap V_n \neq \varnothing$,或者 K 包含两个以上的点,总有 $L \in \mathscr{C}(\bar{E})$,使得 $K \cap V_n \subset L \subset K$. 由此,

$$\Sigma_n = \mathscr{F} \cup \Pi_1(\{(K, L) \mid K, L \in \mathscr{C}(\bar{E}), K \cap V_n \subset L \subset K\} \backslash \Delta).$$

这里 $\Delta = \{(K, K) \mid K \in \mathscr{C}(\bar{E})\}$. Π_1 是 $\mathscr{C}(\bar{E}) \times \mathscr{C}(\bar{E})$ 到其第一分量上的投影,$\mathscr{F} = \{\{x\} \mid x \in \bar{E} \backslash V_n\}$. 容易证明 $\mathscr{F}$ 是 $(\mathscr{C}(\bar{E}), \rho)$ 的闭子集. 继而命

$$S_n = \{(K, L) \mid K, L \in \mathscr{C}(\bar{E}), K \cap V_n \subset L \subset K\},$$

我们说 S_n 是 $\mathscr{C}(\bar{E}) \times \mathscr{C}(\bar{E})$ 的闭子集. 事实上,设 S_n 的列 $(K_m, L_m) \to (K, L)$. 如果 $x \in K \cap V_n$,由于 $\rho(K, K_m) \to 0$,因此存在 $x_m \in K_m$,使得 $d(x, x_m) \to 0$. 但 $x \in V_n$,V_n 是开集,所以 m 充分大时,

$$x_m \in K_m \cap V_n \subset L_m \subset K_m,$$

又 $\rho(L_m, L) \to 0$,因此,$d(x_m, L) \to 0$,$x \in L$. 即有 $K \cap V_n \subset L$. 如果 $y \in L$,由 $\rho(L_m, L) \to 0$,有 $y_m \in L_m \subset K_m$,使得 $d(y_m, y) \to 0$. 但 $\rho(K_m, K) \to 0$,因此 $d(y_m, K) \to 0$,$y \in K$. 即 $L \subset K$,$(K, L) \in S_n$.

Δ 显然是紧距离空间 $\mathscr{C}(\bar{E}) \times \mathscr{C}(\bar{E})$ 的闭集,从而是 G_δ 子集. 进而 $(S_n \backslash \Delta)$ 是 F_σ 子集,即可写

$$S_n \setminus \Delta = \bigcup_m C_m,$$

其中 C_m 是 $\mathscr{C}(\bar{E}) \times \mathscr{C}(\bar{E})$ 的紧子集，$\forall m$. 又 Π_1 是连续的，因此，$\Pi_1(S_n \setminus \Delta) = \bigcup_m \Pi_1(C_m)$ 是 $\mathscr{C}(\bar{E})$ 的 F_σ 子集.   证毕.

定义 10.1.3   设 E 是 Polish 空间，$\mathscr{C}(E)$ 是 E 的非空闭子集全体，给予 $\mathscr{C}(E)$ Borel 构造 $\mathscr{P}$，$\mathscr{P}$ 由 $u(U) = \{F \in \mathscr{C}(E) \mid F \cap U \neq \varnothing\}$ ($\forall U$ 是 E 的非空开子集) 生成.

定理 10.1.4   设 E 是 Polish 空间，则 $(\mathscr{C}(E), \mathscr{P})$ 是标准的 Borel 空间.

证.   依命题 9.1.4，E 可以看作 $P = [0, 1]^\infty$ 的 Polish 子空间. P 上自然有距离 d，使之成为紧距离空间. 依引理 10.1.2，$(\mathscr{C}(P), \rho)$ 是 Polish 空间. 今只须证明 ρ 产生的 Borel 构造即 $\mathscr{P}$.

首先，如果 U 是 E 的开子集，我们说 $u(U)$ (见定义 10.1.3) 是 $(\mathscr{C}(E), \rho)$ 的开子集. 事实上，设 $F \in u(U)$，则有 $x \in F$ 及 x 的开邻域 $V \subset U$. 从而如果 $G \in \mathscr{C}(E)$，使得 $\rho(F, G)$ 充分小，则 $d(x, G)$ 也充分小，因此，$G \cap V \neq \varnothing$，$G \cap U \neq \varnothing$，即 $G \in u(U)$.

由此，$\mathscr{P} \subset \rho$ 产生的 Borel 构造. 今依定理 9.3.13，只须证明 $\mathscr{P}$ 包含分离的可数族. 设 $\{U_n\}$ 是 E 拓扑的可数基，我们证明 $\{u(U_n)\}$ 是分离的即可. 如果 $F, G \in \mathscr{C}(E)$，$F \neq G$，无妨设有 $x \in F \setminus G$，于是存在 x 的邻域 U，使得 $U \cap G = \varnothing$. 取 n，使得 $x \in U_n \subset U$，即有 $F \cap U_n \neq \varnothing$，$G \cap U_n = \varnothing$. 所以，$F \in u(U_n)$，$G \notin u(U_n)$.   证毕.

命题 10.1.5   设 (E, d) 是完备可分的距离空间，则 $\mathscr{C}(E)$ 的标准 Borel 构造 $\mathscr{P}$ 是使得 $F \rightarrow d(x, F)$ 为 $\mathscr{C}(E)$ 上可测函数的最小 Borel 构造，$\forall x \in E$. 换言之，$\mathscr{P}$ 由 $\{F \in \mathscr{C}(E) \mid d(x, F) < \lambda\}$ ($\forall x \in E$, $\lambda > 0$) 生成.

证.   首先对任意的 $x \in E$，$\lambda > 0$，令 $U = \{y \in E \mid d(x, y) < $

$\lambda\}$,易见 $u(U) = \{F \in \mathscr{C}(E) | d(x, F) < \lambda\}$,因此,$\{F \in \mathscr{C}(E) | d(x, F) < \lambda\} \in \mathscr{P}$.

依定理 9.3.13,今只须证明形如 $\{F \in \mathscr{C}(E) | d(x, F) < \lambda\}$ $(x \in E, \lambda > 0)$ 的全体包含分离的可数族。设 $\{x_n\}$ 是 (E, d) 的可数稠集,$U_{m,n} = \{x \in E | d(x, x_n) < m^{-1}\}$,及 $\theta_{m,n} = u(U_{m,n}) = \{F \in \mathscr{C}(E) | d(x_n, F) < m^{-1}\}$,$\forall m, n$ 如果 $F, G \in \mathscr{C}(E)$,$F \neq G$,无妨设有 $x \in F \backslash G$,于是 m 充分大时有 $d(x, G) > 2m^{-1}$. 取 x_n,使得 $d(x, x_n) < m^{-1}$,于是 $d(x_n, F) < m^{-1}$,即 $F \in \theta_{m,n}$. 另一方面,

$$d(x_n, G) \geqslant d(x, G) - d(x_n, x) > m^{-1},$$

因此 $G \notin \theta_{m,n}$. 所以 $\{\theta_{m,n}\}$ 是分离的. 证毕.

命题 10.1.6 设 X 是(复或实)可分的 Banach 空间,$C(X)$ 表示 X 的闭线性子空间的全体,则 $C(X)$ 是 $(\mathscr{C}(X), \mathscr{P})$ 的 Borel 子集.

证. 设 $\{V_n\}$ 是 X 拓扑的可数基,只须证明 $C(X) =$

$$\bigcap_{m,n} [u(V_m)' \cup u(V_n)' \cup u(V_m + V_n)] \cap \bigcap_{i,k} [u(V_i)' \cup u(\lambda_k V_i)]$$

这里$\{\lambda_k\}$ 是 (复或实)有理数的全体,$u(V_m)' = \mathscr{C}(X) \backslash u(V_m)$,$\forall m$.事实上,如果 $E \in$ 等式的右边,则对任意的 m, n, i,有 i) 如果 $E \cap V_m \neq \varnothing$,$E \cap V_n \neq \varnothing$,则 $E \cap (V_m + V_n) \neq \varnothing$;ii) 如果 $E \cap V_i \neq \varnothing$;则 $E \cap (\lambda_k V_i) \neq \varnothing$,$\forall k$. 因此,如果 $x, y \in E$,$\lambda \in \mathbf{C}$ (或 $\mathbf{R}$),取 V_m, V_n 分别紧缩于 x, y,及有理数列$\longrightarrow \lambda$,利用 E 的闭性,可见 $(x + y) \in E$,$\lambda x \in E$,即 $E \in C(X)$. 反之,如果 $E \in C(X)$,则对任意的 m, n, i,有上面的 i),ii),因此 $E \in$ 等式的右边. 证毕.

定理 10.1.7 设 X 是(复或实)可分的 Banach 空间,$C(X)$ 表示X 的闭线性子空间全体,$W(X^*)$ 表示 X^* 的弱 $*$ 闭线性子空间全体,则

1) $C(X)$ 的如下形式的子集

$$\{E \in C(X) \mid \|x + E\| < \lambda\}, \quad \forall x \in X, \ \lambda > 0$$

生成 $C(X)$ 的标准 Borel 构造;

2) $W(X^*)$ 的如下形式子集

$$\{E^* \in W(X^*) \mid \|x + E_\perp^*\| < \lambda\}, \quad \forall x \in X, \ \lambda > 0$$

生成 $W(X^*)$ 的标准 Borel 构造,这里 $E_\perp^*$ 是 E^* 在 X 中的直交部分.

证. 1) 由命题 9.3.15, 10.1.6 及 10.1.5 立见.

2) 只须注意 $E^* \to E_\perp^*$ 是 $W(X^*)$ 到 $C(X)$ 上的一一映象. 证毕.

命题 10.1.8 设 $\mathscr{H}$ 是可分的 Hilbert 空间,$W(\mathscr{H})$ 表示 $\mathscr{H}$ 的闭线性子空间全体,则

$$\{E \in W(\mathscr{H}) \mid \|\xi + E\| < \lambda\}, \quad \forall \xi \in \mathscr{H}, \ \lambda > 0$$

生成 $W(\mathscr{H})$ 的标准 Borel 构造,并且 $E \to E^\perp$ 是 $W(\mathscr{H})$ 到 $W(\mathscr{H})$ 上的 Borel 同构.

证. 只须对任意的 $\xi \in \mathscr{H}$, $\lambda > 0$, 证明

$$\{E \in W(\mathscr{H}) \mid \|\xi + E^\perp\| < \lambda\}$$

是 $W(\mathscr{H})$ 的 Borel 子集. 如果 $\lambda > \|\xi\|$, 显然 $\{E \in W(\mathscr{H}) \mid \|\xi + E^\perp\| < \lambda\} = W(\mathscr{H})$, 因此可设 $\|\xi\| \geqslant \lambda$. 注意如果 $E \in W(\mathscr{H})$, 令 p 是 $\mathscr{H}$ 到 E 上的投影,则

$$\|\xi + E^\perp\| = \|p\xi\|, \quad \|\xi + E\| = \|(1 - p)\xi\|^2.$$

如果命 $\mu = (\|\xi\|^2 - \lambda^2)^{\frac{1}{2}}$, 则可见

$$\{E \in W(\mathscr{H}) \mid \|\xi + E^\perp\| < \lambda\}$$

$$= \{E \in W(\mathscr{H}) \mid \|\xi + E\| > \mu\}$$

$$= W(\mathscr{H}) \setminus \bigcap_n \{E \in W(\mathscr{H}) \mid \|\xi + E\|$$

$$< \frac{1}{n} + \mu\}$$

是 $W(\mathscr{H})$ 的 Borel 子集. 证毕.

注 本节见参考文献 [25], [119].

§2. Borel 选择函数列

首先讨论一下 Hahn-Banach 定理的过程. 设 X 是实 Banach 空间, E 是 X 的线性子空间, f 是 E 上范数 $\leqslant 1$ 的线性泛函, $x \in X \backslash E$, 我们要把 f 保范地开拓到 $E \dotplus [x]$ 上, 即要求

$$|f(x + w)| \leqslant \|x + w\|, \quad \forall w \in E.$$

因此需要取 $f(x)$ 满足

$$-\|x + u\| - f(u) \leqslant f(x) \leqslant \|x + v\| - f(v),$$
$$\forall u, \ v \in E,$$

命

$$L(f) = \sup_{u \in E} (-\|x + u\| - f(u)),$$

$$M(f) = \inf_{v \in E} (\|x + v\| - f(v)),$$

于是要求 $L(f) \leqslant f(x) \leqslant M(f)$.

引理 10.2.1 设 $(E^*)_1 = \{f \in E^* \mid \|f\| \leqslant 1\}$, 则 $L(f)$ 是 $(E^*)_1$ 上的凸函数, 并且 $f \to L(f) = -M(-f)$ 在 $(E^*)_1$ 的内部是连续的.

证. 设 $\lambda \in [0, 1]$, $f, g \in (E^*)_1$, 对任意的 $u \in E$, $-\|x + u\| - (\lambda f + (1 - \lambda)g)(u) = \lambda[-\|x + u\| - f(u)] + (1 - \lambda) \cdot [-\|x + u\| - g(u)] \leqslant \lambda L(f) + (1 - \lambda)L(g)$, 因此, $L(\lambda f + (1 - \lambda)g) \leqslant \lambda L(f) + (1 - \lambda)L(g)$. 即 $L(\cdot)$ 是 $(E^*)_1$ 上的凸函数.

今设 $f_0 \in E^*$, $\|f_0\| \leqslant 1 - \eta$, 这里 $\eta \in (0, 1)$. 在 $V = \{f \in E^* \mid \|f\| < \eta\}$ 上定义函数 $F(f) = L(f + f_0) - L(f_0)$, 于是我们要证 $F(\cdot)$ 在 $f = 0$ 处是连续的. 显然, $F(0) = 0$, $F(\cdot)$ 在 V 上是凸函数, 并且依 $M(\cdot)$ 的定义,

$$F(f) \leqslant M(f + f_0) - L(f_0) \leqslant \|x\| - L(f_0), \quad \forall f \in V,$$

记 $\alpha = \|x\| - L(f_0)$. 对任意的 $\varepsilon \in (0, 1)$, 当 $\|f\| < \eta\varepsilon$ 时, f, $\pm \varepsilon^{-1}f$ 都 $\in V$, 于是由 $F(\cdot)$ 的凸性,

$$F(f) = F((1 - \varepsilon) \cdot 0 + \varepsilon \cdot \varepsilon^{-1}f) \leqslant \varepsilon F(\varepsilon^{-1}f) \leqslant \varepsilon\alpha,$$

$$0 = F((1 + \varepsilon)^{-1}f + \varepsilon(1 + \varepsilon)^{-1} \cdot (-\varepsilon^{-1}f))$$

$$\leqslant (1 + \varepsilon)^{-1}F(f) + \varepsilon(1 + \varepsilon)^{-1}F(-\varepsilon^{-1}f),$$

第二式即 $F(f) \geqslant -\varepsilon F(-\varepsilon^{-1}f) \geqslant -\varepsilon\alpha$. 因此, $|F(f)| \leqslant \varepsilon\alpha$. 这正表明 $F(\cdot)$ 在 $f = 0$ 处是连续的. 证毕.

定理 10.2.2 设 X 是可分的 Banach 空间, $W(X^*)$ 赋予定理 10.1.7 的标准 Borel 构造, 则存在 Borel 映象列 f_n: $W(X^*) \to (X^*, \sigma(X^*, X))$, 这里 $\sigma(X^*, X)$ 是 X^* 中的弱 $*$ 拓扑[1], 使得对每个 $E^* \in W(X^*)$ 及 n, $f_n(E^*) \in (E^*)_1$ (即 $f_n(E^*) \in E^*$, 且 $\|f_n(E^*)\| \leqslant 1$), 同时 $\{f_n(E^*)|n\}$ 在 $(E^*)_1$ 中是弱 $*$ 稠的.

证. 首先设 X 是实的, $\{x_n\}$ 是 X 的可数稠集并且 $x_1 = 0$, $E^* \in W(X^*)$, 于是 $\{\tilde{x}_n = x_n + E_1^*|n\}$ 是 X/E_1^* 的稠集. 记 $B_n = B_n(E^*) = [\tilde{x}_1, \cdots, \tilde{x}_n]$, 它是 X/E_1^* 的有限维子空间, $\forall n$. 对任意的 $t = (t_1, \cdots, t_n, \cdots)$, 这里 $t_n \in [0, 1]$, $\forall n$, 我们来定义 X/E_1^* 上范数 $\leqslant 1$ 的线性泛函 $f_t^{E^*}$, 即 $f_t^{E^*} \in (E^*)_1$. 自然 $f_t^{E^*}(\tilde{x}_1) = f_t^{E^*}(\tilde{o}) = 0$, 归纳假定 $f_t^{E^*}$ 在 B_n 上已有了定义, 并且在 B_n 上范数 $\leqslant 1$. 进而命

$$f_t^{E^*}(\tilde{x}_{n+1}) = t_{n+1}L(f_t^{E^*}) + (1 - t_{n+1})M(f_t^{E^*}). \tag{1}$$

这里 $L(f_t^{E^*}) = \sup\{-\|\tilde{x}_{n+1} + \tilde{u}\| - f_t^{E^*}(\tilde{u})|\tilde{u} \in B_n\}$, $M(f_t^{E^*}) = \inf\{\|\tilde{x}_{n+1} + \tilde{v}\| - f_t^{E^*}(\tilde{v})|\tilde{v} \in B_n\}$. 当 $\tilde{x}_{n+1} \bar{\in} B_n$ 时, 由前面关于 Hahn-Banach 定理的讨论, 可见 $f_t^{E^*}$ 将成为 $\tilde{B}_{n+1}$ 上范数 $\leqslant 1$ 的线性泛函. 当 $\tilde{x}_{n+1} \in B_n$ 时, 我们指出 (1) 原来就是成立的. 事实上, 由于 $f_t^{E^*}$ 在 B_n 上范数 $\leqslant 1$, 因此 $|f_t^{E^*}(\tilde{x}_{n+1} + \tilde{w})| \leqslant \|\tilde{x}_{n+1} + \tilde{w}\|$, $\forall \tilde{w} \in B_n$, 从而 $-\|\tilde{x}_{n+1} + \tilde{u}\| - f_t^{E^*}(\tilde{u}) \leqslant f_t^{E^*}(\tilde{x}_{n+1}) \leqslant \|\tilde{x}_{n+1} + \tilde{v}\| - f_t^{E^*}(\tilde{v})$, $\forall \tilde{u}, \tilde{v} \in B_n$ 依 $L(f_t^{E^*})$ 与 $M(f_t^{E^*})$ 的定义, 可见

$$-f_t^{E^*}(-\tilde{x}_{n+1}) \leqslant L(f_t^{E^*}) \leqslant f_t^{E^*}(\tilde{x}_{n+1}) \leqslant M(f_t^{E^*})$$

$$\leqslant -f_t^{E^*}(-\tilde{x}_{n+1}),$$

即 $f_t^{E^*}(\tilde{x}_{n+1}) = L(f_t^{E^*}) = M(f_t^{E^*})$, 因此 (1) 原来就是成立的. 这

---

1) 拓扑空间看作 Borel 空间时, 其 Borel 构造指由其开集全体所生成.

样归纳地便可得到 $f_r^{E^*} \in (E^*)_1$. 现在指出 $\{f_r^{E^*} \mid r = (r_n), r_n$ 有理数且 $\in [0,1], \forall n$, 且除去有限个外，r_n 都 $=0\}$ 在 $(E^*)_1$ 中是弱 $*$ 稠的，即对任意的 $f \in E^*$，$\|f\| < 1$，n 及 $\varepsilon > 0$，要寻找如上的 r，使得

$$|(f_r^{E^*} - f)(\tilde{x}_i)| < \varepsilon, \quad 1 \leqslant i \leqslant n.$$

当 $n = 1$ 时，由于 $\tilde{x}_1 = \tilde{o}$，取任意的 r 都是成立的. 今归纳假定对 n 及任意的 $\varepsilon > 0$，存在有理数 $r_1, \cdots, r_n \in [0,1]$，只要 $r = (r_1, \cdots, r_n, \cdots)$ (从 r_{n+1} 起，可以是 $[0,1]$ 中任意的有理数，但除有限个外均为 0)，就有 $|(f_r^{E^*} - f)(\tilde{x}_i)| < \varepsilon$，$1 \leqslant i \leqslant n$. 今对于 $(n+1)$ 及 $\varepsilon > 0$，依引理 10.2.1，存在 $\eta > 0$，对任何的 $g \in B_n^*$，只要 $|(g - f)(\tilde{x}_i)| < \eta$，$1 \leqslant i \leqslant n$ (这将使得 $\|g - f|B_n\|$ 充分小)，就有

$$|L(f) - L(g)| < \varepsilon, \quad |M(f) - M(g)| < \varepsilon, \qquad (2)$$

这里 $L(h) = \sup\{-\|\tilde{x}_{n+1} + \tilde{u}\| - h(\tilde{u}) \mid \tilde{u} \in B_n\}$ 及 $M(h) = \inf\{\|\tilde{x}_{n+1} - \tilde{v}\| - h(\tilde{v}) \mid \tilde{v} \in B_n\}$，$\forall h \in B_n^*$. 对此 $\eta > 0$，依归纳假定，将有 $r_1, \cdots, r_n$，使得 $|(f_r^{E^*} - f)(\tilde{x}_i)| < \eta$，$1 \leqslant i \leqslant n$，这里 $r = (r_1, \cdots, r_n, \cdots)$. 由于 f 在 B_{n+1} 上范数仍然 < 1，于是 $L(f) \leqslant f(\tilde{x}_{n+1}) \leqslant M(f)$，因此有 $t_{n+1} \in [0, 1]$ 使得

$$f(\tilde{x}_{n+1}) = t_{n+1}L(f) + (1 - t_{n+1})M(f),$$

依(1)，$f_r^{E^*}(\tilde{x}_{n+1}) = r_{n+1}L(f_r^{E^*}) + (1 - r_{n+1})M(f_r^{E^*})$. 今取有理数 r_{n+1} 充分接近 t_{n+1}，依(2)，将有 $|(f_r^{E^*} - f)(\tilde{x}_{n+1})| < \varepsilon$. 无妨认为 $\eta \leqslant \varepsilon$，因此对 $(n+1)$ 及 $\varepsilon > 0$，也有 $r_1, \cdots, r_{n+1}$，只要 $r = (r_1, \cdots, r_{n+1}, \cdots)$ 就有 $|(f_r^{E^*} - f)(\tilde{x}_i)| < \varepsilon$，$1 \leqslant i \leqslant n+1$.

现在对于任意的 $t = (t_1, \cdots, t_n, \cdots)$，这里 $t_n \in [0, 1]$，$\forall n$，我们来证明 $E^* \to f_t^{E^*}$ 是 $W(X^*)$ 到 $(X^*, \sigma(X^*, X))$ 的 Borel 映象. 这只须对任意的 n，证明 $E^* \to f_t^{E^*}(\tilde{x}_n)$ 是 $W(X^*)$ 上的 Borel 可测函数. 当 $n = 1$ 时，由 $x_1 = 0$，这是显然的. 归纳假定对 $\leqslant n$ 成立. 依作法，

$$f_t^{E^*}(\tilde{x}_{n+1}) = t_{n+1}L(f_t^{E^*}) + (1 - t_{n+1})M(f_t^{E^*}).$$

注意

$$L(f_r^{E^*}) = \sup\{-\|x_{n+1} + u + E^*_\perp\| - f_r^{E^*}(\tilde{u})$$

$$|u \text{ 是 } x_1, \cdots, x_n \text{ 的有理系数的组合}\}$$

依归纳假定及定理 10.1.7，可见 $E^* \to L(f_r^{E^*})$ 是 $W(X^*)$ 上的 Borel 可测函数．又 $M(f_r^{E^*}) = -L(-f_r^{E^*})$，因此，$E^* \to f_r^{E^*}(\tilde{x}_{n+1})$ 是 $W(X^*)$ 上的 Borel 可测函数．这样对 X 是实的情况，定理已得到证明．

以下设 X 是复的，X_r 是把 X 看作为实的 Banach 空间．依前段，可取 Borel 映象列 $f_n: W(X_r^*) \to (X_r^*, \sigma(X_r^*, X_r))$，使得对每个 $E_r^* \in W(X_r^*)$，$\{f_n(E_r^*)|n\}$ 是包含于 $(E_r^*)_1$ 的弱 * 稠集．对任意的 n 及 $E^* \in W(X^*)$，令

$$g_n(E^*)(x) = f_n(\operatorname{Re}E^*)(x) - if_n(\operatorname{Re}E^*)(ix), \quad \forall x \in X,$$

则 g_n 是 $W(X^*)$ 到 $(X^*, \sigma(X^*, X))$ 的 Borel 映象，并且 $\|g_n(E^*)\| \le 1$，$\forall E^* \in W(X^*)$．如果 $x \in E_\perp^*$，自然 $ix \in E_\perp^*$，但 $E_\perp^* = (\operatorname{Re}E^*)_\perp$，因此，$g_n(E^*)(x) = 0$，即 $g_n(E^*) \in (E^*)_1$，$\forall E^* \in W(X^*)$．此外，如果 $E^* \in W(X^*)$，对任意的 $g \in (E^*)_1$，$y_1, \cdots, y_m \in X$，及 $\varepsilon > 0$，由于 $\operatorname{Re}g \in (\operatorname{Re}E^*)_1$，所以有 n，使得

$$|(f_n(\operatorname{Re}E^*) - \operatorname{Re}g)(y_i)| < \varepsilon,$$

$$|(f_n(\operatorname{Re}E^*) - \operatorname{Re}g)(iy_i)| < \varepsilon, \quad 1 \le j \le m,$$

于是 $|(g_n(E^*) - g)(y_i)| < 2\varepsilon$，$1 \le j \le m$，即 $\{g_n(E^*)|n\}$ 在 $(E^*)_1$ 中是弱 * 稠的．　证毕．

定理 10.2.3　设 X 是可分的 Banach 空间，$(E, \mathscr{B})$ 是 Borel 空间，则映象 $\psi: (E, \mathscr{B}) \to W(X^*)$ 是 Borel 的，必须且只须，存在 Borel 映象列 $g_n: (E, \mathscr{B}) \to (X^*, \sigma(X^*, X))$，使得对每个 $t \in E$，$\{g_n(t)|n\}$ 是包含于 $\psi(t)(\in W(X^*))$ 的单位球 $(\psi(t))_1$ 的弱 * 稠集．

证．设 $\{f_n\}$ 如定理 10.2.2．如果 ψ 是 Borel 的，则 $\{g_n = f_n \circ \psi\}$ 满足要求．反之若满足要求的 $\{g_n\}$ 存在，于是对任意的 $x \in X$，$t \in E$，

$$\|x + \psi(t)_\perp\| = \sup_n \|g_n(t)(x)\|.$$

因此，$t \to \| x + \phi(t)_\perp \|$ 是 $(E, \mathscr{B})$ 上的 Borel 可测函数，$\forall x \in X$. 再依定理 10.1.7，ϕ 是 Borel 的.　　证毕.

注 本节见参考文献 [26]，[119].

§3. vN 代数的 Borel 空间

设 $\mathscr{H}$ 是（复）可分的 Hilbert 空间，于是 $X = T(\mathscr{H})$ 是可分的 Banach 空间，及 $X^* = B(\mathscr{H})$. 对任意的 $E \in W(X^*)$，命

$$E^* = \{ a^* \,|\, a \in E \}, \quad E' = \{ b \in B(\mathscr{H}) \,|\, ab = ba, \forall a \in E \}.$$

命题 10.3.1　$E \to E^*$, $E \to E'$ 是 $W(X^*)$ 中的 Borel 映象，这里 $W(X^*)$ 中的标准 Borel 构造如定理 10.1.7.

证.记 $\Phi(E) = E^*$, 注意 $(E^*)_\perp = (E_\perp)^*$, 于是对任意的 $t \in X$, $\lambda > 0$, 依定理 10.1.7,

$$\Phi^{-1}(\{ E \in W(X^*) \,|\, \| t + E_\perp \|_1 < \lambda \})$$
$$= \{ E \in W(X^*) \,|\, \| t^* + E_\perp \|_1 < \lambda \}$$

是 $W(X^*)$ 的 Borel 子集,这里 $\| \cdot \|_1$ 是 $X = T(\mathscr{H})$ 的迹范数. 因此，$E \to E^*$ 是 $W(X^*)$ 中的 Borel 映象.

依定理 10.2.2，存在 Borel 映象列 $a_n(\cdot): W(X^*) \to (X^*, \sigma(X^*, X))$，使得对任意的 $E \in W(X^*)$，$\{ a_n(E) \,|\, n \}$ 是包含于 $(E)_1$ 的弱*稠集. 于是

$$E' = \{ b \in X^* \,|\, b a_n(E) = a_n(E) b, \forall n \},$$
$$\forall E \in W(X^*).$$

定义

$$M = \{ (x_n) \,|\, x_n \in B(\mathscr{H}), \forall n, \sup_n \| x_n \| < \infty \},$$
$$M_* = \left\{ (t_n) \,|\, t_n \in T(\mathscr{H}), \forall n, \sum_n \| t_n \|_1 < \infty \right\}.$$

自然地它们都是 Banach 空间，并且 $(M_*)^* = M$.

对任意的 $E \in W(X^*)$，定义映象 $T^E: B(\mathscr{H}) \to M$，$T^E(b) = (b a_n(E) - a_n(E) b)$, $\forall b \in B(\mathscr{H})$. 于是，$E' = \ker T^E = \{ b \in B(\mathscr{H}) \,|\, T^E(b) = 0 \}$，并且易证 T^E 是 σ-σ 连续的.　再定义

映象 $T_*^E: M_* \to T(\mathcal{H})$.
$$T_*^E((t_n))(b) = T^E(b)((t_n))$$
$$= \sum_n \text{tr}((ba_n(E) - a_n(E)b)t_n)$$

$\forall b \in B(\mathcal{H})$, $(t_n) \in M_*$. 由于 $(T_*^E)^* = T^E$, 所以, $(E')_\perp = (\ker T^E)_\perp = \overline{T_*^E M_*}$.

设 S 是 $B(\mathcal{H})$ 的单位球, $\{b_i\}$ 是 (S, σ) 的可数稠集. 又 M_* 是可分的, 命 $\{(t_n^{(j)})\}_j$ 是 M_* 的可数稠集. 于是对任意的 $t \in X$, $E \in W(X^*)$,
$$\|t + (E')_\perp\|_1 = \inf_j \|t + T_*^E((t_n^{(j)}))\|_1,$$

但 $\|t + T_*^E((t_n^{(j)}))\|_1 = \sup_i |\text{tr}(tb_i) + \sum_n \text{tr}((b_i a_n(E) - a_n(E)$ $b_i)t_n^{(j)})|$, 及 $a_n(\cdot): W(X^*) \to (B(\mathcal{H}), \sigma)$ 是 Borel 的, 因此, $E \to \|t + (E')_\perp\|_1$ 是 $W(X^*)$ 上的 Borel 可测函数. 所以, $E \to E'$ 是 $W(X^*)$ 中的 Borel 映象. 证毕.

定理 10.3.2 设 $\mathcal{H}$ 是可分的 Hilbert 空间, $X = T(\mathcal{H})$, $\mathcal{A}$ 是 $\mathcal{H}$ 中 vN 代数的全体, 则 $\mathcal{A}$ 是 $W(X^*)$ 的 Borel 子集. 特别地,
$$\{M \in \mathcal{A} \mid \|t + M_\perp\|_1 < \lambda\}, \quad \forall t \in X, \lambda > 0$$
将生成 $\mathcal{A}$ 的标准 Borel 构造.

证. 依命题 10.3.1 及 9.3.4, $\{E \in W(X^*) \mid E = E^*\}$, $\{E \in W(X^*) \mid E = E''\}$ 都是 $W(X^*)$ 的 Borel 子集. 从而 $\mathcal{A} = \{E \in W(X^*) \mid E = E^*\} \cap \{E \in W(X^*) \mid E = E''\}$ 是 $W(X^*)$ 的 Borel 子集. 证毕.

命题 10.3.3 设 $\mathcal{H}$ 是可分的 Hilbert 空间, S 是 $B(\mathcal{H})$ 的单位球, $\mathcal{A}$ 是 $\mathcal{H}$ 中 vN 代数的全体, 则存在 Borel 映象列 $a_n(\cdot): \mathcal{A} \to (S, \sigma)$, 使得对每个 $M \in \mathcal{A}$, $\{a_n(M) \mid n\}$ 是包含于 M 的单位球 $(M)_1$ 的 $\tau(M, M_*)$ 稠集.

证. 依定理 10.2.2 与 10.3.2, 有 Borel 映象列 $b_n(\cdot): \mathcal{A} \to (S, \sigma)$, 使得对每个 $M \in \mathcal{A}$, $\{b_n(M) \mid n\}$ 是包含于 $(M)_1$ 的弱

算子稠集. 命

$$\{a_n(\cdot)|n\} = \Big\{\sum_k \lambda_k b_k(\cdot)|\lambda_k$$

是非负有理数,且 $\sum_k \lambda_k = 1\Big\}.$

依命题 1.2.8,$\{a_n(\cdot)\}_n$ 即满足要求. 证毕.

命题 10.3.4 设 $(E, \mathscr{B})$ 是 Borel 空间,$\mathscr{A}$ 是可分 Hilbert 空间 $\mathscr{H}$ 中 vN 代数的全体,则映象 $\psi: E \to \mathscr{A}$ 是 Borel 的,当且仅当,存在 Borel 映象列 $a_n(\cdot): E \to (B(\mathscr{H}), \sigma(B(\mathscr{H}), T(\mathscr{H})))$,使得对每个 $t \in E$,$\{a_n(t)|n\}$ 生成 $\psi(t)$.

证. 必要性由定理 10.2.3 立见. 反之设 $\{a_n(\cdot)\}$ 存在,依稠密性定理 1.6.1 及作适当的处理,可见有 Borel 映象列 $b_n(\cdot): E \to (B(\mathscr{H}), \sigma)$,使得对每个 $t \in E$,$\{b_n(t)|n\}$ 是包含于 $(\psi(t))_1$ 的 σ-稠集. 于是,依定理 10.2.3,$\psi: E \to \mathscr{A}$ 是 Borel 的. 证毕.

命题 10.3.5 $(M, N) \to M \cap N$,$(M, N) \to (M \cup N)''$ 是 $\mathscr{A} \times \mathscr{A}$ 到 $\mathscr{A}$ 中的 Borel 映象.

证. 设 Borel 映象列 $a_n(\cdot): \mathscr{A} \to (B(\mathscr{H}), \sigma)$ 如命题 10.3.3. 对任意的 $M, N \in \mathscr{A}$,命 $\{b_n(M, N)|n\} = \{a_n(M), a_m(N)|n, m\}$. 易见 $\{b_n(\cdot, \cdot)\}$ 是 $\mathscr{A} \times \mathscr{A}$ 到 $(B(\mathscr{H}), \sigma)$ 的 Borel 映象列,且 $\{b_n(M, N)|n\}$ 生成 $(M \cup N)''$,$\forall M, N \in \mathscr{A}$. 依命题 10.3.4,$(M, N) \to (M \cup N)''$ 是 $\mathscr{A} \times \mathscr{A}$ 到 $\mathscr{A}$ 中的 Borel 映象. 又注意 $(M, N) \to (M', N') \to (M' \cup N')'' \to (M' \cup N')''' = M \cap N$,每个映象都是 Borel 的,因此,$(M, N) \to M \cap N$ 是 $\mathscr{A} \times \mathscr{A}$ 到 $\mathscr{A}$ 的 Borel 映象. 证毕.

定理 10.3.6 设 $\mathscr{H}$ 是可分的 Hilbert 空间,$\mathscr{A}$ 是 $\mathscr{H}$ 中 vN 代数的全体,$\mathscr{F}$ 是 $\mathscr{H}$ 中因子的全体,则 $\mathscr{F}$ 是 $\mathscr{A}$ 的 Borel 子集. 特别地,

$$\{M \in \mathscr{F}|\|t + M_\perp\|_1 < \lambda\},\forall t \in T(\mathscr{H}), \lambda > 0$$

将生成 $\mathscr{F}$ 的标准 Borel 构造.

证．注意 $M \to (M, M') \to M \cap M'$ 是 Borel 映象，因此，$\mathscr{F} = \{M \in \mathscr{A} | M \cap M' = \mathbf{C} |_{\mathscr{H}}\}$ 是 $\mathscr{A}$ 的 Borel 子集． 证毕．

注 本节见参考文献 [26], [27], [119].

§4. 因子 Borel 空间的 Borel 子集

设 $\mathscr{H}$ 是可分的 Hilbert 空间，$\mathscr{A}$ 是 $\mathscr{H}$ 中 vN 代数的全体，$\mathscr{F}$ 是 $\mathscr{H}$ 中因子的全体．

引理 10.4.1 设 G 是 $\mathscr{H}$ 中酉算子的全体，依强算子拓扑，G 是 Polish 拓扑群．

证． G 依强算子拓扑显然是拓扑群． 今设 S 是 $B(\mathscr{H})$ 的单位球，依强算子拓扑，S 是 Polish 空间． 如果 $\{\xi_k\}$ 是 $\{\xi \in \mathscr{H} | \|\xi\| = 1\}$ 的可数稠集，则 $u \in G$，当且仅当，$\|u\xi_k\| = \|u^*\xi_k\| = 1$，$\forall k$． 因此，

$$G = \bigcap_k \{u \in S | \|u\xi_k\| = 1\} \bigcap \bigcap_{k, n} \bigcup_m$$
$$\left\{u \in S | |\langle \xi_k, u\xi_m\rangle| > 1 - \frac{1}{n}\right\}$$

这说明 G 是 S 的 G_δ 子集，因此，G 依强算子拓扑也是 Polish 空间． 证毕．

命题 10.4.2 对任意的 $M \in \mathscr{A}$，$S(M) = \{uMu^* | u \in G\}$ 是 $\mathscr{A}$ 的 Borel 子集，这里 G 是 $\mathscr{H}$ 中酉算子的全体．

证． 令 $H = \{u \in G | uMu^* = M\}$，在 G 中定义等价关系 $\sim$，$u \sim v$ 指 $v \in uH$． 依引理 10.4.1 及定理 9.4.2，将有 G 的 Borel 子集 E，使得 E 与 uH 的交由一个元组成，$\forall u \in G$． 于是，$S(M) = \{uMu^* | u \in E\}$．

今证明 $u \to uMu^*$ 是 G 到 $\mathscr{A}$ 中的 Borel 映象．事实上，如果 $\{a_n\}$ 是 $(M)_1$（M 的单位球）的可数 σ-稠集，则 $a_n(\cdot): u \to ua_nu^*$ 是 G 到 $(B(\mathscr{H}), \sigma)$ 的连续映象，并且 $\{a_n(u) | n\}$ 生成 uMu^*，

$\forall u \in G$. 依命题 10.3.4, $u \to uMu^*$ 是 G 到 $\mathscr{A}$ 的 Borel 映象.

特别, $u \to uMu^*$ 是 E 到 $\mathscr{A}$ 中一一的 Borel 映象. 依定理 9.3.12, $s(M)$ 是 $\mathscr{A}$ 的 Borel 子集. 证毕.

命题 10.4.3 设 $M \in \mathscr{A}$, 则 $a(M) = \{N \in \mathscr{A} \,|\, N$ 与 $M *$ 同构}是 $\mathscr{A}$ 的 Borel 子集.

证. $\mathscr{A} = \mathscr{A}(\mathscr{H})$ 是 $\mathscr{H}$ 中 vN 代数的全体, 将记 $\mathscr{A}(\mathscr{H} \otimes \mathscr{H})$ 为 $\mathscr{H} \otimes \mathscr{H}$ 中 vN 代数的全体, 定义 $\mathscr{A}(\mathscr{H})$ 到 $\mathscr{A}(\mathscr{H} \otimes \mathscr{H})$ 中的映象 $\Phi: \Phi(M) = M \overline{\otimes} \mathrm{C}|_{\mathscr{H}}$, $\forall M \in \mathscr{A}(\mathscr{H})$. 于是, M 与 $N *$ 同构, 当且仅当, $\Phi(M)$ 与 $\Phi(N) *$ 同构. 但 $\Phi(M)' = M' \overline{\otimes} B(\mathscr{H})$, $\Phi(N)' = N' \overline{\otimes} B(\mathscr{H})$ 都是真无限的(这里设 $\dim \mathscr{H} = \infty$, 如果 $\dim \mathscr{H} < \infty$, 则 $a(M) = s(M)$, 不待证), 依命题 6.6.7, 如果 $\Phi(M)$ 与 $\Phi(N) *$ 同构, 则它们也是空间 * 同构的. 于是, $a(M) = \Phi^{-1}(s(\Phi(M)))$. 依命题 10.4.2, 只须证 Φ 是 Borel 映象.

依命题 10.3.3, 有 Borel 映象列 $a_n(\cdot): \mathscr{A} \to (S, \sigma)$, 这里 S 是 $B(\mathscr{H})$ 的单位球, 使得 $\{a_n(N)\,|\,n\}$ 生成 N, $\forall N \in \mathscr{A}$. 于是, $\{a_n(\cdot) \otimes |_{\mathscr{H}}\}$ 是 $\mathscr{A}$ 到 $(B(\mathscr{H} \otimes \mathscr{H}), \sigma)$ 的 Borel 映象列, 并且 $\{a_n(N) \otimes |_{\mathscr{H}}\}$ 将生成 $\Phi(N)$, $\forall N \in \mathscr{A}$. 从而依命题 10.3.4, Φ 是 Borel 的. 证毕.

命题 10.4.4 $\mathscr{H}$ 中 (I_n) 型因子的全体 $\mathscr{F}_{\mathrm{I}_n}$ 是 $\mathscr{F}$ 的 Borel 子集, $n = \infty, 1, 2, \cdots$.

证. 由于 (I_n) 型因子彼此都是 * 同构的, 因此, 依命题 10.4.3 立见.

引理 10.4.5 记 $e_M(p)$ 是 $\mathscr{H}$ 到 $\overline{[M'p\mathscr{H}]}$ 上的投影, 则 $(M, p) \to e_M(p)$ 是 $\mathscr{A} \times P$ 到 P 中的 Borel 映象, 这里 P 是 $\mathscr{H}$ 中投影算子的全体, 依强算子拓扑, 它是 Polish 空间.

证. 只须证明 $(M, p) \to \overline{[M'p\mathscr{H}]}$ 是 $\mathscr{A} \times P$ 到 $W(\mathscr{H})$ 中的 Borel 映象. 依定理 10.2.3, 只须指出有 Borel 映象列 $\eta_n(\cdot, \cdot): \mathscr{A} \times P \to (\mathscr{H}, w)$, 这里 w 表示 $\mathscr{H}$ 中的弱拓扑, 使得 $\{\eta_n(M, p)\,|\,n\}$ 在 $\overline{[M'p\mathscr{H}]}$ 中稠, $\forall M \in \mathscr{A}$, $p \in P$.

依命题 10.3.3，有 Borel 映象列 $a_n(\cdot): \mathscr{A} \to (S, \sigma)$，使得 $\{a_n(M)|n\}$ 在 $(M)_1$ 中 τ-稠，$\forall M \in \mathscr{A}$．设 $\{\xi_k\}$ 是 $\mathscr{H}$ 的可数稠集，命 $\zeta_{n,k}(M, p) = a_n(M')p\xi_k$，易见 $\zeta_{n,k}$ 是 $\mathscr{A} \times P$ 到 $(\mathscr{H}, w)$ 中的 Borel 映象，$\forall n, k$，并且 $\{\zeta_{n,k}(M, p)|n, k\}$ 在 $\overline{[M'p\mathscr{H}]}$ 中的直交余为 $\{0\}$，因此，所要求的 $\{\eta_n(\cdot, \cdot)\}$ 即可找到． 证毕．

引理 10.4.6 $\mathscr{H}$ 中无限因子的全体 $\mathscr{F}_{if}$ 是 $\mathscr{F}$ 的 Sousline 子集．

证. 因子 M 是无限的，当且仅当，存在 $v \in M$，使得 $v^*v = 1$，$vv^* \not\approx 1$．依命题 10.3.3，有 Borel 映象列 $a_n(\cdot): \mathscr{A} \to (S, \sigma)$，使得 $\{a_n(M)|n\}$ 在 $(M)_1$ 中 τ-稠，$\forall M \in \mathscr{A}$．注意

$$E = \{(M, v)|v^*v = 1,\ vv^* \not\approx 1,$$
$$a_n(M')v = va_n(M'),\ \forall n\}$$
$$= \mathscr{F} \times \{v|v^*v = 1,\ vv^* \not\approx 1\} \bigcap \bigcap_n$$
$$\{(M, v)|a_n(M')v = va_n(M')\}$$
$$= \mathscr{F} \times \{v|v^*v = 1,\ vv^* \neq 1\} \bigcap \bigcap_{n,i,j}$$
$$\{(M, v)|\langle(a_n(M')v - va_n(M'))\xi_j,\ \xi_i\rangle = 0\}$$

是 $\mathscr{F} \times (S, \tau)$ 的 Borel 子集，这里 $\{\xi_i\}$ 是 $\mathscr{H}$ 的可数稠子集．命 π 是 $\mathscr{F} \times (S, \tau)$ 到 $\mathscr{F}$ 的投影映象，因此，$\mathscr{F}_{if} = \pi E$ 是 $\mathscr{F}$ 的 Sousline 子集． 证毕．

命题 10.4.7 $\mathscr{H}$ 中 (II_1) 型因子的全体 $\mathscr{F}_{\mathrm{II}_1}$ 是 $\mathscr{F}$ 的 Borel 子集．

证. 依命题 10.4.4 及引理 10.4.6，只须证明 $\mathscr{H}$ 中有限因子的全体 $\mathscr{F}_f$ 是 $\mathscr{F}$ 的 Sousline 子集．

由于 $\mathscr{H}$ 可分，$\mathscr{H}$ 中因子 M 是有限的，当且仅当，M 上存在忠实的正规迹，即有 $\{\xi_k\} \subset \mathscr{H}$，使得 $\sum_k \|\xi_k\|^2 < \infty$，$\sum_k \langle(ab - ba)\xi_k,\ \xi_k\rangle = 0$，$\forall a, b \in M$，以及 $[a'\xi_k|k, a' \in M']$ 在 $\mathscr{H}$ 中稠．于是依引理 10.4.5，

$$E = \{(M,(\xi_k)) \mid (\xi_k) \text{ 对 } M \text{ 具有上面所说的性质}\}$$

$$= \{(M,(\xi_k)) \mid c_M(p) = 1, \text{这里 } p \text{ 是 } \mathscr{H} \text{ 到 } \overline{[\xi_k \mid k]} \text{ 上的投}$$
$$\text{影}\}.$$

$$\bigcap_{n,m} \bigcap_k \left\{ (M,(\xi_k)) \; \Big| \; \sum_k \right.$$

$$\left. \langle (a_n(M)a_m(M) - a_m(M)a_n(M))\xi_k, \xi_k \rangle = 0 \right\}$$

是 $\mathscr{F} \times \mathscr{H}_\infty$ 的 Borel 子集, 这里 $a_n(\cdot): \mathscr{A} \to (S,\sigma)$ 是 Borel 映象, 使得 $\{a_n(M) \mid n\}$ 在 $(M)_1$ 中 τ-稠, $\forall M \in \mathscr{A}$ (见命题 10.3.3); 而 $\mathscr{H}_\infty$ 是可数无穷多个 $\mathscr{H}$ 的 Hilbert 直和. 今命 π 是 $\mathscr{F} \times \mathscr{H}_\infty$ 到 $\mathscr{F}$ 上的投影映象, 则 $\mathscr{F}_f = \pi\mathscr{F}$ 是 $\mathscr{F}$ 的 Sousline 子集. 证毕.

引理 10.4.8 $\mathscr{H}$ 中半有限因子的全体 $\mathscr{F}_{sf}$ 是 $\mathscr{F}$ 的 Sousline 子集.

证. M 是半有限的, 当且仅当, 存在 M 的有限投影 p, 使得 $c(p) = 1$, 即有 $\{\xi_k\} \subset p\mathscr{H}$, 使得 $\sum_k \|\xi_k\|^2 < \infty$, $\sum_k \langle \cdot \xi_k, \xi_k \rangle$ 是 (pMp) 上忠实的正规迹, 同时 $\overline{[Mp\mathscr{H}]} = \mathscr{H}$.

考虑 $\mathscr{F} \times P \times \mathscr{H}_\infty$ 的子集 E, $(M, p, (\xi_k)) \in E$ 指: $p\xi_k = \xi_k, \forall k$; $pa_n(M') = a_n(M')p, \forall n$; $\overline{[a'\xi_k \mid k, \; a' \in M']} = p\mathscr{H}$; $\overline{[Mp\mathscr{H}]} = \mathscr{H}$; 以及对任意的 n, m

$$\sum_k \langle (pa_n(M)pa_m(M)p - pa_m(M)pa_n(M)p)\xi_k, \xi_k \rangle = 0,$$

这里 $a_n(\cdot)$ 是 $\mathscr{A}$ 到 (S,σ) 的 Borel 映象, 使得 $\{a_n(M)\}_n$ 在 $(M)_1$ 中 τ-稠, $\forall M \in \mathscr{A}$ (见命题 10.3.3). 依引理 10.4.5, $(M, p) \to \overline{[Mp\mathscr{H}]}$ 是 Borel 映象, 由此易见 E 是 Borel 子集. 令 π 是 $\mathscr{F} \times P \times \mathscr{H}_\infty$ 到 $\mathscr{F}$ 上的投影映象, 则 $\mathscr{F}_{sf} = \pi E$ 是 $\mathscr{F}$ 的 Sousline 子集. 证毕.

引理 10.4.9 设 M 是 $\mathscr{H}$ 中的因子, Φ 是 M 的 $*$ 自同构. 如果有 M 的非零元 a, 使得 $\Phi(b)a = ab, \forall b \in M$, 则 Φ 是 M 的内 $*$

自同构,即有M的酉元u,使得 $\Phi(b) = ubu^*$, $\forall b \in M$.

证. 对任意的 $b \in M$, $\Phi(b)a = ab$, $a^*\Phi(b^*) = b^*a^*$. 特别地,b 是M的酉元,则

$$b^*(a^*a)b = a^*\Phi(b^*) \cdot \Phi(b)a = a^*a,$$
$$\Phi(b)aa^*\Phi(b^*) = ab \cdot b^*a^* = aa^*.$$

因此, a^*a 及 $aa^* \in M \cap M' = \mathbf{C}|_{\mathscr{H}}$. 令 $u = \|a\|^{-1}a$,则 u 是M的酉元,并且 $\Phi(b) = ubu^*$, $\forall b \in M$. 证毕.

引理 10.4.10 设G是$\mathscr{H}$中酉算子的全体,则 $E = \{(M,u)|$ $uMu^* = M$, 但$\cdot \longrightarrow u \cdot u^*$ 不是M的内$*$自同构$\}$是$\mathscr{F} \times G$的 Borel 子集.

证. 依命题 10.3.3,有 Borel 映象列 $a_n(\cdot)$: $\mathscr{A} \to (S, \sigma)$,使得 $\{a_n(M)|n\}$ 在 $(M)_1$ 中 τ-稠,$\forall M \in \mathscr{A}$. 由于 $(M, u) \to$ $ua_n(M)u^*$ 是 $\mathscr{F} \times G$ 到 (S, σ) 中的 Borel 映象,$\forall n$,因此,

$$\{(M, u)|uMu^* = M\} = \bigcap_{n,m}$$

$$\{(M, u)|ua_n(M)u^* \cdot a_m(M') = a_m(M') \cdot ua_n(M)u^*\}$$

是 $\mathscr{F} \times G$ 的 Borel 子集. 设距离d使得(S, σ)成为完备可分的距离空间,命 $E(j, k, m, n)$ 是 $\mathscr{F} \times G$ 的子集,$(M, u) \in$ $E(j, k, m, n)$ 指 $uMu^* = M$,并且满足下列之一:

1) $d(a_j(M), 0) < n^{-1}$;

2) $d(ua_k(M'), 0) < n^{-1}$;

3) $d(a_j(M), 0) \geq n^{-1}, d(ua_k(M'), 0) \geq n^{-1}$,以及 $d(a_j(M),$ $ua_k(M')) \geq m^{-1}$.

注意 $(M, u) \to (a_j(M), ua_k(M'))$ 是 $\mathscr{F} \times G$ 到 $(S, \sigma) \times$ (S, σ) 中的 Borel 映象,因此,$E(j, k, m, n)$ 是 $\mathscr{F} \times G$ 的 Borel 子集. 今只须证明 $E = \bigcap_n \bigcup_m \bigcap_{j,k} E(j, k, m, n)$.

如果 $\cdot \longrightarrow u \cdot u^*$ 是M的内$*$自同构,即有M的酉元v,使得 $uau^* = vav^*$, $\forall a \in M$. 于是, $v \in uM'$. 设 $d(v, 0) \geq 2n^{-1}$,对任意的m,可选j, k,使得

$$d(a_j(M), v) < (2mn)^{-1}, \quad d(ua_k(M'), v) < (2mn)^{-1},$$

由三角形不等式,可见 $(M, u) \notin E(j, k, m, n)$. 因此,$(M, u) \notin$
$\bigcap_n \bigcup_m \bigcap_{j,k} E(j, k, m, n)$.

反之,设 $(M, u) \in \mathscr{F} \times G$, $uMu^* = M$, 并且 $(M, u) \notin$
$\bigcap_n \bigcup_m \bigcap_{j,k} E(j, k, m, n)$, 于是存在 n, 对任意的 m, 有 $j(m)$,
$k(m)$, 使得 $(M, u) \notin E(j(m), k(m), m, n)$. 因此,$d(a_{j(m)}(M),$
$0) \geqslant n^{-1}, d(ua_{k(m)}(M'), 0) \geqslant n^{-1}$, 及 $d(a_{j(m)}(M), ua_{k(m)}(M')) <$
m^{-1}, $\forall m$. 由于 M, M' 的单位球是 σ-紧的,因此,$\{a_{j(m)}(M)\}_m$
有 σ-极限点 a, $\{a_{k(m)}(M')\}_m$ 有 σ-极限点 a',可见

$$a = ua', \quad d(a, 0) \geqslant n^{-1}, \quad d(ua', 0) \geqslant n^{-1}.$$

今对任意的 $b \in M$, 由于 $u^* a \in M'$, $ubu^* = ab$, 依引理 10.4.9,
$\cdot \longrightarrow u \cdot u^*$ 是 M 的内 $*$ 自同构,即 $(M, u) \notin E$. 证毕.

引理 10.4.11 设 G 是 $\mathscr{H}$ 中酉算子的全体,依强算子拓扑,G
是 Polish 拓扑群;令 $G_0 = \{u \in G | 1$ 不是 u 的本征值$\}$,则

$$G_0 = \bigcap_{n,k} \bigcup_m \bigcap_{1 \leqslant i \leqslant n} \{u \in G | \|f_m(u)\xi_i\| < k^{-1}\}$$

是 G 的 Borel 子集,这里 $\{\xi_i\}$ 是 $\mathscr{H}$ 单位球的可数稠集,$\{f_m\}$ 是复
平面的单位圆周上的连续函数列,使得: 1) $0 \leqslant f_m \leqslant 1$; 2) 如
果 $|1 - z| \leqslant 2^{-m}$, 则 $f_m(z) = 1$; 3) 如果 $|1 - z| \geqslant 2^{-m+1}$,
则 $f_m(z) = 0$, $\forall m$.

证. 设 $u \in G$, 及有 $\mathscr{H}$ 的单位矢 ξ 使得 $u\xi = \xi$, 于是
$f_m(u)\xi = \xi$, $\forall m$. 由此,

$$|1 - \|f_m(u)\xi_i\|| = |\|f_m(u)\xi\| - \|f_m(u)\xi_i\||$$
$$\leqslant \|\xi - \xi_i\|, \quad \forall j,$$

取 j_0, 使得 $\|\xi_{i_0} - \xi\| \leqslant \frac{1}{4}$, 于是 $\|f_m(u)\xi_{i_0}\| \geqslant \frac{3}{4}$, $\forall m$. 当 $n \geqslant$
j_0 及 $k \geqslant 2$ 时,

$$u \notin \{v \in G | \|f_m(v)\xi_{i_0}\| < k^{-1}\}, \quad \forall m.$$

反之设 $u \in G$, 且 1 不是 u 的本征值,$e(\cdot)$ 是定义于单位圆

周上相应于 u 的谱测度,令

$$p_m = e(\{z \mid |z| = 1, \quad |1 - z| \leqslant 2^{-m}\}),$$

则 $p_{m+1} \leqslant p_m$, $0 \leqslant f_{m+1}(u) \leqslant p_m \leqslant f_m(u)$,并且由于 1 不是 u 的本征值,$p_m \xrightarrow{\text{强算子}} 0$. 对任意的 n, k,选 m 充分大,使得 $\sup\{\|p_m \xi_j\| \mid 1 \leqslant j \leqslant n\} < k^{-1}$,则

$$\|f_{m+1}(u)\xi_j\| = \|f_{m+1}(u)p_m\xi_j\| \leqslant \|p_m\xi_j\| < k^{-1},$$
$$1 \leqslant j \leqslant n.$$

证毕.

引理 10.4.12 设 X, Z 是 Polish 空间,Y 是 Borel 空间,f 是 $X \times Y$ 到 Z 中的映象,使得对每个 $y \in Y$,$f(\cdot, y)$ 是 X 到 Z 中的连续映象,同时对每个 $x \in X$,$f(x, \cdot)$ 是 Y 到 Z 中的 Borel 映象,则 f 是 Borel 映象.

证. 设 d, δ 是 X, Z 中相应的距离,并且 $\{x_k\}$ 是 X 的可数稠集. 如果 F 是 Z 的闭子空间,则

$$f^{-1}(F) = \{(x, y) \mid f(x, y) \in F\}$$
$$= \bigcap_n \bigcup_k \{(x, y) \mid d(x, x_k) < n^{-1},$$
$$\delta(f(x_k, y), F) < n^{-1}\}$$
$$= \bigcap_n \bigcup_k (\{x \mid d(x, x_k) < n^{-1}\} \times Y \cap X$$
$$\times f(x_k, \cdot)^{-1}(\{z \mid \delta(z, F) < n^{-1}\}))$$

是 $X \times Y$ 的 Borel 子集,因此,f 是 Borel 的.   证毕.

引理 10.4.13 设 G 是 $\mathscr{H}$ 中酉算子的全体,$G_0 = \{u \in G \mid 1$ 不是 u 的本征值$\}$,$f(t, z) = \exp(-t(z+1)(z-1)^{-1})$, $\forall t \in \mathbb{R}$, $|z| = 1$, $z \neq 1$,则 f 是 $\mathbb{R} \times G_0$ 到 G 中的 Borel 映象,这里 G, G_0 的 Borel 构造由强算子拓扑产生.

证. 设 $u \in G_0$,由于 1 不是 u 的本征值,因此,$t \to f(t, u)$ 是 $\mathbb{R}$ 到 G 中的连续映象.

今任意固定 $t \in \mathbb{R}$. 记 Γ 为复平面的单位圆周,于是 $g(z) = it(z+1)(z-1)^{-1}$ 是 $(\Gamma \backslash \{1\})$ 上的实值连续函数. 自然可以

取 Γ 上的实值连续函数列 $\{g_n\}$, 使得 $g_n(z) \to g(z)$, $\forall z \in (\Gamma \setminus \{1\})$. 由此, 依强算子拓扑, $\exp(ig_n(u)) \to \exp(ig(u)) = f(t, u)$, $\forall u \in G_0$. 设 δ 是 Polish 空间 G 上相应的距离, F 是 G 的闭子集, 由于 $\delta(\exp(ig_n(u)), f(t, u)) \to 0$, $\forall u \in G_0$, 因此,

$$f(t, \cdot)^{-1}(F) = \{u \in G_0 | f(t, u) \in F\}$$
$$= \bigcap_k \bigcup_{n \geqslant k} \{u \in G_0 | \delta(\exp(ig_n(u)), F) < k^{-1}\},$$

但 $\exp(ig_n(\cdot))$ 是 G 中的连续映象, $\forall n$, 又 G_0 是 G 的 Borel 子集(引理 10.4.11), 因此, $f(t, \cdot)^{-1}(F)$ 是 G_0 的 Borel 子集. 从而, $f(t, \cdot)$ 是 G_0 到 G 中的 Borel 映象.

依引理 10.4.12, f 是 $\mathbf{R} \times G_0$ 到 G 中的 Borel 映象. 证毕.

引理 10.4.14 设 E 是 $\mathscr{F}$ 的 Sousline 子集, 则 $s(E) = \{uMu^* | M \in E, u \in G\}$ 也是 $\mathscr{F}$ 的 Sousline 子集, 这里 G 是 $\mathscr{H}$ 中酉算子的全体.

证. 依命题 10.3.3, 有 Borel 映象列 $a_n(\cdot)$: $\mathscr{F} \to (S, \sigma)$, 使得 $\{a_n(M) | n\}$ 在 $(M)_1$ 中 τ-稠, $\forall M \in \mathscr{F}$. 令 $b_n(M, u) = ua_n(M)u^*$, 则 $\{b_n(\cdot, \cdot)\}$ 是 $\mathscr{F} \times G$ 到 (S, σ) 中的 Borel 映象列, 并且 $\{b_n(M, u)\}_n$ 生成 uMu^*, $\forall(M, u) \in \mathscr{F} \times G$. 依命题 10.3.4, $\varPsi$: $(M, u) \to uMu^*$ 是 $\mathscr{F} \times G$ 到 $\mathscr{F}$ 中的 Borel 映象. 因此, 依命题 9.3.5, $s(E) = \varPsi(E \times G)$ 是 $\mathscr{F}$ 的 Sousline 子集. 证毕.

今记 $D = \{z \in \mathbf{C} | 0 \leqslant \mathrm{Im}\, z \leqslant 1\}$;

$A(D) = \{f | f$ 是 D 上连续有界的复值函数, 且在 $\mathring{D}$ 中解析$\}$;

$C_0^\infty(D)$ 是 D 上连续复值函数, 且在 ∞ 处为 0 的全体, 依极大模, 它是 Banach 空间.

$f(z) \to \exp(-|\mathrm{Re}\, z|)f(z)$ 显然是 $A(D)$ 到 $C_0^\infty(D)$ 中的一一映象, 并且把 $\{f \in A(D) | |f(z)| \leqslant r, \forall z \in D\}$ 映为 $C_0^\infty(D)$ 的闭子集. 因此, 这个映象把 $A(D)$ 一一地映为 $C_0^\infty(D)$ 的一个 Borel 子集, 于是由 $C_0^\infty(D)$ 的 Borel 构造可诱导 $A(D)$ 的标准

Borel 构造.

命题 10.4.15 $\mathscr{H}$ 中 (III) 型因子的全体 $\mathscr{F}_{\text{III}}$ 是 $\mathscr{F}$ 的 Borel 子集.

证. 依引理 10.4.8,只须证明 $\mathscr{F}_{\text{III}}$ 是 Sousline 子集. 设 ξ_0 是 $\mathscr{H}$ 的单位矢,考虑 $\mathscr{F} \times G_0 \times \mathbf{R}$ 的子集 E,$(M, u, s) \in E$ 指: 1) $\overline{M \xi_0} = \overline{M' \xi_0} = \mathscr{H}$;2) 对任意的 $t \in \mathbf{R}$,$f(t, u)\xi_0 = \xi_0$;3) $f(t, u)Mf(-t, u) = M$,$\forall t \in \mathbf{R}$;4) $\cdot \to f(s, u) \cdot f(-s, u)$ 不是 M 的内 $*$ 自同构,这里 G_0 与 f 如引理 10.4.13 所述.

由命题 10.3.3 及 10.2.3,条件 1) 决定 $\mathscr{F}$ 的 Borel 子集. 对任意的有理数 r,依引理 10.4.13 的证明,$f, (r, \cdot)$ 是 G_0 到 G 的 Borel 映象,因此,条件 2) 决定 G_0 的 Borel 子集. 在引理 10.4.10 的证明中,已指出 $\{(M, v)|vMv^* = M\}$ 是 $\mathscr{F} \times G$ 的 Borel 子集. 条件 3) 也只须对所有的有理数成立,因此,条件 3) 也决定 $\mathscr{F} \times G_0$ 的 Borel 子集. 此外,依引理 10.4.10 及 10.4.13,条件 4) 决定 $\mathscr{F} \times G_0 \times \mathbf{R}$ 的 Borel 子集. 所以,E 是 $\mathscr{F} \times G_0 \times \mathbf{R}$ 的 Borel 子集.

依命题 10.3.3,有 Borel 映象列 $a_n(\cdot)\colon \mathscr{F} \to (S, \sigma)$,使得对任意的 $M \in \mathscr{F}$,$\{a_n(M)|n\}$ 在 $(M)_1$ 中 τ-稠. 对任意的正整数 j, k,考虑 $\mathscr{F} \times G_0 \times \mathbf{R} \times A(D)$ 的子集 $E(j, k)$,$(M, u, s, g) \in E(j, k)$ 指: 5) $(M, u, s) \in E$;6) $g(t) = \varphi(f(t, u) \times a_j(M)f(-t, u)a_k(M))$,$\forall t \in \mathbf{R}$;7) $g(t+i) = \varphi(a_k(M)f(t, u) \times a_j(M)f(-t, u))$,$\forall t \in \mathbf{R}$,这里 $\varphi(\cdot) = \langle \cdot \xi_0, \xi_0 \rangle$.

条件 6) 只须对所有的有理数成立,因此决定 $\mathscr{F} \times G_0 \times A(D)$ 的 Borel 子集. 条件 7) 也相仿,所以,$E(j, k)$ 是 $\mathscr{F} \times G_0 \times \mathbf{R} \times A(D)$ 的 Borel 子集.

命 π_1 是 $\mathscr{F} \times G_0 \times \mathbf{R} \times A(D)$ 到 $\mathscr{F} \times G_0 \times \mathbf{R}$ 上的投影映象,π_2 是 $\mathscr{F} \times G_0 \times \mathbf{R}$ 到 $\mathscr{F}$ 上的投影映象,于是,

$$E_0 = \pi_2\left(\bigcap_{j,k} \pi_1 E(j, k)\right)$$

是 $\mathscr{F}$ 的 Sousline 子集. 依引理 10.4.14,$s(E_0)$ 也是 $\mathscr{F}$ 的 Sousline 子集.

如果 $M \in \mathscr{F}_{\text{III}}$,依命题 6.6.6,$M$ 在 $\mathscr{H}$ 中有循环且分离的单位矢 ξ. 于是有 $u \in G$, 使得 uMu^* 以 ξ_0 为循环且分离的矢. 从而只须证明

$$E_0 = \{M \in \mathscr{F}_{\text{III}} | M \text{ 以 } \xi_0 \text{ 为循环且分离的矢}\}.$$

设 $M \in \mathscr{F}_{\text{III}}$,并且以 ξ_0 为循环且分离的矢. 于是,$\varphi(\cdot) = \langle \cdot \xi_0, \xi_0 \rangle$ 是 M 上忠实的正规态. 依定义 8.3.1,φ 引导 M 的模自同构群 $\{\sigma_t | t \in \mathbf{R}\}$. 由于 $M \in \mathscr{F}_{\text{III}}$,依定理 8.3.6,必有 $s \in \mathbf{R}$, 使得 σ_s 不是 M 的内 * 自同构. 由于 $\{\sigma_t\}$ 对 φ 是不变的,

$$a\xi_0 \rightarrow \sigma_t(a)\xi_0, \qquad \forall a \in M$$

可扩张为 $\mathscr{H}$ 中的酉算子 u_t, $\forall t \in \mathbf{R}$. 易见

$$u_t\xi_0 = \xi_0, \quad u_t a u_{-t} = \sigma_t(a), \quad \forall t \in \mathbf{R}, \quad a \in M$$

以及 $t \rightarrow u_t$ 是强算子连续的. 如果 u 是 $\{u_t\}$ 无穷小母元的 Caley 变换,则 $u \in G_0$, 并且 $u_t = f(t, u)$, $\forall t \in \mathbf{R}$. 设 g_{jk} 是相应于 $(\varphi, \sigma_t, a_j(M), a_k(M))$ 的 KMS 函数,则 $(M, u, s, g_{jk}) \in E(j, k)$, $\forall j, k$. 因此,$M \in E_0$.

反之,设 $M \in E_0$,则有 $u \in G_0$, $s \in \mathbf{R}$, 使得

$$(M, u, s) \in \bigcap_{j,k} \pi_1 E(j, k).$$

因此,$M \in \mathscr{F}$,以 ξ_0 为循环且分离的矢,$\{\sigma_t(\cdot) = f(t, u) \cdot f(-t, u) | t \in \mathbf{R}\}$ 是 M 的强算子连续的 * 自同构群,并且 $\sigma_s(\cdot)$ 不是 M 的内 * 自同构. 对任意的 $a, b \in (M)_1$,依 $\{a_n(M)\}_*$ 的性质,有

$$a_{j(n)}(M) \xrightarrow{\tau} a, \qquad a_{k(n)}(M) \xrightarrow{\tau} b,$$

对每个 n,由于 $(M, u, s) \in \pi_1 E(j(n), k(n))$,因此有 $g_n \in A(D)$, 使得对任意的 $t \in \mathbf{R}$,

$$\begin{cases} g_n(t) = \varphi(\sigma_t(a_{j(n)}(M))a_{k(n)}(M)) \\ g_n(t + i) = \varphi(a_{k(n)}(M)\sigma_t(a_{j(n)}(M))). \end{cases}$$

注意 $f(t, u)\xi_0 = \xi_0$ 及 $f(t, u) \in G$, $\forall t \in \mathbf{R}$, 由极大模原理,$|g_n(z) - g_m(z)| \rightarrow 0$, 对 $z \in D$ 一致. 因此有 $g \in A(D)$, 使得

$g_n(z) \to g(z)$，$\forall z \in D$. 特别地，

$$g(t) = \varphi(\sigma_t(a)b), \quad g(t+i) = \varphi(b\sigma_t(a)), \quad \forall t \in \mathbf{R}.$$

依定理 8.2.10，$\{\sigma_t(\cdot) = f(t, u) \cdot f(-t, u)\}$ 是 M 的相应于 $\varphi(\cdot) = \langle \cdot \xi_0, \xi_0 \rangle$ 的模自同构群. 由于 $\sigma_t(\cdot)$ 不是 M 的内 $*$ 自同构，依定理 8.3.6，$M \in \mathscr{F}_{\mathrm{III}}$. 证毕.

综上所述，我们有

定理 10.4.16 $\mathscr{F}_{\mathrm{I}_n}(n = 1, 2, \cdots)$，$\mathscr{F}_{\mathrm{I}_\infty}$，$\mathscr{F}_{\mathrm{II}_1}$，$\mathscr{F}_{\mathrm{II}_\infty}$ 及 $\mathscr{F}_{\mathrm{III}}$ 都是 $\mathscr{F}$ 的 Borel 子集.

注 本节见参考文献 [84]，[100].

第十一章 约化理论

约化理论是 F. J. Murray 与 J. von Neumann 所创立的。尽管已经有了许多发展，但理论的大部份仍未改变。此外，由于 E. G. Effros 引入了 vN 代数的 Borel 空间(见第十章)，因此，本章也将加入这个近代的观点。

§1—§3 在 Borel 空间(虽然还可以在更一般的局部化测度空间)上分别引入 Hilbert 空间可测场，算子可测场，vN 代表可测场的概念，并由此来定义它们的"积分"，及指出分解的算子、分解的 vN 代数与对角算子之间的关系(11.2.10，11.3.7)。§4 指出 vN 代数可以分解为因子的"积分"(11.4.2)，以及这样的分解在本质上是唯一的(11.4.5)。这曾经是约化理论的主要目的之一。§5 证明分解的 vN 代数与其积分的各分量的类型是相同的(11.5.10)。§6 指出如果算子可测场或者 vN 代数可测场能够点点空间 * 同构于定常的算子场或 vN 代数场，那么这个 * 同构场可以改取作可测的(11.6.3，11.6.5)。原先是在标准 Borel 空间上进行的，后来 M. Takesaki 免除了"标准"的要求。§7 是第十章 §4 的继续，指出如果 $\mathscr{A}$ 是可分 $\mathscr{H}$ 中 vN 代数的全体，那么 $\mathscr{H}$ 中各种类型 vN 代数的全体都是 $\mathscr{A}$ 的 Borel 子集(11.7.16)。基于这个结果，进而在 §8 中指出可分 c^*-代数态空间的各种类型态的集合 也都是 Borel 子集(11.8.6)。这是 J. Feldman 与 O. Nielsen 等的工作。

§1. Hilbert 空间的可测场

设 $(E, \mathscr{B})$ 是 Borel 空间，E 上的复值函数 f 称为可测的，指它对 $\mathscr{B}$ 可测的。

$\mathscr{H}(\cdot)$ 称为 E 上的 Hilbert 空间场，指对每个 $t \in E$，$\mathscr{H}(t)$

是 Hilbert 空间，$\xi(\cdot)$ 称为 E 上(关于 $\mathscr{H}(\cdot)$)的矢场，指 $\xi(t) \in \mathscr{H}(t)$, $\forall t \in E$.

定义 11.1.1 Borel 空间$(E, \mathscr{B})$上的 Hilbert 空间场 $\mathscr{H}(\cdot)$ 称为可测的，指存在 E 上的矢场列 $\{\xi_n(\cdot)\}_n$，使得：1) $\langle \xi_n(t),$ $\xi_m(t)\rangle_t$ 是 E 上的可测函数，$\forall n, m$，这里 $\langle , \rangle_t$ 是 $\mathscr{H}(t)$ 中的内积；2) 对任意的 $t \in E$，$\{\xi_n(t)\}_n$ 是 $\mathscr{H}(t)$ 的完全子集[1](特别可见，每个 $\mathscr{H}(t)$ 都是可分的).

这时，E 上的矢场 $\xi(\cdot)$ 称为可测的，指对任意的 n，$\langle \xi(t),$ $\xi_n(t)\rangle_t$ 是 E 上的可测函数. 可测矢场的全体将记以 Θ.

命题 11.1.2 设 $\mathscr{H}(\cdot)$ 是 Borel 空间$(E, \mathscr{B})$上 Hilbert 空间的可测场，则

1) 对任意的 $n = \infty, 0, 1, \cdots$,
$$E_n = \{t \in E \mid \dim \mathscr{H}(t) = n\} \in \mathscr{B};$$

2) 存在 $\{\eta_n(\cdot)\} \subset \Theta$，使得对每个 $t \in E$，如果 $\dim \mathscr{H}(t) = \infty$，则 $\{\eta_n(t)\}$ 是 $\mathscr{H}(t)$ 的直交规范基；如果 $\dim \mathscr{H}(t) = n < \infty$，则 $\{\eta_1(t), \cdots, \eta_n(t)\}$ 是 $\mathscr{H}(t)$ 的直交规范基，并且 $\eta_k(t) = 0$, $\forall k > n$;

3) E 上的矢场 $\xi(\cdot) \in \Theta$，当且仅当，$\langle \xi(t), \eta_n(t)\rangle_t$ 是 E 上的可测函数，$\forall n$.

证. 设已构造出 $\{\eta_1(\cdot), \cdots, \eta_n(\cdot)\} \subset \Theta$，使得对每个 $t \in E$，如果 $\dim \mathscr{H}(t) > n$，则 $\{\eta_1(t), \cdots, \eta_n(t)\}$ 是 $\mathscr{H}(t)$ 的直交规范系；如果 $\dim \mathscr{H}(t) = k \leqslant n$，则 $\{\eta_1(t), \cdots, \eta_k(t)\}$ 是 $\mathscr{H}(t)$ 的直交规范基，是 $\eta_i(t) = 0$, $k < i \leqslant n$；并且 $[\eta_i(t) \mid 1 \leqslant i \leqslant n] = [\xi_i(t) \mid 1 \leqslant i \leqslant n]$，这里 $\{\xi_i(\cdot)\}$ 如定义 11.1.1；以及 如果 $\xi(\cdot) \in \Theta$，则$\langle \xi(t), \eta_i(t)\rangle_t$ 是 E 上的可测函数，$1 \leqslant i \leqslant n$.

对每个 $t \in E$，命 $p(t)$ 是 $\mathscr{H}(t)$ 到 $[\eta_i(t) \mid 1 \leqslant i \leqslant n]$ 上的投影，则若 $\xi(\cdot) \in \Theta$

---

1) 即指它张成的线性子空间是稠的.

$$t \to p(t)\xi(t) = \sum_{i=1}^{n} \langle \xi(t), \eta_i(t) \rangle_t \eta_i(t)$$

仍然是 E 上的可测矢场.

对 $i \geq 1$, 命
$$F_i = \{t \in E \mid (1 - p_n(t))\xi_{n+i}(t) \neq 0,$$
$$但 \ (1 - p_n(t))\xi_i(t) = 0, \ i < n + j\}$$

以及
$$F_\infty = \{t \in E \mid (1 - p_n(t))\xi_i(t) = 0, \ \forall i\}$$
$$= \{t \in E \mid \dim \mathcal{H}(t) \leq n\}.$$

由于 $\|(1 - p_n(t))\xi_i(t)\|_t$ 是 E 上的可测函数, $\forall i$, 因此, $\{F_\infty, F_1, F_2, \cdots\}$ 是 E 的 Borel 分割(即每个都是 Borel 子集, 彼此无交且并为 E). 命

$$\eta_{n+1}(t) = \begin{cases} 0 & , \ 如果 \ t \in F_\infty; \\ \dfrac{(1 - p_n(t))\xi_{n+i}(t)}{\|(1 - p_n(t))\xi_{n+i}(t)\|} & , \ 如果 \ t \in F_j. \end{cases}$$

显然 $\{\eta_1(\cdot), \cdots, \eta_{n+1}(\cdot)\}$ 将满足与 $\{\eta_1(\cdot), \cdots, \eta_n(\cdot)\}$ 相仿的性质. 由此, 我们得到满足 2) 的 $\{\eta_n(\cdot)\}$, 并且如果 $\xi(\cdot) \in \Theta$, 则 $\langle \xi(t), \eta_n(t) \rangle_t$ 是 E 上的可测函数, $\forall n$. 特别地, $\|\eta_n(t)\|_t$ 是 E 上的可测函数, $\forall n$, 因此,
$$E_n = \{t \in E \mid \eta_i(t) \neq 0, \ i \leq n; \ \eta_i(t) = 0, \ i > n\} \in \mathcal{B}, \ \forall n.$$

最后, 如果 E 上的矢场 $\xi(\cdot)$, 使得 $\langle \xi(t), \eta_n(t) \rangle_t$ 是 E 上的可测函数, $\forall n$, 则
$$\langle \xi(t), \xi_n(t) \rangle_t = \sum_i \langle \xi(t), \eta_i(t) \rangle_t$$
$$\cdot \langle \eta_i(t), \xi_n(t) \rangle_t$$

也是 E 上的可测函数, $\forall n$, 即 $\xi(\cdot) \in \Theta$.　　证毕.

定义 11.1.3 命题 11.1.2 中的 $\{\eta_n(\cdot)\}$ 称为可测场 $\mathcal{H}(\cdot)$ 的直交规范基. 此外, 我们称可测矢场列 $\{\zeta_n(\cdot)\}$ 为基本的, 指 $\{\zeta_n(t) \mid n\}$ 是 $\mathcal{H}(t)$ 的完全子集, $\forall t \in E$.

命题 11.1.4 设 $\mathcal{H}(\cdot)$ 是 $(E, \mathcal{B})$ 上 Hilbert 空间的可

测场.

1) E 上的矢场 $\xi(\cdot)$ 是可测的,当且仅当,$\langle \xi(t), \zeta_n(t)\rangle_t$ 是 E 上的可测函数,$\forall n$,这里 $\{\zeta_n(\cdot)\}$ 是 $\mathscr{H}(\cdot)$ 的任意基本可测矢场列;

2) 设 $\xi(\cdot)$ 是可测矢场,则 $\|\xi(t)\|_t$ 是 E 上的可测函数;

3) 设 $\xi(\cdot)$,$\eta(\cdot)$ 是可测矢场,则 $\langle \xi(t), \eta(t)\rangle_t$ 是 E 上的可测函数;

4) 设 $\{\zeta_n(\cdot)\} \subset \Theta$,并且对每个 $t \in E$,有 $\zeta(t) \in \mathscr{H}(t)$,使得 $\langle \zeta_n(t) - \zeta(t), \xi\rangle_t \to 0$,$\forall \xi \in \mathscr{H}(t)$,则 $\zeta(\cdot)$ 也是可测矢场.

证. 3) 设 $\{\eta_n(\cdot)\}$ 是 $\mathscr{H}(\cdot)$ 的直交规范基,于是由 $\langle \xi(t), \eta(t)\rangle_t = \sum_n \langle \xi(t), \eta_n(t)\rangle_t \cdot \langle \eta_n(t), \eta(t)\rangle_t$ 立见. 2) 是 3) 的特例.

4) 设 $\{\xi_n(\cdot)\}$ 如定义 11.1.1,于是由 $\langle \zeta(t), \xi_n(t)\rangle_t = \lim_m \langle \zeta_m(t), \xi_n(t)\rangle_t$ 立见.

1) 必要性是 3) 的特例. 反之设 $\langle \xi(t), \zeta_n(t)\rangle_t$ 是 E 上的可测函数,$\forall n$,$\{\xi_n(\cdot)\}$ 与 Θ 如定义 11.1.1. 自然,$\{\zeta_n(\cdot)\}$ 也满足定义 11.1.1 的要求,用此可构造 $\Theta' = \{\eta(\cdot) | \langle \eta(t), \zeta_n(t)\rangle_t$ 是 E 上的可测函数,$\forall n\}$,于是,$\xi(\cdot) \in \Theta'$,$\{\xi_n(\cdot)\} \subset \Theta'$. 用 3) 于 Θ',则 $\langle \xi(t), \xi_n(t)\rangle_t$ 是 E 上的可测函数,$\forall n$,因此,$\xi(\cdot) \in \Theta$. 证毕.

例 1. 定常的 Hilbert 空间可测场.

设 $(E, \mathscr{B})$ 是 Borel 空间,$\mathscr{H}_0$ 是固定的可分 Hilbert 空间,$\{\xi_n\}$ 是 $\mathscr{H}_0$ 的完全子集,命

$$\mathscr{H}(t) = \mathscr{H}_0, \quad \xi_n(t) = \xi_n, \quad \forall t \in E,$$

$\Theta = \{\xi(\cdot) | \langle \xi(t), \xi_n(t)\rangle_t = \langle \xi(t), \xi_n\rangle_0$ 是 E 上的可测函数,$\forall n\}$. 这样得到的 Hilbert 空间可测场 $\mathscr{H}(\cdot)$ 称为定常的. 显然,$\xi(\cdot) \in \Theta$,当且仅当,$\langle \xi(t), \xi\rangle_0$ 是 E 上的可测函数,$\forall \xi \in \mathscr{H}_0$. 特别地,$\Theta$ 将不随完全子集 $\{\xi_n\}$ 的选择而异.

例 2. 设 A 是可分的 c^*-代数，$\mathscr{S}$ 是 A 的态空间. 考虑 $(\mathscr{S}, \sigma(A^*, A))$ 为 Borel 空间，对每个 $\rho \in \mathscr{S}$，由 GNS 构造，可得到 Hilbert 空间 $\mathscr{H}_\rho$. 如果 $\{a_n\}$ 是 A 的可数稠集，则 $\{(a_n)_\rho\}_n$ 在 $\mathscr{H}_\rho$ 中稠，并且 $\langle (a_n)_\rho, (a_m)_\rho \rangle_\rho = \rho(a_m^* a_n)$ 是 $\mathscr{S}$ 上的连续函数，$\forall n, m$. 从而，命 $\mathscr{H}(\rho) = \mathscr{H}_\rho$，$\forall \rho \in \mathscr{S}$，$\Theta = \{\xi(\cdot) | \langle \xi(\rho), (a_n)_\rho \rangle_\rho$ 是 $\mathscr{S}$ 上的可测函数，$\forall n\}$，则得到 $\mathscr{S}$ 上 Hilbert 空间可测场 $\mathscr{H}(\cdot)$. 显然，$\xi(\cdot) \in \Theta$，当且仅当，$\langle \xi(\rho), a_\rho \rangle_\rho$ 是 $\mathscr{S}$ 上的可测函数，$\forall a \in A$.

命题 11.1.5 设 $\mathscr{H}(\cdot)$ 是 $(E, \mathscr{B})$ 上 Hilbert 空间的可测场，对 $n = \infty, 0, 1, \cdots$，命 $E_n = \{t \in E | \dim \mathscr{H}(t) = n\}$，及 $\mathscr{H}_n$ 是固定的 n 维 Hilbert 空间. 则存在 $u(\cdot)$，使得：1) 对任意的 $t \in E_n$，$u(t)$ 是 $\mathscr{H}(t)$ 到 $\mathscr{H}_n$ 上的酉算子，$\forall n$；2) $\xi(\cdot) \in \Theta$，当且仅当，对任意的 n 及 $\eta \in \mathscr{H}_n$，$\langle u(t) \xi(t), \eta \rangle_n$ 是 E_n 上的可测函数，这里 $\langle , \rangle_n$ 是 $\mathscr{H}_n$ 中的内积.

证. 设 $\{\eta_n(\cdot)\}$ 是场 $\mathscr{H}(\cdot)$ 的直交规范基，又设 $\{\eta_k^{(n)} | 1 \leqslant k \leqslant n\}$ 是 $\mathscr{H}_n$ 的直交规范基，$\forall n$，于是如命 $u(t) \eta_k(t) = \eta_k^{(n)}$，$\forall t \in E_n$，及 $1 \leqslant k \leqslant n$，则 $u(\cdot)$ 满足 1). 此外，$\xi(\cdot) \in \Theta$，当且仅当，$\langle \xi(t), \eta_n(t) \rangle_t$ 是 E 上的可测函数，$\forall n$，由此即见 2). 证毕.

命题 11.1.6 设 $\mathscr{H}_0$ 是可数无穷维的 Hilbert 空间，$\mathscr{H}(\cdot)$ 是 $(E, \mathscr{B})$ 上 Hilbert 空间的可测场，则存在 $u(\cdot)$，使得对每个 $t \in E$，$u(t)$ 是 $\mathscr{H}(t)$ 到 $\mathscr{H}_0$ 中的等距算子，并且 $t \to u(t) \mathscr{H}(t)$ 是 $(E, \mathscr{B})$ 到 $W(\mathscr{H}_0)$ 中的 Borel 映象，这里 $W(\mathscr{H}_0)$ 的 Borel 构造如命题 10.1.8. 此外，$\xi(\cdot) \in \Theta$，当且仅当，$\langle u(t) \xi(t), \eta \rangle_0$ 是 E 上的可测函数，$\forall \eta \in \mathscr{H}_0$. 反之，如果 $\mathscr{H}(\cdot)$ 是 E 上的 Hilbert 空间场，对每个 $t \in E$，有 $\mathscr{H}(t)$ 到 $\mathscr{H}_0$ 中的等距算子 $u(t)$，使得 $t \to u(t) \mathscr{H}(t)$ 是 $(E, \mathscr{B})$ 到 $W(\mathscr{H}_0)$ 中的 Borel 映象，则场 $(\mathscr{H}(\cdot), \Theta)$ 是可测的，这里 $\Theta = \{\xi(\cdot) | \langle u(t) \xi(t), \eta \rangle_0$ 是 E 上的可测函数，$\forall \eta \in \mathscr{H}_0\}$.

证. 设 $\mathscr{H}(\cdot)$ 是 $(E, \mathscr{B})$ 上的可测场，$\{\eta_n(\cdot)\}$ 是 $\mathscr{H}(\cdot)$

的直交规范基,$\{\eta_n\}$ 是 $\mathcal{H}_0$ 的直交规范基,对任意的 $t \in E$,命

$$u(t)\eta_n(t) = \eta_n, \quad \text{如果 } n \leqslant \dim\mathcal{H}(t);$$
$$u(t)\eta_n(t) = 0, \quad \text{如果 } n > \dim\mathcal{H}(t)$$

即见, $u(t)$ 是 $\mathcal{H}(t)$ 到 $\mathcal{H}_0$ 中的等距算子. 如果 p_n 是 $\mathcal{H}_0$ 到 $[\eta_1, \cdots, \eta_n]$ 上的投影,则对任意的 $\eta \in \mathcal{H}_0$,

$$\|\eta + u(t)\mathcal{H}(t)\|_0 = \|(1 - p_n)\eta\|_0, \quad \forall t \in E_n.$$

因此,$\|\eta + u(t)\mathcal{H}(t)\|$ 是 E 上的可测函数,依命题 10.1.8,$t \to u(t)\mathcal{H}(t)$ 是 E 到 $W(\mathcal{H}_0)$ 的 Borel 映象. 又由

$$\langle u(t)\xi(t), \eta \rangle_0 = \sum_n \langle \xi(t), \eta_n(t) \rangle_t \cdot \langle u(t)\eta_n(t), \eta \rangle_0$$

及

$$\langle \xi(t), \eta_n(t) \rangle_t$$
$$= \begin{cases} 0, & \text{如果 } n > \dim\mathcal{H}(t); \\ \langle u(t)\xi(t), \eta_n \rangle_0, & \text{如果 } n \leqslant \dim\mathcal{H}(t), \end{cases}$$

可见 $\xi(\cdot) \in \Theta$, 当且仅当, $\langle u(t)\xi(t), \eta \rangle_0$ 是 E 上的可测函数, $\forall \eta \in \mathcal{H}_0$.

反之,设对任意的 $t \in E$, $u(t)$ 是 $\mathcal{H}(t)$ 到 $\mathcal{H}_0$ 中的等距算子,使得 $t \to u(t)\mathcal{H}(t)$ 是 E 到 $W(\mathcal{H}_0)$ 的 Borel 映象. 命 $p(t)$ 是 $\mathcal{H}_0$ 到 $u(t)\mathcal{H}(t)$ 上的投影, $\forall t \in E$,对任意的 $\xi \in \mathcal{H}_0$,由于 $\|\xi + u(t)\mathcal{H}(t)\|_0 = \|(1 - p(t))\xi\|_0$ 是 E 上的可测函数,再依极化公式,可见 $\langle p(t)\xi, \eta \rangle_0$ 是 E 的可测函数,$\forall \xi, \eta \in \mathcal{H}_0$.

设 $\{\xi_n\}$ 是 $\mathcal{H}_0$ 的可数稠集,令 $\xi_n(t) = u(t)^*p(t)\xi_n$, $\forall t \in E$ 及 n. 由于 $\langle \xi_n(t), \xi_m(t) \rangle_t = \langle p(t)\xi_n, \xi_m \rangle_0$ 是 E 上的可测函数, $\forall n, m$,从而用 $\{\xi_n(\cdot)\}$, $\mathcal{H}(\cdot)$ 是 E 上的可测场. 这时,$\xi(\cdot) \in \Theta$, 当且仅当, $\langle \xi(t), \xi_n(t) \rangle_t = \langle u(t)\xi(t), \xi_n \rangle_0$ 是 E 上的可测函数,$\forall n$. 但 $\{\xi_n\}$ 在 $\mathcal{H}_0$ 中稠,因此, $\xi(\cdot) \in \Theta$, 当且仅当,对任意的 $\eta \in \mathcal{H}_0$, $\langle u(t)\xi(t), \eta \rangle_0$ 是 E 上的可测函数. 证毕.

定义 11.1.7 设 $(E, \mathcal{B})$ 是 Borel 空间,ν 是 $\mathcal{B}$ 上的测度, $\mathcal{H}(\cdot)$ 是 $(E, \mathcal{B})$ 上 Hilbert 空间的可测场,记

$$\mathscr{H} = \int_E^\oplus \mathscr{H}(t)d\nu(t)$$

$$= \left\{ \xi(\cdot) \in \Theta \,\Big|\, \int_E \|\xi(t)\|_t^2 d\nu(t) < \infty \right\}.$$

命题 11.1.8 在 $\mathscr{H}$ 中定义内积

$$\langle \xi(\cdot), \eta(\cdot) \rangle = \int_E \langle \xi(t), \eta(t) \rangle_t d\nu(t),$$

则 $\mathscr{H}$ 是 Hilbert 空间. 此外,如果 $\xi_n(\cdot) \xrightarrow{\mathscr{H}} \xi(\cdot)$,则有子列 $\{n_k\}$,使得 $\|\xi_{n_k}(t) - \xi(t)\|_t \to 0$, $p.\,p.\,\nu$.

证. 设 $\{\xi_n(\cdot)\}$ 是 $\mathscr{H}$ 中的基本列, 取子列 $\{n_k\}$, 使得 $\sum_k \|\xi_{n_{k+1}}(\cdot) - \xi_{n_k}(\cdot)\| < \infty$. 记

$$\alpha_N(t) = \sum_{k=1}^N \|\xi_{n_{k+1}}(t) - \xi_{n_k}(t)\|_t.$$

它自然是 E 上的非负可测函数,并且

$$\left(\int \alpha_N(t)^2 d\nu(t) \right)^{\frac{1}{2}} \leqslant \sum_{k=1}^N \|\xi_{n_{k+1}}(\cdot) - \xi_{n_k}(\cdot)\|, \quad \forall N.$$

因此, $\alpha(t) = \sum_k \|\xi_{n_{k+1}}(t) - \xi_{n_k}(t)\|_t \in L^2(E, \mathscr{B}, \nu)$. 特别地, 有 $F \in \mathscr{B}$, $\nu(F) = 0$, 而 $\alpha(t) < \infty$, $\forall t \in F$. 命

$$\xi(t) = \begin{cases} \xi_{n_1}(t) + \sum_{k=1}^\infty (\xi_{n_{k+1}}(t) - \xi_{n_k}(t)), & \\ & \text{如果 } t \in F; \\ 0 & \\ & \text{如果 } t \in F. \end{cases}$$

于是, $\xi_{n_k}(t) \to \xi(t)$, $p.\,p.\,\nu$. 显然 $\xi(\cdot) \in \Theta$. 此外,

$$\left(\int \|\xi(t)\|_t^2 d\nu(t) \right)^{\frac{1}{2}}$$

$$\leqslant \|\xi_{n_1}(\cdot)\| + \sum_k \|\xi_{n_{k+1}}(\cdot) - \xi_{n_k}(\cdot)\| < \infty.$$

因此, $\xi(\cdot) \in \mathscr{H}$. 又 $\|\xi_{n_k}(\cdot) - \xi(\cdot)\| \leqslant \sum_{i > k} \|\xi_{n_{i+1}}(\cdot) -$

$\xi_{n_i}(\cdot)\| \to 0$，从而，$\|\xi(\cdot) - \xi(\cdot)\| \to 0$. 证毕.

命题 11.1.9 设 $(E, \mathscr{B})$，ν，$\mathscr{H}(\cdot)$，$\mathscr{H}$ 如前，并且 $\{\eta_n(\cdot)\}$ 是场 $\mathscr{H}(\cdot)$ 的直交规范基，则

1）$\xi(\cdot) \in \mathscr{H}$，当且仅当 $\displaystyle\sum_n \int_E |\langle \xi(t), \eta_n(t)\rangle_t|^2 d\nu(t)$

$$< \infty;$$

2）对任意的 $\xi(\cdot)$，$\eta(\cdot) \in \mathscr{H}$，有

$$\langle \xi(\cdot), \eta(\cdot)\rangle = \sum_n \int \langle \xi(t), \eta_n(t)\rangle_t$$

$$\cdot \langle \eta_n(t), \eta(t)\rangle_t d\nu(t);$$

3）对任意的 $\xi(\cdot) \in \mathscr{H}$，依 $\mathscr{H}$ 中的范数，有 $\xi(\cdot) = \displaystyle\sum_n \xi_n(\cdot)$

这里 $\xi_n(t) = \langle \xi(t), \eta_n(t)\rangle_t \eta_n(t)$，$\forall t \in E$ 及 n；

4）如果 $\mathfrak{M}$ 是 $L^2(E, \mathscr{B}, \nu)$ 的完全子集，则 $\{(f\eta_n)(\cdot) | f \in \mathfrak{M}, n\}$ 是 $\mathscr{H}$ 的完全子集.

证明是显然的.

命题 11.1.10 设 $\mathscr{H}(\cdot)$，$\mathscr{K}(\cdot)$ 是 $(E, \mathscr{B})$ 上 Hilbert 空间的可测场，则存在唯一的方式使得 $(\mathscr{H} \otimes \mathscr{K})(\cdot)$ 成为可测场，同时 $(\xi \otimes \eta)(\cdot) \in \Theta((\mathscr{H} \otimes \mathscr{K})(\cdot))$，$\forall \xi(\cdot) \in \Theta(\mathscr{H}(\cdot))$，$\eta(\cdot) \in \Theta(\mathscr{K}(\cdot))$，这里 $(\mathscr{H} \otimes \mathscr{K})(t) = \mathscr{H}(t) \otimes \mathscr{K}(t)$，$(\xi \otimes \eta)(t) = \xi(t) \otimes \eta(t)$，$\forall t \in E$.

证. 设 $\{\xi_n(\cdot)\}$，$\{\eta_m(\cdot)\}$ 分别是 $\mathscr{H}(\cdot)$，$\mathscr{K}(\cdot)$ 的可测矢场基本列，如果用 $\{(\xi_n \otimes \eta_m)(\cdot)\}_{n,m}$ 作基本矢场列，$(\mathscr{H} \otimes \mathscr{K})(\cdot)$ 将成为可测场，并使得 $(\xi \otimes \eta)(\cdot) \in \Theta((\mathscr{H} \otimes \mathscr{K})(\cdot))$，$\forall \xi(\cdot) \in \Theta(\mathscr{H}(\cdot))$，$\eta(\cdot) \in \Theta(\mathscr{K}(\cdot))$. 反之，若 $(\mathscr{H} \otimes \mathscr{K})(\cdot)$ 是满足要求的可测场，则 $\{(\xi_n \otimes \eta_m)(\cdot)\}$ 将是可测矢场基本列，因此，方式是唯一的. 证毕.

命题 11.1.11 设 $\mathscr{H}(\cdot)$ 是 $(E, \mathscr{B})$ 上的可测场，$\mathscr{H}_0$ 是可分的 Hilbert 空间，ν 是 $\mathscr{B}$ 上的测度，则有唯一的同构 Φ: $\displaystyle\int_E^{\oplus} \mathscr{H}(t) d\nu(t) \otimes \mathscr{H}_0 \to \int_E^{\oplus}(\mathscr{H}(t) \otimes \mathscr{H}_0) d\nu(t)$，使得 $(\Phi(\xi(\cdot) \otimes$

$\eta))(t) = \xi(t) \otimes \eta, \ \forall t \in E$，这里 $\mathcal{H}(\cdot) \otimes \mathcal{H}_0$ 理解为 $\mathcal{H}(\cdot)$ 与定常场 $\mathcal{H}_0$ 的张量积(命题 11.1.10).

证. 自然地定义 Φ，只须证明其值域为整个的 $\int_E^{\oplus} (\mathcal{H}(t) \otimes \mathcal{H}_0) d\nu(t)$. 设 $\{\xi_n(\cdot)\}$ 是场 $\mathcal{H}(\cdot)$ 的直交规范基，$\{\eta_m\}$ 是 $\mathcal{H}_0$ 的直交规范基，易见 $\{t \to \xi_n(t) \otimes \eta_m\}$ 是场 $\mathcal{H}(\cdot) \otimes \mathcal{H}_0$ 的直交规范基. 依命题 11.1.9,

$$\{t \to f(t)\xi_n(t) \otimes \eta_m | n, m, f \in L^2(E, \mathcal{B}, \nu)\}$$

将是 $\int_E^{\oplus} (\mathcal{H}(t) \otimes \mathcal{H}_0) d\nu(t)$ 的完全子集，又显然它包含于 Φ 的值域之中，从而得证.

例. $L^2(E, \mathcal{B}, \nu) \otimes \mathcal{H}_0 = \int_E^{\oplus} \mathcal{H}_0 d\nu(t) = L^2(E, \mathcal{B}, \nu, \mathcal{H}_0)$，这里 $\mathcal{H}_0$ 是可分的 Hilbert 空间. 事实上，$L^2(E, \mathcal{B}, \nu) = \int_E^{\oplus} C d\nu(t)$，再依命题 11.1.11 即见.

注 本节见参考文献 [21]，[27]，[83].

§2. 算子的可测场

定义 11.2.1 设 $(E, \mathcal{B})$ 是 Borel 空间，$\mathcal{H}(\cdot)$，$\mathcal{K}(\cdot)$ 是 E 上 Hilbert 空间的可测场，由 $\mathcal{H}(\cdot)$ 到 $\mathcal{K}(\cdot)$ 的算子场 $a(\cdot)$ 称为可测的，指对每个 $t \in E$，$a(t)$ 是 $\mathcal{H}(t)$ 到 $\mathcal{K}(t)$ 中的有界线性算子，并且对任意的 $\xi(\cdot) \in \Theta(\mathcal{H}(\cdot))$，$a(\cdot)\xi(\cdot) \in \Theta(\mathcal{K}(\cdot))$.

命题 11.2.2 由 $\mathcal{H}(\cdot)$ 到 $\mathcal{K}(\cdot)$ 的算子场 $a(\cdot)$ 是可测的，当且仅当，$\langle a(t)\xi_n(t), \eta_m(t) \rangle_t$ 是 E 上的可测函数，$\forall n, m$，这里 $\{\xi_n(\cdot)\}$，$\{\eta_m(\cdot)\}$ 分别是 $\mathcal{H}(\cdot)$，$\mathcal{K}(\cdot)$ 的可测矢场基本列，此外，这时 $\|a(t)\|_t$ 是 E 上的可测函数.

证. 必要性显然. 反之，则 $a^*(\cdot)\eta_m(\cdot) \in \Theta(\mathcal{H}(\cdot))$，$\forall m$，于是对任意的 $\xi(\cdot) \in \Theta(\mathcal{H}(\cdot))$，$\langle a(t)\xi(t), \eta_m(t) \rangle_t = \langle \xi(t),$

$a^*(t)\eta_m(t)\rangle_t$ 是 E 上 的 可 测 函 数，$\forall m$，从 而，$a(\cdot)\xi(\cdot)\in$ $\Theta(\mathscr{K}(\cdot))$，即 场 $a(\cdot)$ 是 可 测 的．

此外，如果 $\{\xi_n(\cdot)\}$，$\{\eta_m(\cdot)\}$ 分别是场 $\mathscr{H}(\cdot)$，$\mathscr{K}(\cdot)$ 的直交规范基，则

$$\|a(t)\|_t = \sup\left\{\left(\sum_n |\alpha_n|^2 \cdot \sum_m |\beta_m|^2\right)^{-\frac{1}{2}}\right.$$
$$\left. \times \left|< a(t)\sum_n \alpha_n\xi_n(t), \sum_m \beta_m\eta_m(t)\rangle_t\right|\right\}.$$

这里 $\{\alpha_n\}$，$\{\beta_m\}$ 跑遍复有理数，因此，$\|a(t)\|_t$ 是 E 上的可测函数．　证毕．

命题 11.2.3 设 $a(\cdot)$ 是 $\mathscr{H}(\cdot)$ 到 $\mathscr{K}(\cdot)$ 的算子可测场，并且 $\|a(t)\|_t$ 关于 ν 是本质有界的，这里 ν 是 $\mathscr{B}$ 上的测度，则 $a = \int_E^{\oplus} a(t)d\nu(t)$ 是 $\mathscr{H} = \int_E^{\oplus} \mathscr{H}(t)d\nu(t)$ 到 $\mathscr{K} = \int_E^{\oplus} \mathscr{K}(\cdot)d\nu(t)$ 中的有界线性算子，这里 $a\xi(\cdot) = a(\cdot)\xi(\cdot)$，$\forall \xi(\cdot)\in \mathscr{H}$．此外，如果 ν 是半有限的[1]，则 $\|a\| = \mathrm{ess}\ \sup\|a(t)\|_t$．

证．设 $\lambda = \mathrm{ess}\ \sup\|a(t)\|_t$，则对任意的 $\xi(\cdot)\in \mathscr{H}$，由于 $\|a(t)\xi(t)\|_t \leqslant \lambda\|\xi(t)\|_t$，$p.p.\nu$，因此，$\|a\| \leqslant \lambda$．

今若 ν 还是半有限的．对任意的 $\varepsilon > 0$，则 $F = \{t\in E \times \|a(t)\|_t \geqslant \lambda - \varepsilon\}$ 不是 ν-零集，于是有 $G\in \mathscr{B}$，$G\subset F$，$0 < \nu(G) < \infty$．如果 $\{\xi_n(\cdot)\}$ 是场 $\mathscr{H}(\cdot)$ 的直交规范基，α_n 是复有理数，$f\in L^{\infty}(E, \mathscr{B}, \nu)$，则 $\sum_n (\alpha_n f\chi_G\xi_n)(\cdot)\in \mathscr{H}$，并且

$$\left\|a\sum_n (\alpha_n f\chi_G\xi_n)(\cdot)\right\|^2 \leqslant \|a\|^2 \cdot \left\|\sum_n (\alpha_n f\chi_G\xi_n)(\cdot)\right\|^2,$$ 由于 f 是任意的，可见

$$\left\|a(t)\sum_n \alpha_n\chi_G(t)\xi_n(t)_t\right\|$$
$$\leqslant \|a\| \cdot \left\|\sum_n \alpha_n\chi_G(t)\xi_n(t)\right\|_t,\quad p.p.\nu.$$

---

1) 指对任意的 $F\in \mathscr{B}$，如果 $\nu(F)>0$，有 $G\in \mathscr{B}$，$G\subset F$，并且 $0<\nu(G)<\infty$．

于是 $\|a(t)\|_t \leqslant \|a\|$, $p.p.v$ 于 G. 所以，$\|a\| \geqslant \lambda - \varepsilon$, 但 ε 是任意的，因此，$\|a\| = \operatorname{ess\,sup}\|a(t)\|_t$. 证毕.

例. 设 $\mathscr{H}(\cdot)$ 是 $(E, \mathscr{B})$ 上的可测场，$\mathscr{H}_0$ 是可数无穷维的 Hilbert 空间，依命题 11.1.6，有 $\mathscr{H}(\cdot)$ 到定常场 $\mathscr{H}_0$ 的等距算子可测场 $u(\cdot)$. 如果 ν 是 $\mathscr{B}$ 上的测度，则 $u = \int_E^{\oplus} u(t) d\nu(t)$ 是 $\mathscr{H} = \int_E^{\oplus} \mathscr{H}(t) d\nu(t)$ 到 $\int_E^{\oplus} \mathscr{H}_0 d\nu = L^2(E, \mathscr{B}, \nu) \otimes \mathscr{H}_0$ 中的等距算子.

定义 11.2.4 $\int_E^{\oplus} \mathscr{H}(t) d\nu(t)$ 到 $\int_E^{\oplus} \mathscr{K}(t) d\nu(t)$ 中的有界线性算子 a 称为分解的，指存在 $\mathscr{H}(\cdot)$ 到 $\mathscr{K}(\cdot)$ 的算子可测场 $a(\cdot)$，使得 $a = \int_E^{\oplus} a(t) d\nu(t)$. 显然，场 $a(\cdot)$ 由 $a(p.p.v)$ 唯一地决定.

命题 11.2.5 设 ν 半有限，$a_n = \int_E^{\oplus} a_n(t) d\nu(t)$，$n = 0, 1, 2, \cdots$.

1) 如果依强算子拓扑，$a_n \to a_0$，$F \in \mathscr{B}$，并且 $\nu(F) < \infty$，则存在子列 $\{n_k\}$，使得对于 $p.p.v$ 的 $t \in F$，有 $a_n(t) \xrightarrow{\text{强算子}} a_0(t)$;

2) 如果对于 $p.p.v$ 的 t，依强算子拓扑，$a_n(t) \to a_0(t)$，又若 $\sup_n \|a_n\| < \infty$，则 $a_n \xrightarrow{\text{强算子}} a_0$.

证. 1) 设 $\{\xi_m(\cdot)\}$ 是场 $\mathscr{H}(\cdot)$ 的直交规范基，于是 $(\chi_F \xi_m)(\cdot) \in \mathscr{H}$，$\|a_n(\chi_F \xi_m)(\cdot) - a_0(\chi_F \xi_m)(\cdot)\| \to 0$，$\forall m$. 依命题 11.1.8，有子列 $\{n_k\}$，使得

$$\|a_{n_k}(t)\xi_m(t) - a_0(t)\xi_m(t)\|_t \to 0, \quad p.p.v \text{ 的 } t \in F, \forall m,$$

但 $\{\xi_m(t)\}_m$ 是 $\mathscr{H}(t)$ 的完全子集，且无妨设 $\|a_n(t)\|_t \leqslant \sup_m \|a_m\|$，$\forall t \in E$ 及 n，因此，$a_{n_k}(t) \xrightarrow{\text{强算子}} a_0(t)$，$p.p.v$ 于 F.

2) 无妨设 $\sup\{\|a_n(t)\|_t, \|a_n\| \mid t \in E, n\} = K$. 对任意的 $\xi(\cdot) \in \mathscr{H}$，由于 $f_n(t) = \|a_n(t)\xi(t) - a_0(t)\xi(t)\|_t^2 \to 0$，$p.p.v$，

$|f_n(t)|^2 \leqslant 4K^2 \|\xi(t)\|^2_t \in L^1(E, \mathcal{B}, \nu)$，依控制收敛定理，$\|a_n\xi(\cdot)$

$-a_0\xi(\cdot)\|^2 = \int f_n(t)d\nu(t) \to 0$. 证毕.

命题 11.2.6 设 ν 半有限，则存在 $\mathcal{H} = \int_E^{\oplus} \mathcal{H}(t)d\nu(t)$ 中

的分解算子列 $\left\{ a_n = \int_E^{\oplus} a_n(t)d\nu(t) \,\middle|\, n \right\}$，使得对每个 $t \in E, \{a_n(t)$

$|n\}$ 生成 $B(\mathcal{H}(t))$.

证. 设 $E_k = \{t \in E \,|\, \dim \mathcal{H}(t) = k\}, k = \infty, 0, 1, \cdots$，
依命题 11.1.5，存在 $u(\cdot)$，使得对每个 $t \in E_k, u(t)$ 是 $\mathcal{H}(t)$ 到
$\mathcal{H}_k$ 上的酉算子，这里 $\mathcal{H}_k$ 是 k 维的 Hilbert 空间，$\forall k$，并且矢
场 $\xi(\cdot) \in \Theta$，当且仅当，$\langle u(t)\xi(t), \eta \rangle_k$ 是 E_k 上的可测函数，
$\forall \eta \vdash \mathcal{H}_k, k$.

取 $\{b_n^{(k)}\}_n \subset B(\mathcal{H}_k)$，且 $\|b_n^{(k)}\| \leqslant 1, \forall n$，使得 $\{b_n^{(k)}\}_n$ 生
成 $B(\mathcal{H}_k)$，$\forall k$. 定义

$$a_n(t) = u(t)^* b_n^{(k)} u(t), \quad \forall t \in E_k, k, n,$$

自然 $\|a_n(t)\| \leqslant 1$，并且 $\{a_n(t)\}_n$ 生成 $B(\mathcal{H}(t))$，$\forall t \in E$. 今
只须证明对每个 n，算子场 $a_n(\cdot)$ 是可测的.

设 $\{\xi_n(\cdot)\}$ 是场 $\mathcal{H}(\cdot)$ 的直交规范基，同时对每个 $t \in E_k$，
$\{u(t)\xi_n(t) = \xi_n^{(k)} \,|\, 1 \leqslant n \leqslant k\}$ 是 $\mathcal{H}_k$ 的直交规范基（见命题
11.1.5）. 当然 $u(t)\xi_n(t) = 0, \forall t \in E_k, n > k$. 于是，$\langle a_n(t)\xi_i(t),$
$\xi_i(t) \rangle_t$ 在每个 E_k 上是常数，$\forall i, j$. 这即说明场 $a_n(\cdot)$ 是可测的，
$\forall n$. 证毕.

定义 11.2.7 设 $\mathcal{H}(\cdot)$ 是 $(E, \mathcal{B})$ 上的可测场，ν 是 $\mathcal{B}$
上的测度. 于是对任意的 $f \in L^{\infty}(E, \mathcal{B}, \nu)$，可以决定 $\mathcal{H} =$
$\int_E^{\oplus} \mathcal{H}(t)d\nu(t)$ 中的分解算子

$$m_f = \int_E^{\oplus} f(t)d\nu(t),$$

即 $m_f\xi(\cdot) = f(\cdot)\xi(\cdot), \forall \xi(\cdot) \in \mathcal{H}, m_f$ 称为相应于 f 的对角
算子. 全体对角算子 $Z = \{m_f | f \in L^{\infty}(E, \mathcal{B}, \nu)\}$，称为 $\mathcal{H}$ 中

的对角算子代数.

命题 11.2.8 设 ν 半有限，则 $f \to m_f$ 是一一的，当且仅当，$\nu(E_0) = 0$，这里 $E_0 = \{t \in E \mid \dim \mathscr{H}(t) = 0\}$，即 $\mathscr{H}(t) \neq 0$，$p.\,p.\,\nu$. 并且这时 $\|m_f\| = \|f\|$，$\forall f \in L^\infty(E, \mathscr{B}, \nu)$.

由命题 11.2.3 立见.

命题 11.2.9 设 $(E, \mathscr{B}, \nu)$ 是全 σ-有限的测度空间，$\mathscr{H}(\cdot)$ 是 $(E, \mathscr{B})$ 上的可测场，则 $\mathscr{H} = \int_E^{\oplus} \mathscr{H}(t) d\nu(t)$ 中的对角算子代数 Z 是交换的 vN 代数，Z' 是 σ-有限的，并且 $f \to m_f$ 是 w^*-代数 $L^\infty(E, \mathscr{B}, \nu)$ 忠实的 w^*-表示.

证. 设网 $\{f_l\}$ $(\subset L^\infty(E, \mathscr{B}, \nu))$ 依弱 $*$ 拓扑收敛于 0，$\xi_n(\cdot),\, \eta_n(\cdot) \in \mathscr{H}$，并且 $\sum_n (\|\xi_n(\cdot)\|^2 + \|\eta_n(\cdot)\|^2) < \infty$，于是

$$\left| \sum_n \langle \xi_n(t), \eta_n(t) \rangle_t \right|$$

$$\leqslant \sum_n \|\xi_n(t)\|_t \cdot \|\eta_n(t)\|_t \in L^1(E, \mathscr{B}, \nu)$$

及

$$\left| \sum_n \langle m_{f_l} \xi_n(\cdot), \eta_n(\cdot) \rangle \right|$$

$$= \left| \int_E f_l(t) \cdot \sum_n \langle \xi_n(t),\, \eta_n(t) \rangle_t d\nu(t) \right| \to 0,$$

即 $\{m_{f_l}\}$ 依 $\sigma(B(\mathscr{H}), T(\mathscr{H}))$ 收敛于 0. 因此，$f \to m_f$ 是 $L^\infty(E, \mathscr{B}, \nu)$ 忠实的 w^*-表示，特别地，Z 是 $\mathscr{H}$ 中交换的 vN 代数.

今设 $E = \bigcup_n E_n$，这里 $\nu(E_n) < \infty$，$\forall n$，及 $\{\xi_n(\cdot)\}$ 是场 $\mathscr{H}(\cdot)$ 的直交规范基. 依命题 11.1.9，

$$\{m_f \chi_{E_n}(\cdot) \xi_m(\cdot) \mid n, m, f \in L^\infty(E, \mathscr{B}, \nu)\}$$

将是 $\mathscr{H}$ 的完全子集，因此，Z 在 $\mathscr{H}$ 中有循环矢列，即 Z' 是 σ-有

限的. 证毕.

定理 11.2.10 设 $(E, \mathcal{B}, \nu)$ 是全 σ-有限的测度空间, $\mathcal{H}_i(\cdot)$ 是 $(E, \mathcal{B})$ 上 Hilbert 空间的可测场, $i = 1, 2$, 则 $\mathcal{H}_1 = \int_E^\oplus \mathcal{H}_1(t) d\nu(t)$ 到 $\mathcal{H}_2 = \int_E^\oplus \mathcal{H}_2(t) d\nu(t)$ 中的有界线性算子 a 是分解的, 必须且只须, $am_f^{(1)} = m_f^{(2)} a$, $\forall f \in L^\infty(E, \mathcal{B}, \nu)$, 这里 $m_f^{(i)}$ 是 $\mathcal{H}_i$ 中相应于 f 的对角算子, $i = 1, 2$.

证. 必要性显然. 今证充分性. 如命题 11.2.9 的证明中所指出的, 存在 $\mathcal{H}_1(\cdot)$ 的可测矢场基本列 $\{\xi_n(\cdot)\}$, 使得 $\xi_n(\cdot) \in \mathcal{H}_1$, $\forall n$. 命 $\eta_n(\cdot) = a\xi_n(\cdot) \in \mathcal{H}_2$, $\forall n$. 于是对任意的复有理数 α_n, $f \in L^\infty(E, \mathcal{B}, \nu)$, 由 $am_f^{(1)} = m_f^{(2)} a$ 可见

$$\int_E |f(t)|^2 \cdot \left\| \sum_n \alpha_n \eta_n(t) \right\|_t^2 d\nu(t)$$

$$\leqslant \|a\|^2 \int_E |f(t)|^2 \cdot \left\| \sum_n \alpha_n \xi_n(t) \right\|_t^2 d\nu(t)$$

f 是任意的, 从而

$$\left\| \sum_n \alpha_n \eta_n(t) \right\|_t \leqslant \|a\| \cdot \left\| \sum_n \alpha_n \xi_n(t) \right\|_t, \quad \forall \alpha_n, \text{ p.p.} \nu.$$

因此, 有 $F \in \mathcal{B}$, $\nu(F) = 0$, 对 $t \bar{\in} F$, 我们可以定义 $\mathcal{H}_1(t)$ 到 $\mathcal{H}_2(t)$ 中的有界线性算子 $a(t)$, 使得 $a(t)\xi_n(t) = \eta_n(t)$, $\forall n$. 并命 $a(t) = 0$, $\forall t \in F$, 则 $a(\cdot)$ 是 $\mathcal{H}_1(\cdot)$ 到 $\mathcal{H}_2(\cdot)$ 的算子可测场, $\|a(t)\|_t \leqslant \|a\|$, $\forall t \in E$. 若命 $b = \int_E^\oplus a(t) d\nu(t)$, 则 $bm_f^{(1)}\xi_n(\cdot) = m_f^{(2)} b\xi_n(\cdot) = m_f^{(2)} a\xi_n(\cdot) = am_f^{(1)}\xi_n(\cdot)$, $\forall n$, $f \in L^\infty(E, \mathcal{B}, \nu)$, 但 $\{m_f^{(1)}\xi_n(\cdot) | n, f \in L^\infty(E, \mathcal{B}, \nu)\}$ 是 $\mathcal{H}_1$ 的完全子集, 因此, $a = b = \int_E^\oplus a(t) d\nu(t)$. 证毕.

注 本节见参考文献 [21], [83], [105].

§3. vN 代数的可测场

定义 11.3.1 设 $\mathcal{H}(\cdot)$ 是 $(E, \mathcal{B})$ 上 Hilbert 空间的可

测场，$\mathscr{H}(\cdot)$ 中的 vN 代数场 $M(\cdot)$（即对每个 $t \in E$，$M(t)$ 是 $\mathscr{H}(t)$ 中的 vN 代数）称为可测的，指存在 $\mathscr{H}(\cdot)$ 中的算子可测场列 $\{a_n(\cdot)\}_n$，使得对每个 $t \in E$，$M(t)$ 由 $\{a_n(t)\}_n$ 生成.

命题 11.3.2 $(E, \mathscr{B})$ 上定常场 $\mathscr{H}_0$ 中的 vN 代数场 $M(\cdot)$ 是可测的，当且仅当，$t \to M(t)$ 是 E 到 $\mathscr{A}$ 中的 Borel 映象，这里 $\mathscr{A}$ 是 $\mathscr{H}_0$ 中 vN 代数的全体，而 $\mathscr{A}$ 中的 Borel 构造如定理 10.3.2.

证. 依定义 11.3.1 及命题 10.3.4 立见.

命题 11.3.3 设 $M(\cdot)$，$N(\cdot)$ 是 $\mathscr{H}(\cdot)$ 中 vN 代数的可测场，则 $M(\cdot)'$，$M(\cdot) \cap N(\cdot)$，$(M(\cdot) \cup N(\cdot))''$ 也都是可测场.

证. 命 $E_k = \{t \in E \mid \dim \mathscr{H}(t) = k\}$，$k = \infty, 0, 1, \cdots$. 于是在每个 E_k 上，$\mathscr{H}(\cdot)$ 可看作为定常场，再依命题 11.3.2，10.3.1，及 10.3.5 即得证.

命题 11.3.4 设 $(E, \mathscr{B}, \nu)$ 是全 σ-有限的测度空间，$\mathscr{H} = \int_E^{\oplus} \mathscr{H}(t) d\nu(t)$，$Z$ 是 $\mathscr{H}$ 中的对角算子代数，$\left\{ a_n = \int_E^{\oplus} a_n(t) d\nu(t) \right\}_n$ 是 $\mathscr{H}$ 中一列分解的算子，M 是 $\mathscr{H}$ 中由 Z 与 $\{a_n\}_n$ 生成的 vN 代数，$a \in B(\mathscr{H})$，则 $a \in M$，当且仅当，$a = \int_E^{\oplus} a(t) d\nu(t)$ 是分解的，并且 $a(t) \in M(t)$，$p.p.\nu$，这里 $M(t)$ 是 $\mathscr{H}(t)$ 中由 $\{a_n(t)\}_n$ 生成的 vN 代数，$\forall t \in E$.

证. 设 $a = \int_E^{\oplus} a(t) d\nu(t)$，并且 $a(t) \in M(t)$，$p.p.\nu$. 如果 $a' \in M' \subset Z'$，依定理 11.2.10，$a' = \int_E^{\oplus} a'(t) d\nu(t)$. 由于 a' 与 $\{a_n, a_n^*\}_n$ 交换，从而 $a'(t) \in M(t)'$，$p.p.\nu$. 由此，$a'(t)a(t) = a(t)a'(t)$，$p.p.\nu$，进而 $aa' = a'a$，即 $a \in M$.

反之设 $a \in M$. 显然 $M \subset Z'$，因此 $a = \int_E^{\oplus} a(t) d\nu(t)$. 无妨

设 $\|a(t)\|_t \leqslant \|a\|$, $\forall t \in E$. 适当扩充 $\{a_n\}$, 可以假定 $\{a_n\}$ 对于 $*$ 运算, 算子的相加与相乘, 及乘以复有理数都是封闭的, 于是对每个 $t \in E$, $\{a_n(t)\}_n$ 的单位球在 $M(t)$ 的单位球中是弱算子稠的. 如果 $\{\xi_k(\cdot)\}$ 是场 $\mathscr{H}(\cdot)$ 的直交规范基, 则易见

$$F = \{t \in E \mid a(t) \in M(t)\}$$

$$= \bigcap_{n,m} \bigcup_k \left\{ t \in E \left| \begin{array}{l} \|a_k(t)\|_t \leqslant \|a\|, \text{ 并且对 } 1 \leqslant i, j \leqslant n \text{ 有} \\ |\langle (a(t) - a_k(t))\xi_i(t), \xi_j(t) \rangle_t| < m^{-1} \end{array} \right. \right\}.$$

因此, $F \in \mathscr{B}$. 今只须证明 $\nu(E \backslash F) = 0$. 若否, 则有 $G \in \mathscr{B}$, $G \subset E \backslash F$, $0 < \nu(G) < \infty$. 命 z 是相应于 χ_G 的对角算子, 它是 M 的非零中心投影. 显然, $z\mathscr{H} = \int_G^{\oplus} \mathscr{H}(t)d\nu(t)$, Zz 是 $z\mathscr{H}$ 中的对角算子代数, 及 Mz 由 Zz 与 $\left\{ a_n z = \int_G^{\oplus} a_n(t)d\nu(t) \right\}_n$ 生成. 由于 $az = \int_G^{\oplus} a(t)d\nu(t) \in Mz$, 依命题 1.14.4, 有列 $\left\{ b_n = \int_E^{\oplus} b_n(t)d\nu(t) \right\} \subset Zz$ 与 $\{a_n z\}_n$ 生成的 $*$ 代表, 依 $z\mathscr{H}$ 中强算子拓扑, $b_n \to az$. 依命题 11.2.5, 有子列 $\{n_k\}$, $b_{n_k}(t) \xrightarrow{\text{强算子}} a(t)$, $p.p.\nu$ 于 G. 因此, $a(t) \in M(t)$, $p.p.\nu$ 于 G, 矛盾. 所以, $\nu(E \backslash F) = 0$. 证毕.

命题 11.3.5 设 $(E, \mathscr{B}, \nu)$ 是全 σ-有限的测度空间, $M(\cdot)$ 是 $(E, \mathscr{B})$ 上 ($\mathscr{H}(\cdot)$ 中的) vN 代数可测场, 则

$$M = \left\{ a = \int_E^{\oplus} a(t)d\nu(t) \in B(\mathscr{H}) \mid a(t) \in M(t), p.p.\nu \right\}$$

是 $\mathscr{H} = \int_E^{\oplus} \mathscr{H}(t)d\nu(t)$ 中 σ-有限的 vN 代数.

证. 设 $\{a_n(\cdot)\}$ 是算子可测场列, 使得 $M(t)$ 由 $\{a_n(t)\}_n$ 生成, $\forall t \in E$. 无妨设 $\|a_n(t)\| \leqslant 1$, $\forall n, t$, 依命题 11.3.4, M 即为 Z 与 $\{a_n\}$ 所生成之 vN 代数, 这里 Z 是 $\mathscr{H}$ 中的对角算子代数, $a_n = \int_E^{\oplus} a_n(t)d\nu(t)$, $\forall n$. 此外, $M \subset Z'$, 依命题 11.2.9, M 也是 σ-有限的. 证毕.

定义 11.3.6 设 $(E, \mathscr{B}, \nu)$ 是全 σ-有限的测度空间，$\mathscr{H}(\cdot)$ 是 $(E, \mathscr{B})$ 上 Hilbert 空间可测场，$\mathscr{H} = \int_E^{\oplus} \mathscr{H}(t) d\nu(t)$ 中的 vN 代数 M 称为分解的，指存在 $\mathscr{H}(\cdot)$ 中 vN 代数的可测场 $M(\cdot)$，使得

$$M = \left\{ a = \int_E^{\oplus} a(t) d\nu(t) \mid a(t) \in M(t), \ p.p.\nu \right\}.$$

这时，我们记 $M = \int_E^{\oplus} M(t) d\nu(t)$.

命题 11.3.7 $\mathscr{H}$ 中 vN 代数 M 是分解的，当且仅当，M 由对角算子代数 Z 与一列分解算子 $\left\{ a_n = \int_E^{\oplus} a_n(t) d\nu(t) \right\}_n$ 所生成. 这时相应的 $M(\cdot)$ 可取为: $M(t)$ 由 $\{a_n(t)\}_n$ 生成, $\forall t \in E$. 此外，分解的 vN 代数 M 所对应的 vN 代数可测场是 $(p.p.\nu)$ 唯一的，以及 $Z \subset M \subset Z'$.

证. 由命题 11.3.4, 11.3.5 立见.

注. 依命题 11.2.6, $Z = \int_E^{\oplus} \mathbf{C}|_t d\nu(t)$, 以及 $Z' = \int_E^{\oplus} B(\mathscr{H}(t)) d\nu(t)$ 都是分解的 vN 代数.

命题 11.3.8 设 $M = \int_E^{\oplus} M(t) d\nu(t)$, $M_n = \int_E^{\oplus} M_n(t) d\nu(t)$, 则 $M' = \int_E^{\oplus} M(t)' d\nu(t)$, $\left(\bigcup_n M_n \right)'' = \int_E^{\oplus} \left(\bigcup_n M_n(t) \right)'' d\nu(t)$, 以及 $\bigcap_n M_n = \int_E^{\oplus} \left(\bigcap_n M_n(t) \right) d\nu(t)$.

证. 依命题 11.3.3, $M(\cdot)'$ 也是可测的，令 $N = \int_E^{\oplus} M(t)' d\nu(t)$, 易见 $N \subset M'$. 又若 $a' \in M'$, 由于 $Z \subset M \subset Z'$. 因此，$a' = \int_E^{\oplus} a'(t) d\nu(t)$. 设 M 由 Z 与 $\left\{ a_n = \int_E^{\oplus} a_n(t) d\nu(t) \right\}_n$ 生成，于是, $a'(t)$ 与 $\{a_n(t), a_n(t)^*\}_n$ 交换, $p.p.\nu$, 即 $a'(t) \in M(t)'$, $p.p.\nu$, 于是 $N = M'$.

今设 M_n 由 Z 与 $\left\{a_k^{(n)}=\int_E^\oplus a_k^{(n)}(t)d\nu(t)\right\}_k$ 生成，$M_n(t)$ 由 $\{a_k^{(n)}(t)\}_k$ 生成，$\forall t\in E$。于是 $\left(\bigcup_n M_n\right)''$ 由 Z 与 $\{a_k^{(n)}\}_{n,k}$ 生成，且 $\left(\bigcup_n M_n(t)\right)''$ 由 $\{a_k^{(n)}(t)\}_{n,k}$ 生成，$\forall t\in E$，所以，

$$\left(\bigcup_n M_n\right)''=\int_E^\oplus\left(\bigcup_n M_n(t)\right)''d\nu(t).$$

进而，$\bigcap_n M_n=\left(\bigcup_n M_n'\right)'=\int_E^\oplus\left(\bigcap_n M_n(t)\right)d\nu(t)$。 证毕。

命题 11.3.9 设 $M=\int_E^\oplus M(t)d\nu(t)$，则 $M\cap M'=Z$，当且仅当，$M(t)$ 是因子，$p.p.\nu$。

证。由 $M\cap M'=\int_E^\oplus(M(t)\cap M(t)')d\nu(t)$ 及 $Z=\int_E^\oplus C|_t d\nu(t)$ 立见。

命题 11.3.10 如果 $\mathscr{H}=\int_E^\oplus\mathscr{H}(t)d\nu(t)$ 是可分的，则 $\mathscr{H}$ 中的 vN 代数 M 是分解的，当且仅当，$Z\subset M\subset Z'$。

证。只须证明充分性。由于 $\mathscr{H}$ 可分，M 是可数生成的，因此，M 由 Z 与一列分解的算子所生成，即 M 是分解的。 证毕。

注。如果 $(E,\mathscr{B})$ 是标准的 Borel 空间，ν 是 $\mathscr{B}$ 上 σ-有限的测度，则 $L^2(E,\mathscr{B},\nu)$ 是可分的，再依命题 11.1.9，$\mathscr{H}$ 也是可分的。

定义 11.3.11 设 $(E,\mathscr{B})$ 是 Borel 空间，$\mathscr{H}(\cdot)$，$\mathscr{K}(\cdot)$ 是 E 上 Hilbert 空间的可测场，$M(\cdot)$，$N(\cdot)$ 分别是 $\mathscr{H}(\cdot)$，$\mathscr{K}(\cdot)$ 中的 vN 代数可测场。设对每个 $t\in E$，$\Phi(t)$ 是 $M(t)$ 到 $N(t)$ 中的 *同态。*同态场 $\Phi(\cdot)$ 称为可测的，指对 $\mathscr{H}(\cdot)$ 中任意的算子可测场 $a(\cdot)$，并且 $a(t)\in M(t)$，$\forall t\in E$，则 $\Phi(\cdot)$ $(a(\cdot))$ 是 $\mathscr{K}(\cdot)$ 中的算子可测场。这时如果 ν 是 $\mathscr{B}$ 上的 σ-有限测度，则可定义 $M=\int_E^\oplus M(t)d\nu(t)$ 到 $N=\int_E^\oplus N(t)d\nu(t)$ 中的

*同态 $\Phi = \int_E^{\oplus} \Phi(t) d\nu(t)$，即若 $a = \int_E^{\oplus} a(t) d\nu(t) \in M$，$\Phi(a) = \int_E^{\oplus} \Phi(t)(a(t)) d\nu(t)$.

命题 11.3.12 在定义 11.3.11 中，1) 如果 $\Phi(t)$ 是正规的，$\forall t \in E$，则 Φ 也是正规的；2) 如果 $\Phi(t)$ 是 $M(t)$ 到 $N(t)$ 上的 *同构，$\forall t \in E$，则 Φ 也是 M 到 N 上的 *同构.

证. 1) 依命题 1.12.2，只须证明 Φ 是全可加的. 依命题 11.3.5，M 是 σ-有限的，因此只要对 M 的相互直交的投影列 $\{p_n\}$，证明 $\Phi(p) = \sum_n \Phi(p_n)$，这里 $p = \sum_n p_n$. 设 $p = \int_E^{\oplus} p(t) d\nu(t)$，$p_n = \int_E^{\oplus} p_n(t) d\nu(t)$，这里 $p(t)$，$p_n(t) \in M(t)$，$\forall t \in E$，n. 由于 $p_n p_m = 0$，$\forall n \neq m$，不妨认为 $p_n(t) p_m(t) = 0$，$\forall t \in E$，n，m. 由于 ν 是 σ-有限的，依命题 11.2.5 及 $\left\{ \sum_{i=1}^n p_i(t) \right\}_n$ 是递增的，因此，$\sum_n p_n(t) = p(t)$，p.p.ν. 再由 $\Phi(t)$ 是正规的及命题 11.2.5，

$$\Phi(p) = \int_E^{\oplus} \sum_n \Phi(t)(p_n(t)) d\nu(t)$$

$$= \sum_n \int_E^{\oplus} \Phi(t)(p_n(t)) d\nu(t) = \sum_n \Phi(p_n);$$

2) 设 M 由 $\mathscr{H}$ 中的对角算子代数 $Z_{\mathscr{H}}$ 与分解算子列 $\left\{ a_n = \int_E^{\oplus} a_n(t) d\nu(t) \right\}_n$ 生成，$M(t)$ 由 $\{a_n(t)\}_n$ 生成，$\forall t \in E$. 由于 Φ 把 $Z_{\mathscr{H}}$ 变成 $\mathscr{K}$ 中的对角算子代数 $Z_{\mathscr{K}}$，因此，$\Phi(M)$ 将由 $Z_{\mathscr{K}}$ 与 $\left\{ \Phi(a_n) = \int_E^{\oplus} \Phi(t)(a_n(t)) d\nu(t) \right\}_n$ 生成. 但 $\{\Phi(t)(a_n(t))\}_n$ 生成 $N(t)$，$\forall t \in E$. 因此，$\Phi(M) = N$. 此外，Φ 自然是一一的. 证毕.

注 本节见参考文献 [21]，[26]，[27]，[83]，[105].

§4. Hilbert 空间分解为 Hilbert 积分

命题 5.3.14 指出，如果 Z 是 $\mathscr{H}$ 中的交换 vN 代数，并且有循环矢，则在 Z 的谱空间 Ω（紧 Hausdorff 空间）上有正则 Borel 测度 ν，及 $\mathscr{H}$ 到 $L^2(\Omega, \nu)$ 上的酉算子 u，使得 $\mathrm{supp}\nu = \Omega$，$L^\infty(\Omega, \nu) = C(\Omega)$，$um_f u^* = \hat{m}_f$，$\forall f \in L^\infty(\Omega, \nu)$，这里 $f \to m_f$ 是 $C(\Omega)$ 到 Z 上的 * 同构，$\hat{m}_f$ 是 $L^2(\Omega, \nu)$ 中乘以 f 的算子。 如果使用 Hilbert 积分的语言，$L^2(\Omega, \nu) = \int_\Omega^\oplus C d\nu$，$\{\hat{m}_f | f \in L^\infty(\Omega, \nu)\}$ 正是 $\int_\Omega^\oplus C d\nu$ 中的对角算子代数。

上面的情形当然不是我们所感兴趣的（因依命题 5.3.15，$Z' = Z$）。今设 Z 是 Hilbert 空间 $\mathscr{H}$ 中交换的 vN 代数，并且有循环矢列 $\{\xi_n\}$（等价于 Z' σ-有限）。命

$$\eta_1 = \xi_1, \quad \mathscr{H}_1 = \overline{Z\eta_1}, \quad p_1: \mathscr{H} \to \mathscr{H}_1,$$

$$\cdots\cdots$$

$$\eta_n = \xi_n - \sum_{k=1}^{n-1} p_k \xi_n, \quad \mathscr{H}_n = \overline{Z\eta_n}, \quad p_n: \mathscr{H} \to \mathscr{H}_n,$$

$$\cdots\cdots$$

易见 $p_i p_j = 0$，$\forall i \neq j$；$\sum_{i=1}^\infty p_i = 1$；$p_i \in Z'$，$\forall i$.

无妨设 $\|\xi_n\| \leqslant 1$，于是 $\|\eta_n\| \leqslant 1$，$\forall n$，令 $\eta_0 = \sum_{n=1}^\infty 2^{-\frac{n}{2}} \eta_n$，则 η_0 是 Z' 的循环矢。

设 Ω 是 Z 的谱空间，令 ν_n 是 Ω 上的正则 Borel 测度，使得

$$\langle m_f \eta_n, \eta_n \rangle = \int_\Omega f(t) d\nu_n(t), \quad \forall f \in C(\Omega).$$

这里 $f \to m_f$ 是 $C(\Omega)$ 到 Z 上的 * 同构，$n = 0, 1, 2, \cdots$. 今记 $\nu = \nu_0$，显然 $\nu = \sum_{n=1}^\infty 2^{-n} \nu_n$. 于是存在 $h_n \in L^1(\Omega, \nu)$，$h_n \geqslant$

0, 使得 $\nu_n = h_n \cdot \nu$, $n = 1, 2, \cdots$.

对任意的 $t \in \Omega$, 定义 Hilbert 空间 $\mathcal{H}(t)$, 它有直交规范基 $\{\zeta_n(t) \mid n$ 使得 $h_n(t) > 0\}$. 为方便计, 如果 n 使得 $h_n(t) = 0$, 则认为 $\zeta_n(t)$ 是 $\mathcal{H}(t)$ 的零元. 由于 $\langle \zeta_n(t), \zeta_m(t) \rangle_t = \delta_{nm} \chi_{\mathrm{supp} h_n}(t)$ 是 Ω 上的可测函数, $\forall n, m$, 因此, $\mathcal{H}(\cdot)$ 是 Ω 上以 $\{\zeta_n(\cdot)\}_n$ 为可测矢场基本列的 Hilbert 空间可测场. 我们说 $\mathcal{H}(t) \neq \{0\}$, $p.p.\nu$. 事实上, 若有 Ω 的 Borel 子集 E, 使得 $\nu(E) > 0$, 而 $\mathcal{H}(t) = 0$, $\forall t \in E$. 于是 $h_n(t) = 0$, $\forall t \in E$, 及 n. 由此, $\nu_n(E) = 0$, $\forall n$. 但 $\nu(E) = \sum_{n=1}^{\infty} 2^{-n} \nu_n(E)$, 这便发生矛盾. 所以, $\mathcal{H}(t) \neq \{0\}$, $p.p.\nu$.

记 $\hat{\mathcal{H}} = \int_{\Omega}^{\oplus} \mathcal{H}(t) d\nu(t)$, 定义 $u: \mathcal{H} \to \hat{\mathcal{H}}$,
$$u m_f \eta_n = f(\cdot) h_n(\cdot)^{\frac{1}{2}} \zeta_n(\cdot), \quad \forall f \in C(\Omega) \text{ 及 } n.$$
易见 u 可扩张为 $\mathcal{H}$ 到 $\hat{\mathcal{H}}$ 中的等距算子. 如果 $\zeta(\cdot) \in \hat{\mathcal{H}}$, 使得 $\langle f(\cdot) h_n(\cdot)^{\frac{1}{2}} \zeta_n(\cdot), \zeta(\cdot) \rangle = 0$, $\forall f, n$. 于是对 $p.p.\nu$ 及 n, $h_n(t)^{\frac{1}{2}} \langle \zeta_n(t), \zeta(t) \rangle_t = 0$. 依 $\{\zeta_n(\cdot)\}$ 的定义, $\zeta(t) = 0$, $p.p.\nu$. 从而 u 是 $\mathcal{H}$ 到 $\hat{\mathcal{H}}$ 上的酉算子. 同时易见 $u m_f u^* = \hat{m}_f$, 这里 $\hat{m}_f$ 是 $\hat{\mathcal{H}}$ 中相应于 f 的对角算子, $\forall f \in C(\Omega)$. 此外, 在定理 5.3.1 的证明中已指出, $\mathrm{supp}\nu = \Omega$, $C(\Omega) = L^{\infty}(\Omega, \nu)$. 因此, 我们有

定理 11.4.1 设 Z 是 $\mathcal{H}$ 中交换的 vN 代数, 并且 Z' 是 σ-有限的, 如果 Ω 是 Z 的谱空间, 则在 Ω 上有正则 Borel 测度 ν, Hilbert 空间的可测场 $\mathcal{H}(\cdot)$, 及 $\mathcal{H}$ 到 $\hat{\mathcal{H}} = \int_{\Omega}^{\oplus} \mathcal{H}(t) d\nu(t)$ 上的酉算子 u, 使得
$$\mathcal{H}(t) \neq \{0\}, \; p.p.\nu, \; \mathrm{supp}\nu = \Omega, \; L^{\infty}(\Omega, \nu) = C(\Omega),$$
$$u m_f u^* = \hat{m}_f, \quad \forall f \in L^{\infty}(\Omega, \nu).$$
这里 $f \to m_f$ 是 $C(\Omega)$ 到 Z 上的 *同构, $\hat{m}_f$ 是 $\hat{\mathcal{H}}$ 中相应于 f 的对角算子. 特别地, $u Z u^* = \hat{Z}$, 这里 $\hat{Z}$ 是 $\hat{\mathcal{H}}$ 中的对角算子代数.

定理 11.4.2 设 $\mathscr{H}$ 是可分的 Hilbert 空间，M，Z 是 $\mathscr{H}$ 中的 vN 代数，并且 $Z \subset M \cap M'$，则在实轴 $\mathbf{R}$ 上存在有限的 Borel 测度 ν，Hilbert 空间可测场 $\mathscr{H}(\cdot)$，$\mathscr{H}(\cdot)$ 中的 vN 代数可测场 $M(\cdot)$，及 $\mathscr{H}$ 到 $\widehat{\mathscr{H}} = \int_{\mathbf{R}}^{\oplus} \mathscr{H}(t) d\nu(t)$ 上的酉算子 u，使得

$$uZu^* = \hat{Z}, \quad uMu^* = \int_{\mathbf{R}}^{\oplus} M(t) d\nu(t).$$

这里 $\hat{Z}$ 是 $\widehat{\mathscr{H}}$ 中的对角算子代数. 此外，如果 $Z = M \cap M'$，则 $M(t)$ 是因子，$p.p.\nu$.

证. 依定理 5.3.7，Z 可以由一个自伴元 a 生成. 设 A 是由 $\{a, 1\}$ 生成的交换 c^*-代数，则 A 在 Z 中是弱算子稠，并且 A 的谱空间是 $\sigma(a)$. 仿照定理 11.4.1 的证明，只是代替那里的 Ω 为 A 的谱空间，同样有 ν，$\mathscr{H}(\cdot)$，及 $u: \mathscr{H} \to \widehat{\mathscr{H}} = \int_{\Omega}^{\oplus} \mathscr{H}(t) d\nu(t)$，使得 $um_f u^* = \hat{m}_f$，$\forall f \in C(\Omega)$，这里 $f \to m_f$ 是 $C(\Omega)$ 到 A 上的 * 同构.

依定理 11.4.1 的证明，并注意引理 5.4.4，可见 $\nu \succ \nu_\xi$，$\forall \xi \in \mathscr{H}$，这里 ν_ξ 定义为

$$\langle m_f \xi, \xi \rangle = \int_{\Omega} f(t) d\nu_\xi(t), \quad \forall f \in C(\Omega),$$

由于 $\mathrm{supp}\nu = \Omega$，可以把 $C(\Omega)$ 一一嵌入 $L^\infty(\Omega, \nu)$ 之中，并且由于 $\nu \succ \nu_\xi$，可见 $f \to m_f$ 也是 $C(\Omega)$ 到 A 上 $\sigma(L^\infty, L^1)$-弱算子连续的映象. 由此，$f \to m_f$ 可扩充为 $L^\infty(\Omega, \nu)$ 到 Z 上的 * 同构. 从而 $uZu^* = \hat{Z}$. 此外，由 $Z \subset M \cap M'$，$Z \subset M \subset Z'$，因此，$\hat{Z} \subset uMu^* \subset \hat{Z}'$. 又 $\widehat{\mathscr{H}}$ 是可分的，因此，$uMu^* = \int_{\Omega}^{\oplus} M(t) d\nu(t)$. 今注意 $\Omega = \sigma(a)$，再将 ν，$\mathscr{H}(\cdot)$，$M(\cdot)$ 平凡地扩张到 $\mathbf{R}$ 上，即满足要求.

最后，如果 $Z = M \cap M'$，则 $\hat{Z} = (uMu^*) \cap (uMu^*)'$，依命题 11.3.9，$M(t)$ 是因子，$p.p.\nu$. 证毕.

定理 11.4.3 设 Ω 是局部紧 Hausdorff 空间，并且 Ω 是它紧子集的可数并，ν_i 是 Ω 上正则 Borel 测度，$\mathscr{H}_i(\cdot)$ 是 Ω 上非零

的 Hilbert 空间可测场. $i=1,2$. 如果有 $\mathscr{H}_1=\int_{\Omega}^{\oplus}\mathscr{H}_1(t)$ $dv_1(t)$ 到 $\mathscr{H}_2=\int_{\Omega}^{\oplus}\mathscr{H}_2(t)dv_2(t)$ 上的酉算子 u，使得 $um_f^{(1)}u^*=m_f^{(2)}$, $\forall f\in C_0^\infty(\Omega)$，这里 $m_f^{(i)}$ 是 $\mathscr{H}_i$ 中相应于 f 的对角算子，$i=1,2$，则 $v_1\sim v_2$，并且存在 $\mathscr{H}_1(\cdot)$ 到 $\mathscr{H}_2(\cdot)$ 的算子可测场 $v(\cdot)$，使得 $v(t)$ 是 $\mathscr{H}_1(t)$ 到 $\mathscr{H}_2(t)$ 上的酉算子，$p.p.v_1$，以及 $u=wv$，这里 $v=\int_{\Omega}^{\oplus}v(t)dv_1(t)$，$w$ 是 $\int_{\Omega}^{\oplus}\mathscr{H}_2(t)dv_1(t)$ 到 $\mathscr{H}_2$ 上的正则同构，即若 $v_2=\rho\cdot v_1$，那么

$$w\xi(\cdot)=(\rho^{-\frac{1}{2}}\xi)(\cdot),\quad \forall\xi(\cdot)\in\int_{\Omega}^{\oplus}\mathscr{H}_2(t)dv_1(t).$$

证. 设 K 是 Ω 的紧子集，并且 $v_1(K)=0$. 由于 $\mathscr{H}_2(\cdot)$ 非零，可取 $\mathscr{H}_2(\cdot)$ 的可测矢场 $\eta(\cdot)$，而 $\|\eta(t)\|_t=1$, $\forall t\in\Omega$. 又命 U 是 K 的开邻域，且 $\bar{U}$ 紧，于是，$(\chi_U\eta)(\cdot)\in\mathscr{H}_2$. 记 $\xi(\cdot)=u^*(\chi_U\eta)(\cdot)\,(\in\mathscr{H}_1)$. 对任意的 $\varepsilon>0$，由于 $v_1(K)=0$，可取开集 V，使得

$$K\subset V\subset U,\quad \int_V\|\xi(t)\|_t^2dv_1<\varepsilon.$$

今作 $f\in C_0^\infty(\Omega)$，使得 $0\leqslant f\leqslant 1$, $f(t)=1$, $\forall t\in K$, $f(t)=0$, $\forall t\overline{\in}V$. 于是

$$v_2(K)\leqslant\int f^2(t)dv_2(t)=\int\|(f\eta)(\cdot)\|_t^2dv_2(t)$$
$$=\|u^*m_f^{(2)}(\chi_U\eta)(\cdot)\|_{\mathscr{H}_1}^2=\|m_f^{(1)}\xi(\cdot)\|_{\mathscr{H}_1}^2<\varepsilon.$$

ε 是任意的，因此 $v_2(K)=0$，即 $v_2\prec v_1$. 进而，$v_1\sim v_2$.

今记 $\widetilde{\mathscr{H}}_2=\int_{\Omega}^{\oplus}\mathscr{H}_2(t)dv_1(t)$，则 $\widetilde{m}_f=vm_f^{(1)}v^*$，这里 $v=w^*u$，$\widetilde{m}_f$ 是 $\widetilde{\mathscr{H}}_2$ 中相应于 f 的对角算子，$\forall f\in C_0^\infty(\Omega)$. 由于 $C_0^\infty(\Omega)$ 在 $L^\infty(\Omega,v_1)$ 中是弱 * 稠的，依定理 11.2.10，$v=\int_{\Omega}^{\oplus}v(t)dv_1(t)$. 又 v 是 $\mathscr{H}_1$ 到 $\widetilde{\mathscr{H}}_2$ 上的酉算子，因此，$v(t)$ 是 $\mathscr{H}_1(t)$ 到 $\mathscr{H}_2(t)$ 上的酉算子，$p.p.v_1$. 证毕.

引理 11.4.4 设 $(E_i,\mathscr{B}_i)$ 是标准的 Borel 空间，v_i 是 $\mathscr{B}_i$

上 σ-有限的测度, $i = 1, 2$. 如果存在 $L^{\infty}(E_1, \mathscr{B}_1, \nu_1)$ 到 $L^{\infty}(E_2, \mathscr{B}_2, \nu_2)$ 上的 *同构 π, 则有 $F_i \in \mathscr{B}_i$, $i = 1, 2$, 及 $(E_2 \backslash F_2)$ 到 $(E_1 \backslash F_1)$ 上的 Borel 同构 Φ, 使得

$$\nu_1(F_1) = \nu_2(F_2) = 0, \quad \nu_1 \sim \nu_2 \circ \Phi^{-1},$$

并且对任意的 $g \in L^{\infty}(E_1, \mathscr{B}_1, \nu_1)$, $p.p.\nu_2$ 于 $(E_2 \backslash F_2)$ 上有

$$\pi(g)(t) = g(\Phi(t)).$$

证. 无妨设 ν_1, ν_2 是有限的, 再依定理 9.3.16, 除去平凡的情形外, 又可设 $E_1 = E_2 = [0, 1]$, 而 $\mathscr{B}_1 = \mathscr{B}_2$ 是 $[0, 1]$ 的 Borel 子集全体, 以及 ν_1, ν_2 是 $[0, 1]$ 上的概率测度. 令 $f_1(t) = t \in L^{\infty}(E_1, \nu_1)$, $f_2 = \pi(f_1)$. 自然可设 $0 \le f_2(t) \le 1$, $\forall t \in E_2$. 于是, $\Phi(t) = f_2(t)$ 是 E_2 到 E_1 的 Borel 映象.

函数 $1 (\in L^1(E_2, \nu_2))$ 决定 $L^{\infty}(E_2, \nu_2)$ 上忠实的正规态 ω_2, 即 $\omega_2(g) = \int_0^1 g(t) d\nu_2(t)$, $\forall g \in L^{\infty}(E_2, \nu_2)$. 于是, $\omega_1 = \omega_2 \circ \pi$ 也是 $L^{\infty}(E_1, \nu_1)$ 上忠实的正规态. 因此有唯一的 $f \in L^1(E_1, \nu_1)$, 使得 $\omega_1(g) = \int_0^1 f(t) g(t) d\nu_1(t)$, $\forall g \in L^{\infty}(E_1, \nu_1)$. 无妨设 $f(t) > 0$, $\forall t \in E_1$.

如果 $p(\cdot)$ 是多项式, 则对 $t \in E_2$,

$$\pi(p(f_1))(t) = p(f_2)(t) = p(\Phi(t)).$$

如果 $g \in C[0, 1]$, 取多项式列 p_n, 使得 $p_n(t) \to g(t)$, 对 $t \in [0, 1]$ 一致. 从而在 $L^{\infty}(E_2, \nu_2)$ 中, $\pi(p_n(f_1))(t) = p_n(\Phi(t)) \to \pi(g)(t)$. 又 $p_n(\Phi(t)) \to g(\Phi(t))$. 由此, $\pi(g)(t) = g(\Phi(t))$, $p.p.\nu_2$. 所以, 对任意的 $g \in C[0, 1]$,

$$\int_0^1 g(t) f(t) d\nu_1(t) = \omega_1(g) = \omega_2(\pi(g))$$
$$= \int_0^1 g(\Phi(t)) d\nu_2(t),$$

如果记 $\Phi(\nu_2) = \nu_2 \circ \Phi^{-1}$, 则 $\Phi(\nu_2) = f \cdot \nu_1$.

今设 $g \in L^{\infty}(E_1, \nu_1)$, 可取 $g_n \in C[0, 1]$, 使得 $g_n \overset{\tau}{\to} g$. 于是, $\int_0^1 |\pi(g_n)(t) - \pi(g)(t)|^2 d\nu_2(t) = \omega_2(\pi((g - g_n)^*(g - g_n))) =$

$$\omega_1((g_n-g)^*(g_n-g))=\int_0^1 f(t)|g_n(t)-g(t)|^2 d\nu_1(t)\to 0. \quad 由$$
于 $f(t)>0$, $\forall t$, 因此有子列 $\{n_k\}$, 使得

$$g_{n_k}(t)\to g(t), \quad p.p.\nu_1, \quad \pi(g_{n_k})(t)\to\pi(g)(t), \quad p.p.\nu_2,$$

已指出 $\pi(g_{n_k})(t)=g_{n_k}(\Phi(t)) \;\; p.p.\nu_2$, $\forall k$, 因此, $g_{n_k}(\Phi(t))\to$
$\pi(g)(t)$, $p.p.\nu_2$. 另一方面, 由 $g_{n_k}(t)\to g(t), p.p.\nu_1$, 及 $\Phi(\nu_2)=$
$f\cdot\nu_1$, $g_{n_k}(\Phi(t))\to g(\Phi(t))$, $p.p.\nu_2$. 所以,

$$\pi(g)(t)=g(\Phi(t)), \quad p.p.\nu_2, \quad \forall g\in L^\infty(E_1,\nu_1).$$

同样讨论 π^{-1}: $L^\infty(E_2,\nu_2)\to L^\infty(E_1,\nu_1)$, 则有 E_1 到 E_2 的
Borel 映象 Ψ, 使得 $\Psi(\nu_1)=\nu_1\circ\Psi^{-1}$ 关于 ν_2 是绝对连续的, 并且
$\pi^{-1}(h)(t)=h(\Psi(t))$, $p.p.\nu_1$, $\forall h\in L^\infty(E_2,\nu_2)$. 因此,

$$\begin{cases}
(g\circ\Phi)(\Psi(t))=\pi^{-1}(\pi(g))(t) \\
\qquad = g(t), \quad p.p.\nu_1, \quad \forall g\in L^\infty(E_1,\nu_1); \\
(h\circ\Psi)(\Phi(t))=\pi(\pi^{-1}(h))(t) \\
\qquad = h(t), \quad p.p.\nu_2, \quad \forall h\in L^\infty(E_2,\nu_2).
\end{cases}$$

特别地, 由 $t\in L^\infty(E_1,\nu_1)\bigcap L^\infty(E_2,\nu_2)$, 可见

$$\Phi\circ\Psi(t)=t, \quad p.p.\nu_1, \quad \Psi\circ\Phi(t)=t, \quad p.p.\nu_2,$$

于是有 $F_2'\in\mathscr{B}_2$, $\nu_2(F_2')=0$, 使得 $\Psi\circ\Phi(t)=t, \forall t\in E_2\backslash F_2'$. 令
$F_1'=\Psi^{-1}(F_2')$, 由于 $\nu_1\circ\Psi^{-1}$ 关于 ν_2 是绝对连续的, 因此, $\nu_1(F_1')=$
0. 易见

$$\Psi(E_1\backslash F_1')=E_2\backslash F_2', \quad \Phi(E_2\backslash F_2')\subset E_1\backslash F_1', \tag{1}$$

并且 Φ 在 $(E_2\backslash F_2')$ 上是一一的. 进而取 $F_1''\in\mathscr{B}_1$, $F_1''\subset E_1\backslash F_1'$,
$\nu_1(F_1'')=0$, 使得

$$\Phi\circ\Psi(t)=t, \quad \forall t\in E_1\backslash F_1, \tag{2}$$

这里 $F_1=F_1'\bigcup F_1''$, 自然 $\nu_1(F_1)=0$. 令 $F_2''=\Phi^{-1}(F_1'')\bigcap$
$(E_2\backslash F_2')$, 由于 $\nu_2\circ\Phi^{-1}$ 关于 ν_1 是绝对连续的, 因此, $\nu_2(F_2'')=0$.
进而 $\nu_2(F_2)=0$, 这里 $F_2=F_2'\bigcup F_2''=F_2'\bigcup\Phi^{-1}(F_1'')$. 于是,
Φ 一一地把 $(E_2\backslash F_2)$ 映入 $(E_1\backslash F_1)$ 之中.

今若 $t\in E_1\backslash F_1$, 依(1), $\Psi(t)\in E_2\backslash F_2'$. 如果 $\Psi(t)\in F_2''\subset$
$\Phi^{-1}(F_1'')$, 于是, $\Phi\circ\Psi(t)\in F_1''$. 但依(2), $\Phi\circ\Psi(t)=t\notin F_1$, 矛

盾．因此，$\Psi(t) \in E_2 \backslash F_2$．进而依(2)，有 $\Phi(E_2 \backslash F_2) = E_1 \backslash F_1$．依定理 9.3.12 与命题 9.3.15，$\Phi$ 是 $(E_2 \backslash F_2)$ 到 $(E_1 \backslash F_1)$ 上的 Borel 同构，其逆 Borel 同构是 Ψ．再由 $\nu_2 \circ \Phi^{-1} \prec \nu_1$，$\nu_1 \circ \Psi^{-1} \prec \nu_2$，可见在 $(E_1 \backslash F_1)$ 上，$\nu_1 \sim \nu_2 \circ \Phi^{-1}$．　证毕．

定理 11.4.5 设 $(E_i, \mathscr{B}_i)$ 是标准的 Borel 空间，ν_i 是 $\mathscr{B}_i$ 上 σ-有限的测度，$\mathscr{H}_i(\cdot)$ 是 E_i 上非零的 Hilbert 空间可测场，$M_i(\cdot)$ 是 $\mathscr{H}_i(\cdot)$ 中 vN 代数的可测场，Z_i 是 $\mathscr{H}_i = \int_{E_i}^{\oplus} \mathscr{H}_i(t) d\nu_i(t)$ 中的对角算子代数，$i = 1, 2$．如果有 $\mathscr{H}_1$ 到 $\mathscr{H}_2$ 上的酉算子 u，使得

$$u M_1 u^* = M_2, \quad u Z_1 u^* = Z_2,$$

这里 $M_i = \int_{E_i}^{\oplus} M_i(t) d\nu_i(t)$，$i = 1, 2$，则有 $F_i \in \mathscr{B}_i$，$\nu_i(F_i) = 0$，$i = 1, 2$，$(E_2 \backslash F_2)$ 到 $(E_1 \backslash F_1)$ 上的 Borel 同构 Φ，及酉算子的可测场 $u(\cdot)$：$\mathscr{H}_1(\cdot) \to \mathscr{H}_2(\Phi^{-1}(\cdot))$，使得：

1) $u(t) M_1(t) u(t)^* = M_2(\Phi^{-1}(t))$，$\forall t \in E_1 \backslash F_1$；

2) $\Phi(\nu_2) = \nu_2 \circ \Phi^{-1} \sim \nu_1$；

3) $u = \int_{E_1 \backslash F_1}^{\oplus} \sqrt{\dfrac{d\Phi(\nu_2)}{d\nu_1}(t)}\, u(t) d\nu_1(t)$．

证．依命题 11.2.8，$u Z_1 u^* = Z_2$ 产生一个由 $L^{\infty}(E_1, \mathscr{B}_1, \nu_1)$ 到 $L^{\infty}(E_2, \mathscr{B}_2, \nu_2)$ 上的 *同构 π．依引理 11.4.4，有 $F_i \in \mathscr{B}_i$，$\nu_i(F_i) = 0$，$i = 1, 2$，及 $(E_2 \backslash F_2)$ 到 $(E_1 \backslash F_1)$ 上的 Borel 同构 Φ，使得 $\Phi(\nu_2) \sim \nu_1$，$\pi(g)(t) = g(\Phi(t))$，$p.p.\nu_2$ 于 $(E_2 \backslash F_2)$，$\forall g \in L^{\infty}(E_1, \mathscr{B}_1, \nu_1)$．略去 F_1，F_2 不计，并代替 ν_1 以 $\Phi(\nu_2)$，在 Borel 同构 Φ 之下，可以把 $(E_1, \mathscr{B}_1, \nu_1)$ 与 $(E_2, \mathscr{B}_2, \nu_2)$ 等同起来．从而情况变为：$(E, \mathscr{B})$ 是标准的 Borel 空间，ν 是 $\mathscr{B}$ 上 σ-有限的测度，$\mathscr{H}_i(\cdot)$ 是 $(E, \mathscr{B})$ 上 Hilbert 空间的可测场，$i = 1, 2$，u 是 $\mathscr{H}_1 = \int_E^{\oplus} \mathscr{H}_1(t) d\nu(t)$ 到 $\mathscr{H}_2 = \int_E^{\oplus} \mathscr{H}_2(t) d\nu(t)$ 上的酉算子，使得

$$uM_1u^* = M_2, \quad um_f^{(1)}u^* = m_f^{(2)}, \quad \forall f \in L^\infty(E, \mathscr{B}, \nu),$$

这里 $M_i = \int_E^\oplus M_i(t)d\nu(t)$, $m_f^{(i)}$ 是 $\mathscr{H}_i$ 中相应于 f 的对角算子, $i = 1, 2$. 依定理 11.2.10, $u = \int_E^\oplus u(t)d\nu(t)$, 其中 $u(t)$ 是 $\mathscr{H}_1(t)$ 到 $\mathscr{H}_2(t)$ 上的酉算子, p.p.ν. 依命题 11.3.7, 有 $\mathscr{H}_1$ 中的分解算子列 $\left\{ a_n = \int_E^\oplus a_n(t)d\nu(t) \right\}_n$, 使得 M_1 由 Z_1 与 $\{a_n\}$ 生成, 并且 $M_1(t)$ 由 $\{a_n(t)\}_n$ 生成, p.p.ν. 于是, M_2 由 Z_2 与 $\{ua_nu^*\}_n$ 生成, 以及 $M_2(t)$ 将由 $\{u(t)a_n(t)u(t)^*\}_n$ 生成, p.p.ν. 因此, $M_2(t) = u(t)M_1(t)u(t)^*$, p.p.$\nu$. 证毕.

注 本节见参考文献 [21], [84], [105].

§5. 分解 vN 代数与其分量的关系

设 $(E, \mathscr{B})$ 是标准的 Borel 空间, ν 是 $\mathscr{B}$ 上 σ-有限测度, $\mathscr{H}(\cdot)$ 是 Hilbert 空间可测场, $\mathscr{H} = \int_E^\oplus \mathscr{H}(t)d\nu(t)$, $M = \int_E^\oplus M(t)d\nu(t)$ 是 $\mathscr{H}$ 中分解的 vN 代数, 我们来讨论 M 与 $\{M(t)\}$ 之间的类型关系.

命题 11.5.1 设 $p = \int_E^\oplus p(t)d\nu(t)$, $p' = \int_E^\oplus p'(t)d\nu(t)$ 分别是 M, M' 的投影, 则

$$M_p = \int_E^\oplus M(t)_{p(t)}d\nu(t), \quad M_{p'} = \int_E^\oplus M(t)_{p'(t)}d\nu(t),$$

$$c(p) = \int_E^\oplus C(p(t))d\nu(t).$$

证. M_p, $M_{p'}$ 的分解表式由命题 11.3.7 立见.

设 $\{\xi_n(\cdot)\}$ 是可测矢场的基本列, M 由 Z 与 $\left\{ a_n = \int_E^\oplus a_n(t)d\nu(t) \right\}_n$ 生成, 并且 $\{a_n(t)\}_n$ 生成 $M(t)$, $\forall t$. 经过适当处理,

· 428 ·

可以认为 $\{a_n(t)\}_n$ 在 $M(t)$ 中是强算子稠的,于是 $\{a_n(t)p(t)\cdot\xi_m(t)|n,m\}$ 是 $c(p(t))\mathscr{H}(t)$ 的完全子集,$\forall t$. 用命题 11.1.2 的方法,从 $\{a_n(t)p(t)\xi_m(t)\}_{n,m}$ 可以构造出 $c(p(\cdot))\mathscr{H}(\cdot)$ 的直交规格基 $\{\eta_k(\cdot)\}$. 自然 $\{\eta_k(\cdot)\}$ 仍然是可测矢场列,从而

$$\langle c(p(t))\xi_n(t),\xi_m(t)\rangle_t = \sum_k \langle\xi_n(t),\eta_k(t)\rangle_t \cdot \langle\eta_k(t),\xi_m(t)\rangle_t$$

是 E 上的可测函数,$\forall n,m$,即算子场 $c(p(\cdot))$ 是可测的. 记 $z = \int_E^\oplus c(p(t))dv(t)$. 如果 $\xi(\cdot)\in\mathscr{H}$,显然

$$za_n p\xi(\cdot) = a_n p\xi(\cdot),\quad \forall n.$$

因此,$z\geq c(p)$. 今写 $c(p) = \int_E^\oplus q(t)dv(t)$,这里 $q(t)$ 是 $M(t)$ 的中心投影,$\forall t$. 由于 $c(p)a_n p = a_n p$,$\forall n$,因此,$q(t)a_n(t)p(t) = a_n(t)p(t)$,$p.p.v$,$\forall n$,即 $q(t)\geq c(p(t))$,$p.p.v$,从而 $c(p)\geq z$. 所以,$c(p) = \int_E^\oplus c(p(t))dv(t)$. 证毕.

命题 11.5.2 如果 M 是离散的,则 $M(t)$ 也是离散的,$p.p.v$.

证. 依定理 6.7.1,M 有交换投影 $p = \int_E^\oplus p(t)dv(t)$,使得 $c(p)=1_{\mathscr{H}}$. 依命题 11.5.1,对 $p.p.v$ 的 t,$p(t)$ 也将是 $M(t)$ 的交换投影,并且中心复盖是 $1_{\mathscr{H}(t)}$,所以,$M(t)$ 也是离散的. 证毕.

命题 11.5.3 如果 M 是真无限的,则 $M(t)$ 也是真无限的,$p.p.v$.

证. 由定理 6.4.4 立见.

命题 11.5.4 如果 $M(t)$ 是有限的,$p.p.v$,则 M 也是有限的.

证. 由有限 vN 代数的定义立见.

命题 11.5.5 如果 M 是连续的,则 $M(t)$ 也是连续的,$p.p.v$.

证. 设 $E_k = \{t\in E|\dim\mathscr{H}(t)=k\}$,$z_k$ 是相应于 χ_{E_k} 的对角算子,当然是 M 的中心投影,并且 Mz_k 是连续的,及 $Mz_k =$

$\int_{E_k}^{\oplus} M(t) d\nu(t)$, $\forall k$. 从而, 无妨设 $\mathcal{H}(\cdot) = \mathcal{H}_0$ 是 E 上的定常场.

设 $\cdot M$, M' 分别由对角算子代数 Z 与 $\left\{a_n = \int_E^{\oplus} a_n(t) d\nu(t)\right\}_n$, $\left\{a'_n = \int_E^{\oplus} a'_n(t) d\nu(t)\right\}_n$ 生成, 并且 $\|a_n\|$, $\|a_n(t)\|$, $\|a'_n(t)\|$ 都 $\leqslant 1$, $\forall t$, n, 以及 $M(t)$ 由 $\{a_n(t)\}_n$ 生成, $M(t)'$ 由 $\{a'_n(t)\}_n$ 生成, $\{a_n(t)\}_n^* = \{a_n(t)\}_n$, $\{a'_n(t)\}_n^* = \{a'_n(t)\}_n$, $\forall t$.

设 S 是 $B(\mathcal{H}_0)$ 的单位球, 依强算子拓扑, 它是 Polish 空间. 考虑 $S \times E$ 的子集 G, $(a, t) \in G$ 指: 1) $aa'_n(t) = a'_n(t)a$, $\forall n$; 2) a 是非零投影; 3) 对任意的 m, n, $aa_n(t)aa_m(t)a = aa_m(t)aa_n(t)a$. 注意命题 9.3.14, G 将是 $S \times E$ 的 Borel 子集. 令 π 是 $S \times E$ 到 E 上的投影映象, 依定理 9.4.5, 有 E 的 Borel 子集 $F \subset \pi G$, 及 F 到 S 中的 Borel 映象 $p(\cdot)$, 使得 $(\pi G \backslash F)$ 包含于某个 ν-零集之中, 并且 $(p(t), t) \in G$, $\forall t \in F$.

如果命 $p(t) = 0$, $\forall t \in E \backslash F$, $p = \int_E^{\oplus} p(t) d\nu(t)$, 则 p 将是 M 的交换投影. 但 M 是连续的, 因此, $p = 0$, $\nu(F) = 0$. 因此, $\pi(G) = \{t \in E \mid M(t) \text{ 不是连续的}\}$ 包含于某个 ν-零集之中, 即 $M(t)$ 是连续的, $p.p.\nu$. 证毕.

命题 11.5.6 如果 M 是纯无限的, 则 $M(t)$ 也是纯无限的, $p.p.\nu$.

证. 与命题 11.5.5 一样, 可设 $\mathcal{H}(\cdot) = \mathcal{H}_0$ 是定常场, $\{a_n, a_n(t), a'_n, a'_n(t)\}$, S 等也与命题 11.5.5 一样. 又命 $(\mathcal{H}_0)_\infty$ 是 $\mathcal{H}_0$ 的可数无穷的 Hilbert 直和, 考虑 $S \times (\mathcal{H}_0)_\infty \times E$ 的子集 G, $(a, (\eta_k), t) \in G$ 指: 1) $aa'_n(t) = a'_n(t)a$, $\forall n$; 2) a 是非零投影; 3) $a\eta_k = \eta_k$, $\forall k$; 4) $\sum_k \|\eta_k\|^2 = 1$; 5) 对任意的正整数有限集 Λ_1, Λ_2,

$$\sum_k \left\langle\left\langle\left(a \prod_{n \in \Lambda_1} a_n(t) a \prod_{n \in \Lambda_2} a_n(t) a\right.\right.\right.$$

$$- a \prod_{n \in \Lambda_2} a_n(t) a \prod_{n \in \Lambda_1} a_n(t) a \Big) \eta_k, \eta_k \Big\rangle = 0,$$

易见 G 是 Borel 子集. 令 π 是 $S \times (\mathcal{H}_0)_\infty \times E$ 到 E 上的投影映象, 依定理 9.4.5, 有 E 的 Borel 子集 $F \subset \pi G$, 及 F 到 S, $(\mathcal{H}_0)_\infty$ 的 Borel 映象 $p(\cdot)$, $(\eta_k(\cdot))$, 使得 $(\pi G \backslash F)$ 包含于某个 ν-零集之中, 及对任意的 $t \in F$,

$$(p(t), (\eta_k(t)), t) \in G.$$

如果对 $t \notin F$, 令 $p(t) = 0$, $\eta_k(t) = 0$, $\forall k$. 于是, $p = \int_E^\oplus p(t) d\nu(t)$ 是 M 的投影. 无妨设 $\nu(E) < \infty$, 则 $\xi_k = \eta_k(\cdot) \in \mathcal{H}$, $p\xi_k = \xi_k$, $\forall k$, 及 $\sum_k \|\xi_k\|^2 = \nu(F)$. 依作法, $\sum_k \langle \cdot \xi_k, \xi_k \rangle$ 将是 M_p 上的正规迹. 但 M 是纯无限的, 因此, $\nu(F) = 0$, 即 πG 包含于某个 ν-零集之中. 此外, 易见 $\pi G = \{t \in E | M(t)$ 不是纯无限的$\}$, 所以, $M(t)$ 纯无限, $p.p.\nu$.   证毕.

命题 11.5.7　如果 M 是有限的, 则 $M(t)$ 也是有限的, $p.p.\nu$.

证.　同样设 $\mathcal{H}(\cdot) = \mathcal{H}_0$, a_n, $a_n(t)$, a'_n, $a'_n(t)$, S 等. 考虑 $S \times E$ 的子集 G, $(v, t) \in G$ 指: 1) $v a'_n(t) = a'_n(t) v, \forall n$; 2) $v^* v = 1$, $v v^* \neq 1$. 易见 G 是 Borel 子集. 于是有 E 的 Borel 子集 $F \subset \pi G$, 这里 π 是 $S \times E$ 到 E 上的投影映象, 及 Borel 映象 $v(\cdot): F \to S$, 使得 $(\pi G \backslash F)$ 包含于某个 ν-零集之中, $(v(t), t) \in G$, $\forall t \in F$.

命 $v(t) = 0$, $\forall t \notin F$, $v = \int_E^\oplus v(t) d\nu(t)$, 则 $v^* v = p$ 是相应于 χ_F 的对角算子. 由于 M_p 也是有限的, 又 $v(t) v(t)^* \neq 1$, $\forall t \in F$, 因此, $\nu(F) = 0$. 进而可见 $M(t)$ 是有限的, $p.p.\nu$. 证毕.

命题 11.5.8　如果 M 是半有限的, 则 $M(t)$ 也是半有限的, $p.p.\nu$.

证.　M 包含有限投影 $p = \int_E^\oplus p(t) d\nu(t)$, 并且 $c(p) = 1$. 依命题 11.5.1 及 11.5.7, $p(t)$ 是 $M(t)$ 的有限投影, 并且 $c(p(t)) =$

1_t, $p.p.v.$ 因此，$M(t)$ 也是半有限的，$p.p.v.$ 证毕.

定理 11.5.9 设 (E, B) 是标准的 Borel 空间，ν 是 $\mathscr{B}$ 上 σ-有限测度，$\mathscr{H}(\cdot)$ 是 E 上 Hilbert 空间可测场，$\mathscr{H} = \int_E^\oplus \mathscr{H}(t)d\nu(t)$，$M = \int_E^\oplus M(t)d\nu(t)$ 是 $\mathscr{H}$ 中分解的 vN 代数. 如果 $z = \int_E^\oplus z(t)d\nu(t)$ 是 M 的最大中心投影，使得 Mz 是有限的，或者半有限的，或者离散的，则 $z(t)$ 也是 $M(t)$ 的最大的中心投影，使得 $M(t)z(t)$ 是有限的，或者半有限的，或者离散的，$p.p.v.$

证. 由 $Mz = \int_E^\oplus M(t)z(t)d\nu(t)$，$M(1 - z) = \int_E^\oplus M(t) \times (1 - z(t))d\nu(t)$，命题 11.5.3、11.5.7、11.5.8、11.5.6、11.5.2、11.5.5 立见.

定理 11.5.10 设 $(E, \mathscr{B})$ 是标准的 Borel 空间，ν 是 $\mathscr{B}$ 上 σ-有限测度，$\mathscr{H}(\cdot)$ 是 E 上 Hilbert 空间可测场，$\mathscr{H} = \int_E^\oplus \mathscr{H}(t)d\nu(t)$，$M = \int_E^\oplus M(t)d\nu(t)$ 是 $\mathscr{H}$ 中分解的 vN 代数，则 M 是有限的、半有限的、真无限的、纯无限的、离散的、或者连续的，必须且只须，$M(t)$ 是有限的、半有限的、真无限的、纯无限的、离散的、或者连续的，$p.p.v.$

证. 由前面的讨论立见.

注 本节见参考文献 [15]、[21]、[83]、[100].

§6 算子的和 vN 代数的定常场

引理 11.6.1 设 A 是有单位元的可分 c^*-代数，$\mathscr{H}_0$ 是可分的 Hilbert 空间，令

$\mathrm{Re}p(A, \mathscr{H}_0) = \{\pi | \pi$ 是 A 在 $\mathscr{H}_0$ 中的非退化 $*$ 表示$\}$ 赋予 $\mathrm{Re}p(A, \mathscr{H}_0)$ 以这样的拓扑：$\pi_l \to \pi$ 指

$$\|\pi_l(a)\xi - \pi(a)\xi\| \to 0, \quad \forall a \in A, \ \xi \in \mathscr{H}_0,$$

则 $\mathrm{Re}p(A, \mathscr{H}_0)$ 是 Polish 空间.

证. 设 $\{a_n\}$, $\{\xi_m\}$ 分别是 A, $\mathscr{H}_0$ 单位球的可数稠集, 对任意的 π_1, $\pi_2 \in \mathrm{Rep}(A, \mathscr{H}_0)$, 定义

$$d(\pi_1, \pi_2) = \sum_{n,m} 2^{-(n+m)} \|(\pi_1(a_n) - \pi_2(a_n))\xi_m\|.$$

今只须证明 $(\mathrm{Rep}(A, \mathscr{H}_0), d)$ 是可分的. 命

$$J = \{(n, m) \,|\, n, m = 1, 2, \cdots\},$$
$$E = \left\{ f\colon J \to \mathscr{H}_0 \,\Big|\, \sum_{n,m} 2^{-(n+m)} \|f(n, m)\| < \infty \right\},$$

对任意的 $f \in E$, 定义 $\|f\| = \sum_{n,m} 2^{-(n+m)} \|f(n,m)\|$, 易见 $(E, \|\cdot\|)$ 是 Banach 空间, 并且由于 $\mathscr{H}_0$ 是可分的, 它也是可分的. 此外, 对任意的 $\pi \in \mathrm{Rep}(A, \mathscr{H}_0)$, 令

$$f_\pi(n, m) = \pi(a_n)\xi_m, \quad \forall n, m,$$

则 $\pi \to f_\pi$ 是 $(\mathrm{Rep}(A, \mathscr{H}_0), d)$ 到 $(E, \|\cdot\|)$ 中的等距映象, 因此, $(\mathrm{Rep}(A, \mathscr{H}_0), d)$ 也是可分的. 证毕.

引理 11.6.2 设 $(E, \mathscr{B})$ 是 Borel 空间, 则映象 $\Phi\colon (E, \mathscr{B}) \to \mathrm{Rep}(A, \mathscr{H}_0)$ 是 Borel 的, 当且仅当, $\langle \Phi(t)(a)\xi, \eta \rangle$ 是 E 上的可测函数, $\forall a \in A$, $\xi, \eta \in \mathscr{H}_0$, 这里 $\mathrm{Rep}(A, \mathscr{H}_0)$, 如引理 11.6.1 所述.

证. 只须证明充分性. 依引理 11.6.1, $(\mathrm{Rep}(A, \mathscr{H}_0), d)$ 有可数稠集 $\{\pi_n\}$, 从而只要对任意的 n, m, 指出 $\Phi^{-1}(\{\pi \,|\, d(\pi, \pi_n) < m^{-1}\}) \in \mathscr{B}$. 但这由

$$\Phi^{-1}(\{\pi \,|\, d(\pi, \pi_n) < m^{-1}\})$$
$$= \left\{ t \in E \,\Big|\, \sum_{i,j} 2^{-(i+j)} \|(\pi_n(a_i) - \Phi(t)(a_i))\xi_j\| < m^{-1} \right\}$$
$$= \left\{ t \in E \,\Big|\, \sum_{i,j} 2^{-(i+j)} \sup_k |\langle (\pi_n(a_i) - \Phi(t)(a_i))\xi_j, \xi_k \rangle| \right.$$
$$\left. < m^{-1} \right\}$$

及充分性条件立见. 证毕.

定理 11.6.3 设 $(E, \mathscr{B})$ 是 Borel 空间, $\mathscr{H}(\cdot)$ 是 E 上 Hilbert 空间可测场, Λ 是任意的指标集, 对每个 $l \in \Lambda$, $a_l(\cdot)$ 是

$\mathscr{H}(\cdot)$ 中算子的可测场. 又设 $\mathscr{H}_0$ 是可分的 Hilbert 空间,以及对每个 $t \in E$, 有 $\mathscr{H}(t)$ 到 $\mathscr{H}_0$ 上的酉算子 $u(t)$, 使得 $u(t)a_l(t)u(t)^* = b_l$, 这里 $b_l \in B(\mathscr{H}_0)$, $\forall l \in \Lambda$, 则有 $\mathscr{H}(\cdot)$ 到定常场 $\mathscr{H}_0$ 的酉算子可测场 $v(\cdot)$, 使得 $v(t)a_l(t)v(t)^* = b_l$, $\forall t \in E$, $l \in \Lambda$.

证. 无妨设 $\mathscr{H}(\cdot)$ 就是定常场 $\mathscr{H}_0$. 于是对任意的 ξ, $\eta \in \mathscr{H}_0$, $l \in \Lambda$, $\langle u(t)^* b_l u(t)\xi, \eta \rangle$ 是 E 上的可测函数. 命 M 是 $\{b_l\}_{l \in \Lambda}$ 生成的 vN 代数,对任意的 $b \in M$, 由于 $\mathscr{H}_0$ 可分,有 $b_n \xrightarrow{\text{强算子}} b$,这里 b_n 是 $\{b_l, b_l^*\}$ 有限积的复有理系数的线性组合,因此,对任意的 $\xi, \eta \in \mathscr{H}_0$, $\langle u(t)^* b u(t)\xi, \eta \rangle$ 是 E 上的可测函数.

自然 M 是可数生成的,因此有包含 $\mathscr{H}_0$ 中恒等算子的可分 c^*-代数 A,它在 M 中强算子稠. 记 G 是 $\mathscr{H}_0$ 中酉算子的全体,依强算子拓扑,它是 Polish 空间(引理 10.4.1). 又命
$$H = \{u \in G | u^* au = a, \forall a \in A\}.$$
它是 G 的闭子群. 依定理 9.4.2,有 G 的 Borel 子集 F, 使得 F 与 Hu 的交由一个元组成, $\forall u \in G$. 对任意的 $u \in G$, 定义 A 在 $\mathscr{H}_0$ 中非退化的 $*$ 表示 π_u: $\pi_u(a) = u^* au$, $\forall a \in A$. 显然, $u \to \pi_u$ 是 G 到 $Rep(A, \mathscr{H}_0)$ 中的连续映象,记此映象为 Ψ. 又显然 Ψ 限于 F 是一一的,依引理 11.6.1, Ψ 将是 F 到 $\Psi(F) = \Psi(G)$ 上的 Borel 同构,记它的逆映象为 Φ. 对任意的 $t \in E$, 令 $v(t) = \Phi \circ \Psi(u(t))$,我们得到
$$E \xrightarrow{v(\cdot)} F \xrightarrow{\Psi(\cdot)} \Psi(F) = \Psi(G) \xrightarrow{\Phi(\cdot)} F.$$
由于对任意的 $a \in A (\subset M)$, $\xi, \eta \in \mathscr{H}_0$,
$$\langle ((\Psi \circ v(t))(a)\xi, \eta \rangle = \langle v(t)^* av(t)\xi, \eta \rangle$$
$$= \langle u(t)^* au(t)\xi, \eta \rangle$$
是 E 上的可测函数,依引理 11.6.2, $\Psi \circ v(\cdot)$ 是 E 到 $Rep(A, \mathscr{H}_0)$ 的 Borel 映象. 从而, $v(\cdot) = \Phi \circ \Psi \circ v(\cdot)$ 是 E 到 G 中的 Borel 映象. 特别地, $v(\cdot)$ 是酉算子的可测场,并且

$$v(t)^*av(t) = u(t)^*au(t), \quad \forall a \in A, \ t \in E.$$

A 在 M 中是强算子稠的,因此, $v(t)^*b_l v(t) = u(t)^*b_l u(t) = a_l(t)$, $\forall t \in E$, $l \in \Lambda$. 证毕.

系 11.6.4 在定理 11.6.3 的假定下,如果还有 $\mathscr{B}$ 上的测度 ν, 则有 $\mathscr{H} = \int_E^{\oplus} \mathscr{H}(t)d\nu(t)$ 到 $L^2(E, \mathscr{B}, \nu) \otimes \mathscr{H}_0$ 上的酉算子 v, 使得 $va_l v^* = 1 \otimes b_l$, $\forall l \in \Lambda$, 这里 $a_l = \int_E^{\oplus} a_l(t)d\nu(t)$, 而 1 表示 $L^2(E, \mathscr{B}, \nu)$ 中的恒等算子.

定理 11.6.5 设 $(E, \mathscr{B})$ 是 Borel 空间, $\mathscr{H}(\cdot)$ 是 E 上 Hilbert 空间的可测场, $M(\cdot)$ 是 $\mathscr{H}(\cdot)$ 中的 vN 代数的可测场. 又设 $\mathscr{H}_0$ 是可分的 Hilbert 空间,并对每个 $t \in E$, 有 $\mathscr{H}(t)$ 到 $\mathscr{H}_0$ 上的酉算子 $u(t)$, 使得 $u(t)M(t)u(t)^* = M_0$, 这里 M_0 是 $\mathscr{H}_0$ 中的 vN 代数, 则有 $\mathscr{H}(\cdot)$ 到定常场 $\mathscr{H}_0$ 的酉算子可测场 $v(\cdot)$, 使得 $v(t)M(t)v(t)^* = M_0$, $\forall t \in E$.

证. 无妨设 $\mathscr{H}(\cdot) = \mathscr{H}_0$,并设 G 是 $\mathscr{H}_0$ 中酉算子的全体, 依强算子拓扑,它是 Polish 空间. 令 $H = \{u \in G \mid u^* M_0 u = M_0\}$, 同样有 G 的 Borel 子集 F,使得 F 与 Hu 的交由一个元组成, $\forall u \in G$. 定义映象 $\Psi: G \to \mathscr{A}$, $\Psi(u) = u^* M_0 u$, $\forall u \in G$, 这里 $\mathscr{A}$ 是 $\mathscr{H}_0$ 中 vN 代数的全体. 依命题 10.4.2 的证明, Ψ 是 Borel 映象. Ψ 限于 F 是一一的,从而 Ψ 是 F 到 $\Psi(F) = \Psi(G)$ 上的 Borel 同构,记它的逆映象为 Φ. 对任意的 $t \in E$, 令 $v(t) = \Phi \circ \Psi(u(t))$, 我们得到

$$E \xrightarrow{v(\cdot)} F \xrightarrow{\Psi(\cdot)} \Psi(F) = \Psi(G) \xrightarrow{\Phi(\cdot)} F.$$

注意 $\Psi \circ v(\cdot) = \Psi(u(\cdot)) = u(\cdot)^* M_0 u(\cdot) = M(\cdot)$ 是 E 到 $\mathscr{A}$ 中的 Borel 映象 (命题 11.3.2), 从而, $v(\cdot) = \Phi \circ \Psi \circ v(\cdot)$ 是酉算子的可测场,并且 $v(t)M(t)v(t)^* = M_0$, $\forall t \in E$. 证毕.

系 11.6.6 在定理 11.6.5 的假定下,如果还有 $\mathscr{B}$ 上 σ-有限的 测度 ν,则有 $\mathscr{H} = \int_E^{\oplus} \mathscr{H}(t)d\nu(t)$ 到 $L^2(E, \mathscr{B}, \nu) \otimes \mathscr{H}_0$ 上的 酉算子 v,使得 $vMv^* = \hat{\mathscr{Z}} \bar{\otimes} M_0$, 这里 $M = \int_E^{\oplus} M(t)d\nu(t)$, $\hat{\mathscr{Z}}$ 是

$L^2(E, \mathcal{B}, \nu)$ 中的乘法代数.

事实上,取定理 11.6.5 的 $v(\cdot)$,令 $v = \int_E^\oplus v(t) d\nu(t)$,则

$$vMv^* = \int_E^\oplus M_0 d\nu(t) = \hat{Z} \overline{\otimes} M_0.$$

注 本节见参考文献 [21], [26], [84], [116].

§7. vN代数 Borel 空间的 Borel 子集

设 $\mathcal{H}$ 是可分的 Hilbert 空间,$\mathcal{A}$,$\mathcal{F}$ 分别表示 $\mathcal{H}$ 中 vN 代数的全体,因子的全体,依定理 10.3.2, 10.3.6,它们是标准的 Borel 空间.

命题 11.7.1 $\mathcal{H}$ 中 (I_n) 型 vN 代数的全体 $\mathcal{A}_n$ 是 $\mathcal{A}$ 的 Borel 子集,$n = \infty, 1, 2, \cdots$.

证. 依命题 6.7.8,任何 (I_n) 型 vN 代数必空间*同构于 $Z \overline{\otimes} B(\mathcal{H}_n)$,其中 Z 是交换的 vN 代数. 又依系 5.3.9 可见,$\mathcal{H}$ 中相互不*同构的 (I_n) 型 vN 代数至多可数个.再依命题 10.4.3,即见 $\mathcal{A}_n$ 是 $\mathcal{A}$ 的 Borel 子集. 证毕.

命题 11.7.2 $\mathcal{H}$ 中 (I) 型 vN 代数的全体 $\mathcal{A}_I$ 是 $\mathcal{A}$ 的 Borel 子集.

证. 如命题 10.4.3 的证明,定义 $\mathcal{A} = \mathcal{A}(\mathcal{H})$ 到 $\mathcal{A}(\mathcal{H} \otimes \mathcal{H})$ 中的 Borel 同构 Φ:$\Phi(M) = M \overline{\otimes} \mathbb{C}1_{\mathcal{H}}$,$\forall M \in \mathcal{A}(\mathcal{H})$. $M \in \mathcal{A}_I$ 当且仅当,$\Phi(M)' = M' \overline{\otimes} B(\mathcal{H})$ 是 (I_∞) 型的 (这里设 $\dim \mathcal{H} = \infty$;如果 $\dim \mathcal{H} < \infty$,$\mathcal{A}_I = \mathcal{A}$ 不待证). 令 E 是 $\mathcal{H} \otimes \mathcal{H}$ 中 (I_∞) 型 vN 代数的全体,依命题 11.7.1,E 是 $\mathcal{A}(\mathcal{H} \otimes \mathcal{H})$ 的 Borel 子集. 依命题 10.3.1,$E' = \{N' | N \in E\}$ 也是 $\mathcal{A}(\mathcal{H} \otimes \mathcal{H})$ 的 Borel 子集. 由此,$\mathcal{A}_I = \Phi^{-1}(E')$ 是 $\mathcal{A}$ 的 Borel 子集. 证毕.

命题 11.7.3 $\mathcal{H}$ 中有限的 vN 代数全体 $\mathcal{A}_f$ 是 $\mathcal{A}$ 的 Borel 子集.

证. 首先如引理 10.4.6 证明 $(\mathcal{A} \setminus \mathcal{A}_f)$ 是 Sousline 子集,

再如命题 10.4.7 证明 $\mathscr{A}_f$ 也是 Sousline 子集，所以，$\mathscr{A}_f$ 是 $\mathscr{A}$ 的 Borel 子集.   证毕.

引理 11.7.4 $\mathscr{H}$ 中半有限 vN 代数的全体 $\mathscr{A}_{sf}$ 是 $\mathscr{A}$ 的 Sousline 子集.

证明与引理 10.4.8 一样.

引理 11.7.5 设 $\mathscr{A}_{\mathrm{III}}$ 是 $\mathscr{H}$ 中 (III) 型 vN 代数的全体，则 $(\mathscr{A}\setminus\mathscr{A}_{\mathrm{III}})$ 是 $\mathscr{A}$ 的 Sousline 子集.

证. $M\in\mathscr{A}_{\mathrm{III}}$，当且仅当，$M$ 包含非零有限投影. 考虑 $\mathscr{A}\times P\times\mathscr{H}_\infty$ 的子集 E, $(M,p,(\xi_k))\in E$ 指：p 是 M 的非零投影；$p\xi_k=\xi_k$，$\forall k$；$\sum_k\langle\cdot\xi_k,\xi_k\rangle$ 是 pMp 上的迹；$\{a'\xi_k\,|\,a'\in M',k\}$ 是 $p\mathscr{H}$ 的完全子集. 即 E 的定义与引理 10.4.8 证明中的 E 相仿，但不要求 $c(p)=1$. 相仿于引理 10.4.8，E 是 Borel 子集，因此，$(\mathscr{A}\setminus\mathscr{A}_{\mathrm{III}})$ 是 $\mathscr{A}$ 的 Sousline 子集.   证毕.

引理 11.7.6 设 $(E,\mathscr{B})$ 是标准的 Borel 空间，$\mathfrak{M}(E)$ 是 $(E,\mathscr{B})$ 上非零有限测度的全体. 赋予 $\mathfrak{M}(E)$ 以如下最小的 Borel 构造，使得对于 E 上任意的有界可测函数 f, $\nu\to\nu(f)=\int_E f\,d\nu$ 是 $\mathfrak{M}(E)$ 上的可测函数. 则 $\mathfrak{M}(E)$ 也是标准的 Borel 空间，并且这个 Borel 构造由形如 $\{\nu\in\mathfrak{M}(E)\,|\,\nu(F)<\lambda\}$ ($\forall F\in\mathscr{B}$, $\lambda>0$) 的子集生成.

证. 依定理 9.3.16，无妨设 $E=[0,1]$. 于是，$\mathfrak{M}(E)=C(E)_+^*\setminus\{0\}$，这里 $C(E)_+^*$ 是 $C(E)$ 上连续正泛函的全体.

如果赋予 $\mathfrak{M}(E)$ 以这样的 Borel 构造，它由形如 $\{\nu\in\mathfrak{M}(E)\,|\,\nu(F)<\lambda\}$ ($\forall F\in\mathscr{B}$, $\lambda>0$) 的子集生成. 由于 E 上有界可测函数 f 可以为简单函数列一致逼近，因此，$\nu\to\nu(f)$ 将是 $\mathfrak{M}(E)$ 上的可测函数. 同时易见这个 Borel 构造是使得 $\nu\to\nu(f)$ 可测的最小 Borel 构造.

由于 $C(E)$ 是可分的 Banach 空间，因此 $(C(X)^*,w^*)$ 是标准的 Borel 空间，这里 w^* 表示 $C(X)^*$ 中的弱*拓扑，从而，$\mathfrak{M}(E)=C(E)_+^*\setminus\{0\}$ 依弱*拓扑也是标准的 Borel 空间. 对任

意的 $f \in C(E)$, $\nu \to \nu(f)$ 是 $\mathfrak{M}(E)$ 上弱 * 连续的函数，由此，$\nu \to \nu(F)$ 是 $(\mathfrak{M}(E), w^*)$ 上的可测函数，$\forall F \in \mathscr{B}$. 因此，由 $\{\nu \in \mathfrak{M}(E) | \nu(F) < \lambda\}$ $(\forall F \in \mathscr{B}, \lambda > 0)$ 产生的 Borel 构造 $\mathscr{P}$ 包含于由弱 * 拓扑所产生的标准 Borel 构造.

依定理 9.3.13，今只须证明 $\mathscr{P}$ 包含分离的可数族. 设 $\{r_n\}$ 是 $[0, 1]$ 中有理数的全体，$\{t_k\}$ 是 $(0, +\infty)$ 中有理数的全体，令 $Q_{iik} = \{\nu \in \mathfrak{M}(E) | \nu([r_i, r_i]) < t_k\}$，易见 $\{Q_{iik}\}$ 将分离 $\mathfrak{M}(E)$. 证毕.

引理 11.7.7 设 $(E, \mathscr{B})$ 是标准的 Borel 空间，$\mathfrak{M}(E)$ 如前一引理所述. 又设 $\mathscr{H}(\cdot)$ 是 E 上 Hilbert 空间的可测场，$\xi(\cdot)$ 是 $\mathscr{H}(\cdot)$ 的有界可测矢场，$a(\cdot)$ 是 $\mathscr{H}(\cdot)$ 中一致有界的算子可测场，$M(\cdot)$ 是 $\mathscr{H}(\cdot)$ 中 vN 代数的可测场，则

1) $\nu \to \int_E^{\oplus} \mathscr{H}(t) d\nu(t)$ 是 $\mathfrak{M}(E)$ 上 Hilbert 空间的可测场，它有可测矢场的基本族为 $\nu \to \int_E^{\oplus} \eta(t) d\nu(t)$，这里 $\eta(\cdot)$ 是 $\mathscr{H}(\cdot)$ 的任意有界可测矢场，而 $\int_E^{\oplus} \eta(t) d\nu(t)$ 表示 $\int_E^{\oplus} \mathscr{H}(t) d\nu(t)$ 的元 $\eta(\cdot)$；

2) $\nu \to \int_E^{\oplus} \xi(t) d\nu(t)$ 是 $\nu \to \int_E^{\oplus} \mathscr{H}(t) d\nu(t)$ 的可测矢场，并且在 $\mathfrak{M}(E)_1$ 上有界，这里 $\mathfrak{M}(E)_1 = \{\nu \in \mathfrak{M}(E) | \nu(E) = 1\}$；

3) $\nu \to \int_E^{\oplus} a(t) d\nu(t)$ 是 $\nu \to \int_E^{\oplus} \mathscr{H}(t) d\nu(t)$ 中的一致有界的算子可测场；

4) $\nu \to \int_E^{\oplus} M(t) d\nu(t)$ 是 $\nu \to \int_E^{\oplus} \mathscr{H}(t) d\nu(t)$ 中的 vN 代数可测场.

证. 1) 设 $\{\xi_n(\cdot)\}$ 是场 $\mathscr{H}(\cdot)$ 的直交规范基，无妨认为 $E = [0, 1]$，$\{f_n\}$ 是 $C(E)$ 的可数稠集，于是，依命题 11.1.9，对每个 $\nu \in \mathfrak{M}(E)$，$\left\{\int_E^{\oplus} (f_n \xi_m)(t) d\nu(t)\right\}_{n,m}$ 是 $\int_E^{\oplus} \mathscr{H}(t) d\nu(t)$ 的完全子集. 由引理 11.7.6，$\nu \to \int_E^{\oplus} \mathscr{H}(t) d\nu(t)$ 是 $\mathfrak{M}(E)$ 上 Hilbert 空

间的可测场. 今若 $\eta(\cdot)$ 是 $\mathscr{H}(\cdot)$ 的有界可测矢场，则 $\langle \eta(t),$ $f_n(t)\xi_m(t)\rangle_t$ 是 E 上的有界可测函数，从而，$\left\langle \int_E^{\oplus} \eta(t)d\nu(t), \int_F^{\oplus} (f_n\xi_m)\right.$ $(t)d\nu(t)\Big\rangle = \int_E^{\oplus} \langle \eta(t), f_n(t)\xi_m(t)\rangle_t d\nu(t)$ 是 $\mathfrak{M}(E)$ 上的可测函数，$\forall n, m$. 所以，$\nu \to \int_E^{\oplus} \eta(t)d\nu(t)$ 是场 $\nu \to \int_E^{\oplus} \mathscr{H}(t)d\nu(t)$ 的可测矢场.

2）由 1）显见.

3）由于 $a(\cdot)f_n(\cdot)\xi_m(\cdot)$ 仍然是 $\mathscr{H}(\cdot)$ 的有界可测矢场，$\forall n, m$，因此，算子场 $\nu \to \int_E^{\oplus} a(t)d\nu(t)$ 是可测的. 此外，依命题 11.2.3，$\left\|\int_E^{\oplus} a(t)d\nu(t)\right\| \leqslant \sup_t \|a(t)\|_t, \forall \nu \in \mathfrak{M}(E)$.

4）设 $\{a_n(\cdot)\}_n$ 是 $\mathscr{H}(\cdot)$ 中的算子可测场列，使得对每个 $t \in E$, $\{a_n(t)\}_n$ 生成 $M(t)$. 无妨设 $\|a_n(t)\|_t \leqslant 1, \forall t \in E$ 及 n. 于是对每个 $\nu \in \mathfrak{M}(E), \int_E^{\oplus} M(t)d\nu(t)$ 将由 $\left\{\left\{\int_E^{\oplus} f_n(t)1_t d\nu(t),\right.\right.$ $\left.\left.\int_E^{\oplus} a_m(t)d\nu(t)\right\}_{n,m}$ 生成. 再依 3），可见 $\nu \to \int_E^{\oplus} M(t)d\nu(t)$ 是 $\nu \to \int_E^{\oplus} \mathscr{H}(t)d\nu(t)$ 中 vN 代数的可测场. 证毕.

引理 11.7.8 记 $\mathfrak{M} = \{\nu | \nu$ 是 $\mathscr{F}_{\text{III}} \times \text{N}$ 上非零的有限测度$\}$（依定理 10.4.16 及引理 11.7.6，$\mathfrak{M}$ 是标准的 Borel 空间，其中 $\mathscr{F}_{\text{III}}$ 是 $\mathscr{H}$ 中(III)型因子的全体），又设 $\{Z_n\}$ 是 $\mathscr{H}$ 中相互不 $*$ 同构的交换 vN 代数列，使得 $\mathscr{H}$ 中任意的交换 vN 代数，必 $*$ 同构于某个 Z_n（系 5.3.9），则存在 $\mathfrak{M}$ 到 $\mathscr{A}$ 中的 Borel 映象 $B(\cdot)$，使得对每个 $\nu \in \mathfrak{M}$, $B(\nu)$ 空间 $*$ 同构于 $\int_{\mathscr{F}_{\text{III}} \times \text{N}}^{\oplus} (A \overline{\otimes} Z_n)d\nu(A, n)$.

证. 依命题 10.4.3 的证明，$A \to A \overline{\otimes} C|_{\mathscr{H}}$ 是 $\mathscr{A} = \mathscr{A}(\mathscr{H})$ 到 $\mathscr{A}(\mathscr{H} \otimes \mathscr{H})$ 中的 Borel 映象. 自然 $n \to C|_{\mathscr{H}} \overline{\otimes} Z_n$ 是 N 到 $\mathscr{A}(\mathscr{H} \otimes \mathscr{H})$ 中的 Borel 映象. 于是依命题 10.3.5，$(A,$ $n) \to A \overline{\otimes} Z_n$ 是 $\mathscr{F}_{\text{III}} \times \text{N}$ 到 $\mathscr{A}(\mathscr{H} \otimes \mathscr{H})$ 中的 Borel 映象.

依引理 11.7.7，$v \to \int_{\mathscr{F}_{\mathrm{III}} \times \mathbf{N}}^{\oplus} (A \otimes Z_n) \, dv(A, n)$ 是 $\mathfrak{M}$ 上 $v \to$
$\int_{\mathscr{F}_{\mathrm{III}} \times \mathbf{N}}^{\oplus} (\mathscr{H} \otimes \mathscr{H}) \, dv(A, n) = \mathscr{H} \otimes \mathscr{H} \otimes L^2(\mathscr{F}_{\mathrm{III}} \times \mathbf{N}, v)$ 中
的 vN 代数可测场。但 $\mathscr{H} \otimes \mathscr{H} \otimes L^2(\mathscr{F}_{\mathrm{III}} \otimes \mathbf{N}, v)$ 与 $\mathscr{H}$ 有同
样的可数无穷维，依命题 11.3.2，有 $\mathfrak{M}$ 到 $\mathscr{A}$ 中的 Borel 映象 $B(\cdot)$，
使得 $B(v)$ 空间*同构于 $\int_{\mathscr{F}_{\mathrm{III}} \times \mathbf{N}}^{\oplus} (A \otimes Z_n) dv$，$\forall v \in \mathfrak{M}$. 证毕.

今设 M 是 $\mathscr{H}$ 中任意固定的 (III) 型 vN 代数. 依定理 11.4.2，将
有实轴 $\mathbf{R}$ 上的有限 Borel 测度 v，Hilbert 空间可测场 $\mathscr{H}(\cdot)$，
及 $\mathscr{H}(\cdot)$ 中 vN 代数的可测场 $M(\cdot)$，使得 M 空间*同构于
$\int_{\mathbf{R}}^{\oplus} M(t) dv(t)$，这*同构同时把 $M \cap M'$ 变成 $\int_{\mathbf{R}}^{\oplus} \mathscr{H}(t) dv(t)$ 中的
对角算子代数以及 $M(t)$ 是因子，$\forall t \in \mathbf{R}$. 由定理 11.5.10，可以认为
$M(t)$ 是 (III) 型的，特别 $\mathscr{H}(t)$ 是可数无穷维的，$\forall t \in \mathbf{R}$. 于
是，可以认为 $\mathscr{H}(\cdot)$ 即 $\mathbf{R}$ 上的定常场 $\mathscr{H}$，$M(\cdot)$ 是 $\mathbf{R}$ 到 $\mathscr{A}$
中的 Borel 映象 (命题 11.3.2).

引理 11.7.9　可以认为 $M(\mathbf{R})$ 是 $\mathscr{A}$ 的 Borel 子集.

证. 显然 $M(\mathbf{R})$ 是 $\mathscr{A}$ 的 Sousline 子集. 令 $\mu = v \circ M^{-1}$，它
是 $\mathscr{A}$ 上的有限测度. 依系 9.2.11，有 $\mathscr{A}$ 的 Borel 子集 E, F，使
得 $E \subset M(\mathbf{R})$，$(M(\mathbf{R}) \backslash E) \subset F$，并且 $\mu(F) = 0$. 记 $\mathbf{R}_0 = M^{-1}(\mathscr{A} \backslash E)$. 易见 $v(\mathbf{R}_0) = 0$，$M(\mathbf{R} \backslash \mathbf{R}_0) = E$. 现在重新定义 $\mathbf{R}_0$
上的 $M(t)$，使之恒等于 $\mathscr{H}$ 中某个 (III) 型因子，即见 $M(\mathbf{R})$ 是
$\mathscr{A}$ 的 Borel 子集.　证毕.

引理 11.7.10　设 $M(\mathbf{R})$ 是 $\mathscr{A}$ 的 Borel 子集，在 $\mathbf{R}$ 中定义
等价关系 $\sim$：$t_1 \sim t_2$ 指 $M(t_1) = M(t_2)$，并赋予 $\mathbf{R}/\sim$ 以商 Borel
构造，则 $\mathbf{R}/\sim$ 也是标准的 Borel 空间，并且 Φ 是 $\mathbf{R}/\sim$ 到 $M(\mathbf{R})$
上的 Borel 同构，这里 $\Phi(\tilde{t}) = M(t)$，$\pi(t) = \tilde{t}$ 是 $\mathbf{R}$ 到 $\mathbf{R}/\sim$ 上
的正则映象. 此外，我们可以在 $\mathbf{R}$ 的一个饱和的 (在 $\sim$ 的意义下)
v-零集上重新定义 $M(t)$，使得 π 有 Borel 截面，即可以认为有
Borel 映象 $\sigma: \mathbf{R}/\sim \to \mathbf{R}$，使得 $\pi \circ \sigma(\tilde{t}) = \tilde{t}$，$\forall \tilde{t} \in \mathbf{R}/\sim$.

证. 如果 F 是 $M(\mathbf{R})$ 的 Borel 子集，$\Phi^{-1}(F) = \pi \circ M^{-1}(F)$，但 $M^{-1}(F)$ 是 $\mathbf{R}$ 的饱和的 Borel 子集，因此，$\Phi^{-1}(F)$ 是 $\mathbf{R}/\sim$ 的 Borel 子集，即 Φ 是 Borel 映象. Φ 当然是一一的. 今证 Φ^{-1} 也是 Borel 的. 设 $\tilde{E}$ 是 $\mathbf{R}/\sim$ 的 Borel 子集，于是 $E = \pi^{-1}(\tilde{E})$ 是 $\mathbf{R}$ 的饱和的 Borel 子集. 因此，$\Phi(\tilde{E}) = M(E)$，$\Phi((\mathbf{R}/\sim)\backslash \tilde{E}) = M(\mathbf{R}\backslash E) = M(\mathbf{R})\backslash M(E)$ 都是 $M(\mathbf{R})$ 的 Sousline 子集，所以，$\Phi(\tilde{E})$ 是 $M(\mathbf{R})$ 的 Borel 子集. 这样，Φ 是 $\mathbf{R}/\sim$ 到 $M(\mathbf{R})$ 上的 Borel 同构，特别，$\mathbf{R}/\sim$ 也是标准的 Borel 空间. 再依命题 9.4.7，即可得证.

引理 11.7.11 设 $M(\mathbf{R})$ 是 $\mathscr{A}$ 的 Borel 子集，则存在 $\mathbf{R}/\sim$ (见引理 11.7.10) 到 $\mathfrak{M}(\mathbf{R})_1$ 中的 Borel 映象 $\tilde{t} \to \nu_{\tilde{t}}$，使得对 $\mathbf{R}$ 上任意的有界可测函数 f，$\mathbf{R}/\sim$ 上任意的 $\tilde{\nu}$-可积函数 h，这里 $\tilde{\nu} = \nu \pi^{-1}$，有

$$\int_{\mathbf{R}} (h \circ \pi)(t) f(t) d\nu(t)$$
$$= \int_{\mathbf{R}/\sim} h(\tilde{t}) d\tilde{\nu}(\tilde{t}) \int_{\mathbf{R}} f(s) d\nu_{\tilde{t}}(s),$$

并且对于 $p.p.\tilde{\nu}$ 的 $\tilde{t}$，$\nu_{\tilde{t}}$ 集中于 $\pi^{-1}(\{\tilde{t}\})$.

证. 依定理 9.3.16，$\mathbf{R}$ 能够 Borel 同构于 Cantor 集 C. C 有由可数个既闭又开子集组成的拓扑基，用这拓扑基生成的 Bool 代数 Σ_c 也由可数个既闭又开的子集组成. 这样，我们可以取 $\mathbf{R}$ 的可数个 Borel 子集组成的 Bool 代数 Σ，使得 Σ 生成 $\mathbf{R}$ 的 Borel 子集全体，同时 Σ 的任意元如果表成 Σ 其它元的不交并只能是有限并的形式. 于是，Σ 上每个有限可加的有限测度，也必是可数可加的，从而能够唯一地扩张成 $\mathbf{R}$ 上的有限 Borel 测度.

对于每个 $E \in \Sigma$，$\nu(E \cap \pi^{-1}(\cdot))$ 是 $\mathbf{R}/\sim$ 上的有限测度，并且关于 $\tilde{\nu} = \nu \pi^{-1}$ 是绝对连续的，因此有 $0 \leqslant g_E \in L'(\mathbf{R}/\sim, \tilde{\nu})$，使得 $\nu(E \cap \pi^{-1}(\cdot)) = g_E \cdot \tilde{\nu}(\cdot)$. 由于 Σ 可数，于是有 $\mathbf{R}/\sim$ 的 $\tilde{\nu}$-零子集 $\tilde{E}_0$，使得对于每个 $\tilde{t} \in (\mathbf{R}/\sim \backslash \tilde{E}_0)$，$g_0(\tilde{t})$ 是 Σ 上的有限可加的概率测度，进而 $g_0(\tilde{t})$ 可扩张为 $\mathbf{R}$ 上的概率测度. 因

此，我们得到 $R/\sim$ 到 $\mathfrak{M}(R)_1$ 中的映象：$\tilde{t} \to \nu_{\tilde{t}}$，使得 $\nu_{\tilde{t}}(E) = g_E(\tilde{t})$，$\forall \tilde{t} \in (R/\sim \backslash \tilde{E}_0)$，$E \in \Sigma$；$\nu_{\tilde{t}} = R$ 上某个固定的概率测度，$\forall \tilde{t} \in \tilde{E}_0$. 由于 Σ 生成 R 的 Borel 子集全体，并依引理 11.7.6，可见 $\tilde{t} \to \nu_{\tilde{t}}$ 是 $R/\sim$ 到 $\mathfrak{M}(R)_1$ 中的 Borel 映象，并且对 R 的任意 Borel 子集 E，$R/\sim$ 的任意 Borel 子集 $\tilde{F}$，

$$\nu(E \cap \pi^{-1}(\tilde{F})) = \int_{\tilde{F}} \nu_{\tilde{t}}(E) d\tilde{\nu}(\tilde{t}). \tag{1}$$

进而对 R 上任意的有界可测函数 f，$R/\sim$ 上任意的 $\tilde{\nu}$-可积函数 h，有

$$\int_R (h \circ \pi)(t) f(t) d\nu(t)$$
$$= \int_{R/\sim} h(\tilde{t}) d\tilde{\nu}(\tilde{t}) \int_R f(s) d\nu_{\tilde{t}}(s).$$

对 $R/\sim$ 的任意 Borel 子集 $\tilde{E}$，$\tilde{F}$，依(1)，

$$\int_{\tilde{F}} \chi_{\tilde{E}}(\tilde{t}) d\tilde{\nu}(\tilde{t}) = \tilde{\nu}(\tilde{E} \cap \tilde{F})$$
$$= \nu(\pi^{-1}(\tilde{E}) \cap \pi^{-1}(\tilde{F}))$$
$$= \int_{\tilde{F}} \nu_{\tilde{t}}(\pi^{-1}(\tilde{E})) d\tilde{\nu}(\tilde{t})$$

因此，对任意固定的 $\tilde{E}$，

$$\chi_{\tilde{E}}(\tilde{t}) = \nu_{\tilde{t}}(\pi^{-1}(\tilde{E})), \quad p.p.\tilde{\nu}. \tag{2}$$

由于 $R/\sim$ 是标准的 Borel 空间，我们可以取 $R/\sim$ 的 Borel 子集可数族 $\tilde{\Sigma}$，使得对任意的 $\tilde{t} \in R/\sim$，有 $\{\tilde{E}_n\} \subset \tilde{\Sigma}$，$\tilde{E}_1 \supset \cdots \supset \tilde{E}_n \supset \cdots$，且 $\bigcap\limits_n \tilde{E}_n = \{\tilde{t}\}$. 依(2)，对 $p.p.\tilde{\nu}$ 的 $\tilde{t}$，有 $\chi_{\tilde{E}}(\tilde{t}) = \nu_{\tilde{t}}(\pi^{-1}(\tilde{E}))$，$\forall \tilde{E} \in \tilde{\Sigma}$. 特别地，取上面的 $\{\tilde{E}_n\}$，则 $1 = \chi_{\tilde{E}_n}(\tilde{t}) = \nu_{\tilde{t}}(\pi^{-1}(\tilde{E}_n)) \to \nu_{\tilde{t}}(\pi^{-1}(\{\tilde{t}\}))$. 这表明对 $p.p.\tilde{\nu}$ 的 $\tilde{t}$，$\nu_{\tilde{t}}$ 集中于 $\pi^{-1}(\{\tilde{t}\})$. 证毕.

引理 11.7.12 设 $\tilde{t} \to \nu_{\tilde{t}}$ 如引理11.7.11，则 $\tilde{t} \to \int_R^{\oplus} M(s) d\nu_{\tilde{a}}(s)$ 是 $R/\sim$ 上 $\left(\tilde{t} \to \int_R^{\oplus} \mathscr{H} d\nu_{\tilde{t}}(s) = \mathscr{H} \otimes L^2(R, \nu_{\tilde{t}})\right)$ 中的 vN 代数可测场，并且M空间 $*$ 同构于

$$\int_{\mathbf{R}/\sim}^{\oplus} d\tilde{v}(\tilde{t}) \int_{\mathbf{R}}^{\oplus} M(s) dv_{\tilde{t}}(s).$$

证. 取 R 上的有界可测函数列 $\{f_n\}$，使得对每 $\mu \in \mathfrak{M}(\mathbf{R})$，$\{f_n\}$ 在 $L^2(\mathbf{R}, \mu)$ 中稠，且在 $L^\infty(\mathbf{R}, \mu)$ 中弱 * 稠（仿照引理 11.7.7 的证明）. 又设 $\{\xi_n\}$ 是 $\mathscr{H}$ 的直交规范基及 $\{a_n(\cdot)\}$ 是 R 上定常场 $\mathscr{H}$ 中的算子可测场列，使得 $\{a_n(t)\}_n$ 生成 $M(t)$，$\forall t \in \mathbf{R}$. 由于 $\tilde{t} \to v_{\tilde{t}}$ 是 Borel 的，依引理 11.7.7，11.7 6，$\{\tilde{t} \to \int_{\mathbf{R}}^{\oplus} (f_n \xi_m)(s) dv_{\tilde{t}}(s)\}_{n,m}$ 是 $\left(\tilde{t} \to \int_{\mathbf{R}}^{\oplus} \mathscr{H} dv_{\tilde{t}} = \mathscr{H} \otimes L^2(\mathbf{R}, v_{\tilde{t}})\right)$ 的可测矢场基本列，并且

$$\tilde{t} \to \int_{\mathbf{R}}^{\oplus} a_n(s) dv_{\tilde{t}}(s), \qquad \tilde{t} \to \int_{\mathbf{R}}^{\oplus} f_m(s) 1_{\mathscr{H}} dv_{\tilde{t}}(s)$$

都是 $\left(\tilde{t} \to \int_{\mathbf{R}}^{\oplus} \mathscr{H} dv_{\tilde{t}}\right)$ 中的算子可测场，$\forall n$，m（这里不妨设 $\|a_n(t)\| \le 1$，$\forall t \in \mathbf{R}$，及 n），以及对每个 $\tilde{t} \in \mathbf{R}/\sim$，$\{\int_{\mathbf{R}}^{\oplus} a_n(s) dv_{\tilde{t}}(s), \int_{\mathbf{R}}^{\oplus} f_m(s) 1_{\mathscr{H}} dv_{\tilde{t}}(s)\}_{n,m}$ 生成 $\int_{\mathbf{R}}^{\oplus} M(s) dv_{\tilde{t}}(s)$. 因此，$\tilde{t} \to \int_{\mathbf{R}}^{\oplus} M(s) dv_{\tilde{t}}(s)$ 是 $\left(\tilde{t} \to \int_{\mathbf{R}}^{\oplus} \mathscr{H} dv_{\tilde{t}}\right)$ 中 vN 代数的可测场. 依命题 11.1.9,

$$\left\{\tilde{t} \to h(\tilde{t}) \int_{\mathbf{R}}^{\oplus} (f_n \xi_m)(s) dv_{\tilde{t}}(s) \mid n, m,\right.$$

$$\left. h \text{ 是 } \mathbf{R}/\sim \text{ 上有界可测函数}\right\}$$

是 $\int_{\mathbf{R}/\sim}^{\oplus} d\tilde{v}(\tilde{t}) \int_{\mathbf{R}}^{\oplus} \mathscr{H} dv_{\tilde{t}} = \int_{\mathbf{R}/\sim}^{\oplus} (\mathscr{H} \otimes L^2(\mathbf{R}, v_{\tilde{t}})) d\tilde{v}(\tilde{t})$ 的完全子集. 定义.

$$u\left(\tilde{t} \to h(\tilde{t}) \int_{\mathbf{R}}^{\oplus} (f_n \xi_m)(s) dv_{\tilde{t}}(s)\right)$$

$$= (t \to h(\pi(t)) f_n(t) \xi_m(t))$$

由引理 11.7.11，易见 u 是 $\int_{\mathbf{R}/\sim}^{\oplus} (\mathscr{H} \otimes L^2(\mathbf{R}, v_{\tilde{t}})) d\tilde{v}(\tilde{t})$ 到 $\int_{\mathbf{R}}^{\oplus} \mathscr{H} \times$

$dv = \mathscr{H} \otimes L^2(\mathbb{R}, v)$ 上的酉算子. 它显然把算子 $\int_{\mathbb{R}/\sim}^{\oplus} h(\tilde{\imath}) 1_{\tilde{\imath}} d\tilde{v}(\tilde{\imath})$.

$\int_{\mathbb{R}/\sim}^{\oplus} d\tilde{v}(\tilde{\imath}) \int_{\mathbb{R}}^{\oplus} a_n(s) dv_{\tilde{\imath}}(s)$, $\int_{\mathbb{R}/\sim}^{\oplus} d\tilde{v}(\tilde{\imath}) \int_{\mathbb{R}}^{\oplus} f_m(s) 1_{\mathscr{H}} d v_{\tilde{\imath}}(s)$ 分别变

成 $\int_{\mathbb{R}}^{\oplus} h(\pi(t)) 1_{\mathscr{H}} dv(t)$, $\int_{\mathbb{R}}^{\oplus} a_n(t) dv(t)$, $\int_{\mathbb{R}}^{\oplus} f_m(t) 1_{\mathscr{H}} dv(t)$. 因此,

$$u \int_{\mathbb{R}/\sim}^{\oplus} d\tilde{v}(\tilde{\imath}) \int_{\mathbb{R}}^{\oplus} M(s) dv_{\tilde{\imath}}(s) u^* = \int_{\mathbb{R}}^{\oplus} M(t) dv(t). \quad \text{证毕.}$$

引理 11.7.13 存在 $\mu \in \mathfrak{M}$, 使得 $M*$ 同构于 $B(\mu)$, 这里 $\mathfrak{M}$, $B(\cdot)$ 见引理 11.7.8.

证. 设 $\tilde{\imath} \to v_{\tilde{\imath}}$ 如引理 11.7.11, $\{f_n\}$ 如引理 11.7.12 证明中所取的. 于是, 以 $\left\{\tilde{\imath} \to \int_{\mathbb{R}}^{\oplus} f_n(s) dv_{\tilde{\imath}}(s)\right\}_n$ 为可测矢场基本列, $\tilde{\imath} \to L^2(\mathbb{R}, v_{\tilde{\imath}})$ 是 $\mathbb{R}/\sim$ 上 Hilbert 空间的可测场, 并且 $\tilde{\imath} \to Z_{\tilde{\imath}}$ 是 $(\tilde{\imath} \to L^2(\mathbb{R}, v_{\tilde{\imath}}))$ 中 vN 代数的可测场, 这里 $Z_{\tilde{\imath}}$ 是 $L^2(\mathbb{R}, v_{\tilde{\imath}})$ 中的乘法代数, $\forall \tilde{\imath} \in \mathbb{R}/\sim$.

由于 $L^2(\mathbb{R}, v_{\tilde{\imath}})$ 是可分的, 从而存在唯一的正整数 $n(\tilde{\imath})$, 使得 $Z_{\tilde{\imath}}*$ 同构于 $Z_{n(\tilde{\imath})}$, $\forall \tilde{\imath} \in \mathbb{R}/\sim$, 这里 $\{Z_n\}$ 如引理 11.7 8. 我们说 $\tilde{\imath} \to n(\tilde{\imath})$ 是 $\mathbb{R}/\sim$ 到 N 的 Borel 映象. 依命题 11.1.2, 使得 $L^2(\mathbb{R}, v_{\tilde{\imath}})$ 有相同维数的 $\tilde{\imath}$ 是 Borel 集. 于是无妨设所有的 $L^2(\mathbb{R}, v_{\tilde{\imath}})$ 有相同的维数, 从而 $\tilde{\imath} \to L^2(\mathbb{R}, v_{\tilde{\imath}})$ 酉同构于某定常场 $\mathscr{K}$, 相应 $\tilde{\imath} \to Z_{\tilde{\imath}}$ 空间 $*$ 同构于 $\tilde{\imath} \to N(\tilde{\imath})$, 这里 $\tilde{\imath} \to N(\tilde{\imath})$ 是 $\mathbb{R}/\sim$ 到 $\mathscr{A}(\mathscr{K})$ 中的 Borel 映象. 对任意固定的 $N_0 \in \mathscr{A}(\mathscr{K})$, $a(N_0)$ 是 $\mathscr{A}(\mathscr{K})$ 的 Borel 子集 (命题 10.4.3), 因此, $N^{-1}(a(N_0))$ 是 $\mathbb{R}/\sim$ 的 Borel 子集. 由此即见 $\tilde{\imath} \to n(\tilde{\imath})$ 是 Borel 映象.

我们也可以建立 $*$ 同构的可测场 $\Psi(\cdot)$, 使得 $\Psi(\tilde{\imath})$ 是 $Z_{\tilde{\imath}}$ 到 $Z_{n(\tilde{\imath})}$ 上的 $*$ 同构, $\forall \tilde{\imath} \in \mathbb{R}/\sim$. 与前段一样, 可设 $\tilde{\imath} \to Z_{\tilde{\imath}}$ 空间 $*$ 同构于 $\tilde{\imath} \to N(\tilde{\imath})$, 这里 $\tilde{\imath} \to N(\tilde{\imath})$ 是 $\mathbb{R}/\sim$ 到 $\mathscr{A}(\mathscr{K})$ 中的 Borel 映象, $Z_{\tilde{\imath}}$ 在 $L^2(\mathbb{R}, v_{\tilde{\imath}})$ 中有循环且分离矢 (函数 1), 于是 $N(\tilde{\imath})$ 在 $\mathscr{K}$ 中也有循环且分离矢, $\mathscr{K}$ 中不 $*$ 同构的交换 vN 代数至多可数个, 因此又可假定 $N(\tilde{\imath})*$ 同构于 $N(\tilde{\imath}_0)$, $\forall \tilde{\imath} \in \mathbb{R}/\sim$,

$\tilde{\imath}_0$ 是 $\mathbf{R}/\sim$ 的任意固定点. 依定理 1.13.5 $N(\tilde{\imath})$ 空间 ∗ 同构于 $N(\tilde{\imath}_0)$, $\forall \tilde{\imath}$. 再依定理 11.6.5, 便可建立所要求的 $\Psi(\cdot)$.

依引理 11.7.10, Φ 是 $\mathbf{R}/\sim$ 到 $M(\mathbf{R})$ 上的 Borel 同构, 命 $k(A) = n \circ \Phi^{-1}(A)$, $\forall A \in M(\mathbf{R})$, 及 $k(A) = 1$, $\forall A \in (\mathscr{A} \setminus M(\mathbf{R}))$, 则 $k(\cdot)$ 是 $\mathscr{A}$ 到 N 中的 Borel 映象.

令 $\hat{\nu} = \tilde{\nu} \circ \Phi^{-1} = \nu \circ M^{-1}$, 它是 $\mathscr{A}$ 上集中于 $M(\mathbf{R})$ 的有限测度. 我们以符号 "$\simeq$" 表示 vN 代数之间的 ∗ 同构, 由于 Φ 是 Borel 同构, 依命题 11.3.12 及引理 11.7.10, 有

$$\int_{\mathscr{A}}^{\oplus} (A \overline{\otimes} Z_{k(A)}) d\hat{\nu}(A) = \int_{M(\mathbf{R})}^{\oplus} (A \overline{\otimes} Z_{k(A)}) d\hat{\nu}(A)$$

$$= \int_{M(\mathbf{R})}^{\oplus} \Phi \circ \Phi^{-1}(A) \overline{\otimes} Z_{k \circ \Phi \circ \Phi^{-1}(A)} d\tilde{\nu} \circ \Phi^{-1}(A)$$

$$\simeq \int_{\mathbf{R}/\sim}^{\oplus} \Phi(\tilde{\imath}) \overline{\otimes} Z_{n(\tilde{\imath})} d\tilde{\nu}(\tilde{\imath}) \simeq \int_{\mathbf{R}/\sim}^{\oplus} M(\sigma(\tilde{\imath})) \overline{\otimes} Z_i d\tilde{\nu}(\tilde{\imath})$$

依引理 11.7.11, 对 $p.p.\tilde{\nu}$ 的 $\tilde{\imath}$, ν_i 集中于 $\pi^{-1}(\{\tilde{\imath}\})$. 又 $M(t) = M(\sigma(\tilde{\imath}))$, $\forall t \in \pi^{-1}(\{\tilde{\imath}\})$, 因此, 对 $p.p.\tilde{\nu}$ 的 $\tilde{\imath}$,

$$\int_{\mathbf{R}}^{\oplus} M(s) d\nu_i(s) = \int_{\pi^{-1}(\{\tilde{\imath}\})}^{\oplus} M(\sigma(\tilde{\imath})) d\nu_i(s)$$

$$= M(\sigma(\tilde{\imath})) \overline{\otimes} Z_i,$$

今依引理 11.7.12, 可见 M ∗ 同构于 $\int_{\mathscr{A}}^{\oplus} (A \overline{\otimes} Z_{k(A)}) d\hat{\nu}(A)$.

注意 $\hat{\nu}$ 集中于 $M(\mathbf{R}) \subset \mathscr{F}_{\text{III}}$, 于是

$$\int_{\mathscr{A}}^{\oplus} (A \overline{\otimes} Z_{k(A)}) d\hat{\nu}(A) = \sum_j \oplus \int_{\mathscr{A}_j}^{\oplus} (A \overline{\otimes} Z_j) d\hat{\nu}(A)$$

$$= \sum_j \oplus \int_{\mathscr{A}_j \cap \mathscr{F}_{\text{III}}}^{\oplus} (A \overline{\otimes} Z_j) d\hat{\nu}(A).$$

这里, $\mathscr{A}_j = \{A \in \mathscr{A} | k(A) = j\}$, $\forall j$. 进而取 $\mu \in \mathfrak{M}$, 使得 μ 在 $(\mathscr{A}_j \cap \mathscr{F}_{\text{III}}) \times \{j\}$ 上等于 $\hat{\nu}$, $\forall j$. 从而, M ∗ 同构于 $\int_{\mathscr{F}_{\text{III}} \times N}^{\oplus} (A \overline{\otimes} Z_n) d\mu(A, n)$. 再依引理 11.7.8, M ∗ 同构于 $B(\mu)$. 证毕.

引理 11.7.14 设 E 是 $\mathscr{A}$ 的 Sousline 子集, 则 $a(E) = \{N($

$\mathscr{A} \mid N*$同构于某个属于 E 的 vN 代数} 也是 $\mathscr{A}$ 的 Sousline 子集.

证. 令 $\Phi(N) = N \otimes \mathrm{Cl}_{\mathscr{H}}$,则 Φ 是 $\mathscr{A} = \mathscr{A}(\mathscr{H})$ 到 $\mathscr{A}(\mathscr{H} \otimes \mathscr{H})$ 中的 Borel 同构,依命题 10.4.3 所证明

$$a(E) = \Phi^{-1}(s(\Phi(E))) = \Phi^{-1}(s(\Phi(E)) \cap \Phi(\mathscr{A})),$$

依引理 10.4.14,$s(\Phi(E))$ 是 $\mathscr{A}(\mathscr{H} \otimes \mathscr{H})$ 的 Sousline 子集. 于是有 Polish 空间 P 及 P 到 $\mathscr{A}(\mathscr{H} \otimes \mathscr{H})$ 中的 Borel 映象 f,使得 $f(P) = s(\Phi(E)) \cap \Phi(\mathscr{A})$. 不难见 $\Phi^{-1} \circ f$ 是 P 到 $\mathscr{A}$ 中的 Borel 映象,依命题 9.35,$a(E) = \Phi^{-1} \circ f(P)$ 是 $\mathscr{A}$ 的 Sousline 子集. 证毕.

命题 11.7.15 $\mathscr{A}_{\mathrm{III}}$ 是 $\mathscr{A}$ 的 Borel 子集.

证. 依引理 11.7.5,只须证明 $\mathscr{A}_{\mathrm{III}}$ 是 Sousline 子集. 依引理 11.7.8,$B(\mathfrak{M})$ 是 $\mathscr{A}$ 的 Sousline 子集,并依定理 11.5.10,$B(\mathfrak{M}) \subset \mathscr{A}_{\mathrm{III}}$. 再由引理 11.7.13,$\mathscr{A}_{\mathrm{III}} = a(B(\mathfrak{M}))$. 从而由引理 11.7.14,$\mathscr{A}_{\mathrm{III}}$ 是 $\mathscr{A}$ 的 Sousline 子集. 证毕.

定理 11.7.16 $\mathscr{A}_f$($\mathscr{H}$ 中有限 vN 代数的全体),$\mathscr{A}_{sf}$($\mathscr{H}$ 中半有限 vN 代数的全体),$\mathscr{A}_{pi}$($\mathscr{H}$ 中真无限 vN 代数的全体),$\mathscr{A}_{I_k}$($\mathscr{H}$ 中 (I_k) 型 vN 代数的全体),$k = \infty, 1, 2, \cdots$,$\mathscr{A}_{I}$($\mathscr{H}$ 中 (I) 型 vN 代数的全体),$\mathscr{A}_c$($\mathscr{H}$ 中连续的 vN 代数的全体),$\mathscr{A}_{\mathrm{II}_1}$($\mathscr{H}$ 中 (II_1) 型 vN 代数的全体),$\mathscr{A}_{\mathrm{II}_\infty}$($\mathscr{H}$ 中 (II_∞) 型 vN 代数的全体),$\mathscr{A}_{\mathrm{II}}$($\mathscr{H}$ 中 (II) 型 vN 代数的全体),$\mathscr{A}_{\mathrm{III}}$($\mathscr{H}$ 中 (III) 型 vN 代数的全体),都是 $\mathscr{A}$ 的 Borel 子集.

证. 对于 $\mathscr{A}_{I_k}$,$\mathscr{A}_i$,$\mathscr{A}_f$,及 $\mathscr{A}_{\mathrm{III}}$ 已分别在命题 11.7.1,11.7.2,11.7.3 及 11.7.15 中所证明.

为证明 $\mathscr{A}_{sf}$,依引理 11.7.4,只须证明 $(\mathscr{A} \setminus \mathscr{A}_{sf})$ 是 Sousline 子集. 注意 $M \in (\mathscr{A} \setminus \mathscr{A}_{sf})$,当且仅当,$M = M_1 \oplus M_2$,其中 M_2 是 (III) 型的. 换言之,M 能够 * 同构于 $\mathscr{H} \oplus \mathscr{H}$ 中的 vN 代数 $\begin{pmatrix} M_1 & \\ & M_2 \end{pmatrix}$,这里 $M_1, M_2 \in \mathscr{A}$,并且 M_2 是 (III) 型的.

依命题 10.3.3, 10.3.4, $(M_1, M_2) \to \begin{pmatrix} M_1 & \\ & M_2 \end{pmatrix}$ 是 $\mathscr{A} \times \mathscr{A}$ 到 $\mathscr{A}(\mathscr{H} \oplus \mathscr{H})$ 中的 Borel 映象，并且显然是一一的．于是由命题 11.7.15,

$$E = \left\{ \begin{pmatrix} M_1 & \\ & M_2 \end{pmatrix} \middle| M_1, M_2 \in \mathscr{A}, M_2 \text{ 是 (III) 型的} \right\}$$

是 $\mathscr{A}(\mathscr{H} \oplus \mathscr{H})$ 的 Borel 子集．令 v 是 $\mathscr{H} \oplus \mathscr{H}$ 到 $\mathscr{H}$ 上的酉算子，同样由命题 10.3.3, 10.3.4, $v \cdot v^*$ 是 $\mathscr{A}(\mathscr{H} \oplus \mathscr{H})$ 到 $\mathscr{A}$ 上的 Borel 同构．于是依引理 11.7.14, $(\mathscr{A} \backslash \mathscr{A}_{fi}) = a(vEv^*)$ 是 $\mathscr{A}$ 的 Sousline 子集．

$M \in \mathscr{A}_{pi}$，当且仅当，$M = M_1 \oplus M_2$，其中 M_2 是有限的．从而使用与上面同样的方法，可见 $(\mathscr{A} \backslash \mathscr{A}_{pi})$ 是 $\mathscr{A}$ 的 Sousline 子集．$M \in \mathscr{A}_{pi}$，当且仅当，M 有投影 p，使得 $1 \sim p \sim (1 - p)$．设 S 是 $B(\mathscr{H})$ 的单位球，考虑 $\mathscr{A} \times S \times S$ 的满足如下条件的元 (M, v_1, v_2): 1) $a_n(M')v_j = v_j a_n(M')$, $\forall n$, $j = 1, 2$; 2) $v_j v_j^* = 1$, $j = 1, 2$; 3) $v_1^* v_1 \cdot v_2^* v_2 = 0$; 4) $v_1^* v_1 + v_2^* v_2 = 1$, 这里 $a_n(\cdot): \mathscr{A} \to S$ 如命题 10.3.3．易见这是 Borel 子集，因此，$\mathscr{A}_{pi}$ 是 $\mathscr{A}$ 的 Sousline 子集．进而，$\mathscr{A}_{pi}$ 是 Borel 子集．

依定理 6.8.4 及相似的方法，可证 $\mathscr{A}_{II}$ 是 Sousline 子集．此外，$M \in \mathscr{A}_{II}$，当且仅当，$M = M_1 \oplus M_2$，其中 M_2 是 (I) 型或 (III) 型的．因此，又可以证明 $(\mathscr{A} \backslash \mathscr{A}_{II})$ 是 Sousline 子集．所以，$\mathscr{A}_{II}$ 是 Borel 子集．

由此，$\mathscr{A}_{II_1} = \mathscr{A}_{II} \cap \mathscr{A}_f$, $\mathscr{A}_{II_\infty} = \mathscr{A}_{II} \cap \mathscr{A}_{pi}$ 也都是 Borel 子集．

最后，

$$\mathscr{A}_c = \mathscr{A}_{II} \cup \mathscr{A}_{III} \cup \{M \in \mathscr{A} | M = M_2 \oplus M_3, M_2, M_3 \text{ 分别是 (II), (III) 型的} \}.$$ 因此 $\mathscr{A}_c$ 是 Sousline 子集，又 $M \in \mathscr{A}_c$，当且仅当，$M = M_1 \oplus M_2$，其中 M_1 是离散的．因此，$(\mathscr{A} \backslash \mathscr{A}_c)$ 也是 Sousline 子集．所以，$\mathscr{A}_c$ 是 Borel 子集．   证毕．

注 本节见参考文献 [27], [84], [100], [119].

§8. 可分 c^*-代数态空间的 Borel 子集

设 A 为有单位元的可分 c^*-代数，$\mathscr{S}$ 是 A 的态空间．依 $\sigma(A^*, A)$，$\mathscr{S}$ 是紧 Polish 空间．事实上，设 $\{a_n\}$ 是 A 单位球的可数稠集，对任意的 φ，$\psi \in \mathscr{S}$，定义 $d(\varphi, \psi) = \sum_n 2^{-n}|(\varphi - \psi)(a_n)|$．由此即见 $\mathscr{S}$ 是紧 Polish 空间．

对任意的 $n = \infty, 1, 2, \cdots$，$\mathscr{H}_n$ 是 n 维 Hilbert 空间，R_n 是 A 在 $\mathscr{H}_n$ 中非退化 $*$ 表示的全体．在 R_n 中，$\pi_l \to \pi$ 指 $\|(\pi_l(a) - \pi(a))\xi\| \to 0$，$\forall a \in A, \xi \in \mathscr{H}_n$．依引理 11.6.1，$R_n$ 是 Polish 空间．

引理 11.8.1 $\Phi: \pi \to \pi(A)''$ 是 R_n 到 $\mathscr{A}_n$ 中的 Borel 映象，这里 $\mathscr{A}_n$ 是 $\mathscr{H}_n$ 中 vN 代数的全体．

证．设 $\{a_k\}$ 是 A 单位球的可数稠集，定义 $a_k(\cdot): R_n \to (B(\mathscr{H}_n), \sigma)$，即 $a_k(\pi) = \pi(a_k), \forall \pi \in R_n$．对任意的 $\xi, \eta \in \mathscr{H}_n, \langle a_k(\cdot)\xi, \eta \rangle$ 显然是 R_n 上的连续函数．因此，$\{a_k(\cdot)\}$ 是 R_n 到 $(B(\mathscr{H}_n), \sigma)$ 中的 Borel 映象列，并且对每个 $\pi \in R_n$，$\{a_k(\pi)\}_k$ 生成 $\pi(A)''$．依命题 10.3.4，Φ 是 R_n 到 $\mathscr{A}_n$ 中的 Borel 映象．证毕．

命题 11.8.2 $R_n^{(t)} = \{\pi \in R_n | \pi(A)''$ 是 (t) 型 vN 代数$\}$ 是 R_n 的 Borel 子集，这里 (t) 可以是因子，有限，半有限，真无限，(I_k) $(k = \infty, 1, 2, \cdots)$，(I)，$(II_1)$，$(II_\infty)$，(II)，(III)，$(c)$（指连续）及 (I_{rr})（指不可约）．

证．除 (I_{rr}) 外，由定理 10.3.6，11.7.16 及引理 11.8.1 立见．$\pi \in R_n^{(I_{rr})}$，当且仅当，$\pi(A)'' = B(\mathscr{H}_n)$，即 $\pi(A)$ 的单位球在 $(S,$ 强算子$)$ 中稠，这里 S 是 $B(\mathscr{H}_n)$ 的单位球．$(S,$ 强算子$)$ 是 Polish 空间，设 d 为相应的距离，其可数稠集为 $\{b_k\}$．又设 $\{a_k\}$ 是 A 单位球的可数稠集，则

$$R_n^{(I_{rr})} = \bigcap_{k,p} \bigcup_m \{\pi \in R_n | d(\pi(a_m), b_k) < p^{-1}\}.$$

所以，$R_n^{(1r)}$ 是 R_n 的 G_δ 子集. 证毕.

今对 $n = \infty, 1, 2, \cdots$，又命

$E_n = \{(\pi, \xi) | \pi \in R_n, \xi \in \Gamma_n$，且 ξ 是 $\pi(A)$ 的循环矢$\}$. 这里 $\Gamma_n = \{\xi \in \mathscr{H}_n | \|\xi\| = 1\}$.

引理 11.8.3 E_n 是 $R_n \times \Gamma_n$ 的 G_δ 子集，从而依诱导拓扑，E_n 是 Polish 空间.

证. 设 $\{a_k\}$ 是 A 的可数稠集，$\{\xi_k\}$ 是 $\mathscr{H}_n$ 的可数稠集，则 $E_n = \bigcap_i \bigcup_k \{(\pi, \xi) \in R_n \times \Gamma_n | \|\pi(a_k)\xi - \xi_i\| < i^{-1}\}$. 所以，$E_n$ 是 $R_n \times \Gamma_n$ 的 G_δ 子集. 证毕.

今命 $E = \bigcup\{E_n | n = \infty, 1, 2, \cdots\}$，它也是 Polish 空间，且每个 E_n 是 E 的既闭又开子集. 并定义映象 $\Psi: E \to \mathscr{S}$，即 $\Psi(\pi, \xi)(a) = \langle \pi(a)\xi, \xi \rangle$，$\forall a \in A$.

引理 11.8.4 Ψ 是 E 到 $\mathscr{S}$ 上的连续映象.

证. 连续性显然. 今设 $\varphi \in \mathscr{S}$，相应有 A 的循环 * 表示 $\{\pi_\varphi, \mathscr{H}_\varphi, 1_\varphi\}$. 设 $\dim \mathscr{H}_\varphi = n$，$u$ 是 $\mathscr{H}_\varphi$ 到 $\mathscr{H}_n$ 上的酉算子，并命 $\pi = u\pi_\varphi u^* \in R_n$，则

$$\varphi(a) = \langle \pi_\varphi(a)1_\varphi, 1_\varphi \rangle = \langle \pi(a)\xi, \xi \rangle = \Psi(\pi, \xi)(a)$$

$$\forall a \in A.$$

这里 $\xi = u1_\varphi \in \Gamma_n$. 因此，$\Psi(E) = \mathscr{S}$. 证毕.

引理 11.8.5 设 $\Lambda \subset \mathscr{S}$，如果 $\Psi^{-1}(\Lambda)$ 是 E 的 Sousline 或 Borel 子集，则 Λ 也是 $\mathscr{S}$ 的 Sousline 或 Borel 子集.

证. 依引理 11.8.4，Ψ 把 E 的 Sousline 子集变成 $\mathscr{S}$ 的 Sousline 子集. 从而，如果 $\Psi^{-1}(\Lambda)$ 是 E 的 Sousline 子集，则 $\Lambda = \Psi(\Psi^{-1}(\Lambda))$ 是 $\mathscr{S}$ 的 Sousline 子集.

如果 $\Psi^{-1}(\Lambda)$ 是 E 的 Borel 子集，则 $(E \backslash \Psi^{-1}(\Lambda))$ 也是 E 的 Borel 子集. 依前段，Λ 及 $\Psi(E \backslash \Psi^{-1}(\Lambda)) = (\mathscr{S} \backslash \Lambda)$ 都是 $\mathscr{S}$ 的 Sousline 子集. 因此，Λ 是 $\mathscr{S}$ 的 Borel 子集. 证毕.

定理 11.8.6 设 $\varphi(\in \varphi)$ 产生 A 的 * 表示是 $\{\pi_\varphi, \mathscr{H}_\varphi\}$，则 $\mathscr{S}(t) = \{\varphi \in \mathscr{S} | \pi_\varphi(A)''$ 是 (t) 型的 vN 代数$\}$ 是 $\mathscr{S}$ 的 Borel 子集，

这里 (t) 可以是因子，有限，半有限，真无限，$(I_k)(k = \infty, 1, 2, \cdots), (I), (II_1), (II_\infty), (II), (III)(c)$ 及 (I_r).

证. 对 $n = \infty, 1, 2, \cdots$，依命题 11.8.2，$(R_n^{(t)} \times \Gamma_n)$ 是 $(R_n \times \Gamma_n)$ 的 Borel 子集. 因此，$\bigcup_n ((R_n^{(t)} \times \Gamma_n) \cap E_n)$ 是 E 的 Borel 子集.

如果 $(\pi, \xi) \in (R_n^{(t)} \times \Gamma_n) \cap E_n$，则 π 是 A 在 $\mathscr{H}_n$ 中的 (t) 型 * 表示，并且有循环矢 ξ. 显然 A 的循环 * 表示 $\{\pi, \mathscr{H}_n, \xi\}$ 酉等价 $\varphi = \Psi(\pi, \xi)$ 产生的 * 表示，因此，$\Psi(\pi, \xi) \in \mathscr{S}^{(t)}$. 反之，如果 $\varphi \in \mathscr{S}^{(t)}$，依引理 11.8.4，有 $(\pi, \xi) \in E_n$，使得 $\Psi(\pi, \xi) = \varphi$. 由于 $\langle \pi(a)\xi, \xi \rangle = \langle \pi_\varphi(a)1_\varphi, 1_\varphi \rangle$，$\forall a \in A$，因此，循环 * 表示 $\{\pi, \mathscr{H}_n, \xi\}$ 与 $\{\pi_\varphi, \mathscr{H}_\varphi, 1_\varphi\}$ 酉等价. 从而，π 是 A 在 $\mathscr{H}_n$ 中的 (t) 型 * 表示，且以 ξ 为循环矢，即说明 $(\pi, \xi) \in (R_n^{(t)} \times \Gamma_n) \cap E_n$. 所以，

$$\Psi^{-1}\mathscr{S}^{(t)} = \bigcup_n ((R_n^{(t)} \times \Gamma_n) \cap E_n)$$

是 E 的 Borel 子集. 再依引理 11.8.5，$\mathscr{S}^{(t)}$ 是 $\mathscr{S}$ 的 Borel 子集. 证毕.

注 本节见参考文献 [34], [84], [95].

第十二章 （AF）代 数

本章考察一类特殊而又重要的 c^*-代数——逼近有限维的 c^*-代数,简称为 (AF) 代数,它是 (UHF) 代数(3.8.2)的直接推广.

§1 讨论(AF)代数定义的等价说法(12.1.11),这是 J. Glimm 结果的直接推广. §2 对于(AF)代数, G. A. Elliotl 引进维数的概念,这作法与 F. J. Murray 和 J. von Neumann 的维数理论相似, 并且指出维数值域的不变量将完全刻划 (AF) 代数 (12.2.8, 12.2.9), 由此给出 (AF) 代数的同构定理(12.2.10). (AF) 代数是有限维 c^*-代数递增列的闭包, §3 指出, (AF)代数不仅与这递增列的每个有限维 c^*-代数的构造有关, 而且与这递增列嵌入方式有关. 为此, O. Bratteli 引进 (AF) 代数的图 (12.3.3), 能够清楚地表达上述关系. §4 利用图来讨论 (AF) 代数的理想与素理想, 指出它们与图的某类子集有着一一对应的关系 (12.4.5, 12.4.8). §5 由 (AF) 代数引进维数群(一种序交换群), 这是很为重要的概念 (12.5.1), 并且还讨论了维数群的序理想与素序理想 (12.5.6, 12.5.9). §6 指出维数群的(序同构)分类,将导致 (AF) 代数的"稳定"分类(12.6.7).

§1. (AF) 代数的定义

定义 12.1.1 c^*-代数 A 称为逼近有限维的,简称为 (AF) 的, 指存在递增的有限维 $*$ 子代数列$\{A_n\}$,使得 $\bigcup_n A_n$ 在 A 中稠, 即

$$\overline{\bigcup_n A_n} = A.$$

命题 12.1.2 设 $A = \bigcup_n A_n$ 是 (AF) 代数，则 A 有单位元 1，当且仅当，存在 n_0，使得 $1_n = 1$，$\forall n \geq n_0$，这里 1_n 是 A_n 的单位元.

证. 充分性显然. 今设 A 有单位元 1，如果有子列 $\{n_k\}$，使得 $1_{n_k} \neq 1$，$\forall k$，由于 $\{A_n\}$ 是递增的，因此，$1_n \neq 1$，$\forall n$. 取 $x \in A_{n_0}$，使得 $\|x - 1\| < 1$. 无妨设 $A \subset B(\mathscr{H})$，及 1 是 $\mathscr{H}$ 中的恒等算子，于是可取 $\xi \in (1 - 1_{n_0})\mathscr{H}$，$\|\xi\| = 1$. 但

$$1 > \|1 - x\| \geqslant \|\xi - x\xi\| = \|\xi - x1_{n_0}\xi\| = \|\xi\| = 1$$

矛盾. 证毕.

引理 12.1.3 对任意的 $\varepsilon \in \left(0, \dfrac{1}{4}\right)$，存在 $\gamma = \gamma(\varepsilon) > 0$ 具有下面的性质：如果 A 是 Hilbert 空间 $\mathscr{H}$ 中的 c^*-代数，p 是 $\mathscr{H}$ 中的投影，又设有 $a \in A$，而 $\|a - p\| < \gamma$，则有 A 的投影 q，使得 $\|p - q\| < \varepsilon$.

证. 无妨认为 $a^* = a$. 设 $\delta \in \left(0, \dfrac{\varepsilon}{2}\right)$，及函数 $|\lambda^2 - \lambda|$ 在 $([-2, 2] \setminus \{(-\delta, \delta) \cup (1 - \delta, 1 + \delta)\})$ 中的极小值为 $m(> 0)$. 今取 $\gamma = \gamma(\varepsilon) > 0$，使得 $\gamma^2 + 3\gamma \leqslant \min\left\{\dfrac{3\varepsilon}{2}, \dfrac{m}{2}\right\}$. 考察

$$
\begin{aligned}
\|a^2 - a\| &= \max\{|\lambda^2 - \lambda| \mid \lambda \in \sigma(a)\} \\
&\leqslant \|a^2 - ap - pa + p\| + \|p(a - p)\| \\
&\quad + \|(a - p)p\| + \|p - a\| \\
&\leqslant \|(a - p)^2\| + 3\|a - p\| < \gamma^2 + 3\gamma,
\end{aligned}
$$

当 $|\lambda| > 2$ 时，$|\lambda^2 - \lambda| > 1$，因此，$\sigma(a) \subset [-2, 2]$. 又当 $\lambda \in ([-2, 2] \setminus \{(-\delta, \delta) \cup (1 - \delta, 1 + \delta)\})$ 时，$|\lambda^2 - \lambda| \geqslant m$，因此，

$$\sigma(a) \subset (-\delta, \delta) \cup (1 - \delta, 1 + \delta).$$

作连续函数 f，使得：当 $\lambda \in (-\delta, \delta)$ 时，$f(\lambda) = 0$；当 $\lambda \in (1 - \delta, 1 + \delta)$ 时，$f(\lambda) = 1$. 于是，$q = f(a)$ 是 A 的投影，

并且 $\|p - q\| \leqslant \|p - a\| + \|a - q\| < \gamma + \delta < \varepsilon.$　　证毕.

引理 12.1.4 设 $\varepsilon > 0$，n 是正整数，存在 $\delta_1 = \delta_1(\varepsilon, n) > 0$ 具有下面的性质: 如果 A 是 c^*-代数，$p_1, \cdots, p_n$ 是 A 的投影，满足 $\|p_i p_j\| < \delta_1$，$\forall i \neq j$，则有 A 的相互直交的投影 $q_1, \cdots, q_n$，使得 $\|p_i - q_i\| < \varepsilon$，$1 \leqslant i \leqslant n$.

证. 对 n 使用归纳法. 当 $n = 1$ 时显然，这时 $\delta_1(\varepsilon, 1)$ 可以是任意的正数. 今设对 n 有上面所说的 $\delta_1(\varepsilon, n)$. 对 $(n + 1)$ 及 $\varepsilon > 0$，令

$$\delta_1(\varepsilon, n + 1) = \min\left\{\frac{\gamma(\varepsilon)}{6n}, \delta_1\left(\frac{\gamma(\varepsilon)}{6n}, n\right)\right\}.$$

这里 $\gamma(\varepsilon)$ 如引理 12.1.3，并无妨设 $\varepsilon \in \left(0, \frac{1}{4}\right)$ 及 $\gamma(\varepsilon) \leqslant \varepsilon$.

如果 $p_1, \cdots, p_{n+1}$ 是 A 的投影，并且 $\|p_i p_j\| < \delta_1(\varepsilon, n + 1)$，$1 \leqslant i \neq j \leqslant n + 1$，于是，$\|p_i p_j\| < \delta_1\left(\frac{\gamma(\varepsilon)}{6n}, n\right)$，$1 \leqslant i \neq j \leqslant n$. 依归纳假定，有 A 的相互直交的投影 $q_1, \cdots, q_n$，使得 $\|p_i - q_i\| < \frac{\gamma(\varepsilon)}{6n}$，$1 \leqslant i \leqslant n$. 令 $q = \sum_{i=1}^{n} q_i$，则

$$\|p_{n+1} - (1 - q)p_{n+1}(1 - q)\| \leqslant 3\|p_{n+1}q\| \leqslant 3\sum_{i=1}^{n} \|p_{n+1}q_i\|$$

$$< 3\left\{\sum_{i=1}^{n} \|p_{n+1}p_i\| + \frac{\gamma(\varepsilon)}{6}\right\} < 3n\delta_1(\varepsilon, n + 1) + \frac{\gamma(\varepsilon)}{2}$$

$$\leqslant \gamma(\varepsilon).$$

设 B 是由 $\{q_1, \cdots, q_n, (1 - q)p_{n+1}(1 - q)\}$ 生成的 A 的交换 c^*-代数，用引理 12.1.3 于 B，$\varepsilon > 0$ 及 p_{n+1}，则有 B 的投影 q_{n+1}，使得 $\|p_{n+1} - q_{n+1}\| < \varepsilon$. 由于 B 是交换的，$q_{n+1}q_i$ 仍然是投影，并且

$$\|q_{n+1}q_i\| < \|p_{n+1}q_i\| + \varepsilon < \|p_{n+1}p_i\| + 2\varepsilon < 1.$$

因此，$q_{n+1}q_i = 0$，$1 \leqslant i \leqslant n$. 所以，$q_1, \cdots, q_{n+1}$ 满足要求. 证毕.

引理 12.1.5 设 A 是 c^*-代数，$\{p_1, \cdots, p_n\}$，$\{q_1, \cdots, q_n\}$ 是 A 的相互直交投影族，并且 $\|p_i - q_i\| < 1$，$1 \leqslant i \leqslant n$，则存在 A 的部分等距元 w，使得

$$(p_i w q_i)^* \cdot (p_i w q_i) = q_i, \quad (p_i w q_i) \cdot (p_i w q_i)^* = p_i,$$
$$1 \leqslant i \leqslant n$$

$$w^* w = \sum_{i=1}^n q_i, \quad w w^* = \sum_{i=1}^n p_i.$$

证. 取 $\delta \in (0, 1)$，使得 $\|p_i - q_i\| < \delta$，$1 \leqslant i \leqslant n$. 作实轴上的连续函数 f：当 $\lambda \leqslant \frac{1}{2}(1 - \delta)$ 时，$f(\lambda) = 0$；当 $\lambda \geqslant 1 - \delta$ 时，$f(\lambda) = \lambda^{-1}$；当 $\lambda \in \left(\frac{1 - \delta}{2}, 1 - \delta\right)$ 时，$f(\lambda)$ 呈线状，又命 B_i 是由 $\{p_i, p_i q_i p_i\}$ 生成的 A 的交换 c^*-子代数，Ω_i 是局部紧 Hausdorff 空间，使得 $B_i \cong C_0^\infty(\Omega_i)$，$1 \leqslant i \leqslant n$.

对任意的 $\rho \in \Omega_i$，$\rho(p_i)$ 只取 0 或 1 的值. 当 $\rho(p_i) = 0$ 时，由于 $0 \leqslant p_i q_i p_i \leqslant p_i$，因此，$\rho(p_i q_i p_i) = 0$；当 $\rho(p_i) = 1$ 时，由于 $\|p_i q_i p_i - p_i\| \leqslant \|q_i - p_i\| < \delta$，因此，$\rho(p_i q_i p_i) \in (1 - \delta, 1]$. 于是，依 f 的定义，

$$f(\rho(p_i q_i p_i)) \cdot \rho(p_i q_i p_i) = \rho(p_i), \quad \forall \rho \in \Omega_i,$$

所以，$p_i = f(p_i q_i p_i) \cdot p_i q_i p_i$. 记 $x_i = f(p_i q_i p_i)^{\frac{1}{2}}$，由于 B_i 是交换的，$p_i = p_i q_i p_i x_i^2 = x_i p_i q_i p_i x_i = p_i x_i q_i x_i p_i$.

交换 p_i 与 q_i 的位置，如命 $y_i = f(q_i p_i q_i)^{\frac{1}{2}}$，则 $q_i = y_i^2 q_i p_i q_i$. 进而命 $w_i = p_i x_i q_i$，则 $w_i w_i^* = p_i x_i q_i x_i p_i = p_i$，$w_i^* w_i = q_i x_i p_i x_i q_i = y_i^2 q_i p_i q_i \cdot p_i x_i^2 q_i = y_i^2 q_i (p_i q_i p_i x_i^2) q_i = y_i^2 q_i p_i q_i = q_i$，$1 \leqslant i \leqslant n$. 最后令 $w = \sum_{i=1}^n w_i$ 即满足要求. 证毕.

引理 12.1.6 对任意的 $\varepsilon \in (0, 1]$，正整数 n，存在 $\delta_2 = \delta_2(\varepsilon, n) > 0$ 具有下面的性质：如果 $\{p_1, \cdots, p_n\}$，$\{q_1, \cdots, q_n\}$ 是 c^*-代数 A 的相互直交的投影族，满足 $\|p_i - q_i\| < \delta_2$，$1 \leqslant i \leqslant n$，则有 A 的部分等距元 w，使得

$$(p_i w q_i)^* \cdot (p_i w q_i) = q_i,$$
$$(p_i w q_i) \cdot (p_i w q_i)^* = p_i \quad \Big\} \, 1 \leqslant i \leqslant n.$$
$$\|p_i - p_i w q_i\| < \varepsilon$$

以及 $w^* w = \sum_{i=1}^{n} q_i$, $w w^* = \sum_{i=1}^{n} p_i$. 此外, 如果 A 有单位元 1,

并且 $\sum_{i=1}^{n} p_i = 1$, 则 w 又能满足 $\|1 - w\| < \varepsilon$.

证. 令 $\delta_2(\varepsilon, n) = \dfrac{\varepsilon}{4n}$, 如果 $\|p_i - q_i\| < \delta_2, 1 \leqslant i \leqslant n$, 在 引理 12.1.5 的证明中, 取那里的 $\delta = \delta_2$, 并保持所有的符号, 则
$$\|p_i - w_i\| = \|p_i(p_i - x_i q_i)\|$$
$$\leqslant \|x_i q_i - x_i p_i\| + \|(p_i - x_i)p_i\|$$
$$\leqslant \|x_i\| \cdot \|q_i - p_i\| + \|x_i - p_i\|.$$

注意对任意的 $\rho \in \Omega_i$, 如果 $\rho(p_i) = 0$, 则 $\rho(x_i) = 0$; 如果 $\rho(p_i) = 1$, 则 $\rho(x_i) \in [1, (1 - \delta_2)^{-\frac{1}{2}})$. 于是, $\|x_i\| < (1 - \delta_2)^{-1}, \|p_i - x_i\| < (1 - \delta_2)^{-1} - 1 = (1 - \delta_2)^{-1} \delta_2$. 因此,
$$\|p_i - p_i w q_i\| = \|p_i - w_i\| < 2\delta_2(1 - \delta_2)^{-1} < \varepsilon,$$
$$1 \leqslant i \leqslant n.$$

如果还有 $\sum_{i=1}^{n} p_i = 1$, 则如上所证, $\|1 - w\| \leqslant \sum_{i=1}^{n} \|p_i - w_i\| < 2n\delta_2(1 - \delta_2)^{-1} < \varepsilon$. 证毕.

引理 12.1.7 对任意的 $\varepsilon \in (0, 1]$, 存在 $\delta_3 = \delta_3(\varepsilon) > 0$ 具有下面的性质: 如果 A 是 Hilbert 空间 $\mathscr{H}$ 中的 c^*-代数, p_1, p_2 是 A 的投影, q_1, q_2 是 $\mathscr{H}$ 中的投影, $a \in A$, $v \in B(\mathscr{H})$, 满足
$$\|p_i - q_i\| < \delta_3, i = 1, 2, v^* v = q_1,$$
$$v v^* = q_2, \|v - a\| < \delta_3,$$
则有 $u \in A$, 使得 $u^* u = p_1, u u^* = p_2, \|u - v\| < \varepsilon$.

证. 令 $\delta_3 = \delta_3(\varepsilon) = \dfrac{\varepsilon}{128}$, 并设 B 是由 $\{p_2, p_2 a a^* p_2\}$ 生成的 A 的交换 c^*-子代数, Ω 是局部紧 Hausdorff 空间, 使得 $B \cong$

$C_0^\infty(\Omega)$. 又设
$$\Omega_1 = \{\rho \in \Omega \mid \rho(p_2) = 1\},$$
$$\Omega_2 = \{\rho \in \Omega \mid \rho(p_2) = 0\}.$$
于是, $\Omega_1 \cap \Omega_2 = \varnothing$, $\Omega_1 \cup \Omega_2 = \Omega$, Ω_1 是 Ω 的既闭又开的紧子集. 注意 $\|p_2 - p_2 aa^* p_2\| \leqslant \|p_2 - aa^*\| \leqslant \|p_2 - q_2\| + \|q_2 - aa^*\| \leqslant \|p_2 - q_2\| + \|vv^* - va^*\| + \|va^* - aa^*\| < 4\delta_3 < 1$, 于是
$$|\rho(p_2 - p_2 aa^* p_2)| < 4\delta_3 < 1, \ \forall \rho \in \Omega. \tag{1}$$
从而可取 $x \in B_+$, 使得
$$\rho(x^2) = \begin{cases} \rho(p_2 aa^* p_2)^{-1}, & \text{如果 } \rho \in \Omega_1; \\ 0, & \text{如果 } \rho \in \Omega_2. \end{cases} \tag{2}$$
因此,
$$x^2 p_2 aa^* p_2 = p_2 \tag{3}$$
由于(1), 当 $\rho \in \Omega_1$ 时,
$$\rho(x^2) = [1 - \rho(p_2 - p_2 aa^* p_2)]^{-1}$$
$$= \sum_{n=0}^\infty \rho(p_2 - p_2 aa^* p_2)^n.$$
于是, 依(1),(2),
$$\|x^2 - p_2\| = \max_{\rho \in \Omega_1} |1 - \rho(x^2)|$$
$$\leqslant \max_{\rho \in \Omega_1} \sum_{n=1}^\infty |\rho(p_2 - p_2 aa^* p_2)|^n$$
$$< \frac{4\delta_3}{1 - 4\delta_3} < 8\delta_3. \tag{4}$$
$$\|x\| \leqslant (1 - 4\delta_3)^{-\frac{1}{2}} \leqslant 2, \ \|x^2\| \leqslant (1 - 4\delta_3)^{-1} \leqslant 2, \tag{5}$$
$$\|x - p_2\| = \max_{\rho \in \Omega_1} \rho(x + p_2)^{-1} |\rho(x^2 - p_2)|$$
$$\leqslant \|x^2 - p_2\| < 8\delta_3, \tag{6}$$
令 $w = x p_2 a$, 依(3), $ww^* = p_2$. 由此, $w^* w$ 必为 A 的投影, 并且依 $q_1 = v^* q_2 v$, (4),(5),
$$\|w^* w - p_1\| \leqslant \|a^* p_2 x^2 p_2 a - v^* p_2 x^2 p_2 a\|$$
$$+ \|v^* p_2 x^2 p_2 a - v^* p_2 x^2 p_2 v\|$$

$$+ \|v^* p_2 x^2 p_2 v - q_1\| + \|q_1 - p_1\|$$

$$\leqslant \|a - v\| \cdot \|a\| \cdot \|x^2\| + \|x^2\| \cdot \|a - v\|$$

$$+ \|p_2 x^2 p_2 - p_2\| + \|p_2 - q_2\| + \|p_1 - q_1\|$$

$$< 2(1 + \delta_3)\delta_3 + 2\delta_3 + 8\delta_3 + 2\delta_3$$

$$< 16\delta_3 = \delta_2 \left(\frac{\varepsilon}{2}, 1 \right).$$

这里 $\delta_2 \left(\dfrac{\varepsilon}{2}, 1 \right) = \dfrac{\varepsilon}{8}$ (见引理 12.1.6 的证明). 用引理 12.1.6 于

$u^* w$、p_1、$\dfrac{\varepsilon}{2}$ 及 $n = 1$, 便有 A 的部分等距元 w_1, 使得

$$w_1^* w_1 = p_1, \quad w_1 w_1^* = w^* w,$$

$$\|w_1 - w^* w\| < \frac{\varepsilon}{2} \tag{7}$$

令 $u = w w_1$, 则 $u^* u = p_1$, $u u^* = p_2$, 并且由 $w = x p_2 a$, $w = w w^* w$, $v = q_2 v$, (5), (6), (7),

$$\|u - v\| \leqslant \|w w_1 - w\| + \|w - v\|$$

$$\leqslant \|w_1 - w^* w\| + \|v - p_2 v\|$$

$$+ \|p_2 v - x p_2 v\| + \|x p_2 v - x p_2 a\|$$

$$\leqslant \|w_1 - w^* w\| + \|q_2 - p_2\|$$

$$+ \|p_2 - x\| + \|x\| \cdot \|v - a\|$$

$$< \frac{\varepsilon}{2} + \delta_3 + 8\delta_3 + 2\delta_3 < \varepsilon. \qquad \text{证毕.}$$

引理 12.1.8 对任意的 $\varepsilon > 0$, 正整数 n, 存在 $\delta_4 = \delta_4(\varepsilon, n) > 0$ 具有下面的性质: 如果 A 是 Hilbert 空间 $\mathscr{H}$ 中的 c^*-代数, $\{ e_{ij}^{(k)} \mid 1 \leqslant i, j \leqslant n_k, 1 \leqslant k \leqslant m \}$ 是 $\mathscr{H}$ 中的矩阵单位, 即 $(e_{ij}^{(k)})^* = e_{ji}^{(k)}$, $e_{ij}^{(k)} e_{i'j'}^{(k')} = \delta_{kk'} \delta_{ji'} e_{ij'}^{(k)}$, $\forall i, j, k, i', j', k'$. 这里 $n = n_1 + \cdots + n_m$, 并且如果有 A 的元族 $\{ a_{ij}^{(k)} \}$, 使得 $\| e_{ij}^{(k)} - a_{ij}^{(k)} \| < \delta_4$, $\forall i, j, k$, 则有 A 的矩阵单位 $\{ q_{ij}^{(k)} \}$, 使得 $\| e_{ij}^{(k)} - q_{ij}^{(k)} \| < \varepsilon$, $1 \leqslant i, j \leqslant n_k, 1 \leqslant k \leqslant m$. 此外,如果 $\sum\limits_{i,k} e_{ii}^{(k)} = 1$

($\mathcal{H}$ 中的恒等算子)，则也有 $1 \in A$，及 $\sum\limits_{i,k} q_{ii}^{(k)} = 1$.

证. 首先设 $\delta_4 \leqslant r(\varepsilon_1)$，这里 $r(\cdot)$ 定义如引理 12.1.3，而 ε_1 待定，则有 A 的投影 $p_{ii}^{(k)}$，使得 $\|e_{ii}^{(k)} - p_{ii}^{(k)}\| < \varepsilon_1$，$\forall i, k$. 于是 $\|p_{ii}^{(k)} p_{il}^{(l)}\| < 2\varepsilon_1$，$\forall (i, k) \neq (j, l)$. 再设 $\varepsilon_1 < \delta_1(\varepsilon_2, n)$，这里 $\delta_1(\cdot, \cdot)$ 定义如引理 12.1.4，而 ε_2 待定，则有 A 的相互直交的投影 $\{q_{ii}^{(k)}\}_{i,k}$，使得 $\|q_{ii}^{(k)} - p_{ii}^{(k)}\| < \varepsilon_2$，$\forall i, k$. 由此，$\|q_{ii}^{(k)} - e_{ii}^{(k)}\| < \varepsilon_1 + \varepsilon_2$，$\forall i, k$. 注意

$$e_{1i}^{(k)*} e_{1i}^{(k)} = e_{ii}^{(k)}, \quad e_{1i}^{(k)} e_{1i}^{(k)*} = e_{11}^{(k)},$$

$$\|q_{ii}^{(k)} - e_{ii}^{(k)}\| < \varepsilon_1 + \varepsilon_2, \quad \|q_{11}^{(k)} - e_{11}^{(k)}\| < \varepsilon_1 + \varepsilon_2,$$

$$\|a_{1i}^{(k)} - e_{1i}^{(k)}\| < \delta_4 \leqslant r(\varepsilon_1) < \varepsilon_1 + \varepsilon_2.$$

今取 $\varepsilon_1 + \varepsilon_2 < \delta_3(\varepsilon_3)$，这里 $\delta_3(\cdot)$ 如引理 12.1.7，而 ε_3 待定，则存在 $q_{1i}^{(k)} \in A$，使得

$$q_{1i}^{(k)*} q_{1i}^{(k)} = q_{ii}^{(k)}, \quad q_{1i}^{(k)} q_{1i}^{(k)*} = q_{11}^{(k)}, \quad \|q_{1i}^{(k)} - e_{1i}^{(k)}\| < \varepsilon_3.$$

命 $q_{ij}^{(k)} = q_{1i}^{(k)*} q_{1j}^{(k)}$，即见 $\{q_{ij}^{(k)}\}$ 是 A 的矩阵单位，且当 $\varepsilon_1 + \varepsilon_2 + \varepsilon_3$ 充分小时，即有 $\|q_{ij}^{(k)} - e_{ij}^{(k)}\| < \varepsilon$，$\forall i, j, k$.

此外，如果 $\sum\limits_{i,k} e_{ii}^{(k)} = 1$，无妨设 $n\varepsilon < 1$，则 $\left\| \sum\limits_{i,k} q_{ii}^{(k)} - 1 \right\| < n\varepsilon < 1$，因此，$\sum\limits_{i,k} q_{ii}^{(k)} = 1$. 证毕.

引理 12.1.9 设 A 是有单位元的 c^*-代数，则 A 是 (AF) 的，当且仅当，满足：1) A 是可分的；2) 对 A 的任意有限个元 $a_1, \cdots, a_n$，及 $\varepsilon > 0$，有 A 的有限维 * 子代数 B 及 B 的元 $b_1, \cdots, b_n$，使得

$$\|b_i - a_i\| < \varepsilon, \quad 1 \leqslant i \leqslant n.$$

这时并可从 A 的任意有限维 * 子代数 A_1 出发，找到 $A_1 \subset A_2 \subset \cdots \subset A_n \subset \cdots \subset A$，每个 A_n 都是有限维 * 子代数，且 $1 \in A_n, \forall n \geqslant 2$，使得 $A = \overline{\bigcup\limits_n A_n}$.

证. 必要性显然. 今证充分性. 设 $\{x_n\}$ 是 A 的以 0 为中心，

$\dfrac{1}{2}$ 为半径开球的可数稠集, 且 $x_1 = 0$. 设 A_1 是 A 的有限维 * 子代数 (例 $A_1 = [1]$, 或者 A_1 为已给定的), 及 $a_1^{(1)} = 0 (\in A_1)$, 则 $\|a_1^{(1)} - x_1\| < 2^{-1}$. 今假定已找到 $A_1 \subset \cdots \subset A_n$, $A_1, \cdots, A_n$ 都是 A 的有限维 * 子代数, 且 $1 \in A_k$, $2 \le k \le n$, 并有 $a_1^{(k)}, \cdots,$ $a_k^{(k)} \in A_k$, 使得 $\|a_i^{(k)} - x_i\| < 2^{-k}$, $1 \le i \le k$, $1 \le k \le n$. 设 $\{e_{ij}^{(k)}\}$ 是 A_n 的矩阵单位元, 且为 A_n 的基, 自然 $\sum_{i,k} e_{ii}^{(k)} = 1$ (见命题 6.7.4). 用充分性条件于 $\{x_1, \cdots, x_{n+1}, e_{ij}^{(k)}, \forall i, j, k\}$, 并由引理 12.1.8, 将有 A 的有限维 * 子代数 B, B 的矩阵单位 $\{f_{ij}^{(k)}\}$, B 的元 $b_1, \cdots, b_{n+1}$, 使得 $\sum_{i,k} f_{ii}^{(k)} = 1$, $\|f_{ij}^{(k)} - e_{ij}^{(k)}\| < \delta$, $\forall i, j, k$, $\|x_i - b_i\| < \varepsilon$, $1 \le i \le n+1$, 这里 δ, ε 待定. 当 δ 足够小时, 依引理 12.1.6, 将有 A 的部分等距元 w, 使得

$$(e_{11}^{(k)} w f_{11}^{(k)})^* \cdot (e_{11}^{(k)} w f_{11}^{(k)}) = f_{11}^{(k)},$$

$$(e_{11}^{(k)} w f_{11}^{(k)}) \cdot (e_{11}^{(k)} w f_{11}^{(k)})^* = e_{11}^{(k)}$$

$$\|e_{11}^{(k)} - e_{11}^{(k)} w f_{11}^{(k)}\| < \varepsilon, \quad \forall k. \tag{1}$$

命 $u = \sum_{j,k} e_{j1}^{(k)} w f_{1j}^{(k)}$, 易见它是 A 的酉元, 并且 $u f_{ij}^{(k)} u^* = e_{ij}^{(k)}$, $\forall i$, j, k. 命 $A_{n+1} = u B u^*$, 则 $1 \in A_{n+1}$, $A_n \subset A_{n+1}$. 又令 $a_i^{(n+1)} = u b_i u^*$, 则

$$\|a_i^{(n+1)} - x_i\| \le \|b_i - x_i\| + \|a_i^{(n+1)} - b_i\|$$

$$< \varepsilon + \|u b_i u^* - b_i\|$$

$$= \varepsilon + \Big\| \sum_{i,k,l,m} [f_{ii}^{(k)} b_i f_{ll}^{(m)}$$

$$- e_{i1}^{(k)} w f_{11}^{(k)} b_i f_{11}^{(m)} w^* e_{l1}^{(m)}] \Big\|$$

$$\le \varepsilon + (\dim A_n)^2 \sup_{i,k,l,m} \|f_{ii}^{(k)} b_i f_{ll}^{(m)} - e_{i1}^{(k)} w f_{11}^{(k)} b_i$$

$$f_{11}^{(m)} w^* e_{l1}^{(m)}\|.$$

无妨设 $\varepsilon < 1/2$, 由于 $\|x_i\| < 1/2$, $\|b_i - x_i\| < \varepsilon$, 于是 $\|b_i\| < 1$. 由此

$$\|f_{il}^{(k)}b_if_{1l}^{(m)} - e_{i1}^{(k)}wf_{1l}^{(k)}b_if_{11}^{(m)}w^*e_{i1}^{(m)}\|$$

$$\leqslant \|f_{il}^{(k)}b_if_{1l}^{(m)} - f_{il}^{(k)}b_if_{11}^{(m)}w^*e_{i1}^{(m)}\|$$

$$+ \|(f_{il}^{(k)} - e_{i1}^{(k)}wf_{1l}^{(k)})b_if_{11}^{(m)}w^*e_{i1}^{(m)}\|$$

$$\leqslant 2\sup_{s,l}\|f_{il}^{(l)} - e_{s1}^{(l)}wf_{1l}^{(l)}\|, \quad \forall j, k, l, m.$$

依 $\|f_{si}^{(l)} - e_{ss}^{(l)}\| < \delta$, $\|e_{l1}^{(l)} - f_{l1}^{(l)}\| < \delta$, 及 (1)

$$\|f_{sr}^{(l)} - e_{s1}^{(l)}wf_{1s}^{(l)}\|$$

$$< \delta + \|e_{s1}^{(l)}e_{11}^{(l)}e_{1l}^{(l)} - e_{s1}^{(l)}e_{11}^{(l)}wf_{11}^{(l)}f_{1s}^{(l)}\|$$

$$< 2\delta + \|e_{11}^{(l)}f_{1s}^{(l)} - e_{11}^{(l)}wf_{11}^{(l)}f_{1s}^{(l)}\|$$

$$< 2\delta + \varepsilon, \quad \forall s, l.$$

因此, 当 δ, ε 充分小, 就有 $\|a_i^{(n+1)} - x_i\| < 2^{-n-1}$, $1\leqslant i\leqslant n+1$. 递推之, 我们便得到 A 的有限维 $*$ 子代数递增列 $\{A_n\}$, 并且 $1\in A_n$, $\forall n\geqslant 2$, 使得 $A = \overline{\bigcup_n A_n}$. 证毕.

引理 12.1.10 设 A 是 c^*-代数, 则 A 是 (AF) 的, 当且仅当, $(A\dotplus C)$ 是 (AF) 的.

证. 必要性显然. 反之, 设 $(A\dotplus C)$ 是 (AF) 的, 于是有 $(A\dotplus C)$ 的有限维 $*$ 子代数递增列 $\{B_n\}$, 使得 $A\dotplus C = \overline{\bigcup_n B_n}$, 且 $1\in B_n$, $\forall n$. 命 $A_n = B_n\cap A$, 自然 $\{A_n\}$ 是 A 的有限维 $*$ 子代数的递增列. 对任意的 $a\in A$, 有 $b_n\in B_n$, $b_n\rightarrow a$. 由于 $B_n = A_n\dotplus C$, 可写 $b_n = a_n + \lambda_n$, 其中 $a_n\in A_n$, $\lambda_n\in C$, $\forall n$. 但 A 是 $(A\dotplus C)$ 的亏维数为 1 的闭子空间, 因此, $a_n\rightarrow a$. 即 $A = \overline{\bigcup_n A_n}$. 证毕.

定理 12.1.11 设 A 是 c^*-代数, 则 A 是 (AF) 的, 必须且只须, 满足:

1) A 是可分的;

2) 对 A 的任意有限个元 $a_1, \cdots, a_n$ 及 $\varepsilon > 0$, 存在 A 的有限维 $*$ 子代数 B 及 B 的元 $b_1, \cdots, b_n$, 使得

$$\|a_i - b_i\| < \varepsilon, \quad 1\leqslant i\leqslant n.$$

这时若任意给定 A 的有限维 $*$ 子代数 A_1, 则可找到 A 的有限维 $*$

子代数列 $A_1 \subset A_2 \subset \cdots \subset A_n \subset \cdots$，使得 $A = \overline{\bigcup_n A_n}$.

证. 由引理 12.1.9, 12.1.10 立见.

命题 12.1.12 设 A 是 (AF) 代数，p 是 A 的投影，则 pAp 也是 (AF) 代数，且有单位元 p.

证. 对任意的 $x_1, \cdots, x_n \in pAp$，及 $\varepsilon > 0$，依定理 12.1.11，有 A 的有限维 $*$ 子代数 B 及 B 的元 $y_1, \cdots, y_n, a$，使得

$$\|x_i - y_i\| < \varepsilon, \quad 1 \leqslant i \leqslant n,$$
$$\|p - a\| < \gamma(\delta_2(\varepsilon, 1)).$$

这里 $\nu(\cdot)$ 如引理 12.1.3，$\delta_2(\cdot, \cdot)$ 如引理 12.1.6. 于是有 B 的投影 q，使得 $\|p - q\| < \delta_2(\varepsilon, 1)$. 进而又有 A 的部分等距元 w，使得

$$ww^* = q, \quad w^*w = p, \quad \|p - w\| < \varepsilon.$$

令 $C = w^*Bw$，由于 $ww^* = q \in B$，$pw^* = w^*$，$wp = w$，因此，C 是 pAp 的有限维 $*$ 子代数，并且

$$\|x_i - w^*y_iw\| \leqslant \|x_i - py_ip\| + \|py_ip - w^*y_iw\|$$
$$\leqslant \|x_i - y_i\| + \|(p - w^*)y_ip\|$$
$$\quad + \|w^*y_i(p - w)\|$$
$$< \varepsilon + 2\varepsilon\|y_i\| \leqslant \varepsilon + 2\varepsilon(\|x_i\| + \varepsilon),$$
$$1 \leqslant i \leqslant n.$$

依定理 12.1.11，pAp 是 (AF) 的. 证毕.

定理 12.1.13 设 A 是有单位元的 c^*-代数，则 A 是 (UHF) 的，必须且只须，满足：1) A 是可分的；2) 对 A 的任意有限个元 $a_1, \cdots, a_n$ 及 $\varepsilon > 0$，存在 A 的有限维子因子 B 及 B 的元 $b_1, \cdots, b_n$，使得 $\|a_i - b_i\| < \varepsilon$，$1 \leqslant i \leqslant n$. 这时如果写 $A = \overline{\bigcup_n A_n}$ 如定义 3.8.2，则 A_1 可以是任意给定的.

证明与引理 12.1.9 完全相似.

注 本节见参考文献 [8]，[19]，[41].

§2. 维数与同构定理

考虑复数域上的 *代数 A. A 的元 p 称为投影,指 $p^* = p = p^2$. 记 A 的投影全体为 $P = P(A)$. 此外,我们假定 A 满足:如果 $a \in A$,$a^*a = 0$,则 $a = 0$.

定义 12.2.1 $p, q \in P$ 称为等价的,记作 $p \sim q$,指存在 $v \in A$,使得 $p = v^*v$,$q = vv^*$.

这时必有 $vp = v$,$v^*q = v^*$. 事实上,

$$(v - vp)^*(v - vp) = v^*v - v^*vp - pv^*v + pv^*vp$$
$$= 0.$$

依所设,$v = vp$. 同证 $v^*q = v^*$.

由此,$\sim$ 是 P 中的等价关系. 对每个 $p \in P$,有等价类 $\tilde{p}$.

定义 12.2.2 记 P 的等价类全体为 $E = E(A)$. $P(A)$ 到 $E(A)$ 上的正则映象 $d(\cdot)$ 称为 P 上的维数.

定义 12.2.3 E 的元 $\tilde{p}_1, \cdots, \tilde{p}_n$ 称为可加的,指存在 $p_i \in \tilde{p}_i$,$1 \leqslant i \leqslant n$,使得 $p_i p_j = 0$,$\forall i \neq j$. 这时并定义 $\tilde{p}_1 + \cdots + \tilde{p}_n = (p_1 + \cdots + p_n)^{\sim}$.

我们说这加法并不依赖于 $\{p_i\}$ 的选择. 事实上,若另有 $q_i \in \tilde{p}_i$,$1 \leqslant i \leqslant n$,使得 $q_i q_j = 0$,$\forall i \neq j$. 由于 $p_i \sim q_i$,因此有 $v_i \in A$,使得 $v_i^* v_i = p_i$,$v_i v_i^* = q_i$,$1 \leqslant i \leqslant n$. 令 $v = v_1 + \cdots + v_n$,由于

$$v_i^* v_j = v_i^* q_i q_j v_j = 0, \quad v_i v_j^* = v_i p_i p_j v_j^* = 0,$$
$$\forall i \neq j.$$

因此,

$$v^* v = \sum_{i=1}^{n} p_i, \qquad vv^* = \sum_{i=1}^{n} q_i,$$

即

$$\left(\sum_{i=1}^{n} p_i \right)^{\sim} = \left(\sum_{i=1}^{n} q_i \right)^{\sim}.$$

定义 12.2.4　设 A, B 是前述的 * 代数，$E(A)$ 与 $E(B)$ 称为同构的，指存在 $E(A)$ 到 $E(B)$ 上的一一映象 Ψ，使得 $E(A)$ 的元 $\tilde{p}_1, \cdots, \tilde{p}_n$ 是可加的，当且仅当，$E(B)$ 的元 $\Psi(\tilde{p}_1), \cdots, \Psi(\tilde{p}_n)$ 是可加的，并且 $\Psi(\tilde{p}_1 + \cdots + \tilde{p}_n) = \Psi(\tilde{p}_1) + \cdots + \Psi(\tilde{p}_n)$.

显然，如果 Φ 是 A 到 B 上的 * 代数同构，令 $\Psi(\tilde{p}) = \widetilde{\Phi(p)}$，则 Ψ 是 $E(A)$ 到 $E(B)$ 上的同构.

定义 12.2.5　* 代数 A 称为 (LF) 的，指 $A = \bigcup_n A_n$，这里 $A_1 \subset \cdots \subset A_n \subset \cdots$，并且每个 A_n 是有限维的 c^*-代数.

特别地，(AF) 代数包含一个稠的 (LF) * 子代数.

引理 12.2.6　设 $A = \bigcup_n A_n$ 是 (LF) 代数，又 B, C 是 A 的有限维 c^*-子代数，Φ 是 B 到 C 上的 * 同构，使得 $p \sim \Phi(p)$，$\forall p \in P \cap B$，则存在 A（如果 A 有单位元）或 $(A \dotplus C)$ 的酉元 u，使得 $ubu^* = \Phi(b)$，$\forall b \in B$.

证.　设 $\{e_{ij}^{(k)}\}$ 是 B 矩阵单位的基，于是，$\{f_{ij}^{(k)} = \Phi(e_{ij}^{(k)})\}$ 也是 C 矩阵单位的基. 依假定，有 $v_k \in A$，使得 $v_k^* v_k = e_{11}^{(k)}$，$v_k v_k^* = f_{11}^{(k)}$，$\forall k$. 令

$$w = \sum_{j,k} f_{j1}^{(k)} v_k e_{1j}^{(k)}.$$

易见 $w^* w = e$，$w w^* = \Phi(e)$，这里 $e = \sum_{j,k} e_{jj}^{(k)}$ 是 B 的单位元，$\Phi(e) = \sum_{j,k} f_{jj}^{(k)}$ 是 C 的单位元，并且 $wbw^* = \Phi(b)$，$\forall b \in B$.

设 n 充分大，使得 $w, w^* \in A_n$. 因此，在 A_n 中，$e \sim \Phi(e)$. 依命题 6.3.2，有 $w' \in A_n$，使得

$$w'^* w' = 1_n - e, \quad w' w'^* = 1_n - \Phi(e),$$

这里 1_n 是 A_n 的单位元. 如果 1 是 A（如果 A 有单位元）或 $(A \dotplus C)$ 的单位元，则 $u = w + w' + (1 - 1_n)$ 是 A 或 $(A \dotplus C)$ 的酉

元,并且 $ubu^* = wbw^* = \Phi(b)$, $\forall b \in B$.   证毕.

引理 12.2.7 设 A_i 是 $*$ 代数, $E_i = E(A_i)$, $i = 1, 2$, Ψ 是 E_2 到 E_1 上的同构映象. 如果 B_2 是 A_2 的有限维 c^*-子代数, 则存在 A_1 的有限维 c^*-子代数 B_1, 及 B_1 到 B_2 上的 $*$ 同构 Φ, 使得对于 B_1 的任意投影 p, 有 $\Psi(\widetilde{\Phi(p)}) = \tilde{p}$.

证. 设 $\{f_{ij}^{(k)}\}$ 是 B_2 矩阵单位的基,依 Ψ 的性质,有 A_1 的相互直交的投影族 $\{e_{ii}^{(k)}\}$, 使得

$$\Psi(\widetilde{f_{ii}^{(k)}}) = \widetilde{e_{ii}^{(k)}}, \quad \forall i, k.$$

由于 $f_{ii}^{(k)} \sim f_{11}^{(k)}$, 因此, $e_{ii}^{(k)} \sim e_{11}^{(k)}$, 即有 $e_{i1}^{(k)} \in A_1$ 使得

$$e_{i1}^{(k)*} e_{i1}^{(k)} = e_{11}^{(k)}, \quad e_{i1}^{(k)} e_{i1}^{(k)*} = e_{ii}^{(k)}, \quad \forall i, k.$$

如果命 $e_{ij}^{(k)} = e_{i1}^{(k)} e_{j1}^{(k)*}$, 易见 $\{e_{ij}^{(k)}\}$ 是矩阵单位. 进而令 $B_1 = [e_{ij}^{(k)}]$, $\Phi(e_{ij}^{(k)}) = f_{ij}^{(k)}$, $\forall i, j, k$, 则 Φ 是 B_1 到 B_2 上的 $*$ 同构.

今若 p 是 B_1 的投影,则有某些 $e_{ii}^{(k)}$,记它们的和为 $\sum' e_{ii}^{(k)}$,使得 $p \sim \sum' e_{ii}^{(k)}$. 于是, 依 Ψ 的可加性, $\Psi(\widetilde{\Phi(p)}) = \Psi(\widetilde{\sum' f_{ii}^{(k)}}) = \sum' \Psi(\widetilde{f_{ii}^{(k)}}) = \sum' \widetilde{e_{ii}^{(k)}} = \tilde{p}$.   证毕.

定理 12.2.8 设 $A = \bigcup_n A_n$, $A' = \bigcup_n A_n'$ 是 (LF) 代数, 如果 $E = E(A)$ 与 $E' = E(A')$ 是同构的,则 A 与 A' 也是 $*$ 代数同构的.

证. 设法取子列 $\{m_k\}$, $\{n_k\}$, A 的有限维 c^*-子代数列 $\{B_k\}$, 使得

$$A_{m_1} \subset B_1 \subset A_{m_2} \subset B_2 \subset \cdots \subset A_{m_k} \subset B_k \subset \cdots$$

并有 B_k 到 A_{n_k}' 上的 $*$ 同构 Ψ_k, 使得 $\Psi_{k+1}|B_k = \Psi_k$, $\forall k$, 以及有交换图:

$$
\begin{array}{ccccccccc}
B_1 & \hookrightarrow & B_2 & \hookrightarrow & \cdots & \hookrightarrow & B_k & \hookrightarrow & \cdots \\
\downarrow{\Psi_1} & & \downarrow{\Psi_2} & & & & \downarrow{\Psi_k} & & \\
A_{n_1}' & \hookrightarrow & A_{n_2}' & \hookrightarrow & \cdots & \hookrightarrow & A_{n_k} & \hookrightarrow & \cdots
\end{array}
$$

这里 "$\hookrightarrow$" 表示嵌入映象. 由此即见 A 与 A' $*$ 同构.

作法的步骤与原则如下:

$$A_1 = A_{m_1} \hookrightarrow B_1 \hookrightarrow A_{m_2} \longrightarrow B_2 \hookrightarrow A_{m_3} \hookrightarrow \cdots$$

$$\Phi_1 \Big\downarrow \quad u_1 \Big\downarrow \quad G_2 \Big\downarrow \quad u_2 \Big\downarrow \quad \Big\downarrow$$

$$C_1 \qquad C_2' \qquad C_2 \qquad C_3'$$

$$F_1 \Big\downarrow \quad u_2' \Big\downarrow \quad F_2 \Big\downarrow \quad \Big\downarrow$$

$$B_1' \hookrightarrow A_{n_1}' \hookrightarrow B_2' \hookrightarrow A_{n_2}' \hookrightarrow B_3' \hookrightarrow \cdots$$

具体说来是这样的.

设 Ψ 是 E 到 E' 上的同构, $m_1 = 1$. 依引理 12.2.7, 有 A' 的 $*$ 子代数 B_1', 及 A_{m_1} 到 B_1' 上的 $*$ 同构 Φ_1, 使得对 A_{m_1} 的任意投影 p_1, 有

$$\Psi(\tilde{p}_1) = \widetilde{\Phi_1(p_1)}. \tag{1}$$

自然可选 n_1, 使得 $B_1' \subset A_{n_1}'$. 同样用引理 12.2.7, 将有 A 的 $*$ 子代数 C_1 及 C_1 到 A_{n_1}' 上的 $*$ 同构 F_1, 使得对 C_1 的任意投影 q_1, 有

$$\Psi(\tilde{q}_1) = \widetilde{F_1(q_1)} \tag{2}$$

于是, 有交换图

$$
\begin{array}{ccc}
A_{m_1} & \xrightarrow{F_1^{-1} \circ \Phi_1} & C_1 \\
\Phi_1 \Big\downarrow & & F_1 \Big\downarrow \\
B_1' & \hookrightarrow & A_{n_1}'
\end{array}
$$

且对 A_{m_1} 的任意投影 p_1, 依 (1), (2),

$$\widetilde{F_1^{-1} \circ \Phi_1(p_1)} = \Psi^{-1}(\widetilde{\Phi_1(p_1)}) = \tilde{p}_1.$$

用引理 12.2.6 于 A, A_{m_1}, $F_1^{-1} \circ \Phi_1(A_{m_1})$, 则有 $(A \dotplus \mathbf{C})$ 的酉元 u_1, 使得

$$u_1 a u_1^* = F_1^{-1} \circ \Phi_1(a), \quad \forall a \in A_{m_1}.$$

令 $B_1 = u_1^* C_1 u_1$, 则 $B_1 \supset u_1^*(F_1^{-1} \circ \Phi_1(A_{m_1})) u_1 = A_{m_1}$. 因此得到 B_1 到 A_{n_1}' 上的 $*$ 同构 $\Psi_1(\cdot) = F_1(u_1 \cdot u_1^*)$, 并且对 B_1 的任意投影 r_1, 依 (2) 有

$$\Psi(\tilde{r}_1) = \Psi(\widetilde{u_1 r_1 u_1^*}) = \widetilde{F_1(u_1 r_1 u_1^*)} = \widetilde{\Psi_1(r_1)} \tag{3}$$

取 $m_2(>m_1)$，使得 $B_1 \subset A_{m_2}$. 依引理 12.2.7，有 A' 的 $*$ 子代数 C_2'，及 A_{m_2} 到 C_2' 上的 $*$ 同构 G_2，使得对 A_{m_2} 的任意投影 p_2，有

$$\Psi(\tilde{p}_2) = \widetilde{G_2(p_2)}. \tag{4}$$

于是有交换图

$$
\begin{array}{ccc}
B_1 & \hookrightarrow & A_{m_2} \\
\Psi_1 \downarrow & & G_2 \downarrow \\
A_{n_1}' & \xrightarrow{G_2 \circ \Psi_1^{-1}} & C_2'
\end{array}
$$

并且对 A_{n_1}' 的任意投影 p_1'，依 (3)，(4)，

$$\widetilde{G_2 \circ \Psi_1^{-1}(p_1')} = \Psi(\widetilde{\Psi_1^{-1}(p_1')}) = \tilde{p}_1',$$

用引理 12.2.6 于 A'，A_{n_1}'，$G_2 \circ \Psi_1^{-1}(A_{n_1}')$，则有 $(A' \dotplus C)$ 的酉元 u_2'，使得 $G_2 \circ \Psi_1^{-1}(a') = u_2' a' u_2'^*$，$\forall a' \in A_{n_1}'$. 令 $B_2' = u_2'^* C_2' u_2'$，则 $B_2' \supset u_2'^*(G_2 \circ \Psi_1^{-1}(A_{n_1}'))u_2' = A_{n_1}'$. 因此得到

$$
\begin{array}{ccc}
B_1 & \hookrightarrow & A_{m_2} \\
\Psi_1 \downarrow & & \Phi_2 \downarrow \\
A_{n_1}' & \hookrightarrow & B_2',
\end{array}
$$

这里 $\Phi_2(a) = u_2'^* G_2(a) u_2'$，$\forall a \in A_{m_2}$，并且对 A_{m_2} 的任意投影 p_2，依 (4)，

$$\widetilde{\Phi_2(p_2)} = \widetilde{G_2(p_2)} = \Psi(\tilde{p}_2). \tag{5}$$

取 $n_2(>n_1)$，使得 $B_2' \subset A_{n_2}'$. 依引理 12.2.7，有 A 的 $*$ 子代数 C_2，及 C_2 到 A_{n_2}' 上的 $*$ 同构 F_2，使得对 C_2 的任意投影 q_2，有

$$\Psi(\tilde{q}_2) = \widetilde{F_2(q_2)}. \tag{6}$$

重复前面的讨论，有 $(A \dotplus C)$ 的酉元 u_2，使得

$$F_2^{-1} \circ \Phi_2(a) = u_2 a u_2^*, \quad \forall a \in A_{m_2},$$

令 $B_2 = u_2^* C_2 u_2$，则 $B_2 \supset A_{m_2}$，并且 $\Psi_2(\cdot) = F_2(u_2 \cdot u_2^*)$ 是 B_2 到 A_{n_2}' 上的 $*$ 同构，及对于 B_2 的任意投影 r_2，依 (6) 有，

$$\widetilde{\Psi_2(r_2)} = \Psi(\tilde{r}_2) \tag{7}$$

以及有交换图

$$A_{m_1} \hookrightarrow B_1 \hookrightarrow A_{m_2} \hookrightarrow B_2$$
$$\Phi_1 \downarrow \quad \Psi_1 \downarrow \quad \Phi_2 \downarrow \quad \Psi_2 \downarrow$$
$$B_1' \hookrightarrow A_{n_1}' \hookrightarrow B_2' \hookrightarrow A_{n_2}'.$$

如此继续下去,即可得证.

定理 12.2.9 (AF) 代数 $A = \overline{\bigcup_n A_n}$ 与 $B = \overline{\bigcup_n B_n}$ 是 * 同构的,必须且只须,(LF) 代数 $\bigcup_n A_n$ 与 $\bigcup_n B_n$ 是 * 同构的.

证. 充分性显然. 今设 A 与 B * 同构. 依定理 12.2.8,只须证明 $E = E(A)$ 与 $E_t = E\left(\bigcup_n A_n\right)$ 是同构的.

首先,E' 可以自然地嵌入 E 之中. 事实上,如果 p, q 是 $\bigcup_n A_n$ 的投影,并且有 $v \in A$,使得 $p = v^* v$,$q = vv^*$. 设 n 充分大,使得 $p, q \in A_n$,并且有 $a \in A_n$,$\|v - a\| < \delta_3\left(\frac{1}{2}\right)$,这里 $\delta_3(\cdot)$ 如引理 12.1.7,因此有 $u \in A_n$,使得 $p = u^* u$,$q = uu^*$. 即在 $\bigcup_n A_n$ 中,p 也与 q 等价.

这个嵌入也是满的. 事实上,设 p 是 A 的任意投影,依引理 12.1.3 及 12.1.6,将有投影 $q \in \bigcup_n A_n$,使得在 A 中,$p \sim q$.

对于 E' 的若干个可加的元,嵌入 E 后,显然仍然可加,并且和不变. 反之,设 $\tilde{p}_1, \cdots, \tilde{p}_m$ 是 E 的可加元,于是有 $p_i \in \tilde{p}_i$,使得 $p_i p_j = 0$, $\forall i \neq j$. 依引理 12.1.3,12.1.4 及 12.1.6,将有相互直交的投影 $q_1, \cdots, q_m \in \bigcup_n A_n$,并且 $q_i \sim p_i$, $1 \leq i \leq m$. 因此,$\{\tilde{q}_i\}$ 在 E' 中是可加的,嵌入 E 后,即为 $\{\tilde{p}_i\}$.

以上说明,E 与 E' 是同构的. 证毕.

定理 12.2.10 (AF) 代数 $A = \overline{\bigcup_n A_n}$ 与 $B = \overline{\bigcup_n B_n}$ 是 *

同构的,必须且只须,$\{A_n\}$有子列$\{A_{n_k}\}$,每个 A_{n_k} 包含*子代数 B'_k,使得:

1) $B'_1\subset\cdots\subset B'_k\subset\cdots$,并且有 $\bigcup_k B'_k$ 到 $\bigcup_k B_k$ 上的*同构Φ; $\Phi(B'_k)=B_k$, $\forall k$;

2) 对每个正整n,有k,而 $A_n\subset B'_k$.

证. 充分性由定理 12.2.9 立见. 今设A与B*同构,依定理 12.2.9,有 $\bigcup_n A_n$ 到 $\bigcup_n B_n$ 上的*同构Φ. 对任意的k,令 $B'_k=\Phi^{-1}(B_k)$,显然 $B'_1\subset\cdots\subset B'_k\subset\cdots$. 也自然对每个$k$,可找到$n_k$,使得 $B'_k\subset A_{n_k}$, 及 $n_1<n_2<\cdots$. 最后对每个n,由于 $\bigcup_i B'_i=\Phi^{-1}\left(\bigcup_i B_i\right)=\bigcup_i A_i$,因此有$k$,使得 $A_n\subset B'_k$. 证毕.

定义 12.2.11 设$\{p_n\}$是正整数列,并且 $p_n|p_{n+1}$, $\forall n$. 素数列$\{r_n\}$称为由$\{p_n\}$决定的,指

$$\underbrace{\{r_1,\cdots,r_{s_1}}_{\text{积为}m_1},\underbrace{\cdots,r_{s_2}}_{\text{积为}m_2},\underbrace{\cdots,r_{s_3}}_{\text{积为}m_3},\cdots\}$$

这里 $m_1=p_1$, $m_n=p_{n-1}^{-1}p_n$, $\forall n\geq 2$.

定理 12.2.12 设 A_i 是 $\{p_n^{(i)}\}$ 型的 (UHF) 代数,$\{r_n^{(i)}\}$是由 $\{p_n^{(i)}\}$决定的素数列,$i=1,2$,则 A_1 与 A_2 *同构,必须且只须,对任何的素数r,r 在 $\{r_n^{(1)}\}$ 中出现的次数(包括无穷次)等于 r 在 $\{r_n^{(2)}\}$中出现的次数.

证. 依命题 3.8.3,只须证明必要性. 设 A_1 与 A_2 *同构. 依定理 12.2.10,可以找到 A_1 的子因子列: $B'_{k_1}\subset A_{n_{k_1}}\subset B'_{k_2}\subset A_{n_{k_2}}\subset\cdots\subset B'_{k_i}\subset A_{n_{k_i}}\subset\cdots$, 及 $\bigcup_i B'_{k_i}$ 到 $\bigcup_i B_{k_i}$ 上的*同构 Φ,使得 $A_1=\overline{\bigcup_n A_n}$, $A_2=\overline{\bigcup_n B_n}$, $\Phi(B'_{k_i})=B_{k_i}$, $\forall i$ 以及 A_n, B_n 分别是 $p_n^{(1)}$, $p_n^{(2)}$ 阶的矩阵代数, $\forall n$. 今依命题 3.8.3,对每个 i 将有 $p_{k_i}^{(2)}|p_{n_{k_i}}^{(1)}$, $p_{n_{k_i}}^{(1)}|p_{k_{i+1}}^{(2)}$,由此即得证.

注 本节见参考文献 [8], [32], [41].

§3. (AF) 代数的图

设 $A = \overline{\bigcup_n A_n}$ 是 (AF) 代数，A 可以看作为有限维 c^*-代数递增列 $\{A_n\}$ 的诱导极限. 事实上，命 A_n 到 A_{n+1} 中的嵌入映象为 Φ_n，并记 $\Phi_{mn} = \Phi_{m-1}\circ\cdots\circ\Phi_n$ $(m \geq n)$，依系 3.7.4，$A *$ 同构于 $\varinjlim_n\{A_n, \Phi_{mn}\,|\,m \geq n\}$. 我们也把这个诱导极限简单记作 $\varinjlim_n\{A_n, \Phi_n\}$. 反过来，设 $\{A_n\}$ 是有限维 c^*-代数的列，并设 Φ_n 是 A_n 到 A_{n+1} 中的 $*$ 同构，$\forall n$，则诱导极限是 (AF) 代数.

由此看来，研究有限维 c^*-代数到有限维 c^*-代数中的 $*$ 同构是重要的.

设 $A = \bigoplus_{j=1}^n A_j$，$B = \bigoplus_{i=1}^m B_i$ 是有限维的 c^*-代数，这里 A_j，B_i 都同构于矩阵代数，又设 Φ 是 A 到 B 中的 $*$ 同构. 如果 p 是 A_j 的极小投影，z_i 是 B 的中心投影，使得 $B_i = Bz_i$. 于是 $\Phi(p)z_i$ 是 B_i 的投影，它应当是 B_i 的 s_{ij} 个相互直交的极小投影的和. 我们说非负整数 s_{ij} 并不随 p 的选择而异. 事实上，若 q 是 A_j 的另一个极小投影，则有 $v \in A_j$，使得 $v^*v = p$，$vv^* = q$. 于是，

$$\Phi(p)z_i = (\Phi(v)z_i)^* \cdot (\Phi(v)z_i),$$
$$\Phi(q)z_i = (\Phi(v)z_i) \cdot (\Phi(v)z_i)^*.$$

因此，$\Phi(q)z_i$ 也应当是 B_i 的 s_{ij} 个相互直交的极小投影的和. 这样，由 Φ 唯一决定非负整数为阵元的 $m \times n$ 矩阵 $(s_{ij})_{1\leqslant i\leqslant m, 1\leqslant j\leqslant n}$. 从它的几何意义，我们显然有

$$(\dim B_i)^{\frac{1}{2}} \geqslant \sum_{j=1}^n s_{ij}(\dim A_j)^{\frac{1}{2}}, \quad 1 \leqslant i \leqslant m. \tag{1}$$

此外，(1) 的等号成立，当且仅当，$\Phi(1_A) = 1_B$. 由于 $\Phi(p) \neq 0$，

我们也有

$$\sum_{i=1}^{m} s_{ii} > 0, \quad 1 \leqslant j \leqslant n. \tag{2}$$

反之,如果给出非负整数的矩阵 (s_{ij}) 并满足(1),(2),我们可以构作 A 到 B 中的 * 同构 Φ,使之决定的矩阵正是 (s_{ij})。事实上,设 $\{e_{rs}^{(i)}\}$,$\{f_{uv}^{(j)}\}$ 分别是 A,B 的矩阵单位的基,令

$$\Phi(e_{11}^{(i)})z_j = f_{11}^{(j)} + \cdots + f_{kk}^{(j)}, \text{ 这里 } k = s_{ij} > 0.$$

$$\Phi(e_{22}^{(i)})z_j = f_{k+1,k+1}^{(j)} + \cdots + f_{2k,2k}^{(j)}, \cdots$$

$$\Phi(e_{21}^{(i)})z_j = f_{k+1,1}^{(j)} + \cdots + f_{2k,k}^{(j)}, \cdots\cdots.$$

引理 12.3.1 设 Φ,Ψ 是 A 到 B 中的 * 同构,它们决定的矩阵相同,则存在 B 的酉元 u,使得

$$u^*\Phi(a)u = \Psi(a), \quad \forall a \in A.$$

证. 代以考虑 $\Phi_i(\,\cdot\,) = \Phi(\,\cdot\,)z_i$,$\Psi_i(\,\cdot\,) = \Psi(\,\cdot\,)z_i$,$1 \leqslant i \leqslant m$,可以认为 $B = B(\mathscr{H})$,这里 $\mathscr{H}$ 是有限维的.

任意固定 $i(1 \leqslant i \leqslant n)$。设 $\{e_{rs}^{(i)}\}$ 是 A_i 的矩阵单位的基,依假定 $\dim\Phi(e_{11}^{(i)})\mathscr{H} = \dim\Psi(e_{11}^{(i)})\mathscr{H}$。分别设 $\{\xi_1^{(i)}, \cdots, \xi_k^{(i)}\}$,$\{\eta_1^{(i)}, \cdots, \eta_k^{(i)}\}$ 为 $\Phi(e_{11}^{(i)})\mathscr{H}$,$\Psi(e_{11}^{(i)})\mathscr{H}$ 的直交规范基,由于 $e_{11}^{(i)} = e_{s1}^{(i)*}e_{s1}^{(i)}$,$e_{ss}^{(i)} = e_{s1}^{(i)}e_{s1}^{(i)*}$,因此 $\Phi(e_{ss}^{(i)})\mathscr{H}$,$\Psi(e_{ss}^{(i)})\mathscr{H}$ 分别有直交规范基:

$$\{\Phi(e_{s1}^{(i)})\xi_i^{(i)} \mid 1 \leqslant i \leqslant k\}, \quad \{\Psi(e_{s1}^{(i)})\eta_i^{(i)} \mid 1 \leqslant i \leqslant k\}.$$

显然 $\{\Phi(e_{s1}^{(i)})\xi_i^{(i)} \mid i, s, i\}$,$\{\Psi(e_{s1}^{(i)})\eta_i^{(i)} \mid i, s, i\}$ 都是 $\mathscr{H}$ 的直交规范系,于是可取 $\mathscr{H}$ 中的酉算子 $u(\in B)$,使得 $u\Psi(e_{s1}^{(i)})\eta_i^{(i)} = \Phi(e_{s1}^{(i)})\xi_i^{(i)}$,$\forall s, i, i$。注意 $u^*\Phi(e_{ts}^{(i)})u\Psi(e_{s1}^{(i)})\eta_i^{(i)} = \delta_{rs}\Psi(e_{ts}^{(i)}) \times \eta_i^{(i)} = \Psi(e_{ts}^{(i)})\Psi(e_{s1}^{(i)})\eta_i^{(i)}$ $\forall s, t, i, r, i$,所以,$u^*\Phi(a)u = \Psi(a)$,$\forall a \in A$。 证毕.

依此引理,A 到 B 中的 * 同构 Φ 完全为 (s_{ij}) 所决定,因此我们有理由把它们等同起来,即 $\Phi = (s_{ij})$。更为形象地可用下面的图来表示:

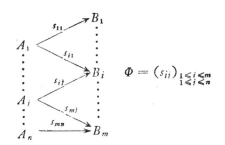

$$\Phi = (s_{ij})_{\substack{1 \le i \le m \\ 1 \le j \le n}}$$

引理 12.3.2 设 A_i，B_i 是有限维的 c^*-代数，θ_i 是 A_i 到 B_i 上的 $*$ 同构，$i = 1, 2$，并设 Φ，Ψ 分别是 A_1 到 A_2 中，B_1 到 B_2 中的 $*$ 同构，以及相应于 Φ，Ψ 的矩阵是相同的，则存在 A_2 到 B_2 中的 $*$ 同构 $\tilde{\theta}_2$，使得下面的图是交换的:

$$
\begin{array}{ccc}
A_1 & \xrightarrow{\ \Phi\ } & A_2 \\
\theta_1 \downarrow & & \downarrow \tilde{\theta}_2 \\
B_1 & \xrightarrow{\ \Psi\ } & B_2.
\end{array}
$$

证. 考虑 A_1 到 A_2 中的 $*$ 同构 Φ，$\theta_2^{-1} \circ \Psi \circ \theta_1$，依引理 12.3.1，有 A_2 的酉元 u，使得 $u^* \Phi(\cdot) u = (\theta_2^{-1} \circ \Psi \circ \theta_1)(\cdot)$. 今命 $\tilde{\theta}_2(\cdot) = \theta_2(u^* \cdot u)$ 即满足要求. 证毕.

定义 12.3.3 设 A 是（AF）代数，$\{A_n\}$ 是 A 的有限维 $*$ 子代数的递增列，并且 $A = \overline{\bigcup_n A_n}$. 那么 A 相应于 $\{A_n\}$ 的图 $\mathscr{D}(A,$ $\{A_n\}) = \mathscr{D} = \{D, d, \mathscr{U}\}$ 指: $D = \{(n, m) \mid 1 \le m \le r(n),$ $n = 1, 2, \cdots\}$，这里 $r(n)$ 是 A_n 的极小中心投影的个数，$\forall n$; $d: D \to \mathrm{N}$，$d(n, m) = (\dim(A_n z_m^{(n)}))^{\frac{1}{2}}$，这里 $\{z_1^{(n)}, \cdots, z_{r(n)}^{(n)}\}$ 是 A_n 的极小中心投影的全体，$\forall m, n$; $\mathscr{U} = \{\Phi_1, \cdots, \Phi_n, \cdots\}$，这里 Φ_n 是 A_n 到 A_{n+1} 中嵌入映象决定的阵，$\forall n$.

例 1 $\{p_n\}$ 型（UHF）代数的图. 这时 $r(n) = 1$，$d(n, 1) = p_n$，$\Phi_n = (m_n)$，这里 $m_n = p_n^{-1} p_{n+1}$，$\forall n$. 形象地有下面的图

$$
\underset{p_1}{\bullet} \xrightarrow{\ m_1\ } \underset{p_2}{\bullet} \xrightarrow{\ m_2\ } \underset{p_3}{\bullet} \cdots\cdots \xrightarrow{\ m_n\ } \underset{p_n \quad p_{n+1}}{\bullet} \cdots\cdots
$$

例 2. 设 $\mathscr{H}$ 是可数无穷维的 Hilbert 空间, $K = C(\mathscr{H})$ 是 $\mathscr{H}$ 中全连续算子的全体, 令

$$A = K \dot{+} \mathbf{C}.$$

如果 $\{\xi_n\}$ 是 $\mathscr{H}$ 的直交规范基, p_n, q_n, r_n 分别表示 $\mathscr{H}$ 到 $[\xi_1, \cdots, \xi_n], [\xi_1, \cdots, \xi_n]^{\perp}, [\xi_n]$ 上的投影, $\forall n$, 则可写 $A = \overline{\bigcup_n A_n}$, 这里

$$A_n = p_n B(\mathscr{H}) p_n \dot{+} \mathbf{C} = p_n B(\mathscr{H}) p_n \oplus \mathbf{C} q_n.$$

显然 $p_n B(\mathscr{H}) p_n$ 的任意极小投影仍然是 $p_{n+1} B(\mathscr{H}) p_{n+1}$ 的极小投影, $q_n = q_{n+1} + r_{n+1}$, 而 r_{n+1} 又是 $p_{n+1} B(\mathscr{H}) p_{n+1}$ 的极小投影, $\forall n$. 因此相应的图中: $r(n) = 2$, $d(n, 1) = n$, $d(n, 2) = 1$, $\Phi_n = \begin{pmatrix} 1 & 1 \\ 0 & 1 \end{pmatrix}$, $\forall n$. 形象地有

命题 12.3.4 设 $A = \overline{\bigcup_n A_n}$, $B = \overline{\bigcup_n B_n}$ 是 (AF) 代数, 并且 $\mathscr{D}(A, \{A_n\}) = \mathscr{D}(B, \{B_n\})$, 则 A 与 B 是 * 同构的.

证. 设 Φ_n, Ψ_n 分别是 A_n 到 A_{n+1}, B_n 到 B_{n+1} 中的嵌入映象, 依条件及引理 12.3.2, 我们可以递归地构作 A_n 到 B_n 上的 * 同构 θ_n, 使得下面的图是交换的:

由此可以构作 $\bigcup_n A_n$ 到 $\bigcup_n B_n$ 上的 * 同构 θ, 使得 $\theta | A_n = \theta_n$, $\forall n$. 今依定理 12.2.9, A 与 B 是 * 同构的. 证毕.

任意的（AF）代数至少有一个图. 反之，给出一个图 $\mathscr{D} = \{D, d, \mathscr{U}\}$，如果 $\mathscr{U} = \{\Phi_n = (s_{ij}^{(n)})\}$，自然要求满足不等式 (1)，(2)，即

$$d(n + 1, i) \geqslant \sum_{i=1}^{r(n)} s_{ij}^{(n)} d(n, i), \quad 1 \leqslant i \leqslant r(n + 1)$$

及 $\sum_{i=1}^{r(n+1)} s_{ij}^{(n)} > 0$，$1 \leqslant i \leqslant r(n)$，$\forall n$. 依照前面的讨论，这时也可构造出（AF）代数 $A = \overline{\bigcup_n A_n}$，使得 $\mathscr{D} = \mathscr{D}(A, \{A_n\})$；并且依命题 12.3.4，在 * 同构的意义下，这样的（AF）代数 A 是唯一的.

但是，(AF)代数的图，不仅依赖于代数的本身，而且依赖于有限维 * 子代数递增列的选择，因此，* 同构的(AF)代数，相应的图可能极不相同.

注 本节见参考文献 [8]，[66].

§4. （AF）代数的理想

引理 12.4.1 设 $A = \overline{\bigcup_n A_n}$ 是(AF)代数，J 是 A 的闭双侧理想，则 $J = \overline{\bigcup_n (J \cap A_n)}$.

证. 记 $J_n = J \cap A_n$，它是 A_n 的双侧理想. 显然 $\overline{\bigcup_n J_n} \subset J$. 今若 $x \in \overline{\bigcup_n J_n}$，必须证明 $x \in J$.

设 $\varepsilon = \inf\left\{\|x - y\| \,\middle|\, y \in \bigcup_n J_n\right\}$，则 $\varepsilon > 0$. 取 $x_n \in A_n$，使得 $x_n \to x$. 于是有 n_0，使得

$$\|x_n - x\| < \frac{\varepsilon}{2}, \quad \forall n \geqslant n_0.$$

因此，当 $n \geqslant n_0$, $y \in J_n$, $\|x_n - y\| \geqslant \|x - y\| - \|x_n - x\| > \dfrac{\varepsilon}{2}$.

设 $a \to \tilde{a}$ 是 A 到 A/J 上的正则映象，注意 A_n/J_n 可以自然地嵌入 A/J 之中，因此

$$\|\tilde{x}_n\| = \inf\{\|x_n - y\| \mid y \in J_n\} \geqslant \dfrac{\varepsilon}{2}, \ \forall n \geqslant n_0.$$

从而，$\|\tilde{x}\| \geqslant \dfrac{\varepsilon}{2}$，即 $x \bar{\in} J$.   证毕.

定义 12.4.2 设 $\mathscr{D} = \{D, d, \mathscr{U}\}$ 是 (AF) 代数的图，$D = \bigcup_n D_n$, $D_n = \{(n, m) \mid 1 \leqslant m \leqslant r(n)\}$, $\mathscr{U} = \{\Phi_n = (s_{ij}^{(n)})\}$. 点 $(n+1, i)$ 称为点 (n, i) 的后裔，指 $s_{ii}^{(n)} > 0$. 更一般地点 $y \in D_m$ 称为点 $x \in D_n$ 的后裔，记作 $x \to y$，这里 $m > n$，指存在 $x_k \in D_k$, $n \leqslant k \leqslant m$, $x_n = x$, $x_m = y$，并且 x_{k+1} 是 x_k 的后裔，$k = n, \cdots, m-1$.

如果 $x = (n, i)$, $y = (m, i)$，那么 $x \to y$，相当于 $(\Phi_{m-1} \cdots \Phi_n)$ 的 (i, i) 阵元 $\neq 0$.

定义 12.4.3 设 $\mathscr{D} = \{D, d, \mathscr{U}\}$ 是 (AF) 代数的图，D 的子集 E 称为理想的，指：1) 如果 $x \in E$，则 x 的所有后裔也 $\in E$；2) 设 $x \in D_n$，如果 $\{y \in D_{n+1} \mid y$ 是 x 的后裔$\} \subset E$，则 $x \in E$.

引理 12.4.4 设 $A = \overline{\bigcup_n A_n}$ 是 (AF) 代数，相应的图是 $\mathscr{D} = \{D, d, \mathscr{U}\}$. 如果 J 是 $\bigcup_n A_n$ 的双侧理想，则 J 必有形式

$$J = \bigcup_n (\oplus\{A_{n,k} \mid (n, k) \in E\}), \tag{1}$$

这里 E 是 D 的理想子集，而 $A_{n,k}$ 同构于矩阵代数，使得 $A_n = \bigoplus_{k=1}^{r(n)} A_{n,k}$, $\forall n$.

反之，如果 E 是 D 的理想子集，则 (1) 决定 $\bigcup_n A_n$ 的双侧理想，并且 $J \cap A_n = \oplus\{A_{n,k} \mid (n, k) \in E\}$, $\forall n$.

证. 设 J 是 $\bigcup_n A_n$ 的双侧理想，由于 $J = \bigcup_n (J \cap A_n)$，因此必有 D 的子集 E，使得(1)成立. 我们尚须证明 E 是理想的.

设 $(n, k) \in E$，并且 $(n, k) \to (n+1, q)$. 这说明如果 p 是 $A_{n,k}$ 的极小投影，则 $pz \neq 0$，这里 z 是 A_{n+1} 的中心投影，使得 $A_{n+1,q} = A_{n+1}z$. 自然 $pz \in J$. 另一方面，$pz \in A_n z \subset A_{n+1,q}$. 因此，$J \cap A_{n+1,q} \neq \{0\}$. 但 $A_{n+1,q}$ 是矩阵代数，因此，$A_{n+1,q} \subset J$，即 $(n+1, q) \in E$.

今设 $(n, k) \in D$，并且 (n, k) 在 D_{n+1} 中的所有后裔都 $\in E$，即
$$A_{n,k} \subset \oplus \{A_{n+1,q} \mid (n, k) \to (n+1, q)\} \subset J.$$
所以，$(n, k) \in E$. 以上说明 E 是理想的.

反之，设 E 是 D 的理想子集，J 由(1)所定义. 记 $J_n = \oplus \{A_{n,k} \mid (n, k) \in E\}, \forall n$. 如果 $(n, k) \in E$，则 $A_{n,k} \subset \oplus \{A_{n+1,q} \mid (n, k) \to (n+1, q)\} \subset J_{n+1}$，因此，$J_n \subset J_{n+1}, \forall n$. 所以，$J = \bigcup_n J_n$ 是 $\bigcup_n A_n$ 的双侧理想.

尚须证明 $J \cap A_n = J_n, \forall n$. 显然 $J_n \subset J \cap A_n, \forall n$. 因此只须证明：如果 $A_{n,k} \subset J$，则 $(n, k) \in E$. 事实上，取 $m(>n)$，使得 $A_{n,k} \subset J_m$. 如果 $(n, k) \notin E$，由于 E 是理想的，因此必有 (n, k) 的后裔 (m, r)，使得 $(m, r) \notin E$. 于是，$A_{m,r} \cap J_m = \{0\}$. 这将与 $A_{n,k} \subset J_m$ 相矛盾. 所以，$(n, k) \in E$. 证毕.

定理 12.4.5 设 $A = \overline{\bigcup_n A_n}$，$\mathscr{D}(A, \{A_n\}) = \{D, d, \mathscr{U}\}$，下面的集合是相互一一对应的：

1) A 的闭双侧理想的全体；

2) $\bigcup_n A_n$ 的双侧理想的全体；

3) D 的理想子集的全体.

证. 由引理 12.4.4，2) 与 3) 是一一对应的. 引理 12.4.1 说明 $J \to \bar{J}$ 是 2) 到 1) 上的对应. 今设 J_1, J_2 是 $\bigcup_n A_n$ 不同的

双侧理想,需要证明 $\bar{J}_1 \neq \bar{J}_2$. 依引理 12.4.4,无妨设有 $A_{n,k} \subset J_1$,但 $A_{n,k} \not\subset J_2$. 于是,$z \notin J_2$,这里 z 是 A_n 的中心投影,使得 $A_{n,k} = A_n z$. 从而在 $A_m \to A_m/(J_2 \cap A_m)$ 的正则映象下,z 将变为非零投影,即

$$\inf\{\|z - y\| \mid y \in J_2 \cap A_m\} = 1, \quad \forall m \geq n,$$

但 $J_2 = \overline{\bigcup_{m \geq n}(J_2 \cap A_m)}$,因此,$\inf\{\|z - y\| \mid y \in J_2\} = 1$,即 $z \notin \bar{J}_2$. 所以,$\bar{J}_1 \neq \bar{J}_2$. 证毕.

例. $A = \overline{\bigcup_n A_n}$,$B = \overline{\bigcup_n B_n}$,这里 $A_n = B_n = \bigoplus_{2^n} C$,但有不同的图:

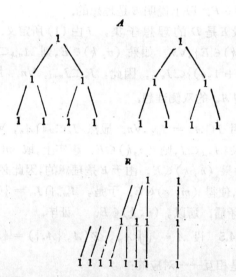

显然,B 包含一个维数为 1 的闭双侧理想,但 A 的闭双侧理想都是无穷维的,因此,A 与 B 不能 $*$ 同构.

这个例说明,(AF)代数 $A = \overline{\bigcup_n A_n}$ 不仅与诸 A_n 的构造有关,而且也依赖于 A_n 到 A_{n+1} 中的嵌入方式.

命题 12.4.6 设 $A = \overline{\bigcup_n A_n}$ 是 (AF) 代数,$\mathscr{D} = \{D, d, \mathscr{U}\}$

是相应的图. 如果 J 是 A 的闭双侧理想，则 J 与 A/J 也都是 (AF) 代数，并且分别有图

$$\{E, d|E, \mathscr{U}|E\}, \quad \{D\backslash E, d|D\backslash E, \mathscr{U}|D\backslash E\},$$

这里 E 是相应于 J 的 D 的理想子集. 此外，如果 $\mathscr{U} = \{U_n = (s_{ij}^{(n)})_{1\leq i\leq r(n+1), 1\leq i\leq r(n)}\}_n$, 则

$$\mathscr{U}|E = \{V_n = (s_{ij}^{(n)})_{(n+1,i)\in E, (n,i)\in E}\}_n,$$
$$\mathscr{U}|D\backslash E = \{W_n = (s_{ij}^{(n)})_{(n+1,i)\in E, (n,i)\in E}\}_n.$$

证. 关于 J 的论述由引理 12.4.1，12.4.4 立见.

由于 $A = \overline{\bigcup_n A_n}$, 因此，$A/J = \overline{\bigcup_n (A_n/J)}$ 也是 (AF) 代数. 注意对每个 n,

$$A_n/J = \oplus\{A_{n,k}/J | (n,k)\in E\} \subset A_{n+1}/J$$
$$= \oplus\{A_{n+1,i}/J | (n+1,i)\in E\}.$$

因此，$A_{n,k}/J(\cong A_{n,k})$ 的极小投影嵌入到 $A_{n+1,i}/J(\cong A_{n+1,i})$ 中保持几何意义，$\forall (n,k)\in E$, $(n+1,i)\in E$. 这就说明 $A/J = \overline{\bigcup_n (A_n/J)}$ 的图为 $\{D\backslash E, d|D\backslash E, \mathscr{U}|D\backslash E\}$. 证毕.

定义 12.4.7 设 $\mathscr{D} = \{D, d, \mathscr{U}\}$ 是 (AF) 代数的图，D 的理想子集 E 称为素的，指如果 $x, y\in E$, 则存在 $z\in E$, 使得 $x\to z$、$y\to z$.

定理 12.4.8 设 $A = \overline{\bigcup_n A_n}$ 是 (AF) 代数，$\mathscr{D} = \{D, d, \mathscr{U}\}$ 是相应的图，则下列相互等价：

1) J 是素理想；

2) 如果 J_1, J_2 是 A 的闭双侧理想，使得 $J = J_1 \cap J_2$, 则 J_1 或者 $J_2 = J$;

3) J 是闭双侧理想，则 J 所对应 D 的理想子集 E 是素的.

证. 由命题 12.4.6，代以考虑 A/J, 从而可以设 $J = \{0\}$, $E = \varnothing$.

1) 推导 2)：由引理 2.8.6 立见.

2) 推导 3)：对 D 的任意点 $x = (n, k)$, $y = (m, q)$, 令

$$J_1 = \bigcup_{p > n} (\oplus \{A_{p,r} | x \to (p, r)\}),$$

$$J_2 = \bigcup_{p > m} (\oplus \{A_{p,r} | y \to (p, r)\}).$$

由 2)，$\bar{J}_1 \cap \bar{J}_2 \neq \{0\}$．但 $\bar{J}_1 \cap \bar{J}_2$ 仍然是 A 的闭双侧理想，依引理 12.4.1，

$$J_1 \cap J_2 = \bar{J}_1 \cap \bar{J}_2 \cap \left(\bigcup_p A_p \right) \neq \{0\},$$

但 $J_1 \cap J_2$ 也是 $\bigcup_p A_p$ 的双侧理想，因此 p 充分大 $(> m, n)$，有 $A_{p,r} \subset J_1 \cap J_2$，即 $x \to z$，$y \to z$，这里 $z = (p, r)$．

3) 推导 1)：依 3)，对 D 的任意有限个点必有共同的后裔，因此，可以找到子列 $\{n_k\}$，及对每个 k，有正整数 $i(k)$，$1 \leqslant i(k) \leqslant r(n_{k+1})$，使得

$$(n_k, i) \to (n_{k+1}, i(k)), \quad 1 \leqslant i \leqslant r(n_k).$$

我们的目的是要证明 $\{0\}$ 是 A 的素理想，因此，对图作必要的缩并与调整，可以假定

$$(n, k) \to (n+1, 1), \quad 1 \leqslant k \leqslant r(n), \ \forall n.$$

于是，我们可以归纳地选择 A_n 的矩阵单位的基 $\{e_{ij}^{(n,k)}\}$，使得 $e_{11}^{(n,1)} \geqslant e_{11}^{(n+1,1)}$，$\forall n$．对每个 n，令

$$\rho_n(e_{ij}^{(n,k)}) = \begin{cases} 1, & \text{如果 } i = j = k = 1, \\ 0, & \text{其它．} \end{cases}$$

不难见 ρ_n 是 A_n 上的纯态．并且由 $\rho_n(x) = \rho_n(e_{11}^{(n,1)} x e_{11}^{(n,1)})$ 及 $e_{11}^{(n,1)} x e_{11}^{(n,1)} = \lambda(x) e_{11}^{(n,1)}$，$\forall x \in A_n$，$e_{11}^{(n,1)} \geqslant e_{11}^{(n+1,1)}$ 可见

$$\rho_{n+1}(x) = \lambda(x) \rho_{n+1}(e_{11}^{(n,1)}) = \lambda(x) = \rho_n(x), \quad \forall x \in A_n.$$

因此，$\rho_{n+1}|A_n = \rho_n$，$\forall n$．从而可定义 $\bigcup_n A_n$ 上的泛函 ρ，使得 $\rho|A_n = \rho_n$，$\forall n$．显然 ρ 可以唯一开拓为 A 上的态，仍记以 ρ．由于 $\rho|A_n = \rho_n$ 是纯的，$\forall n$，不难见 ρ 也是纯的．

设 π_ρ 是 ρ 所产生的不可约 $*$ 表示，令只须证明 $\ker \pi_\rho = \{0\}$．依引理 12.4.1，要证 $\ker \pi_\rho \cap A_n = \{0\}$，$\forall n$．或者对于每个 A_n 的

每个极小中心投影 z,指出有 $x \in A_{n+1}$,使得 $\rho(xzx^*) \rightleftharpoons 0$(由此,$z \notin \ker\pi_\rho$,即 $\ker\pi_\rho \bigcap A_n = \{0\}$)。 由于 $(n, k) \rightarrow (n+1, 1)$,$\forall k$,及 $e_{11}^{(n+1,1)}$ 是 A_{n+1} 的极小投影,因此有 $x \in A_{n+1}$,使得 $xx^* = e_{11}^{(n+1,1)}$,$x^*x \leqslant z$。 从而

$$\rho(xzx^*) \geqslant \rho(xx^*xx^*) = \rho(e_{11}^{(n+1,1)}) = 1. \qquad \text{证毕.}$$

注 本节见参考文献 [8],[66]。

§5. 维 数 群

设 $A = \overline{\bigcup_n A_n}$ 是 (AF) 代数,$\mathscr{D} = \{D, d, \mathscr{U}\}$ 是相应的图,如果忽略 d 的因素来考虑,由于 $\mathscr{U}$ 中每个矩阵由非负整数构成,从而我们需要研究维数群。

定义 12.5.1 形如
$$G = \varinjlim_n \{\mathbf{Z}^{r(n)}, \varPhi_n\}$$
的群称为维数群,这里 $\mathbf{Z}$ 是整数的加法群,$\varPhi_n$ 是 $r(n+1) \times r(n)$ 的非负整数矩阵,$\forall n$。

确切说来,G 是序交换群,它的任意元有这样的形式:$\tilde{a} = (0, \cdots, 0, t_n, t_{n+1}, \cdots) + \vartheta$,其中 $t_s \in \mathbf{Z}^{r(s)}$,$t_{s+1} = \varPhi_s(t_s)$,$\forall s \geqslant n$,而
$$\vartheta = \{(t_1, \cdots, t_m, 0 \cdots) | t_i \in \mathbf{Z}^{r(i)}, \ m \text{ 任意}\}.$$
自然地定义 G 中的加法,G 成为交换群。 又定义 G 的正部分 G_+,$\tilde{a} \in G_+$,指有 $(0, \cdots, 0, t_n, t_{n+1}, \cdots) \in \tilde{a}$,$t_s \in \mathbf{Z}^{r(s)}$,$t_{s+1} = \varPhi_s(t_s)$,$\forall s \geqslant n$,并且 $t_n \geqslant 0$(指 $t_n \in \mathbf{Z}_+^{r(n)}$,即 t_n 的 $r(n)$ 个分量都是非负整数)。

命题 12.5.2 设 $G = \varinjlim_n \{\mathbf{Z}^{r(n)}, \varPhi_n\}$,则 G 是可数的、无挠的[1](即若 $n\tilde{a} = 0$,则 $\tilde{a} = 0$),$G = G_+ - G_+$,$G_+ \bigcap (-G_+) = \{0\}$,并且 G 满足 Riesz 插入性质,即若 G 的元 $\tilde{a}, \tilde{b}, \tilde{c}, \tilde{d}$,满足 $\tilde{a}, \tilde{b} \leqslant \tilde{c}, \tilde{d}$,则存在元 $\tilde{e}$,使得 $\tilde{a}, \tilde{b} \leqslant \tilde{e} \leqslant \tilde{c}, \tilde{d}$。

证. 只须注意 $\varPhi_n$ 是保序的,及 $\mathbf{Z}^{r(n)}$ 满足 Riesz 插入性质,

---

1) torsion-free.

即可得证.

注. 反之, 我们有 Shen-Effros 定理: 满足 Riesz 插入性质的可数序交换群, 必是维数群([107]).

定义 12.5.3 设 $G = \varinjlim_{n} \{Z^{r(n)}, \Phi_n\}$ 是维数群, 则相应的 $\{D, \mathscr{U}\}$ 称为 G 的一个图.

每个(AF)代数, 至少相应一个维数群. 反之给出维数群 G 及其图 $(D, \mathscr{U})$, 我们可以构造 (AF) 代数, 使其有图 $(D, d, \mathscr{U})$. 事实上, 只须取

$$d(n+1, i) \geqslant \sum_{j=1}^{r(n)} s_{ij}^{(n)} d(n, j), \quad \forall 1 \leqslant i \leqslant r(n+1), \text{ 及 } n.$$

定义 12.5.4 设 G 是维数群, G 的子群 J 称为序理想, 指 $J = J_+ - J_+$, 这里 $J_+ = J \cap G_+$, 并且如果 $\tilde{a}, \tilde{b} \in G_+$, $\tilde{a} \leqslant \tilde{b}$, 及 $\tilde{b} \in J_+$, 则 $\tilde{a} \in J_+$.

G_+ 的非空子集 F 称为面, 指 $F + F \subset F$, 并且如果 $\tilde{a}, \tilde{b} \in G_+$, $\tilde{a} \leqslant \tilde{b}$, 及 $\tilde{b} \in F$, 则 $\tilde{a} \in F$.

命题 12.5.5 $J \to J_+$ 是 G 的序理想全体到 G_+ 的面全体上的一一映象.

证. 如果 J 是序理想, 显然 J_+ 是面, 并且由于 $J = J_+ - J_+$, $J \to J_+$ 是一一映象. 反之, 设 F 是面, 令 $J = F - F$. 由于 $F + F \subset F$, 因此, J 是 G 的子群. 今只须证明 $J \cap G_+ = F$. 显然, $F \subset J \cap G_+$. 另一方面, 如果 $\tilde{a}, \tilde{b} \in F$, 并且 $(\tilde{a} - \tilde{b}) \in G_+$, 由于 $0 \leqslant \tilde{a} - \tilde{b} \leqslant \tilde{a} \in F$, 因此, $(\tilde{a} - \tilde{b}) \in F$, 即 $J \cap G_+ \subset F$. 证毕.

命题 12.5.6 设 $G = \varinjlim_{n} \{Z^{r(n)}, \Phi_n\}$ 是维数群, $\{D, \mathscr{U}\}$ 是相应的图, 则 G 的序理想 J 与 D 的理想子集 E 一一对应. 这时 J 也是维数群, 且有图 $\{E, \mathscr{U}|E\}$.

证. 对任意的 n, 令 $\Phi_{n,\infty}: Z^{r(n)} \to G$,

$$\Phi_{n,\infty}(t_n) = (0, \cdots, 0, t_n, t_{n+1}, \cdots) + \vartheta,$$

$\forall t_n \in Z^{r(n)}$, 其中 $t_{s+1} = \Phi_s(t_s)$, $\forall s \geqslant n$, 而 ϑ 如定义 12.5.1 又记 $\{e_k^{(n)} | 1 \leqslant k \leqslant r(n)\}$ 是 $Z^{r(n)}$ 的正则基.

今设 J 是 G 的序理想,令 $E = \{(n,k)\,|\,\Phi_{n,\infty}(e_k^{(n)}) \in J\}$. 如果 $(n,k) \to (m,p)$,依定义 12.4.2 及 $\Phi_{m,\infty}$ 是保序的,

$$\Phi_{n,\infty}(e_k^{(n)}) = \Phi_{m,\infty}(\Phi_{m-1} \circ \cdots \circ \Phi_n(e_k^{(n)}))$$
$$\geq \Phi_{m\infty}(e_p^{(m)}) \geq 0.$$

因此依 J_+ 的性质,$(m,p) \in E$. 又若 $x = (n,k)$,而 $\{y \in D_{n+1}\,|\,y$ 是 x 的后裔$\} \subset E$,由于 $J_+ + J_+ \subset J_+$,

$$0 \leq \Phi_{n\infty}(e_k^{(n)}) = \Phi_{n+1,\infty}\left(\sum_{i=1}^{r(n+1)} s_{ik}^{(n)} e_i^{(n+1)}\right)$$

$$= \Phi_{n+1,\infty}\left(\sum_{\substack{i\ \text{使得} \\ s_{ik}^{(n)}>0}} s_{ik}^{(n)} e_i^{(n+1)}\right)$$

$$= \Phi_{n+1,\infty}\left(\sum_{\substack{i\ \text{使得} \\ (n+1,i) \in E}} s_{ik}^{(n)} e_i^{(n+1)}\right) \in J_+.$$

因此,$\Phi_{n,\infty}(e_k^{(n)}) \in J_+$,即 $(n,k) = x \in E$. 从而,E 是 D 的理想子集.

命 $J(E)$ 为由 $\{\Phi_{n,\infty}(e_k^{(n)})\,|\,(n,k) \in E\}$ 生成的 G 的子群,显然 $J(E) \subset J$ 及 $J(E)$ 序同构于图为 $\{E, \mathcal{U}\,|\,E\}$ 的维数群. 如果 $\tilde{a} \in J_+$,由于 $G_+ = \bigcup_n \Phi_{n,\infty}(\mathbf{Z}_+^{r(n)})$,因此存在 n 及非负整数 $\lambda_1, \cdots, \lambda_{r(n)}$,使得

$$\tilde{a} = \Phi_{n,\infty}\left(\sum_k \lambda_k e_k^{(n)}\right).$$

于是,$0 \leq \lambda_k \Phi_{n,\infty}(e_k^{(n)}) \leq \tilde{a} \in J_+$,当 $\lambda_k > 0$ 时,便有 $\Phi_{n,\infty}(e_k^{(n)}) \in J_+$,即 $(n,k) \in E$. 由此,$\tilde{a} \in J(E)$,$J(E) = J$. 这样,我们便建立了 G 的序理想到 D 的理想子集的一一映象.

反之,设 E 是 D 的理想子集,如上定义 $J = J(E)$,需证它是 G 的序理想,以及 J 所决定的理想子集正是 E. 由于 E 是理想的,

$$\Phi_{n,\infty}\left(\left\{\sum_{\substack{k \\ (n,k) \in E}} \lambda_k e_k^{(n)}\,\middle|\,\lambda_k \in \mathbf{Z}\right\}\right)$$

$$\subset \Phi_{n+1,\infty}\Big(\Big\{\sum_{\substack{k\\(n+1,k)\in E}} \lambda_k e_k^{(n+1)}\,\Big|\,\lambda_k \in \mathbf{Z}\Big\}\Big)$$

$\forall n$，因此，

$$J = \bigcup_n \Phi_{n,\infty}\Big(\Big\{\sum_{\substack{k\\(n,k)\in E}} \lambda_k e_k^{(n)}\,\Big|\,\lambda_k \in \mathbf{Z}\Big\}\Big),$$

$$J_+ = \bigcup_n \Phi_{n,\infty}\Big(\Big\{\sum_{\substack{k\\(n,k)\in E}} \lambda_k e_k^{(n)}\,\Big|\,\lambda_k \in \mathbf{Z}_+\Big\}\Big).$$

从而，$J = J_+ - J_+$。由于 J_+ 的表达式，也易见如果 $0 \leqslant \tilde{b} \leqslant \tilde{a} \in J$，则 $\tilde{b} \in J$。因此，J 是 G 的序理想。今若 $\Phi_{n,\infty}(e_k^{(n)}) \in J$，依 J_+ 的表达式，有 $m > n$ 及 $\lambda_j \in \mathbf{Z}_+$，使得 $\Phi_{n,\infty}(e_k^{(n)}) = \Phi_{m,\infty} \cdot \Big(\sum_{j,(m,j)\in E} \lambda_j e_j^{(m)}\Big)$。于是

$$\Phi_{m-1}\circ\cdots\circ\Phi_n(e_k^{(n)}) = \sum_{\substack{j\\(m,j)\in E}} \lambda_j e_j^{(m)}.$$

这说明 (n, k) 在 D_m 中的后裔都 $\in E$。E 是理想的，因此，$(n, k) \in E$。证毕。

命题 12.5.7 设 $G = \varinjlim_n \{\mathbf{Z}^{r(n)}, \Phi_n\}$，图为 $\{D, \mathscr{U}\}$，$J = J(E)$ 是 G 的序理想，则 G/J 也是维数群，且序同构于 $\varinjlim_n \{\mathbf{Z}^{r(n)}|D\backslash E, \Phi_n|D\backslash E\}$，即有图 $\{D\backslash E, \mathscr{U}|D\backslash E\}$。

证．对任意的 n，命

$$\mathbf{Z}^{r(n)} = \mathbf{Z}^{p(n)} \dotplus \mathbf{Z}^{q(n)}$$

其中 $\mathbf{Z}^{p(n)} = [e_k^{(n)}|(n,k)\in E]$，$\mathbf{Z}^{q(n)} = [e_k^{(n)}|(n,k)\in\!\!\!\!\!/\ E]$。依此分解的投影分别是 P_n，Q_n。再令 $\Psi_n = Q_{n+1}(\Phi_n|\mathbf{Z}^{q(n)})$，则图为 $\{D\backslash E, \mathscr{U}|D\backslash E\}$ 的维数群是 $\varinjlim_n \{\mathbf{Z}^{q(n)}, \Psi_n\}$。我们有这样的

交换图

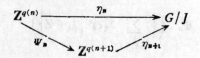

这里 $\eta_n(t_n) = \Phi_{n,\infty}(t_n) + J$, $\forall t_n \in Z^{q(n)}$, n. 事实上，由于 E 是理想的，因此对任意的 $t_n \in Z^{q(n)}$,

$$\eta_n(t_n) = \Phi_{n+1,\infty}Q_{n+1}\Phi_n(t_n) + \Phi_{n+1,\infty}P_{n+1}\Phi_n(t_n) + J$$
$$= \Phi_{n+1,\infty}\Psi_n(t_n) + J = \eta_{n+1}(\Psi_n(t_n)).$$

于是可以定义 $\eta: \varinjlim_n \{Z^{q(n)}, \Psi_n\} \to G/J$,

$$\eta(\Psi_{n,\infty}(t_n)) = \Phi_{n,\infty}(t_n) + J, \quad \forall t_n \in Z^{q(n)}, \; n,$$

这里 $\Psi_{n,\infty}$ 的定义与 $\Phi_{n,\infty}$ 相仿. 如果 $t_n \in Z^{q(n)}$, 使得 $\Phi_{n,\infty}(t_n) \in J$, 由于 E 是理想的, 因此, $t_n = 0$, 即 η 是一一的. 又显然

$$G/J = \bigcup_n (\Phi_{n,\infty}(Z^{r(n)}) + J)$$

$$= \bigcup_n (\Phi_{n,\infty}(Z^{q(n)}) + J).$$

因此, η 是满的. 此外, 也易见 η 与 η^{-1} 都是保序的, 因此, G/J 与 $\varinjlim_n \{Z^{q(n)}, \Psi_n\}$ 序同构. 证毕.

定义 12.5.8 维数群 G 的序理想 J 称为素的, 指如果 J_1, J_2 是 G 的序理想, 并且 $J = J_1 \cap J_2$, 则 $J = J_1$ 或者 J_2.

命题 12.5.9 设 G 是维数群, $\{D, \mathscr{U}\}$ 是它的一个图, $J = J(E)$ 是 G 的序理想, 则 J 是素的, 当且仅当, D 的理想子集 E 是素的.

证. 依命题 12.5.7, 可代以考虑 G/J, 从而可设 $J = \{0\}$, $E = \varnothing$.

如果零序理想是素的, 对任意的 $x_i \in D$, 令 $E_i = \{z \in D \mid z$ 是 x_i 的后裔$\}$, $J_i = J(E_i)$, $i = 1, 2$. 依假定, $J_1 \cap J_2 \neq \varnothing$. 从而, $E_1 \cap E_2 \neq \varnothing$, 即 x_1 与 x_2 有共同的后裔. 因此, D 的理想子集 $E = \varnothing$ 是素的.

反之, 设 $E = \varnothing$ 是素的, 于是对 G 的任意序理想 $J_i = J(E_i)$, $i = 1, 2$, $E_1 \cap E_1 \neq \varnothing$, $J_1 \cap J_2 \neq \varnothing$, 因此, 零序理想是素的. 证毕.

注 本节见参考文献 [28], [33], [35], [107].

§6. 稳定同构定理

定义 12.6.1 设 G 是维数群，$\Gamma(\subset G_+)$ 称为 G 的标度，指：1）Γ 生成 G_+，即 $G_+ = \Gamma + \Gamma + \cdots$；2）如果 $\tilde{a}, \tilde{b} \in G_+$，$\tilde{a} \leqslant \tilde{b}$，及 $\tilde{b} \in \Gamma$，则 $\tilde{a} \in \Gamma$。

在标度 Γ 中可以定义部分的加法，即 $\tilde{a}, \tilde{b} \in \Gamma$ 称为可加的，指 $\tilde{a} + \tilde{b} \in \Gamma$。

引理 12.6.2 设 $a_i, b_j \in \mathbf{Z}_+$，并且 $a_1 + \cdots + a_r = b_1 + \cdots + b_s$，则存在 $c_{ij} \in \mathbf{Z}_+$，使得

$$a_i = \sum_{k=1}^{s} c_{ik},$$

$$b_j = \sum_{k=1}^{r} c_{kj}, \quad 1 \leqslant i \leqslant r, \ 1 \leqslant j \leqslant s.$$

证。如果 $b_1 \geqslant a_1$，令 $c_{11} = a_1$，$c_{1j} = 0$，$2 \leqslant j \leqslant s$，于是变为要求 $\{c_{ij} \mid 2 \leqslant i \leqslant r, \ 1 \leqslant j \leqslant s\}$，使得

$$a_i = \sum_{k=1}^{s} c_{ik}, \quad 2 \leqslant i \leqslant r,$$

$$\sum_{k=2}^{r} c_{k1} = b_1 - a_1, \quad \sum_{k=2}^{r} c_{kj} = b_j, \ 2 \leqslant j \leqslant s.$$

如果 $a_1 \geqslant b_1$，令 $c_{11} = b_1$，$c_{i1} = 0$，$2 \leqslant i \leqslant r$。于是变为要求 $\{c_{ij} \mid 1 \leqslant i \leqslant r, \ 2 \leqslant j \leqslant s\}$，使得

$$\sum_{k=2}^{s} c_{1k} = a_1 - b_1, \quad \sum_{k=2}^{s} c_{ik} = a_i, \ 2 \leqslant i \leqslant r,$$

$$\sum_{k=1}^{r} c_{kj} = b_j, \ 2 \leqslant j \leqslant s,$$

如此递推即得证。

命题 12.6.3 设 G_i 是维数群，Γ_i 是 G_i 的标度，$i = 1, 2$，若 Φ 是 Γ_1 到 Γ_2 上的同构（即 Φ 一一，并且保持部分加法），则 Φ 可以

唯一地开拓为 G_1 到 G_2 上的序同构.

证. 如果 $\tilde{a}_i,\ \tilde{b}_j \in \Gamma_1$, 并且
$$\tilde{a}_1 + \cdots + \tilde{a}_r = \tilde{b}_1 + \cdots + \tilde{b}_s,$$
依引理 12.6.2, 有 $\tilde{c}_{ij} \in (G_1)_+$, 使得
$$\tilde{a}_i = \sum_{k=1}^{s} \tilde{c}_{ik},$$
$$\tilde{b}_j = \sum_{k=1}^{r} \tilde{c}_{kj},\ 1 \leqslant i \leqslant r,\ 1 \leqslant j \leqslant s$$
依 Φ 的性质, $\tilde{c}_{ij} \in \Gamma_1$, 于是, $\{\tilde{c}_{ik}\}_k$, $\{\tilde{c}_{kj}\}_k$ 在 Γ_1 中是可加的, $\forall i, j$. Φ 是同构, 从而, $\{\Phi(\tilde{c}_{ik})\}_k$, $\{\Phi(\tilde{c}_{kj})\}_k$ 在 Γ_2 中也是可加的, 并且
$$\Phi(\tilde{a}_i) = \sum_{k=1}^{s} \Phi(\tilde{c}_{ik}),$$
$$\Phi(\tilde{b}_j) = \sum_{k=1}^{r} \Phi(\tilde{c}_{kj}),\ \forall i, j.$$
因此,
$$\Phi(\tilde{a}_1) + \cdots + \Phi(\tilde{a}_r) = \Phi(\tilde{b}_1) + \cdots + \Phi(\tilde{b}_s).$$
此外, Γ_1 生成 $(G_1)_+$, 因此, Φ 可唯一开拓到 $(G_1)_+$ 上, 即对任意的 $\tilde{a} \in (G_1)_+$, 如果 $\tilde{a} = \tilde{a}_1 + \cdots + \tilde{a}_r$, 这里 $\tilde{a}_1, \cdots, \tilde{a}_r \in \Gamma_1$, 则命 $\Phi(\tilde{a}) = \Phi(\tilde{a}_1) + \cdots + \Phi(\tilde{a}_r)$. 进而, 由于 $G_1 = (G_1)_+ - (G_1)_+$, 于是, Φ 可唯一地开拓为 G_1 到 G_2 的保持加法的映象, 仍记以 Φ.

由于 Γ_2 生成 $(G_2)_+$, $\Phi(\Gamma_1) = \Gamma_2$, 因此, $\Phi(G_1) = G_2$.

显然 $\Phi((G_1)_+) = (G_2)_+$, 因此, 只须证明 Φ 是一一的. 设 $\tilde{a},\ \tilde{b} \in (G_1)_+$, 并且 $\Phi(\tilde{a}) = \Phi(\tilde{b})$. 如果 $\tilde{a} = \tilde{a}_1 + \cdots + \tilde{a}_r$, $\tilde{b} = \tilde{b}_1 + \cdots + \tilde{b}_s$, 这里 $\tilde{a}_i,\ \tilde{b}_j \in \Gamma_1$, 则
$$\Phi(\tilde{a}_1) + \cdots + \Phi(\tilde{a}_r) = \Phi(\tilde{b}_1) + \cdots + \Phi(\tilde{b}_s).$$
依引理 12.6.2, 存在 $\tilde{d}_{ij} \in (G_2)_+$, 使得
$$\Phi(\tilde{a}_i) = \sum_{k=1}^{s} \tilde{d}_{ik},$$

$$\Phi(b_i) = \sum_{k=1} \tilde{d}_{ki}, \quad \forall i, j,$$

由于 $\Phi(\tilde{a}_i)$, $\Phi(\tilde{b}_i) \in \Gamma_2$ 及依 Γ_2 的性质, $\tilde{d}_{ij} \in \Gamma_2$, $\forall i$, j, 因此, $\{\tilde{d}_{ik}\}_k$, $\{\tilde{d}_{ki}\}_k$ 在 Γ_2 中是可加的, $\forall i$, i. 设 $\tilde{c}_{ii} \in \Gamma_1$, 使得 $\Phi(\tilde{c}_{ii}) = \tilde{d}_{ii}, \forall i, j$. 由于 Φ 是同构, 因此, $\{\tilde{c}_{ik}\}, \{\tilde{c}_{ki}\}$ 在 Γ_1 中也是可加的, 并且

$$\Phi\left(\sum_{k=1}^{s} \tilde{c}_{ik}\right) = \sum_{k=1}^{s} \Phi(\tilde{c}_{ik}) = \Phi(\tilde{a}_i),$$

$$\Phi\left(\sum_{k=1}^{r} c_{ki}\right) = \Phi(\tilde{b}_i).$$

由此, $\tilde{a}_i = \sum_{k=1}^{s} \tilde{c}_{ik}$, $\tilde{b}_i = \sum_{k=1}^{r} \tilde{c}_{ki}$, $\forall i$, i. 所以,

$$\tilde{a} = \tilde{a}_1 + \cdots + \tilde{a}_r = \tilde{b}_1 + \cdots + \tilde{b}_s = \tilde{b}. \qquad 证毕.$$

命题 12.6.4 设 $A = \overline{\bigcup_n A_n}$ 是 (AF) 代数, 相应的图为 $\{D,$ $d, \mathcal{U}\}$, 维数群为 $G = \varinjlim_n \{Z^{r(n)}, \Phi_n\}$. 对每个 n, 令 $t_n = (d(n, 1), \cdots, d(n, r(n)))$, $[0, t_n] = \{t'_n \in Z_+^{r(n)} | t'_n \leqslant t_n\}$, $\Phi_{n,\infty}: Z^{r(n)} \to G$ 如 §5, 以及

$$\Gamma = \bigcup_n \Phi_{n,\infty}([0, t_n]),$$

则 Γ 是 G 的标度. 此外, 如果 E 是 A 的维数值域 (见定义 12.2.2), 对任意的 $\tilde{p} \in E$, 可取 $p \in \tilde{p} \cap A_n$ (见定理 12.2.9 的证明), 相应于 $A_n = \bigoplus_{k=1}^{r(n)} A_{n,k}$, 可写 $p = p_1 + \cdots + p_{r(n)}$, 设 p_k 是 $A_{n,k}$ 的 λ_k 个相互直交的极小投影的直和, 命 $\Phi(\tilde{p}) = \Phi_{n,\infty}((\lambda_1, \cdots, \lambda_{r(n)}))$, 则 Φ 是 E 到 Γ 上的一一映象, 并且保持部分加法.

证明易见, 从略.

定理 12.6.5 *同构的 (AF) 代数的维数群是序同构的. 特别, (AF) 代数的维数群在序同构的意义下是唯一的.

证. 由定理 12.2.9, 12.2.8, 命题 12.6.4, 12.6.3 立见.

现在分析一下, 可数无穷维 Hilbert 空间 $\mathscr{H}$ 中全连续算子全

休的 c^*-代数 $K = C(\mathcal{H})$. 设 $\{\xi_n\}$ 是 $\mathcal{H}$ 的直交规范基，p_n 是 $\mathcal{H}$ 到 $[\xi_1, \cdots, \xi_n]$ 上的投影，则 $K_n = p_n K p_n$ 是 n 阶的矩阵代数，$K_n \subset K_{n+1}$，$\forall n$，及 $K = \overline{\bigcup_n K_n}$。 此外，$K_n$ 的极小投影也是 K_{n+1} 的极小投影，$\forall n$，因此，相应的图为

$$\cdot \xrightarrow{\ 1\ } \cdot \xrightarrow{\ 1\ } \cdot \xrightarrow{\ 1\ } \cdots$$
$$1 \qquad\quad 2 \qquad\quad 3 \quad n \qquad\quad n+1.$$

当然对任何的正整数列 $n_1 < n_2 < \cdots < n_k < \cdots$，我们也可写 $K = \overline{\bigcup_k K_{n_k}}$，相应的图便为

$$\cdot \xrightarrow{\ 1\ } \cdot \xrightarrow{\ 1\ } \cdot \xrightarrow{\ 1\ } \cdots$$
$$n_1 \qquad\quad n_2 \qquad\quad n_3 \quad n_k \qquad\quad n_{k+1}.$$

此外，对于任意的 c^*-代数 A，依引理 3.6.1，$A \otimes K_n$ 上仅有空间的 c^*-范 $\alpha_0(\cdot)$，并且 $A \otimes_{\alpha_0} K_n = A \otimes K_n$，$\forall n$，因此，$A \otimes K$ 上也仅有空间的 c^*-范 $\alpha_0(\cdot)$。

引理 12.6.6 设 $A = \overline{\bigcup_n A_n}$ 是 (AF) 代数，$G(A)$ 是它的维数群，则存在正整数列 $n_1 < \cdots < n_k < \cdots$，当写 $A \otimes_{\alpha_0} K = \overline{\bigcup_k (A_k \otimes K_{n_k})}$ 时，相应的 Γ (见命题 12.6.4) 即为 $G(A)_+$. 此外，$A \otimes_{\alpha_0} K$ 的维数群序同构于 $G(A)$.

证. 对任意的正整数列 $n_1 < \cdots < n_k < \cdots$，显然 $A \otimes_{\alpha_0} K = \overline{\bigcup_k (A_k \otimes K_{n_k})}$。 由于 K_{n_k} 的极小投影仍然是 $K_{n_{k+1}}$ 的极小投影，因此，$A_k \otimes K_{n_k}$ 到 $A_{k+1} \otimes K_{n_{k+1}}$ 中的嵌入方式与 A_k 到 A_{k+1} 中的嵌入方式一样，$\forall k$，从而，$A \otimes_{\alpha_0} K$ 的维数群 $G(A \otimes_{\alpha_0} K) = G(A)$。

设 $A = \overline{\bigcup_k A_k}$ 的图为 $\{D, d, \mathcal{U}\}$，则 $A \otimes_{\alpha_0} K = \overline{\bigcup_k (A_k \otimes K_{n_k})}$ 的图为 $(D, d', \mathcal{U})$，其中 $d'(k, i) = n_k d(k, i)$，$1 \leqslant i \leqslant r(k)$，$\forall k$. 因此，相应的

$$\Gamma = \bigcup_k \Phi_{k,\infty}([0, n_k t_k]),$$

这里 $t_k = (d(k, 1), \cdots, d(k, r(k)))$, $\forall k$. 今只须证明可取 $\{n_k\}$, 使得 $\Gamma = G(A)_+$.

设 $\mathscr{U} = \{\Phi_k\}$, $\Phi_k = (s_{ij}^{(k)})$, 令 $s_k = \sum_{i,j} s_{ij}^{(k)}$ 及 $n_1 = 1$.

$n_k = 2^{k-1} s_1 \cdots s_{k-1}$, $\forall k > 1$. 此外, 记 $1_k = (1, \cdots, 1) \in \mathbf{Z}^{r(k)}$, 于是 $t_k \geqslant 1_k$, $\forall k$.

对任意的 $\tilde{a} \in G(A)_+$, 必存在正整数 N, n, 使得 $\Phi_{n,\infty}(N1_n) \geqslant \tilde{a}$. 取充分大的 $m(> n)$, 使得 $2^{m-1} \geqslant N$, 于是, $n_m = 2^{m-1} s_1 \cdots s_{m-1} \geqslant N s_n \cdots s_{m-1}$. 由于 $\Phi_k(1_k) \leqslant s_k 1_{k+1}$, $\forall k$, 从而

$$n_m t_m \geqslant n_m 1_m \geqslant \Phi_{m-1} \circ \cdots \circ \Phi_n(N1_n).$$

由此, $\tilde{a} \leqslant \Phi_{n,\infty}(N1_n) \leqslant \Phi_{m,\infty}(n_m t_m) \in \Gamma$. 依 Γ 的性质, $\tilde{a} \in \Gamma$. 所以, $\Gamma = G(A)_+$. 证毕.

定理 12.6.7 设 $A = \overline{\bigcup_n A_n}$, $B = \overline{\bigcup_n B_n}$ 是 (AF) 代数, 相应的维数群是 $G(A)$, $G(B)$, 则 $G(A)$ 与 $G(B)$ 是序同构的, 必须且只须, $(A \otimes_{\alpha_0} K)$ 与 $(B \otimes_{\alpha_0} K)$ 是 *同构的, 这里 K 是可数无穷维 Hilbert 空间中全连续算子全体的 c^*-代数.

证. 充分性. 由 $G(A) = G(A \otimes_{\alpha_0} K)$, $G(B) = G(B \otimes_{\alpha_0} K)$, 及定理 12.6.5 立见.

今设 $G(A)$ 与 $G(B)$ 是序同构的, 取严格递增的正整数列 $\{n_k\}$, $\{m_k\}$, 使得当写 $A \otimes_{\alpha_0} K = \overline{\bigcup_k (A_k \otimes K_{nk})}$, $B \otimes_{\alpha_0} K = \overline{\bigcup_k (A_k \otimes K_{m_k})}$ 时, 有

$$\Gamma(A \otimes_{\alpha_0} K) = G(A)_+, \quad \Gamma(B \otimes_{\alpha_0} K) = G(B)_+.$$

于是, 依命题 12.6.4, $E(A \otimes_{\alpha_0} K)$ 与 $E(B \otimes_{\alpha_0} K)$ 同构. 再依定理 12.2.8, 12.2.9, 可见 $(A \otimes_{\alpha_0} K)$ 与 $(B \otimes_{\alpha_0} K)$ 是 *同构的. 证毕.

注 本节见参考文献 [30], [107].

参 考 文 献

[1] Akemann, C. A., The dual space of an operator algebra, *Trans. Amer. Math. Soc.*, **126** (1967), 268—302.

[2] Akemann, C. A., Sequential convergence in the dual of a w^*-algebra, *Comm. Math. Phys.*, **7** (1968), 222—224.

[3] Araki, H., and Elliott, G. A., On the definition of c^*-algebras, *Pub. R. I. M. S., Kyoto Univ.*, **9** (1973), 93—112.

[4] Arens, R., Representations of *-algebras, *Duke Math. J.*, **14** (1947), 269—282.

[5] Arveson, W., An invitation to c^*-algebras, Springer-Verlag, New York, 1976.

[6] Bourbaki, N., Intégration, Act. Sc. Ind. nos. 1175, 1244 and 1281, Paris, Hermann, 1965, 1967 and 1959.

[7] Bourbaki, N., Elements of Mathematics, General topology, Part 2, Reading, Mass.: Addison-Wesley, 1966.

[8] Bratteli, O., Inductive limits of finite dimensional c^*-algebras, *Trans. Amer. Math. Soc.*, **171** (1972), 195—234.

[9] Bratteli, O., and Robinson, D. W., Operator algebras and quantum statistical mechanics, I, Springer-Verlag, New York, 1979.

[10] Cuculescu, I., A proof of $(A \otimes B)' = A' \otimes B'$ for von Neumann algebras, *Rev. Roumaine Math. Pures Appl.*, **16** (1971), 665—670.

[11] Connes, A., Une classification des facteurs de type III, *Ann. Sci. Ecole Norm. Sup., Paris* (4), **6** (1973), 133—252.

[12] Dixmier, J., Les anneaux d'operateurs de classe finie, *Ann. Ec. Norm. Sup.*, **66** (1949), 209—261.

[13] Dixmier, J., Les fonctionelles lineaires sur l'ensemble des operateurs bornes d'un espace de Hilbert, *Ann. Math.*, **51** (1950), 387—408.

[14] Dixmier, J., Sur certains espaces consideres par M. H. Stone, *Summa Brasil. Math.* (2), **11** (1951), 151—182.

[15] Dixmier, J., Sur la reduction des anneaux d'operateurs, *Ann. Ec. Norm. Sup.*, **68** (1951), 185—202.

[16] Dixmier, J., Forms lineaires sur un anneau d'operateurs, *Bull. Soc. Math. France*, **81** (1953), 9—39.

[17] Dixmier, J., Dual et quasi-dual d'une algebre de Banach involutive, *Trans. Amer. Math. Soc.*, **104** (1962), 278—283.

[18] Dixmier, J., Traces sur les c^*-algebres, *Ann. Inst. Fourier*, **13** (1963), 219—262.

[19] Dixmier, J., On some c^*-algebres, consideded by Glimm, *J. Functional Analysis*, **1** (1967), 182—203.

[20] Dixmier, J., c^*-Algebras, North-Holland, 1977.

[21] Dixmier, J., Von Neumann algebras, North-Holland, 1981.

[22] Dunford, N., and Schwartz, J. T., Linear operators, Vol. I, N. Y.,

Interscience, 1958.

[23] Dye, H. A., The Radon-Nikodym theorem for finite rings of operators, *Trans. Amer. Math. Soc.*, **72** (1952), 243—280.

[24] Effros, E. G., Order ideals in a c*-algebra, *Duke Math. J.*, **30** (1963), 391—412.

[25] Effros, E. G., Convergence of closed subsets in a topological space, *Proc. Amer. Math. Soc.*, **16** (1965), 929—931.

[26] Effros, E. G., The Borel space of von Neumann algebras on a separable Hilbert space, *Pacific J. Math.*, **15** (1965), 1153—1164.

[27] Effros, E. G., Global structure in von Neumann algebras, *Trans. Amer. Math. Soc.*, **121** (1966), 434—454.

[28] Effros, E. G., Handelman, D., and Shen, C. L., Dimension groups and their a affine representations, *Amer. J. of Math.*, **102** (1980), 385—407.

[29] Effros, E. G., and Lance, C., Tensor products of operator algebras, *Adv. Math.*, **25** (1977), 1—34.

[30] Effros, E. G., and Rosenberg, J., c*-Algebras with approximate inner flip, *Pacific J. of Math.*, **77** (1978), 417—443.

[31] Elliott, G. A., A weakening of the axioms for a c*-algebra, *Math. Ann.*, **189** (1970), 257—260.

[32] Elliott, G. A., On the classification of inductive limits of sequences of semisimple finite dimensional algebras, *J. Alg.*, **38** (1976), 29—44.

[33] Elliott, G. A., On totally ordered groups and K_0, Ring theory, Springer, Lecture Notes, No. 734, 1979.

[34] Feldman, J., Borel sets of states and of representations, *Michigan Math. J.*, **12** (1965), 363—365.

[35] Fuchs, L., Riesz groups, *Annali della Scuola Norm. Sup.*, Pisa, **19** (1965), 1—34.

[36] Fuglede, B., and Kadison, R. V., On a conjecture of Múrry and von Neumann, *Proc. Nat. Acad. Sc. U. S. A.*, **37** (1951), 420—425.

[37] Fukamiya, M., On a theorem of Gelfand and Neumark and the B*-algebra, *Kumamoto J. Sci.*, **1** (1952), 17—22.

[38] Gelfand, I. M., On normed rings, *Dokl. Akad. Nauk SSSR.*, **23** (1939), 430—432.

[39] Gelfand, I. M., and Naimark, M. A., On the imbedding of normed rings into the ring of operators in Hilbert space, *Mat. Sb.*, **12** (1943), 197—213.

[40] Glickfeld, B. W., A metric characterization of C(X) and its generalization to c*-algebras, *Illinois J. Math.*, **10** (1966), 547—556

[41] Glimm, J., On a certain class of operator algebras, *Trans. Amer. Math. Soc.*, **95** (1960), 216—244.

[42] Glimm, J. G., and Kadison, R. V., Unitary operators in c*-algebras, *Pacific J. Math.*, **10** (1960), 547—556.

[43] Grothendieck, A., Sur les applications lineaires faiblement compactes

d'espaces du type C(K), *Canad J. Math.*, **5**(1953), 129—173.

[44] Grothendieck, A., Produits tensoriels topologiques et espace nucleaires, *Mem. Amer. Math. Soc.*, **16** (1955).

[45] Grothendieck, A., Un résultat sur le dual d'une c^*-algèbre, *J. Math. Pures Appl.*, **36** (1957), 97—108.

[46] Guichardel, A., Tensor products of c^*-algebras, *Dokl. Akad. Nauk SSSR*, **160** (1965), 986—989.

[47] Halmos, P. R., Measure theory, New York, Springer, 1950.

[48] Halmos, P. R., and von Neumann, J., Operator methods in classical mechanics, II, *Ann. Math.*, **43** (1942), 332—350.

[49] Herman, R., and Takesaki, M., The comparability theorem for cyclic projections, *Bull. London Math. Soc.*, **9** (1977), 186—187.

[50] Ingelstam, L., Real Banach algebras, *Ark. Math.*, **5** (1964), 239—270.

[51] Kadison, R. V., Isometries of operator algebras, *Ann. of Math.*, **54** (1951), 325—338.

[52] Kadison, R. V., On the additivity of the trace in finite factors, *Proc. Nat. Acad. Sci. USA*, **41** (1955), 385—387.

[53] Kadison, R. V., Irreducible operator algebras, *Proc. Nat. Acad. Sci. USA*, (1957), 273—276.

[54] Kaplansky, I., Normed algebras, *Duke Math. J.*, **16** (1949), 399—418.

[55] Kaplansky, I., Projections in Banach algebras, *Ann. Math.*, **53** (1951), 235—249.

[56] Kaplansky, I., A theorem on rings of operators, *Pacific J. Math.*, **1** (1951), 227—232.

[57] Kaplansky, I., Algebras of type I, *Ann. of Math.*, **56** (1952), 460—472.

[58] Kaplansky, I., *Math. Rev.*, **14** (1953), 884.

[59] Kaplansky, I., Modules over operator algebras, *Amer. J. Math.*, **75** (1953), 839—853.

[60] Kelley, J. L., and others, Linear topological spaces, Princeton, N. J., Van Nostrand, 1963.

[61] Kelley, J. L., and Vaught, R. L., The positive cone in Banach algebras, *Trans. Amer. Math. Soc.*, **74** (1953), 44—45.

[62] Kirillov, A. A., Elements of the theory of representations, Berlin, Springer, 1976.

[63] Kuratowski, K., Topology, Vol. I, New York, Academic Press, 1966.

[64] Lance, C., On nuclear c^*-algebras, *J. Funct. Anal.*, **12** (1973), 157—176.

[65] Lance, C., Tensor products of non-unital c^*-algebras, *J. London Math. Soc.*, (2) **12** (1976), 160—168.

[66] Lazar, A. J., and Taylor, D. C., Approximately finite dimensional c^*-algebras and Bratteli diagrams, *Trans. Amer. Math. Soc.*, **259** (1980), 599—619.

[67] Li Bingren, Real c^*-algebras (in Chinese), *Acta Math. Sinica*, **18** (1975), 216—218.

[68] Li Bingren, Real operator algebras, *Scientia Sinica*, **22** (1979), 733—746.

[69] Mackey, G. W., Induced representations of locally compact groups, II; The Frobenius reciprocity theorem Ann, Math., **58** (1953), 193—221.

[70] Mackey, G. W., The theory of group representations, Mimeographed Notes, Univ. of Chicago, Chicago, Ill. (1955).

[71] Mackey, G. W., Borel structures in groups and their duals, *Trans. Amer. Math. Soc.*, **85** (1957), 134—165.

[72] Misonou, Y., On the direct product of w^*-algebras, *Tohoku Math. J.*, **6** (1954), 189—204.

[73] Misonou, Y., Generalized approximately finite operator algebras, *Tohoku Math. J.*, **7** (1954), 192—205.

[74] Murray, F. J., and Von Neumann, J., On rings of operators, *Ann. Math.*, **37** (1936), 116—229.

[75] Murray, F. J., and Von Neumann, J., On rings of operators, II, *Trans. Amer. Math. Soc.*, **41** (1937), 208—248.

[76] Murray, F. J., and Von Neumann, J., On rings of operators, IV, *Ann. Math.*, **44** (1943), 716—808.

[77] Naimark, M. A., Normed rings, (English translation by Boron, L. F.) P. Noord-hoff, Groningen, 1964.

[78] Von Neumann, J., Zur algebra der funktionaloperationen und theorie der normalen operatoren, *Math. Ann.*, **102** (1929), 370—427.

[79] Von Neumann, J., On a certain topology for rings of operators, *Ann. Math.*, **37** (1936), 111—115.

[80] Von Neumann, J., On infinite direct products, *Compisitio Math.*, **6** (1938), 1—77.

[81] Von Neumann, J., On rings of operators, III, *Ann. Math.*, **41** (1940), 94—161.

[82] Von Neumann, J., On some algebraical properties of operator rings, *Ann. of Math.*, **44** (1943), 709—715.

[83] Von Neumann, J., On rings of operators: Reduction theory, *Ann. Math.*, **50** (1949), 401—485.

[84] Nielsen, O., Borel sets of von Neumann algebras, *Amer. J. Math.*, **95** (1973), 145—164.

[85] Palmer, T. W., Real c^*-algebras, *Pacific J. Math.*, **35** (1970), 195—204.

[86] Pedersen, G. K., c^*-Algebras and their automorphism groups, Academic Press, 1979.

[87] Pukanszky, L., Some examples of factors, *Publ. Math. Debrecen*, **4** (1958), 135—156.

[88] Rieffel, M. A., and Van Dale, A., The commutation theorem for tensor products of von Neumann algebras, *Bull. London Math. Soc.*, **7** (1975), 257—260.

[89] Rieffel, M. A., and Van Dale, A., A bounded operator approach to Tomita-Takesakitheory, *Pacific T. Math.*, **69** (1977), 187—221.

[90] Sakai, S., A characterization of w^*-algebras, *Pacific J. Math.*, **6** (1956), 763—773.

[91] Sakai, S., On topological properties of w^*-algebras, *Proc. Japan Acad.*, **33** (1957), 439—444.

[92] Sakai, S., On linear functionals of w^*-algebras, *Proc. Japan Acad.*, **34** (1958), 571—574.

[93] Sakai, S., On topologies of finite w^*-algebras, *Illinois J. Math.*. **9** (1965), 236—241.

[94] Sakai, S., A Radon-Nikodym theorem in w^*-algebras, *Bull. Amer. Math. Soc.*, **71** (1965), 149—151.

[95] Sakai, S., On the central decomposition for positive functionals on c^*-algebras, *Trans. Amer. Math. Soc.*, **118** (1965), 406—419.

[96] Sakai, S., On the tensor product of w^*-algebras, *Amer. J. Math.*, **90** (1968), 335—341.

[97] Sakai, S., c^*-Algebras and w^*-algebras, Springer-Verlag, New York, 1971.

[98] Schatten, R., A theory of cross-space, Ann. Math. Studies, No. 26, Princeton Univ. Press, Princeton, New Jersey, 1950.

[99] Schatten, R., Norm ideals of completely continuous operators, Ergebnisse der Mathematik, No. 27, Springer-Verlag, Berlin and New York, 1970.

[100] Schwartz, J. T., Type II factors in a central decomposition, *Comm. Pure Appl. Math.*, **16** (1963), 247—252.

[101] Schwartz, J. T., w^*-Algebras, Gordon and Breach, New York, 1967.

[102] Segal, I. E., Irreducible representations of operator algebras, *Bull. Amer. Math. Soc.*, **61** (1947) ,69—105.

[103] Segal, I. E., Two-sided ideals in operator algebras, *Ann. Math.*, **50** (1949), 856—865.

[104] Segal, I. E., Equivalence of measure spaces, *Amer. J. Math.*, **73** (1951), 275—313.

[105] Segal, I. E., Decomposition of operator algebras, I and II, Momoirs of the Amer. Math. Soc., **9** (1951), 1—67.

[106] Segal, I. E., A non-commutative extension of abstract integration, *Ann. of Math.*, **57** (1953), 401—457.

[107] Shen, C. L., On the classification of the ordered groups associated with the approximately finite dimensional c^*-algebras, *Duke Math J.*, **46** (1979), 613—633.

[108] Sherman, S., The second adjoint of a c^*-algebra, *Proc. Intern. Congr. Math.*, *Cambridge*, **1** (1950), 470.

[109] Stinespring, W. F., Positive functions on c^*-algebras, *Proc. Amer. Math. Soc.*, **6** (1955), 211—216.

[110] Stone, M. H., Applications of the theory of Boolean rings to general topology, *Trans. Amer. Math. Soc.*, **41** (1937), 375—481.

[111] Takeda, Z., Inductive limit and infinite direct product of operator algebras, *Tohoku Math. J.*, **7** (1955), 67—86.

[112] Takeda, Z., Conjugate spaces of operator algebras, *Proc. Japan Acad.,* 28 (1954), 90—95.

[113] Takesaki, M., On the conjugate space of an operator algebra, *Tohoku Math. J.,* 10 (1958), 194—203.

[114] Takesaki, M., On the singularity of a positive linear functional on operator algebra, *Proc. Japan Acad.,* 35 (1959), 365—366.

[115] Takesaki, M., On the cross-norm of the direct product of c^*-algebras, *Tohoku Math. J.,* 16 (1964), 111—122.

[116] Takesaki, M., Remarks on the reduction theory of von Neumann algebras, *Proc. Amer. Math. Soc.,* 20 (1969), 434—438.

[117] Takesaki, M., Tomita's theory of modular Hilbert algebras and its applications, Lecture Notes in Math. No. 128, Springer-Verlag, Berlin,

[118] Takesaki, M., A short proof for the commutation theorem $(M_1 \overline{\otimes} M_2)' =$ Heidelberg, New York, 1970.
$M_1' \overline{\otimes} M_2'$, Lecture Notes in Math., No. 247, 1971, Springer-Verlag, Berlin, and New York, 780—786.

[119] Takesaki, M., Theory of operator algebras, I, Springer-Verlag, New York, 1979.

[120] Taylor, A. E., Introduction to functional analysis, 1963.

[121] Tomita, M., Spectral theory of operator algebras, I, *Math. Okayama Univ.,* 9 (1959), 63—98.

[122] Tomita, M., Quasi-standard von Neumann algebras, Mimeographed Notes, Kyushu Univ. 1967.

[123] Tomita, M., Standard forms of von Neumann algebras, The Vth functional analysis symposium of the Math. Soc. of Japan, Sendai, 1967.

[124] Tomiyama, J., On the projection of norm one in w^*-algebras, *Proc. Japan Acad.,* 33 (1957), 608—612.

[125] Tomiyama, J., Tensor products and projections of norm one in von Neumann algebras, Lecture Notes, Univ. of Copenhagen (1970).

[126] Turumaru, T., On the direct product of operator algebras, *Tohoku Math. J.,* 4 (1952), 242—251; II, *Tohoku Math. J.,* 5 (1953), 1—7; III, *Tohoku Math. J.,* 6 (1954), 208—211; IV, *Tohoku Math. J.,* 8 (1956), 281—285.

[127] Umegaki, H., Conditional expectations in an operator algebra, I, *Tohoku Math. J.,* 6 (1954), 177—181.

[128] Umegaki, H., Weak compactness in an operator space, *Kodai Math. Sem. Rep.,* 8 (1956), 145—151.

[129] Vasilescu, F. H., et al., Theoria operatorilor si algebre de operatori, Bucuresti, 1973.

[130] Vowden, B. J., On the Gelfand-Neumark theorem, *J. London Math. Soc.,* 42 (1967), 725—731.

[131] Vowden, B. J., A new proof in the spatial theory of von Neumann algebras, *J. London Math. Soc.,* 44 (1969), 429—432.

[132] Vowden, B. J., c^*-Norm and tensor product of c^*-algebras, *J. London*

Math. Soc., (2), **7** (1974), 595—596.

[133] Widom, H., Approximately finite algebras, *Trans. Amer. Math. Soc.*, **83** (1956), 170—178.

[134] Wolfsohn, W., Le produit tensoriel de *c**-algebras, *Bull. Sci. Math.*, **87** (1963), 13—27.

[135] Yeadon, F. J., A note on the Mackey topology of a von Neumann algebra, *J. Math. Anal. Appl.*, **45** (1974), 721—722.

[136] Yood, B., Faithful * representations of normed algebras, *Pacific J. Math.*, **10** (1960), 345—363.

[137] Yood, B., On axioms for *B**-algebras, **Bull. Amer. Math. Soc.**, **76** (1970), 80—82.

索　引

《现代数学基础丛书》已出版书目